JN432107

공업수학의 기초

이 수 일 저

도서출판 상 학 당

欲爲大者 當爲人役

크고자 하거든 남을 섬기라

머 리 말

이공계, 특히 전자 · 전기 · 통신 및 계측제어 공학분야를 전공하려는 학생들은 수학에 대한 기본적이고 기초적인 원리를 잘 이해하고 있어야 한다. 그럼에도 불구하고, 고등학교 때 수학의 기초를 제대로 닦지 못한 학생들 가운데 상당수가 전공과목을 접하면서 수학에 대한 흥미를 잃어버리거나, 자포자기하는 경우가 적지 않다.

이 책은 수학의 기초지식이 다소 부족한 학생들이라 할지라도, 흥미 있고 손쉽게 공업수학을 이해할 수 있도록 집필하였다.

이 책을 집필하는 데 특히 유의할 점들은 다음과 같다.

(1) 전자 · 전기 · 통신 및 계측제어 공학을 전공하는 데 필요한 수학의 기초를 잘 이해하도록 내용의 수준을 쉽게 다루었으며, 학생들이 수학에 대한 흥미와 관심을 가지고 자율적으로 학습할 수 있도록 배려하였다.

(2) 고등학교 수학에서 대학 공업수학으로 자연스럽게 옮겨갈 수 있도록 교과내용을 체계적으로 구성함으로써 기능보다 원리와 본질을 중시하고, 수학적 사고능력을 기르도록 하였다.

(3) 수학적인 본질뿐만 아니라 각 이론마다 전공분야에 밀접한 예제와 연습문제를 다루어 실제의 전공에 대한 응용능력을 기르도록 하였다.

(4) 대학에서 교재로 사용할 경우 주당 2시간씩 1년에 강의할 수 있도록 구성하였다. 그러나 각 전공분야별로 필요한 부분만을 선택하여 1학기에 강의하여도 무방하며, 편의에 따라 학습요목의 순서를 바꾸어 진행하여도 불편이 없도록 배려하였다.

(5) 학생 스스로 자습이 가능하도록 연습문제 풀이와 정답을 권말에 따로 묶었다.

수학의 기초적인 지식들을 완전히 정리하고 계산능력을 기른다는 생각을 가지고 이 책의 내용을 빠뜨리지 않고 이해한다면, 수학의 기초에 어느 정도 자신을 가져도 무방할 것이다.

기초수학을 등한시하다가 여러분의 많은 선배들이 범한 실수를 되풀이하지 않도록 이 책의 내용을 완전히 이해하여 각자의 전공을 공부하는 데 도움이 되기를 바라는 마음 간절하다.

이 책을 내는 데 있어서 배려를 아끼지 않은 도서출판 상학당의 여러분과 여러모로 도움을 주신 주위 분들께 깊은 감사를 드린다.

저 자 씀

차 례

제 1 장 여러 가지 함수/11

제 2 장 삼각함수/51

제 3 장 … 행 렬 식/97

제 4 장 … 행 렬/115

제 5 장 … 복 소 수/133

제 8 장 미분과 그 활용/211

제 9 장 적분과 그 활용/261

제 10 장 … 미분방정식/313

제 11 장 … 라플라스 변환/337

제 12 장 … 푸리에 급수와 변환/367

제 13 장 … 벡터해석/395

chapter 1

여러 가지 함수

17세기 이전에도 기원전의 고대로부터 사용해 온 비례와 같은 함수개념이 있었으나 그것은 도형의 성질로 파악된 것이지 변동하는 양으로 생각된 것은 아니었다.

함수의 용어를 처음으로 사용한 독일의 수학자 라이프니츠(Leibniz ; 1646~1716)는 함수를 정확하게 설명하지 못하였다. 그 후에 오일러(Euler ; 1707~1783)는 1748년에 함수를 "한 변수 x에 대한 함수란 x와 상수로 만들어진 관계식을 말한다"라고 정의하였다.

이를테면, 1차함수 $y=2x+3$이나 2차함수 $y=x^2-4x$ 등이 함수라는 뜻이다.

그러나 복잡한 자연현상이나 사회현상을 해명하기에는 보다 넓게 함수개념을 확장할 필요가 있었다. 실제로 디리클레(Dirichlet; 1805~1859)는 수학적 수식의 표현으로 이루어진 함수의 정의와는 달리 집합에서 집합으로의 대응을 사용하여 함수를 정의하였다.

1-1 집합과 함수

(1) 수집합

수집합에서 중요한 것은 **실수**(real number)의 집합인데, 이것을 R로 나타내기로 한다. 실수의 집합과 그 성질을 **실수계**(real number system)라 한다.

실수의 가장 중요한 성질의 하나는 직선 위의 점으로 표시될 수 있다는 것이다.

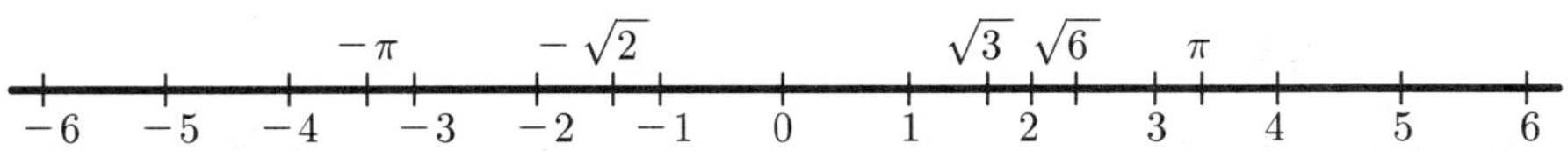

[그림 1-1]

[그림 1-1]에서 보는 바와 같이 원점이라 부르는 점을 잡아 0을 나타내고, 그 오른쪽에 한 점을 잡아 1을 나타내자. 그러면 자연스럽게 이 직선상의 점과 실수를 짝지을 수 있다. 즉, 각 점은 오직 하나만의 실수를 나타내고, 또 각 실수는 오직 한 점으로만 나타내게 된다. 이러한 직선을 **수직선**(number line) 또는 **실직선**(real line)이라고 한다.

0의 오른쪽에 있는 수, 곧 1과 같은 쪽에 있는 수를 **양수**(positive number)라 하고, 0의 왼쪽에 있는 수를 **음수**(negative number)라고 한다. 0 자신은 양수도 음수도 아니다.

[그림 1-1]에서 수직선 아래쪽에 씌어져 있는 수들을 **정수**(integer number)라 한다. 이들의 집합을 보통 Z(독일어의 수에 해당하는 Zahlen의 머리글자)로 나타내고

$$Z = \{\cdots, -5, -4, -3, -2, -1, 0, 1, 2, 3, 4, 5, \cdots\}$$

와 같이 쓸 수 있다. 이 집합 Z에서 두 정수의 합, 차 및 곱도 또한 정수이다. 그런데, 두 정수의 몫, 예로 3을 4로 나눈 두 정수의 몫은 정수가 아니다. 이때 3을 4로 나눈다는 것을 두 정수의 비 3/4과 같이 표시할 수 있는데, 이와 같은 실수의 집합을 **유리수**(rational number)의 집합이라 하고, 이를 Q(몫을 의미하는 quotient의 머리글자)로 나타낸다. 곧,

$$Q = \{x \mid x = a/b,\ a, b \in z,\ b \neq 0\}$$

물론, 각 정수도 또한 유리수이다. 왜냐하면 $3 = 3/1$과 같이 표시될 수 있기 때문이다. 유리수의 합, 차, 곱 및 몫(0으로 나누는 것은 제외)도 또한 유리수이다.

한편, [그림 1-1]에서 0의 오른쪽에 씌어져 있는 정수들의 집합을 **자연수**(natural number)의 집합이라 하고 N으로 나타내며

$$N = \{1,\ 2,\ 3,\ 4,\ 5,\ 6, \cdots\}$$

와 같이 쓸 수 있다. 물론, 자연수의 집합 N은 Z의 부분집합이며 자연수는 인류 역사상 최초로 발전된 실수계이며 물건을 헤아리는 데 쓰였던 것이다.

지금까지 위에서 생각한 실수계 사이에는 다음과 같은 관계가 있음을 알 수 있다.

$$N \subset Z \subset Q \subset R$$

두 자연수의 합과 곱은 자연수이나, 두 자연수의 차와 몫은 자연수가 아닐 수도 있다.

특히, 자연수의 집합에서

$$2,\ 3,\ 5,\ 7,\ 11,\ 13,\ 17, \cdots$$

와 같은 수들을 생각할 수 있는데, 이러한 수들 중 임의의 한 수를 P라 하면 이는 $1, -1, P, -P$로서만 나누어떨어지는 수로 1을 제외한 자연수이다.

이러한 수들의 집합을 **소수**(prime number)의 집합이라 하며, 소수가 아닌 수들의 집합을 **합성수**(composite number)의 집합이라 한다. 1 자신은 소수도 합성수도 아니다.

실수의 집합에 대한 유리수의 여집합을 생각할 수 있는데, [그림 1-1]에서 수직선 위쪽에 씌어져 있는 수와 $\sin 10°$들, 곧

$$\sqrt{2} = 1.4142135 \cdots\cdots, \qquad \sqrt{3} = 1.7320508 \cdots\cdots$$
$$\pi = 3.1415926 \cdots\cdots, \qquad \sin 10° = 0.1736 \cdots\cdots$$

등과 같은 수들이 있다. 이들은 두 정수의 비로 표시될 수 없는 수들로서 이를 **무리수**(irrational number)의 집합이라 하고 I로 나타낸다.

$$I = \{x \mid x \notin Q,\ x \in R\}$$

와 같이 나타낼 수 있다.

이상에서 정의한 실수를 분류하면 다음과 같다.

■ 실수의 분류 ■

- 실수
  - 유리수
    - 정수
      - 양의 정수(1, 2, 3, ⋯)
      - 영(0)
      - 음의 정수(−1, −2, −3, ⋯)
    - 정수 아닌 유리수
      - 유한소수$\left(\pm\frac{1}{2}, \pm 1.25, \cdots\right)$
      - 순환소수$\left(\pm\frac{1}{3}, \pm 0.\dot{2}\dot{5}, \cdots\right)$
  - 무리수
    - 제곱근($\pm\sqrt{2}$, $\pm\sqrt{3}$, ⋯)
    - 비순환 무한소수(±1.4142135⋯)
    - 원주율, 삼각함수 값($\pm\pi$, $\pm\sin 20^\circ$, ⋯)

예제 1 자연수의 집합을 N, 정수의 집합을 Z, 유리수의 집합을 Q, 무리수의 집합을 I, 실수의 집합을 R이라 할 때 이들 사이의 포함관계를 **벤 다이어그램**(venn diagram)으로 나타내어라.

[해] N, Z, Q, I 및 R의 포함관계는

$$N \subset Z \subset Q \subset R, \ I \subset R$$

이므로 벤 다이어그램은 [그림 1-2]와 같다.

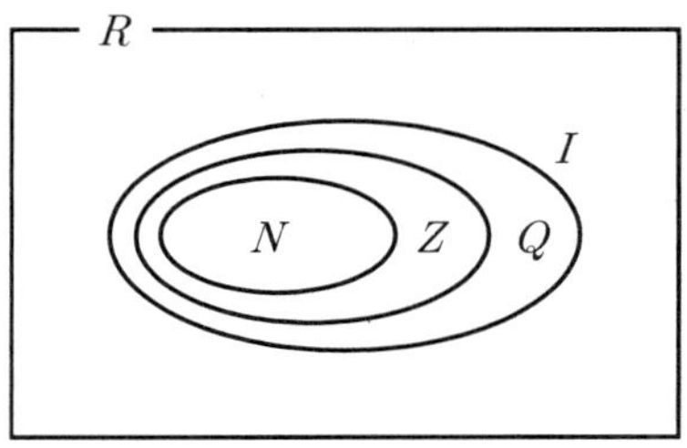

[그림 1-2]

(2) 절대값

어떤 실수를 음이 아닌 양의 수 값으로만 정의하는 경우가 있는데, 기하학적으로 말하면 수직선 위에서 실수 a를 나타내는 점과 원점 0와의 거리를 실수 a의 **절대**

값(absolute value)이라 하고, 이것을 $|a|$로 나타낸다.

일반적으로 절대값에는 다음과 같은 성질이 있다.

■ 절대값의 성질 ■

① $|a| = \begin{cases} a & (a \geq 0)\text{일 때} \\ -a & (a < 0)\text{일 때} \end{cases}$

② $|-a| = |a| \qquad |a|^2 = a^2$

③ $|a-b| = |b-a|$

④ $|a||b| = |ab|, \quad \dfrac{|a|}{|b|} = \left|\dfrac{a}{b}\right| (b \neq 0)$

예제 2 다음에 주어진 각각의 절대값을 써라.

① $|2|$ ② $|-\pi|$ ③ $|3-8|$ ④ $|-4-5|$

[해] ① $|2| = \mathbf{2}$ ② $|-\pi| = \boldsymbol{\pi}$ ③ $|3-8| = \mathbf{5}$ ④ $|-4-5| = \mathbf{9}$

예제 3 $|x| < 5$는 무엇을 뜻하는가?

[해] $|x|$는 원점과 x 사이의 거리가 5보다 작음을 뜻한다. 곧, x는 수직선상에서 -5와 5 사이에 있어야 한다. 바꾸어 말하면, $|x| < 5$와 $-5 < x < 5$는 같은 뜻을 가진다.

(3) 실수의 구간

위의 예제 3에서 생각한 것과 같은 수들의 집합을 일반화하여 알아보자. 이를테면, 두 실수 2와 5 사이에 있는 점 또는 2와 5, 2나 5를 넣은 점들의 집합을

$I_1 = \{x \mid 2 < x < 5\}$ 또는 $I_1 = (2, 5)$

$I_2 = \{x \mid 2 \leq x \leq 5\}$ 또는 $I_2 = [2, 5]$

$I_3 = \{x \mid 2 < x \leq 5\}$ 또는 $I_3 = (2, 5]$

$I_4 = \{x \mid 2 \leq x < 5\}$ 또는 $I_4 = [2, 5)$

와 같이 나타내고 이러한 집합 $I_1 \sim I_4$를 **구간**(interval)이라 하며, 이때 2와 5를 구간의 **끝점**(end point)이라고 한다. 양 끝점을 포함하지 않는 I_1과 같은 구간을 **개구간**(open interval), 양 끝점을 둘 다 포함하는 I_2와 같은 구간을 **폐구간**(closed interval)이라고 하며, I_3 과 I_4 를 각각 **개폐구간**(open-closed interval), **폐개구간**(closed-open interval)이라고 한다.

예제 4 $I_1 = [2, 4)$, $I_2 = (3, 8)$일 때, $I_1 \cap I_2$, $I_1 \cup I_2$, $I_1 - I_2$, $I_2 - I_1$을 구하여라.

[해] $I_1 \cap I_2 = (3, 4)$, $I_1 \cup I_2 = [4, 8)$

$I_1 - I_2 = [2, 3]$, $I_2 - I_1 = [4, 8)$

(4) 함수의 정의

반지름 r 인 원의 넓이 S 는

$$S = \pi r^2$$

으로 표시되는 것은 이미 알고 있는 사실이다. 이 식에서 π 는 일정하며 r 은 원의 넓이에 따라서 여러 가지로 변한다. 이와 같이 값이 일정하고 변하지 않는 것을 **상수**(constant)라 하고, 값이 여러 가지로 변하는 것을 **변수**(variable)라 한다.

2개의 변수 x, y가 있는데 x의 값이 변하면 그 변화에 따라서 y의 값이 변할 경우 y를 x의 **함수**(function)라 한다. 이 경우 x는 스스로 독립하여 변하는 것이므로 **독립변수**(independent variable)라 하고, y는 x의 변화에 따라서 변하므로 **종속변수**(dependent variable)라 한다.

y가 x의 함수인 것을 표시하려면

$$y = f(x),\ y = F(x),\ y = \phi(x)$$

와 같은 여러 가지 기호를 사용한다.

그리고 x가 취할 수 있는 값의 집합을 이 함수의 **정의역**(domain)이라 하고, y가 취할 수 있는 값의 집합을 이 함수의 **치역**(range)이라 한다.

이상과 같은 내용을 두 집합의 **대응관계**로 정의하여 보자.

공집합이 아닌 두 집합 X, Y에서 X의 각 원소에 Y의 원소가 오직 하나씩만 대응하고 있을 때 이 대응관계를 X에서 Y로의 **함수**(function)라 하고, 이것을

$$f : X \to Y \quad \text{또는} \quad X \xrightarrow{f} Y$$

로 나타내고, X 의 임의의 원소 x 가 Y 의 원소 y 에 대응될 때

$$f : x \rightarrow y \quad \text{또는 } y = f(x)$$

와 같이 나타내며 y를 함수 f의 x에서의 **함수값**(function value) 또는 함수 f에 의한 x의 **상**(image)이라 한다.

또한, X를 함수 f의 **정의역**(domain), Y를 **공역**(codomain)이라 한다. 특히, 함수값 전체의 집합

$$\{f(x) \mid x \in X\}$$

를 함수 f의 **치역**(range)이라고 한다. 이러한 정의를 그림으로 나타내 보면 [그림 1-3]과 같다.

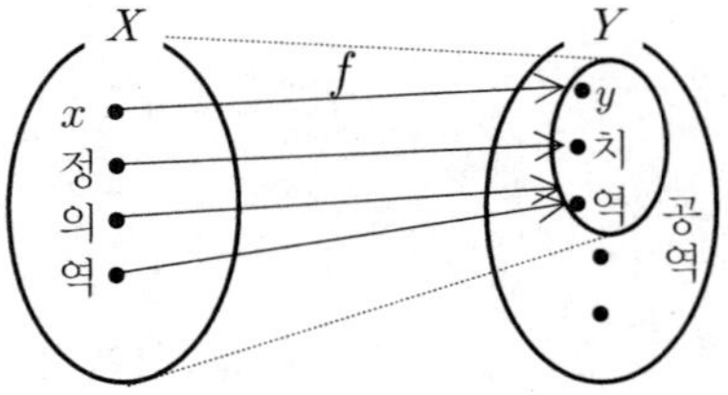

[그림 1-3]

예제 5 $f(x) = x^2$ 일 때 $f(0)$, $f(1)$, $f(2)$의 값을 구하여라.

[해] $f(0) = \mathbf{0}$, $f(1) = 1^2 = \mathbf{1}$, $f(2) = 2^2 = \mathbf{4}$

예제 6 다음 각 함수의 정의역, 공역, 치역을 말하여라.

①

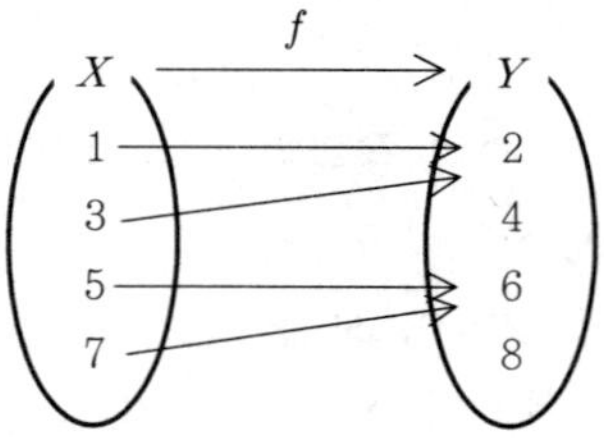

[그림 1-4]

②

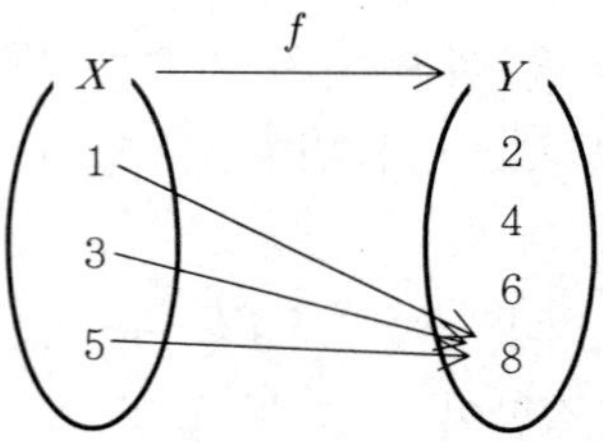

[그림 1-5]

[해] ① 정의역 : {1, 3, 5, 7}, 공역 : {2, 4, 6, 8}, 치역 : {2, 6}
② 정의역 : {1, 3, 5}, 공역 : {2, 4, 6, 8}, 치역 : {8}

예제 7 다음 함수의 정의역, 공역, 치역을 구하여라.

① $y = x^2 + 2x + 3$ ② $y = \sqrt{1 - x^2}$ ③ $y = \dfrac{1}{x+1}$

[해] 모든 실수의 집합을 R이라 하면

① $y = x^2 + 2x + 3$에서 $y = (x+1)^2 + 2 \geqq 2$

정의역 : $\boldsymbol{R}$, 공역 : $\boldsymbol{R}$, 치역 : $\{y \mid y \geqq 2\}$

② $1 - x^2 \geqq 0$, $x^2 - 1 \leqq 0$에서 $-1 \leqq x \leqq 1$, 또 $y \geqq 0$

정의역 : $\{x \mid -1 \leqq x \leqq 1\}$, 공역 : $\boldsymbol{R}$, 치역 : $\{y \mid 0 \leqq y \leqq 1\}$

③ $x + 1 \neq 0$에서 $x \neq -1$

정의역 : $\boldsymbol{R} - \{-1\}$, 공역 : $\boldsymbol{R}$, 치역 : $\{y \mid y > 0,\ y < 0\}$

1-2 함수의 종류

(1) 대수함수와 초월함수

어떤 함수에서 독립변수 x와 상수 사이에 덧셈, 뺄셈, 곱셈만으로 이루어진 식에 의하여 표시되는 함수를 x의 **유리정함수**(rational integral function)라 하고, 그의 일반형은

$$f(x) = a_0 x^n + a_1 x^{n-1} + a_2 x^{n-2} + \cdots\cdots$$

와 같다. 다음에 P_0, P_1, …, P_m (m은 임의의 자연수)을 각각 x의 유리정함수라 할 때 방정식

$$P_0 y^m + P_1 y^{m-1} + \cdots\cdots + P_{m-1} y + P_m = 0 \qquad (P_0 \neq 0)$$

을 만족하는 y를 x의 **대수함수**(algebraic function)라 부른다. 또한, 2개의 유리정함수의 분수식으로 표시되는 것을 **유리분수함수**(rational fractional function)라 부르고 유리정함수와 유리분수함수를 **유리함수**(rational function)라 칭한다.

대수함수 가운데에서 유리함수가 아닌 것을 **무리함수**(irrational function)라 칭한다.

대수함수가 아닌 모든 함수를 **초월함수**(transendental function)라 부르며, 대수함수와 초월함수를 통틀어서 **초등함수**(elementary function)라 부르는데 이것을 분류하여 정리하면 다음과 같다.

■ 초등함수의 분류 ■

- 초등함수
  - 대수함수(ax^2+bx+c, $\dfrac{2x}{1-x^2}$, $\sqrt{1-x^2}$)
  - 초월함수
    - 지수함수(a^x+1, e^x+e^{-x}, $e^{-\frac{R}{L}t}$)
    - 로그함수($\log_2 x$, $\log_{10} x$, $\log_e x$)
    - 삼각함수($\sin x$, $\cos x$, $\tan x$)
    - 역삼각함수($\sin^{-1} x$, $\cos^{-1} x$, $\tan^{-1} x$)
    - 쌍곡선함수($\sinh x$, $\cosh x$, $\tanh x$)
    - 역쌍곡선함수($\sinh^{-1} x$, $\cosh^{-1} x$, $\tanh^{-1} x$)
    - 기타

(2) 1가함수와 다가함수

함수 $y=f(x)$에서 독립변수 x에 1개의 값을 줄 때에 y의 값이 1개, 2개, …, n개이면 **1가함수**, **2가함수**, …, **n가함수**라 하고, 특히 2가함수 이상을 **다가함수**라 한다.

예제 8 x와 y 사이에 $x^2+y^2=25$의 관계가 있을 때 몇 가 함수인가?

[해] $x^2+y^2=25$를 y에 관해서 풀면, $y=\pm\sqrt{25-x^2}$이고, 이 함수의 정의역은 $-5 \leqq x \leqq 5$이고, y값이 2개 결정되므로 **2가함수**이다.

(3) 양함수와 음함수

독립변수 x의 함수 y는 언제나 $y=f(x)$의 꼴로 주어지는 것이 아니라 이를테면

$$f(x, y)=0$$

의 꼴로 주어지기도 하는데 이때에 y를 x의 **음함수**(implicit function)라 부르고, $y=f(x)$의 꼴로 주어지는 함수를 **양함수**(explicit function)라 부른다.

예제 9 $y=\dfrac{x^2+x-1}{2x-5}$을 음함수로 고쳐라.

[해] $y(2x-5)=x^2+x-1$, $\boldsymbol{x^2+x-2xy+5y-1=0}$

(4) 우함수와 기함수

일반적으로 x 의 함수 $f(x)$가

$$f(x) = f(-x)$$

인 조건을 만족하는 경우 $f(x)$를 **우함수**(even function) 또는 **짝함수**라고 한다. 우함수의 예를 들어 보면 x^2, x^4, $\sin x$ 등이 있으며, 우함수의 그래프는 원점을 지나는 수직선인 y축에 관해서 대칭이다.

또, 함수 $f(x)$가

$$f(x) = -f(-x)$$

인 조건을 만족하는 경우 $f(x)$를 **기함수**(odd function) 또는 **홀함수**라고 한다. 기함수의 예를 들어 보면 x, x^3, $\sin x$ 등이 있으며, 기함수의 그래프는 원점에 관해서 대칭이다.

예제 10 $f(x)$가 우함수, $g(x)$가 기함수일 때, 다음 각 함수는 무슨 함수인가?

① $f(x)+f(x)$ ② $g(x)\times g(x)$ ③ $f(x)\times g(x)$ ④ $\dfrac{g(x)}{f(x)}$

[해] $f(x)=x^2$, $g(x)=x^3$이라 할 때

① $f(x)+f(x)=x^2+x^2=2x^2$ 이므로 **우함수**

② $f(x)\times f(x)=x^3\times x^3=x^6$ 이므로 **우함수**

③ $f(x)\times g(x)=x^2\times x^3=x^5$ 이므로 **기함수**

④ $\dfrac{g(x)}{f(x)}=\dfrac{x^3}{x^2}=x$ 이므로 **기함수**

예제 11 $y=x^2+1$ 은 우함수인가, 기함수인가?

[해] $y=(-x)^2+1=x^2+1$ 이므로 $y=x^2+1$ 은 **우함수**

예제 12 $y=x^5-3x^3+x$ 는 우함수인가, 기함수인가?

[해] $y=(-x)^5-3(-x)^3+(-x)=-x^5+3x^3-x$ 이므로 **기함수**

(5) 합성함수

이제 두 함수의 합성을 알아보자.

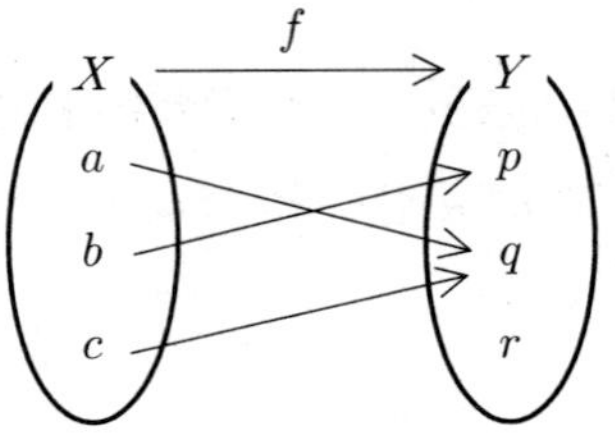

[그림 1-6]

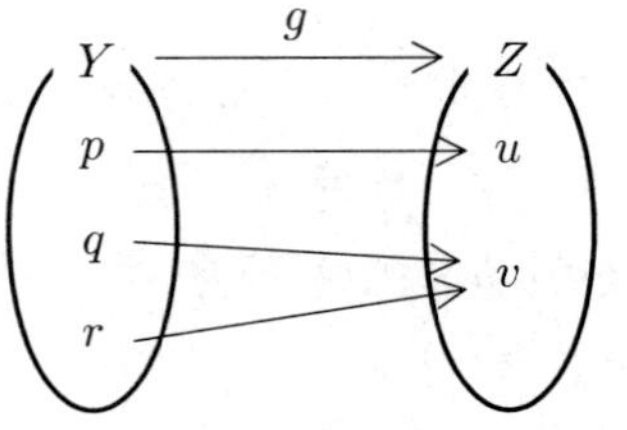

[그림 1-7]

[그림 1-6]과 [그림 1-7]에서 f 와 g 는 각각 함수이다. 그런데 f의 공역과 g의 정의역이 같으므로 이것을 하나로 연결해서 [그림 1-8]과 같이 그릴 수 있다.

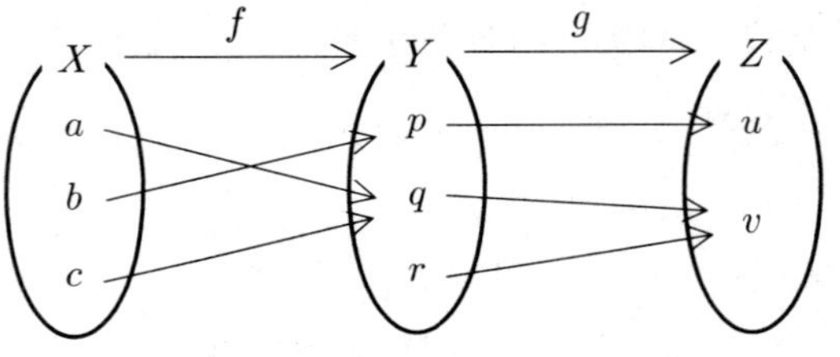

[그림 1-8]

이제 X의 원소는 직접 Z의 원소에 대응된다. 이 새로운 관계를 f 와 g 의 **합성함수**(composition function)라고 하며, 기호는

$$\boldsymbol{g \circ f : X \longrightarrow Z}$$

로 나타낸다.

일반적으로 두 함수

$$f : X \longrightarrow Y, \quad y = f(x)$$
$$g : Y \longrightarrow Z, \quad z = g(y)$$

에 대하여 X의 각 원소 x에 z의 원소 $g(f(x))$를 대응시키는 X에서 Z로의 함수를 f 와 g 의 합성함수라 하고

$$(g \circ f)(x) = g(f(x))$$

와 같이 나타낸다.

여기서 두 개의 함수 f와 g를 합성할 때 합성의 순서를 바꾸어 $f \circ g$와 $g \circ f$를 만들어 보면, 그 대응규칙이 다르므로

$$f \circ g \neq g \circ f$$

이다. 그러나 세 개의 함수 f, g, h가

$$f : X \longrightarrow Y, \quad g : Y \longrightarrow Z, \quad h : Z \longrightarrow W$$

와 같이 정의되었다 할 때,

$$(h \circ g) \circ f = h \circ (g \circ f)$$

인 관계가 성립함을 알 수 있다.

예제 13 두 개의 함수 $f(x) = 2x + 1$, $g(x) = x^2$일 때 $g \circ f$와 $f \circ g$를 구하여라.

[해] $(g \circ f)(x) = g(f(x)) = g(2x+1) = (2x+1)^2 = \mathbf{4x^2 + 4x + 1}$

$(f \circ g)(x) = f(g(x)) = f(x^2) = \mathbf{2x^2 + 1}$

여기서 $g \circ f \neq f \circ g$ 임을 알 수 있다.

예제 14 두 개의 함수 $f(x) = x + 1$, $g(x) = 3x + 2$에서 $(g \circ f)(1)$, $(f \circ g)(2)$, $(g \circ f \circ g)(-2)$를 구하여라.

[해] $(g \circ f)(1) = g(2) = 3 \cdot 2 + 2 = \mathbf{8}$

$(f \circ g)(2) = f(8) = 8 + 1 = \mathbf{9}$

$(g \circ f \circ g)(-2) = g \circ f(-4) = g(-3) = 3 \cdot (-3) + 2 = \mathbf{-7}$

(6) 역함수

함수 $f : X \longrightarrow Y$가 일대일 대응일 때 Y의 원소 y에 X의 원소 x를 대응시켜 Y를 정의역, X를 공역으로 하는 함수를 f의 **역함수**(inverse function)라고 하며 기호는

$$f^{-1} : Y \longrightarrow X$$

로 나타낸다.

일반적으로 함수 $y = f(x)$에서 x 대신에 y, y 대신에 x를 바꾸어 대입한

$$x = f(y)$$

를 y에 대해서 풀면

$$\boldsymbol{y = f^{-1}(x)}$$

이다. 이 $f^{-1}(x)$를 함수 $y = f(x)$의 역함수라 한다.

역함수의 특징은 x와 y의 교환에 있고, 한편 점 (x, y)와 점 (y, x)는 언제나 직선 $y = x$에 관해서 대칭인 위치에 있으므로 서로 역함수인 두 개 함수의 그래프는 [그림 1-9]와 같이 직선 $y = x$에 관하여 서로 대칭이 됨을 알 수가 있다.

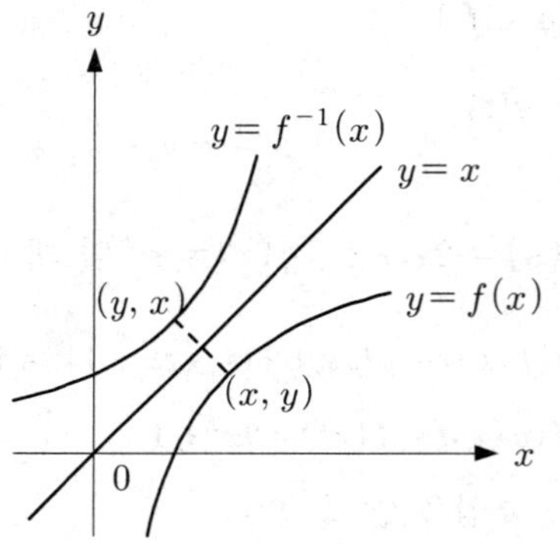

[그림 1-9] 역함수

예제 15 다음 함수의 역함수를 구하여라.

① $y = 2x + 1$　　② $y = x^2$　　③ $y = \sqrt{x-1}$

[해] ① x와 y를 바꾸어 놓으면 $x = 2y + 1$, y에 관해서 풀면 $y = \frac{1}{2}(x-1)$,

즉, 역함수는 $\boldsymbol{f^{-1}(x) = \frac{1}{2}(x-1)}$

② $x = y^2$, $\therefore \boldsymbol{y = f^{-1}(x) = \pm\sqrt{x}}$

③ $y = \sqrt{x-1}\ (y \geq 0)$, $x = y^2 + 1\ (y \geq 0)$에서 x와 y를 바꿔 쓰면

$y = x^2 + 1\ (x \geq 0)$

$\therefore \boldsymbol{f^{-1}(x) = x^2 + 1}(x \geq 0)$

예제 16 $f(x)=\dfrac{x-2}{3x+4}$에 대하여 $f\circ g(x)=x$ 를 만족하는 $g(x)$를 구하여라.

[해] $f\circ g(x)=x$ 가 성립할 때 f와 g는 서로 역함수이므로 $g(x)$는 $f(x)$의 역함수, 즉 $g(x)=f^{-1}(x)$

$y=\dfrac{x-2}{3x+4}$ 에서 x와 y를 바꾸어 놓으면 $x=\dfrac{y-2}{3y+4}$, y에 관해서 풀면 역함수

$$f^{-1}(x)=g(x)=-\frac{4x+2}{3x-1}$$

1-3 유리함수

함수 $y=f(x)$에서 $f(x)$가 x에 관한 다항식일 때, 이 함수를 **다항함수**라 한다. 그리고 다항식 $f(x)$가 일차, 이차, 삼차일 때의 다항함수를 각각 **일차함수**, **이차함수**, **삼차함수**라고 한다.

특히, C가 상수일 때의 함수 $f(x)=C$를 **상수함수**라고 한다.

또한, 함수 $y=f(x)$가 x에 관한 유리식일 때 이 함수를 **유리함수**라 하고, 특히 분모가 상수가 아닌 유리함수일 때 이 함수를 **분수함수**라 한다. 이를테면,

$$y=x+1,\ y=x^2+x+1,\ y=x^3+2x+3$$

은 다항함수이고

$$y=\frac{1}{x},\ y=\frac{2}{x-1},\ y=\frac{4x}{2x+3}$$

는 분수함수이다. 아울러, 다항함수와 분수함수를 통틀어서 **유리함수**라 한다.

여기서는 다항함수 중에서 일차함수와 이차함수, 그리고 분수함수의 그래프를 간단히 다루기로 한다.

(1) $y=ax+b$의 그래프

일차함수 $y=ax+b$는 기울기가 a이고, y 절편이 b인 직선이다. 직선이 x축의 양의 방향과 이루는 각을 θ라고 하면

$$a = \tan\theta$$

이다.

$a > 0$일 때 x가 증가하면 y도 증가하고, $a < 0$일 때 x가 증가하면 y는 감소한다.

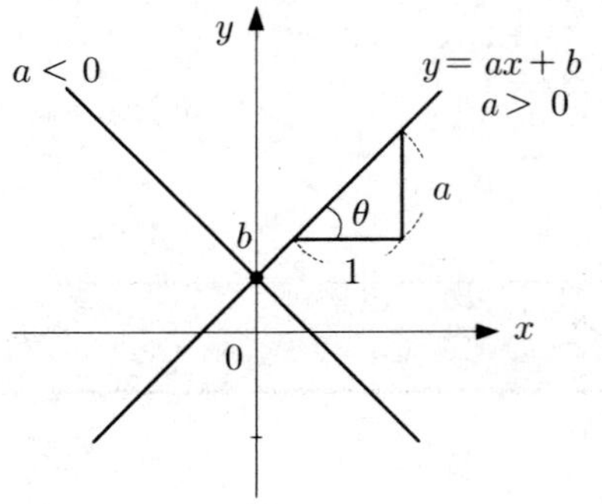

[그림 1-10]

예제 17 다음 일차함수의 그래프를 그리고 기울기, y 절편, x축의 양의 방향과 이루는 방향각 θ를 구하여라.

① $y = -x + 2$　　　　② $x - \sqrt{3}\,y = 1$

[해] ① 기울기 : -1, y 절편 : 2, 구하는 각을 θ라 하면 $\tan\theta = -1$에서 $\boldsymbol{\theta = 135°}$이고, 그래프는 [그림 1-11]이다.

② $y = \dfrac{1}{\sqrt{3}}x - \dfrac{1}{\sqrt{3}}$에서 기울기 : $\dfrac{1}{\sqrt{3}}$, y 절편 : $-\dfrac{1}{\sqrt{3}}$, $\tan\theta = \dfrac{1}{\sqrt{3}}$에서 $\boldsymbol{\theta = 30°}$이고 그래프는 [그림 1-12]이다.

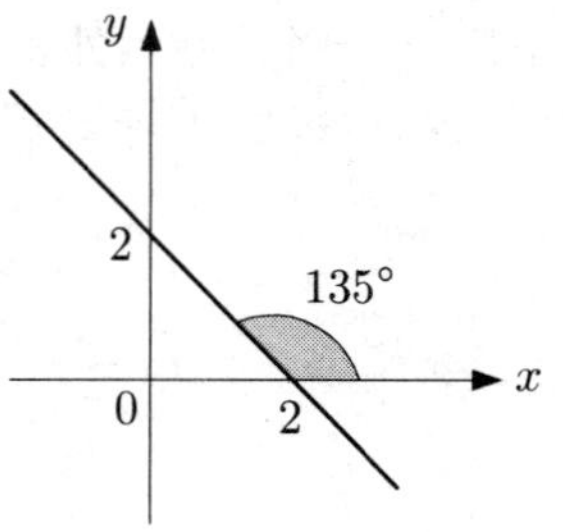

[그림 1-11]

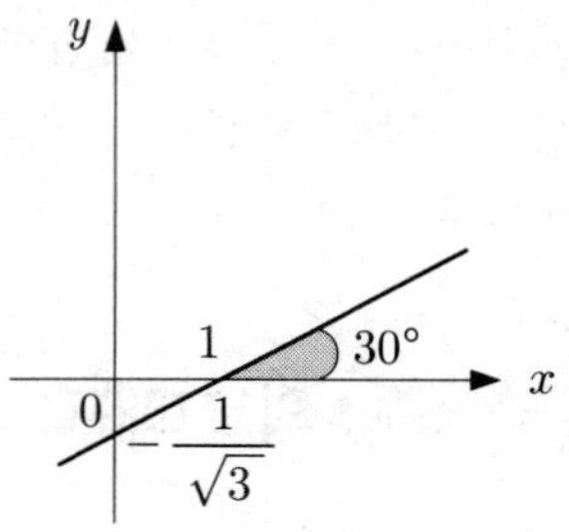

[그림 1-12]

예제 18 다음 각 함수의 그래프를 그려라.

① $y=|x+2|-1$ ② $|y-1|=x+2$

[해] 먼저, $A\geqq 0$일 때 $|A|=A$, $A<0$일 때 $|A|=-A$와 같이 절대값 기호를 없앤 식을 생각한다.

① $y=|x+2|-1$에서

$x+2\geqq 0$일 때, 곧 $x\geqq -2$일 때

$y=(x+2)-1=x+1$

$x+2<0$일 때, 곧 $x<-2$일 때

$y=-(x+2)-1=x-3$

따라서 구하는 그래프는 [그림 1-13]과 같다.

② $|y-1|=x+2$에서

$y-1\geqq 0$일 때, 곧 $y\geqq 1$일 때

$(y-1)=x+2 \quad \therefore y=x+3$

$y-1<0$일 때, 곧 $y<1$일 때

$-(y-1)=x+2 \quad \therefore y=-x-1$

따라서 구하는 그래프는 [그림 1-14]와 같다.

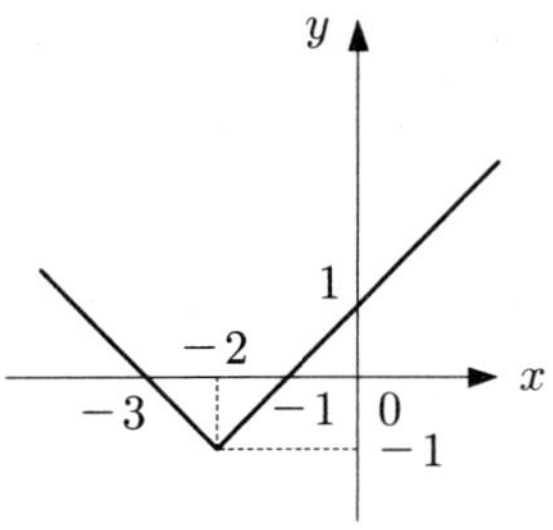

[그림 1-13]

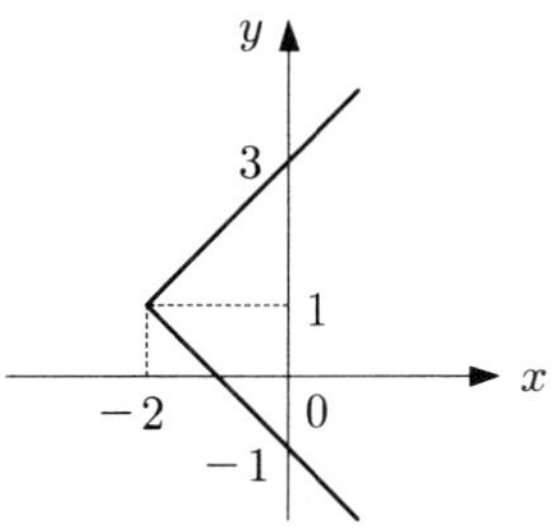

[그림 1-14]

(2) $y=ax^2+bx+c$의 그래프

이차함수 $y=ax^2+bx+c$에서

$$y=ax^2+bx+c=a\left(x^2+\frac{b}{a}x\right)+c$$

$$=a\left(x+\frac{b}{2a}\right)^2-\frac{b^2-4ac}{4a}$$

따라서, $y = ax^2 + bx + c$ 의 그래프는 [그림 1-15]와 같이

축의 방정식 $x = -\dfrac{b}{2a}$

꼭지점 $\left(-\dfrac{b}{2a}, -\dfrac{b^2-4ac}{4a}\right)$

인 포물선이다.

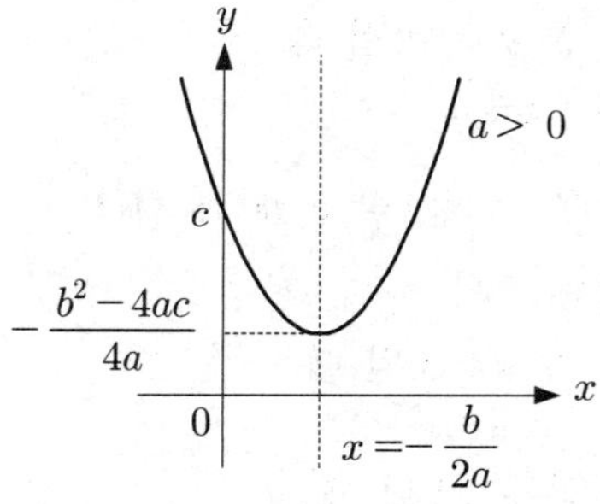

[그림 1-15]

여기서, $a > 0$ 이면 포물선은 **아래로 볼록(∪)**하고, $a < 0$ 이면 **위로 볼록(∩)**하다.

한편, 이차함수 $y = ax^2 + bx + c$ 의 그래프와 x 축과의 교점의 x 좌표는 이차방정식 $ax^2 + bx + c = 0$ 의 실근이다. 그리고 이 실근의 개수는 판별식 $D = b^2 - 4ac$ 의 부호에 따라 결정된다.

따라서, $ax^2 + bx + c = 0$ 의 판별식 D 와 근 사이에는 $a > 0$ 일 때 [그림 1-16]과 같은 관계가 있다.

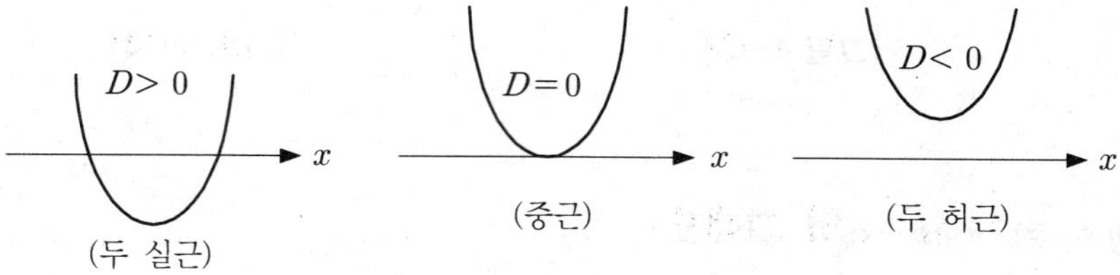

[그림 1-16]

예제 19 $y = x^2 - 4x + 1$ 의 그래프는 $y = x^2$ 의 그래프를 어떻게 평행이동한 것인가?

[해] $y = x^2 - 4x + 1 = (x-2)^2 - 3$ 에서 **x 축 방향으로 2, y 축 방향으로 -3** 을 평행이동한 것이다.

예제 20 함수 $y=x^2-2x-1$에 대하여 다음 물음에 답하여라.

① 이 함수의 그래프를 그리고, 치역을 구하여라.

② 이 함수의 정의역이 $-1 \leqq x \leqq 2$일 때, 치역을 구하여라.

[해] ① $y=x^2-2x-1=(x-1)^2-2$이므로 축이 $x=1$, 꼭지점이 $(1,-2)$이다. 따라서, 그래프는 [그림 1-18]과 같으며 **치역은** $\{y \mid y \geqq -2\}$이다.

② 주어진 함수를 $y=f(x)$라고 하면, 이 함수의 정의역이 [그림 1-18]의 포물선에서 $-1 \leqq x \leqq 2$인 부분이다. 이때, $f(-1)=2$이므로 **치역은** $\{y \mid -2 \leqq y \leqq 2\}$이다.

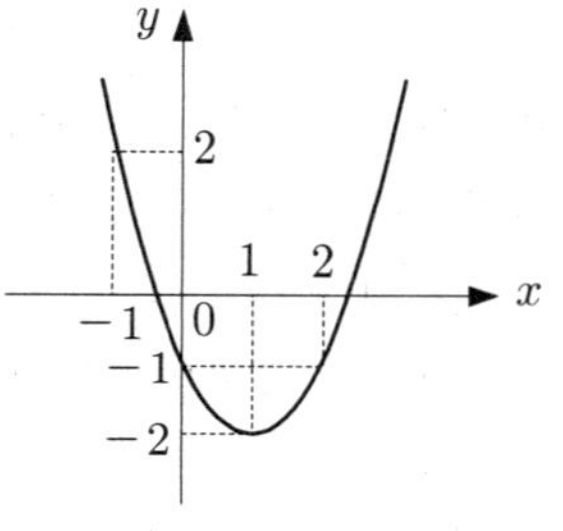

[그림 1-17]

예제 21 이차함수 $y=x^2-kx+1$의 그래프가 x축과 서로 다른 두 점에서 만나도록 상수 k값의 범위를 정하여라.

[해] $y=x^2-kx+1$의 그래프가 x축과 두 점에서 만나려면, $x^2-kx+1=0$에서 $D>0$이어야 하므로

$D=k^2-4>0$

$\therefore k<-2,\ k>2$

(3) $y=\dfrac{a}{x}$의 그래프

a의 여러 가지 값, 이를테면 1, 2 및 −1, −2에 대하여 함수 $y=\dfrac{a}{x}$의 그래프를 그리면 [그림 1-18]과 같은 곡선을 얻는다.

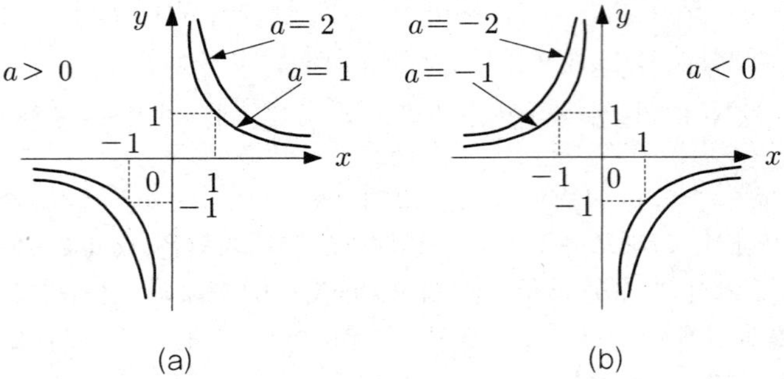

[그림 1–18]

이들 곡선을 **쌍곡선**이라고 한다. [그림 1–18]의 쌍곡선 위의 점은 원점으로부터 좌우로 멀어질수록 x 축에 한없이 가까워지고, 또 원점으로부터 상하로 멀어질수록 y 축에 한없이 가까워짐을 알 수 있다.

이와 같이 곡선 위의 점이 한없이 가까워지는 일정한 직선을 그 곡선의 **점근선**이라고 한다.

특히 점근선이 [그림 1–18]과 같이 직교하는 쌍곡선을 **직각쌍곡선**이라고 한다. 이상으로 함수 $y=\dfrac{a}{x}$의 그래프는 다음과 같은 성질이 있다.

■ $y=\dfrac{a}{x}$의 성질 ■

① 정의역, 치역은 모두 0을 제외한 실수의 집합이다.
② 원점에 관해서 대칭인 직각쌍곡선이다.
③ 점근선은 x 축과 y 축이다.
④ $a>0$이면 제1, 제3 사분면에 있고, $a<0$이면 제2, 제4 사분면에 그래프가 있다.
⑤ $|a|$가 클수록 그래프는 원점에서 멀어져 간다.

예제 22 $y=\dfrac{4}{x}$의 그래프를 그려라. 또, 이 함수의 역함수는 그 자신과 같음을 보여라.

[해] 대응표는 다음과 같다.

x	$\cdots$	-2	-1	1	2	4	$\cdots$
$y=\dfrac{4}{x}$	$\cdots$	-2	-4	4	2	1	$\cdots$

따라서, 구하는 그래프는 [그림 1-19]와 같고, 이 그래프는 직선 $y=x$에 대하여 대칭이므로 역함수는 그 자신과 같다.

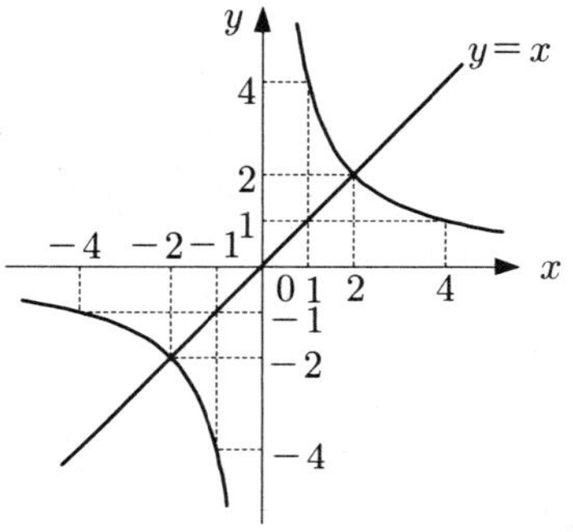

[그림 1-19]

예제 23 다음 함수의 그래프를 그려라.

① $y=\dfrac{1}{|x|}$　　② $|y|=\dfrac{1}{x}$　　③ $|y|=\dfrac{1}{|x|}$

[해] ①

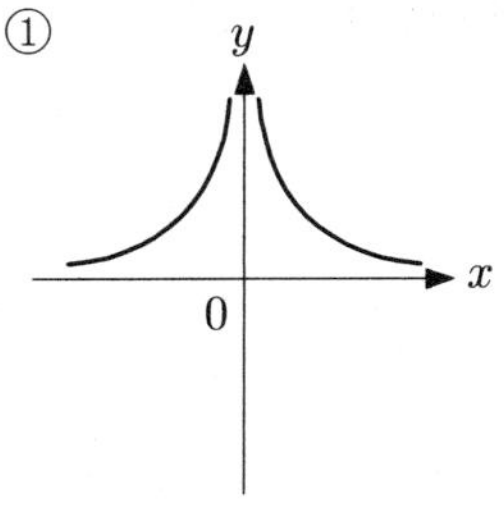

[그림 1-20]

②

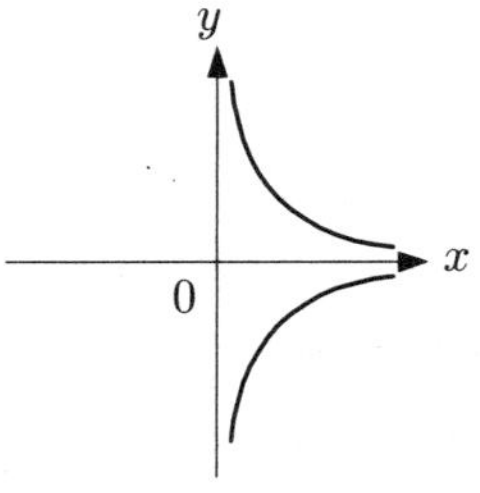

[그림 1-21]

③

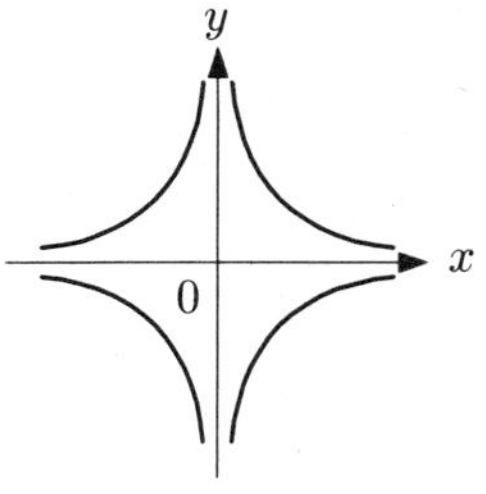

[그림 1-22]

예제 24 함수 $y=\dfrac{2x-1}{x-1}$의 그래프를 그려라.

[해] $y=\dfrac{2x-1}{x-1}=\dfrac{1}{x-1}+2$이므로 이 함수의 그래프는 쌍곡선 $y=\dfrac{1}{x}$을 x축의 방향으로 1, y축의 방향으로 2만큼 평행이동한 것이다.

따라서, 구하는 그래프는 [그림 1-23]과 같이, 두 직선 $x=1$, $y=2$를 점근선으로 하는 쌍곡선이다.

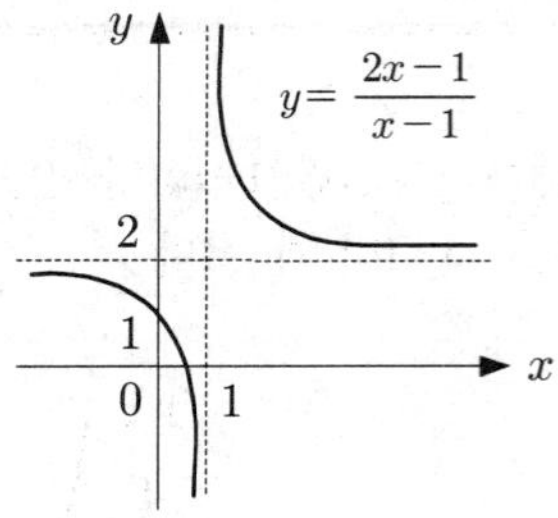

[그림 1-23]

1-4 무리함수

함수 $y=f(x)$가

$$y=\sqrt{x}\ ,\ y=\sqrt{2-x}\ ,\ y=\sqrt{x^2+1}+3$$

와 같이 $f(x)$가 x에 관한 무리식일 때 이 함수를 **무리함수**라고 한다.

■ $y=\pm\sqrt{ax}$의 그래프

함수 $y=\sqrt{x}$ 의 그래프에 대하여 알아보자.

함수 $y=\sqrt{x}$ 에서 정의역은 $\{x \mid x \geq 0$인 실수$\}$이고, 이때 함수값 y는 $y \geq 0$인 값을 취한다. 또 근호의 뜻에서

$$y=\sqrt{x}\ (x\geq 0,\ y\geq 0)$$
$$x=y^2\ \ (x\geq 0,\ y\geq 0)$$

임을 알 수 있다.

$x=y^2(x\geq 0,\ y\geq 0)$에서 x와 y를 바꾸면, $y=x^2(x\geq 0,\ y\geq 0)$이다.

따라서, 함수 $y=\sqrt{x}\ (x \geqq 0)$는 $y=x^2(x \geqq 0)$의 역함수가 됨을 알 수 있으며, 그래프는 [그림 1-24]와 같이 $y=x$에 대하여 대칭이다.

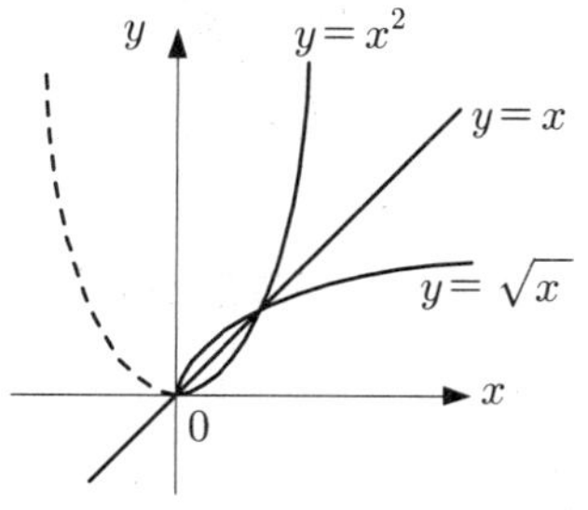

[그림 1-24]

따라서, 일반적으로 함수 $y=\sqrt{ax}$, $y=-\sqrt{ax}$의 그래프는 $a>0$, $a<0$에 따라 [그림 1-25], [그림 1-26]과 같은 그래프로 나타난다.

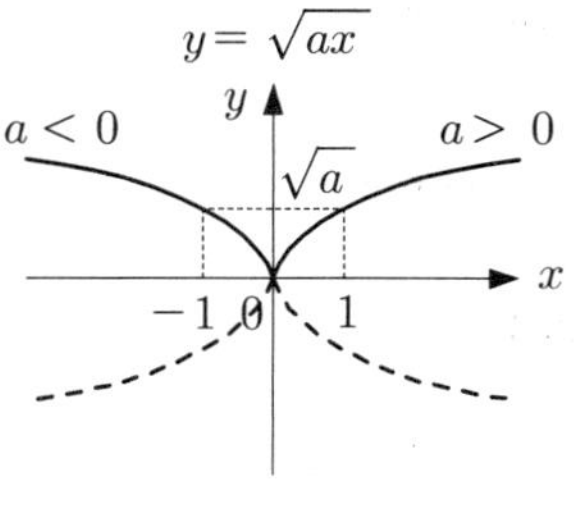

[그림 1-25]

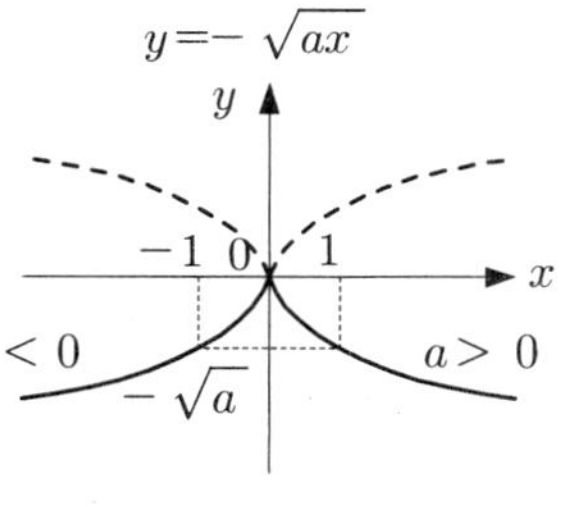

[그림 1-26]

예제 25 무리함수 $y=\sqrt{3x}$의 역함수를 구하고, 역함수의 그래프를 이용하여 이 무리함수의 그래프를 그려라.

[해] $y=\sqrt{3x}$에 대하여 정의역은 $\{x \mid x \geqq 0\}$, 치역은 $y\{y \geqq 0\}$이다. $y=\sqrt{3x}$에서 x를 y로 나타내면

$$x=\frac{1}{3}y^2(y \geqq 0)$$

따라서, 이 함수의 역함수는 $y=\frac{1}{3}x^2(x \geqq 0)$이다. 그런데, $y=\sqrt{3x}$의 그래프는 그 역함수 $y=\frac{1}{3}x^2(x \geqq 0)$의 그래프와 직선 $y=x$에 대하여 대칭이므로 [그림 1-27]과 같다.

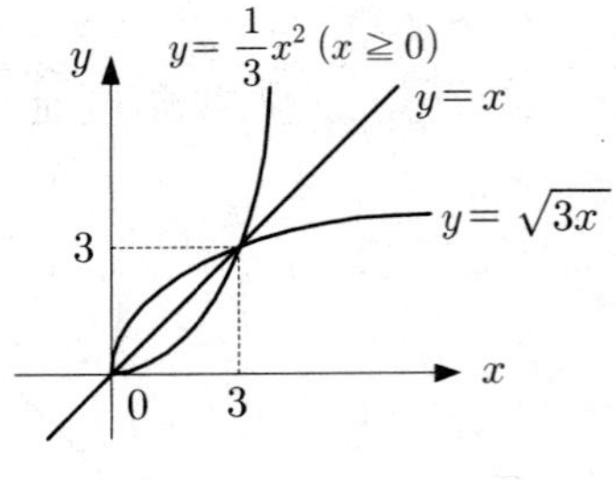

[그림 1-27]

예제 26 함수 $y=\sqrt{x+2}$ 의 그래프를 그려라.

[해] $y=\sqrt{x+2}=\sqrt{x-(-2)}$ 이므로, 이 함수의 그래프는 $y=\sqrt{x}$ 의 그래프를 x축의 방향으로 -2만큼 평행이동한 것이므로 구하는 그래프는 [그림 1-28]과 같다.

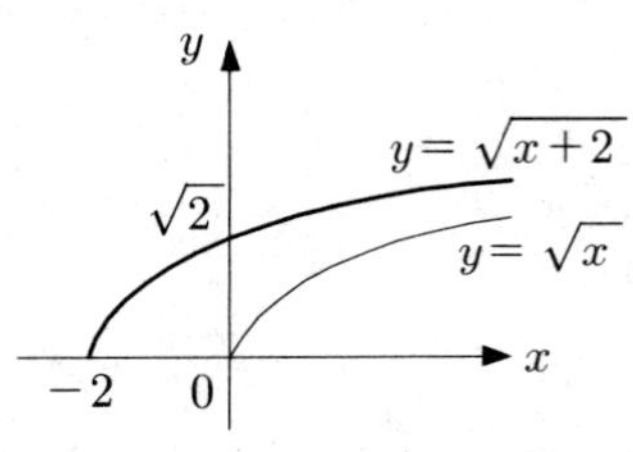

[그림 1-28]

예제 27 함수 $y=\sqrt{2x-4}+1$ 의 그래프를 그려라.

[해] $y=\sqrt{2x-4}+1=\sqrt{2(x-2)}+1$ 로 변형되므로 $y=\sqrt{2x}$ 의 그래프를 x축 방향으로 2, y축 방향으로 1만큼 평행이동한 [그림 1-29]가 된다.

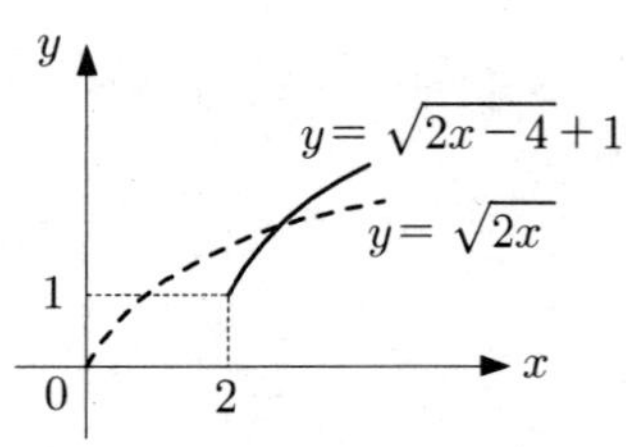

[그림 1-29]

■ 연습문제 1 ■

1-1 등식 $|x-2|=5$를 만족시키는 x의 값을 구하여라.

1-2 $f(x)=\dfrac{1-x}{1+x}$일 때 $f(2)$, $f(-2)$를 구하여라.

1-3 다음 함수의 정의역과 치역을 구하여라.

① $y=x+5$ ② $y=\dfrac{1}{x-1}$

③ $y=\sqrt{4-x^2}$ ④ $y=x^2-2x+3$

1-4 $f(x)=x^2+1$, $g(x)=x+1$일 때, $g\circ f$와 $f\circ g$를 구하여라.

1-5 다음 함수의 역함수를 구하여라.

① $y=\sqrt{1+x}$ ② $y=x^3$

③ $y=3x^2-1$ ④ $y=\dfrac{2}{3}x-1$

1-6 다음 일차함수의 기울기, y절편, x축의 양의 방향과 이루는 각을 구하여라.

① $y=\sqrt{3}\,x+2$ ② $y=x-3$

1-7 다음 함수의 그래프를 그려라.

① $y=|x-2|+1$ ② $|x|-2|y|=1$

1-8 다음 이차함수의 꼭지점의 좌표, 대칭축의 방정식 및 x축과의 교점의 좌표를 구하고, 그 그래프를 그려라.

① $y=-x^2+4x-3$ ② $y=\dfrac{1}{2}x^2+x-\dfrac{3}{2}$

1-9 다음 조건을 만족시키고 대칭축이 y축에 평행한 포물선의 방정식을 구하여라.

① $x=-1$에서 x축에 접하고 점 $(-2, 3)$을 지난다.

② 꼭지점이 $(1, 3)$이고, 점 $(2, 5)$를 지난다.

③ 세 점 $(1, 0)$, $(2, 0)$, $(3, 2)$를 지난다.

④ 세 점 $(0, 3)$, $(-1, 0)$, $(1, 4)$를 지난다.

1-10 $y=\dfrac{1}{x-2}+3$ 의 그래프를 그려라.

1-11 다음 함수의 그래프를 그리고, 정의역과 치역을 구하여라.

① $y=-\sqrt{2x+4}+2$ ② $y=\sqrt{6-3x}-1$

1-5 지수함수

(1) 거듭제곱

어떤 수 a를 n번 곱한 것을 a의 **n 제곱**이라 하고, a^n 으로 나타낸다. 특히 a^2 은 a의 **제곱**이라 하고, a^1 은 a로 나타낼 때, a, a^2, a^3, …을 모두 a의 **거듭제곱**이라 하고, a^n 에서 a를 거듭제곱의 **밑**, n을 거듭제곱의 **지수**라고 한다.

이상으로 거듭제곱의 정의로부터 다음과 같은 지수법칙이 성립함을 알 수 있다.

■ **지수법칙** ■

m, n이 양의 정수일 때

① $a^m a^n = a^{m+n}$ ② $(a^m)^n = a^{mn}$

③ $(ab)^n = a^n b^n$ ④ $\left(\dfrac{a}{b}\right)^n = \dfrac{a^n}{b^n}$ $(b \neq 0)$

⑤ $\dfrac{a^m}{a^n} = \begin{cases} a^{m-n} & (m>n) \\ 1 & (m=n) \\ \dfrac{1}{a^{n-m}} & (m<n) \end{cases}$ $(a \neq 0)$

예제 28 다음 식을 간단히 하여라. (단, $a \neq 0$)

① $a^3 a^5$ ② $(a^4)^3$ ③ $(a^2 a^3)^6$

④ $\{(a^2)^3\}^4$ ⑤ $\dfrac{a^5}{a^2}$ ⑥ $\dfrac{(a^3)^2}{a^9}$

[해] ① $a^3 a^5 = a^{3+5} = \boldsymbol{a^8}$ ② $(a^4)^3 = a^{4\times 3} = \boldsymbol{a^{12}}$

③ $(a^2a^3)^6=(a^2)^6(a^3)^6=\boldsymbol{a^{12}a^{18}}$　　④ $\{(a^2)^3\}^4=(a^6)^4=\boldsymbol{a^{24}}$

⑤ $\dfrac{a^5}{a^2}=a^{5-2}=\boldsymbol{a^3}$　　⑥ $\dfrac{(a^3)^2}{a^9}=\dfrac{a^6}{a^9}=\dfrac{1}{a^{9-6}}=\boldsymbol{\dfrac{1}{a^3}}$

(2) 거듭제곱근

n 제곱해서 a가 되는 수, 즉 방정식 $x^n=a$의 해를 a의 n 제곱근이라 하며 n이 2, 3, 4, …임에 따라 **제곱근**, **세제곱근**, **네제곱근**, … 등으로 부르는데 이들을 통틀어 **거듭제곱근**이라 한다. 이를테면, 9의 제곱근은 ± 3, -8의 세제곱근은 -2, $1\pm\sqrt{3}\,i$ 이다.

일반적으로 실수 a의 n 제곱근 중 실수가 되는 것은 다음 각 경우로 나누어 생각할 수 있다.

■ a의 n 제곱근 ■

1) n이 홀수인 경우

a의 n 제곱근 중에서 실수인 것은 오직 1개 있으며, 이것을 $\sqrt[n]{a}$ 로 나타낸다.

2) n이 짝수인 경우

① $a>0$일 때 a의 n 제곱근 중에서 실수인 것은 양(+), 음(−)의 두 개가 있으며 양인 것을 $\sqrt[n]{a}$, 음인 것을 $-\sqrt[n]{a}$ 로 나타낸다.

② $a<0$일 때 a의 n 제곱근 중에서 실수인 것은 없다.

이를테면, 3 제곱해서 8이 되는 수, 즉 $x^3=8$을 만족하는 x를 8의 3 제곱근이라 하므로, 이때 $x^3=8$을 만족하는 x를 구해 보면

$$x^3=8,\ x^3-2^3=0,\ (x-2)(x^2+2x+4)=0$$
$$\therefore x=2,\ -1+\sqrt{3}\,i,\ -1-\sqrt{3}\,i$$

이므로 8의 3 제곱근은 $2,\ -1+\sqrt{3}\,i,\ -1-\sqrt{3}\,i$ 이다. 이 중에서 실수인 것 2를 기호 $\sqrt[3]{8}$ 로 나타내기로 정의하고, $\sqrt[3]{8}$ 을 3 제곱근 8이라 읽는다.

마찬가지로 -8의 3 제곱근, 즉 $x^3=-8$을 만족하는 x는 -2, $1+\sqrt{3}\,i$, $1-\sqrt{3}\,i$ 의 세 개가 있는데, 이 중에서 실수인 것 -2만을 $\sqrt[3]{-8}$ 로 나타낸다.

또, 4 제곱해서 16이 되는 수, 즉 $x^4=16$을 만족하는 x를 16의 4제곱근이라 한다. 이때 $x^4=16$을 만족하는 x를 구해 보면

$$x^4=16,\ x^4-16=0,\ (x-2)(x+2)(x^2+4)=0$$
$$\therefore\ x=2,\ -2,\ 2i,\ -2i$$

이므로 16의 4제곱근은 $2,\ -2,\ 2i,\ -2i$이다. 이 중에서 양의 실수인 2를 $\sqrt[4]{16}$, 음의 실수인 -2를 $-\sqrt[4]{16}$으로 나타낸다.

참고로, -16의 4제곱근, 즉 $x^4=-16$을 만족하는 x 중에는 실수인 것이 존재하지 않으므로 $\sqrt[4]{-16}$과 같은 기호는 사용하지 않는다.

특히, 0의 n제곱근은 0이고 $\sqrt[n]{0}=0$으로 정의한다. 또한, a의 제곱근을 n제곱해서 a가 되는 수이므로

$$(\sqrt[n]{a})^n=a \quad (a\geq 0)$$

가 된다. 단, $\sqrt[2]{a}$는 단순히 $\sqrt{a}$로 나타낸다.

이상으로 거듭제곱근 사이에는 다음과 같은 성질들이 성립한다.

■ 거듭제곱근의 성질 ■

① $\sqrt[n]{a}\sqrt[n]{b}=\sqrt[n]{ab}$　　② $\dfrac{\sqrt[n]{a}}{\sqrt[n]{b}}=\sqrt[n]{\dfrac{a}{b}}$

③ $(\sqrt[n]{a})^m=\sqrt[n]{a^m}$　　④ $\sqrt[m]{\sqrt[n]{a}}=\sqrt[mn]{a}=\sqrt[n]{\sqrt[m]{a}}$

예제 29 다음 값을 구하여라.

① $\sqrt[4]{81}$　② $\sqrt[5]{-32}$　③ $\sqrt[4]{2}\sqrt[4]{8}$

④ $\dfrac{\sqrt[3]{2}}{\sqrt[3]{16}}$　⑤ $\sqrt[4]{16^3}$　⑥ $\sqrt[4]{\sqrt[3]{16}}\times\sqrt{\sqrt[3]{16}}$

[해] ① $\sqrt[4]{81}=\sqrt[4]{3^4}=\mathbf{3}$

② $\sqrt[5]{-32}=\sqrt[5]{(-2)^5}=\mathbf{-2}$

③ $\sqrt[4]{2}\sqrt[4]{8}=\sqrt[4]{2\times 8}=\sqrt[4]{16}=\sqrt[4]{2^4}=\mathbf{2}$

④ $\dfrac{\sqrt[3]{2}}{\sqrt[3]{16}}=\sqrt[3]{\dfrac{2}{16}}=\sqrt[3]{\dfrac{1}{8}}=\sqrt[3]{\left(\dfrac{1}{2}\right)^3}=\mathbf{\dfrac{1}{2}}$

⑤ $\sqrt[4]{16^3}=(\sqrt[4]{16})^3=2^3=\mathbf{8}$

⑥ $\sqrt[4]{\sqrt[3]{16}}\times\sqrt{\sqrt[3]{16}}=\sqrt[3]{\sqrt[4]{16}}\times\sqrt[3]{\sqrt{16}}=\sqrt[3]{2}\times\sqrt[3]{4}=\sqrt[3]{8}=\mathbf{2}$

(3) 지수의 확장

1) 정수인 지수

앞에서 지수법칙

$$a^m \times a^n = a^{m+n} \quad \cdots\cdots\cdots\cdots\cdots \text{ⓐ}$$

이 성립하는 경우는 m, n이 양의 정수일 때로 한정하였으나 m, n이 0 또는 음의 정수일 때도 정의하여, 지수법칙 ⓐ가 $m=2$, $n=0$인 경우에도 성립한다고 하면

$$a^2 a^0 = a^{2+0}, \qquad a^2 a^0 = a^2$$

$$\therefore a^0 = 1$$

또, $a \neq 0$일 때 지수법칙 ⓐ가 $m=2$, $n=-2$인 경우에도 성립한다고 하면

$$a^2 a^{-2} = a^{2+(-2)} = a^0 = 1, \ a^2 a^{-2} = 1$$

여기서 양변을 a^2로 나누면

$$a^{-2} = \frac{1}{a^2}$$

따라서, 0 또는 음의 정수인 지수를 다음과 같이 정의한다.

■ 0 또는 음의 정수인 지수 ■

$a \neq 0$이고, n이 양의 정수일 때

$$a^0 = 1, \ a^{-n} = \frac{1}{a^n}$$

2) 분수인 지수

마찬가지로 지수법칙

$$(a^m)^n = a^{mn}$$

도 이제까지는 m, n이 양의 정수일 때 성립하는 것으로 정의하였다.

이제, 지수가 분수일 때도 성립한다고 하면

$$\left(a^{\frac{1}{n}}\right)^n = a^{\frac{1}{n}\times n} = a, \qquad 즉\ a^{\frac{1}{n}} = \sqrt[n]{a}$$

$$\left(a^{\frac{m}{n}}\right)^n = a^{\frac{m}{n}\times n} = a^m, \qquad 즉\ a^{\frac{m}{n}} = \sqrt[n]{a^m}$$

이 되므로 다음과 같은 분수지수가 정의된다.

■ 분수지수의 정의 ■

$a>0$, m이 정수이고, n이 2 이상의 정수일 때

$$a^{\frac{1}{n}} = \sqrt[n]{a}, \qquad a^{\frac{m}{n}} = \sqrt[n]{a^m}, \qquad a^{-\frac{m}{n}} = \frac{1}{\sqrt[n]{a^m}}$$

3) 유리수인 지수

앞에서 정의한 정수지수와 분수지수를 활용하면 지수가 유리수일 때도 다음과 같은 지수법칙이 성립한다.

■ 유리수의 지수법칙 ■

a, b가 양수이고, m, n이 유리수일 때

① $a^m \times a^n = a^{m+n}$ ② $(a^m)^n = a^{mn}$

③ $(ab)^m = a^m b^m$ ④ $\left(\frac{a}{b}\right)^m = \frac{a^m}{b^m}$

⑤ $\frac{a^m}{a^n} = a^{m-n}$

예제 30 다음 값을 구하여라.

① $(-3)^0$ ② $\left(\frac{1}{2}\right)^0$ ③ $(-5)^{-2}$

[해] ① $(-3)^0 = \mathbf{1}$ ② $\left(\frac{1}{2}\right)^0 = \mathbf{1}$

③ $(-5)^{-2} = \frac{1}{(-5)^2} = \mathbf{\frac{1}{25}}$

예제 31 다음 값을 구하여라.

① $2^{\frac{1}{2}} \cdot 3^{\frac{1}{2}}$ ② $81^{\frac{3}{4}}$ ③ $16^{-\frac{3}{4}}$

④ $8^{\frac{7}{6}} \times 8^{-\frac{1}{2}} \div 8^{\frac{1}{3}}$ ⑤ $\sqrt[3]{2^5} \cdot \sqrt[3]{10} \cdot \sqrt[3]{25}$

[해] ① $2^{\frac{1}{2}} \cdot 3^{\frac{1}{2}} = (2 \cdot 3)^{\frac{1}{2}} = 6^{\frac{1}{2}} = \boldsymbol{\sqrt{6}}$

② $81^{\frac{3}{4}} = \sqrt[4]{81^3} = (\sqrt[4]{81})^3 = 3^3 = \mathbf{27}$

③ $16^{-\frac{3}{4}} = \dfrac{1}{\sqrt[4]{16^3}} = \dfrac{1}{(\sqrt[4]{2^4})^3} = \dfrac{1}{2^3} = \boldsymbol{\dfrac{1}{8}}$

④ 준식$= 8^{\frac{7}{6} + \left(-\frac{1}{2}\right) - \frac{1}{3}} = 8^{\frac{1}{3}} = \mathbf{2}$

⑤ 준식$= \sqrt[3]{2^5 \times (2 \times 5) \times 5^2} = \sqrt[3]{2^6 \times 5^3} = 4 \times 5 = \mathbf{20}$

(4) 지수함수의 그래프

$a > 0$ 일 때, 실수 x 에 대하여 a^x 을 대응시키는 함수

$$y = a^x$$

을 a **밑**(base)으로 하는 x 의 **지수함수**(exponential function)라고 한다.

$a = 1$ 인 경우는 모든 실수 x 에 대하여 $y = a^x = 1^x = 1$ 이 되므로 $a \neq 1$ 이 아닌 양수를 전제로 한다.

$a < 0$ 일 때는 x 의 값에 따라서 y 가 허수가 되는 경우가 있으므로 지수함수에 있어서는 $a < 0$ 인 경우는 다루지 않기로 한다.

지수함수 $y = 2^x$ 과 $y = \left(\dfrac{1}{2}\right)^x$ 의 그래프를 그려 보자.

x 는 실수값을 가지면서 변하지만 편의상 x 가 여러 가지의 정수값을 가지면서 변할 때 y 의 값은 〈표 1-1〉과 같다.

〈표 1-1〉

x	……	-3	-2	-1	0	1	2	3……
$y = 2^x$	……	$\frac{1}{2^3}$	$\frac{1}{2^2}$	$\frac{1}{2}$	1	2	2^2	2^3
$y = \left(\frac{1}{2}\right)^x$	……	2^3	2^2	2	1	$\frac{1}{2}$	$\frac{1}{2^2}$	$\frac{1}{2^3}$

앞의 〈표 1-1〉을 이용하여 $y = 2^x$ 과 $y = \left(\frac{1}{2}\right)^x$ 의 그래프를 그리면 [그림 1-30]과 같다.

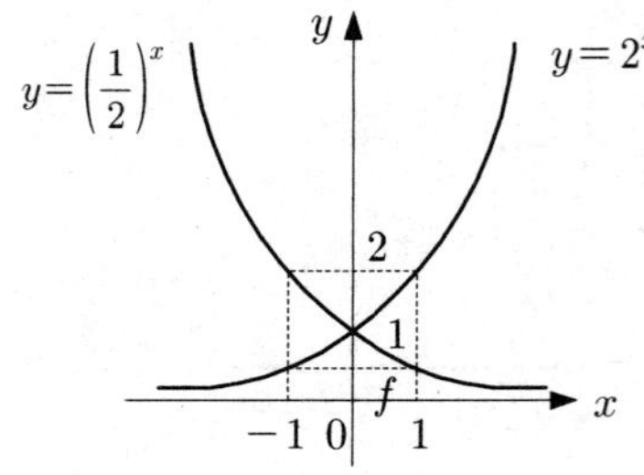

[그림 1-30]

이상의 사실로부터 지수함수 $y = a^x$ 의 그래프는 다음과 같은 성질이 있음을 알 수 있다.

■ $y = a^x \, (a > 0, a \neq 1)$의 성질 ■

① 모든 실수의 값 x 에 대하여 항상 $y > 0$ 이고, 그래프는 항상 y 축 위의 점 $(0, 1)$을 지난다.

② $a > 1$ 이고 x 가 증가하면 y 도 증가하고, $0 < a < 1$ 이고 x 가 증가하면 y 는 감소한다.

③ 그래프는 두 점 $(0, 1)$, $(1, a)$를 지나고, x 축은 곡선의 점근선이다.

④ 함수 $y = a^x$ 의 그래프와 함수 $y = \left(\frac{1}{a}\right)^x$ 의 그래프는 y 축에 대하여 대칭이다.

예제 32 함수 $y = 3^{x-1} - 1$ 의 그래프를 그려라.

[해] 주어진 함수의 그래프는 $y = 3^x$ 의 그래프를 x 축 방향으로 1만큼, y 축 방향으로 -1만큼 평행이동한 것이다. 따라서 구하는 그래프는 직선 $y = -1$을 점근선으로 하며, [그림 1-31]과 같다.

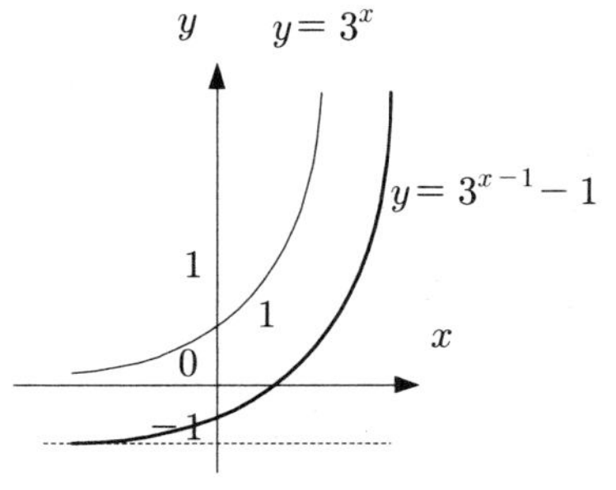

[그림 1–31]

1–6 로그함수

(1) 로그의 정의

두 수 x, y 사이에 $a^y = x$(단, $a \neq 1, a > 0$)인 관계가 있을 때, 임의의 양수 값 x에 대한 y의 값을 기호로

$$y = \log_a x$$

라고 쓰고, y를 a를 **밑**(base)으로 하는 x의 **로그**(logarithm) 또는 **로그함수**(logarithm function)라고 말하며, x를 로그 y의 **진수**(anti–logarithm)라 한다.

이상으로 로그의 정의는 다음과 같다.

■ 로그의 정의 ■

$a > 0$, $a \neq 1$, $x > 0$일 때

$$a^y = x \iff y = \log_a x$$

예제 33 다음 등식을 $y = \log_a x$의 꼴로 고쳐라.

① $4^2 = 16$ ② $10^{-2} = 0.01$ ③ $9^{\frac{1}{2}} = 3$

[해] ① $2 = \log_4 16$ ② $-2 = \log_{10} 0.01$ ③ $\frac{1}{2} = \log_9 3$

예제 34 다음 등식을 $a^y = x$ 의 꼴로 고쳐라.

① $0 = \log_{10} 1$ ② $3 = \log_2 8$ ③ $0.5 = \log_{25} 5$

[해] ① $10^0 = 1$ ② $2^3 = 8$ ③ $25^{0.5} = 25^{\frac{1}{2}} = \sqrt{25} = 5$

예제 35 다음 값을 구하여라.

① $\log_4 16$ ② $\log_8 \sqrt{2}$

[해] ① $\log_4 16 = x$ 라 놓으면, $4^x = 16$

그런데 $2^{2x} = 2^4$ 이므로 $2x = 4$, $x = 2$ $\therefore \log_4 16 = 2$

② $\log_8 \sqrt{2} = x$ 라 놓으면, $8^x = \sqrt{2}$

그런데 $2^{3x} = 2^{\frac{1}{2}}$ 이므로 $x = \dfrac{1}{6}$ $\therefore \log_8 \sqrt{2} = \dfrac{1}{6}$

(2) 로그의 성질

앞의 로그의 정의에 의하면 로그에는 $x > 0$, $y > 0$, $a > 0$, $b > 0$, $c > 0$, $a \neq 1$, $b \neq 1$, $c \neq 1$ 이면 다음과 같은 성질이 성립함을 알 수 있다.

■ $y = \log_a x$ 의 성질 ■

① $\log_a a = 1$, $\log_a 1 = 0$

② $\log_a xy = \log_a x + \log_a y$

③ $\log_a \dfrac{x}{y} = \log_a x - \log_a y$

④ $\log_a x^n = n \log_a x$

⑤ $\log_a b = \dfrac{1}{\log_b a} = \dfrac{\log_c b}{\log_c a}$

이들의 증명은 지수의 법칙을 이용하면 간단하므로 생략한다.

예제 36 다음 식을 간단히 하여라.

① $2\log_3 6 + \log_3 \dfrac{3}{4}$ ② $\log_2 6 - \log_4 9$

③ $\log_2 3 \cdot \log_3 2$ ④ $2\log_2 2 - \log_2 3 + 2\log_2 \sqrt{12}$

[해] ① $2\log_3 6 + \log_3 \dfrac{3}{4} = \log_3 6^2 + \log_3 \dfrac{3}{4} = \log_3 \left(6^2 \times \dfrac{3}{4}\right)$

$$= \log_3 \frac{36 \times 3}{4} = \log_3 27 = \log_3 3^3 = 3\log_3 3 = \mathbf{3}$$

② $\log_4 9 = \dfrac{\log_2 9}{\log_2 4} = \dfrac{2\log_2 3}{2\log_2 2} = \dfrac{2\log_2 3}{2} = \log_2 3$

$$\therefore \log_2 6 - \log_4 9 = \log_2 2 + \log_2 3 - \log_2 3 = \mathbf{1}$$

③ $\log_2 3 \cdot \log_3 2 = \dfrac{\log_{10} 3}{\log_{10} 2} \times \dfrac{\log_{10} 2}{\log_{10} 3} = \mathbf{1}$

④ $2\log_2 2 - \log_2 3 + 2\log_2 \sqrt{12} = \log_2 2^2 - \log_2 3 + \log_2 (\sqrt{12})^2$

$$= \log_2 (4 \div 3 \times 12) = \log_2 16 = \log_2 2^4 = \mathbf{4}$$

예제 37 $\log_{10} 2 = 0.3010$, $\log_{10} 3 = 0.4771$일 때, 다음 로그의 값을 구하여라.

① $\log_{10} 12$ ② $\log_{10} \sqrt[3]{45}$

[해] ① $\log_{10} 12 = \log_{10} (2^2 \times 3) = 2\log_{10} 2 + \log_{10} 3$

$$= 2 \times 0.3010 + 0.4771 = \mathbf{1.0791}$$

② $\log_{10} \sqrt[3]{45} = \log_{10} 45^{\frac{1}{3}} = \dfrac{1}{3}\log_{10} \dfrac{90}{2}$

$$= \frac{1}{3}\log_{10} \frac{9 \times 10}{2} = \frac{1}{3}(\log_{10} 3^2 + \log_{10} 10 - \log_{10} 2)$$

$$= \frac{1}{3}(2 \times 0.4771 + 1 - 0.3010) \fallingdotseq \mathbf{0.5511}$$

(3) 상용로그와 자연로그

우리가 일상생활에서 사용하는 수는 10진법의 수이므로 수를 계산할 때에는 10을 밑으로 하는 로그를 사용하면 편리하다.

10을 밑으로 하는 로그를 **상용로그**(common logarithm) 또는 **상용대수**라 하고, 흔히 밑 10을 생략한다. 이를테면, $\log_{10} x$를 간단히 $\mathbf{\log x}$로 나타낸다.

이것에 반하여 미적분학에 나오는 로그, 따라서 전기이론상에 나타나는 로그로 밑을 $e = 2.71828 \cdots\cdots$로 하는 **자연로그**(natural logarithm)가 있으며, 자연로그를 **자연대수**라고도 하며, $\log_e$를 약해서 $\mathbf{ln}$(logarithm natural)이라고도 쓴다. 즉,

$$\log_{10} x = \log x$$
$$\log_e x = \ln x$$

여기서 자연로그 밑 e는

$$e = \lim_{x \to 0}(1+x)^{\frac{1}{x}} = 1 + \frac{1}{1!} + \frac{1}{2!} + \frac{1}{3!} + \cdots\cdots + \frac{1}{n!} = 2.71828 \cdots\cdots$$

와 같은 극한값이다.

숫자 예에 따라서 $y = 10^x$ 와 $x = \log_{10} y$ 의 관계는 〈표 1-2〉와 같다.

〈표 1-2〉

지 수 형	로 그 형
$10^3 = 1000$	$\log_{10} 1000 = 3$
$10^2 = 100$	$\log_{10} 100 = 2$
$10^1 = 10$	$\log_{10} 10 = 1$
$10^0 = 1$	$\log_{10} 1 = 0$
$10^{-1} = 0.1$	$\log_{10} 0.1 = -1$
$10^{-2} = 0.01$	$\log_{10} 0.01 = -2$
$10^{-3} = 0.001$	$\log_{10} 0.001 = -3$

이것을 보면 10을 몇 승 해도 항상 양의 수가 얻어지며, 결코 0 또는 음의 수로는 되지 않는다. 즉, $\log_{10} 0$ 나 $\log_{10}(-y)$ 는 존재하지 않는다.

또한, 1의 대수는 0, 즉 $\log_{10} 1 = 0$, 100의 대수는 2, 즉 $\log_{10} 100 = 2$ 이다.

참고로,

$$\log_{10} 2 = \log 2 \fallingdotseq 0.3010 \qquad \log_e 2 = \ln 2 \fallingdotseq 0.6931$$

$$\log_{10} 3 = \log 3 \fallingdotseq 0.4771 \qquad \log_e 3 = \ln 3 \fallingdotseq 1.0986$$

을 암기하고 있으면 유용하다.

예제 38 $\log 2 = a$, $\log 3 = b$ 라 할 때 다음 값을 a, b 로 나타내어라.

① $\log 60$ ② $\log \sqrt{2}$ ③ $\log 5$

[해] ① $\log 60 = \log(2 \times 3 \times 10) = \log 2 + \log 3 + \log 10 = \boldsymbol{a+b+1}$

② $\log \sqrt{2} = \dfrac{1}{2} \log 2 = \boldsymbol{\dfrac{a}{2}}$

③ $\log 5 = \log \dfrac{10}{2} = \log 10 - \log 2 = \boldsymbol{1-a}$

(4) 로그함수의 그래프

지수함수 $y = a^x (a > 0,\ a \neq 1)$ 는 실수 전체의 집합에서 양의 실수 전체의 집합으로서의 일대일 대응이므로 역함수가 존재한다.

로그의 정의에서

$$y = a^x \iff x = \log_a y \ (a > 0,\ a \neq 1)$$

이므로, $x = \log_a y$ 에서 x와 y를 바꾸어 얻은 함수

$$y = \log_a x \ (a > 0,\ a \neq 1)$$

는 지수함수 $y = a^x \ (a > 0,\ a \neq 1)$의 역함수이다. 이 함수를 a를 밑으로 하는 **로그함수**(logarithm function)라고 한다.

로그함수 $y = \log_a x$의 그래프는, 역함수의 성질로부터 지수함수 $y = a^x$의 그래프와 직선 $y = x$에 대하여 대칭이다.

따라서, 로그함수 $y = \log_a x$의 그래프는 $a > 1$일 때, $0 < a < 1$일 때에 따라 [그림 1-32], [그림 1-33]과 같다.

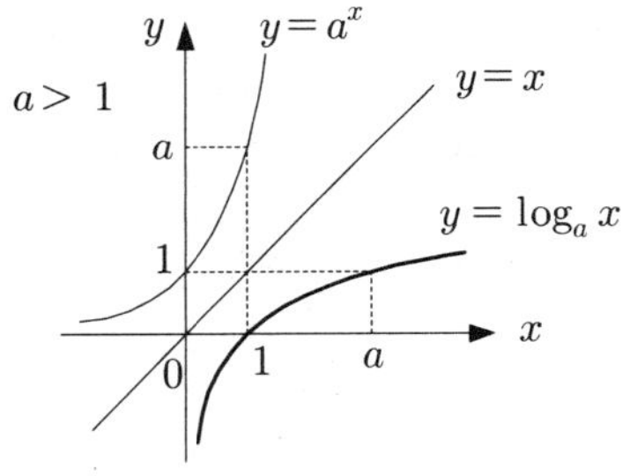

[그림 1-32]

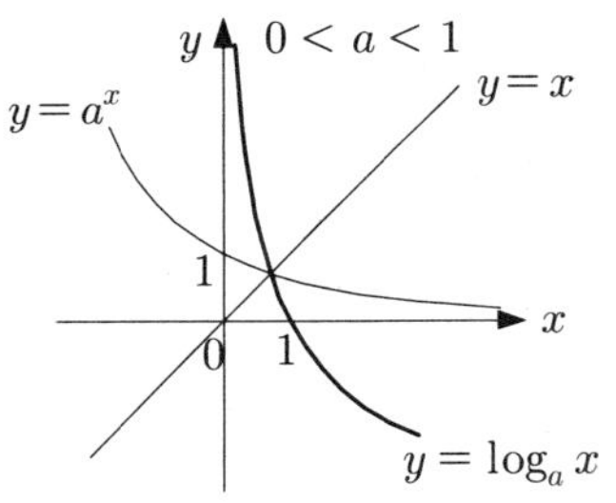

[그림 1-33]

이상에서 로그함수 $y = \log_a x \ (a > 0,\ a \neq 1)$의 그래프는 다음과 같은 성질이 있음을 알 수 있다.

■ 로그함수 $y = \log_a x \ (a > 0,\ a \neq 1)$의 성질 ■

① 진수 x는 양수이어야 하며, 정의역은 $x > 0$, 치역은 실수 전체이다.
② 그래프는 언제나 점 $(1, 0)$, $(a, 1)$을 지나고, y축을 점근선으로 한다.
③ $a > 1$일 때는 단조증가함수이며, $0 < a < 1$일 때는 단조감소함수이다.
④ 지수함수 $y = a^x$와 $y = x$에 관해서 대칭인 곡선이므로, 서로 역함수이다.

예제 39 함수 $y = \log_2(x+1)+1$ 의 그래프를 그려라.

[해] 주어진 함수의 그래프는 함수

$$y = \log_2 x$$

의 그래프를 x축 방향으로 -1만큼, y축 방향으로 1만큼 평행 이동한 것이다. 따라서 그래프는 직선 $x=-1$을 점근선으로 하며, [그림 1-34]와 같다.

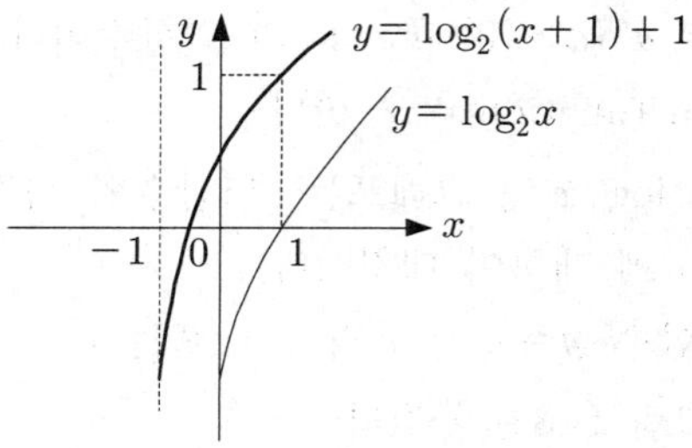

[그림 1-34]

예제 40 로그함수 $y = \log_3(x+3)$ 의 역함수를 구하여라.

[해] x, y를 바꾸어 놓으면 $x = \log_3(y+3)$, 지수함수로 고치면

$y+3 = 3^x$ $\quad\therefore$ 역함수 $\boldsymbol{y = 3^x - 3}$

예제 41 $1 < x < 100$ 일 때, $\log_{10} x$ 의 값의 범위를 구하여라.

[해] $1 < x < 100$ 에 대한 상용로그를 택하면

$$\log_{10} 1 < \log_{10} x < \log_{10} 100$$

따라서, $\boldsymbol{0 < \log x < 2}$

■ 연습문제 2 ■

2-1 다음 식을 간단히 하여라.

① $a^{-2}a^3$ ② $(a^{-3})^2$ ③ $(a^2a^3)^3$

④ $\dfrac{(a^2)^3}{a^5}$ ⑤ $\left(\dfrac{1}{e}\right)^{-2}$ ⑥ $\left(\dfrac{e^{15}}{e^2}\right)^{-1}$

2-2 다음 식의 값을 구하여라.

① $(\sqrt{5})^{0}$　② $(-3)^2$　③ $(-2^2)^{-2}$

④ $\left(\frac{1}{5}\right)^3$　⑤ $\left(\frac{1}{8}\right)^{\frac{1}{3}}$　⑥ $\left(\frac{1}{5}\right)^{-2}$

2-3 $a>0$ 일 때, 다음 식을 a^m 의 꼴로 나타내어라.

① $(\sqrt[3]{a^5})^{-2}$　② $\sqrt[3]{\sqrt[3]{a^3}}$　③ $\frac{\sqrt[3]{a^4}}{\sqrt[4]{a^2}}$

2-4 다음 식의 값을 구하여라.

① $(5^2)(5^3)$　② $(9^{\frac{2}{3}})(3)(3^{\frac{2}{3}})$

③ $\left\{(8^{-1})(8^{\frac{2}{3}})\right\}^3$　④ $(32^{\frac{3}{2}})(\frac{1}{2})^{\frac{3}{2}}$

⑤ $\sqrt[3]{4}\cdot\sqrt[3]{16}$　⑥ $-\sqrt[4]{81}$

⑦ $\sqrt{3}\cdot\sqrt[3]{3^4}\cdot\sqrt[6]{3}$　⑧ $\sqrt[3]{-8}\cdot\sqrt[3]{27}\cdot\sqrt[3]{-27}$

2-5 다음 식을 간단히 하여라.

① $\frac{1}{\sqrt{2\times10^3\times10^{-12}\times5\times10^{-4}}}$　② $\sqrt{\left(50^2+\frac{1}{2\pi\times50\times10\times10^{-6}}\right)^2}$

2-6 다음 식의 값을 구하여라.

① $\log_2 32$　② $\log_{10} 0.1$

③ $\log_2 1+\log_2 2$　④ $\log_{10} 2+\log_{10} 5$

⑤ $2\log_3 3-\log_3 4+2\log_3\sqrt{12}$　⑥ $\log_3\sqrt[4]{2}-\log_3 4+7\log_3\sqrt[4]{2}$

2-7 $\ln 2=0.6931$, $\ln 3=1.0986$ 일 때, 다음 값을 구하여라.

① $\ln 6$　② $\ln\frac{2}{3}$　③ $\ln\sqrt{3}$　④ $\ln\sqrt[3]{12}$

2-8 다음 식을 만족하는 x 의 값을 구하여라.

① $3^x=81$　② $x^{\frac{3}{4}}=8$

③ $3^{x-1}=27$　④ $\left(\frac{1}{3}\right)^{5-x}=27$

⑤ $(x+3)^{\frac{4}{3}}=16$　⑥ $e^{-2x}=e^5$

⑦ $\log_x 8=3$　⑧ $\log_3 27=-x$

2-9 다음 함수의 역함수를 구하여라.

① $y = 2^{3x}$ ② $y = 2 \cdot 5^{x-1}$

③ $y = 2\log_3 x$ ④ $y = 2 + \log_{10}(x+1)$

2-10 다음 지수함수의 그래프를 그려라.

① $y = 3^{x+1} - 1$ ② $y = 3^{-|x|}$

2-11 다음 로그함수의 그래프를 그려라.

① $y = \ln(x-1)$ ② $y = \log_2 x + 3$

2-12 다음 연립방정식을 풀어라.

① $\begin{cases} 3^{2x} - 3^{2y} = 72 \\ 3^{x+y} = 27 \end{cases}$ ② $\begin{cases} \log_x 4 - \log_y 3 = 5 \\ \log_x 2 - \log_y 27 = 5 \end{cases}$

chapter 2

삼 각 함 수

삼각비는 고대 이집트나 바빌로니아에서 천문학, 점성술, 토지측량 등에 응용되어 왔다.

17세기가 되어 삼각비의 개념이 일반각에 의하여 확장되었으며, $\sin x$, $\cos x$ 등을 x의 함수, 즉 삼각함수로 이해하게 되었다.

프랑스의 수학자이자 물리학자인 푸리에(Fourier ; 1768~1830)는 임의의 함수를 사인, 코사인에 관한 급수인 푸리에 급수로 나타내고, 함수의 성질이나 응용을 연구하는 분야를 개척하였다.

삼각함수를 원함수(circular function)라고도 부르며, 교류의 전압, 전류의 순시값 취급, 교류회로의 페이저(phasor)의 계산 등에 사용되고 있다.

2-1 각의 표시

(1) 60분법과 일반각

일상생활에서 널리 사용되는 각도는 **도(°)**로서, 1직각을 90등분하여 1등분을 1°(1도), 1°의 1/60을 1′(1분), 1′의 1/60을 1″(1초)라 한다. 즉

$$1° = 60',\ 1' = 60''$$

이다. 이와 같이 단위가 60진법이므로 **60분법**이라고 한다.

그러므로, 평면도형에서 나타낼 수 있는 각은 0°에서 360°까지의 각을 생각할 수 있으나, 회전운동을 할 때에는 360° 이상의 각을 다루게 되므로 회전의 방향을 구별할 필요가 있다.

따라서, 각의 값은 [그림 2-1]과 같이 동경 OP가 시초선 OX를 출발하여 회전하는 양을 각의 크기라 하고, 동경 OP가 시초선 OX로부터 시계바늘 도는 반대방향인 양의 방향으로 회전시킬 때 만드는 각을 **양(+)의 각**, 시계바늘 도는 방향인 음의 방향으로 회전시킬 때 만드는 각을 **음(−)의 각**으로 정의한다.

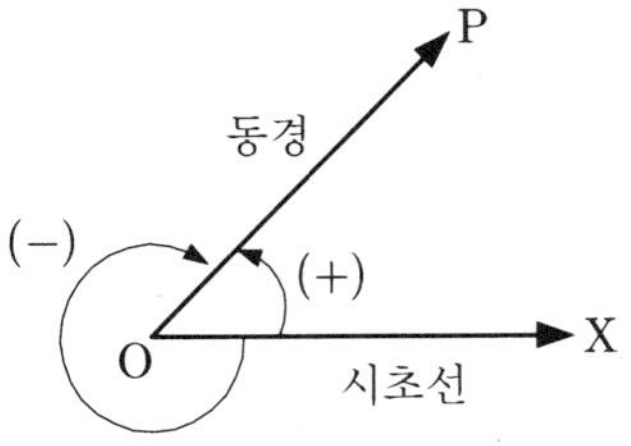

[그림 2-1]

그런데, 동경 OP가 시초선 OX의 양의 방향과 이루는 최소의 양의 각을 $\alpha°$라 할 때 ∠POX는 언제나 $\alpha°$라고만 말할 수 없다. 즉, [그림 2-2]와 같이 여러 가지 경우를 생각해 볼 수 있다.

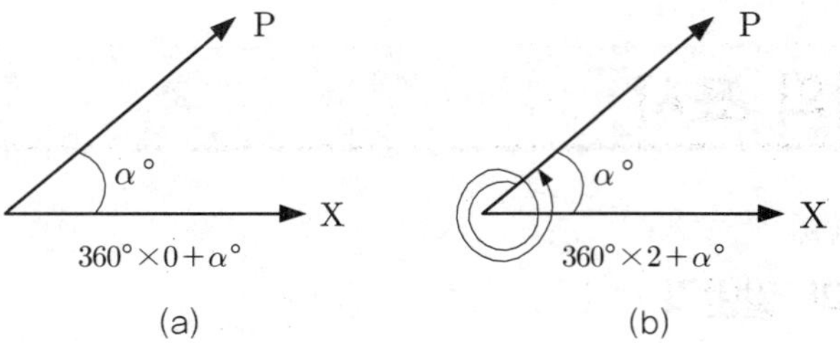

[그림 2-2]

따라서 이와 같이 동경 OP가 회전하여 생길 수 있는 여러 가지 경우를 생각하여 각을 표시하는데, 이때 이 각을 $\theta°$라 하면

$$\theta° = 360 \times n + \alpha° \quad (n\text{은 정수})$$

와 같이 표시되어 이 각 $\theta°$를 **일반각** 또는 간단히 **각**(angle)이라 한다.

예제 1 230°16′45″의 각도를 소수점 형태의 (°)로 나타내어라.

[해] 순서에 따르면

$$45'' = \left(\frac{45}{60}\right)' = 0.75'$$

$$16'45'' = 16' + 45'' = 16' + 0.75' = 16.75'$$

$$16.75' = \left(\frac{16.75}{60}\right)° = 0.28°$$

$$230°16'45'' = 230° + 0.28° = \mathbf{230.28°}$$

예제 2 다음 각은 몇 사분면의 각인가? 단, n은 정수이다.

① 120° ② 390° ③ −45° ④ −840°

[해]
① $90° < 120° < 180°$ ∴ **제2사분면의 각**
② $390° = 360 \times 1 + 30°$ ∴ **제1사분면의 각**
③ $0 < |-45°| < |-90°|$ ∴ **제4사분면의 각**
④ $-840° = -(360 \times 3 + 240°)$ ∴ **제3사분면의 각**

(2) 호도법

도로 표시되는 60분법 이외에도 이론적인 면에서 편리하게 사용되는 각의 측정법이 있다.

이것은 [그림 2-3]과 같은 반지름 r인 원에서 반지름과 같은 길이의 원호에 대한 중심각의 크기를 1 **호도** 또는 1 **라디안**(radian)이라 하고, 기호로는 1 **rad**으로 표시하며, 이와 같은 측정법을 **호도법**이라 하며, 흔히 단위명 라디안을 생략한다.

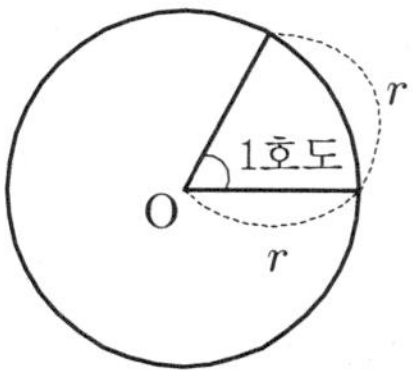

[그림 2-3]

한편, 60분법과 호도법의 관계를 알아보면 반지름 r 인 원에서 원둘레는 $2\pi r$이고 이것은 반지름 r의 2π배이므로 $360°$에 해당하는 것은 2π rad이다. 즉,

$$2\pi \text{ rad} = 360°$$
$$\therefore \boldsymbol{\pi} \textbf{ rad} = \textbf{180°}$$

따라서,

$$1 \text{ rad} = \frac{180°}{\pi} \fallingdotseq 57° 17' 45''$$
$$1° = \frac{\pi}{180} \text{rad} \fallingdotseq 0.017453 \text{rad}$$

이상으로 60분법의 $\alpha°$와 호도법의 θ rad은 다음과 같은 관계식이 성립한다.

$$\boldsymbol{\theta = \alpha\left(\frac{\pi}{180}\right)}[\textbf{rad}]$$
$$\boldsymbol{\alpha = \theta\left(\frac{180}{\pi}\right)}[\textbf{도}]$$

이를 이용하여 몇 개의 특수각에 대한 60분법과 호도법의 관계는 〈표 2-1〉과 같다.

〈표 2-1〉

도	$0°$	$30°$	$45°$	$60°$	$90°$	$120°$	$150°$	$180°$	$270°$	$360°$	……
rad	0	$\frac{\pi}{6}$	$\frac{\pi}{4}$	$\frac{\pi}{3}$	$\frac{\pi}{2}$	$\frac{2}{3}\pi$	$\frac{5}{6}\pi$	π	$\frac{3}{2}\pi$	2π	……

예제 3 다음을 호도법으로 나타내어라.

① $72°$ ② $-510°$ ③ $1125°$

[해] ① $72\left(\frac{\pi}{180}\right)=\frac{2}{5}\pi$

② $-510\left(\frac{\pi}{180}\right)=-\frac{17}{6}\pi$

③ $1125\left(\frac{\pi}{180}\right)=\frac{25}{4}\pi$

예제 4 다음을 60분법으로 나타내어라.

① $\frac{5}{12}\pi$ ② $\frac{10}{3}\pi$ ③ 3

[해] ① $\frac{5}{12}\pi\left(\frac{180}{\pi}\right)=75°$

② $\frac{10}{3}\pi\left(\frac{180}{\pi}\right)=600°$

③ $3\left(\frac{180}{\pi}\right)=\frac{540°}{\pi}$

(3) 부채꼴의 호의 길이와 넓이

반지름의 길이가 r 인 원에서, 중심각의 크기가 θ 인 부채꼴의 호의 길이를 l , 넓이를 S라 하면, [그림 2-4]에서 호의 l 은 중심각의 크기에 비례하므로

$$\frac{l}{2\pi r}=\frac{\theta}{2\pi} \qquad \therefore l=r\theta$$

또한, 넓이 S 는 중심각의 크기에 비례하므로

$$\frac{S}{\pi r^2}=\frac{\theta}{2\pi} \qquad \therefore S=\frac{1}{2}r^2\theta=\frac{1}{2}rl$$

가 된다.

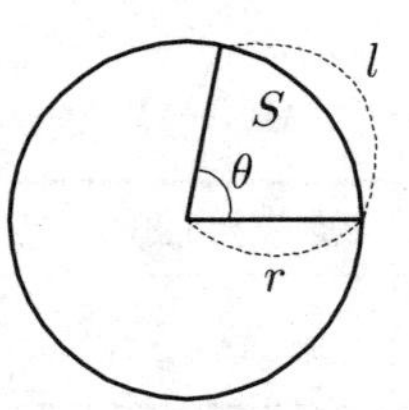

[그림 2-4]

예제 5 반지름 8cm , 중심각 $\frac{\pi}{4}$ 인 부채꼴의 호의 길이 l 과 넓이 S를 구하여라.

[해] $l = r\theta = 8 \times \frac{\pi}{4} = \mathbf{2\pi}$[cm]

$S = \frac{1}{2}r^2\theta = \frac{1}{2} \times 8 \cdot 2\pi = \mathbf{8\pi}$[cm^2]

예제 6 호의 길이가 4cm , 넓이가 4cm^2 인 부채꼴의 중심각 θ 를 구하여라.

[해] 반지름의 길이를 r 이라 하면,

$4 = r\theta$ ……①　　　　$\frac{1}{2}r^2\theta = 4$ ……②

식 ②를 ①로 변끼리 나누면, $\frac{1}{2}r = 1$, $r = 2$, $\therefore \boldsymbol{\theta = \frac{4}{r} = \frac{4}{2} = 2}$

2-2 삼각비

(1) 삼각비의 정의

[그림 2-5]와 같은 직각삼각형에서 $\angle A = \theta$ 의 크기가 정해지면 삼각형의 크기에 관계없이 세 변 AB$= a$, AC$= b$, BC$= a$ 사이의 비 $\frac{a}{c}$, $\frac{b}{c}$, $\frac{a}{b}$의 값은 일정하다.

이때, 이 비의 값을 다음과 같은 기호를 사용하여 정의하고, 이것을 각 θ에 대한 **삼각비**(trigonometric ratio) 또는 예각의 **삼각함수**(trigonometric function)라 한다.

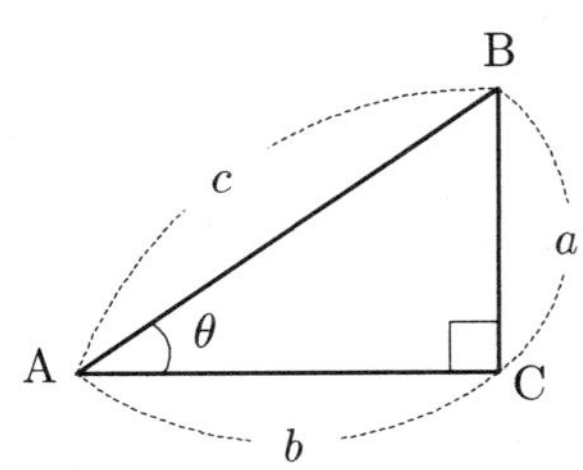

[그림 2-5]

$$\sin\theta = \frac{a}{c}$$: 사인(sine, 정현) θ

$$\cos\theta = \frac{b}{c}$$: 코사인(cosine, 여현) θ

$$\tan\theta = \frac{a}{b}$$: 탄젠트(tangent, 정접) θ

또, 이들의 역수는

$$\operatorname{cosec}\theta = \frac{1}{\sin\theta} = \frac{c}{a}$$: 코시컨트(cosecant, 여할) θ

$$\sec\theta = \frac{1}{\cos\theta} = \frac{c}{b}$$: 시컨트(secant, 정할) θ

$$\cot\theta = \frac{1}{\tan\theta} = \frac{b}{a}$$: 코탄젠트(cotangent, 여접) θ

와 같이 정의된다. 물론, 역수를 정의할 때 분모의 삼각비 $\sin\theta$, $\cos\theta$, $\tan\theta$ 의 값이 0일 때는 정의되지 않는다.

참고로, [그림 2-6]의 표시와 같이 θ 에 관한 삼각비를 쉽게 암기할 수 있다.

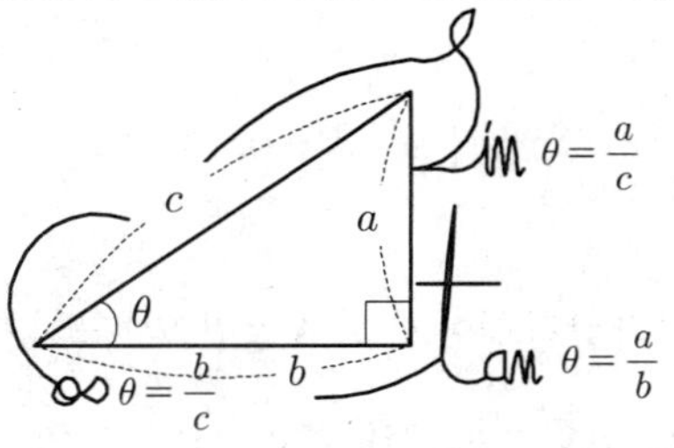

[그림 2-6]

(2) 특수각의 삼각비

특수한 각의 삼각비의 값을 암기하면 계산에 편리하다.

〈표 2-2〉와 같은 특수각의 삼각비의 값은 삼각비의 정의와 [그림 2-7]과 같은 정삼각형과 정사각형을 살펴보면 쉽게 구할 수 있다.

〈표 2-2〉

삼각비 \ θ	0	30°	45°	60°	90°
sin	0	$\frac{1}{2}$	$\frac{1}{\sqrt{2}}$	$\frac{\sqrt{3}}{2}$	1
cos	1	$\frac{\sqrt{3}}{2}$	$\frac{1}{\sqrt{2}}$	$\frac{1}{2}$	0
tan	0	$\frac{1}{\sqrt{3}}$	1	$\sqrt{3}$	∞

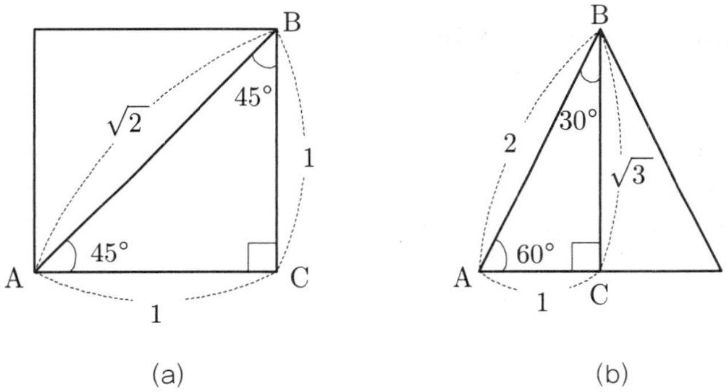

[그림 2-7]

예제 7 [그림 2-8]과 같은 직각삼각형에서 θ에 대한 삼각비 모두를 구하여라.

[해] $\sin\theta = \frac{3}{5}$, $\cos\theta = \frac{4}{5}$, $\tan\theta = \frac{3}{4}$

$\mathrm{cosec}\theta = \frac{5}{3}$, $\sec\theta = \frac{5}{4}$, $\cot\theta = \frac{4}{3}$

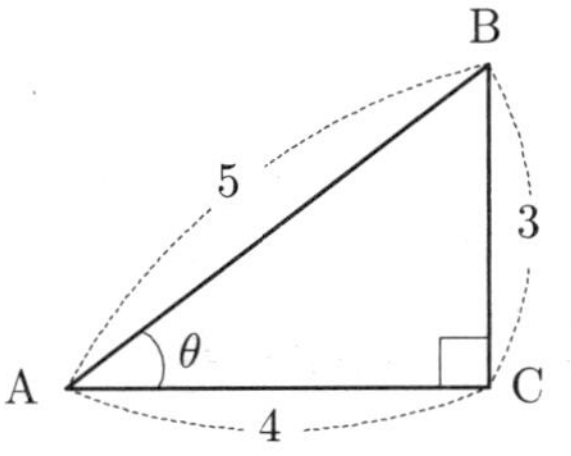

[그림 2-8]

예제 8 [그림 2-9]와 같은 직각삼각형 ABC에서 $\overline{AB}$, $\overline{BC}$의 길이를 구하여라.

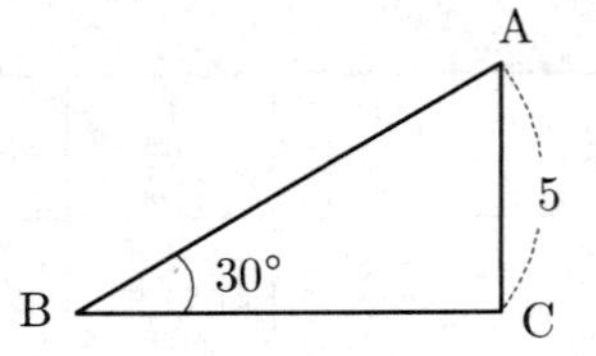

[그림 2-9]

[해] $\sin 30° = \dfrac{5}{\overline{AB}}$

$\therefore \overline{AB} = \dfrac{5}{\sin 30°} = \dfrac{5}{\frac{1}{2}} = \mathbf{10}$

또, $\tan 30° = \dfrac{5}{\overline{BC}}$

$\therefore \overline{BC} = \dfrac{5}{\tan 30°} = \dfrac{5}{\frac{1}{\sqrt{3}}} = \mathbf{5\sqrt{3}}$

2-3 일반각의 삼각함수

(1) 삼각함수의 정의

[그림 2-10]과 같이 길이 r인 동경 OP가 x축의 양의 방향과 이루는 각을 θ라 하고 점 P의 좌표를 (x, y)라 할 때, θ에 대응하는 $\dfrac{y}{r}$는 오직 하나 정해진다.

따라서, $\dfrac{y}{r}$는 θ의 함수이다.

마찬가지로, $\dfrac{x}{r}$, $\dfrac{y}{x}$, $\dfrac{r}{y}$, $\dfrac{r}{x}$, $\dfrac{x}{y}$도 θ의 함수이다. 이때,

$$\sin\theta = \frac{y}{r}, \qquad \cos\theta = \frac{x}{r}, \qquad \tan\theta = \frac{y}{x}$$

을 각각 θ의 **사인 함수**(sine function), **코사인 함수**(cosine function), **탄젠트 함수**(tangent function)라 정의한다. 또,

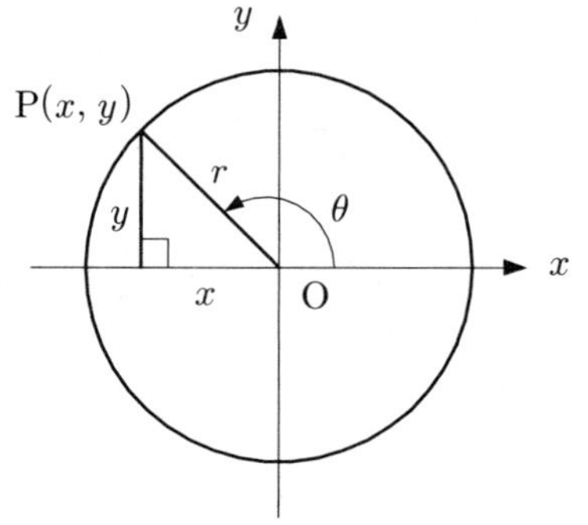

[그림 2-10]

$$\mathbf{cosec}\,\theta = \frac{\mathbf{1}}{\sin\theta} = \frac{r}{y},\quad \mathbf{sec}\,\theta = \frac{\mathbf{1}}{\cos\theta} = \frac{r}{x},\quad \mathbf{cot}\,\theta = \frac{\mathbf{1}}{\tan\theta} = \frac{x}{y}$$

을 각각 **코시컨트 함수**(cosecant function), **시컨트 함수**(secant function), **코탄젠트 함수**(cotangent function)라 정의한다.

위의 함수를 통틀어 θ의 **삼각함수**(trigonometric function)라 한다.

예제 9 [그림 2-11]에서 점 P의 좌표가 $(-1, \sqrt{3})$일 때 다음 삼각함수의 값을 구하여라.

① $\sin 120°$　　② $\cos 120°$　　③ $\tan 120°$

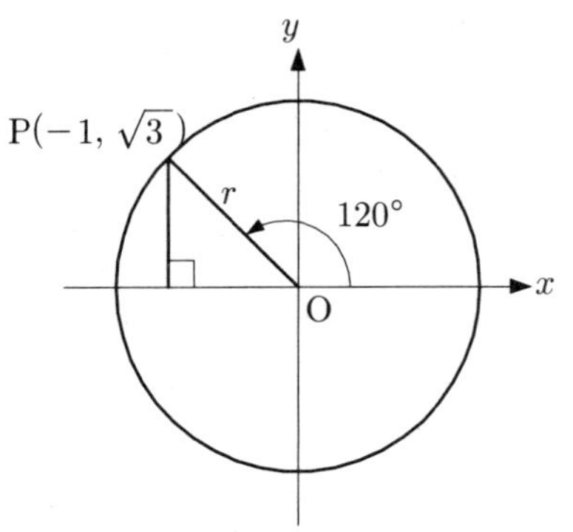

[그림 2-11]

[해] 그림에서 $x=-1$, $y=\sqrt{3}$, $r=\sqrt{x^2+y^2}=2$이므로

① $\sin 120° = \frac{y}{r} = \frac{\sqrt{3}}{2}$

② $\cos 120° = \frac{x}{r} = \frac{-1}{2} = -\frac{1}{2}$

③ $\tan 120° = \frac{y}{x} = \frac{\sqrt{3}}{-1} = -\sqrt{3}$

예제 10 [그림 2-12]에서 $\sin\left(-\frac{\pi}{3}\right)$, $\cos\left(-\frac{\pi}{3}\right)$, $\tan\left(-\frac{\pi}{3}\right)$의 삼각함수의 값을 구하여라.

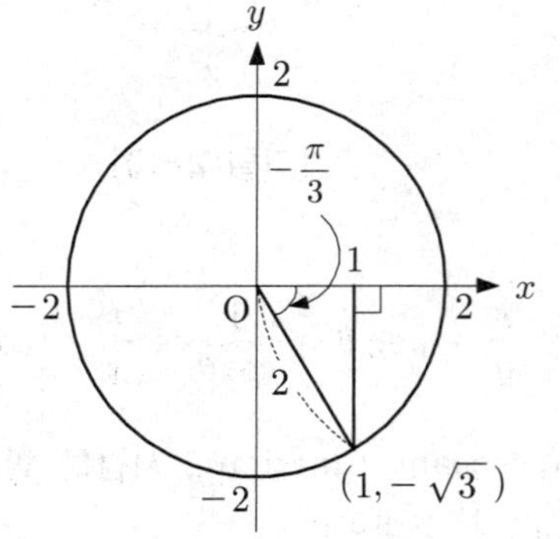

[그림 2-12]

[해] ① $\sin\left(-\frac{\pi}{3}\right) = -\frac{\sqrt{3}}{2}$

② $\cos\left(-\frac{\pi}{3}\right) = \frac{1}{2}$

③ $\tan\left(-\frac{\pi}{3}\right) = -\sqrt{3}$

(2) 삼각함수의 값의 부호

우리는 위의 삼각함수의 정의에서 동경 $\mathrm{OP} = r$ 은 어느 사분면에 있든 관계없이 항상 양($r > 0$)으로 하고, x, y는 [그림 2-13]과 같이 그 좌표의 부호를 따른다고 약속하면 각 사분면에서 삼각함수의 값의 부호는 〈표 2-3〉과 같다.

〈표 2-3〉

함수 \ 사분면	1	2	3	4
$\sin\theta$	+	+	−	−
$\cos\theta$	+	−	−	+
$\tan\theta$	+	−	+	−

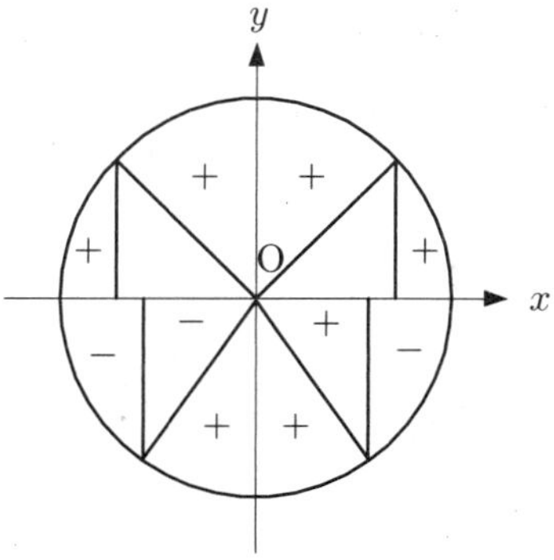

[그림 2-13]

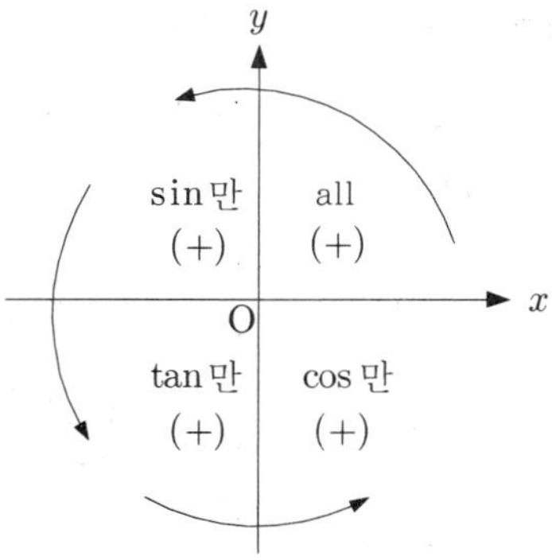

[그림 2-14]

아울러, $\sin\theta$와 $\operatorname{cosec}\theta$, $\cos\theta$와 $\sec\theta$, $\tan\theta$와 $\cot\theta$는 서로 역수관계가 있으므로 $\operatorname{cosec}\theta$, $\sec\theta$, $\cot\theta$의 부호는 $\sin\theta$, $\cos\theta$, $\tan\theta$의 부호와 서로 일치한다.

참고로, 각 사분면에서 양(+)인 삼각함수만을 나타낸 [그림 2-14]에서 화살표 방향을 따르면 다음과 같이 된다.

all, tan, sin, cos ⇨ **올싼타크로우스**
또는 **얼사안고**

예제 11 150°와 −30°에 대한 삼각함수의 값의 부호를 조사하여라.

[해] 150°는 제2사분면의 각이므로

$\sin 150° > 0$, $\cos 150° < 0$, $\tan 150° < 0$

−30°는 제4사분면의 각이므로

$\sin(-30°) < 0$, $\cos(-30°) > 0$, $\tan(-30°) < 0$

예제 12 [그림 2-15]를 보고 $\sin 15°$, $\cos 15°$, $\tan 15°$의 값을 구하여라.

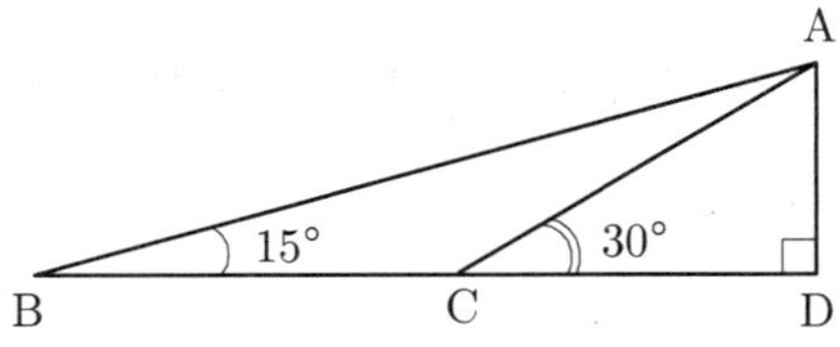

[그림 2-15]

[해] AD$=a$로 놓으면 CD$=\sqrt{3}\,a$, BC$=$AC$=2a$이므로

$$\text{AB}=\sqrt{\text{AD}^2+\text{BD}^2}=\sqrt{a^2+(2a+\sqrt{3}\,a)^2}=(\sqrt{6}+\sqrt{2})a$$

따라서,

$$\sin 15°=\frac{\text{AD}}{\text{AB}}=\frac{a}{(\sqrt{6}+\sqrt{2})a}=\frac{\sqrt{6}-\sqrt{2}}{4}$$

$$\cos 15°=\frac{\text{BD}}{\text{AB}}=\frac{(2+\sqrt{3})a}{(\sqrt{6}+\sqrt{2})a}=\frac{\sqrt{6}+\sqrt{2}}{4}$$

$$\tan 15°=\frac{\text{AD}}{\text{BD}}=\frac{a}{(2+\sqrt{3})a}=2-\sqrt{3}$$

2-4 삼각함수 사이의 관계

좌표평면 위에서 원점을 중심으로 하고, 반지름의 길이가 1인 원을 **단위원**(unit circle)이라 한다.

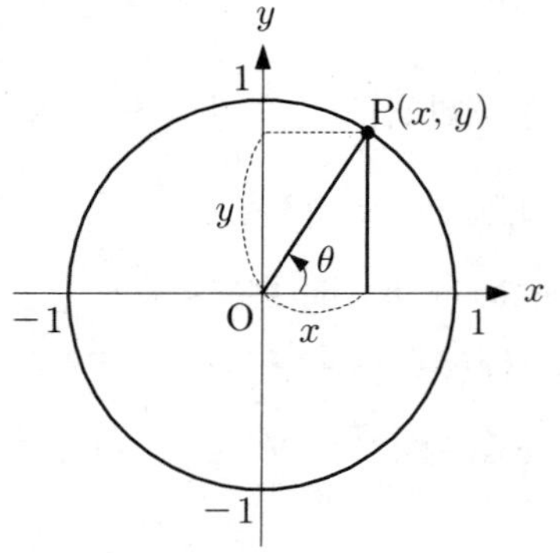

[그림 2-16]

[그림 2-16]에서와 같이 단위원과 동경의 교점 P(x, y)라 하면

$$\sin\theta=y,\ \cos\theta=x$$

이므로

$$\tan\theta=\frac{y}{x}=\frac{\sin\theta}{\cos\theta}$$

마찬가지로, 삼각함수의 정의에 따라 다음 등식을 얻는다.

$$\sec\theta = \frac{1}{\sin\theta},\quad \mathrm{cosec}\,\theta = \frac{1}{\sin\theta},\quad \cot\theta = \frac{1}{\tan\theta}$$

$$\tan\theta = \frac{\sin\theta}{\cos\theta},\quad \cot\theta = \frac{\cos\theta}{\sin\theta}$$

또한, [그림 2-16]에서 점 $P(x, y)$는 단위원 위의 점이므로, **피타고라스**(Pythagoras) **의 정리**에 의하여

$$x^2 + y^2 = 1$$

따라서,

$$\cos^2\theta + \sin^2\theta = 1$$

이 등식의 양변을 $\cos^2\theta$ 로 나누면

$$1 + \tan^2\theta = \frac{1}{\cos^2\theta}$$

즉, $1 + \tan^2\theta = \sec^2\theta$

같은 방법으로

$$1 + \cot^2\theta = \mathrm{cosec}^2\theta$$

이상을 정리하면 다음과 같다.

■ 삼각함수 사이의 관계 ■

① 역수관계

$$\sec\theta = \frac{1}{\cos\theta},\quad \mathrm{cosec}\,\theta = \frac{1}{\sin\theta},\quad \cot\theta = \frac{1}{\tan\theta}$$

② 상제관계

$$\tan\theta = \frac{\sin\theta}{\cos\theta},\quad \cot\theta = \frac{\cos\theta}{\sin\theta}$$

③ 제곱관계

$$\sin^2\theta + \cos^2\theta = 1,\quad 1 + \tan^2\theta = \sec^2\theta,\quad 1 + \cot^2\theta = \mathrm{cosec}^2\theta$$

참고로, 위에서 $(\sin\theta)^2$은 $\sin^2\theta$로 쓰고, 사인 제곱 θ로 읽는다. 물론, 다른 제곱 삼각함수도 마찬가지이다.

예제 13 θ가 제3사분면의 각이고 $\cos\theta=-\dfrac{3}{5}$일 때, $\sin\theta$, $\tan\theta$의 값을 구하여라.

[해] $\cos\theta=-\dfrac{3}{5}$, $\sin^2\theta+\cos^2\theta=1$에서

$$\sin^2\theta=1-(-\frac{3}{5})^2=\frac{16}{25} \qquad \therefore \sin\theta=\pm\frac{4}{5}$$

그런데, θ가 제3사분면의 각이므로

$$\sin\theta<0 \qquad \therefore \sin\theta=-\frac{4}{5}$$

또, $\tan\theta=\dfrac{\sin\theta}{\cos\theta}=-\dfrac{4}{5}\Big/-\dfrac{3}{5}=\dfrac{4}{3}$

2–5 $90°n\pm\theta$의 삼각함수의 공식

삼각함수가 $90°n\pm\theta$인 경우 몇 가지 공식이 성립하는데, 이들을 차례로 알아보기로 한다.

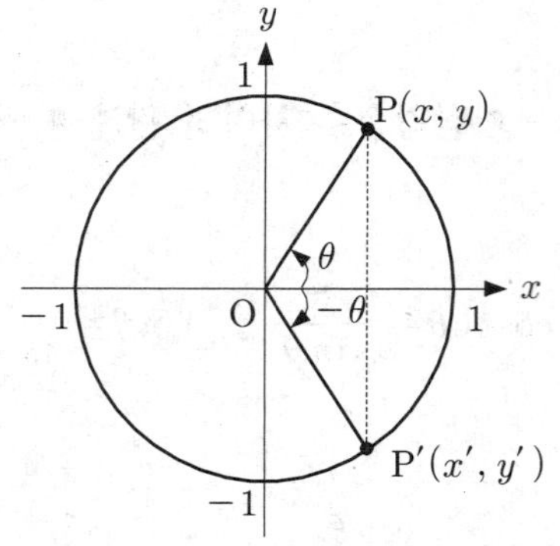

[그림 2–17]

우선 정수 n에 대하여 각 θ와 $2n\pi+\theta$를 나타내는 동경의 위치는 같다. 따라서, 다음과 같은 주기공식이 성립한다.

$$\sin(2n\pi+\theta)=\sin\theta$$
$$\cos(2n\pi+\theta)=\cos\theta \qquad (n=0, \pm1, \pm2, \cdots)$$
$$\tan(2n\pi+\theta)=\tan\theta$$

또한 [그림 2-17]에서와 같이 두 각 θ, $-\theta$를 나타내는 동경과 단위원과의 교점을 각각 $P(x, y)$, $P'(x', y')$라 하면, P와 P′은 x축에 관하여 대칭이다. 그러므로

$$x'=x, \ y'=-y$$

따라서, 다음과 같은 음각공식이 성립한다.

$$\sin(-\theta)=y'=-y=-\sin\theta$$
$$\cos(-\theta)=x'=x=\cos\theta$$
$$\tan(-\theta)=\frac{y'}{x'}=-\frac{y}{x}=-\tan\theta$$

또한, 보각과 여각의 나머지 공식도 위와 같은 방법을 쓰면 모두 유도되며, 이들을 모두 정리하면 다음과 같다.

■ 90° $n\pm\theta$ 의 삼각함수의 공식 ■

① 주기공식

$$\sin(360°n+\theta)=\sin\theta$$
$$\cos(360°n+\theta)=\cos\theta \qquad (n=0, \pm1, \pm2, \cdots)$$
$$\tan(360°n+\theta)=\tan\theta$$

② 음각공식

$$\sin(-\theta)=-\sin\theta$$
$$\cos(-\theta)=\cos\theta$$
$$\tan(-\theta)=\tan\theta$$

③ 보각공식

$$\sin(180°\pm\theta)=\mp\sin\theta$$
$$\cos(180°\pm\theta)=-\cos\theta$$
$$\tan(180°\pm\theta)=\pm\tan\theta$$

④ 여각공식

$\sin(90° \pm \theta) = \cos\theta$

$\cos(90° \pm \theta) = \mp \sin\theta$

$\tan(90° \pm \theta) = \mp \cot\theta$

참고로, 위의 모든 공식들의 좌변의 각은 $90°n \pm \theta$로 변형되므로, 이들의 암기요령은 다음과 같은 방법이 있다.

■ $90°n \pm \theta$의 삼각함수 공식의 암기요령 ■

① n이 짝수이면 sin은 sin, cos은 cos, tan는 tan 그대로 되고, n이 홀수이면 sin은 cos, cos은 sin, tan은 cot로 바뀐다.

② θ는 어떤 각이든 성립하나 편의상 예각으로 생각하고, $90°n \pm \theta$가 속해 있는 사분면을 구한 다음, 그 사분면에서의 $90°n \pm \theta$의 삼각함수의 부호가 양이면 "+"를, 음이면 "−"를 앞에 붙인다.

예를 들어 보자.

1) $\sin(90° + \theta)$의 경우

① $90° + \theta = 90° \times 1 + \theta$이므로 n이 홀수인 경우이다. 따라서, sin은 cos으로 바뀐다.

$\therefore \sin(90° + \theta) = (\text{부호})\cos\theta$

② θ를 예각으로 생각하면 $90° + \theta$는 제2사분면의 각이다. 이때, 제2사분면의 sin 부호가 "+"이므로 (부호)는 +이다.

$\therefore \sin(90° + \theta) = \cos\theta$

2) $\tan(180° - \theta)$의 경우

① $180° - \theta = 90° \times 2 - \theta$에서 n은 짝수이므로 tan는 tan로 그대로 된다.

$\therefore \tan(180° - \theta) = (\text{부호})\tan\theta$

② θ를 예각으로 생각하면 $180° - \theta$는 제2사분면의 각이다. 이때, 제2사분면

의 tan 부호가 "−"이므로 (부호)는 −이다.

$\therefore \tan(180° - \theta) = -\tan\theta$

예제 14 다음을 45° 보다 작은 양의 각의 삼각함수로 고쳐라.

① $\sin 150°$　② $\cos 140°$　③ $\tan 290°$

④ $\sin 250°$　⑤ $\cos(-215°)$　⑥ $\cot 65°$

[해] ① $\sin 150° = \sin(180° - 30°) = \mathbf{\sin 30°}$

② $\cos 140° = \cos(180° - 40°) = \mathbf{-\cos 40°}$

③ $\tan 290° = \tan(270° + 20°) = \mathbf{-\cot 20°}$

④ $\sin 250° = \sin(270° - 20°) = \mathbf{-\cos 20°}$

⑤ $\cos(-215°) = \cos 215° = \cos(180° + 35°) = \mathbf{-\cos 35°}$

⑥ $\cot 65° = \cot(90° - 35°) = \mathbf{\tan 35°}$

예제 15 다음 값을 구하여라.

① $\sin(-120°)$　② $\cos 585°$　③ $\tan 300°$

[해] ① $\sin(-120°) = \sin(-180° + 60°) = -\sin 60° = -\dfrac{\sqrt{3}}{2}$

② $\cos 585° = \cos(540° + 45°) = -\cos 45° = -\dfrac{1}{\sqrt{2}}$

③ $\tan 300° = \tan(270° + 30°) = -\cot 30° = -\sqrt{3}$

2-6 삼각함수의 그래프

(1) 주기함수

이를테면,

$$\sin(2\pi + x) = \sin x,\ \cos(2\pi + x) = \cos x,\ \tan(\pi + x) = \tan x$$

에서와 같이

$$f(x+p) = f(x) \quad (p\text{는 0이 아닌 상수})$$

를 만족하는 함수 $f(x)$를 **주기함수**(periodic function)라고 한다.

p가 주기일 때 $np(n=\pm 1, \pm 2, \pm 3, \cdots)$도 주기이다.

주기 중에서 최소의 양수를 **기본주기**라 하는데, 보통의 경우 주기라 하면 **기본주기**를 뜻한다.

따라서 $\sin x$, $\cos x$의 기본주기는 2π이고, $\tan x$의 기본주기는 π이다.

예제 16 $f(x+3)=f(x)$를 만족하는 함수 $f(x)$의 주기를 말하여라.

[해] $f(x)$의 주기는 $\cdots, -6, -3, 3, 6, 9, \cdots$ 등이다. 그런데, 주기 중에서 최소의 양수 3을 기본주기라 하고, 주기라 할 경우 기본주기를 뜻하므로 구하는 주기는 **3**이다.

(2) $y=\sin\theta$, $y=\cos\theta$의 그래프

[그림 2-18]과 같이 각 θ를 나타내는 동경과 단위원과의 교점 P의 좌표를 (x, y)라 하면

$$\sin\theta = y, \ \cos\theta = x$$

그러므로 두 함수

$$y=\sin\theta, \ y=\cos\theta$$

의 값의 변화를 보려면 각각 점 P의 y좌표, x좌표의 변화를 살피면 된다.

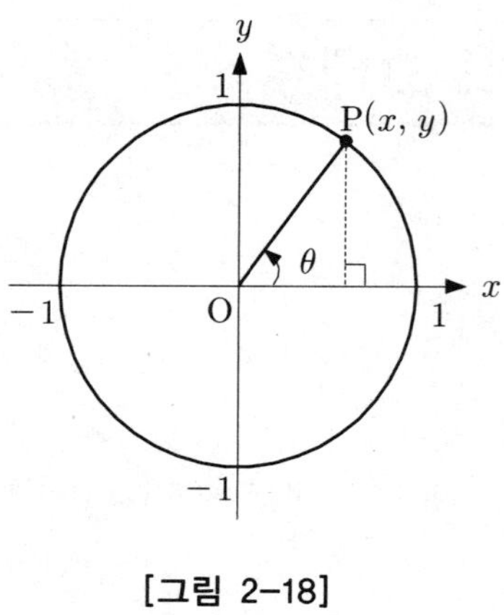

[그림 2-18]

단위원에서의 θ 의 각각의 값에 y 또는 x 의 값을 대응시킴으로써 [그림 2-19]와 같은 $y=\sin\theta$, [그림 2-20]과 같은 $y=\cos\theta$ 의 그래프를 그릴 수 있다.

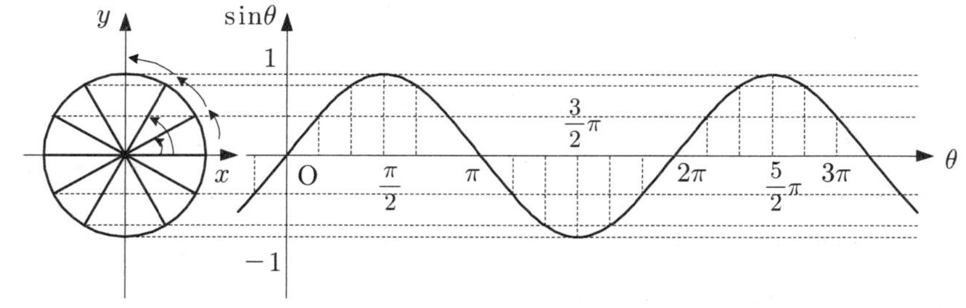

[그림 2-19]

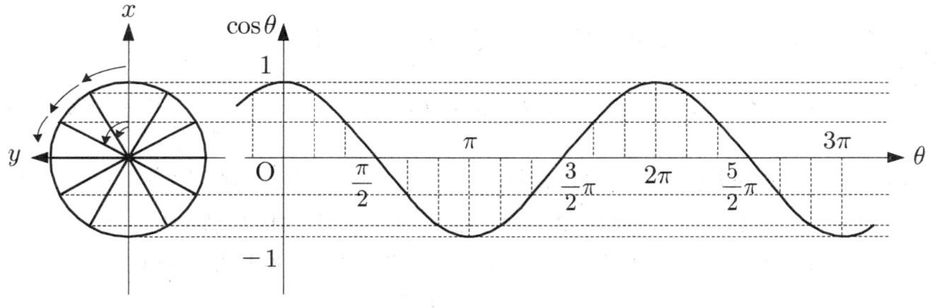

[그림 2-20]

두 함수 $y=\sin\theta$, $y=\cos\theta$ 에 대해서는 다음이 성립한다.

$$\sin(\theta+2n\pi)=\sin\theta$$
$$\cos(\theta+2n\pi)=\cos\theta \qquad (n=0, \pm1, \pm2, \dots)$$

그림에서와 같이 $y=\sin\theta$, $y=\cos\theta$ 는 다음과 같은 성질이 있다.

■ $y=\sin\theta$, $y=\cos\theta$ 의 성질 ■

① 정의역은 모두 실수의 집합이고, 치역은 어느 것이나 $-1 \leqq \sin\theta \leqq 1$, $-1 \leqq \cos\theta \leqq 1$ 이다.

② 모두 주기는 2π 의 주기함수이다.

③ $y=\sin\theta$ 의 그래프는 원점에 대칭인 기함수이고, $y=\cos\theta$ 의 그래프는 y 축에 대칭인 우함수이다.

④ $y=\cos\theta$ 의 그래프는 $y=\sin\theta$ 의 그래프를 가로축의 방향으로 $-90°$ 만큼 평행이동시킨 것이다.

예제 17 $y=\sin 2x$ 의 주기는 얼마인가?

[해] 구하는 주기를 P라 하면, $f(x+P)=f(x)$이므로

$$\sin 2(x+P)=\sin 2x$$

즉,

$$\sin(2x+2P)=\sin 2x$$

이때, $2x=\theta$라 하면

$$\sin(\theta+2P)=\sin\theta$$

그런데, $\sin\theta$의 주기는 2π이므로

$$2P=2\pi \quad \therefore \boldsymbol{P=\pi}$$

예제 18 다음 함수의 최대값, 최소값, 주기를 구하여라.

① $y=2\sin\theta$ ② $y=2\sin 3\theta$ ③ $y=\frac{1}{2}\cos(3\theta-135°)$

[해] $y=r\sin(\omega\theta+\alpha)$는 최대값 $|r|$, 최소값 $-|r|$, 주기 $360°\div|\omega|$

① $y=2\sin\theta$는 최대값 **2**, 최소값 **−2**, 주기 **360°(=2π)**

② $y=2\sin 3\theta$는 최대값 **2**, 최소값 **−2**, 주기 **360°/3 = 120°**

③ $y=\frac{1}{2}\cos(3\theta-135°)$는 최대값 $\frac{1}{2}$, 최소값 $-\frac{1}{2}$, 주기 **360°/3 = 120°**

(3) $y=\tan\theta$의 그래프

[그림 2-21]과 같이 점 $(1,0)$에서의 단위원의 접선과 각 θ를 나타내는 동경의 교점을 $T(1,y)$라 하면 $\tan\theta$의 값은 T의 y 좌표와 같다. 즉,

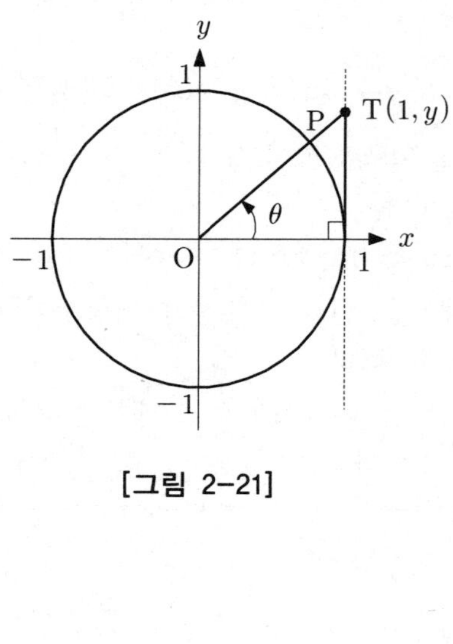

[그림 2-21]

$y = \tan\theta$

단위원에서의 θ 의 각각의 값에 y 의 값을 대응시킴으로써 [그림 2-22]와 같은 $y = \tan\theta$ 의 그래프를 그릴 수 있다.

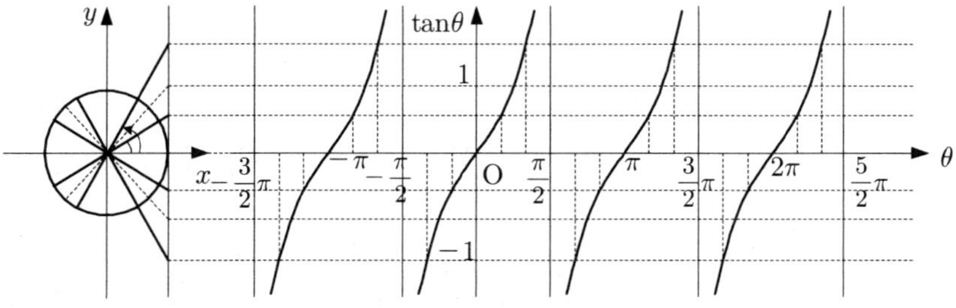

[그림 2-22]

이 그래프에 있어서 각 θ 가 $n\pi + \frac{\pi}{2}(n = 0, \pm 1, \pm 2, \cdots)$ 의 왼쪽에서 그 값에 가까워질 때 $\tan\theta$ 의 값은 한없이 커가며, 오른쪽에서 가까워질 때에는 한없이 작아진다.

따라서, 직선 $\theta = n\pi + \frac{\pi}{2}(n = 0, \pm 1, \pm 2, \cdots)$ 는 모두 이 함수의 그래프의 점근선이다.

그림에서와 같이 $y = \tan\theta$ 는 다음과 같은 성질이 있다.

■ $y = \tan\theta$ 의 성질 ■

① 정의역은 $\frac{\pi}{2} + n\pi\,(n = 0, \pm 1, \pm 2, \cdots)$ 를 제외한 실수 전체의 집합이고, 치역은 실수의 집합이다.
② 주기가 π 인 주기함수이다.
③ 그래프는 원점에 대하여 대칭이다.
④ 직선 $\theta = n\pi + \frac{\pi}{2}(n = 0, \pm 1, \pm 2, \cdots)$ 은 이 함수의 그래프의 점근선이다.

예제 19 $y = \tan\frac{x}{3}$ 의 주기는 얼마인가?

[해] $y=\tan\frac{x}{3}=\tan\left(\frac{x}{3}+\pi\right)=\tan\frac{1}{3}(x+3\pi)$

$\therefore y=\tan\frac{x}{3}$ 의 주기는 **3π** 이다.

예제 20 $y=\frac{1}{2}\tan 3x$ 의 최대값, 최소값, 주기를 구하여라.

[해] $y=r\tan(\omega x+\alpha)$는 최대값, 최소값은 없다.

주기는 $180°\div|\omega|$이므로 $\frac{180°}{3}=60°$이다.

■ 연습문제 3 ■

3-1 다음 각들을 소수점 형태로 나타내어라.

① $5°6'12''$ ② $58°37'40''$ ③ $352°15'25''$

3-2 다음 각들을 도, 분, 초로 나타내어라.

① $1.75°$ ② $15.63°$ ③ $320.280°$

3-3 다음을 계산하여라.

① $43°12'55''+12°20'15''$ ② $65°12'30''-12°40'14''$

③ $71°25'32''\times 3$ ④ $58°12'40''/5$

3-4 다음 각들을 호도법으로 고쳐라.

① $23.5°$ ② $80.4°$ ③ $120°$ ④ $3\frac{1}{2}$ 회전

3-5 다음 각들을 60분법으로 고쳐라.

① 0.1rad ② 4.3rad ③ $\pi/3$rad ④ 4πrad

3-6 다음 각은 몇 사분면의 각인가?

① $150°$ ② $-75°$ ③ $\frac{14}{3}\pi$ ④ $-\frac{7}{4}\pi$

3-7 반지름 10cm, 호의 길이가 15cm인 부채꼴에서 그 중심각 θ 및 면적 S를 구하여라.

3-8 직교좌표에서 제2사분면에 있는 각의 $\frac{1}{2}$은 몇 사분면의 각인가?

3-9 θ가 제3사분면의 각이고, $\sin\theta = -\dfrac{2}{3}$일 때, $\cos\theta$, $\tan\theta$의 값을 구하여라.

3-10 θ가 예각이고 $\cos\theta = 0.6$일 때, $\sin\theta$, $\tan\theta$의 값을 구하여라.

3-11 다음을 예각의 삼각함수로 나타내어라.

① $\sin 120°$ ② $\cos 700°$ ③ $\tan(-740°)$

④ $\sin\left(-\dfrac{5}{4}\pi\right)$ ⑤ $\cos\dfrac{14}{3}\pi$ ⑥ $\tan\left(\dfrac{5}{3}\pi\right)$

3-12 다음 삼각함수의 값을 구하여라.

① $\sin 150°$ ② $\cos 225°$ ③ $\tan 135°$

④ $\sin(-30°)$ ⑤ $\cos(-45°)$ ⑥ $\tan(-60°)$

⑦ $\sin\dfrac{7}{6}\pi$ ⑧ $\cos\dfrac{5}{3}\pi$ ⑨ $\tan\dfrac{2}{3}\pi$

⑩ $\sin 840°$ ⑪ $\cos 765°$ ⑫ $\tan(-1110°)$

3-13 다음 식의 값을 구하여라.

① $\cos 160° - \cos 110° + \sin 70° - \sin 20°$ ② $\sin^2 27 + \sin^2 63$

3-14 다음 함수의 그래프를 그리고 최대값, 최소값, 주기를 구하여라.

① $y = \sin\left(x + \dfrac{\pi}{3}\right)$ ② $y = 4\sin\left(2x - \dfrac{\pi}{3}\right)$

2-7 삼각함수의 덧셈정리

(1) 덧셈정리

[그림 2-23]과 같이 원점을 중심으로 하는 단위원 위의 임의의 두 점 A, B에 대하여 벡터 $\overrightarrow{OA}$, $\overrightarrow{OB}$가 x축의 양의 방향과 이루는 각의 크기를 각각 α, β라고 하면,

$$A(\cos\alpha, \sin\alpha),\ B(\cos\beta, \sin\beta)$$

이므로, 두 벡터의 내적의 공식에서

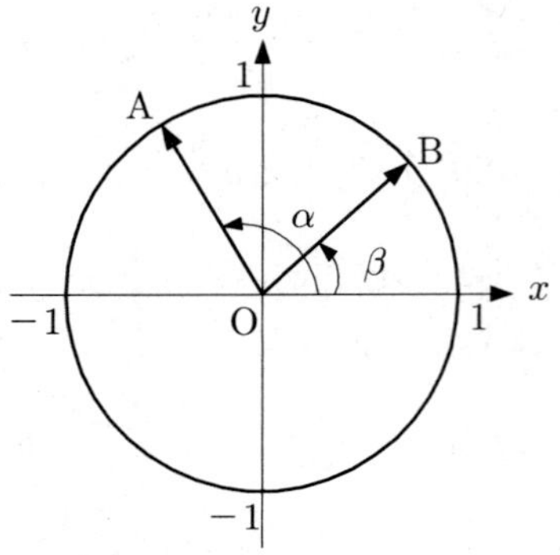

[그림 2-23]

$$\overrightarrow{\mathrm{OA}} \cdot \overrightarrow{\mathrm{OB}} = |\overrightarrow{\mathrm{OA}}| \cdot |\overrightarrow{\mathrm{OB}}| \cos(\alpha - \beta) = \cos(\alpha - \beta)$$

한편, $\overrightarrow{\mathrm{OA}} = (\cos\alpha, \sin\alpha)$, $\overrightarrow{\mathrm{OB}} = (\cos\beta, \sin\beta)$이므로,

$$\overrightarrow{\mathrm{OA}} \cdot \overrightarrow{\mathrm{OB}} = \cos\alpha\cos\beta + \sin\alpha\sin\beta$$

$$\therefore \cos(\alpha - \beta) = \cos\alpha\cos\beta + \sin\alpha\sin\beta \quad \cdots\cdots (2.1)$$

식 (2.1)에 β 대신 $-\beta$를 대입하면

$$\cos(\alpha + \beta) = \cos\alpha\cos\beta - \sin\alpha\sin\beta \quad \cdots\cdots (2.2)$$

또, 식 (2.2)와 $\sin\theta = \cos\left(\frac{\pi}{2} - \theta\right)$를 이용하면,

$$\begin{aligned} \sin(\alpha + \beta) &= \cos\left\{\frac{\pi}{2} - (\alpha + \beta)\right\} \\ &= \cos\left\{\left(\frac{\pi}{2} - \alpha\right) - \beta\right\} \\ &= \cos\left(\frac{\pi}{2} - \alpha\right)\cos\beta + \sin\left(\frac{\pi}{2} - \alpha\right)\sin\beta \end{aligned}$$

$$\therefore \cos(\alpha - \beta) = \cos\alpha\cos\beta + \sin\alpha\sin\beta \quad \cdots\cdots (2.3)$$

식 (2.3)에 β 대신 $-\beta$를 대입하면

$$\sin(\alpha - \beta) = \sin\alpha\cos\beta - \cos\alpha\sin\beta \quad \cdots\cdots (2.4)$$

또, tan에 대하여도 다음의 ③과 같은 공식이 성립한다. 이상을 정리하면 다음과 같다.

■ 삼각함수의 덧셈정리 ■

① $\sin(\alpha \pm \beta) = \sin\alpha \cos\beta \pm \cos\alpha \sin\beta$

② $\cos(\alpha \pm \beta) = \cos\alpha \cos\beta \mp \sin\alpha \sin\beta$

③ $\tan(\alpha \pm \beta) = \dfrac{\tan\alpha \pm \tan\beta}{1 \mp \tan\alpha \tan\beta}$ (복호동순)

예제 21 덧셈정리를 이용하여 다음의 값을 구하여라.

① $\sin 75°$ ② $\cos 135°$ ③ $\tan 15°$

[해] ① $\sin 75° = \sin(30° + 45°) = \sin 30° \cos 45° + \cos 30° \sin 45°$

$$= \frac{1}{\sqrt{2}} \times \frac{\sqrt{3}}{2} + \frac{1}{\sqrt{2}} \times \frac{1}{2} = \frac{\sqrt{6} + \sqrt{2}}{4}$$

② $\cos 135° = \cos(90° + 45°) = \cos 90° \cos 45° - \sin 90° \sin 45°$

$$= 0 \times \frac{1}{\sqrt{2}} - 1 \times \frac{1}{\sqrt{2}} = -\frac{1}{\sqrt{2}}$$

③ $\tan 15° = \tan(45° - 30°) = \dfrac{\tan 45° - \tan 30°}{1 + \tan 45° \tan 30°}$

$$= \frac{1 - \frac{1}{\sqrt{3}}}{1 + \frac{1}{\sqrt{3}}} = \frac{3 - \sqrt{3}}{3 + \sqrt{3}} = 2 - \sqrt{3}$$

(2) 삼각함수의 합성

a, b가 0이 아닌 실수일 때, $a\sin\theta + b\cos\theta$를

$$r\sin(\theta + \alpha) \quad (\text{단, } r > 0)$$

의 꼴로 나타내어 보자.

[그림 2-24]와 같이 좌표평면 위에 점 $P(a, b)$를 잡고 선분 OP와 x축의 양의 방향이 이루는 각의 크기를 α라고 하면,

$$\sin\alpha = \frac{b}{\sqrt{a^2 + b^2}}$$

$$\cos\alpha = \frac{a}{\sqrt{a^2 + b^2}}$$

$$\therefore a\sin\theta + b\cos\theta = \sqrt{a^2+b^2}\left(\frac{a}{\sqrt{a^2+b^2}}\sin\theta + \frac{b}{\sqrt{a^2+b^2}}\cos\theta\right)$$
$$= \sqrt{a^2+b^2}\,(\cos\alpha\,\sin\theta + \sin\alpha\,\cos\theta)$$
$$= \sqrt{a^2+b^2}\,\sin(\theta+\alpha)$$

이와 같이, $a\sin\theta + b\cos\theta$를 $r\sin(\theta+\alpha)$와 같은 꼴로 고치는 것을 **삼각함수의 합성**이라 하고, 이상을 정리하면 다음과 같다.

■ 삼각함수의 합성 ■

$$a\sin\theta + b\cos\theta = \sqrt{a^2+b^2}\,\sin(\theta+\alpha)$$

단, $\sin\alpha = \dfrac{b}{\sqrt{a^2+b^2}}$, $\cos\alpha = \dfrac{a}{\sqrt{a^2+b^2}}$

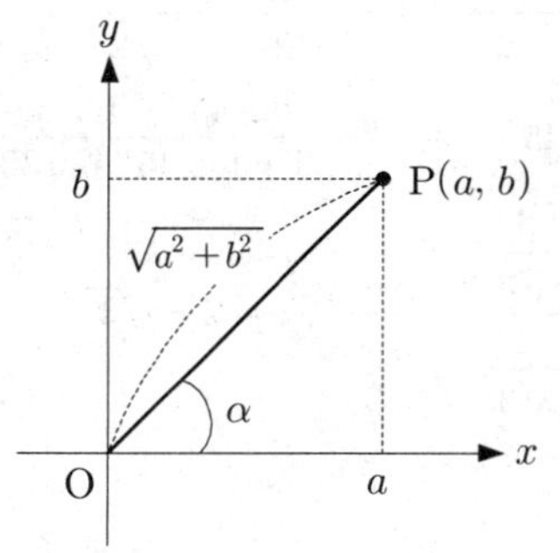

[그림 2-24]

예제 22 $\sqrt{3}\sin\theta - \cos\theta$를 $r\sin(\theta+\alpha)$의 꼴로 변형하여라.

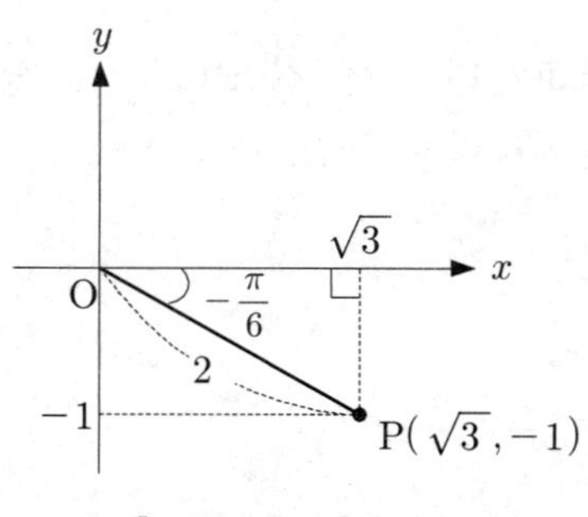

[그림 2-25]

[해] $\sqrt{(\sqrt{3})^2+(-1)^2}=2$ 이므로 [그림 2-25]에서와 같이 점 $P(\sqrt{3},-1)$을 잡으면

$$\cos\left(-\frac{\pi}{6}\right)=\frac{\sqrt{3}}{2},\ \sin\left(-\frac{\pi}{6}\right)=-\frac{1}{2}$$

$$\therefore\ \sqrt{3}\sin\theta-\cos\theta=\mathbf{2\sin\left(\theta-\frac{\pi}{6}\right)}$$

예제 23 함수 $f(x)=\sin x+\sqrt{3}\cos x$ 의 최대값과 최소값을 구하여라.

[해] $\sqrt{1^2+(\sqrt{3})^2}=2$ 와 [그림 2-26]의 점 $P(1,\sqrt{3})$에서

$$\cos\theta=\frac{1}{2},\ \sin\frac{\pi}{3}=\frac{\sqrt{3}}{2}$$

그러므로, $f(x)=\sin x+\sqrt{3}\cos x=2\sin\left(x+\frac{\pi}{3}\right)$

그런데, $-1\leq\sin\left(x+\frac{\pi}{3}\right)\leq 1$이므로 $-2\leq f(x)\leq 2$

따라서, **최대값은 2, 최소값은 −2**이다.

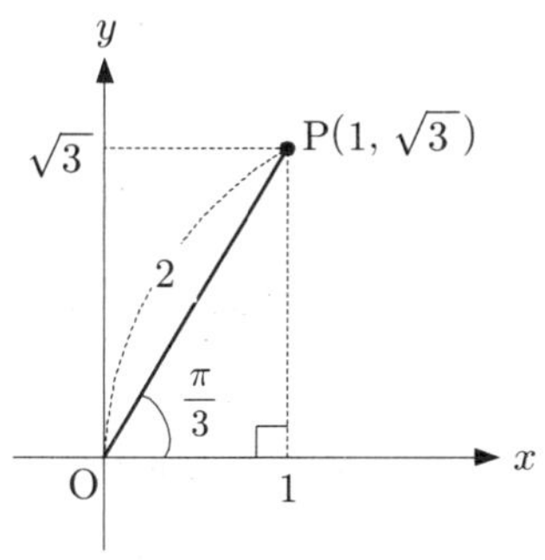

[그림 2-26]

2-8 여러 가지 공식

(1) 배각, 반각의 공식

$\sin(\alpha+\beta)$, $\cos(\alpha+\beta)$, $\tan(\alpha+\beta)$에서 β를 α로 놓으면 다음과 같은 배각의 공식을 얻는다.

■ 배각의 공식 ■

① $\sin 2\alpha = 2\sin\alpha\cos\alpha$

② $\cos 2\alpha = \cos^2\alpha - \sin^2\alpha$

$\quad = 2\cos^2\alpha - 1$

$\quad = 1 - 2\sin^2\alpha$

③ $\tan 2\alpha = \dfrac{2\tan\alpha}{1-\tan^2\alpha}$

위의 ②에서 $\cos^2\alpha = \dfrac{1+\cos 2\alpha}{2}$, $\sin^2\alpha = \dfrac{1-\cos 2\alpha}{2}$이므로, α 대신 $\dfrac{\alpha}{2}$를 대입하여 다음과 같은 반각의 공식을 얻는다.

■ 반각의 공식 ■

① $\sin^2\dfrac{\alpha}{2} = \dfrac{1-\cos\alpha}{2}$

② $\cos^2\dfrac{\alpha}{2} = \dfrac{1+\cos\alpha}{2}$

③ $\tan^2\dfrac{\alpha}{2} = \dfrac{1-\cos\alpha}{1+\cos\alpha}$

예제 24 $\sin x = \dfrac{3}{5}$일 때 $\sin 2x$, $\cos 2x$, $\tan 2x$의 값을 구하여라.

[해] $\sin x = \dfrac{3}{5}$일 때 $\cos x = \pm\dfrac{4}{5}$, $\tan x = \pm\dfrac{3}{4}$이므로

$$\sin 2x = 2\sin x\cos x = 2\times\frac{3}{5}\times\left(\pm\frac{4}{5}\right) = \pm\mathbf{\frac{24}{25}}$$

$$\cos 2x = 1-2\sin^2 x = 1-2\times\left(\frac{3}{5}\right)^2 = 1-\frac{18}{25} = \mathbf{\frac{7}{25}}$$

$$\tan 2x = \frac{2\tan x}{1-\tan^2 x} = \frac{2\times\left(\pm\frac{3}{4}\right)}{1-\left(\pm\frac{3}{4}\right)^2} = \pm\mathbf{\frac{24}{7}}$$

예제 25 $\sin 22°30'$, $\cos 22°30'$, $\tan 22°30'$의 값을 각각 구하여라.

[해] $\sin^2 22°30' = \sin^2\dfrac{45°}{2} = \dfrac{1-\cos 45°}{2} = \dfrac{2-\sqrt{2}}{4}$

$$\cos^2 22°30' = \cos^2\frac{45°}{2} = \frac{1+\cos 45°}{2} = \frac{2+\sqrt{2}}{4}$$

$$\tan^2 22°30' = \tan^2\frac{45°}{2} = \frac{1-\cos 45°}{1+\cos 45°} = \frac{2-\sqrt{2}}{2+\sqrt{2}}$$

그런데, $\sin 22°30' > 0$, $\cos 22°30' > 0$, $\tan 22°30' > 0$이므로

$$\sin 22°30' = \frac{\sqrt{2-\sqrt{2}}}{2}, \quad \cos 22°30' = \frac{\sqrt{2+\sqrt{2}}}{2}$$

$$\tan 22°30' = \sqrt{\frac{2-\sqrt{2}}{2+\sqrt{2}}} = \sqrt{\frac{(2-\sqrt{2})^2}{4-2}} = \frac{2-\sqrt{2}}{\sqrt{2}} = \sqrt{2}-1$$

(2) 합, 차 및 곱의 공식

삼각함수의 덧셈정리

$$\sin(\alpha+\beta) = \sin\alpha\cos\beta + \cos\alpha\sin\beta$$
$$\sin(\alpha-\beta) = \sin\alpha\cos\beta - \cos\alpha\sin\beta$$

에서 두 변끼리 각각 더하면,

$$\sin(\alpha+\beta) + \sin(\alpha-\beta) = 2\sin\alpha\cos\beta$$

$$\therefore \sin\alpha\cos\beta = \frac{1}{2}\{\sin(\alpha+\beta) + \sin(\alpha-\beta)\}$$

위와 같은 방법으로 하여 다음과 같이 삼각함수의 곱을 합, 차로 바꾸는 공식을 얻는다.

■ 곱을 합, 차로 바꾸는 공식 ■

① $\sin\alpha\cos\beta = \frac{1}{2}\{\sin(\alpha+\beta) + \sin(\alpha-\beta)\}$

② $\cos\alpha\sin\beta = \frac{1}{2}\{\sin(\alpha+\beta) - \sin(\alpha-\beta)\}$

③ $\cos\alpha\cos\beta = \frac{1}{2}\{\cos(\alpha+\beta) + \cos(\alpha-\beta)\}$

④ $\sin\alpha\sin\beta = -\frac{1}{2}\{\cos(\alpha+\beta) - \cos(\alpha-\beta)\}$

앞의 공식에서 $\alpha+\beta=\mathrm{A}$, $\alpha-\beta=\mathrm{B}$ 로 놓으면

$$\alpha=\frac{\mathrm{A}+\mathrm{B}}{2},\ \beta=\frac{\mathrm{A}-\mathrm{B}}{2}$$

가 되므로, 다음 공식을 얻는다.

■ 합, 차를 곱으로 바꾸는 공식 ■

① $\sin\mathrm{A}+\sin B=2\sin\dfrac{A+B}{2}\cos\dfrac{A-B}{2}$

② $\sin\mathrm{A}-\sin B=2\cos\dfrac{A+B}{2}\sin\dfrac{A-B}{2}$

③ $\cos\mathrm{A}+\cos B=2\cos\dfrac{A+B}{2}\cos\dfrac{A-B}{2}$

④ $\cos\mathrm{A}-\cos B=-2\sin\dfrac{A+B}{2}\sin\dfrac{A-B}{2}$

예제 26 $\sin3\theta\cos\theta$, $\cos5\theta\cos\theta$, $\sin3\theta\sin2\theta$ 를 합 또는 차의 꼴로 고쳐라.

[해] $\sin3\theta\cos\theta=\dfrac{1}{2}\{\sin(3\theta+\theta)+\sin(3\theta-\theta)\}$

$=\dfrac{1}{2}(\sin4\theta+\sin2\theta)$

$\cos5\theta\cos\theta=\dfrac{1}{2}\{\cos(5\theta+\theta)+\cos(5\theta-\theta)\}$

$=\dfrac{1}{2}(\cos6\theta+\cos4\theta)$

$\sin3\theta\sin2\theta=-\dfrac{1}{2}\{\cos(3\theta+2\theta)-\cos(3\theta-2\theta)\}$

$=-\dfrac{1}{2}(\cos5\theta-\cos\theta)$

예제 27 $\sin3\theta+\sin\theta$, $\sin5\theta-\sin\theta$, $\cos5\theta+\cos3\theta$, $\cos4\theta-\cos2\theta$ 를 곱의 꼴로 고쳐라.

[해] $\sin3\theta+\sin\theta=2\sin\dfrac{3\theta+\theta}{2}\cos\dfrac{3\theta-\theta}{2}=2\sin2\theta\cos\theta$

$\sin5\theta-\sin\theta=2\cos\dfrac{5\theta+\theta}{2}\sin\dfrac{5\theta-\theta}{2}=2\cos3\theta\sin2\theta$

$\cos5\theta+\cos3\theta=2\cos\dfrac{5\theta+3\theta}{2}\cos\dfrac{5\theta-3\theta}{2}=2\cos4\theta\cos\theta$

$\cos4\theta-\cos2\theta=-2\sin\dfrac{4\theta+2\theta}{2}\sin\dfrac{4\theta-2\theta}{2}=-2\sin3\theta\sin\theta$

예제 28 $\dfrac{\sin 55°\sin 35°}{\cos 80° + \cos 40°}$ 의 값을 구하여라.

[해] $$\frac{\sin 55°\sin 35°}{\cos 80° + \cos 40°} = \frac{-\frac{1}{2}\{\cos(55°+35°) - \cos(55°-35°)\}}{2\cos\frac{80°+40°}{2}\cos\frac{80°-40°}{2}}$$
$$= \frac{(\cos 90° - \cos 20°)}{4\cos 60°\cos 20°}$$
$$= \frac{\cos 20°}{4\cdot\frac{1}{2}\cos 20°}$$
$$= \frac{1}{2}$$

2-9 삼각형과 삼각함수

(1) 사인 법칙과 코사인 법칙

[그림 2-27]과 같은 $\triangle ABC$ 에서 세 각 $\angle A$, $\angle B$, $\angle C$ 의 크기를 A, B, C 로 나타내고, 세 변 $\overline{BC}$, $\overline{CA}$, $\overline{AB}$ 의 길이를 각각 a, b, c 로 나타내기로 한다. 이때,

$$A, B, C, a, b, c$$

를 **삼각형의 6요소**라고 한다.

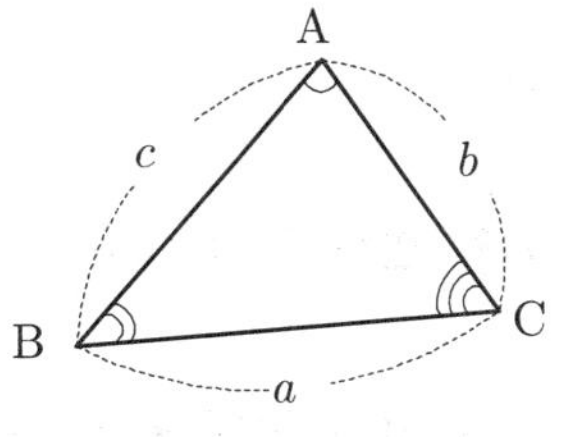

[그림 2-27]

이제, 삼각형의 6요소 사이에는 어떠한 관계가 있는가를 알아보자.

$\triangle ABC$ 의 외접원의 반지름을 R 이라 할 때 [그림 2-28]에서 B 를 지나는 지름을 BA' 라 하면

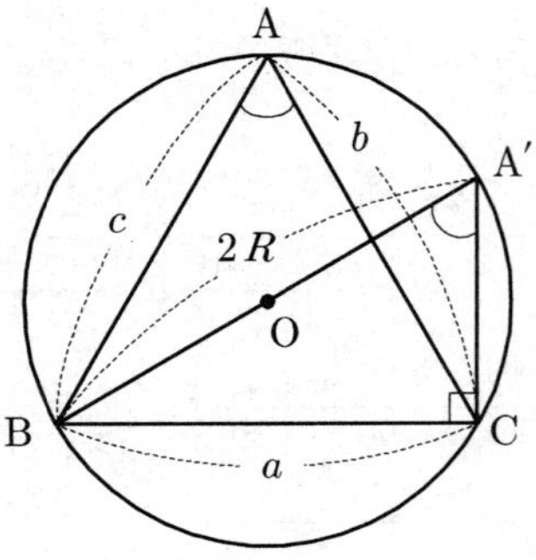

[그림 2-28]

$$\angle \mathrm{BA'C} = \mathrm{A}$$
$$\therefore \sin\angle \mathrm{BA'C} = \sin \mathrm{A}$$

그런데,

$$\angle \mathrm{BCA'} = 90°$$

이므로

$$\mathrm{BC} = \mathrm{BA'}\sin\angle \mathrm{BA'C}$$

따라서,

$$\frac{a}{\sin \mathrm{A}} = 2R$$

같은 방법으로,

$$\frac{b}{\sin \mathrm{B}} = 2R, \quad \frac{c}{\sin \mathrm{C}} = 2R$$

을 얻는다. 따라서 다음과 같은 **사인 법칙**이 성립된다.

■ 사인 법칙 ■

$$\frac{a}{\sin \mathrm{A}} = \frac{b}{\sin \mathrm{B}} = \frac{c}{\sin \mathrm{C}} = 2R$$ (단, R은 $\triangle\mathrm{ABC}$의 외접원의 반지름)

$\triangle\mathrm{ABC}$의 6요소 사이의 또 다른 관계에 대하여 알아보자.

$\triangle$ABC의 꼭지점 A에서 대변 BC에 수선 AD를 그으면 B, C가 모두 예각일 때 D는 BC 사이에 있다. 이때,

$$\mathrm{BC} = \mathrm{BD} + \mathrm{DC}$$
$$= \mathrm{AB}\cos\mathrm{B} + \mathrm{AC}\cos\mathrm{C} = c\cos\mathrm{B} + b\cos\mathrm{C}$$
$$\therefore a = c\cos\mathrm{B} + b\cos\mathrm{C} \quad \cdots\cdots \text{ⓐ}$$

물론, 식 (2.5)는 B나 C가 둔각이거나 직각일 때도 성립한다.

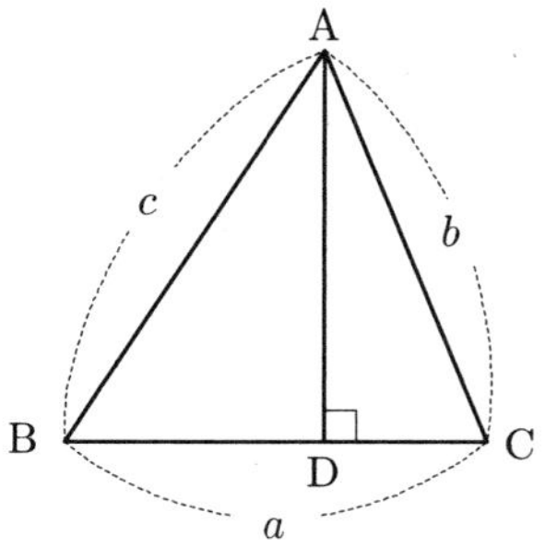

[그림 2-29]

같은 방법으로

$$b = c\cos\mathrm{A} + a\cos\mathrm{C} \quad \cdots\cdots \text{ⓑ}$$
$$c = a\cos\mathrm{B} + b\cos\mathrm{A} \quad \cdots\cdots \text{ⓒ}$$

도 성립함을 밝힐 수 있다. 이때, 식 ⓐ, ⓑ, ⓒ를 **제1코사인 법칙**이라 한다.

■ 제1코사인 법칙 ■

$$a = b\cos\mathrm{C} + c\cos\mathrm{B}$$
$$b = c\cos\mathrm{A} + a\cos\mathrm{C}$$
$$c = a\cos\mathrm{B} + b\cos\mathrm{A}$$

또한, 제1코사인 법칙에서

$$\text{ⓐ} \times a - \text{ⓑ} \times b - \text{ⓒ} \times c$$
$$a^2 - b^2 - c^2 = -2bc\cos\mathrm{A}$$
$$\therefore a^2 = b^2 + c^2 - 2bc\cos\mathrm{A} \quad \cdots\cdots \text{ⓓ}$$

또,

$$ⓑ \times b - ⓒ \times c - ⓐ \times a$$

$$b^2 = c^2 + a^2 - 2ca\cos B \quad \cdots\cdots ⓔ$$

$$ⓒ \times c - ⓐ \times a - ⓑ \times b$$

$$c^2 = a^2 + b^2 - 2ab\cos C \quad \cdots\cdots ⓕ$$

을 얻을 수 있다. 이때 식 ⓓ, ⓔ, ⓕ를 제2코사인 법칙이라 한다. 보통 코사인법이라 하면 **제2코사인 법칙**을 가리킨다.

■ **제2코사인 법칙** ■

$$a^2 = b^2 + c^2 - 2bc\cos A$$
$$b^2 = c^2 + a^2 - 2ca\cos B$$
$$c^2 = a^2 + b^2 - 2ab\cos C$$

예제 29 $\triangle ABC$ 에서 $A = 30°$, $a = 1$, $b = 2$일 때 B를 구하여라.

[해] $\dfrac{a}{\sin A} = \dfrac{b}{\sin B}$ 에서 $\dfrac{1}{\sin 30°} = \dfrac{2}{\sin B}$

$\sin B = 2\sin 30° = 2 \times \dfrac{1}{2} = 1$

$\therefore \mathbf{B = 90°}$

예제 30 $\triangle ABC$ 에서 $A = 45°$, $B = 60°$, $b = 3$일 때, a와 외접원의 반지름의 길이 R을 구하여라.

[해] 사인 법칙 $\dfrac{a}{\sin A} = \dfrac{b}{\sin B} = 2R$ 에서

$a = \dfrac{b\sin A}{\sin B} = \dfrac{3\sin 45°}{\sin 60°} = \sqrt{6}$

또, $\dfrac{b}{\sin B} = 2R$ 에서

$R = \dfrac{b}{2\sin B} = \dfrac{3}{2\sin 60°} = \sqrt{3}$

$\therefore \boldsymbol{a = \sqrt{6}}$, $\boldsymbol{R = \sqrt{3}}$

예제 31 $\triangle ABC$ 에서 $A = 105°$, $B = 30°$, $b = \sqrt{2}$, $c = 2$일 때 a를 구하여라.

[해] $A+B+C=180°$ 에서 $C=45°$

$$a=b\cos C+c\cos B=\sqrt{2}\cos 45°+2\cos 30°$$
$$=\sqrt{2}\times\frac{1}{\sqrt{2}}+2\times\frac{\sqrt{2}}{2}=\mathbf{1+\sqrt{3}}$$

예제 32 $\triangle ABC$ 에서 다음 물음에 답하여라.

① $a=5$, $b=3$, $\angle c=60°$ 일 때, c를 구하여라.

② $a=13$, $b=8$, $c=7$일 때, $\angle A$를 구하여라.

[해] ① 제2코사인 법칙에서

$$c^2=a^2+b^2-2ab\cos C$$
$$=5^2+3^2-2\times5\times3\times\cos 60°=19$$

$c>0$ 이므로, $\mathbf{c=\sqrt{19}}$

② 제2코사인 법칙에서

$$\cos A=\frac{b^2+c^2-a^2}{2bc}=\frac{8^2+7^2-13^2}{2}\times8\times7=-\frac{1}{2}$$

$0°<A<180°$ 이므로, $\mathbf{\angle A=120°}$

(2) 삼각형의 넓이

[그림 2-30]과 같은 $\triangle ABC$ 에 있어서 C 에서 대변 AB 에 수선 CH 를 내리고, $\triangle ABC$ 의 넓이를 S라 할 때

$$S=\frac{1}{2}AB\cdot CH$$

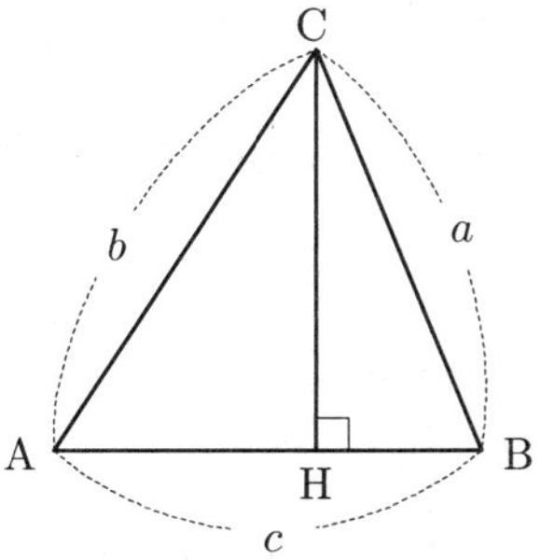

[그림 2-30]

그런데,

$$AB = C\,,\ CH = AC\sin A = b\sin A$$

이므로

$$S = \frac{1}{2}bc\sin A$$

같은 방법으로 다음 공식을 얻는다.

$$S = \frac{1}{2}bc\sin A = \frac{1}{2}ca\sin B = \frac{1}{2}ab\sin C$$

또, $\triangle ABC$ 에서 세 변의 길이 a, b, c 만으로 넓이 S를 다음과 같이 구할 수 있다.

$$S = \sqrt{s(s-a)(s-b)(s-c)} \quad (\text{단, } 2s = a+b+c)$$

이것을 **헤론(Heron)의 공식**이라 한다. (공식유도 생략)

이상으로 삼각형의 넓이는 다음과 같이 구한다.

■ 삼각형의 넓이 ■

① 두 변과 그 사이각을 알 때

$$S = \frac{1}{2}bc\sin A = \frac{1}{2}ca\sin B = \frac{1}{2}ab\sin C$$

② 세 변을 알 때(헤론의 공식)

$$S = \sqrt{s(s-a)(s-b)(s-c)} \quad (\text{단, } 2s = a+b+c)$$

예제 33 두 변의 길이가 각각 4cm, 5cm이고, 그 사이각이 30° 인 삼각형의 넓이 S를 구하여라.

[해] $S = \frac{1}{2} \times 4 \times 5 \times \sin 30° = \mathbf{5}[\text{cm}^2]$

예제 34 한 변의 길이가 a 인 정삼각형의 넓이 S를 구하여라.

[해] $S = \frac{1}{2} \times a \times a \times \sin 60° = \frac{\sqrt{3}}{4}a^2$

예제 35 세 변의 길이가 5, 6, 7인 삼각형의 넓이 S를 구하여라.

[해] $2S=5+6+7$이므로 $S=9$

$\therefore\ S=\sqrt{9(9-5)(9-6)(9-7)}=\sqrt{9\cdot4\cdot3\cdot2}=6\sqrt{6}$

2-10 역삼각함수

일반적으로 함수 $y=f(x)$의 역함수는 $y=f^{-1}(x)$와 같이 삼각함수의 역함수를 **역삼각함수**(inverse trigonometic function)라고 한다.

예를 들면, 삼각함수 $y=\sin\theta$에서 θ를 y의 **역사인 함수**라 하고, 이것을

$$\theta=\sin^{-1}y \qquad \text{또는} \qquad \theta=\text{arc}\sin y$$

라 쓰고 **아크(arc) sin$y$**라 읽는다.

예를 들면, $\sin30°=\dfrac{1}{2}$에 대해서는

$$30°=\sin^{-1}\frac{1}{2}$$

로 표시한다.

똑같이 $y=\cos\theta$, $y=\tan\theta$에 대한 **역코사인 함수**, **역탄젠트 함수**는

$$\theta=\cos^{-1}y,\ \theta=\tan^{-1}y$$

로 표시된다.

그런데, 주어진 각 θ에 대한 그 사인값 y는 보통 1개밖에 없는데 반대로 주어진 사인값 y에 대한 각 θ는 수없이 많다. 이것은 역탄젠트, 역코사인에 있어서도 같다.

이상과 같이 역삼각함수는 무수히 많은 각을 갖는데, 그 중 절대값의 최소를 **주값**(principle value)이라 한다.

$\sin^{-1}y$, $\tan^{-1}y$의 주값은

$$-\frac{\pi}{2}\leq\ \theta\leq\frac{\pi}{2}$$

의 범위이고, $\cos^{-1}y$ 의 주값은

$$0 \leqq \theta \leqq \pi$$

의 범위이다.

이제 주값을 일반값과 구별하기 위하여 $\mathbf{Sin^{-1}}\boldsymbol{y}$ 와 같이 표시하면 일반적으로

$$\sin^{-1}y = n\pi + (-1)^n \mathrm{Sin}^{-1}y$$
$$\cos^{-1}y = 2n\pi \pm \mathrm{Cos}^{-1}y$$
$$\tan^{-1}y = n\pi + \mathrm{Tan}^{-1}y$$

로 표시된다. 여기서 n 은 양 또는 음의 정수 또는 0 이다.

이들의 역삼각함수의 그래프는 [그림 2-31]의 **역사인 곡선**, [그림 2-32]의 **역코사인 곡선**, [그림 2-33]의 **역탄젠트 곡선**과 같다.

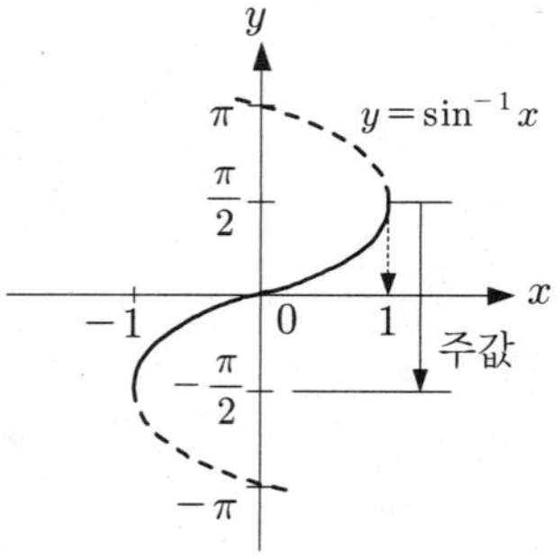

[그림 2-31]

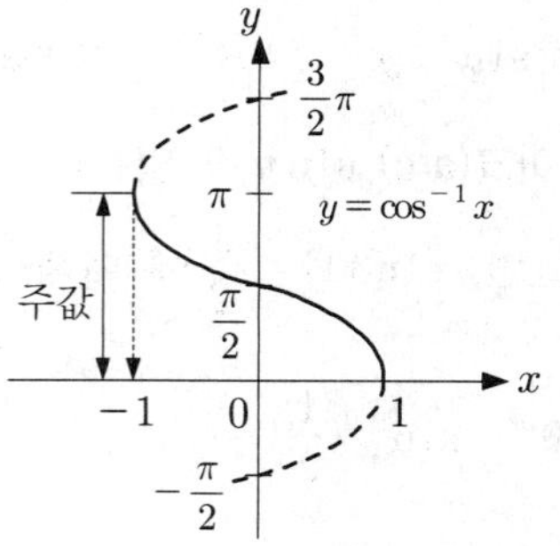

[그림 2-32]

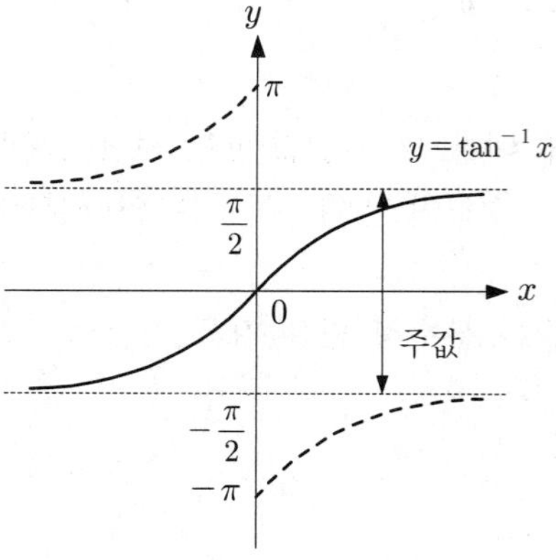

[그림 2-33]

예제 36 다음 각 값을 구하여라.

① $\mathrm{Sin}^{-1}1$　　② $\mathrm{Cos}^{-1}\frac{1}{2}$

③ $\mathrm{Tan}^{-1}\left(-\frac{1}{\sqrt{3}}\right)$　　④ $\mathrm{Sin}^{-1}\left(-\frac{1}{2}\right)$

[해] ① $\mathrm{Sin}^{-1}1=\frac{\pi}{2}$　　② $\mathrm{Cos}^{-1}\frac{1}{2}=\frac{\pi}{3}$

③ $\mathrm{Tan}^{-1}\left(-\frac{1}{\sqrt{3}}\right)=-\frac{\pi}{6}$　　④ $\mathrm{Sin}^{-1}\left(-\frac{1}{2}\right)=-\frac{\pi}{6}$

예제 37 $\mathrm{Sin}^{-1}\frac{1}{2}=\theta$ 일 때 θ 의 주값, 일반값을 구하여라.

[해] 주값 : $\theta=\mathrm{Sin}^{-1}\frac{1}{2}=\frac{\pi}{6}$

일반값 : $\theta=\frac{\pi}{6}+2n\pi$, $\theta=\frac{5}{6}\pi+2n\pi$ 등이므로

$$\theta=n\pi+(-1)^n\frac{\pi}{6}$$

2-11 사인파 교류

교류발전기에 의하여 발생되는 교류 [그림 2-34]와 같이 시간에 따라 사인곡선으로 변하는 파형으로 다음과 같이 표현할 수 있다.

$$v=V_m\sin\omega t\,[\mathrm{V}]$$

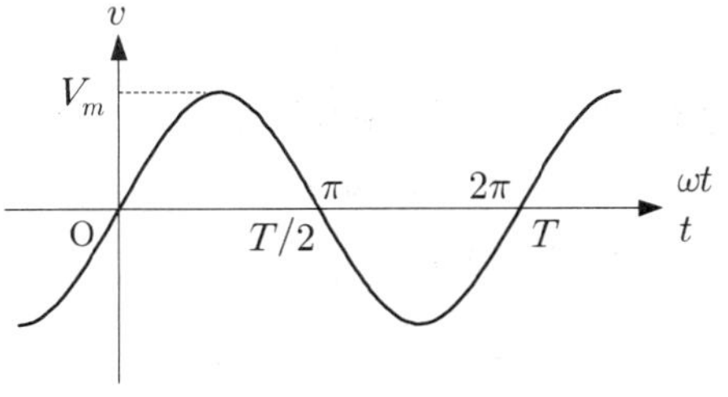

[그림 2-34]

여기서 v는 각 순간에서의 전압값으로 전압의 **순시값**(instantaneous value)이라 하고 V_m 은 전압의 **최대값**(maximum) 또는 **진폭**(amplitude)이라 한다. 이 사인파는 하나의 주기파이며 주기파는 정(+), 부(−)의 변화를 완전히 하여 처음 상태로 돌아갈 때까지의 변화를 **1 사이클**(cycle)이라 한다.

1초 동안에 포함되는 사이클의 수를 **주파수**(frequency)라 하고, 단위는 **헤르츠**(Hertz / Hz)이다.

또한, 1 사이클이 변하는 데 요하는 시간을 **주기**(period)라 하며, T로 표시한다. 이들 사이에는

$$f = \frac{1}{T}[\mathrm{Hz}],\quad T = \frac{1}{f}[\mathrm{sec}]$$

가 된다.

순시값의 식에서 ωt는 **라디안**(radian)으로 표시되는 각이며 이를 **전기각**(electric angle)이라 부른다. 또한, ω는 1초 동안의 각의 증가를 나타내며 이것을 **각속도**(angular velocity) 또는 **각주파수**(angular frequency)라 부르며, 그 단위는 [rad/sec]이다. 따라서, 각주파수 ω는

$$\omega = \frac{2\pi}{T} = 2\pi f\,[\mathrm{rad/sec}]$$

의 관계가 있다.

또한, 사인파 전압의 순시값 식이 $v = V_m \sin\omega t$는 시간의 기점을 전압의 값이 0에서 정(+)으로 순간을 잡은 것이다. 그런데 [그림 2-35]와 같이 일반적인 시간의 기점을 잡을 때에는

$$v_1 = V_m \sin(\omega t + \theta_1)$$
$$v_2 = V_m \sin(\omega t + \theta_2)$$

와 같이 표시할 수 있으나, 보다 일반적으로 나타낼 때의 순시값의 식은

$$v = V_m \sin(\omega t + \theta)$$

로 된다. 여기서 θ를 **위상**(phase) 또는 **위상각**(phase angle)이라고 한다. 또한, [그림 2-35]에서 v의 위상을 기준으로 할 때 v_1의 위상은 v의 위상보다 θ만큼 앞선다 하고, v_2의 위상은 v의 위상보다 θ_2만큼 늦다 라고 한다.

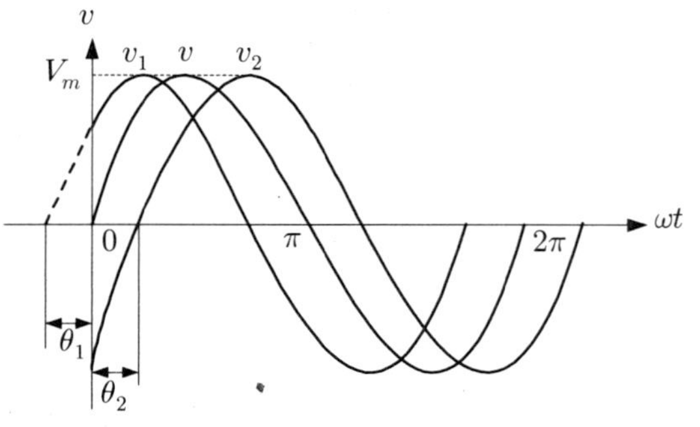

[그림 2-35]

최대값에는 관계없이 위상이 일치하면 **동상**(in phase)이라 하고, 위상이 어긋나면 **위상차**(phase difference) 또는 단순히 상차가 있다고 한다. 여기서 주의할 것은 주파수가 같은 사인파에 대해서만 상차를 말할 수 있다.

예제 38 $v=100\sin 100\pi t$[V]인 파형의 최대값, 주파수, 주기를 구하여라.

[해] 최대값 $V_m = \mathbf{100}$[V]

주파수 f 는 $\omega = 2\pi f = 100\pi$, $2f = 100$

$\therefore \boldsymbol{f} = \mathbf{50}$[Hz]

주기 $T = \dfrac{1}{f} = \dfrac{1}{50} = \mathbf{0.02}$[sec]

예제 39 $v_1 = 50\sin(\omega t + 30°)$와 $v_2 = 100\cos(\omega t - 120°)$인 두 전압파의 위상차를 구하여라.

[해] v_2를 사인파로 고치면

$v_2 = 100\sin(\omega t - 120° + 90°) = 100\sin(\omega t - 30°)$

따라서 v_1과 v_2의 위상차 θ는 다음과 같다.

$\theta = 30° - (30°) = \mathbf{60°}$

■ 연습문제 4 ■

4-1 $\sin 105°$, $\cos 105°$, $\tan 105°$의 값을 구하여라.

4-2 두 직선 $y=\frac{1}{3}x$와 $y=2x$가 이루는 각의 크기를 구하여라.

4-3 다음 각 식을 $r\sin(\theta+\alpha)$의 꼴로 변형하여라.

① $\sin\theta+\cos\theta$　　② $3\sin\theta+4\cos\theta$

4-4 다음 함수의 최대값, 최소값을 구하여라.

① $y=\sqrt{3}\sin x+\cos x$　　② $y=5\sin x+8\cos x$

4-5 $\cos\alpha=\frac{1}{3}$(단, $0<\alpha<\frac{\pi}{2}$)일 때, $\cos 2\alpha$, $\cos\frac{\alpha}{2}$의 값을 구하여라.

4-6 $\tan\frac{\alpha}{2}=t$일 때, $\cos\alpha$를 t로 나타내어라.

4-7 $\tan x=t$라 할 때, $\sin 2x$, $\cos 2x$, $\tan 2x$를 t의 식으로 나타내어라.

4-8 곱을 합 · 차로 바꾸는 공식을 써서 다음 식의 값을 구하여라.

① $\sin 75°\cos 15°$　　② $\cos 75°\sin 15°$

③ $\cos 75°\cos 15°$　　④ $\sin 75°\sin 15°$

4-9 합 · 차를 곱으로 바꾸는 공식을 써서 다음 식의 값을 구하여라.

① $\sin 105°+\sin 15°$　　② $\sin 105°-\sin 15°$

③ $\cos 105°+\cos 15°$　　④ $\cos 105°-\cos 15°$

4-10 $\sin x+\cos x=\frac{1}{2}$일 때 $\sin 2x+\cos 2x$의 값을 구하여라.

4-11 $\triangle ABC$에서 $\angle A=60°$, $\angle B=45°$, $a=10$일 때 b를 구하여라.

4-12 $\triangle ABC$에서 $a=5\text{cm}$이고 외접원의 반지름이 5cm일 때 $\angle A$를 구하여라.

4-13 두 변의 길이가 2cm, 3cm이고, 그 끼인 각이 $60°$일 때, 나머지 변의 길이를 구하여라.

4-14 $\triangle ABC$에서 $a=7$, $b=8$, $c=13$일 때 c를 구하여라.

4-15 $\triangle ABC$에서 $a=7$, $b=5$, $c=3$일 때 최대각을 구하여라.

4-16 두 변의 길이가 각각 3cm, 6cm이고, 그 사이각이 $60°$ 인 삼각형의 넓이 S를 구하여라.

4-17 세 변의 길이가 5, 6, 7 인 삼각형의 넓이를 구하여라.

4-18 다음 각 값을 구하여라.

① $\mathrm{Sin}^{-1}(-1)$ ② $\mathrm{Sin}^{-1}\left(\frac{1}{2}\right)$ ③ $\mathrm{Cos}^{-1}(-1)$

④ $\mathrm{Cos}^{-1}\left(\frac{1}{2}\right)$ ⑤ $\mathrm{Tan}^{-1}(-1)$ ⑥ $\mathrm{Tan}^{-1}\left(\frac{1}{\sqrt{3}}\right)$

4-19 전압 $v=6\sin\omega t+8\cos\omega t$ 를 $v=V_m\sin(\omega t+\theta)$와 같은 꼴로 합성하여라.

4-20 전류 $i=6\sin\left(\omega t+\frac{\pi}{3}\right)$를 $i=a\sin\omega t+b\cos\omega t$ 의 꼴로 분해하여라.

chapter 3

행 렬 식

수를 직사각형 모양으로 나열하여 수 전체를 한 묶음으로 보고, 이것을 행렬이라고 한다.

역사적으로는 행렬에 앞서 행렬식의 개념이 먼저 나타나 연립 1차방정식의 일반적인 해법의 기원을 이루었다.

19세기 중엽에 실베스터(Sylvester ; 1814~1897, 영국)와 케일리(Cayley ; 1821~1895, 영국)에 의하여 행렬의 개념이 도입되었다.

행렬식(determinants)은 연립 1차방정식의 해석 방법으로서 매우 편리한 것이다. 회로망의 전류, 전압 계산에 키르히호프의 법칙을 적용할 경우 등 다원연립 1차방정식이 성립할 때 이 행렬식을 사용하면 매우 쉽게 풀 수 있다.

또 행렬식은 행렬 중 정방행렬을 푸는 데 사용되므로 행렬식을 공부하여 예비로 알아둘 필요가 있다.

3-1 1차 연립방정식

행렬식은 1차 연립방정식을 푸는 데 유용하게 사용되므로 우선 1차 연립방정식을 살펴보자.

미지수가 2개이고 1차식인 방정식을 **2원 1차방정식**이라 하고, 2개의 2원 1차방정식을 1쌍으로 묶어 놓은 것을 **2원 연립 1차방정식**이라 한다.

따라서, 미지수가 n개이고 1차식인 n원 1차방정식 n개를 1개의 묶음으로 놓은 것을 **n원 1차 연립방정식**이라 한다.

이 절에서는 2원 1차 연립방정식과 3원 1차 연립방정식을 풀어 보자.

(1) 2원 1차 연립방정식

미지수가 취할 수 있는 값, 즉 해를 구하는 방법에는 다음과 같이 세 가지가 있다.

① **가감법** : 두 방정식을 더하거나 빼어서 한 변수를 없애고 연립방정식을 푸는 방법이다.

② **대입법** : 한 방정식을 한 문자에 대해 풀어서 다른 방정식에 대입해서 연립방정식을 푸는 방법이다.

③ **등치법** : 연립방정식에서 두 방정식을 어느 한 변수에 관하여 풀어서 그것을 같게 놓고 연립방정식을 푸는 방법이다.

예제 1 다음 연립방정식에서 ①은 가감법, ②는 대입법, ③은 등치법으로 각각 풀어라.

① $\begin{cases} 2x+y=5 & \cdots\cdots\cdots ⓐ \\ x+y=3 & \cdots\cdots\cdots ⓑ \end{cases}$

② $\begin{cases} x-3y=2 & \cdots\cdots\cdots ⓐ \\ 3x+y=16 & \cdots\cdots\cdots ⓑ \end{cases}$

③ $\begin{cases} x=2y+1 & \cdots\cdots\cdots ⓐ \\ x+y=4 & \cdots\cdots\cdots ⓑ \end{cases}$

[해] ① y의 계수가 같고, 부호가 같으므로 ⓐ-ⓑ를 하면

$$\begin{array}{rr} & 2x+y=5 \\ -) & x+y=3 \\ \hline & x=2 \end{array} \qquad \therefore \boldsymbol{x=2}$$

$x=2$를 ⓑ식에 대입하면 $2+y=3$ $\therefore \boldsymbol{y=1}$

$\therefore$ 해는 $x=3$, $y=1$ 이다.

(2) 3원 1차 연립방정식

미지수가 3개이고 1차인 방정식 3개의 묶음을 **3원 1차 연립방정식**이라 한다.

미지수가 3개인 연립 1차방정식을 풀 때도 미지수가 2개인 연립방정식을 풀 때와 같이, 먼저 1개의 문자를 소거해서 미지수가 2개인 연립 1차방정식을 만들어서 풀면 된다.

예제 2 다음 연립방정식을 각각 풀어라.

① $\begin{cases} x+y+z=4 & \cdots\cdots\cdots\cdots ⓐ \\ 2x+3y-z=14 & \cdots\cdots\cdots\cdots ⓑ \\ 3x-2y+z=-1 & \cdots\cdots\cdots\cdots ⓒ \end{cases}$

② $\begin{cases} y+z=7 & \cdots\cdots\cdots\cdots ⓐ \\ z+x=6 & \cdots\cdots\cdots\cdots ⓑ \\ x+y=5 & \cdots\cdots\cdots\cdots ⓒ \end{cases}$

[해] ① ⓐ와 ⓑ를 변변 더하면,

$3x+4y=18$ ………… ⓓ

ⓑ와 ⓒ를 변변 더하면,

$5x+y=13$ ………… ⓔ

ⓓ와 ⓔ로부터 $x=2$, $y=3$

이 값을 각각 ⓐ에 대입하면, $z=-1$

$\therefore$ 해는 $\boldsymbol{x=2}$, $\boldsymbol{y=3}$, $\boldsymbol{z=-1}$

② ⓐ, ⓑ, ⓒ를 변변 더하면, $2(x+y+z)=18$

따라서,

$x+y+z=9$ ………… ⓓ

ⓓ에서 ⓐ, ⓑ, ⓒ를 차례로 변변 빼면, 다음 해를 얻는다.

$\boldsymbol{x=2}$, $\boldsymbol{y=3}$, $\boldsymbol{z=4}$

3-2 행렬식의 정의

행렬식은 원래 2개, 또는 그 이상인 1차 연립방정식을 푸는 데서 그 기원을 두고 있다. 따라서, 행렬식의 일반적인 성질을 논하기에 앞서 1차 연립방정식을 풀어 보자.

2원 1차 연립방정식

$$\begin{cases} a_1x+b_1y=c_1 & \cdots\cdots\cdots\cdots ⓐ \\ a_2x+b_2y=c_2 & \cdots\cdots\cdots\cdots ⓑ \end{cases}$$

이 해를 구하기 위하여

ⓐ $\times b_2-$ ⓑ $\times b_1$ 에서

$$(a_1b_2-a_2b_1)x=c_1b_2-c_2a_2$$

ⓑ $\times a_1-$ ⓐ $\times a_2$ 에서

$$(a_1b_2-a_2b_1)y=c_2b_1-c_1a_2$$

$$a_1b_2-a_2b_1\neq 0$$

$$x=\frac{c_1b_2-c_2b_1}{a_1b_2-a_2b_1}$$

$$y=\frac{c_2a_1-c_1a_2}{a_1b_2-a_2b_1}$$

이때 분모의 기호는

$$\begin{vmatrix} a_1 & b_1 \\ a_2 & b_2 \end{vmatrix} \cdots\cdots\cdots\cdots ⓒ$$

의 형태로 쓰고 이것을 **행렬식**(determinant)이라고 부른다. 즉, 막대로 둘러싼 배열에 의한 표시식을 **행렬식**이라 한다. 그러므로

$$\begin{vmatrix} a_1 & b_1 \\ a_2 & b_2 \end{vmatrix}=a_1b_2-a_2b_1$$

이다. 여기서 a_1, b_1, a_2, b_2를 행렬식의 **요소**(element) 또는 **원소**라 하고, 가로줄을 **행**(column), 세로줄을 **열**(row)이라고 한다. 따라서, (a_1, b_1)은 **제1행**, (a_2, b_2)는

제2행이고, (a_1, a_2)는 **제1열**, (b_1, b_2)는 **제2열**이다.

행렬식에서는 반드시 행의 개수와 열의 개수는 같아야 한다. 이때 행과 열의 개수가 n 개씩이면 **n차행렬식** 또는 **$n \times n$ 행렬식**이라 한다.

따라서, ⓒ식은 2차행렬식 또는 2×2 행렬식이다.

3–3 행렬식의 전개

(1) 2차행렬식과 3차행렬식

2차행렬식을 전개하면 다음과 같다.

$$|A| = \begin{vmatrix} a_{11} & a_{22} \\ a_{21} & a_{22} \end{vmatrix} = a_{11}a_{12} - a_{12}a_{21}$$

이것은

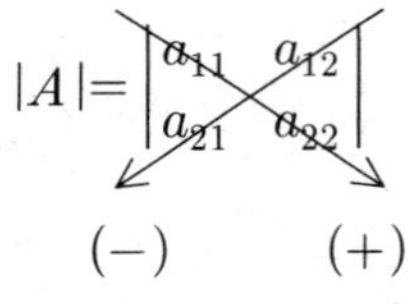

위와 같은 **대각선 규칙**에 따라 기억하면 편리하다. 이 대각선 규칙을 **사러스**(Sarrus)**의 규칙**이라 한다. 예를 들면,

$$|A| = \begin{vmatrix} 1 & -2 \\ 3 & 4 \end{vmatrix} = 1 \times 4 - (-2) \times 3 = 10$$

또, 3차행렬식

$$|A| = \begin{vmatrix} a_{11} & a_{12} & a_{13} \\ a_{21} & a_{22} & a_{23} \\ a_{31} & a_{32} & a_{33} \end{vmatrix}$$

의 값을 사러스의 규칙에 따라 계산하면

$|A|=$ 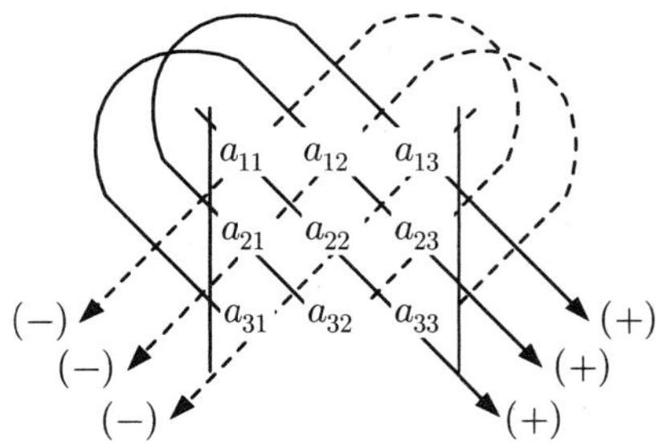

$$= a_{11}a_{22}a_{33} + a_{12}a_{23}a_{31} + a_{13}a_{32}a_{21} - a_{13}a_{22}a_{31} - a_{23}a_{32}a_{11} - a_{33}a_{21}a_{12}$$

예를 들면,

$$|A| = \begin{vmatrix} 1 & 2 & 1 \\ 2 & -1 & 3 \\ -1 & 2 & 1 \end{vmatrix} = 1\times(-1)\times 1 + 2\times 3\times(-1) + 1\times 2\times 2$$
$$-1\times(-1)\times(-1) - 3\times 2\times 1 - 1\times 2\times 2 = -14$$

예제 3 사러스의 규칙을 이용해서 다음 행렬식의 값을 구하여라.

① $\begin{vmatrix} 8 & 5 \\ 2 & 6 \end{vmatrix}$ ② $\begin{vmatrix} 8 & 2 & 3 \\ 4 & 1 & 2 \\ -3 & 6 & 5 \end{vmatrix}$

[해] ① $\begin{vmatrix} 8 & 5 \\ 2 & 6 \end{vmatrix} = 8\times 6 - 2\times 5 = \mathbf{38}$

② $\begin{vmatrix} 8 & 2 & 3 \\ 4 & 1 & 2 \\ -3 & 6 & 5 \end{vmatrix} = 8\times 1\times 5 + 2\times 2\times(-3) + 3\times 4\times 6 - 3\times 1\times(-3)$

$$-6\times 2\times 8 - 5\times 4\times 2 = \mathbf{-27}$$

(2) n차행렬식($n \geq 3$)

3차 이상의 행렬식을 전개하기 위하여 몇 가지 필요한 정의를 살펴보자.

행렬식에서 i번째 행과 j번째 열에 위치하는 요소 a_{ij}의 **소행렬식**(minor determinant) A_{ij}는 i번째 행과 j번째 열을 제외한 나머지 행렬식이다.

예를 들면,

$$|A| = \begin{vmatrix} a_{11} & a_{12} & a_{13} \\ a_{21} & a_{22} & a_{23} \\ a_{31} & a_{32} & a_{33} \end{vmatrix}$$

에서 소행렬식은

$$A_{11} = \begin{vmatrix} a_{22} & a_{23} \\ a_{32} & a_{33} \end{vmatrix} = a_{22}a_{22} - a_{23}a_{32}$$

$$A_{21} = \begin{vmatrix} a_{12} & a_{13} \\ a_{32} & a_{33} \end{vmatrix} = a_{12}a_{33} - a_{13}a_{32}$$

등이다.

요소 a_{ij} 의 **여인수**(cofactor) C_{ij} 는 다음과 같이 정의한다.

$$\boldsymbol{C_{ij} = (-1)^{i+j} A_{ij}}$$

즉, 여인수란 소행렬식에 부호를 붙인 것인데 $(i+j)$가 짝수이면 +, 홀수이면 −의 부호를 붙인다. 부호 $(-1)^{i+j}$는 3차행렬식인 경우 다음과 같이 +, −를 교대로 각 원소 앞에 나열한 것과 같다.

$$\begin{vmatrix} + & - & + \\ - & + & - \\ + & - & + \end{vmatrix}$$

행렬식의 값은 임의의 행이나 열에서 각 요소와 그 여인수의 곱으로 전개하여 구할 수 있다.

예를 들면, 3차행렬식을 제1행에 관하여 전개하면

$$\begin{aligned} |A| &= \begin{vmatrix} a_{11} & a_{12} & a_{13} \\ a_{21} & a_{22} & a_{23} \\ a_{31} & a_{32} & a_{33} \end{vmatrix} \\ &= a_{11}(-1)^{1+1}A_{11} + a_{12}(-1)^{1+2}A_{12} + a_{13}(-1)^{1+3}A_{13} \\ &= a_{11}A_{11} - a_{12}A_{12} + a_{13}A_{33} \\ &= a_{11}\begin{vmatrix} a_{22} & a_{23} \\ a_{32} & a_{33} \end{vmatrix} - a_{12}\begin{vmatrix} a_{21} & a_{23} \\ a_{31} & a_{33} \end{vmatrix} + a_{13}\begin{vmatrix} a_{21} & a_{22} \\ a_{31} & a_{32} \end{vmatrix} \\ &= a_{11}(a_{22}a_{33} - a_{23}a_{32}) - a_{12}(a_{21}a_{33} - a_{23}a_{31}) + a_{13}(a_{21}a_{32} - a_{22}a_{31}) \end{aligned}$$

이 결과는 사러스의 규칙에 의한 전개식과 일치함을 확인할 수 있다.

4차행렬식 또는 그 이상의 행렬식의 계산은 위와 같은 전개를 반복하면 구할 수 있다.

위와 같이 행렬식을 전개하는 것을 **라플라스**(Laplace) **전개**라 한다.

그런데, 실제 문제에서 제1행 또는 제1열의 여인수를 선택하는 것이 보통이며 요소에 0을 포함하는 행렬식에서는 되도록이면 0의 요소로 한다. 또는 0의 요소가 많은 행 또는 열을 선택하여 소행렬식을 만드는 것이 보다 더욱 수고가 생략되므로 편리하다. 예를 들면,

$$|A|=\begin{vmatrix} 3 & 4 & 0 & 6 \\ 0 & 5 & 2 & 1 \\ 0 & 3 & 4 & 0 \\ 1 & 2 & 7 & 1 \end{vmatrix}$$

를 전개하는데 먼저 제1열을 선택하여

$$|A|=3\begin{vmatrix} 5 & 2 & 1 \\ 3 & 4 & 0 \\ 2 & 7 & 1 \end{vmatrix}-0\begin{vmatrix} 4 & 0 & 6 \\ 3 & 4 & 0 \\ 2 & 7 & 1 \end{vmatrix}+0\begin{vmatrix} 4 & 0 & 6 \\ 5 & 2 & 1 \\ 2 & 7 & 1 \end{vmatrix}-1\begin{vmatrix} 4 & 0 & 6 \\ 5 & 2 & 1 \\ 3 & 4 & 0 \end{vmatrix}$$

다음에 제1항에서 제2행을 선택하고, 제4항에서 제1행을 선택한다.

$$\begin{aligned}|A|&=3\left(-3\begin{vmatrix} 2 & 1 \\ 7 & 1 \end{vmatrix}+4\begin{vmatrix} 5 & 1 \\ 2 & 1 \end{vmatrix}-0\begin{vmatrix} 5 & 2 \\ 2 & 7 \end{vmatrix}\right)-1\left(4\begin{vmatrix} 2 & 1 \\ 4 & 0 \end{vmatrix}-0\begin{vmatrix} 5 & 1 \\ 3 & 0 \end{vmatrix}+6\begin{vmatrix} 5 & 2 \\ 3 & 4 \end{vmatrix}\right)\\ &=-9(2-7)+12(5-2)-4(0-4)-6(20-6)=13\end{aligned}$$

예제 4 다음 행렬식 $|A|$에서 a_{11}, a_{21}, a_{32}의 요소에 대한 소행렬식과 여인수를 구하여라.

$$|A|=\begin{vmatrix} 3 & 0 & 1 \\ 1 & 2 & 5 \\ -1 & 4 & 2 \end{vmatrix}$$

[해] a_{11}의 소행렬식 $M_{11}=\begin{vmatrix} 2 & 5 \\ 4 & 2 \end{vmatrix}=4-20=\mathbf{-16}$

a_{11}의 여인수는 $C_{11}=(-1)^{1+1}M_{11}=\mathbf{-16}$

a_{21}의 소행렬식 $M_{21}=\begin{vmatrix} 0 & 1 \\ 4 & 2 \end{vmatrix}=0-4=\mathbf{-4}$

a_{21}의 여인수는 $C_{21}=(-1)^{2+1}M_{21}=\mathbf{4}$

a_{32}의 소행렬식 $M_{32}=\begin{vmatrix} 3 & 1 \\ 1 & 5 \end{vmatrix}=15-1=\mathbf{14}$

a_{32}의 여인수는 $C_{32}=(-1)^{3+2}M_{32}=\mathbf{-14}$

예제 5 다음 행렬식에서 제1행과 제1열에 관하여 각각 전개하고 식의 값을 구하여라.

$$|A|=\begin{vmatrix} 1 & 3 & 0 \\ 2 & 6 & 4 \\ -1 & 0 & 2 \end{vmatrix}$$

[해] 제1행에 관한 전개

$$|A|=1\begin{vmatrix}6 & 4\\0 & 2\end{vmatrix}-3\begin{vmatrix}2 & 4\\-1 & 2\end{vmatrix}+0\begin{vmatrix}2 & 6\\1 & 0\end{vmatrix}$$
$$=1(12-0)-3(4+4)+0=\mathbf{-12}$$

제1열에 관한 전개

$$|A|=1\begin{vmatrix}6 & 4\\0 & 2\end{vmatrix}-2\begin{vmatrix}3 & 0\\0 & 2\end{vmatrix}-1\begin{vmatrix}3 & 0\\6 & 4\end{vmatrix}$$
$$=12-12-12=\mathbf{-12}$$

결과가 같음을 알 수 있다.

예제 6 다음 행렬식을 사러스의 규칙과 라플라스 전개식으로 각각 식의 값을 구하여라.

$$|A|=\begin{vmatrix}2 & 1 & 3\\-1 & 2 & 1\\3 & -2 & -1\end{vmatrix}$$

[해] 사러스의 규칙으로 전개하면

$$|A|=\begin{vmatrix}2 & 1 & 3\\-1 & 2 & 1\\3 & -2 & -1\end{vmatrix}=2\cdot 2(-1)+1\cdot 1\cdot 3+3(-2)(-1)$$
$$-3\cdot 2\cdot 3-1(-2)\cdot 2-(-1)(-1)\cdot 1$$
$$=-4+3+6-18+4-1=\mathbf{-10}$$

제1열에 관해서 라플라스 전개하면

$$|A|=\begin{vmatrix}3 & 1 & 3\\-1 & 2 & 1\\3 & -2 & 1\end{vmatrix}=2\begin{vmatrix}2 & 1\\-2 & -1\end{vmatrix}-(-1)\begin{vmatrix}1 & 3\\-2 & -1\end{vmatrix}+3\begin{vmatrix}1 & 3\\2 & 1\end{vmatrix}$$
$$=2(-2+2)+1(-1+6)+3(1-6)$$
$$=0+5-15=\mathbf{-10}$$

물론, 결과는 같다.

예제 7 다음 행렬식 $|A|$의 값을 구하여라.

$$|A|=\begin{vmatrix}1 & 2 & 3 & 4\\-2 & 0 & 0 & 5\\4 & 0 & 1 & -1\\5 & 0 & 0 & -3\end{vmatrix}$$

[해] 제1행에 대한 전개보다 제2열에 대한 전개가 계산에 편리하므로

$$|A|=\begin{vmatrix} 1 & 2 & 3 & 4 \\ -2 & 0 & 0 & 5 \\ 4 & 0 & 1 & -1 \\ 5 & 0 & 0 & -3 \end{vmatrix}=2\cdot A_{12}+0\cdot A_{22}+0\cdot A_{32}+0\cdot A_{42}$$

$$=2\cdot(-1)^{1+2}\begin{vmatrix} -2 & 0 & 5 \\ 4 & 1 & -1 \\ 5 & 0 & -3 \end{vmatrix}=-2\begin{vmatrix} -2 & 0 & 5 \\ 4 & 1 & -1 \\ 5 & 0 & -3 \end{vmatrix}$$

$$=2\cdot 1\cdot(-1)^{2+2}\begin{vmatrix} -2 & 5 \\ 5 & -3 \end{vmatrix}$$

$$=-2(-19)=\mathbf{38}$$

3-4 행렬식의 성질

① 행과 열을 바꾼 전치행렬식은 원행렬식과 같다. 예를 들면,

$$\begin{vmatrix} 1 & 2 \\ 3 & 4 \end{vmatrix}=\begin{vmatrix} 1 & 3 \\ 2 & 4 \end{vmatrix}=4-6=-2$$

$$\begin{vmatrix} 1 & 3 & 0 \\ 2 & 6 & 4 \\ -1 & 0 & 2 \end{vmatrix}=\begin{vmatrix} 1 & 2 & -1 \\ 3 & 6 & 0 \\ 0 & 4 & 2 \end{vmatrix}=-12$$

② 2개의 행 또는 2개의 열을 바꾸면 행렬식 부호가 바뀐다. 예를 들면,

$$\begin{vmatrix} 2 & 6 & 4 \\ 1 & 3 & 0 \\ -1 & 0 & 2 \end{vmatrix}=-\begin{vmatrix} 1 & 3 & 0 \\ 2 & 6 & 4 \\ -1 & 0 & 2 \end{vmatrix}=12$$

③ 2개의 행 또는 2개의 열이 같은 행렬식의 값은 0이다. 예를 들면,

$$\begin{vmatrix} 1 & 1 & 4 \\ 2 & 2 & 5 \\ 3 & 3 & 6 \end{vmatrix}=0, \qquad \begin{vmatrix} 1 & 2 & 3 \\ 1 & 2 & 3 \\ 7 & 8 & 9 \end{vmatrix}=0$$

④ 1개의 행 또는 1개의 열의 각 요소에 동일한 수를 곱하여 얻은 행렬식의 값은 원행렬식의 값에 그 수를 곱한 것과 같다. 예를 들면,

$$\begin{vmatrix} 1 & 2k \\ 3 & 4k \end{vmatrix}=k\begin{vmatrix} 1 & 2 \\ 3 & 4 \end{vmatrix}=-4$$

⑤ 어떤 행 또는 열 중 모든 요소가 0이면 그 행렬식의 값은 0이다. 예를 들면,

$$\begin{vmatrix} 2 & 0 & 5 \\ 3 & 0 & 6 \\ 4 & 0 & 7 \end{vmatrix} = 0, \qquad \begin{vmatrix} 1 & 2 & 3 \\ 0 & 0 & 0 \\ 4 & 5 & 6 \end{vmatrix} = 0$$

⑥ 1개의 행 또는 1개의 열의 요소가 2수의 합의 형태이면 그 행렬식의 값은 2개의 행렬식의 합과 같다. 예를 들면,

$$\begin{vmatrix} 1 & 7 & 5 \\ 2 & 0 & 3 \\ 1+1 & 2+2 & 3+3 \end{vmatrix} = \begin{vmatrix} 1 & 7 & 5 \\ 2 & 0 & 3 \\ 1 & 2 & 3 \end{vmatrix} + \begin{vmatrix} 1 & 7 & 5 \\ 2 & 0 & 3 \\ 1 & 2 & 3 \end{vmatrix}$$

⑦ 어떤 행 또는 열의 모든 요소에 일정한 상수를 곱해서 다른 행 또는 열에 더하거나 빼도 행렬식 값은 변하지 않는다. 예를 들면,

$$\begin{vmatrix} -6 & 21 & -30 \\ 1 & -3 & 5 \\ 2 & 7 & -4 \end{vmatrix} = \begin{vmatrix} -6+1\cdot7 & 21-3\cdot7 & -30+5\cdot7 \\ 1 & -3 & 5 \\ 2 & 7 & -4 \end{vmatrix}$$

예제 8 다음 행렬식의 값을 구하여라.

① $\begin{vmatrix} 1 & 2 & 3 \\ 4 & 5 & 6 \\ 7 & 8 & 9 \end{vmatrix}$ ② $\begin{vmatrix} 4 & 1 & 3 \\ 12 & 3 & 0 \\ -8 & 7 & 6 \end{vmatrix}$

[해] ① $$\begin{vmatrix} 1 & 2 & 3 \\ 4 & 5 & 6 \\ 7 & 8 & 9 \end{vmatrix} \underset{\substack{2\text{행}+1\text{행}(-1) \\ 3\text{행}+1\text{행}(-1)}}{=\!=\!=\!=} \begin{vmatrix} 1 & 2 & 3 \\ 3 & 3 & 3 \\ 6 & 6 & 6 \end{vmatrix} = 2\begin{vmatrix} 1 & 2 & 3 \\ 3 & 3 & 3 \\ 3 & 3 & 3 \end{vmatrix} = 0$$

② $$\begin{vmatrix} 4 & 1 & 3 \\ 12 & 3 & 0 \\ -8 & 7 & 6 \end{vmatrix} = 3\begin{vmatrix} 4 & 1 & 3 \\ 4 & 1 & 0 \\ -8 & 7 & 6 \end{vmatrix} \underset{1\text{행}+2\text{행}(-1)}{=\!=\!=\!=} 3\begin{vmatrix} 0 & 0 & 3 \\ 4 & 1 & 0 \\ -8 & 7 & 6 \end{vmatrix}$$
$$= 3 \times (84+24) = 324$$

3-5 연립방정식의 해법

연립 1차방정식을 푸는 방법으로는 잘 알려진 **가우스(Gauss)의 소거방법**이 있으나, 여기서는 이보다 더 조직적이고 회로해석에 널리 사용되는 **크라머(Cramer)의 공식**을 이용하는 방법을 알아보자.

2개의 미지수 x, y를 갖는 2원1차 연립방정식

$$\begin{cases} a_1x + b_1y = k_1 \\ a_2x + b_2y = k_2 \end{cases}$$

의 해는

$$x = \frac{k_1b_2 - k_2b_1}{a_1b_2 - a_2b_1}, \qquad y = \frac{a_1k_2 - a_2k_1}{a_1b_2 - a_2b_1}$$

가 된다. 이것을

$$x = \frac{D_x}{D}, \qquad y = \frac{D_y}{D}$$

의 형태로 나타내면, 분모 D는 x, y의 계수를 요소로 하는 행렬식이고, x의 분자 D_x는 a_1, a_2를 각각 k_1, k_2로, y의 분자 D_y는 b_1, b_2를 각각 k_1, k_2로 바꾼 행렬식이다. 즉,

$$\boldsymbol{x = \frac{D_x}{D} = \frac{\begin{vmatrix} k_1 & b_1 \\ k_2 & b_2 \end{vmatrix}}{\begin{vmatrix} a_1 & b_1 \\ a_2 & b_2 \end{vmatrix}}}, \qquad \boldsymbol{y = \frac{D_y}{D} = \frac{\begin{vmatrix} a_1 & k_1 \\ a_2 & k_2 \end{vmatrix}}{\begin{vmatrix} a_1 & b_1 \\ a_2 & b_2 \end{vmatrix}}}$$

이다. 이 법칙을 **크라머**(Cramer)**의 공식**이라 한다.

이 공식을 3개의 미지수 x_1, x_2, x_3를 갖는 다음과 같은 3원1차 연립방정식

$$\begin{cases} x_1 + 2x_2 - x_3 = 1 \\ 2x_1 - x_2 + x_3 = -1 \\ x_1 + x_2 - 2x_3 = 0 \end{cases}$$

에 적용하면

$$D = \begin{vmatrix} 1 & 2 & -1 \\ 2 & -1 & 1 \\ 1 & 1 & -2 \end{vmatrix} = 2 - 2 + 2 - (1 + 1 - 8) = 8$$

$$x_1 = \frac{D_1}{D} = \frac{\begin{vmatrix} 1 & 2 & -1 \\ -1 & -1 & \\ 0 & 1 & -2 \end{vmatrix}}{8} = \frac{-2}{8} = -\frac{1}{4}$$

$$x_2 = \frac{D_2}{D} = \frac{\begin{vmatrix} 1 & 1 & -1 \\ 2 & -1 & 1 \\ 1 & 0 & -2 \end{vmatrix}}{8} = \frac{6}{8} = \frac{3}{4}$$

$$x_3 = \frac{D_3}{D} = \frac{\begin{vmatrix} 1 & 2 & 1 \\ 2 & -1 & -1 \\ 1 & 1 & 0 \end{vmatrix}}{8} = \frac{2}{8} = \frac{1}{4}$$

와 같이 $x_1 = -\frac{1}{4}$, $x_2 = \frac{3}{4}$, $x_3 = \frac{1}{4}$의 해가 구해진다.

이 공식은 미지수가 더 많은 경우에도 꼭 같은 방법으로 하면 된다.

예제 9 예제 1의 ①, 예제 2의 ①의 1차 연립방정식을 크라머의 공식을 이용하여 해를 구하고 일치함을 확인하여라.

[해] 예제 1의 ① 연립방정식

$$\begin{cases} 2x + y = 5 \\ x + y = 3 \end{cases}$$

에서

$$x = \frac{D_x}{D} = \frac{\begin{vmatrix} 5 & 1 \\ 3 & 1 \end{vmatrix}}{\begin{vmatrix} 2 & 1 \\ 1 & 1 \end{vmatrix}} = \frac{5-3}{2-1} = \frac{2}{1} = 2$$

$$y = \frac{D_y}{D} = \frac{\begin{vmatrix} 2 & 5 \\ 1 & 3 \end{vmatrix}}{\begin{vmatrix} 2 & 1 \\ 1 & 1 \end{vmatrix}} = \frac{6-5}{1} = 1$$

∴ $\boldsymbol{x=2,\ y=1}$이고 해가 일치한다.

예제 2의 ① 연립방정식

$$\begin{cases} x + y + z = 4 \\ 2x + 3y - z = 14 \\ 3x - 2y + 1 = -1 \end{cases}$$

에서

$$x = \frac{D_x}{D} = \frac{\begin{vmatrix} 4 & 1 & 1 \\ 14 & 3 & -1 \\ -1 & -2 & 1 \end{vmatrix}}{\begin{vmatrix} 1 & 1 & 1 \\ 2 & 3 & -1 \\ 3 & -2 & 1 \end{vmatrix}} = \frac{12-28+1+3-8-14}{3-4-3-9-2-2} = \frac{-34}{-17} = \mathbf{2}$$

$$y=\frac{D_y}{D}=\frac{\begin{vmatrix}1 & 4 & 1\\ 2 & 14 & -1\\ 3 & -1 & 1\end{vmatrix}}{-17}=\frac{14-2-12-42-1-8}{-17}=\frac{-51}{-17}=\mathbf{3}$$

$$z=\frac{D_z}{D}=\frac{\begin{vmatrix}1 & 1 & 4\\ 2 & 3 & 14\\ 3 & -2 & -1\end{vmatrix}}{17}=\frac{-3-16+42-36+28+2}{-17}=\frac{17}{-17}=\mathbf{-1}$$

$\therefore x=2,\ y=3,\ z=-1$이고 해는 서로 일치한다.

예제 10 다음 연립방정식을 크라머의 공식을 이용하여 풀어라.

① $\begin{cases}2x+y=8\\ 5x-2y=1\end{cases}$ ② $\begin{cases}4x-y=7\\ 3x+2y=8\end{cases}$

③ $\begin{cases}x+y+z=6\\ 2x-y+z=3\\ 3x+2y-z=4\end{cases}$ ④ $\begin{cases}2I_1+I_2+4I_3=4\\ 3I_1-2I_2+2I_3=2\\ 5I_1-8I_2-4I_3=1\end{cases}$

[해] ① 계수행렬식을 D라 하면

$$D=\begin{vmatrix}2 & 1\\ 5 & -2\end{vmatrix}=-9\neq 0$$

이므로

$$x=\frac{D_x}{D}=\frac{1}{-9}\begin{vmatrix}8 & 1\\ 11 & -2\end{vmatrix}=\frac{-27}{-9}=\mathbf{3}$$

$$y=\frac{D_y}{D}=\frac{1}{-9}\begin{vmatrix}2 & 8\\ 5 & 11\end{vmatrix}=\frac{-18}{-9}=\mathbf{2}$$

②

$$D=\begin{vmatrix}4 & -1\\ 3 & 2\end{vmatrix}=11$$

이므로

$$\therefore x=\frac{D_x}{D}=\frac{1}{11}\begin{vmatrix}7 & -1\\ 8 & 2\end{vmatrix}=\frac{22}{11}=\mathbf{2}$$

$$y=\frac{D_y}{D}=\frac{1}{11}\begin{vmatrix}4 & 7\\ 3 & 8\end{vmatrix}=\frac{11}{11}=\mathbf{1}$$

③

$$D=\begin{vmatrix}1 & 1 & 1\\ 2 & -1 & 1\\ 3 & 2 & -1\end{vmatrix}=11$$

$$\therefore x = \frac{D_x}{D} = \frac{1}{11}\begin{vmatrix} 6 & 1 & 1 \\ 3 & -1 & 1 \\ 4 & 2 & 1 \end{vmatrix} = \frac{11}{11} = \mathbf{1}$$

$$y = \frac{D_y}{D} = \frac{1}{11}\begin{vmatrix} 1 & 6 & 1 \\ 2 & 3 & 1 \\ 3 & 4 & -1 \end{vmatrix} = \frac{22}{11} = \mathbf{2}$$

$$z = \frac{D_z}{D} = \frac{1}{11}\begin{vmatrix} 1 & 1 & 6 \\ 2 & -1 & 3 \\ 3 & 2 & 4 \end{vmatrix} = \frac{33}{11} = \mathbf{3}$$

④

$$D = \begin{vmatrix} 2 & 1 & 4 \\ 3 & -2 & 2 \\ 5 & -8 & -4 \end{vmatrix} = 14$$

$$\therefore I_1 = \frac{D_1}{D} = \frac{1}{14}\begin{vmatrix} 4 & 1 & 4 \\ 2 & -2 & 2 \\ 1 & -8 & -4 \end{vmatrix} = \frac{50}{14} = \mathbf{\frac{25}{7}}$$

$$I_2 = \frac{D_2}{D} = \frac{1}{14}\begin{vmatrix} 2 & 4 & 4 \\ 3 & 2 & 2 \\ 5 & 1 & -4 \end{vmatrix} = \frac{40}{14} = \mathbf{\frac{20}{7}}$$

$$I_3 = \frac{D_3}{D} = \frac{1}{14}\begin{vmatrix} 2 & 1 & 4 \\ 3 & -2 & 2 \\ 5 & -8 & 1 \end{vmatrix} = \frac{-21}{14} = \mathbf{-\frac{3}{2}}$$

3-6 행렬식의 곱셈

차수가 같은 두 행렬식 $|A|$, $|B|$의 원소들을 각각 a_{ij}, b_{ij}로 표시하면, 곱한 행렬식 $|C|$의 i 행 j 열의 원소 c_{ij}는

$$c_{ij} = a_{i1}b_{j1} + a_{i2}b_{j2} + \cdots + a_{in}b_{jn}$$

예를 들어, 두 행렬식 $|A|$, $|B|$가 2차행렬식인 경우 $|A| \cdot |B|$는

$$\begin{vmatrix} a_{11} & a_{12} \\ a_{21} & a_{22} \end{vmatrix} \cdot \begin{vmatrix} b_{11} & b_{12} \\ b_{21} & b_{22} \end{vmatrix} = \begin{vmatrix} a_{11}b_{11} + a_{12}b_{21} & a_{11}b_{12} + a_{12}b_{22} \\ a_{21}b_{11} + a_{22}b_{21} & a_{21}b_{12} + a_{22}b_{22} \end{vmatrix}$$

또, 3차행렬식인 경우 $|A| \cdot |B|$는

$$\begin{vmatrix} a_{11} & a_{12} & a_{13} \\ a_{21} & a_{22} & a_{23} \\ a_{31} & a_{32} & a_{33} \end{vmatrix} \cdot \begin{vmatrix} b_{11} & b_{12} & b_{13} \\ b_{21} & b_{22} & b_{23} \\ b_{31} & b_{32} & b_{33} \end{vmatrix}$$

$$= \begin{vmatrix} a_{11}b_{11}+a_{12}b_{21}+a_{13}b_{31} & a_{11}b_{12}+a_{12}b_{22}+a_{13}b_{32} & a_{11}b_{13}+a_{12}b_{23}+a_{13}b_{33} \\ a_{21}b_{11}+a_{22}b_{21}+a_{23}b_{31} & a_{21}b_{12}+a_{22}b_{22}+a_{23}b_{32} & a_{21}b_{13}+a_{22}b_{23}+a_{23}b_{33} \\ a_{31}b_{11}+a_{32}b_{21}+a_{33}b_{31} & a_{31}b_{12}+a_{32}b_{22}+a_{33}b_{32} & a_{31}b_{13}+a_{32}b_{23}+a_{33}b_{33} \end{vmatrix}$$

예제 11 두 행렬식이 다음과 같을 때 두 행렬식의 곱 $|A|\cdot|B|$를 구하여라.

$$|A|=\begin{vmatrix} 2 & 3 \\ 1 & 2 \end{vmatrix} \qquad |B|=\begin{vmatrix} 4 & 1 \\ 5 & 3 \end{vmatrix}$$

[해] $|A|\cdot|B|=\begin{vmatrix} 2 & 3 \\ 1 & 2 \end{vmatrix}\begin{vmatrix} 4 & 1 \\ 5 & 3 \end{vmatrix}=\begin{vmatrix} 8+15 & 2+9 \\ 4+10 & 1+6 \end{vmatrix}=\begin{vmatrix} \mathbf{23} & \mathbf{11} \\ \mathbf{14} & \mathbf{7} \end{vmatrix}$

예제 12 다음과 같은 행렬식에서 $|A|\cdot|B|$를 구하여라.

$$|A|=\begin{vmatrix} 1 & 2 & 0 \\ 3 & 0 & 1 \\ 1 & 0 & 1 \end{vmatrix} \qquad |B|=\begin{vmatrix} -1 & 0 & 2 \\ 3 & 1 & 0 \\ 0 & 2 & -1 \end{vmatrix}$$

[해] $|A|\cdot|B|=\begin{vmatrix} -1+6+0 & 0+2+0 & 2+0+0 \\ -3+0+0 & 0+0+2 & 6+0-1 \\ -1+0+0 & 0+0+2 & 2+0-1 \end{vmatrix}=\begin{vmatrix} \mathbf{5} & \mathbf{2} & \mathbf{2} \\ \mathbf{-3} & \mathbf{2} & \mathbf{5} \\ \mathbf{-1} & \mathbf{2} & \mathbf{1} \end{vmatrix}$

■ 연습문제 5 ■

5-1 다음 연립방정식을 가감법, 대입법, 등치법을 이용하여 풀어라.

① $\begin{cases} 3x+2y=12 \\ x-2y=4 \end{cases}$

② $\begin{cases} y=-2x+5 \\ 3x+2y=8 \end{cases}$

③ $\begin{cases} 3x+y+2z=14 \\ 2x+y-z=5 \\ x-4y+2z=3 \end{cases}$

5-2 사러스의 규칙을 이용하여 다음 행렬식의 값을 구하여라.

① $\begin{vmatrix} 2 & -3 \\ 4 & 5 \end{vmatrix}$ ② $\begin{vmatrix} 2 & 1 \\ 1 & -2 \end{vmatrix}$

③ $\begin{vmatrix} 1 & 0 & -1 \\ 2 & -1 & 1 \\ 0 & -1 & 1 \end{vmatrix}$ ④ $\begin{vmatrix} 1 & 2 & 3 \\ -4 & 5 & 6 \\ 7 & -8 & 9 \end{vmatrix}$

5-3 다음 행렬식 $|A|$에서 a_{11}, a_{12}, a_{13}의 요소에 대한 여인수를 구하여라.

$$|A|=\begin{vmatrix} 8 & 2 & 3 \\ 4 & 1 & 2 \\ -3 & 6 & 5 \end{vmatrix}$$

5-4 제1행에 관해서 소행렬식을 이용하여 전개하고 식의 값을 구하여라.

① $\begin{vmatrix} 1 & 2 & 3 \\ 4 & 5 & 6 \\ 7 & 8 & 9 \end{vmatrix}$ ② $\begin{vmatrix} 1 & 0 & -1 \\ 2 & -1 & 1 \\ 0 & -1 & 1 \end{vmatrix}$

5-5 다음 행렬식의 값을 구하여라.

① $\begin{vmatrix} 1 & 0 \\ 0 & 1 \end{vmatrix}$ ② $\begin{vmatrix} 3 & -4 \\ 1 & 2 \end{vmatrix}$

③ $\begin{vmatrix} -1 & 4 \\ 2 & -1 \end{vmatrix}$ ④ $\begin{vmatrix} \cos\theta & \sin\theta \\ -\sin\theta & \cos\theta \end{vmatrix}$

⑤ $\begin{vmatrix} 2 & 3 & 2 \\ 1 & 5 & 6 \\ 0 & 2 & 3 \end{vmatrix}$ ⑥ $\begin{vmatrix} -3 & 4 & -6 \\ 8 & 2 & -1 \\ 1 & 7 & 2 \end{vmatrix}$

⑦ $\begin{vmatrix} 1 & 1 & 1 \\ 2 & -1 & 1 \\ 3 & 2 & -1 \end{vmatrix}$ ⑧ $\begin{vmatrix} 2 & 1 & 1 & 1 \\ 1 & 2 & 1 & 1 \\ 1 & 1 & 2 & 1 \\ 1 & 1 & 1 & 2 \end{vmatrix}$

5-6 다음 행렬식이 성립하기 위한 x 의 값을 구하여라.

① $\begin{vmatrix} 5 & 0 & 1 \\ 1 & 3 & -1 \\ 2x & 2x+3 & 1 \end{vmatrix}=0$ ② $\begin{vmatrix} 1 & 1 & -1 \\ 1+x & x & 3x \\ 2 & 3 & 1 \end{vmatrix}=0$

5-7 다음 연립방정식을 크라머의 공식을 써서 풀어라.

① $\begin{cases} 2x-y=5 \\ 3x+2y=-3 \end{cases}$ ② $\begin{cases} x+2y=6 \\ 3x+2y=10 \end{cases}$

③ $\begin{cases} 2x+y-z=2 \\ x-y+z=7 \\ x+2y+z=7 \end{cases}$ ④ $\begin{cases} 2x+3y-z=1 \\ 3x+5y+2z=8 \\ x+2y+3z=1 \end{cases}$

⑤ $\begin{cases} x_1-2x_2+3x_3=2 \\ 2x_1-3x_3=3 \\ x_1+x_2+x_3=6 \end{cases}$ ⑥ $\begin{cases} 2I_1+4I_2+I_3=7 \\ 3I_1+2I_2+3I_3=7 \\ 5I_1-4I_2+4I_3=9 \end{cases}$

5-8 다음 행렬식에서 $|A|\cdot|B|$, $|C|\cdot|D|$를 구하여라.

$|A|=\begin{vmatrix} 2 & 1 \\ 3 & 2 \end{vmatrix}$ $|B|=\begin{vmatrix} 1 & 2 \\ 4 & 7 \end{vmatrix}$

$|C|=\begin{vmatrix} 4 & 1 & 5 \\ 3 & -1 & 1 \\ 2 & -1 & -3 \end{vmatrix}$ $|D|=\begin{vmatrix} 3 & 1 & 0 \\ 6 & -1 & 2 \\ -2 & -5 & 4 \end{vmatrix}$

chapter 4

행 렬

4-1 행렬의 뜻/4-2 행렬의 종류/4-3 행렬의 연산
4-4 역행렬/4-5 행렬의 응용

행렬(matrix)은 1850년 실베스터(Sylvester ; 1814~1897, 영국)가 직사각형의 수의 배열에 붙인 이름으로 1858년에 케일리(Cayley ; 1821~1895, 영국)의 논문 행렬론에서

일차변환 $\begin{cases} x' = ax + by \\ y' = cx + dy \end{cases}$ 를 $\begin{pmatrix} x' \\ y' \end{pmatrix} = \begin{pmatrix} a & b \\ c & d \end{pmatrix}\begin{pmatrix} x \\ y \end{pmatrix}$ 로 나타냄으로써 도입되었다.

그러나, 오늘날과 같은 기호로 나타내고, 많은 중요한 성질을 발견한 수학자는 프로베니우스(Frobenius ; 1849~1917, 독일)이다.

행렬의 이론은 선형대수학의 기초를 이룰 뿐만 아니라, 수학 이외에도 물리학, 공학, 경제학 등 여러 분야에서 널리 활용되는 중요한 이론이다.

특히, 행렬은 회로망 해석에 사용되고 있는데 4단자 회로망의 계산에 사용하면 편리하다. 또, 최근에는 대칭좌표법을 행렬에 의해 취급하고 있다.

4-1 행렬의 뜻

수 또는 수를 나타내는 문자를 소괄호 ( ) 또는 대괄호 [ ] 안에 네모꼴로 배열한 것을 **행렬**(matrix)이라고 하며, 이때 괄호 안에 있는 수나 문자를 그 행렬의 **원소**(element) 또는 **성분**(component)이라고 한다.

예를 들면,

$$A=\begin{pmatrix}2 & 5\\ 1 & 3\end{pmatrix},\quad B=\begin{pmatrix}a & b & c\\ d & e & f\end{pmatrix}$$

행렬에서 가로의 줄을 **행**(row), 세로의 줄은 **열**(column)이라 하고, 여러 개의 행과 열은 다음과 같이 구별한다.

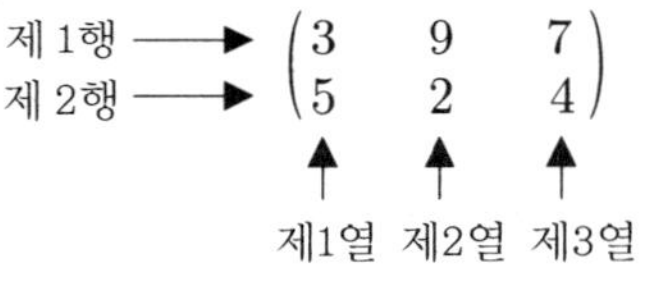

행의 꼴은 행과 열의 수로서 구분되는데, 행의 수가 m, 열의 수가 n인 행렬을 **m행n열 행렬**, **$m\times n$ 행렬** 또는 **(m, n) 행렬**이라고 한다. 따라서, 위의 예에서 A는 2×2행렬이고, B는 2×3행렬이다.

특히, 행렬 A와 같이 행의 수와 열의 수가 같은 행렬을 **정사각행렬**이라 하고, $n\times n$ 행렬을 **n차 정사각행렬**이라고 한다. 이때, n을 행렬의 **차수**(order)라고 한다. 따라서, 행렬 A는 2차 정사각행렬이다.

일반적으로, 행렬은 대문자 A, B, C 등을 사용하며, [그림 4-1]과 같이 행렬 A의 제 i행과 제 j열이 교차하는 위치에 있는 원소를 행렬 A의 **(i, j) 원소** 또는 **(i, j) 성분**이라 하고 a_{ij}로 나타낸다. 따라서, 위 예의 행렬 A에서 a_{22}는 3을 뜻한다.

$$\begin{pmatrix}a_{11} & a_{12} & \cdots & a_{1j} & \cdots & a_{1n}\\ a_{21} & a_{22} & \cdots & a_{2j} & \cdots & a_{2n}\\ & & & & & \\ a_{i1} & a_{i2} & \cdots & a_{ij} & \cdots & a_{in}\\ & & & & & \\ a_{m1} & a_{m2} & \cdots & a_{mj} & \cdots & a_{mn}\end{pmatrix}$$

[그림 4-1]

이와 같이 행렬과 행렬식은 외형상 매우 흡사하나, 서로는 그 성질에서 전혀 다른 것으로, 행렬식은 수의 배열에 일정한 연산을 하여 수를 구하는 것인 데 비해, 행렬은 단순히 수 또는 문자의 배열이며, 전체로서 1개의 수를 표시하는 것은 제한이 없다. 또, 행렬식에는 반드시 행수와 열수가 같은 정사각행렬이나, 행렬에는 행수와 열수가 같은 경우도 있고 다른 경우도 있다.

예제 1 다음 행렬의 꼴을 말하여라.

① $\begin{pmatrix} 1 & 2 & 3 \end{pmatrix}$ ② $\begin{pmatrix} x \\ y \end{pmatrix}$

③ $\begin{pmatrix} 2 & 3 \\ 0 & 4 \end{pmatrix}$ ④ $\begin{pmatrix} 2 & 1 & 3 \\ -5 & 7 & 6 \\ 4 & 5 & 8 \end{pmatrix}$

⑤ $\begin{pmatrix} & 2 \\ 8 & 7 \\ & 3 \end{pmatrix}$ ⑥ $\begin{pmatrix} d & e & f \\ x & y & z \end{pmatrix}$

[해] ① 1×3행렬
② 2×1행렬
③ 2×2행렬 또는 2차 정사각행렬
④ 3×3행렬 또는 3차 정사각행렬
⑤ 원소의 배열이 네모꼴이 아니므로 행렬이 아니다.
⑥ 2행3열 행렬 또는 2×3행렬

4-2 행렬의 종류

(1) 행행렬

다음과 같이 1행으로만 구성된 행렬을 **행행렬**(row matrix) 또는 **행벡터**(row vector)라 한다.

$(1,\ 2,\ 3),\ (a,\ b,\ c)$

(2) 열행렬

다음과 같이 1열로만 구성된 행렬을 **열행렬**(column matrix) 또는 **열벡터**(column vector)라 한다.

$$\begin{pmatrix}1\\2\\3\end{pmatrix}, \begin{pmatrix}a\\b\\c\end{pmatrix}$$

(3) 정방행렬

행수와 열수가 같은 행렬을 **정방행렬**(square matrix)이라 한다. 정방행렬의 왼쪽 위 모서리로부터 오른쪽 아래 모서리로 그은 대각선을 **주대각선**이라 하며 이 대각선 상에 있는 원소를 **대각선원소**라 한다.

(4) 대각선행렬

다음과 같이 정방행렬에서 대각선원소 이외의 원소가 모두 0인 행렬을 **대각선행렬**(diagonal matrix)이라 한다.

$$\begin{pmatrix}2 & 0\\0 & 3\end{pmatrix}, \begin{pmatrix}a & 0 & 0\\0 & b & 0\\0 & 0 & c\end{pmatrix}$$

(5) 단위행렬

다음과 같이 정방행렬 중에서 대각선원소는 모두 1이고, 다른 원소는 모두 0인 행렬을 **단위행렬**(unit matrix)이라 한다.

$$\begin{pmatrix}1 & 0\\0 & 1\end{pmatrix}, \begin{pmatrix}1 & 0 & 0\\0 & 1 & 0\\0 & 0 & 1\end{pmatrix}$$

(6) 스칼라행렬

다음과 같이 대각원소가 모두 같고, 다른 원소는 0인 행렬을 **스칼라행렬**(scalar matrix)이라 한다.

$$\begin{pmatrix}2 & 0\\0 & 2\end{pmatrix}, \begin{pmatrix}3 & 0 & 0\\0 & 3 & 0\\0 & 0 & 3\end{pmatrix}$$

(7) 영행렬

다음과 같이 모든 원소가 0인 행렬을 **영행렬**(zero matrix)이라 하며, 0으로도 표시한다.

$$\begin{pmatrix} 0 & 0 \\ 0 & 0 \end{pmatrix}, \quad \begin{pmatrix} 0 & 0 & 0 \\ 0 & 0 & 0 \\ 0 & 0 & 0 \end{pmatrix}$$

(8) 전치행렬

다음과 같이 행렬 A에서 행과 열을 바꾼 행렬을 **전치행렬**(transpose matrix)이라 하며, A^T로 나타낸다.

$$A = \begin{pmatrix} a_{11} & a_{12} & a_{13} \\ a_{21} & a_{22} & a_{23} \\ a_{31} & a_{32} & a_{33} \end{pmatrix}, \quad A^T = \begin{pmatrix} a_{11} & a_{21} & a_{31} \\ a_{12} & a_{22} & a_{32} \\ a_{13} & a_{23} & a_{33} \end{pmatrix}$$

(9) 대칭행렬

주대각선에 대하여 대칭적인 행렬, 즉 원래의 행렬과 전치행렬이 같은 행렬을 **대칭행렬**(symmetrical)이라 한다.

$$\begin{pmatrix} 1 & 3 \\ 3 & 2 \end{pmatrix}, \quad \begin{pmatrix} 1 & 4 & 6 \\ 4 & 2 & 5 \\ 6 & 5 & 3 \end{pmatrix}$$

4-3 행렬의 연산

(1) 행렬의 상등

두 행렬 A, B에서 행의 개수와 열의 개수가 같을 때, 이 두 행렬을 **같은 꼴** 또는 **동형**이라고 한다.

같은 꼴의 행렬에서 같은 행, 같은 열에 해당하는 원소를 **대응원소**라고 한다.

2개의 같은 꼴의 행렬 A, B의 대응하는 원소가 모두 같을 때, A와 B는 **같다** 또는 **상등하다**라고 하며 $A=B$로 나타낸다.

예를 들면,

$$A=\begin{pmatrix} 3 & -2 & 5 \\ 4 & 6 & -1 \end{pmatrix},\quad B=\begin{pmatrix} 3 & -2 & 5 \\ 4 & 6 & -1 \end{pmatrix},\quad C=\begin{pmatrix} 3 & -2 & 6 \\ 8 & 0 & 4 \end{pmatrix}$$

이면

$$A=B,\ A\neq C,\ B\neq C$$

이다.

예제 2 다음 등식이 성립하도록 a, b, c, d의 값을 구하여라.

① $\begin{pmatrix} a-b & c+d \\ a+b & c-2d \end{pmatrix}=\begin{pmatrix} 1 & 1 \\ 1 & 4 \end{pmatrix}$

② $\begin{pmatrix} a+b & -1 \\ -2 & b \end{pmatrix}=\begin{pmatrix} 3 & b-c \\ -b & 2 \end{pmatrix}$

[해] ① 대응하는 원소가 각각 같아야 하므로,

$$\begin{cases} a-b=1 \\ a+b=1 \end{cases},\quad \begin{cases} c+d=1 \\ c-2d=4 \end{cases}$$

이것을 풀면

$$\boldsymbol{a=1,\ b=0,\ c=2,\ d=-1}$$

② $a+b=3,\ -1=b-c,\ -2=-b,\ b=2$

$\therefore\ \boldsymbol{a=1,\ b=2,\ c=3}$

(2) 행렬의 덧셈과 뺄셈

두 행렬 A, B가 같은 꼴일 때, A와 B의 대응하는 원소의 합을 원소로 하는 행렬을 A와 B의 **합**이라 하고, $A+B$로 나타낸다.

또, $A+(-B)$를 $A-B$로 나타내고, A에서 B를 뺀 **차**라고 한다.

두 행렬 A와 B가 모두 2×3행렬일 때, 그 합과 차, 즉, 두 행렬의 덧셈과 뺄셈은 다음과 같다.

■ 행렬의 덧셈과 뺄셈 ■

$$A=\begin{pmatrix} a_{11} & a_{12} & a_{13} \\ a_{21} & a_{22} & a_{23} \end{pmatrix},\ B=\begin{pmatrix} b_{11} & b_{12} & b_{13} \\ b_{21} & b_{22} & b_{23} \end{pmatrix}\text{일 때}$$

$$A \pm B=\begin{pmatrix} a_{11}\pm b_{11} & a_{12}\pm b_{12} & a_{13}\pm b_{13} \\ a_{21}\pm b_{21} & a_{22}\pm b_{22} & a_{23}\pm b_{23} \end{pmatrix}\ \text{(복호동순)}$$

예제 3 다음 두 행렬 A, B에서 $A+B$, $A-B$를 구하여라.

$$A=\begin{pmatrix} -4 & 6 & 3 \\ 0 & 1 & 2 \end{pmatrix},\qquad B=\begin{pmatrix} 5 & -1 & 0 \\ 3 & 1 & 0 \end{pmatrix}$$

[해] $A+B=\begin{pmatrix} -4+5 & 6-1 & 3+0 \\ 0+3 & 1+1 & 2+0 \end{pmatrix}=\begin{pmatrix} \mathbf{1} & \mathbf{5} & \mathbf{3} \\ \mathbf{3} & \mathbf{2} & \mathbf{2} \end{pmatrix}$

$A-B=\begin{pmatrix} -4-5 & 6+1 & 3-0 \\ 0-3 & 1-1 & 2-0 \end{pmatrix}=\begin{pmatrix} \mathbf{-9} & \mathbf{7} & \mathbf{3} \\ \mathbf{-3} & \mathbf{0} & \mathbf{2} \end{pmatrix}$

예제 4 다음 행렬 A에 대하여 $A+B=0$인 행렬 B를 구하여라.

① $A=\begin{pmatrix} -1 & 2 \\ 7 & 4 \end{pmatrix}$　　② $A=\begin{pmatrix} 3 & 2 & 0 \\ -5 & 1 & 6 \end{pmatrix}$

[해] $A+B=0$이므로 $B=-A$

① $B=-A=\begin{pmatrix} \mathbf{1} & \mathbf{-2} \\ \mathbf{-7} & \mathbf{-4} \end{pmatrix}$

② $B=-A=\begin{pmatrix} \mathbf{-3} & \mathbf{-2} & \mathbf{0} \\ \mathbf{5} & \mathbf{-1} & \mathbf{-6} \end{pmatrix}$

(3) 행렬의 실수배

k를 실수라 할 때, 행렬 A의 각 원소에 k를 곱한 것을 원소로 하는 행렬을 A의 k배라 하고 kA로 나타낸다. 따라서, A가 2×3행렬일 때 kA는 다음과 같다.

■ 행렬의 실수배 ■

$$A=\begin{pmatrix} a_{11} & a_{12} & a_{13} \\ a_{21} & a_{22} & a_{23} \end{pmatrix}\text{이고, } k\text{가 실수일 때}$$

$$kA=\begin{pmatrix} ka_{11} & ka_{12} & ka_{13} \\ ka_{21} & ka_{22} & ka_{23} \end{pmatrix}$$

예제 5 $A=\begin{pmatrix}3 & -1\\1 & 2\end{pmatrix}$, $B=\begin{pmatrix}1 & -1\\2 & 3\end{pmatrix}$일 때, 다음을 계산하여라.

① $-2A$ ② $\frac{1}{2}B$

③ $2A-3B$ ④ $\frac{3}{4}(A-B)$

[해] ① $-2A=\begin{pmatrix}-6 & 2\\-2 & -4\end{pmatrix}$ ② $\frac{1}{2}B=\begin{pmatrix}\frac{1}{2} & -\frac{1}{2}\\1 & \frac{3}{2}\end{pmatrix}$

③ $2A-3B=\begin{pmatrix}6 & -2\\2 & 4\end{pmatrix}-\begin{pmatrix}3 & -3\\6 & 9\end{pmatrix}=\begin{pmatrix}3 & 1\\-4 & -5\end{pmatrix}$

④ $\frac{3}{4}(A-B)=\frac{3}{4}\begin{pmatrix}2 & 0\\-1 & -1\end{pmatrix}=\begin{pmatrix}\frac{3}{2} & 0\\-\frac{3}{4} & -\frac{3}{4}\end{pmatrix}$

(4) 행렬의 곱셈

두 행렬 A, B에서 행렬 A의 열의 개수와 행렬 B의 행의 개수가 같을 때에만 그 곱 AB가 정의된다. 이때, 곱 $A \cdot B$의 (i, j)원소는 A의 i 행의 원소들과 B의 j 열의 원소들을 차례로 곱하여 더한 것이다. 그러므로 [그림 4-2]에서 보듯이 행렬의 곱셈과정은 행을 n 열에 곱한다고 말할 수 있다.

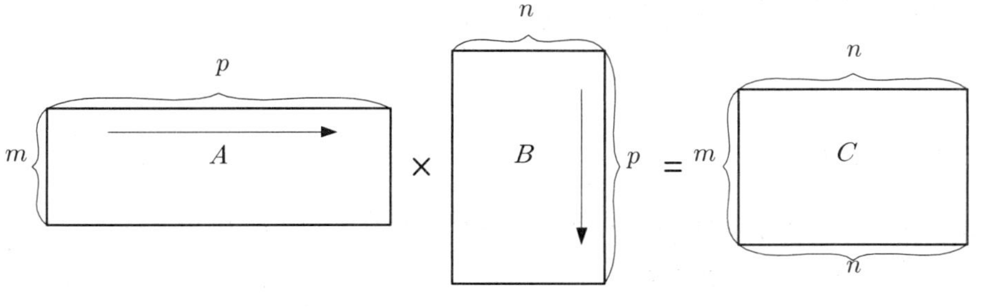

[그림 4-2]

따라서, 세 가지 경우의 행렬의 곱에 대하여 예를 보이면 다음과 같다.

■ 행렬의 곱 ■

① 행벡터와 열벡터의 곱

$$(a \quad b)\begin{pmatrix} c \\ d \end{pmatrix} = (ac + bd)$$

② 행렬과 열벡터의 곱

$$\begin{pmatrix} a & b \\ c & d \end{pmatrix}\begin{pmatrix} e \\ f \end{pmatrix} = \begin{pmatrix} ae & +bf \\ ce & +df \end{pmatrix}$$

③ 행렬과 행렬의 곱

$$\begin{pmatrix} a & b \\ c & d \end{pmatrix}\begin{pmatrix} e & f \\ g & h \end{pmatrix} = \begin{pmatrix} ae+bg & af+bh \\ ce+dg & cf+dh \end{pmatrix}$$

이제 행렬의 곱의 성질을 알아보자.

두 행렬

$$A = \begin{pmatrix} 2 & -3 \\ 5 & 1 \end{pmatrix}, \quad B = \begin{pmatrix} 1 & 3 \\ 2 & -4 \end{pmatrix}$$

에 대하여

$$AB = \begin{pmatrix} 2 & -3 \\ 5 & 1 \end{pmatrix}\begin{pmatrix} 1 & 3 \\ 2 & -4 \end{pmatrix} = \begin{pmatrix} -4 & 18 \\ 7 & 11 \end{pmatrix}$$

$$BA = \begin{pmatrix} 1 & 3 \\ 2 & -4 \end{pmatrix}\begin{pmatrix} 2 & -3 \\ 5 & 1 \end{pmatrix} = \begin{pmatrix} 17 & 0 \\ -16 & -10 \end{pmatrix}$$

이므로

$$AB \neq BA$$

이와 같이, 행렬의 곱셈에서는 교환법칙 $AB = BA$ 가 성립하지 않는다.

또, 두 행렬 A 와 단위행렬 E 가

$$A = \begin{pmatrix} a & b \\ c & d \end{pmatrix}, \; E = \begin{pmatrix} 1 & 0 \\ 0 & 1 \end{pmatrix}$$

일 때

$$AE = \begin{pmatrix} a & b \\ c & d \end{pmatrix}\begin{pmatrix} 1 & 0 \\ 0 & 1 \end{pmatrix} = \begin{pmatrix} a & b \\ c & d \end{pmatrix} = A$$

$$EA=\begin{pmatrix}1&0\\0&1\end{pmatrix}\begin{pmatrix}a&b\\c&d\end{pmatrix}=\begin{pmatrix}a&b\\c&d\end{pmatrix}=A$$

이므로

$$AE=EA=A$$

가 성립한다.

또, 모든 원소가 0인 영행렬 0은 수의 0과 같은 성질을 가지고 있으므로, 임의의 정사각행렬 A에 대하여

$$A0=0A=0$$

과 같은 등식이 성립한다.

한편, 두 행렬

$$A=\begin{pmatrix}2&1\\4&2\end{pmatrix},\quad B=\begin{pmatrix}-3&1\\6&-2\end{pmatrix}$$

일 때

$$AB=\begin{pmatrix}2&1\\4&2\end{pmatrix}\begin{pmatrix}-3&1\\6&-2\end{pmatrix}=\begin{pmatrix}0&0\\0&0\end{pmatrix}=0$$

즉, $A\neq 0$, $B\neq 0$인 데도 불구하고 $AB=0$이다. 따라서, 행렬에서는

$AB=0$ 이면 $A=0$ 또는 $B=0$

$AB=AC$, $A\neq 0$ 이면 $B=C$

라고 말할 수 없는 경우가 있다.

예제 6 다음 행렬의 곱을 구하여라.

① $(3\ \ 6\ \ 1)\begin{pmatrix}1\\2\\4\end{pmatrix}$　　　② $\begin{pmatrix}1\\2\\4\end{pmatrix}(3\ \ 6\ \ 1)$

[해] $AB=\begin{pmatrix}a&1\\1&2\end{pmatrix}\begin{pmatrix}b&1\\1&c\end{pmatrix}=\begin{pmatrix}ab+1&a+c\\b+2&1+2c\end{pmatrix}$

$AB=0$에서

$$\begin{cases}ab+1=0, & a+c=0\\ b+2=0, & 1+2c=0\end{cases}$$

위의 연립방정식을 풀면

$$a=\frac{1}{2},\ b=-2,\ c=-\frac{1}{2}$$

4-4 역행렬

(1) 역행렬의 정의

영행렬 0이 아닌 임의의 정사각행렬 A와 단위행렬 E에 대하여

$$AX=XA=E$$

를 만족하는 행렬 X가 존재할 때 X를 행렬 A의 **역행렬**(inverse matrix)이라 하고, 기호

$$X=A^{-1}$$

로 나타낸다. 이때, A^{-1}을 '**역행렬 A**', '**인버스**(inverse) **A**', '**아크**(arc) **A**'로 읽는다.

예제 7 행렬 $A=\begin{pmatrix}3 & 5\\1 & 2\end{pmatrix}$를 역행렬의 정의에 의하여 구하여라.

[解] 단위행렬 E와 행렬 $A=\begin{pmatrix}3 & 5\\1 & 2\end{pmatrix}$에 대하여

$$AX=E$$

를 만족시키는 역행렬 X를 구하려면, $X=\begin{pmatrix}x & y\\z & u\end{pmatrix}$라 할 때

$$\begin{pmatrix}3 & 5\\1 & 2\end{pmatrix}\begin{pmatrix}x & y\\z & u\end{pmatrix}=\begin{pmatrix}1 & 0\\0 & 1\end{pmatrix}$$

을 만족시키는 x, y, z, u의 값을 구하면 된다.

위 식의 좌변의 곱을 구하면

$$\begin{pmatrix}3x+5z & 3y+5u\\x+2z & y+2u\end{pmatrix}=\begin{pmatrix}1 & 0\\0 & 1\end{pmatrix}$$

여기서 두 연립방정식

$$\begin{cases} 3x+5z=1 \\ x\ \ +2z=0 \end{cases} \qquad \begin{cases} 3y+5u=0 \\ y\ \ +2u=1 \end{cases}$$

을 풀면

$$\begin{cases} x=2 \\ z=-1 \end{cases} \qquad \begin{cases} y=-5 \\ u=3 \end{cases}$$

따라서 구하는 역행렬은

$$\boldsymbol{X}=\begin{pmatrix} 2 & -5 \\ -1 & 3 \end{pmatrix}$$

(2) 역행렬을 구하는 방법

역행렬 $A^{-1}=X$라 하면 X의 원소 X_{ij}와 행렬 A의 원소 A_{ji} 사이에는 다음 관계가 성립한다.

$$X_{ij}=\frac{(-1)^{j+i}|A_{ji}|}{|A|}$$

여기서 $|A|$는 A의 행렬식이고, $|A_{ji}|$는 $|A|$의 j행과 i열을 제외한 **소행렬식**(minor determinant)이며, 여기에 $(-1)^{j+i}$를 곱한 것은 A_{ji}의 **여인수**(cofactor)이다.

즉, 행렬 A에서 행과 열을 바꾼 **전치행렬**(transpose matrix) A^T의 여인수를 A의 행렬식 $|A|$로 나눈 값이 행렬 A의 역행렬 X의 원소이다.

또, 역행렬 A^{-1}을 구하는 방법으로 다음과 같은 단계로 거쳐서 구하는 방법이 틀림이 없다.

① 먼저 행렬 A의 전치행렬 A^T를 구한다.

$$A=\begin{pmatrix} a & b & c \\ d & e & f \\ g & h & i \end{pmatrix}$$

일 때

$$A^T=\begin{pmatrix} a & d & g \\ b & e & h \\ c & f & i \end{pmatrix}$$

② A^T의 각 원소의 소행렬 M_{11}, M_{21}, M_{31}, ……을 구하고, $(-1)^{j+i}$의 값을 소행렬식에 곱하여 각 원소가 되는 **여인수**를 구한다.

$$\begin{pmatrix} +\begin{vmatrix} e & h \\ f & i \end{vmatrix} & -\begin{vmatrix} b & h \\ c & i \end{vmatrix} & +\begin{vmatrix} b & e \\ c & f \end{vmatrix} \\ -\begin{vmatrix} d & g \\ f & i \end{vmatrix} & +\begin{vmatrix} a & g \\ c & i \end{vmatrix} & -\begin{vmatrix} a & d \\ c & f \end{vmatrix} \\ +\begin{vmatrix} d & g \\ e & h \end{vmatrix} & -\begin{vmatrix} a & g \\ b & h \end{vmatrix} & +\begin{vmatrix} a & d \\ b & e \end{vmatrix} \end{pmatrix}$$

③ 행렬 A의 행렬식 $|A|$를 전개한다.

$$|A|=\begin{vmatrix} a & b & c \\ d & e & f \\ g & h & i \end{vmatrix}=aei+bfg+cdh-gec-dbi-ahf=\Delta$$

④ ②번의 각 원소를 Δ로 나누면 A의 역행렬 A^{-1}가 구해진다.

$$A^{-1}=\begin{pmatrix} \dfrac{ei-fh}{\Delta} & \dfrac{ch-bi}{\Delta} & \dfrac{bf-ce}{\Delta} \\ \dfrac{fg-di}{\Delta} & \dfrac{ai-cg}{\Delta} & \dfrac{cd-af}{\Delta} \\ \dfrac{dh-eg}{\Delta} & \dfrac{bg-ah}{\Delta} & \dfrac{ae-bd}{\Delta} \end{pmatrix}$$

또는 $\dfrac{1}{\Delta}$을 행렬의 기호 앞에 써도 된다.

예제 8 다음 행렬의 역행렬을 구하여라.

① $A=\begin{pmatrix} 1 & 2 \\ 3 & 4 \end{pmatrix}$ ② $A=\begin{pmatrix} 1 & 3 & 4 \\ 0 & 2 & 0 \\ 4 & 1 & 1 \end{pmatrix}$

[해] ① $A^{-1}=\dfrac{1}{|A|}\begin{pmatrix} M_{11} & -M_{21} \\ -M_{12} & M_{22} \end{pmatrix}=\dfrac{1}{4-6}\begin{pmatrix} 4 & -2 \\ -3 & 1 \end{pmatrix}$

$=\begin{pmatrix} \mathbf{-2} & \mathbf{1} \\ \mathbf{\dfrac{3}{2}} & \mathbf{-\dfrac{1}{2}} \end{pmatrix}$

② 전치행렬 A^T는

$$A^T=\begin{pmatrix} 1 & 0 & 4 \\ 3 & 2 & 1 \\ 4 & 0 & 1 \end{pmatrix}$$

$$|A|=\begin{vmatrix} 1 & 3 & 4 \\ 0 & 2 & 0 \\ 4 & 1 & 1 \end{vmatrix}=2+0+0-(32+0+0)=-30$$

$$\therefore A^{-1}=\frac{1}{-30}\begin{pmatrix} \begin{vmatrix} 2 & 1 \\ 0 & 1 \end{vmatrix} & -\begin{vmatrix} 3 & 1 \\ 4 & 1 \end{vmatrix} & \begin{vmatrix} 3 & 4 \\ 2 & 0 \end{vmatrix} \\ -\begin{vmatrix} 0 & 4 \\ 0 & 1 \end{vmatrix} & \begin{vmatrix} 1 & 4 \\ 4 & 1 \end{vmatrix} & -\begin{vmatrix} 1 & 0 \\ 4 & 0 \end{vmatrix} \\ \begin{vmatrix} 0 & 4 \\ 2 & 1 \end{vmatrix} & -\begin{vmatrix} 1 & 4 \\ 3 & 1 \end{vmatrix} & \begin{vmatrix} 1 & 0 \\ 3 & 2 \end{vmatrix} \end{pmatrix}$$

$$=\frac{1}{-30}\begin{vmatrix} 2 & 1 & -8 \\ 0 & -15 & 0 \\ -8 & 11 & 2 \end{vmatrix}$$

$$=-\frac{1}{30}(-60+0+0+960-0-0)=-\frac{900}{30}=-30$$

4-5 행렬의 응용

전자 · 전기 · 통신공학에서 행렬의 응용은 2단자망의 임피던스, 어드미턴스 행렬, 4단자망의 임피던스, 어드미턴스 파라미터 및 4단정수 등 여러 분야가 있다.

이 절에서는 4단자정수와 행렬의 관계를 알아보자.

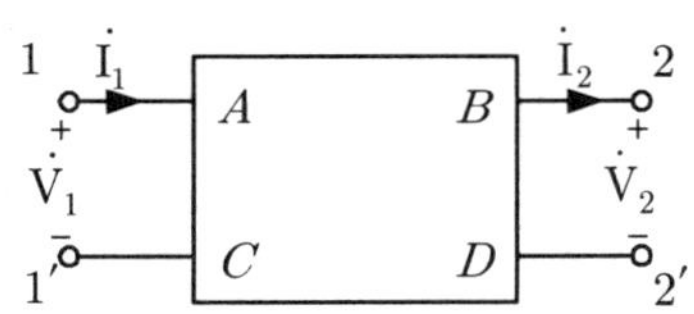

[그림 4-3]

전송신호의 문제를 다룰 때에는 [그림 4-3]과 같이 한쪽 단자쌍에서의 전압, 전류를 다른 쪽 단자쌍에서의 전압, 전류로 표시할 경우가 많이 있으며, 이 경우 $\dot{V}_1$, $\dot{I}_1$을 종속변수로, 나머지 $\dot{V}_2$, $\dot{I}_2$을 독립변수로 잡고 방정식을 세우면

$$\dot{V}_1=A\dot{V}_2+B\dot{I}_2$$
$$\dot{I}_1=C\dot{V}_2+D\dot{I}_2$$

또, 행렬로 표시하면 다음과 같다.

$$\begin{pmatrix} \dot{V}_1 \\ \dot{I}_1 \end{pmatrix}=\begin{pmatrix} A & B \\ C & D \end{pmatrix}\begin{pmatrix} \dot{V}_2 \\ \dot{I}_2 \end{pmatrix}$$

위 두 방정식은 $ABCD$ 파라미터의 기초방정식이며, 이들 A, B, C, D를 **4단자 정수**, **전송 파라미터** 또는 단순히 ***ABCD* 파라미터**라고 부른다.

여기서, $ABCD$ 파라미터의 물리적 의미는 출력단자를 개방($\dot{I}_2=0$) 또는 단락($\dot{V}_2=0$)시킨 상태에서 생각하면

$$A=\left.\frac{\dot{V}_1}{\dot{V}_2}\right|_{\dot{I}_2=0}$$: 개방 역방향 전압이득

$$B=\left.\frac{\dot{V}_1}{\dot{I}_2}\right|_{\dot{V}_2=0}$$: 단락 순방향 전달 임피던스

$$C=\left.\frac{\dot{I}_1}{\dot{V}_2}\right|_{\dot{I}_2=0}$$: 개방 순방향 전달 어드미턴스

$$D=\left.\frac{\dot{I}_1}{\dot{I}_2}\right|_{\dot{V}_2=0}$$: 단락 역방향 전류이득

의 의미를 가진다.

$ABCD$ 파라미터 사이에는 수동4단자망에서는

$$AD-BC=1$$

또, 대칭회로인 경우에는

$$A=D$$

가 성립한다.

예제 9 [그림 4-4]와 같이 4단자망이 종속으로 접속되었을 때 합성된 4단정수 A, B, C, D를 구하여라.

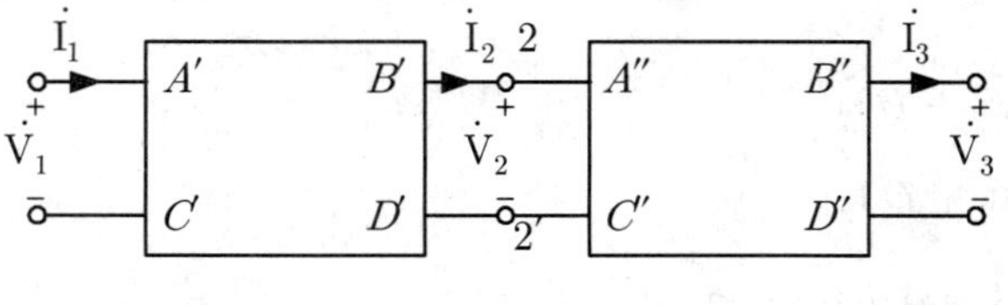

[그림 4-4]

[해] $ABCD$의 파라미터 기초방정식을 행렬로 세우면

$$\begin{pmatrix} \dot{V}_1 \\ \dot{I}_1 \end{pmatrix} = \begin{pmatrix} A' & B' \\ C' & D' \end{pmatrix} \begin{pmatrix} \dot{V}_2 \\ \dot{I}_2 \end{pmatrix}, \quad \begin{pmatrix} \dot{V}_2 \\ \dot{I}_2 \end{pmatrix} = \begin{pmatrix} A'' & B'' \\ C'' & D'' \end{pmatrix} \begin{pmatrix} \dot{V}_3 \\ \dot{I}_3 \end{pmatrix}$$

위의 두 방정식에서 $\dot{V}_2, \dot{I}_2$를 소거하면

$$\begin{pmatrix} \dot{V}_1 \\ \dot{I}_1 \end{pmatrix} = \begin{pmatrix} A' & B' \\ C' & D' \end{pmatrix} \begin{pmatrix} A'' & B'' \\ C'' & D'' \end{pmatrix} \begin{pmatrix} \dot{V}_3 \\ \dot{I}_3 \end{pmatrix}$$

$$= \begin{pmatrix} A'A'' + B'C'' & A'B'' + B'D'' \\ C'A'' + D'C'' & C'B'' + D'D'' \end{pmatrix} \begin{pmatrix} \dot{V}_3 \\ \dot{I}_3 \end{pmatrix}$$

가 된다. 이것을 합성4단자망의 방정식

$$\begin{pmatrix} \dot{V}_1 \\ \dot{I}_1 \end{pmatrix} = \begin{pmatrix} A & B \\ C & D \end{pmatrix} \begin{pmatrix} \dot{V}_3 \\ \dot{I}_3 \end{pmatrix}$$

와 비교하면 합성된 4단자망의 4단자정수는 다음과 같다.

$$\boldsymbol{A = A'A'' + B'C''}, \quad \boldsymbol{B = A'B'' + B'D''}$$
$$\boldsymbol{C = C'A'' + D'C''}, \quad \boldsymbol{D = C'B'' + D'D''}$$

■ 연습문제 6 ■

6-1 다음 행렬의 꼴을 말하여라.

① $(-1 \ \ 3 \ \ 5)$ ② $\begin{pmatrix} -5 \\ 7 \end{pmatrix}$

③ $\begin{pmatrix} & 4 \\ 5 & 6 \end{pmatrix}$ ④ $\begin{pmatrix} -2 & 10 & 7 \\ 21 & -7 & 1 \end{pmatrix}$

6-2 다음 등식이 성립하도록 a, b, x, y, z의 값을 구하여라.

① $\begin{pmatrix} a+b \\ a-b \end{pmatrix} = \begin{pmatrix} 2 \\ 4 \end{pmatrix}$ ② $\begin{pmatrix} 2 & -a \\ 2b & -5 \end{pmatrix} = \begin{pmatrix} 2 & a+4 \\ a-4 & a+b \end{pmatrix}$

③ $\begin{pmatrix} x-1 & 0 \\ y+1 & y \end{pmatrix} = \begin{pmatrix} 2 & a-2 \\ 1 & b+2 \end{pmatrix}$ ④ $\begin{pmatrix} x+y & 2x+y \\ y+z & y+2z \end{pmatrix} = \begin{pmatrix} 3 & 4 \\ 5 & 8 \end{pmatrix}$

6-3 $A = \begin{pmatrix} -1 & 3 \\ 4 & 2 \end{pmatrix}$, $B = \begin{pmatrix} 5 & -2 \\ 1 & -3 \end{pmatrix}$, $C = \begin{pmatrix} 0 & -4 \\ -1 & 3 \end{pmatrix}$일 때 다음을 계산하여라.

① $(A+B)-C$ ② $A+(B-C)$

③ $(A-B)-C$ ④ $(C-B)-A$

6-4 등식 $\begin{pmatrix} 2 & 1 & -3 \\ 3 & 2 & 0 \end{pmatrix}+P=\begin{pmatrix} 2 & 1 & -3 \\ 3 & 2 & 0 \end{pmatrix}$을 만족시키는 행렬 P를 구하여라.

6-5 $A=\begin{pmatrix} 1 & 2 \\ 2 & -1 \end{pmatrix}$, $B=\begin{pmatrix} 2 & 1 \\ -1 & 1 \end{pmatrix}$, $C=\begin{pmatrix} -2 & 0 \\ 1 & 3 \end{pmatrix}$일 때 다음을 계산하여라.

① $2(-A)$ ② $6A-3B+6C$

6-6 $A=\begin{pmatrix} 6 & -2 \\ 0 & 4 \end{pmatrix}$, $B=\begin{pmatrix} 2 & -3 \\ 1 & 2 \end{pmatrix}$일 때, $3(X-A)+B=2X-B$를 만족하는 행렬 X를 구하여라.

6-7 다음 행렬의 곱을 구하여라.

① $(1\ \ 2)\begin{pmatrix} -2 \\ 3 \end{pmatrix}$ ② $\begin{pmatrix} -2 \\ 3 \end{pmatrix}(1\ \ 2)$

③ $(1\ \ 2)\begin{pmatrix} 3 & 2 \\ -1 & 0 \end{pmatrix}$ ④ $\begin{pmatrix} 3 & 2 \\ -1 & 0 \end{pmatrix}\begin{pmatrix} -2 \\ 3 \end{pmatrix}$

⑤ $\begin{pmatrix} 3 & -2 \\ -1 & 7 \end{pmatrix}\begin{pmatrix} 2 & 4 \\ -3 & 1 \end{pmatrix}$ ⑥ $\begin{pmatrix} 2 & -1 \\ 5 & 4 \end{pmatrix}\begin{pmatrix} 1 & 0 & 3 \\ -1 & 2 & 1 \end{pmatrix}$

⑦ $\begin{pmatrix} 1 & 2 \\ -3 & 1 \\ 4 & 3 \end{pmatrix}\begin{pmatrix} -1 & 6 & 3 \\ 1 & -2 & 7 \end{pmatrix}$ ⑧ $\begin{pmatrix} 1 & 2 & 3 \\ -1 & 0 & 1 \\ 3 & -2 & 4 \end{pmatrix}\begin{pmatrix} -2 & 0 & 4 \\ 1 & -1 & 2 \\ 2 & 1 & -3 \end{pmatrix}$

6-8 $A=\begin{pmatrix} 0 & 1 \\ 1 & 0 \end{pmatrix}$, $B=\begin{pmatrix} 3 & x \\ 1 & y \end{pmatrix}$일 때, $AB=BA$가 성립하도록 실수 x, y의 값을 구하여라.

6-9 $(x\ \ y)\begin{pmatrix} a & b \\ 0 & c \end{pmatrix}\begin{pmatrix} x \\ y \end{pmatrix}=(x\ \ y)\begin{pmatrix} 1 & 2 \\ 3 & 1 \end{pmatrix}\begin{pmatrix} x \\ y \end{pmatrix}$의 등식을 만족시키는 상수 a, b, c의 값을 구하여라.

6-10 다음 행렬을 역행렬의 정의에 의하여 구하여라.

① $\begin{pmatrix} 5 & 2 \\ 2 & 1 \end{pmatrix}$ ② $\begin{pmatrix} 1 & -2 \\ 0 & 1 \end{pmatrix}$

6-11 다음 행렬의 역행렬을 구하여라.

① $\begin{pmatrix} 3 & 2 \\ 7 & 5 \end{pmatrix}$ ② $\begin{pmatrix} \cos\theta & -\sin\theta \\ \sin\theta & \cos\theta \end{pmatrix}$

③ $\begin{pmatrix} 1 & 2 & -1 \\ 0 & 1 & -2 \\ 3 & 2 & 0 \end{pmatrix}$ ④ $\begin{pmatrix} 3 & 2 & -1 \\ 1 & 6 & 3 \\ 2 & -4 & 0 \end{pmatrix}$

chapter 5

복 소 수

인도의 바스카라(Bhaskara ; 1114~1185)는 2차방정식은 2개의 근이 존재한다는 것을 발견하였으나 허수를 도입하지는 못하였다.

허수를 방정식의 근으로 인정한 최초의 수학자는 프랑스의 지라르(Girard ; 1595~1632)이다.

한편, 어떠한 2차방정식도 풀 수 있도록 생각해 낸 복소수의 개념을 확립한 수학자이자 물리학자인 가우스(Gauss ; 1777~1855)는 실수가 직선 위의 점으로 나타내어지는 것과 같이 복소수는 평면 위의 점으로 나타낼 수 있다는 것을 밝혔다.

복소수는 정상상태에 대한 교류회로의 기호식 해석법으로 널리 이용되며, 원래 기하학적인 페이저 취급을 다룬다는 점에서 대단히 편리한 것이다.

5-1 복소수의 개념

(1) 허수의 단위

어떤 실수도 제곱하면 항상 양수 또는 0이 되므로, 방정식 $x^2=-1$은 실수의 범위에서는 구할 수 없다. 따라서 이와 같은 방정식들이 근을 가지려면 제곱하여 음수가 되는 새로운 수를 생각해야 하므로, 수의 개념을 넓힐 필요가 생긴다.

그래서, 실수단위가 1인 것과 같이 제곱하여 -1이 되는 새로운 수를 가상하여 이것을 **허수단위**(imaginary unit)라 부르며 j 기호로 표시한다. 즉,

$$j^2=-1, \qquad j=\sqrt{-1}$$

따라서, $\sqrt{-4}$, $\sqrt{-9}$와 같은 음수의 평방근, 즉 제곱하여 -4, -9가 되는 수를 생각해 보면

$$\sqrt{-4}=\sqrt{4(-1)}=\sqrt{4}\ \sqrt{-1}=2\sqrt{-1}=j2$$
$$\sqrt{-9}=\sqrt{9(-1)}=\sqrt{9}\ \sqrt{-1}=3\sqrt{-1}=j3$$
$$(j2)^2=j^2 4=-4$$
$$(j3)^2=j^2 9=-9$$

와 같이 계산된다.

참고로, 수학 책에서는 j가 아닌 i를 사용하나, 전기공학 책에서는 전류 i와 혼동을 피하기 위하여 j라는 기호를 사용한다. 또 수학 책에서는 $2i$, $3i$와 같이 계수를 허수단위 앞에 쓰는데, 전기공학 책에서는 $j2$, $j3$와 같이 계수를 허수단위 뒤에 쓰는 것이 일반적이다.

예제 1 다음을 실수 또는 허수단위로 나타내어라.

① j^3 ② j^4 ③ j^5

④ $j\times(-j)$ ⑤ $\dfrac{j}{-j}$ ⑥ $\dfrac{1}{j}$

[해] ① $j^3=j^2\cdot j=(-1)j=\boldsymbol{-j}$ ② $j^4=j^2\cdot j^2=-1(-1)=\mathbf{1}$

③ $j^5=j^4 j=1(j)=\boldsymbol{j}$ ④ $j\times(-j)=-j^2=-(-1)=\mathbf{1}$

⑤ $\dfrac{j}{-j}=\dfrac{j\cdot j}{(-j)\cdot j}=\dfrac{j^2}{-j^2}=\dfrac{-1}{-(-1)}=\mathbf{-1}$

⑥ $\dfrac{1}{j}=\dfrac{j}{j\cdot j}=\dfrac{j}{j^2}=\dfrac{j}{-1}=-j$

예제 2 다음 식을 간단히 하여라.

① $(j2)(-j3)$　　　② $j\,50\sqrt{3}\left(-j\dfrac{\sqrt{3}}{2}\right)$

③ $\sqrt{-2}+\sqrt{-8}-\sqrt{-32}$　　　④ $\sqrt{3}\,(\sqrt{-12}+\sqrt{-27})$

[해] ① $(j2)(-j3)=-j^2 6=-(-1)6=\mathbf{6}$

② $j\,50\sqrt{3}\left(-j\dfrac{\sqrt{3}}{2}\right)=j(-j)\left(50\times\dfrac{3}{2}\right)=-j^2\,75=\mathbf{75}$

③ $\sqrt{-2}+\sqrt{-8}-\sqrt{-32}=j\sqrt{2}+j2\sqrt{2}-j4\sqrt{2}=\boldsymbol{-j\sqrt{2}}$

④ $\sqrt{-3}\,(\sqrt{-12}+\sqrt{-27})=j\sqrt{3}\,(j2\sqrt{3}+j3\sqrt{3})=j^2\sqrt{3}\times5\sqrt{3}=\mathbf{-15}$

(2) 복소수의 정의

두 실수 a, b와 허수단위 j가 $a+jb$의 꼴로 나타내어지는 수를 **복소수**(complex number)라 하고, 하나의 영문자로 표시하려면 $\mathbf{A}$ 또는 $\dot{\mathrm{A}}$와 같이 알파벳의 고딕 대문자 또는 대문자에 점을 찍어서 표시한다. 즉,

$$\mathbf{A}=\dot{\mathrm{A}}=a+jb$$

여기서 a를 복소수 $\dot{\mathrm{A}}$의 **실수부**(real part), b를 **허수부**(imaginary part)라 하며 다음과 같은 기호로 표시한다.

$$a=R_e\dot{\mathrm{A}}\,,\qquad b=I_m\dot{\mathrm{A}}$$

또, 복소수는 다음과 같이 실수와 허수를 총칭하는 말이다.

■ 복소수 ■

a, b가 실수일 때

$$\text{복소수}\begin{cases}\text{실수 : } a\,(b=0)\\[2ex] \text{허수 : } a+jb\,(b\neq0)\begin{cases}\text{순허수 : } jb\,(a=0,\ b\neq0)\\ \text{기타의 허수 : } a+jb\,(a\neq0,\ b\neq0)\end{cases}\end{cases}$$

예제 3 복소수 $\dot{A}=2-j3$에서 $R_e\dot{A}$, $I_m\dot{A}$ 는 얼마인가?

[해] $R_e\dot{A}=2$, $I_m\dot{A}=-3$

(3) 복소수의 상등

허수는 양, 음, 대소 관계가 정의되어 있지 않으므로 허수끼리는 서로 같거나, 서로 같지 않다고만 구분이 가능하다.

두 복소수 $a+jb$와 $c+jd$에 있어서 실수부끼리 같고 허수부끼리 같을 때, 즉 $a=c$, $b=d$일 때 두 복소수는 서로 같다, 또는 서로 상등하다 라고 하고

$$a+jb=c+jd$$

와 같이 나타낸다.

예제 4 다음 식을 만족하는 실수 a, b를 구하여라.

① $a-2+j(b+1)=0$ ② $(1+j)a+(2-j)b=1+j4$

[해] ① a, b가 실수일 때 $a-2$, $b+1$도 실수이므로

$a-2=0$, $b+1=0$

$\therefore a=2$, $b=-1$

② 좌변을 정리하면 $(a+2b)+j(a-b)=1+j4$에서

$a+2b=1$, $a-b=4$

$\therefore a=3$, $b=-1$

(4) 공액(켤레) 복소수

a, b가 실수일 때 복소수 $\dot{A}=a+jb$에서 허수부의 부호를 바꾼 $a-jb$를 복소수 $\dot{A}$의 **공액**(conjugate) **복소수** 또는 **켤레 복소수**라 하고 다음과 같이 표시한다.

$$\overline{\dot{A}}=\overline{a+jb}=a-jb$$

또,

$$\dot{A}+\overline{\dot{A}}=(a+jb)+(a-jb)=2a$$

$$\dot{A}-\overline{\dot{A}}=(a+jb)-(a-jb)=j2b$$

$$\dot{A} \cdot \overline{\dot{A}} = (a+jb)(a-jb) = a^2-(jb)^2 = a^2-j^2b^2 = \boldsymbol{a^2+b^2}$$

예제 5 다음 복소수의 공액복소수를 구하여라.

① $1+j\sqrt{2}$ ② $-j2+3$ ③ $j3$ ④ 10

[해] ① $\overline{1+j\sqrt{2}} = \boldsymbol{1-j\sqrt{2}}$ ② $\overline{-j2+3} = \boldsymbol{3+j2}$

③ $\overline{j3} = \boldsymbol{-j3}$ ④ $10 = \overline{10+j0} = \boldsymbol{10}$

5-2 복소평면

모든 실수는 기하학적으로 1직선상의 한 점으로 표시할 수 있으나 복소수는 2개의 실수를 함께 가지고 있으므로 1직선상에는 표시할 수 없다.

따라서, 1개의 평면상에서 가로축(x 축)을 **실축**(real axis), 세로축(y 축)을 **허축**(imaginary axis)으로 하는 직교좌표에서 성분 (a, b)인 점으로 복소수 $\dot{A} = a+jb$를 나타낸다. 그러면 반대로 이 평면상의 한 점으로부터 이에 대응되는 복소수가 결정된다.

이와 같이, 복소수를 평면상의 한 점으로 표시하는 이 평면을 **복소평면**(complex plane) 또는 **가우스 평면**(Gauss plane)이라고 한다. 특히, 실축상의 점은 실수를, 허축상의 점은 허수를 나타낸다.

복소평면상에서 복소수 $\dot{A}$를 대표하는 점을 단순히 점 $\dot{A}$라고 할 때가 있다([그림 5-1]). 한편, [그림 5-2]와 같이 점 $\dot{A}$의 위치를 나타내기 위하여 원점에서 점 $\dot{A}$에 이르는 화살표 선분을 그을 때가 많다.

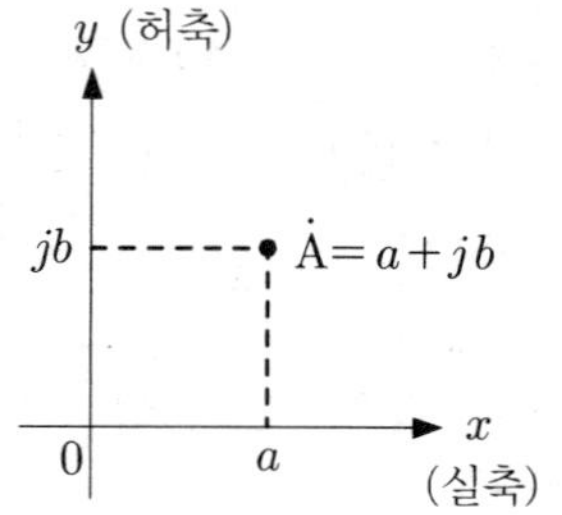

[그림 5-1]

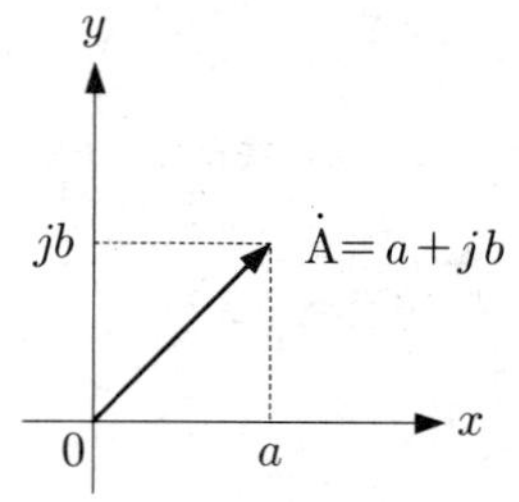

[그림 5-2]

예제 6 $\dot{A}=2+j3$ 일 때 $\dot{A}$, $-\dot{A}$, $\bar{\dot{A}}$, $-\bar{\dot{A}}$ 를 복소평면에 나타내어라.

[해] $\dot{A}$, $-\dot{A}$, $\bar{\dot{A}}$, $-\bar{\dot{A}}$ 를 복소평면에 나타내면 [그림 5-3]과 같다.

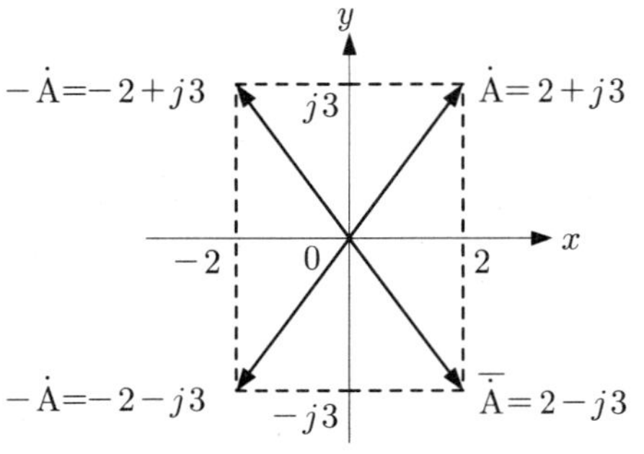

[그림 5-3]

5-3 복소수의 극형식

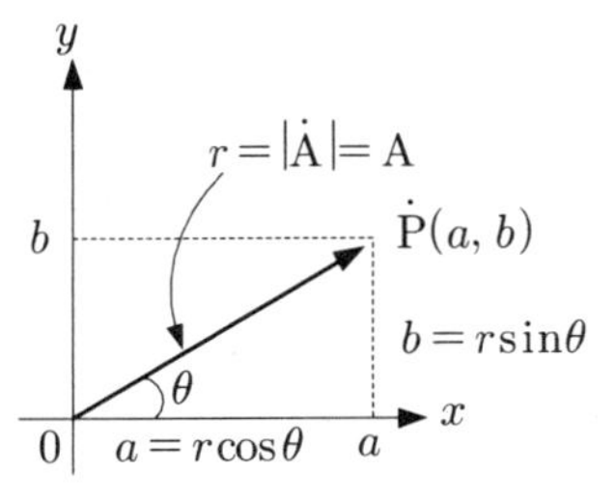

[그림 5-4]

[그림 5-4]와 같이 복소평면 위에서 복소수 $\dot{A}=a+jb$를 나타내는 점을 P 라 할 때, 선분 OP 의 길이 r, 선분 OP 가 x축과 이루는 각을 θ라고 하면

$$\cos\theta=\frac{a}{r}, \qquad \sin\theta=\frac{b}{r}$$

로부터

$$a = r\cos\theta, \qquad b = r\sin\theta$$

를 얻는다. 따라서,

$$\dot{A} = a + jb = r(\cos\theta + j\sin\theta)$$

로 표시되며, 이것을 복소수 $\dot{A}$ 의 **극형식**(polar form)이라고 말하며, 간단히 $\dot{A} = (r, \theta)$ 라고 쓴다. 이때 (r, θ)를 **극좌표**(polar wordimate)라고 말하며, 이것을 사용하면 식을 간단히 나타낼 수 있다.

또, 위 극형식에서

$$a = r\cos\theta, \qquad b = r\sin\theta$$

$$r = |\dot{A}| = A = \sqrt{a^2 + b^2}$$

$$\theta = \arg\dot{A} = \tan^{-1}\frac{b}{a}$$

의 관계가 있다. 이때 a, b는 복소수 $\dot{A}$의 실수부, 허수부이며, r은 복소수 $\dot{A}$의 **절대값**(absolute value) 또는 **크기**, θ는 **편각**(argument), **위상각**(phase angle) 또는 단순히 **각**(angle)이라고 한다.

예제 7 $\dot{A} = \frac{1}{2}(-1 + j\sqrt{3})$의 절대값과 편각을 구하여라.

[해] 이 복소수의 실수부는 $\frac{1}{2}$이고, 허수부는 $\frac{\sqrt{3}}{2}$이므로 동경은 제2사분면이고 그 절대값은

$$r = |\dot{A}| = \sqrt{\left(\frac{1}{2}\right)^2 + \left(\frac{\sqrt{3}}{2}\right)^2} = \sqrt{\frac{1}{4} + \frac{3}{4}} = 1$$

또, 편각은

$$\tan(180° - \theta) = \left|\frac{\frac{\sqrt{3}}{2}}{\frac{1}{2}}\right| = \sqrt{3}$$

이므로

$$180° - \theta = 60° \qquad \therefore\ \theta = 120°$$

참고로, 평소평면에 나타내면 [그림 5-5]와 같다.

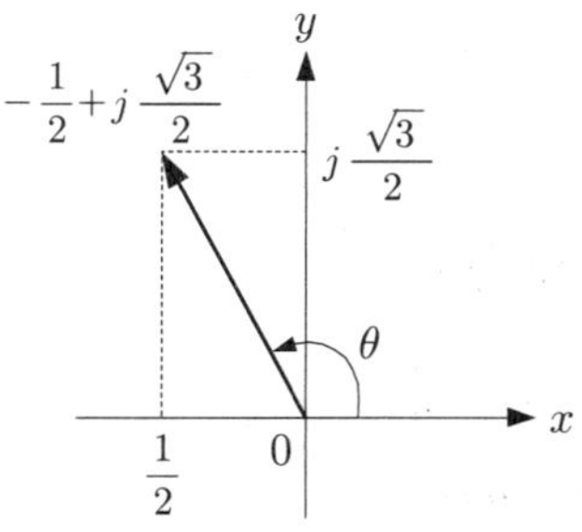

[그림 5-5]

예제 8 절대값이 2이고, 편각이 $-\frac{\pi}{6}$인 복소수를 $a+jb$ 꼴로 나타내어라.

[해]

$$\begin{aligned}\dot{A} &= r(\cos\theta + j\sin\theta)\\ &= 2\left\{\cos\left(-\frac{\pi}{6}\right)+j\sin\left(-\frac{\pi}{6}\right)\right\}\\ &= 2\left(\cos\frac{\pi}{6}-j\sin\frac{\pi}{6}\right)\\ &= 2\left(\frac{\sqrt{3}}{2}-j\frac{1}{2}\right)\\ &= \boldsymbol{\sqrt{3}-j}\end{aligned}$$

예제 9 다음 각 복소수를 극형식으로 나타내어라.

① $1+j$ ② $-2-j2$ ③ $-j$ ④ 3

[해] ① $|\dot{A}|=\sqrt{a^2+b^2}$ $\theta=\tan^{-1}\frac{b}{a}$ 이므로

$|\dot{A}|=\sqrt{(-1)^2+1^2}=\sqrt{2}$ $\theta=\tan^{-1}\frac{1}{1}$ 즉, $\tan\theta=1$ $\therefore\ \theta=\frac{\pi}{4}$

$\therefore\ \dot{A}=r(\cos\theta+j\sin\theta)=\boldsymbol{\sqrt{2}\left(\cos\frac{\pi}{4}+j\sin\frac{\pi}{4}\right)}$

② $|\dot{A}|=\sqrt{(-2)^2+(-2)^2}=\sqrt{8}=2\sqrt{2}$

$\theta=\tan\frac{-2}{-2}=\tan^{-1}1$ $\therefore\ \theta=\frac{\pi}{4}$

그런데, $P(-1,-1)$은 제3사분면의 각이므로

$\theta=\pi-\frac{\pi}{4}=\frac{5}{4}\pi$

$\therefore\ \boldsymbol{\dot{A}=2\sqrt{2}\left(\cos\frac{5\pi}{4}+j\sin\frac{5\pi}{4}\right)}$

③ $|\dot{A}| = \sqrt{0^2+1^2} = 1 \qquad \theta = \tan^{-1}\dfrac{1}{0} = \tan^{-1}\infty$

즉, $\tan\theta = \infty \qquad \therefore \theta = \dfrac{\pi}{2}$

$\therefore \dot{A} = \cos\dfrac{\pi}{2} + j\sin\dfrac{\pi}{2}$

④ $|\dot{A}| = |3| = 3,\ \theta = \tan^{-1}\dfrac{0}{3} = \tan^{-1}0 \qquad \therefore \theta = 0$

$\therefore\ \dot{A} = 3(\cos 0 + j\sin 0)$

예제 10 다음을 $a+jb$의 꼴로 나타내어라.

① $2\left(\cos\dfrac{7}{6}\pi + j\sin\dfrac{7}{6}\pi\right)$ ② $\sqrt{2}\left(\cos\dfrac{3}{4}\pi + j\sin\dfrac{3}{4}\pi\right)$

[해] ① $2\left(\cos\dfrac{7}{6}\pi + j\sin\dfrac{7}{6}\pi\right) = 2\left(-\dfrac{\sqrt{3}}{2} - j\dfrac{1}{2}\right) = -\sqrt{3} - j$

② $\sqrt{2}\left(\cos\dfrac{3}{4}\pi + j\sin\dfrac{3}{4}\pi\right) = \sqrt{2}\left(-\dfrac{1}{\sqrt{2}} + j\dfrac{1}{\sqrt{2}}\right) = -1 + j$

5-4 복소수의 표시

(1) 직교좌표형식

앞에서 설명한 $\dot{A} = a+jb$와 같은 형을 복소수 $\dot{A}$의 **직교좌표형식**(rectangular form)이라 한다.

(2) 삼각함수형식

앞절의 [그림 5-4]에 복소수 $a+jb$는 다음과 같이 표시할 수 있다.

$$\dot{A} = a+jb = \sqrt{a^2+b^2}\left(\frac{a}{\sqrt{a^2+b^2}} + j\frac{b}{\sqrt{a^2+b^2}}\right)$$
$$= A(\cos\theta + j\sin\theta)$$
$$A = \sqrt{a^2+b^2}$$
$$\theta = \tan^{-1}\frac{b}{a}$$

$$a = A\cos\theta\,,\qquad b = A\sin\theta$$

$$\cos\theta = \frac{a}{\sqrt{a^2+b^2}} = \frac{a}{A}\,,\qquad \sin\theta = \frac{b}{\sqrt{a^2+b^2}} = \frac{b}{A}$$

이들 관계에서 복소수 $\dot{A}$ 를

$$\dot{A} = A(\cos\theta + j\sin\theta)$$

와 같이 표시하는 형을 복소수의 **삼각함수형식**(trigonometric form)이라 한다. 참고로,

$$10(\cos 0° + j\sin 0°) = 10(1 + j0) = 10 + j0 = 10$$

$$10(\cos 30° + j\sin 30°) = 10\left(\frac{\sqrt{3}}{2} + j\frac{1}{2}\right) = 5\sqrt{3} + j5$$

$$10(\cos 60° + j\sin 60°) = 10\left(\frac{1}{2} + j\frac{\sqrt{3}}{2}\right) = 5 + j5\sqrt{3}$$

(3) 극좌표형식

복소수 $a + jb$ 는 다음과 같이 표시할 수 있다.

$$\dot{A} = a + jb = \sqrt{a^2+b^2}\,\underline{/\tan^{-1}\frac{b}{a}} = A\underline{/\theta}$$

이와 같이 복소수가

$$\dot{A} = A\underline{/\theta}$$

인 형을 복소수의 **극좌표형식**(polar form)이라 한다.

여기서, $A\underline{/\theta}$ 는 절대값(크기)이 A 이고, 편각(위상각)이 θ 인 복소수를 표시한 것으로서, 결코 크기A 와 각 θ 의 곱을 나타낸 것은 아니다. 참고로,

$$a = a + j0 = a\underline{/0°}$$

$$a + ja = a(1 + j1) = \sqrt{2}\,a\underline{/45°}$$

$$jb = b\underline{/90°}$$

$$-jb = b\underline{/-90°}$$

(4) 지수함수형식

x가 실수일 때 지수함수 ϵ^x는 다음과 같은 **마클로우린**(Maclaurin)의 무한급수로 전개된다.

여기서 ϵ은 지수함수 또는 자연대수의 밑수로 $\epsilon = \lim_{x \to \infty}\left(1+\frac{1}{x}\right)^x \fallingdotseq 2.7182\cdots$로 정의되는 무한수이며, e로 쓰는 사람도 있다.

$$\epsilon^x = 1 + x + \frac{x^2}{2!} + \frac{x^3}{3!} + \frac{x^4}{4!} + \cdots$$

x가 $j\theta$와 같은 허수일 때에도 형식적으로 이것을 대입하면

$$\begin{aligned}\epsilon^{j\theta} &= 1 + (j\theta) + \frac{(j\theta)^2}{2!} + \frac{(j\theta)^3}{3!} + \frac{(j\theta)^4}{4!} + \cdots \\ &= \left(1 - \frac{1}{2!} + \frac{\theta^4}{4!} + \cdots\right) + j\left(\theta - \frac{\theta^3}{3!} + \frac{\theta^5}{5!} + \cdots\right)\end{aligned}$$

여기서 $\cos\theta$, $\sin\theta$의 마클로우린 급수의 전개식

$$\cos\theta = 1 - \frac{\theta^2}{2!} + \frac{\theta^4}{4!} - \cdots$$

$$\sin\theta = \theta - \frac{\theta^3}{3!} + \frac{\theta^5}{5!} - \cdots$$

를 이용하면

$$\boldsymbol{\epsilon^{j\theta} = \cos\theta + j\sin\theta}$$

와 같이 쓸 수 있다. 이 결과를 **오일러의 정리**(Euler's theorem)라고 한다. 따라서, 복소수가

$$\dot{A} = A\epsilon^{j\theta}$$

와 같은 형은 **지수함수형식**(exponential form)이라고 한다.

이상과 같이 복소수의 표시방법을 총정리하면 다음과 같다.

■ 복소수의 표시 ■

$\dot{A} = a + jb$ (직교좌표형식)

$= A(\cos\theta + j\sin\theta)$ (삼각함수형식)

$= A\angle\theta$ (극좌표형식)

$= A\epsilon^{j\theta}$ (지수함수형식)

단, $a = A\cos\theta$, $b = A\sin\theta$

$A = \sqrt{a^2 + b^2}$, $\theta = \tan^{-1}\dfrac{b}{a}$

위에서 삼각함수형식 및 극좌표형식에서는 θ는 [도]로 표시해도, [radian]으로 표시해도 관계없으나, 지수함수형식에서는 θ는 [radian]으로 표시해야만 한다. 그러나 θ를 [도]로 표시하는 편법이 허용되고 있다.

예제 11 복소수 $5\sqrt{3} - j5$를 극좌표형식으로, $-1 + j1$을 지수함수형식으로 나타내어라.

[해] $5\sqrt{3} - j5 = \sqrt{(5\sqrt{3})^2 + 5^2}\angle\tan^{-1}\dfrac{-5}{5\sqrt{3}} = 10\angle-30°$

$-1 + j1 = \sqrt{1^2 + 1^2}\,\epsilon^{j\tan^{-1}\frac{-1}{1}} = \sqrt{2}\,\epsilon^{j\frac{3}{4}\pi}$

예제 12 복소수 $10\angle-120°$, $5\epsilon^{j\frac{\pi}{2}}$를 직교좌표형식으로 나타내어라.

[해] $10\angle-120° = 10(\cos 120° - j\sin 120°) = 10\left(-\dfrac{1}{2} - j\dfrac{\sqrt{3}}{2}\right) = -5 - j5\sqrt{3}$

$5\epsilon^{j\frac{\pi}{2}} = 5(\cos 90° + j\sin 90°) = 5(0 + j1) = -j5$

5-5 복소수의 계산

두 복소수 $\dot{A}$와 $\dot{B}$가

$$\dot{A} = a + jb = A(\cos\alpha + j\sin\alpha) = A\angle\alpha = A\epsilon^{j\alpha}$$

$$\dot{B} = c + jd = B(\cos\beta + j\sin\beta) = B\angle\beta = B\epsilon^{j\beta}$$

일 때 두 복소수의 더하기, 빼기, 곱하기, 나누기의 사칙계산은 다음과 같다.

(1) 복소수의 더하기

두 복소수의 더하기는 실수부는 실수부끼리, 허수부는 허수부끼리 더해 주면 된다.

$$\dot{A} + \dot{B} = (a + jb) + (c + jd) = (a + c) + j(b + d)$$

와 같이 된다.

복소수를 복소평면상에서 기하학적으로 더하는 데 있어서는 벡터와 같이 **평행사변형법**, **삼각형법**, **다각형법**이 있다([그림 5-6]).

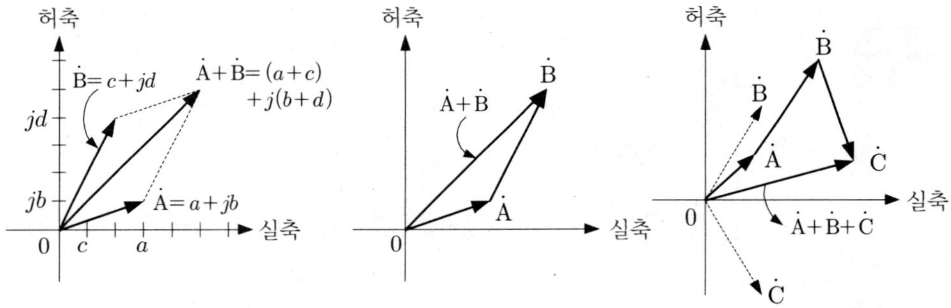

(a) 평행사변형법 (b) 삼각형법 (c) 다각형법

[그림 5-6]

(2) 복소수의 빼기

두 복소수의 빼기도 더하기와 같이 실수부는 실수부끼리, 허수부는 허수부끼리 빼어 주면 된다. 즉, 다음과 같다.

$$\dot{A} - \dot{B} = (a + jb) - (c + jd) = (a - c) + j(b - d)$$

빼기 $\dot{A} - \dot{B}$를 기하학적으로 구할 때는 $\dot{A} - \dot{B} = \dot{A} + (-\dot{B})$와 같이 더하기로 생각하고 먼저 $-\dot{B}$를 구하고 이것과 $\dot{A}$를 더하여 주면 된다([그림 5-7]).

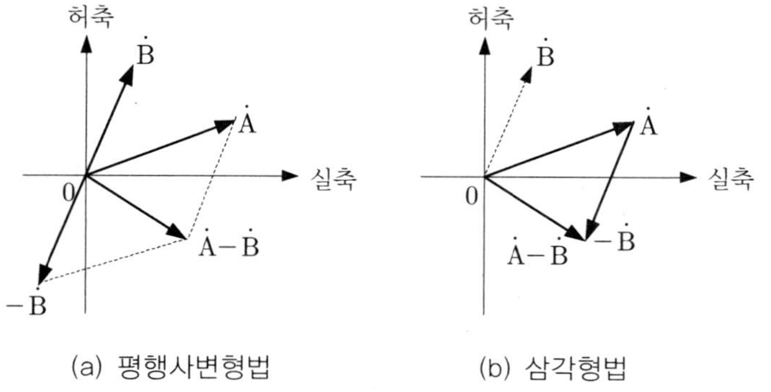

[그림 5-7]

(3) 복소수의 곱하기

두 복소수의 곱하기는 먼저 대수적으로 계산한 다음 j^2은 -1로 대입하여 정리한다. 즉, 직교좌표형식인 경우의 곱하기는 다음과 같다.

$$\dot{A}\dot{B} = (a+jb)(c+jd) = (ac-bd)+j(ad+bc)$$

또, 극좌표형식 또는 지수함수형식으로 계산하면 곱하기는 다음과 같이 매우 간단하게 된다.

$$\begin{aligned}\dot{A}\dot{B} &= AB(\cos\alpha + j\sin\alpha)(\cos\beta + j\sin\beta) \\ &= AB\{(\cos\alpha\cos\beta - \sin\alpha\sin\beta) + j(\sin\alpha\cos\beta + \cos\alpha\sin\beta)\} \\ &= AB\{\cos(\alpha+\beta) + j\sin(\alpha+\beta)\}\end{aligned}$$

이고, 여기서 결과를 보면 크기는 AB이고 각 $(\alpha+\beta)$인 복소수이므로

$$\begin{aligned}\dot{A}\dot{B} &= A\angle\alpha \cdot B\angle\beta = AB\angle\alpha+\beta \qquad \text{(극좌표형식)} \\ &= A\epsilon^{j\alpha} \cdot B\epsilon^{j\beta} = AB\epsilon^{j(\alpha+\beta)} \qquad \text{(지수함수형식)}\end{aligned}$$

기하학적으로 $\dot{A}$에 $\dot{B}$를 곱한다는 것은 복소평면상에서 $\dot{A}$를 대표하는 화살표 선분을 B배 하여 반시계방향으로 각 β만큼 회전시킴을 의미한다([그림 5-8 (a)]).

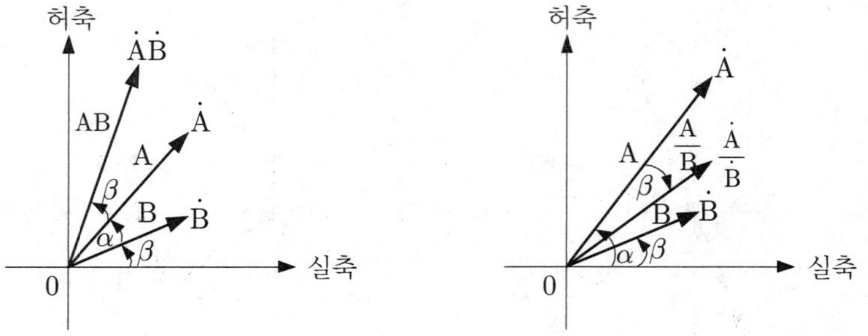

(a) 복소수의 곱하기 (b) 복소수의 나누기

[그림 5-8]

(4) 복소수의 나누기

두 복소수의 나누기는 직교좌표형식의 경우에는 분모를 유리화하여 다음과 같이 정리한다.

$$\frac{\dot{A}}{\dot{B}}=\frac{a+jb}{c+jd}=\frac{(a+jb)(c-jd)}{(c+jd)(c-jd)}=\frac{(ac+bd)+j(bc-ad)}{c^2+d^2}$$
$$=\frac{ac+bd}{c^2+d^2}+j\frac{bc-ad}{c^2+d^2}$$

또, 극좌표형식 또는 지수함수형식으로 계산하면 곱하기와 같이 매우 간단하게 된다. 즉,

$$\frac{\dot{A}}{\dot{B}}=\frac{A(\cos\alpha+j\sin\alpha)}{B(\cos\beta+j\sin\beta)}=\frac{A}{B}\frac{(\cos\alpha+j\sin\alpha)(\cos\beta-j\sin\beta)}{(\cos\beta+j\sin\beta)(\cos\beta-j\sin\beta)}$$
$$=\frac{A}{B}(\cos\alpha+j\sin\alpha)(\cos\beta-j\sin\beta)$$
$$=\frac{A}{B}\{\cos(\alpha-\beta)+j\sin(\alpha-\beta)\}$$

따라서,

$$\frac{\dot{A}}{\dot{B}}=\frac{A\angle\alpha}{B\angle\beta}=\frac{A}{B}\angle\alpha-\beta \qquad \text{(극좌표형식)}$$
$$=\frac{A\epsilon^{j\alpha}}{B\epsilon^{j\beta}}=\frac{A}{B}\epsilon^{j(\alpha-\beta)} \qquad \text{(지수함수형식)}$$

기하학적으로 $\dot{A}$ 를 $\dot{B}$ 로 나눈다는 것은 $\dot{A}$ 를 대표하는 화살표 선분을 $\frac{1}{B}$ 배 하여 시계방향으로 각을 β 만큼 회전시킴을 의미한다([그림 5-8 (b)].

이상으로 복소수의 사칙계산을 정리하면 다음과 같다.

■ 복소수의 계산 ■

$\dot{A} = a + jb = A\angle\alpha$, $\dot{B} = c + jd = B\angle\beta$

① $\dot{A} \pm \dot{B} = (a \pm c) + j(b \pm d)$ (복호동순)

② $\dot{A} \times \dot{B} = (ac - bd) + j(bc + ad) = AB\angle\alpha + \beta$

③ $\dfrac{\dot{A}}{\dot{B}} = \dfrac{ac + bd}{c^2 + d^2} + j\dfrac{bc - ad}{c^2 + d^2} = \dfrac{A}{B}\angle\alpha - \beta$ (단, $c + jd \neq 0$)

예제 13 두 복소수 $4 + j3$, $-2 + j1$ 을 더하기, 빼기, 곱하기, 나누기를 하여라.

[해] $(4+j3)+(-2+j1) = (4-2)+j(3+1) = \mathbf{2+j4}$

$(4+j3)-(-2+j1) = (4+2)+j(3-1) = \mathbf{6+j2}$

$(4+j3)\cdot(-2+j1) = -8+j4-j6+j^2 3 = (-8-3)-j(6-4) = \mathbf{-11-j2}$

$$\frac{(4+j3)}{(-2+j1)} = \frac{(4+j3)(-2-j1)}{(-2+j1)(-2-j1)} = \frac{-8-j4-j6+j^2 3}{(-2)^2-(j1)^2} = \frac{-5-j10}{5}$$

$$= \mathbf{-1-j2}$$

예제 14 $\dot{A} = 2 + j2\sqrt{3}$, $\dot{B} = 2\angle\frac{\pi}{6}$ 일 때 $\dot{A}\cdot\dot{B}$ 와 $\dfrac{\dot{A}}{\dot{B}}$ 를 구하여라.

[해] 우선 복소수 $\dot{A}$를 극좌표형식으로 고치면

$$\dot{A} = 2 + j2\sqrt{3} = \sqrt{2^2 + (2\sqrt{3})^2}\angle\tan^{-1}\frac{2\sqrt{3}}{2} = 4\angle\frac{\pi}{3}$$

$$\therefore \dot{A}\cdot\dot{B} = 4\angle\frac{\pi}{3}\cdot 2\angle\frac{\pi}{6} = 4\times 2\angle\frac{\pi}{3}+\frac{\pi}{6} = \mathbf{8\angle\frac{\pi}{2}}$$

$$\frac{\dot{A}}{\dot{B}} = \frac{4\angle\frac{\pi}{3}}{2\angle\frac{\pi}{6}} = \frac{4}{2}\angle\frac{\pi}{3}-\frac{\pi}{6} = \mathbf{2\angle\frac{\pi}{6}}$$

예제 15 $\dot{V}_1 = 10\epsilon^{jo}$, $\dot{V}_2 = 10\epsilon^{-j\frac{2\pi}{3}}$, $\dot{V}_3 = 10\epsilon^{-j\frac{4\pi}{3}}$ 의 합을 구하여라.

[해] $\dot{V}_1+\dot{V}_2+\dot{V}_3=10\left(\epsilon^{jo}+\epsilon^{-j\frac{2\pi}{3}}+\epsilon^{-j\frac{4\pi}{3}}\right)$

$=10\left\{(\cos o+j\sin o)+\left(\cos\frac{2\pi}{3}-j\sin\frac{2\pi}{3}\right)+\left(\cos\frac{4\pi}{3}-j\sin\frac{4\pi}{3}\right)\right\}$

$=10\{(\cos o+j\sin o)+(\cos 120°-j\sin 120°)+(\cos 240°-j\sin 240°)\}$

$=10\left\{(1+jo)+\left(-\frac{1}{2}-j\frac{\sqrt{3}}{2}\right)+\left(-\frac{1}{2}+j\frac{\sqrt{3}}{2}\right)\right\}$

$=10\left\{\left(1-\frac{1}{2}-\frac{1}{2}\right)+j\left(0-\frac{\sqrt{3}}{2}+\frac{\sqrt{3}}{2}\right)\right\}=\mathbf{0}$

예제 16 복소수를 포함한 행렬식을 풀어라.

$$|A|=\begin{vmatrix} 1 & j2 \\ -j2 & 7+j4 \end{vmatrix} \qquad |B|=\begin{vmatrix} 3-j2 & 0 & 1+j2 \\ j2 & 1 & -j2 \\ -4 & 0 & 5+j2 \end{vmatrix}$$

[해] $|A|=1(7+j4)-(-j2)(j2)=7+j4-4=\mathbf{3+j4}$

$|B|=(3-j2)(5+j2)-(-4)(1+j2)=\mathbf{23+j4}$

5-6 j와 복소수와의 곱

복소수 $\dot{A}=a+jb=A\underline{/\theta}=A\epsilon^{j\theta}$ 에 허수단위 j, j^2, j^3, $-j$, $\frac{1}{j}$ 을 곱하면

$j\dot{A}=j(a+jb)=-b+ja$

$=jA\underline{/\theta}=A\underline{/\theta}\cdot 1\underline{/90°}$

$=A\underline{/\theta+90°}$ ($\dot{A}$를 반시계방향으로 90° 회전)

$j^2\dot{A}=-1(a+jb)=-a-jb$

$=-1\cdot A\underline{/\theta}=A\underline{/\theta}\cdot 1\underline{/180°}$

$=A\underline{/\theta+180°}$ ($\dot{A}$를 반시계방향으로 180° 회전)

$j^3\dot{A}=-j\dot{A}=\frac{\dot{A}}{j}=-j(a+jb)=b-ja$

$=-j\dot{A}=A\underline{/\theta}\cdot 1\underline{/-90°}$

$=A\underline{/\theta-90°}$ ($\dot{A}$를 시계방향으로 90° 회전)

와 같이 나타난다.

이 식들을 [그림 5-9]와 같이 복소평면에 나타내고 보면 복소수 $\dot{A}$에 j를 곱한

것은 복소수 $\dot{A}$를 원점을 중심으로 반시계방향으로 90° 회전시키는 결과를 보여준다. 또한, $j^2\dot{A}$는 $\dot{A}$를 같은 방향으로 180° 회전시키고, 즉 $\dot{A}$를 정반대 방향으로 회전시키고, $j^3\dot{A}$, $-j\dot{A}$, $\dfrac{\dot{A}}{j}$는 $\dot{A}$를 역시 같은 방향으로 270° 회전시킨다. 즉, 반대방향인 시계방향으로 90° 회전시킨 것임을 알 수 있다. 이런 의미에서 j를 **회전 연산자**(rotational operator)라고 부른다.

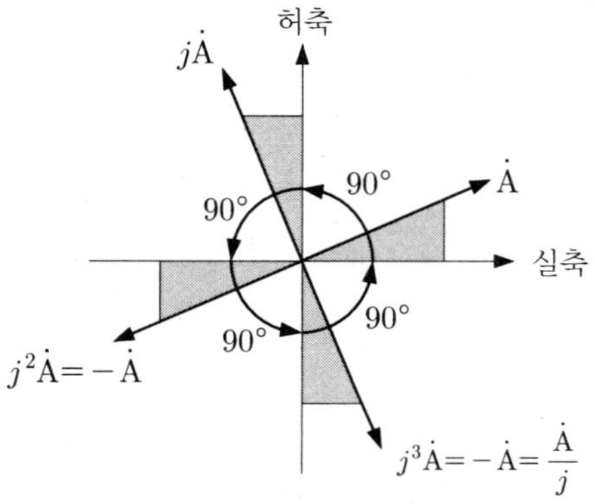

[그림 5-9]

또한, $\dot{A}$의 역수와 공액복소수를 복소수 $\dot{A}$와 비교해 보면

$$\frac{1}{\dot{A}}=\frac{1}{a+jb}=\frac{a-jb}{(a+jb)(a-jb)}=\frac{a}{a^2+b^2}-j\frac{b}{a^2+b^2}$$

$$=\frac{1}{A\angle\theta}=\frac{1}{A}\angle\theta$$

$$\overline{\dot{A}}=a-jb$$

$$=A\angle-\theta \qquad (\dot{A}\text{와 실축에 대하여 대칭})$$

와 같으며 이들을 복소평면에 나타내면 [그림 5-10]과 같다.

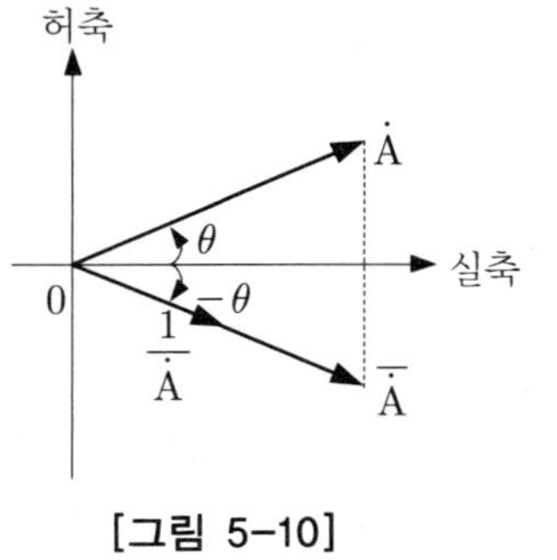

[그림 5-10]

예제 17 복소수 $\dot{A}=\frac{1}{1-j}$의 절대값과 편각을 구하여라.

[해] $\dot{A}=\frac{1}{1-j}=\frac{1}{(1-j)(1+j)}=\frac{1+j}{1^2+1^2}=\frac{1}{2}+j\frac{1}{2}$

$$=\sqrt{\left(\frac{1}{2}\right)^2+\left(\frac{1}{2}\right)^2}\angle\tan^{-1}1=\frac{1}{\sqrt{2}}\angle 45°$$

또, 극좌표로 계산하면,

$$\dot{A}=\frac{1}{1-j}=\frac{1}{\sqrt{2}\angle -\tan^{-1}1}=\frac{1\,0}{\sqrt{2}\angle -45°}$$

$$=\frac{1}{\sqrt{2}}\angle 0-(-45°)=\frac{1}{\sqrt{2}}\angle 45°$$

∴ 절대값 $\mathbf{A}=\frac{1}{\sqrt{2}}$, 편각 $\theta=45°$

5-7 복소수의 제곱과 제곱근

복소수 n 제곱 또는 n 제곱근을 구하는 데에는 지수함수나 극좌표형식을 이용하는 것이 편리하다.

지금 복소수$\dot{A}=A\angle\theta=A\epsilon^{j\theta}$인 복소수의 n 제곱은 앞에서 배운 곱의 계산방법에 의해서

$$\dot{A}^n=(A\angle\theta)^n=A^n\angle n\theta=A^n\epsilon^{jn\theta}=A^n(\cos n\theta+j\sin n\theta)$$

가 되며, 이것을 **드 무아브르**(De Moivre)**의 정리**(n은 정수)라 한다.

복소수 A의 n 제곱근은 $x^2=1$의 근, 즉 x의 제곱은 1과 $-1=1\angle 180°$인 것과 같이 ***n* 제곱근**을 만족시키는 복소수는 n개가 존재한다. 따라서

$$\dot{A}^{\frac{1}{n}}=(A\angle\theta)^{\frac{1}{n}}=A^{\frac{1}{n}}\angle\frac{\theta+2\pi k}{n}=A^{\frac{1}{n}}\epsilon^{j\frac{\theta+2\pi k}{n}}$$

단, $k=0, 1, 2, \ldots, n-1$

와 같이 n 제곱하여 $\dot{A}$가 되는 복소수, 즉 복소수 $\dot{A}$의 ***n* 제곱근**은 $A^{\frac{1}{n}}\angle\frac{\theta}{n}$뿐만 아니라 $A^{\frac{1}{n}}\angle\frac{\theta+2\pi k}{n}$와 같은 상이한 n개 있다는 사실을 알 수 있다. 이것은, 모두 $\frac{2\pi}{n}$

씩 차가 있다. 예를 들면, $\dot{A} = A\angle\theta$의 3제곱근, 즉 $(A\angle\theta)^{\frac{1}{3}}$은 다음 3개이다.

$$①A^{\frac{1}{3}}\angle\frac{\theta+2\pi\cdot 0}{3} = A^{\frac{1}{3}}\angle\frac{\theta}{3} = A^{\frac{1}{3}}\epsilon^{j\frac{\pi}{3}}$$

$$②A^{\frac{1}{3}}\angle\frac{\theta+2\pi\cdot 1}{3} = A^{\frac{1}{3}}\angle\frac{\theta}{3}+\frac{2\pi}{3} = A^{\frac{1}{3}}\epsilon^{j\left(\frac{\theta}{3}+\frac{2\pi}{3}\right)}$$

$$③A^{\frac{1}{3}}\angle\frac{\theta+2\pi\cdot 2}{3} = A^{\frac{1}{3}}\angle\frac{\theta}{3}+\frac{4\pi}{3} = A^{\frac{1}{3}}\epsilon^{j\left(\frac{\theta}{3}+\frac{4\pi}{3}\right)}$$

위의 3개의 근에서 $k=0$에 대한 근을 주근, 나머지 근을 부근이라 한다.

예제 18 다음 각 식을 계산하여라.

① $\left(\cos\frac{\pi}{3}+j\sin\frac{\pi}{3}\right)^6$　　② $(\cos 10°+j\sin 10°)^{12}$

③ $(1+j\sqrt{3})^6$　　④ $(1+j)^{-3}$

[해] ① $\left(\cos\frac{\pi}{3}+j\sin\frac{\pi}{3}\right)^6 = \cos 6\cdot\frac{\pi}{3}+j\sin 6\cdot\frac{\pi}{3} = \cos 2\pi+j\sin 2\pi = \mathbf{1}$

② $(\cos 10°+j\sin 10°) = \cos 120°+j\sin 120° = -\frac{1}{2}+j\frac{\sqrt{3}}{2}$

③ $1+j\sqrt{3} = 2\left(\cos\frac{\pi}{6}+j\sin\frac{\pi}{6}\right)$이므로

$$(1+j\sqrt{3})^6 = \left\{2\left(\cos\frac{\pi}{3}+j\sin\frac{\pi}{3}\right)\right\} = 2^6\left(\cos\frac{6\pi}{3}+j\sin\frac{6\pi}{3}\right)$$
$$= 32(\cos 2\pi+j\sin 2\pi)$$
$$= 2^6\cdot 1 = \mathbf{64}$$

④ $1+j = \sqrt{2}\left(\cos\frac{\pi}{4}+j\sin\frac{\pi}{4}\right)$

$$(1+j)^{-3} = \left\{\sqrt{2}\left(\cos\frac{\pi}{4}+j\sin\frac{\pi}{4}\right)\right\}^{-3} = \frac{1}{2\sqrt{2}}\left\{\cos\left(-\frac{3\pi}{4}\right)+j\sin\left(-\frac{3\pi}{4}\right)\right\}$$
$$= -\frac{1}{4}-j\frac{1}{4} = -\frac{1}{4}(1+j)$$

예제 19 $\dot{A}^4 = 1$의 근, 즉 1의 4제곱근을 구하여라.

[해] 1은 $1\angle 0°$이므로 그 4제곱근은

$$\dot{A}_1 = 1\angle\frac{0}{4} = 1\angle 0 = \mathbf{1}$$

$$\dot{A}_2 = 1\angle\frac{2\pi}{4} = 1\angle 90° = \mathbf{j}$$

$$\dot{A}_3 = 1\angle\frac{4\pi}{4} = 1\angle 180° = -1$$

$$\dot{A}_4 = 1\angle\frac{6\pi}{4} = 1\angle 270° = -j$$

의 4개가 있다. 이 결과는 $x^4=1$, 즉 $x^4-1=(x^2-1)(x^2+1)=0$을 풀면 $x=\pm 1$, $x=\pm\sqrt{-1}=\pm j$가 얻어진다. 기하학적으로 이 네 근은 원점 주위에 90° 간격으로 [그림 5-11]과 같이 배열된다.

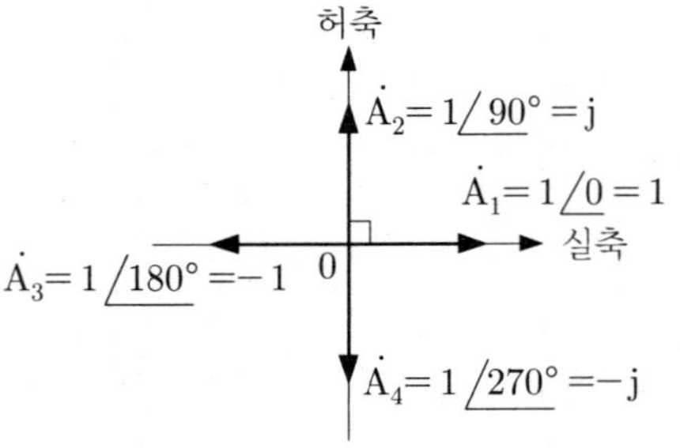

[그림 5-11]

예제 20 $\dot{A}=j8$ 인 복소수의 3 제곱근을 구하여라.

[해] $\dot{A}=j8=8\angle 90°$이므로 3 제곱근은

$$\dot{A}_1 = (8\angle 90°)^{\frac{1}{3}} = 8^{\frac{1}{3}}\angle\frac{90°}{3} = 2\angle 30°$$
$$= 2(\cos 30° + j\sin 30°) = \sqrt{3} + j1$$

$$\dot{A}_2 = (8\angle 90°)^{\frac{1}{3}} = 8^{\frac{1}{3}}\angle\frac{90°+360°}{3} = 2\angle 150°$$
$$= 2(\cos 150° + j\sin 150°) = -\sqrt{3} + j1$$

$$\dot{A}_3 = (8\angle 90°)^{\frac{1}{3}} = 8^{\frac{1}{3}}\angle\frac{90°+720°}{3} = 2\angle 270°$$
$$= 2(\cos 270° + j\sin 270°) = -j2$$

5-8 사인파의 복소수 표시

사인파 교류회로에서 모든 전압, 전류는 주파수가 같으므로 전압, 전류의 실효값 또는 최대값과 서로의 위상관계만이 문제된다. 그래서 정현파의 실효값과 위상각을

각각 크기와 편각으로 하나의 복소수로 생각하여 이것을 **페이저**(phasor)라고 정의한다.

예를 들면, 전류 i 가

$$i = I_m \sin(\omega t + \alpha) = \sqrt{2}\, I \sin(\omega t + \alpha)$$

의 페이저는

$$\dot{I} = I\angle\alpha$$

이고, 전류 v 는 다음과 같다.

$$v = V_m \sin(\omega t + \beta) = \sqrt{2}\, V \sin(\omega t + \beta)$$

$$\dot{V} = V\angle\beta$$

사인파를 페이저로 표시하는 것을 복소수 표시라 하고, 복소수와 같이 $\dot{V}$, $\dot{I}$ 로 표기한다.

한 회로에 관계되는 전압, 전류를 대표하는 페이저들을 하나의 복소평면에 그린 것을 **페이저도**(phasor diagram)라고 한다.

예제 21 다음 사인파를 대표하는 페이저를 쓰고, 같은 복소평면상에 페이저도를 그려라.

① $v_1 = \sqrt{2}\, 10\sin\omega t$ ② $i_2 = \sqrt{2}\, 5\sin\left(\omega t - \dfrac{\pi}{6}\right)$

③ $i_3 = \sqrt{2}\, 5\cos\left(\omega t + \dfrac{\pi}{6}\right)$ ④ $v_4 = -\sqrt{2}\, 10\sin\left(\omega t + \dfrac{\pi}{4}\right)$

[해] ① $\dot{V}_1 = 10\angle 0$ ② $\dot{I}_2 = 5\angle -\dfrac{\pi}{6}$

③ $\dot{I}_3 = 5\angle \dfrac{\pi}{6} + \dfrac{\pi}{2} = 5\angle \dfrac{2}{3}\pi$

④ $\dot{V}_4 = 10\angle \dfrac{\pi}{4} + \dfrac{\pi}{2} = 10\angle \dfrac{3}{4}\pi$

이상의 전압, 전류 페이저도는 [그림 5-12]와 같다. 특히, 전압과 전류의 페이저도 척도가 같지 않음에 주의하라.

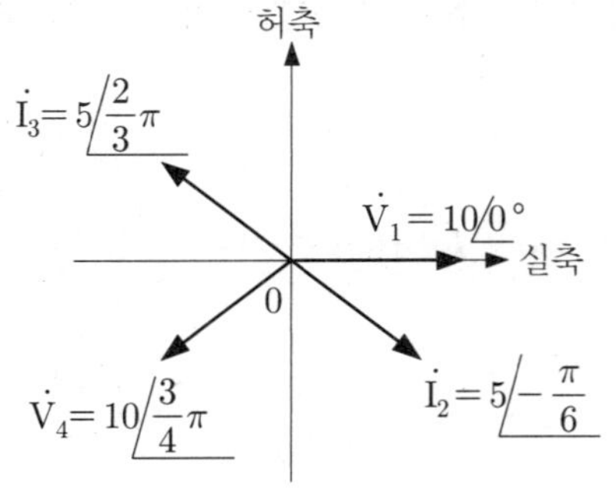

[그림 5-12]

예제 22 $R = 1[\Omega]$, $X_L = 1[\Omega]$인 직류회로에 $\dot{I} = 20\angle 30°[A]$의 전류를 흘리는 데에 필요한 전압 $\dot{V}$를 구하고 순시값 v를 나타내어라.

[해] $\dot{Z} = R + jX_L = 1 + j = \sqrt{2}\tan^{-1}45° = \sqrt{2}\angle 45°$

$\therefore \dot{V} = \dot{I}\dot{Z} = 20\angle 30° \times \sqrt{2}\angle 45° = \mathbf{20\sqrt{2}\angle 75°}$

$v = \sqrt{2} \cdot 20\sqrt{2}\sin(\omega t + 75°) = \mathbf{40\sin(\omega t + 75°)}$

5-9 쌍곡선함수

단위원상의 점의 x, y 좌표는 각각 sin, cos 의 삼각함수가 되므로 삼각함수를 **원함수**(circular function)라 부르는 것과 같이 함수 $\frac{1}{2}(e^x + e^{-x})$, $\frac{1}{2}(e^x - e^{-x})$은 쌍곡선상의 점의 x, y 좌표로 나타낼 수가 있으므로 이들을 **쌍곡선함수**(hyperbolic function)라고 부른다. 즉, 실변수 x의 쌍곡선함수들을 다음과 같이 정의한다.

$$\sin hx = \frac{e^x - e^{-x}}{2} = x + \frac{x^3}{3!} + \frac{x^5}{5!} + \frac{x^7}{7!} + \cdots$$

: 하이퍼보릭 사인 (hyperbolic sine, 쌍곡선정현)

$$\cos hx = \frac{e^x + e^{-x}}{2}$$

: 하이퍼보릭 코사인(hyperbolic cosine, 쌍곡선여현)

$$= 1 + \frac{x^2}{2!} + \frac{x^4}{4!} + \frac{x^6}{6!} + \cdots$$

$$\tan hx = \frac{\sin hx}{\cos hx} = \frac{e^x - e^{-x}}{e^x + e^{-x}}$$: 하이퍼보릭 탄젠트(hyperbolic tangent, 쌍곡선정접

$$\mathrm{cosec}\, hx = \frac{1}{\sin hx} = \frac{2}{e^x - e^{-x}}$$: 하이퍼보릭 코시컨트(hyperbolic cosecant, 쌍곡선여할

$$\sec hx = \frac{1}{\cos hx} = \frac{2}{e^x + e^{-x}}$$: 하이퍼보릭 시컨트(hyperbolic secant, 쌍곡선정할

$$\cot hx = \frac{1}{\tan hx} = \frac{e^x + e^{-x}}{e^x - e^{-x}}$$: 하이퍼보릭 코탄젠트(hyperbolic cotangent, 쌍곡선여접

이들에서 $\sin hx$ 는 **쌍곡선정현**보다는 일반적으로 **하이퍼보릭 사인**(hyperbolic sine)이라고 읽으며, $\sin hx$, $\cos hx$, $\tan hx$ 의 그래프는 [그림 5-13]과 같다.

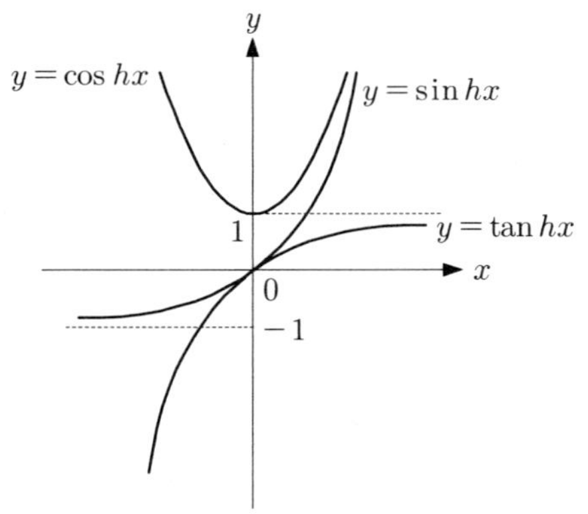

[그림 5-13]

그림에서 쌍곡각이 0 또는 ∞ 일 때 쌍곡선함수를 쉽게 구할 수 있다.

$\sin h0 = 0$ $\qquad$ $\sin h(\pm\infty) = \pm\infty$

$\cos h0 = 1$ $\qquad$ $\cos h(\pm\infty) = +\infty$

$\tan h0 = 0$ $\qquad$ $\tan h(\pm\infty) = \pm 1$

복소변수 $\dot{Z}$ 의 쌍곡선함수도 실변수의 경우와 똑같은 형식으로 정의된다.

$$\sin h\dot{Z} = \frac{e^z - e^{-z}}{2} = z + \frac{z^3}{3!} + \frac{z^5}{5!} + \cdots$$

다른 쌍곡선함수도 마찬가지로 정의된다.

특히, $\dot{Z} = o + jx$ 인 경우에는 $e^{\pm jx} = \cos x \pm j\sin x$ 이므로

$$\sinh(jx) = \frac{e^{jx} - e^{-jx}}{2} = j\sin x$$
$$\cosh(jx) = \cos x$$
$$\tanh(jx) = j\tan x$$

와 같은 식이 성립하며, 쌍곡각이 음각인 경우는 삼각함수와 동일하게 다음 식이 성립한다.

$$\sinh(-x) = -\sinh x$$
$$\cosh(-x) = \cosh x$$
$$\tanh(-x) = -\tanh x$$

이제 삼각함수와 쌍곡선함수의 관계를 알아보기 위하여 오일러의 공식에서 θ를 x로 바꾸면

$$e^{jx} = \cos x + j\sin x$$
$$e^{-jx} = \cos(-x) + j\sin(-x) = \cos x - j\sin x$$

위의 두 식을 더하면

$$e^{jx} + e^{-jx} = (\cos x + j\sin x) + (\cos x - j\sin x) = 2\cos x$$

그러므로

$$\cos x = \frac{e^{jx} + e^{-jx}}{2}$$

또, 두 식의 차를 구하면

$$e^{jx} - e^{-jx} = (\cos x + j\sin x) - (\cos x - j\sin x) = 2\cos x$$

그러므로

$$\sin x = \frac{e^{jx} - e^{-jx}}{2j}$$

이다.

이상을 정리하면 다음과 같다.

■ 쌍곡선 함수 ■

① $\sin hx = \dfrac{e^x - e^{-x}}{2}$, $\cos hx = \dfrac{e^x + e^{-x}}{2}$, $\tan hx = \dfrac{\sin hx}{\cos hx} = \dfrac{e^x - e^{-x}}{e^x + e^{-x}}$

② $\sin h0 = 0$, $\cos h0 = 1$, $\tan h0 = 0$

③ $\sin h\infty = \infty$, $\cos h\infty = \infty$, $\tan h\infty = 1$

④ $\sin h(-x) = -\sin hx$, $\cos h(-x) = \cos hx$, $\tan h(-x) = -\tan hx$

⑤ $\sin hjx = j\sin x$, $\cos hjx = \cos x$, $\tan hjx = j\tan x$

⑥ $\sin x = \dfrac{e^{jx} - e^{-jx}}{2j}$, $\cos h = \dfrac{e^{jx} + e^{-jx}}{2}$, $\tan h = \dfrac{e^{jx} - e^{-jx}}{j(e^{jx} + e^{-jx})}$

예제 23 특성 임피던스 45[Ω], 길이 10[m]인 무손실선로의 수전단을 단락할 때, 100[MHz]에 대한 입력 임피던스 $\dot{Z}_{ss}$를 구하여라.

[해] 무손실선로이므로 $\gamma = j\beta$, $\lambda = \dfrac{c}{f}$ 이므로 임피던스 $\dot{Z}_{ss}$는

$$\dot{Z}_{ss} = \dot{Z}_o \tan hrl = 45\tan hj\beta l = 45\tan hj\,\frac{2\pi}{(c/s)} \times 1$$
$$= 45\tan hj\,\frac{2\pi}{3\times 10^8/100\times 10^6} \times 10 = j45\tan\left(\frac{\pi}{6} + \frac{2\pi}{3}\right) = \mathbf{-j45\sqrt{3}}$$

■ 연습문제 7 ■

7-1 다음 각 식을 간단히 하여라.

① j^{12}　　② j^{102}　　③ j^{999}

7-2 다음 각 식을 계산하여라.

① $j^4 2 + j^3 3 + j^2 4 + 1$　　② $(3+j2)-(4-j3)$

③ $(1+j2)^2$　　④ $(-3+j2)(1+j3)$

⑤ $\dfrac{1+j}{1+j2}$　　⑥ $\dfrac{1-j2}{2-j3}$

7-3 다음 각 식을 간단히 하여라.

① $\sqrt{3} \times \sqrt{-2}$　　② $\sqrt{-3} \times \sqrt{-2}$

③ $\dfrac{\sqrt{2}}{\sqrt{-3}}$　　④ $\dfrac{\sqrt{-2}}{\sqrt{-3}}$

7-4 다음 식을 만족하는 실수 x , y 의 값을 구하여라.

① $(1+j)x^2-(1-j3)x-2(1-j)=0$

② $(1+j3)(x+jy)=11+j13$

③ $\dfrac{x}{1+j}+\dfrac{y}{1-j}=2-j$

7-5 다음 복소수를 극형식으로 나타내어라.

① $1+j$ ② $-\sqrt{3}+j$

③ $-2-j2$ ④ j

7-6 다음의 복소수를 $a+jb$ 의 꼴로 나타내어라.

① $10\angle 60°$ ② $\sqrt{2}\angle -45°$

③ $2\left(\cos\dfrac{7}{6}\pi+j\sin\dfrac{7}{6}\pi\right)$ ④ $\sqrt{2}\left(\cos\dfrac{3}{4}\pi+j\sin\dfrac{3}{4}\pi\right)$

7-7 다음 복소수의 절대값과 편각을 구하여라.

① $\dot{A}_1=4+j3$ ② $\dot{A}_2=4-j3$

7-8 다음 두 복소수 $\dot{A}_1$, $\dot{A}_2$의 몫 $\dfrac{\dot{A}_1}{\dot{A}_2}$의 절대값과 편각을 구하여라.

① $A_1=\sqrt{3}-j$ $A_2=1+j$

② $A_1=j2$ $A_2=\dfrac{1}{\sqrt{2}}+j\dfrac{1}{\sqrt{2}}$

7-9 $\dot{A}_1=2+j$, $\dot{A}_2=-1+j2$일 때 다음을 구하여라.

① $\dot{A}_1+\dot{A}_2$ ② $\dot{A}_1-\dot{A}_2$

③ $\dot{A}_1\cdot\dot{A}_2$ ④ $\dfrac{\dot{A}_1}{\dot{A}_2}$

7-10 다음 식의 값을 구하여라.

① $(1-j)^8$ ② $\left(\cos\dfrac{\pi}{7}+j\sin\dfrac{\pi}{7}\right)^{14}$

③ $(\sqrt{3}+j)^4$ ④ $\left(\dfrac{-1+j\sqrt{3}}{2}\right)^3$

7-11 $\dot{A}_1 = 5\left(\cos\frac{\pi}{6} + j\sin\frac{\pi}{6}\right)$와 $\dot{A}_2 = 4\left(\cos\frac{\pi}{3} + j\sin\frac{\pi}{3}\right)$로 표시되는 두 복소수의 곱의 값은 얼마인가?

7-12 $\dot{A} = 50\left(\cos\frac{\pi}{6} + j\sin\frac{\pi}{6}\right)$인 복소수에 j를 곱한 값은 얼마인가?

7-13 $v = 10\sqrt{2}\sin\left(\omega t + \frac{\pi}{3}\right)$를 페이저로 나타내어라.

7-14 다음을 계산하여라.

① $4\left(\cos\frac{\pi}{3} + j\sin\frac{\pi}{3}\right) \times 2\left(\cos\frac{\pi}{6} + j\sin\frac{\pi}{6}\right)$

② $\dfrac{3(\cos 105° + j\sin 105°)}{2(\cos 60° + j\sin 60°)}$

7-15 1의 4제곱근을 구하여라.

7-16 다음 각 식의 값을 구하여라.

① $\tanh x = \frac{3}{5}$일 때, $\operatorname{sech} x$ ② $\cos j$

chapter 6

평면좌표와 이차곡선

6-1 두 점 사이의 거리/6-2 직선의 방정식/6-3 두 직선의 평행과 수직
6-4 원/6-5 포물선/6-6 타원/6-7 쌍곡선

직선, 원뿐만 아니라 이차방정식으로 나타내어지는 '이차곡선'도 이미 그리스 시대에 발견되었다. 특히 포물선은 방정식 $ay=x^2\,(a\neq 0)$을 만족시킨다는 것을 처음 알고 있었던 사람은 아폴로니우스(Appolonius ; 기원전 200년경)라고 한다.

좌표와 방정식을 이용하여 도형의 성질을 연구한 바 있는 철학자이며 수학자인 데카르트(Descartes ; 1596~1650)는 좌표를 도입하여 대수학을 도형의 성질을 연구하는 한 방법으로 사용하였다.

한편, 오일러(Euler ; 1707~1783)의 '무한해석 서론'에서는 아폴로니우스의 기하학적 입장을 완전히 벗어나, 곡선이나 곡면을 방정식으로 자유롭게 구사함으로써 해석기하학의 면모를 갖추게 되었다.

6-1 두 점 사이의 거리

수직선 위의 점과 실수는 일대일 대응이 됨을 알고 있다.

수직선 위의 점 P에 대응되는 실수 x를 P의 **좌표**라 하고, 좌표가 x인 점 P를 P(x) 또는 간단히 x로 나타낸다.

[그림 6-1]과 같이 수직선 위의 두 점 $A(x_1)$, $B(x_2)$ 사이의 거리 $\overline{AB}$는 다음과 같이 정의한다.

$$\overline{AB} = |x_2 - x_1|$$

이제 평면 위의 두 점 $A(x_1, y_1)$, $B(x_2, y_2)$ 사이의 거리 $\overline{AB}$를 구해 보기로 한다.

[그림 6-2]와 같이 점 A를 지나 x축과 평행한 직선과, 점 B를 지나 y축에 평행한 직선과의 교점을 C라 하면 직각삼각형 ABC에서 피타고라스(Pythagoras)의 정리에 의하여

$$\overline{AB}^2 = \overline{AC}^2 + \overline{BC}^2$$

여기서 $\overline{AC} = |x_2 - x_1|$, $\overline{BC} = |y_2 - y_1|$이므로,

$$\overline{AB}^2 = (x_2 - x_1)^2 + (y_2 - y_1)^2$$

$$\therefore \overline{AB}^2 = \sqrt{(x_2 - x_1)^2 + (y_2 - y_1)^2}$$

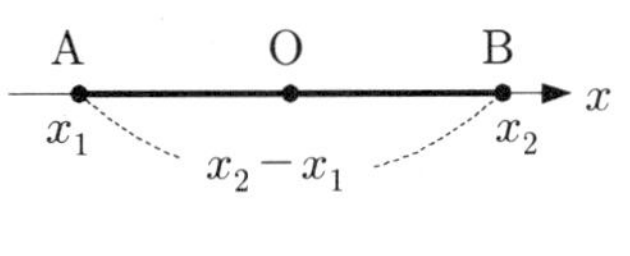

[그림 6-1]

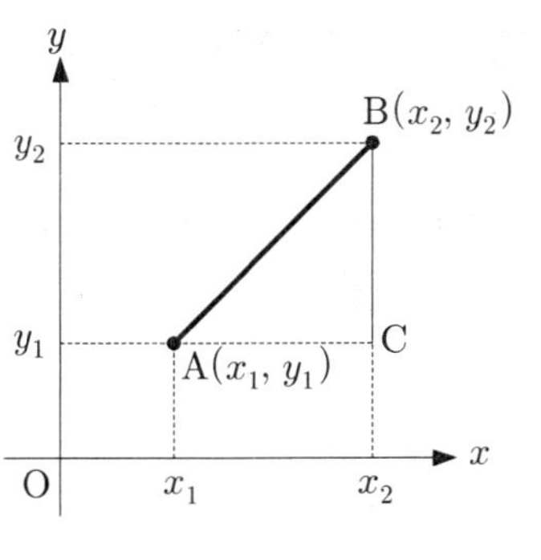

[그림 6-2]

이상으로 다음과 같은 공식을 얻는다.

■ 두 점 사이의 거리 ■

① 수직선 위의 두 점 $A(x_1)$, $B(x_2)$ 사이의 거리

$\overline{AB}=|x_2-x_1|$

② 평면 위의 두 점 $A(x_1, y_1)$, $B(x_2, y_2)$ 사이의 거리

$\overline{AB}=\sqrt{(x_2-x_1)^2+(y_2-y_1)^2}$

③ 특히, 원점 O와 점 $P(x, y)$ 사이의 거리

$\overline{OP}=\sqrt{x^2+y^2}$

예제 1 다음 두 점 사이의 거리를 구하여라.

① $A(-3)$, $B(5)$ ② $P(4)$, $Q(-6)$

[해] ① $\overline{AB}=|5-(-3)|=8$

② $\overline{PQ}=|-6-4|=10$

예제 2 다음 두 점 사이의 거리를 구하여라.

① $A(1, 2)$, $B(5, -1)$ ② $(0, 0)$, $B(3, 4)$

[해] ① $\overline{AB}=\sqrt{(5-1)^2+(-1-2)^2}=\sqrt{25}=5$

② $\overline{AB}=\sqrt{(3-0)^2+(4-0)^2}=\sqrt{25}=5$

예제 3 세 점 $A(1, 2)$, $B(-2, -2)$, $C(5, -1)$을 꼭지점으로 하는 $\triangle ABC$는 어떤 삼각형인가?

[해] $\overline{AB}=\sqrt{(-2-1)^2+(-2-2)^2}=\sqrt{25}$

$\overline{AC}=\sqrt{(5-1)^2+(-1-2)^2}=\sqrt{25}$

$\overline{BC}=\sqrt{(5+2)^2+(-1+2)^2}=\sqrt{50}$

에서

$\overline{AB}=\overline{AC}$

또 $\overline{AB}^2+\overline{AC}^2=\overline{BC}^2$이므로 $\angle A$는 직각이다.

$\therefore$ $\triangle ABC$는 $\angle A$가 직각인 직각이등변삼각형이다.

예제 4 두 점 A$(-1, 2)$, B$(4, 3)$으로부터 같은 거리에 있는 x축 위의 점의 좌표를 구하여라.

[해] 구하는 점을 P$(x, 0)$ 이라고 하면

$$\overline{AP}=\sqrt{(x+1)^2+(0-2)^2}=\sqrt{x^2+2x+5}$$
$$\overline{BP}=\sqrt{(x-4)^2+(0-3)^2}=\sqrt{x^2-8x+25}$$
$\overline{AP}=\overline{BP}$ 에서 $\overline{AP}^2=\overline{BP}^2$

그러므로 $x^2+2x+5=x^2-8x+25$에서 $x=2$
따라서, 구하는 점의 좌표는 $(2, 0)$이다.

6-2 직선의 방정식

(1) 기울기가 m이고, 절편이 b인 직선

[그림 6-3]과 같이 직선 l이 x축의 양의 방향과 이루는 각이 θ일 때, $\tan\theta$를 직선 l의 기울기라고 한다. 또, 직선 l과 x축과의 교점의 x좌표를 x절편, 직선 l과 y축과의 교점의 y좌표를 y절편이라고 한다.

[그림 6-3]에서 직선 l의 기울기를 m이라 하면,

$$m=\tan\theta=\frac{y-b}{x}$$
$$\therefore y=mx+b$$

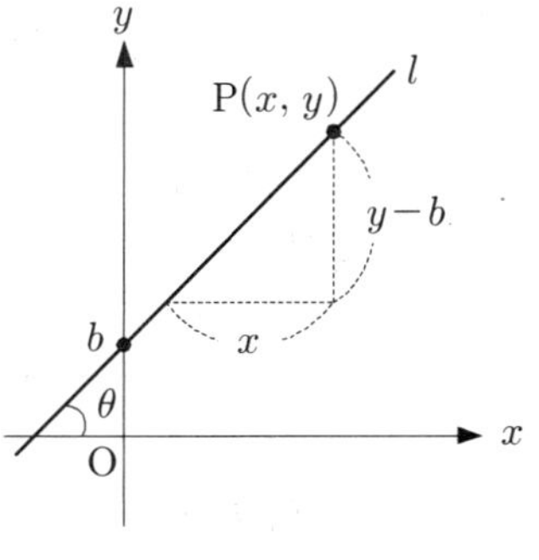

[그림 6-3]

(2) 기울기가 m이고, 점 (x_1, y_1)을 지나는 직선

기울기가 m 인 직선의 방정식을

$$y = mx + b \quad \cdots\cdots (6.1)$$

라 놓으면, 식 (6.1)이 점 (x_1, y_1)을 지나므로

$$y_1 = mx_1 + b \quad \cdots\cdots (6.2)$$

식 (6.1)에서 식 (6.2)를 빼면

$$y - y_1 = m(x - x_1)$$

(3) 두 점 $P(x_1, y_1)$, $Q(x_2, y_2)$를 지나는 직선

[그림 6-4]에서 이 직선의 기울기를 m 이라 하면

$$m = \frac{y_2 - y_1}{x_2 - x_1}$$

이것을 $y - y_1 = m(x - x_1)$ 에 대입하면

$$y - y_1 = \frac{y_2 - y_1}{x_2 - x_1}(x - x_1)$$

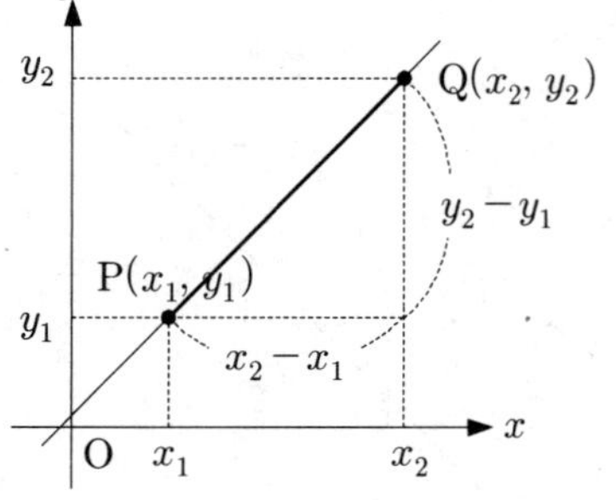

[그림 6-4]

(4) x절편이 a, y절편이 b인 직선

[그림 6-5]와 같이 두 점 $(a, 0)$, $(0, b)$를 지나는 직선의 방정식은

$$y-b=\frac{b-0}{0-a}(x-0)$$

양변을 b로 나누고 정리하면

$$\frac{x}{a}+\frac{y}{b}=1$$

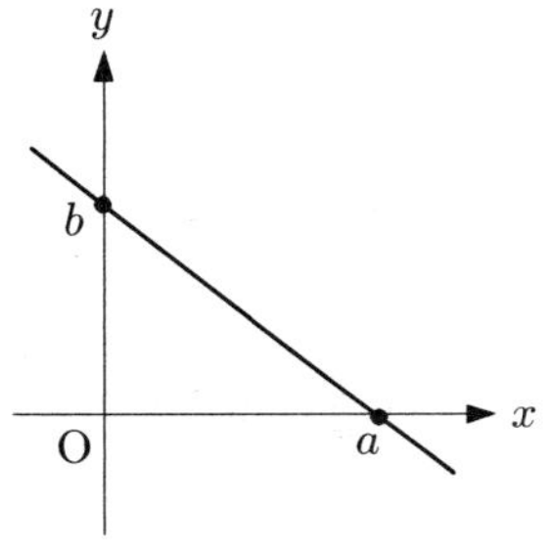

[그림 6-5]

이상으로 직선의 방정식을 정리하면 다음과 같다.

■ 직선의 방정식 ■

① 기울기가 m이고, y절편이 b인 직선

$$y=mx+b$$

② 기울기가 m이고, 점 (x_1, y_1)을 지나는 직선

$$y-y_1=m(x-x_1)$$

③ 두 점 (x_1, y_1), (x_2, y_2)를 지나는 직선

$x_1 \neq x_2$일 때 $y-y_1=\dfrac{y_2-y_1}{x_2-x_1}(x-x_1)$

$x_1 = x_2$일 때 $x=x_1$

④ x절편이 a, y절편이 b인 직선

$$\frac{x}{a}+\frac{y}{b}=1$$

예제 5 기울기가 -3이고, 점 $(1, 2)$를 지나는 직선의 방정식을 구하여라.

[해] $y-y_1=m(x-x_1)$에서 $m=-3$, $x_1=1$, $y_1=2$인 경우이므로

$y-2=-3(x-1)$ $\therefore y=-3x+5$

예제 6 두 점 $(-2, 0)$, $(4, -6)$을 지나는 직선의 방정식을 구하여라.

[해] $y-y_1=\dfrac{y_2-y_1}{x_2-x_1}(x-x_1)$에 대입하면

$y-0=\dfrac{-6-0}{4+2}(x+2)$, $y=-(x+2)$

$\therefore y=-x-2$

예제 7 x절편이 2이고, y절편이 3인 직선의 방정식을 구하여라.

[해] $\dfrac{x}{a}+\dfrac{y}{b}=1$에서 $a=2$, $b=3$인 경우이므로

$\dfrac{x}{2}+\dfrac{y}{3}=1$

6-3 두 직선의 평행과 수직

(1) 평행조건

두 직선이

$$l : y=mx+n,\ l' : y=m'x+n'$$

일 때, $l // l'$이려면 기울기가 같고, y절편은 달라야 한다. 즉,

$$m=m',\ n\neq n'$$

(2) 수직조건

두 직선

$$l : y = mx + n, \ l' : y = m'x + n'$$

이 x 축의 양의 방향과 이루는 각을 각각 α, β 라 하면

$$\tan\alpha = m, \ \tan\beta = m'$$

이다. $l \perp l'$일 때는 [그림 6–6]에서

$$\beta = 90° + \alpha$$

$$\therefore \tan\beta = \tan(90° + \alpha) = -\cot\alpha = -\frac{1}{\tan\alpha}$$

$$\therefore m' = -\frac{1}{m} \qquad \therefore mm' = -1$$

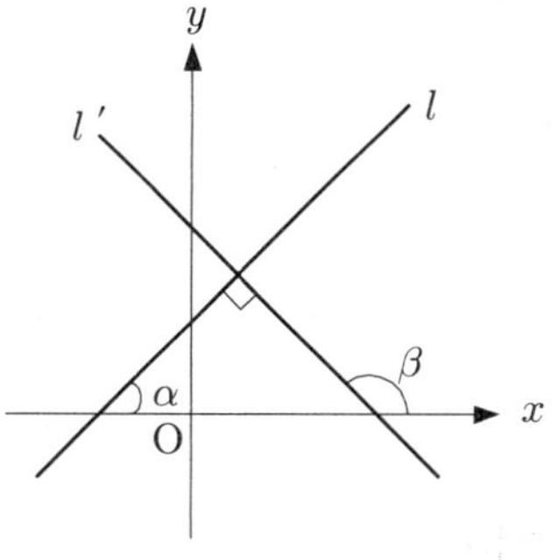

[그림 6–6]

■ 두 직선의 평행과 수직조건 ■

두 직선이 $y = mx + n$, $y' = m'x + n'$ 일 때

평행조건 : $m = m'$, $n \neq n'$

수직조건 : $mm' = -1$, $n \neq n'$

예제 8 점 $(3, 2)$를 지나고 직선 $y = 2x + 1$ 에 평행한 직선의 방정식을 구하여라.

[해] 구하는 직선의 기울기는 2 이므로 구하는 방정식은

$y - 2 = 2(x - 2)$, $y = 2x - 4$

예제 9 두 직선 $y = ax + 2$와 $y = 3x + 1$이 서로 수직일 때 a의 값을 구하여라.

[해] $a \cdot 3 = -1$로부터 $a = -\frac{1}{3}$

예제 10 점 $(-1, 2)$를 지나고 직선 $3x - y + 2 = 0$에 수직인 직선의 방정식을 구하여라.

[해] 주어진 직선의 방정식은 $y = 3x + 2$

이 직선에 수직인 직선의 기울기를 m이라고 하면

$$3 \cdot m = -1, \text{ 즉, } m = -\frac{1}{3}$$

그러므로 기울기가 $-\frac{1}{3}$이고, 점 $(-1, 2)$를 지나는 직선의 방정식은

$$y - 2 = -\frac{1}{3}(x + 1)$$

따라서,

$$y = -\frac{1}{3}x + \frac{5}{3}$$

(3) 점과 직선 사이의 거리

[그림 6-7]과 같은 좌표평면에서 한 직선 밖에 있는 한 점 P에서 그 직선에 내린 수선의 발을 H라 할 때, 수선 PH의 길이를 점과 직선 사이의 거리라 한다.

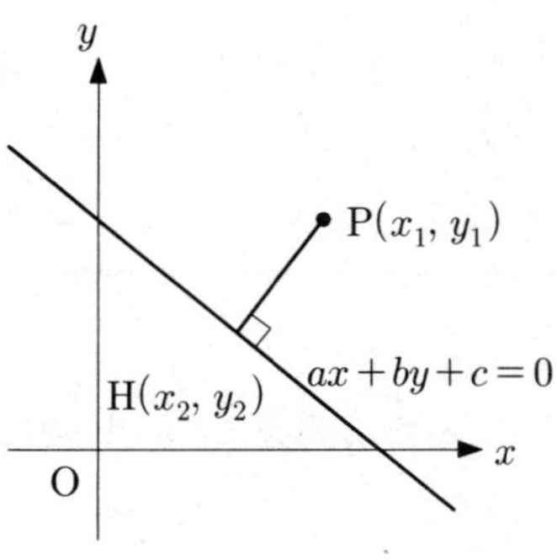

[그림 6-7]

점 P의 좌표가 (x_1, y_1), 직선 l 의 방정식이

$$ax+by+c=0$$

일 때, 점 P와 직선 l 사이의 거리는 다음과 같은 공식이 성립한다.

■ 점과 직선 사이의 거리 ■

점 $P(x_1, y_1)$과 직선 $ax+by+c=0$ 사이의 거리 d 는

$$d=\frac{|ax_1+by_1+c|}{\sqrt{a^2+b^2}}$$

예제 11 점 (6, 5)와 직선 $4x+3y-14=0$ 사이의 거리 d 를 구하여라.

[해] $x_1=6$, $y_1=5$, $a=4$, $b=3$, $c=-14$ 이므로 공식을 이용하면

$$d=\frac{|4\times6+3\times5-14|}{\sqrt{4^2+3^2}}=\frac{25}{5}=5$$

예제 12 점$(-1, 2)$에서 거리가 2이고 원점을 지나는 직선의 방정식을 구하여라.

[해] 구하는 직선의 방정식을 $mx-y=0$으로 놓으면 점 $(-1, 2)$에서 이 직선까지의 거리가 2이므로

$$\frac{|m\cdot(-1)-2|}{\sqrt{m^2+(-1)^2}}=2, \quad (m+2)^2=4m^2+4$$

$$m(3m-4)=0 \qquad \therefore m=0, \ \frac{4}{3}$$

따라서, $y=0$ 또는 $4x-3y=0$

■ 연습문제 8 ■

8-1 다음 두 점 사이의 거리를 구하여라.

① A(2), B(5) ② P(−4), Q(4)

8-2 다음 두 점 사이의 거리를 구하여라.

① A(4, 2), B(1, 6)　　② P(−3, 2), Q(5, −4)
③ O(0, 0), P(−8, 15)　　④ R(cosθ, sinθ), S(−sinθ, cosθ)

8-3 다음 세 점을 꼭지점으로 하는 삼각형은 어떤 삼각형인가?
① A(−3, 3), B(−1, 1), C(3, 5)
② A(5, 4), B(3, −2), C(1, 2)

8-4 두 점 A(−3, 2), B(4, −5)에 대하여 다음을 구하여라.
① A, B로부터 같은 거리에 있는 x축 위의 점 P의 좌표
② A, B로부터 같은 거리에 있는 y축 위의 점 Q의 좌표

8-5 다음 직선의 방정식을 구하여라.
① x축의 양의 방향과 이루는 각이 135°이고 y 절편이 5인 직선
② 점 (−3, 7)을 지나고 기울기가 −2인 직선
③ 두 점 (2, −1), (6, 7)을 지나는 직선
④ x 절편이 −3, y 절편이 6인 직선

8-6 세 점 A(−1, 1), B(2, 7), C(k, $k+1$)이 일직선 위에 있도록 k의 값을 정하여라.

8-7 점 (4, 0)을 지나고, 직선 $x-2y+6=0$에 평행한 직선의 방정식을 구하여라.

8-8 직선 l의 방정식이 $2x-3y+5=0$일 때, 점 (2, 1)을 지나 l에 수직인 직선의 방정식을 구하여라.

8-9 다음 직선의 방정식을 구하여라.
① x축의 양의 방향과 135° 각을 이루고, 점 (2, 4)를 지나는 직선
② 직선 $4x+y=-3=0$에 평행하고, 점 (−2, 3)을 지나는 직선
③ 두 점 (2, 4), (6, 5)를 지나는 직선에 수직이고, 점 (1, −3)을 지나는 직선
④ 직선 $x+3y=3$에 수직이고, 두 직선 $3x+2y=-1$, $2x-y=-10$의 교점을 지나는 직선
⑤ x절편, y절편은 0이 아니며, 절대값은 같고, 부호는 반대인 직선 중에서 점 (−2, 4)를 지나는 직선

8-10 다음 주어진 점으로부터 직선까지의 거리 d를 구하여라.

① $3x-y-2=0$, $(4, -3)$
② $x\cos\theta+y\sin\theta-5=0$, 원점

8-11 두 직선 $2x+y=1$, $x-y=5$의 교점에서 직선 $3x-4y+2=0$이 이루는 거리를 구하여라.

8-12 두 직선 $3x+y=8$, $mx+2y=-4$가 평행할 때, 그 두 직선 사이의 거리를 구하여라.

8-13 다음 세 직선으로 둘러싸인 삼각형의 넓이를 구하여라.

$$4x+3y+12=0,\ 3x-4y+9=0,\ 2x-y-4=0$$

6-4 원

(1) 원의 정의

평면 위의 한 정점에서 일정한 거리에 있는 점의 자취(또는 점 전체의 집합)를 **원**(circle)이라 한다.

이때, 정점을 **원의 중심**, 일정한 거리를 **원의 반지름의 길이** 또는 간단히 **반지름**이라고 한다.

(2) 원의 방정식의 표준형

[그림 6-8]과 같이 점 C의 좌표를 (a, b)라 하고, C를 중심으로 하는 반지름의 길이가 r인 원의 임의의 점을 $\mathrm{P}(x, y)$라 하면 피타고라스(Pythagoras)의 정리에 의해서

$$\overline{\mathrm{CP}}=r$$

이므로

$$\sqrt{(x-a)^2+(y-b)^2}=r$$

양변을 제곱하면

$$(x-a)^2+(y-b)^2=r^2 \quad \cdots\cdots \quad (6.3)$$

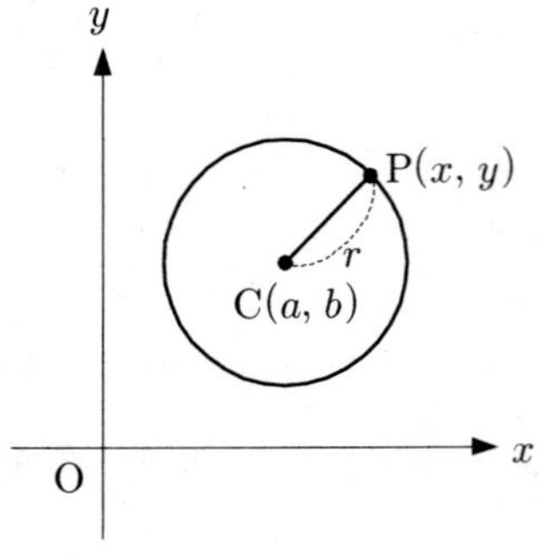

[그림 6-8]

역으로, 식 (6.3)을 만족시키는 $P(x, y)$는 중심이 (a, b)이고, 반지름의 길이가 r인 원 위의 점임을 알 수 있다.

따라서, 점 $C(a, b)$를 중심으로 하고 반지름이 r인 원의 방정식은 식 (6.3)이다.

특히, 원점을 중심으로 하고 반지름이 r인 원의 방정식은 식 (6.3)에서 $a=0$, $b=0$인 경우이므로 다음과 같이 된다.

$$x^2+y^2=r^2$$

■ 원의 방정식의 표준형 ■

① 중심이 (a, b)이고, 반지름 r인 원의 방정식은

$$(x-a)^2+(y-b)^2=r^2$$

② 특히, 원점을 중심으로 하고, 반지름 r인 원의 방정식은

$$x^2+y^2=r^2$$

예제 13 다음 원의 방정식을 구하여라.

① 중심이 $(1, -2)$이고, 반지름이 5인 원
② 중심이 원점이고, 지름이 6인 원
③ 원점이 중심이고, 점 $(1, \sqrt{3})$을 지나는 원

[해] ① $(x-a)^2+(y-b)^2=r^2$ 에서 $a=1$, $b=-2$, $r=5$이므로

$(x-1)^2+(y+2)^2=5^2$

② $x^2+y^2=r^2$ 에서 $r=3$이므로

$x^2+y^2=3^2$

③ $r=\sqrt{1^2+(\sqrt{3})^2}=2$ 이므로

$x^2+y^2=2^2$

예제 14 두 점 $(1, 4)$, $(5, 2)$를 지름의 양 끝점으로 하는 원의 방정식을 구하여라.

[해] 원의 중심을 (a, b)라 하면

$$a=\frac{1+5}{2}=3,\ b=\frac{4+2}{2}=3$$

반지름 $r=\sqrt{(3-1)^2+(3-4)^2}=\sqrt{3}$ 이므로
구하는 원은

$(x-3)^2+(y-3)^2=5$

(3) 원의 방정식의 일반형

원의 방정식

$$(x-a)^2+(y-b)^2=r^2 \quad \cdots\cdots (6.4)$$

을 전개하여 정리하면 다음과 같이 된다.

$$x^2+y^2-2ax-2by+a^2+b^2-r^2=0$$

여기서, $-2a=A$, $-2b=B$, $a^2+b^2-r^2=C$라 놓으면

$$x^2+y^2+AX+BY+C=0 \quad \cdots\cdots (6.5)$$

이 되는데, 이 식이 원의 방정식의 일반형이다. 이 식을 보면 x^2, y^2의 계수가 서로 같고, xy항의 계수는 0이다.

이 일반형을 표준형인 식 (6.4)의 꼴로 고치면

$$\left(x^2 + Ax + \frac{A^2}{4}\right) + \left(y^2 + By + \frac{B^2}{4}\right) = \frac{A^2}{4} + \frac{B^2}{4} - C$$

$$\left(x + \frac{A}{2}\right)^2 + \left(y + \frac{B}{2}\right)^2 = \frac{A^2 + B^2 - 4C}{4}$$

가 되므로 $A^2 + B^2 - 4C > 0$일 때 식 (6.5)는

$$\text{중심} ; \left(-\frac{A}{2}, -\frac{B}{2}\right), \quad \text{반지름} ; \frac{\sqrt{A^2 + B^2 - 4C}}{2}$$

인 원이 된다.

■ 원의 방정식의 일반형 ■

> 방정식 $x^2 + y^2 + Ax + By + C = 0$은
>
> $$\text{중심} ; \left(-\frac{A}{2}, -\frac{B}{2}\right), \quad \text{반지름} ; \frac{\sqrt{A^2 + B^2 - 4C}}{2} \text{ 인 원}$$

예제 15 원 $x^2 + y^2 + 2x - 4y - 20 = 0$의 중심과 반지름을 구하여라.

[해] 표준형으로 고치면

$$(x^2 + 2x + 1) + (y^2 - 4y + 4) = 25$$
$$\therefore (x+1)^2 + (y-2)^2 = 5^2$$

따라서, 중심은 $(-1, 2)$, 반지름 5이다.

예제 16 세 점 $(3, 4)$, $(2, -1)$, $(-3, 0)$을 지나는 원의 중심과 반지름을 구하여라.

[해] 구하는 원의 방정식을

$$x^2 + y^2 + Ax + By + C = 0$$

이라 하면, 주어진 세 점이 이 원 위의 점이므로

$$9 + 16 + 3A + 4B + C = 0 \cdots\cdots\cdots\cdots ⓐ$$
$$4 + 1 + 2A - B + C = 0 \cdots\cdots\cdots\cdots ⓑ$$
$$9 - 3A + C = 0 \cdots\cdots\cdots\cdots ⓒ$$

ⓐ, ⓑ, ⓒ를 연립하여 풀면,

$A=0,\ B=-4,\ C=-9$

따라서, 구하는 원의 방정식은

$$x^2+y^2-4y-9=0$$
$$x^2+(y-2)^2=13$$

그러므로 중심은 $(0, 2)$, 반지름은 $\sqrt{13}$ 이다.

(4) 원의 접선의 방정식

원 $x^2+y^2=r^2$ 에 접하고 기울기가 m 인 접선의 방정식과 $x^2+y^2=r^2$ 위의 점 (x_1, y_1)에서의 접선의 방정식의 공식은 다음과 같다(공식유도 생략).

■ 원의 접선의 방정식 ■

① 원 $x^2+y^2=r^2$ 에 접하고 기울기가 m 인 접선의 방정식은

$y=mx\pm r\sqrt{m^2+1}$

② 원 $x^2+y^2=r^2$ 위의 점 (x_1, y_1)에서의 접선의 방정식은

$x_1x+y_1y=r^2$

예제 17 원 $x^2+y^2=20$ 에 접하고, 기울기가 2인 접선의 방정식을 구하여라.

[해] 공식 $y=mx\pm r\sqrt{m^2+1}$ 에서 $m=2,\ r=2\sqrt{5}$ 이므로

$$y=2x\pm 2\sqrt{5}\sqrt{2^2+1}$$
$$\therefore\ y=2x\pm 10$$

예제 18 원 $x^2+y^2=5$ 위의 점 $(2, 1)$에서의 접선의 방정식을 구하여라.

[해] 공식 $x_1x+y_1y=r^2$ 에서 $x_1=2,\ y_1=1,\ r=\sqrt{5}$ 이므로

$$2\cdot x+1\cdot y=\sqrt{5}^2$$
$$\therefore\ y=-2x+5$$

6-5 포물선

(1) 포물선의 정의

평면 위에서, 한 정점과 이 점을 지나지 않는 한 정직선에 이르는 거리가 같은 점의 자취를 **포물선**(parabola)이라고 한다.

이때, 정점을 포물선의 **초점**, 정직선을 포물선의 **준선**이라고 한다.

또, 초점을 지나고 준선에 수직인 직선을 포물선의 **축**이라 하고, 포물선과 축과의 교점을 포물선의 꼭지점이라 한다.

[그림 6-9]에서

$\overline{PF} = \overline{PH}$ 이고

F : 초점, g : 준선, l : 축, A : 꼭지점

이다.

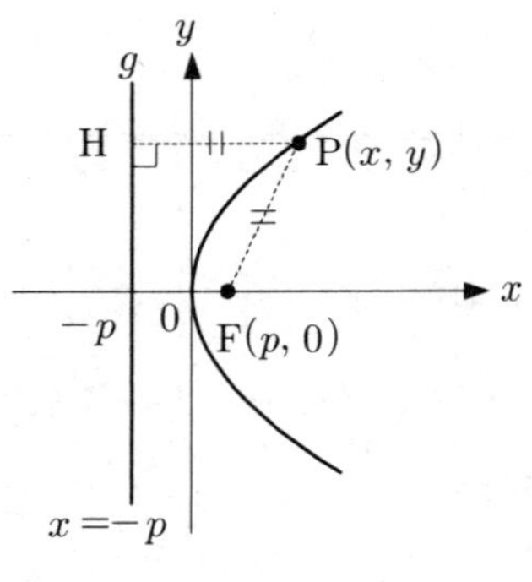

[그림 6-9]

(2) 포물선의 방정식

포물선의 축을 x축, 꼭지점을 지나 준선에 평행인 직선을 y축으로 하는 포물선의 방정식을 구해 보자.

[그림 6-10]과 같이 포물선의 초점의 좌표를 $F(p, 0)$이라 하고, 포물선 위의 임의의 점 $P(x, y)$에서 준선에 내린 수선의 발을 H라 하면 포물선의 정의에 의하여

$$\overline{\mathrm{PF}} = \overline{\mathrm{PH}}$$

이므로,

$$\sqrt{(x-p)^2 + y^2} = |x+p|$$
$$\therefore\ (x-p)^2 + y^2 = (x+p)^2$$
$$\therefore\ y^2 = 4px$$

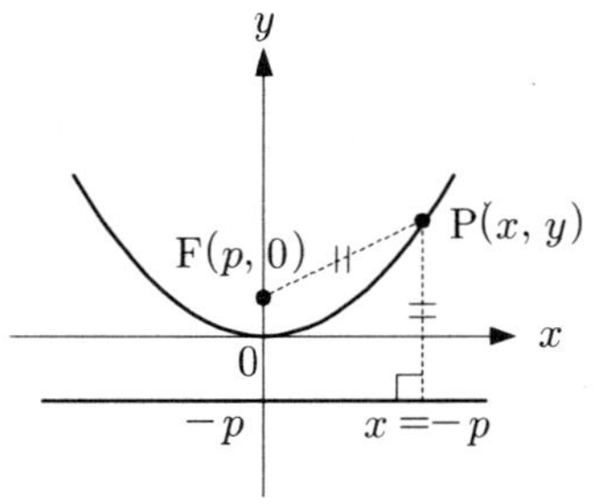

[그림 6-10]

같은 방법으로 하면 F$(0, p)$를 초점, $y=-p$를 준선으로 하는 [그림 6-10]과 같은 포물선의 방정식은

$$x^2 = 4py$$

가 된다. 이상을 정리하면 다음과 같다.

■ 포물선의 방정식 ■

① 점 $(p, 0)$을 초점, $x=-p$를 준선으로 하는 포물선의 방정식은

$y^2 = 4px$ (단, $p \neq 0$)

② 점 $(p, 0)$를 초점, $y=-p$를 준선으로 하는 포물선의 방정식은

$x^2 = 4py$ (단, $p \neq 0$)

예제 19 다음 조건을 만족하는 포물선의 방정식을 구하여라.

① 초점 $(2, 0)$, 준선 $x=-2$ ② 초점 $(0, 3)$, 준선 $y=-3$

[해] ① $y^2=4px$에서 $p=2$이므로

$y^2=4\cdot 2x$ 곧, $y^2=8x$

② $x^2=4py$에서 $p=3$이므로

$x^2=4\cdot 3y$ 곧, $x^2=12y$

예제 20 다음 포물선의 초점의 좌표, 준선의 방정식을 구하여라.

① $y^2=12x$ ② $x^2=-2y$

[해] ① $4p=12$에서 $p=3$ $\therefore$ 초점 $(3, 0)$, 준선 $x=-3$

② $4p=-2$에서 $p=-\frac{1}{2}$ $\therefore$ 초점 $\left(0, -\frac{1}{2}\right)$, 준선 $y=\frac{1}{2}$

(3) 포물선의 접선의 방정식

기울기가 주어졌을 때의 접선의 방정식과 포물선 위의 접선의 방정식은 다음 공식과 같다(공식유도 생략).

■ 포물선의 접선의 방정식 ■

① 기울기가 m이고, 포물선 $y^2=4px$에 접하는 접선의 방정식은

$y=mx+\frac{p}{m}$

② 포물선 $y^2=4px$ 위의 점 (x_1, y_1)에서의 접선의 방정식은

$y_1y=2p(x+x_1)$

포물선 $x^2=4py$ 위의 점 (x_1, y_1)에서의 접선의 방정식은

$x_1x=2p(y+y_1)$

예제 21 포물선 $y^2=2x$에 접하고 기울기가 $\frac{1}{2}$인 접선의 방정식을 구하여라.

[해] $y^2=4\cdot\frac{1}{2}x$에서 $p=\frac{1}{2}$, $m=\frac{1}{2}$이므로

$y=mx+\frac{p}{m}$에서 구하고자 하는 접선의 방정식은

$y=\frac{1}{2}x+1$

예제 22 포물선 $y^2 = 8x$ 위의 점 $(2, 4)$에서의 접선의 방정식을 구하여라.

[해] $p=2$, $x_1=2$, $y_1=4$이므로 $4y=4(2+x)$

$\therefore\ y=x+2$

6-6 타 원

(1) 타원의 정의

평면 위에 두 정점 F, F′에서의 거리의 합이 일정한 점 P 전체의 집합을 **타원**(ellipse)이라고 한다.

이때, 두 정점 F, F′을 타원 초점, 선분 FF′의 중점을 타원의 중심이라고 한다.

(2) 타원의 방정식의 표준형

타원의 두 초점 F, F′의 좌표를 [그림 6-11]과 같이 각각 $(c, 0)$, $(-c, 0)$이라 하고, F, F′에서의 거리의 합이 $2a$(단, $a>c>0$)가 되는 타원 위의 임의의 점을 $\mathrm{P}(x, y)$라고 하면, 타원의 정의로부터

$$\overline{\mathrm{PF}} + \overline{\mathrm{PF'}} = 2a \quad (\text{단, } a>c>0)$$

여기서,

$$\overline{\mathrm{PF}} = \sqrt{(x-c)^2+y^2}\,,\quad \overline{\mathrm{PF'}} = \sqrt{(x+c)^2+y^2}$$

이므로,

$$\sqrt{(x-c)^2+y^2} + \sqrt{(x+c)^2+y^2} = 2a \quad \cdots\cdots (6.6)$$

곧,

$$\sqrt{(x-c)^2+y^2} = 2a - \sqrt{(x+c)^2+y^2}$$

양변을 제곱하여 정리하면,

$$cx + a^2 = a\sqrt{(x+c)^2 + y^2}$$

다시 양변을 제곱하여 정리하면,

$$(a^2 - c^2)x^2 + a^2y^2 = a^2(a^2 - c^2)$$

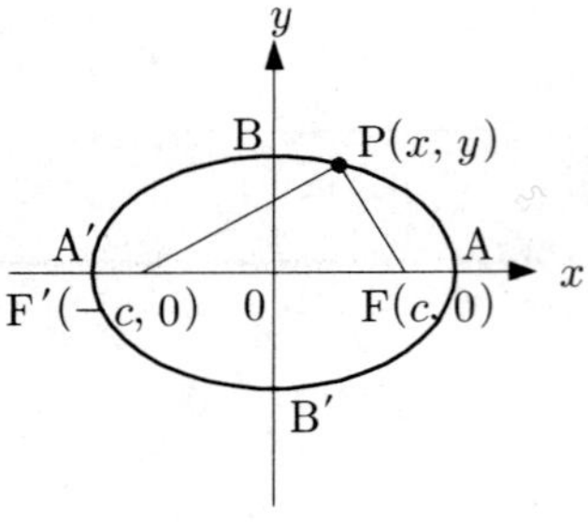

[그림 6-11]

여기서, $a > c > 0$ 이므로 $a^2 - c^2 = b^2$ (단, $b > 0$)으로 놓고, 양변을 a^2b^2 으로 나누면,

$$\frac{x^2}{a^2} + \frac{y^2}{b^2} = 1 \text{ (단, } b^2 = a^2 - c^2\text{)} \cdots\cdots\cdots\cdots (6.7)$$

이 된다. 이 식을 타원의 방정식의 표준형이라고 한다.

[그림 6-11]과 같이, 타원의 그래프에서 $\overline{AA'}$ 을 타원의 장축, $\overline{BB'}$ 을 타원의 단축이라 하고, 네 점 A, A′, B, B′을 타원의 꼭지점이라고 한다.

이때,

장축의 길이 : $2a$

단축의 길이 : $2b$

초점의 좌표 : $F(\sqrt{a^2 - b^2}, 0)$, $F'(-\sqrt{a^2 - b^2}, 0)$

이고, 타원의 방정식의 표준형을 정리하면 다음과 같다.

■ 타원의 방정식의 표준형 ■

두 정점 $F(c, 0)$, $F'(-c, 0)$에서의 거리의 합이 $2a$ (단, $a > c > 0$)가 되는 타원의 방정식은

$$\frac{x^2}{a^2} + \frac{y^2}{b^2} = 1 \text{ (단, } b^2 = a^2 - c^2\text{)}$$

예제 23 두 점 F(3, 0), F′(−3, 0)에서의 거리의 합이 10이 되는 점의 자취의 방정식을 구하여라.

[해] $2a=10$ 에서 $a=5$, 또 $c=3$이므로 $b=\sqrt{5^2-3^2}=4$
따라서, 구하는 자취인 타원의 방정식은

$$\frac{x^2}{25}+\frac{y^2}{16}=1$$

예제 24 다음 타원의 초점과 꼭지점의 좌표 및 장축과 단축의 길이를 구하고, 그 그래프를 그려라.

① $9x^2+25y^2=225$　　② $25x^2+9y^2=225$

[해] ① $\frac{x^2}{5^2}+\frac{y^2}{3^2}=1$에서 $a=5$, $b=3$인 경우이므로

$$c=\sqrt{a^2-b^2}=\sqrt{5^2-3^2}=4$$

초점의 좌표는 (4, 0), (−4, 0)
꼭지점의 좌표는 (5, 0), (−5, 0), (0, 3), (0, −3)
장축의 길이는 $2a=2\times3=6$
단축의 길이는 $2b=2\times2=4$
구하는 그래프는 [그림 6-12]와 같다.

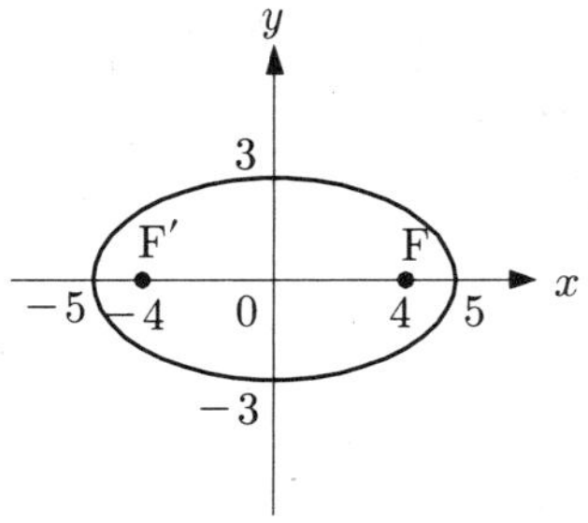

[그림 6-12]

② $\frac{x^2}{3^2}+\frac{y^2}{5^2}=1$에서 $a=3$, $b=5$인 경우이므로

$$c=\sqrt{b^2-a^2}=\sqrt{5^2-3^2}=4$$

초점의 좌표는 (0, 4), (0, −4)
꼭지점의 좌표는 (3, 0), (−3, 0), (0, 5), (0, −5)

장축의 길이는 $2b=2\times5=10$
단축의 길이는 $2a=2\times3=6$
구하는 그래프는 [그림 6-13]과 같다.

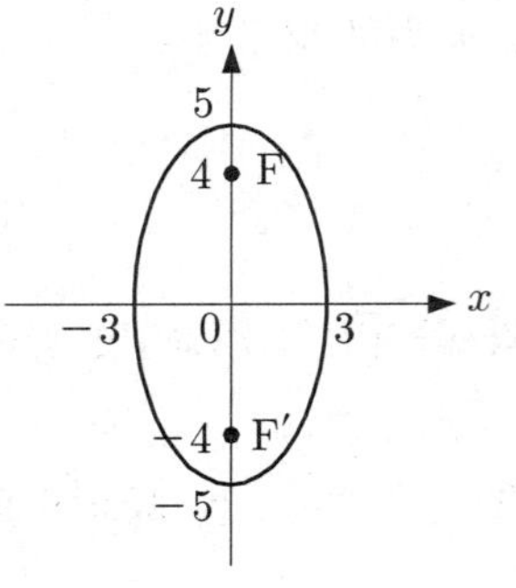

[그림 6-13]

(3) 타원의 접선의 방정식

타원 $\dfrac{x^2}{a^2}+\dfrac{y^2}{b^2}=1$에 접하고 기울기가 m인 직선과 타원 위의 점 (x_1, y_1)에서의 접선의 방정식의 공식은 다음과 같다(공식유도 생략).

■ 타원의 접선의 방정식 ■

① 타원 $\dfrac{x^2}{a^2}+\dfrac{y^2}{b^2}=1$에 접하고, 기울기가 m인 접선의 방정식은

$y=mx\pm\sqrt{a^2m^2+b^2}$

② 타원 $\dfrac{x^2}{a^2}+\dfrac{y^2}{b^2}=1$ 위의 점 (x_1, y_1)에서의 접선의 방정식은

$\dfrac{x_1x}{a^2}+\dfrac{y_1y}{b^2}=1$

예제 25 타원 $\dfrac{x^2}{25}+\dfrac{y^2}{4}=1$에 접하고, 기울기가 1인 접선의 방정식을 구하여라.

[해] $m=1$, $a=5$, $b=2$를 $y=mx\pm\sqrt{a^2m^2+b^2}$에 대입하면

$y = 1 \cdot x \pm \sqrt{5^2 \cdot 1^2 + 2^2}$ 로부터, $y = x \pm \sqrt{29}$

예제 26 타원 $\dfrac{x^2}{8} + \dfrac{y^2}{4} = 1$ 위의 점 $(2, \sqrt{2})$에서의 접선의 방정식을 구하여라.

[해] 점 $(2, \sqrt{2})$에서의 접선의 방정식은

$\dfrac{2x}{8} + \dfrac{\sqrt{2}\,y}{4} = 1$ 로부터, $x + \sqrt{2}y = 4$

6-7 쌍곡선

(1) 쌍곡선의 정의

평면 위에 두 정점 F, F′이 주어져 있을 때, 두 정점 F, F′에서의 거리의 차가 일정한 점의 전체의 집합을 **쌍곡선**(hyperbolic)이라고 한다.

이때, 두 정점 F, F′을 쌍곡선의 초점, 선분 FF′의 중점을 **쌍곡선의 중심**이라고 한다.

(2) 쌍곡선의 방정식의 표준형

쌍곡선의 두 초점 F, F′의 좌표를 [그림 6-14]와 같이 $(c, 0)$, $(-c, 0)$이라 하고, F, F′에서 거리의 차가 $2a$ (단, $c > a > 0$)인 쌍곡선 위의 임의의 점을 $P(x, y)$라고 하면, 쌍곡선의 정의로부터

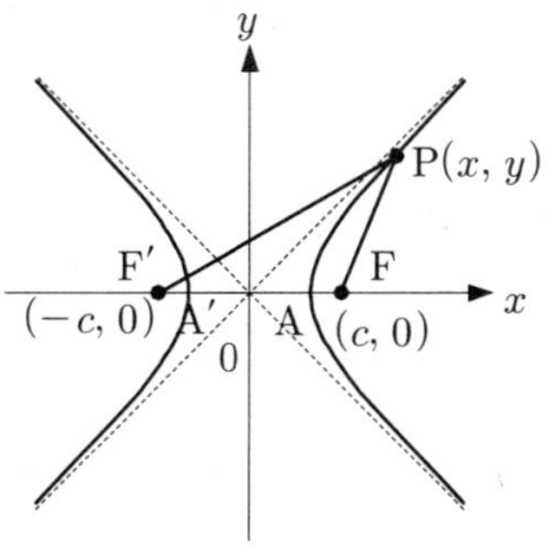

[그림 6-14]

$$|\overline{PF'} - \overline{PF}| = 2a \quad (\text{단}, c > a > 0)$$

여기서,

$$\overline{PF} = \sqrt{(x-c)^2 + y^2}, \quad \overline{PF'} = \sqrt{(x+c)^2 + y^2}$$

이므로,

$$\sqrt{(x+c)^2 + y^2} - \sqrt{(x-c)^2 + y^2} = \pm 2a \cdots\cdots (6.8)$$

타원의 경우에서와 같이 식 (6.8)의 양변을 제곱하여 정리하면,

$$(c^2 - a^2)x^2 - a^2y^2 = a^2(c^2 - a^2)$$

여기서 $c > a > 0$ 이므로 $c^2 - a^2 = b^2$ (단, $b > 0$)으로 놓고, 양변을 a^2b^2 으로 나누면

$$\frac{x^2}{a^2} - \frac{y^2}{b^2} = 1 \quad (\text{단}, \ b^2 = c^2 - a^2) \cdots\cdots (6.9)$$

이다. 이 식을 쌍곡선의 방정식의 표준형이라 한다.

앞의 쌍곡선 식 (6.9)가 x 축과 만나는 두 점 $A(a, 0)$, $A'(-a, 0)$을 쌍곡선의 꼭지점, 선분 AA'을 쌍곡선의 주축이라고 한다.

또, $c^2 - a^2 = b^2$ (단, $c > a > 0$)에서 이 쌍곡선의 초점의 좌표는

$$F(\sqrt{a^2 + b^2}, 0), \ F'(-\sqrt{a^2 + b^2}, 0)$$

이고, 쌍곡선의 방정식의 표준형을 정리하면 다음과 같다.

■ 쌍곡선 방정식의 표준형 ■

두 정점 $F(c, 0)$, $F'(-c, 0)$에서의 거리의 차가 일정한 값 $2a\,(c > a > 0)$가 되는 쌍곡선의 방정식의 표준형은

$$\frac{x^2}{a^2} - \frac{y^2}{b^2} = 1 \quad (\text{단}, \ b^2 = c^2 - a^2)$$

예제 27 두 정점 $F(3, 0)$, $F'(-3, 0)$에서의 거리의 차가 4가 되는 쌍곡선의 방정식을 구하여라.

[해] 두 정점에서의 거리의 차가 4이므로

$2a=4 \quad \therefore a=2$

또, $c=3$이므로 $b^2=c^2-a^2=3^2-2^2=5$

따라서, 구하는 쌍곡선의 방정식은

$$\frac{x^2}{4}-\frac{y^2}{5}=1$$

예제 28 쌍곡선 $\frac{x^2}{16}-\frac{y^2}{9}=1$의 초점과 꼭지점의 좌표 및 주축의 길이를 구하여라.

[해] $a=4$, $b=3$이므로 $c=\sqrt{16+9}=5$

따라서, 초점의 좌표는 $(5, 0)$, $(-5, 0)$

꼭지점의 좌표는 $(4, 0)$, $(-4, 0)$

주축의 길이는 $2a=2\times4=8$

쌍곡선 $\frac{x^2}{a^2}-\frac{y^2}{b^2}=1$의 점근선을 구하는 공식은 다음과 같다(공식유도 생략).

■ 쌍곡선의 점근선 ■

쌍곡선 $\frac{x^2}{a^2}-\frac{y^2}{b^2}=1$의 점근선은

$$\frac{x^2}{a^2}-\frac{y^2}{b^2}=0 \quad 즉,\ y=\pm\frac{b}{a}x$$

예제 29 쌍곡선 $\frac{x^2}{16}-\frac{y^2}{25}=1$의 그래프를 그려라.

[해] $a=4$, $b=5$이므로 $c=\sqrt{16+25}=\sqrt{41}$

그러므로, 초점의 좌표는 $(\sqrt{41}, 0)$, $(-\sqrt{41}, 0)$

꼭지점의 좌표는 $(4, 0)$, $(-4, 0)$

점근선의 방정식은 $y=\pm\frac{b}{a}x=\pm\frac{5}{4}x$

따라서, 구하는 그래프는 [그림 6-15]와 같다.

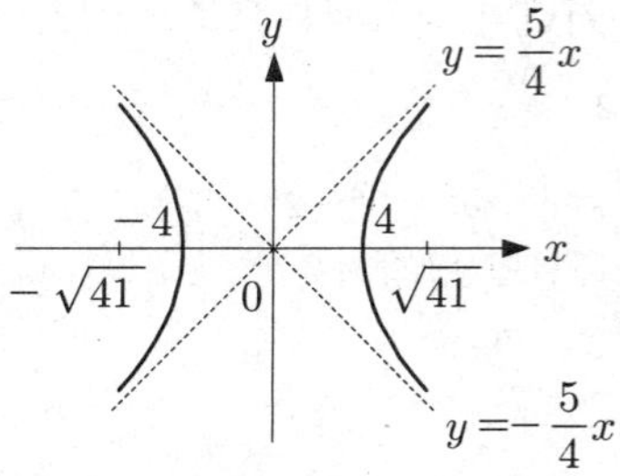

[그림 6-15]

(3) 쌍곡선의 접선의 방정식

쌍곡선의 접선의 방정식의 공식은 다음과 같다(공식유도 생략).

■ 쌍곡선의 접선의 방정식 ■

① 쌍곡선 $\frac{x^2}{a^2}-\frac{y^2}{b^2}=1$에 접하고, 기울기가 m인 접선의 방정식은

$y=mx\pm\sqrt{a^2m^2-b^2}$

② 쌍곡선 $\frac{x^2}{a^2}-\frac{y^2}{b^2}=1$ 위의 점 (x_1, y_1)에서의 접선의 방정식은

$\frac{x_1x}{a}-\frac{y_1y}{b}=1$

예제 30 쌍곡선 $\frac{x^2}{16}-\frac{y^2}{9}=1$에 접하고, 기울기가 3인 접선의 방정식과 이 쌍곡선 위의 점 $\left(5, \frac{9}{4}\right)$에서의 접선의 방정식을 구하여라.

[해] 기울기 m인 접선의 방정식은

$$y=mx\pm\sqrt{a^2m^2-b^2}=3x\pm\sqrt{16\cdot 9-9}=3x\pm 3\sqrt{15}$$

점 $\left(5, \frac{9}{4}\right)$에서의 접선의 방정식은

$$\frac{5x}{16}-\frac{\frac{9}{4}\cdot y}{9}=1$$

이므로 $5x-4y=16$이다.

■ 연습문제 9 ■

9-1 다음 조건을 만족하는 원의 방정식을 구하여라.

① 점 $(-3, 1)$이 중심이고, 반지름이 5인 원

② 원점이 중심이고, 점 $(1, \sqrt{3})$을 지나는 원

9-2 두 점 $(1, 2)$, $(-3, -2)$를 지름의 양끝으로 하는 원의 방정식을 구하여라.

9-3 다음 방정식에서 원의 중심과 반지름을 구하여라.

① $x^2+y^2-6y=0$

② $2x^2+2y^2-4x+8y+3=0$

9-4 원 $x^2+y^2-4x+6y-3=0$과 중심이 같고, 점 $(3, 0)$을 지나는 원의 방정식을 구하여라.

9-5 세 점 $(4, 1)$, $(6, -3)$, $(-3, 0)$을 지나는 원의 방정식을 구하여라.

9-6 다음 원 위의 주어진 점에서의 접선의 방정식을 구하여라.

① $x^2+y^2=25 \quad (4, -3)$ ② $x^2+y^2=4 \quad (2, 0)$

9-7 포물선 $y^2=8x$에 접하고, 기울기가 2인 직선의 방정식을 구하여라.

9-8 포물선 $y^2=-x$ 위의 점 $(-1, 1)$에서의 접선의 방정식을 구하여라.

9-9 다음 타원의 방정식을 구하여라.

① 두 초점이 $\mathrm{F}(3, 0)$, $\mathrm{F}'(-3, 0)$이고, 거리의 합이 12인 타원

② 두 초점이 $\mathrm{F}(5, 0)$, $\mathrm{F}'(-5, 0)$이고, 거리의 합이 26인 타원

9-10 다음 타원의 초점과 꼭지점의 좌표 및 장축과 단축의 길이를 구하여라.

① $\dfrac{x^2}{9}+\dfrac{y^2}{4}=1$ ② $x^2+25y^2=100$

9-11 다음 직선의 방정식을 구하여라.

① 타원 $4x^2+9y^2=36$에 접하고, 기울기가 $\sqrt{3}$인 직선

② 타원 $\dfrac{x^2}{12}+\dfrac{y^2}{8}=1$에 접하고, x축의 양의 방향과 이루는 각이 $60°$인 직선

9-12 다음 타원 위의 주어진 점에서의 접선의 방정식을 구하여라.

① $2x^2+y^2=9$ $(2,\ 1)$　　② $\dfrac{x^2}{4}+\dfrac{y^2}{3}=1$ $(2,\ 0)$

9-13 다음 쌍곡선의 점근선의 방정식을 구하여라.

① $\dfrac{x^2}{4}-\dfrac{y^2}{9}=1$　　② $25x^2-16y^2=100$

9-14 쌍곡선 $x^2-4y^2=-12$ 위의 점 $(2,\ 2)$에서의 접선과 x축, y축으로 둘러싸인 도형의 넓이를 구하여라.

chapter 7

함수의 극한과 연속성

7-1 함수의 극한／7-2 극한값의 계산
7-3 초월함수의 극한／7-4 함수의 연속성

유클리드(Euclid ; 330?~275? B. C., 그리스)는 극한을 이용하여 사면체, 원, 원기둥 등 기본적인 입체의 부피를 구할 수 있다고 생각하였다.

이와 같은 생각은 아르키메데스(Archimedes ; 287?~212 B.C.)가 도형의 넓이와 부피를 구할 때 사용하였으며, 그 후에도 많은 수학자들이 아르키메데스의 방법을 발전시켰다.

극한의 개념을 수학적으로 체계화하여 수학의 발전에 큰 역할을 한 사람은 볼차노(Bolzano ; 1781~1848, 체코)와 코오시(Cauchy, 1789~1857, 프랑스)이다.

이들은 거의 같은 시기에, 오늘날 해석학에서 쓰이고 있는 것과 같은 뜻으로 연속함수를 정의하였고, 급수의 수렴성에 대한 일반적인 조건을 찾아내어 급수의 극한개념을 확립하였다.

7-1 함수의 극한

(1) 함수의 수렴

함수 $f(x)=\dfrac{x^2-1}{x-1}$은 $x=1$일 때 분모가 0이 되므로 함수 $f(x)$는 $x=1$에서 정의되지 않는다.

그러나, $x \neq 1$일 때

$$f(x)=\frac{x^2-1}{x-1}=\frac{(x+1)(x-1)}{x-1}=x+1$$

이므로 x가 1과는 다른 값을 가지면서 1에 한없이 가까워질 때 $f(x)$의 값은 $1+1=2$에 한없이 가까워진다.

이와 같은 관계를 그래프로 나타내면 [그림 7-1], [그림 7-2]와 같다.

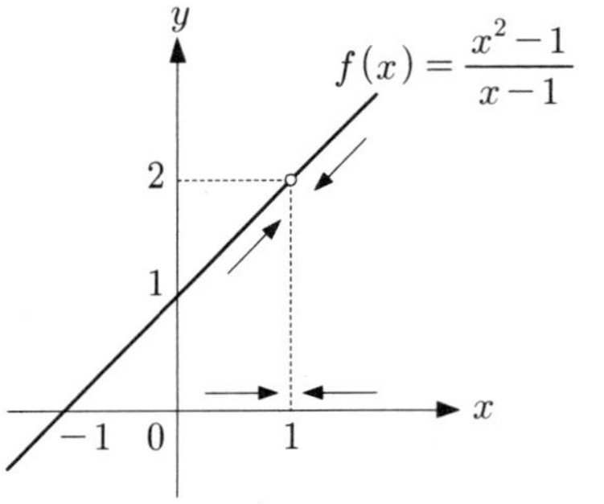

[그림 7-1]

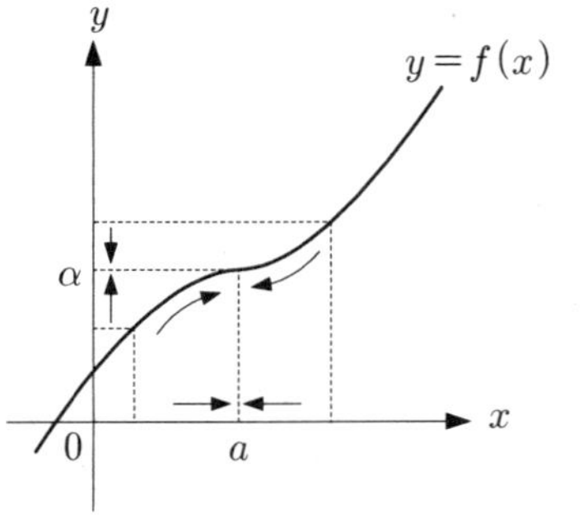

[그림 7-2]

일반적으로, 함수 $y=f(x)$에서 x가 a와 다른 값을 가지면서 a에 한없이 가까워질 때, $f(x)$의 값이 일정한 값 α에 한없이 가까워지면, $f(x)$는 **α에 수렴**한다라 하고 α를 $f(x)$의 **극한값**(limit value) 또는 **극한**이라고 한다. 이것을 기호

$$\lim_{x\to a} f(x)=\alpha \qquad \text{또는} \qquad x \to a \text{ 일 때 } f(x) \to \alpha$$

로 나타낸다.

참고로 lim은 라틴어 limes(극한의 뜻)을 약한 기호이며, limit이라고 읽는다.

예제 1 $\lim_{x \to 2}(x^3+3)$의 극한값을 구하여라.

[해] $x \to 2$일 때, $x^3 \to 8$이므로

$$\lim_{x \to 2}(x^3+3)=8+3=11$$

(2) 함수의 발산

이제, 함수 $f(x)$가 수렴하지 않는 경우에 대하여 알아보자.

[그림 7-3]에서 알 수 있는 바와 같이 함수 $f(x)=\dfrac{1}{x^2}$의 그래프에서 $x \to 0$일 때 $f(x)$의 값은 한없이 커진다.

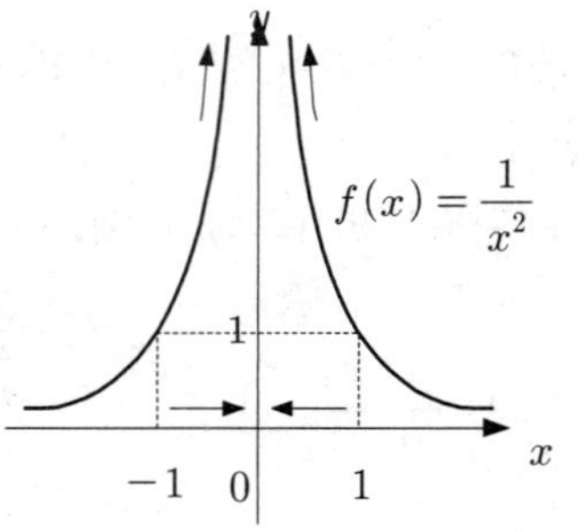

[그림 7-3]

이와 같이, 함수 $f(x)$에서 $x \to a$일 때 $f(x)$의 값이 한없이 커지면, $x \to a$일 때 $f(x)$는 양의 **무한대(∞)로 발산**한다고 하며, 기호

$$\lim_{x \to a} f(x)=\infty \qquad \text{또는} \qquad x \to a \text{일 때 } f(x) \to \infty$$

로 나타낸다.

예제 2 $\lim_{x \to 1}\dfrac{1}{(x-1)^2}$의 극한값을 구하여라.

[해] $\lim_{x \to 1}\dfrac{1}{(x-1)^2}=\dfrac{1}{1-1}=\dfrac{1}{0}=\infty$

일반적으로, x가 한없이 커지는 것을 $x \to \infty$로, x가 한없이 작아지는 것을

$x \to -\infty$로 나타내며, $x \to \infty$ 또는 $x \to -\infty$일 때에도 함수 $f(x)$의 값이 수렴 또는 발산하는 데 따라 다음과 같은 기호를 사용한다.

$$\lim_{x \to \infty} f(x) = \alpha, \qquad \lim_{x \to -\infty} f(x) = \beta$$

$$\lim_{x \to \infty} f(x) = \infty, \qquad \lim_{x \to \infty} f(x) = -\infty$$

$$\lim_{x \to -\infty} f(x) = \infty, \qquad \lim_{x \to -\infty} f(x) = -\infty$$

예제 3 다음 극한값을 구하여라.

① $\displaystyle\lim_{x \to \infty} \frac{1}{x}$ ② $\displaystyle\lim_{x \to -\infty} x^3$

③ $\displaystyle\lim_{x \to \infty} \left(\frac{1}{x} + 4\right)$ ④ $\displaystyle\lim_{x \to -\infty} (2x + 1)$

[해] ① $\displaystyle\lim_{x \to \infty} \frac{1}{x} = \frac{1}{\infty} = \mathbf{0}$

② $\displaystyle\lim_{x \to -\infty} x^3 = (-\infty)^3 = -\infty^3 = \boldsymbol{-\infty}$

③ $\displaystyle\lim_{x \to \infty} \left(\frac{1}{x} + 4\right) = \frac{1}{\infty} + 4 = \mathbf{4}$

④ $\displaystyle\lim_{x \to -\infty} (2x + 1) = 2(-\infty) + 1 = -2\infty + 1 = \boldsymbol{-\infty}$

(3) 우극한과 좌극한

기호 $x \to a$는 x가 a와 다른 값을 가지면서, a보다 큰 값으로부터 a에 한없이 가까워지는 경우와 a보다 작은 값으로부터 a에 한없이 가까워지는 두 가지 경우가 있다.

이때, x가 a보다 큰 값으로부터 a에 한없이 가까워지는 것을 $\boldsymbol{x \to a+0}$으로 나타내고, a보다 작은 값으로부터 a에 한없이 가까워지는 것을 $\boldsymbol{x \to a-0}$으로 나타낸다.

특히, $a = 0$일 때 $x \to 0+0$을 $\boldsymbol{x \to +0}$으로, $x \to 0-0$을 $\boldsymbol{x \to -0}$으로 나타낸다.

이를테면, 함수 $f(x) = \dfrac{x}{|x|}$에서

$x > 0$이면, $f(x) = \dfrac{x}{|x|} = \dfrac{x}{x} = 1$

$x < 0$이면, $f(x) = \dfrac{x}{|x|} = -\dfrac{x}{x} = -1$

이므로

$$x \to +0 \text{일 때, } f(x) \to 1$$
$$x \to -0 \text{일 때, } f(x) \to -1$$

이것을 그래프로 나타내면 [그림 7-4]와 같다.

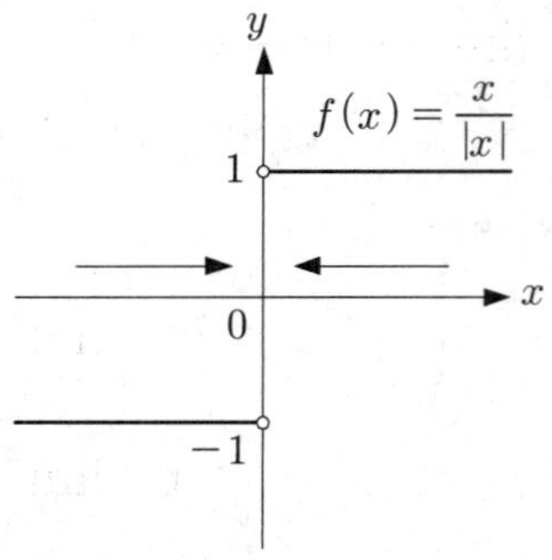

[그림 7-4]

위에서 $x \to a+0$일 때, $f(x)$의 극한을 $f(x)$의 **우극한값** 또는 **우극한**, $x \to a-0$일 때, $f(x)$의 극한을 $f(x)$의 **좌극한값** 또는 **좌극한**이라 하고, 이것을 각각 기호

$$\lim_{x \to a+0} f(x), \quad \lim_{x \to a-0} f(x)$$

로 나타낸다.

$\lim_{x \to a} f(x) = \alpha$는 x가 a보다 작은 값이나 큰 값에 관계없이 a에 한없이 가까워질 때, $f(x)$의 값은 일정한 값 α에 가까워지는 것을 의미하므로

$$\lim_{x \to a} f(x) = \alpha \text{ 이면, } \lim_{x \to a+0} f(x) = \lim_{x \to a-0} f(x) = \alpha$$

따라서, 우극한값과 좌극한값이 같지 않으면 극한값 $\lim_{x \to a} f(x)$는 존재하지 않는다.

이상으로 함수의 극한을 정리하면 다음과 같다.

■ 함수의 극한 ■

① 함수의 수렴

$$x \to a \text{일 때 } f(x) \to \alpha \text{ 또는 } \lim_{x \to a} f(x) = \alpha$$

② 함수의 무한대로의 발산

$x \to a$ 일 때 $f(x) \to \infty$ 또는 $\lim_{x \to a} f(x) = \infty$

③ 무한대에서의 극한

$x \to \infty$ 일 때 $f(x) \to \alpha$ 또는 $\lim_{x \to \infty} f(x) = \alpha$

④ 우극한

$\lim_{x \to a+0} f(x) = p$ 일 때, p를 $x = a$에서의 우극한

⑤ 좌극한

$\lim_{x \to a-0} f(x) = q$ 일 때, q를 $x = a$에서의 좌극한

예제 4 $f(x) = [x]$라 할 때, $\lim_{x \to 2} f(x)$를 구하여라. 단, $[x] = n$, $n \leqq x < n+1$, n은 정수이다.

[해] x를 넘지 않는 최대의 정수를 $[x]$로 나타내었으므로 [그림 7–5]에서 보는 바와 같이

$0 \leqq x < 1$ 이면, $f(x) = 0$
$1 \leqq x < 2$ 이면, $f(x) = 1$
$2 \leqq x < 3$ 이면, $f(x) = 2$

이를테면, 그래프에서 $\lim_{x \to 2+0} [x] = 2$, $\lim_{x \to 2-0} [x] = 1$이므로,

$$\lim_{x \to 2+0} [x] \neq \lim_{x \to 2-0} [x]$$

따라서, $\lim_{x \to 2} [x]$의 값은 존재하지 않는다.

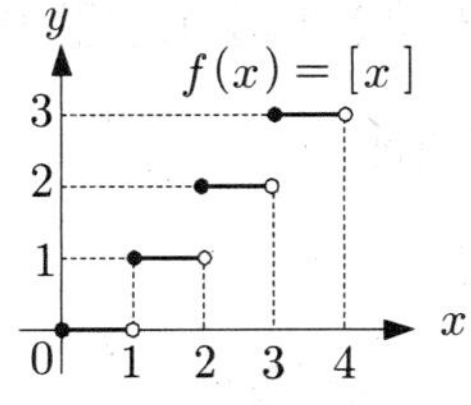

[그림 7–5]

7-2 극한값의 계산

수열의 극한에서와 마찬가지로 함수의 극한에서도 다음과 같은 성질이 성립한다.

■ 극한값의 성질 ■

① $\lim_{x \to a} kf(x) = k\lim_{x \to a} f(x)$ (k는 상수)

② $\lim_{x \to a} \{f(x) \pm g(x)\} = \lim_{x \to a} f(x) \pm \lim_{x \to a} g(x)$ (복호동순)

③ $\lim_{x \to a} f(x) \cdot g(x) = \lim_{x \to a} f(x) \cdot \lim_{x \to a} g(x)$

④ $\lim_{x \to a} \dfrac{f(x)}{g(x)} = \dfrac{\lim_{x \to a} f(x)}{\lim_{x \to a} g(x)}$ $(\lim_{x \to a} g(x) \neq 0)$

⑤ $f(x) < g(x)$이면, $\lim_{x \to a} f(x) < \lim_{x \to a} g(x)$

또한, 극한값의 모든 문제는 다음 세 가지 꼴 중의 하나에 속한다.

1) **확정꼴** : $\lim_{x \to 1} \dfrac{2x}{x+2}$와 같은 경우로서 x 대신 정해진 값을 대입한 결과가 유한 확정값을 갖는 경우를 말한다. 이때, $\lim_{x \to 1} \dfrac{2x}{x+2} = \dfrac{2 \times 1}{1+2} = \dfrac{2}{3}$이다.

2) **불능꼴** : $\lim_{x \to 2} \dfrac{x}{x-2}$와 같은 경우로서 x 대신 정해진 값을 대입한 결과가 $\dfrac{2}{0}$와 같이 불능이 되는 경우를 말한다. 이때, $\lim_{x \to 2} \dfrac{x}{x-2}$의 극한값은 없다.

3) **부정꼴** : $\lim_{x \to 3} \dfrac{x^2-9}{x-3}$와 같은 경우로서 x 대신 정해진 값을 대입한 결과가 부정이 되는 경우를 말한다. 이때, $\lim_{x \to 3} \dfrac{x^2-9}{x-3} = \lim_{x \to 3} (x+3) = 6$과 같이 부정꼴은 꼴에 따라 다음과 같이 구한다.

■ 부정형의 극한값 ■

① $\dfrac{0}{0}$꼴은 **인수분해** 또는 **유리화**한다.

② $\dfrac{\infty}{\infty}$꼴은 분모의 **최고차항**으로 나눈다.

③ $\sqrt{\infty} - \infty$ 또는 $\sqrt{\dfrac{0}{0}}$꼴은 **유리화**한다.

④ $0 \times \infty$꼴은 $\dfrac{0}{0}$ 또는 $\dfrac{\infty}{\infty}$**꼴**로 고친다.

예제 5 다음 극한값을 구하여라.

① $\lim_{x \to 2} (2x^2+1)$　　② $\lim_{x \to -1} (x-2)(x^2+x-1)$

③ $\lim_{x \to 1} \dfrac{x^3-1}{x+1}$　　④ $\lim_{x \to 3} \dfrac{x^2+x-2}{x-1}$

⑤ $\lim_{x \to 5} \sqrt{2x-1}$　　⑥ $\lim_{x \to 1} \dfrac{\sqrt{x+3}-2}{x-1}$

⑦ $\lim_{x \to \infty} \dfrac{2x^2+3x-1}{x^2+1}$　　⑧ $\lim_{x \to \infty} (\sqrt{x^2-x}-x)$

⑨ $\lim_{x \to 2} \dfrac{x^3-8}{x-2}$　　⑩ $\lim_{x \to \infty} \dfrac{x^2-2x+3}{3x^2+1}$

[해] ① 준식$=\lim_{x\to2}2x^2+\lim_{x\to2}1=2\lim_{x\to2}x^2+\lim_{x\to2}1=2\cdot4+1=\mathbf{9}$

② 준식$=\lim_{x\to-1}(x-2)\lim_{x\to-1}(x^2+x-1)=(-3)(-1)=\mathbf{3}$

③ 준식$=\dfrac{\lim_{x\to1}(x^3-1)}{\lim_{x\to1}(x+1)}=\dfrac{1-1}{1+1}=\dfrac{0}{2}=\mathbf{0}$

④ 준식$=\lim_{x\to3}\dfrac{(x-1)(x+2)}{x-1}=\lim_{x\to3}(x+2)=\mathbf{5}$

⑤ 준식$=\sqrt{\lim_{x\to5}(2x-1)}=\sqrt{10-1}=\sqrt{9}=\mathbf{3}$

⑥ 준식$=\lim_{x\to1}\dfrac{(\sqrt{x+3}-2)(\sqrt{x+3}+2)}{(x-1)(\sqrt{x+3}+2)}=\lim_{x\to1}\dfrac{x+3-4}{(x-1)(\sqrt{x+3}+2)}$

$=\lim_{x\to1}\dfrac{x-1}{(x-1)(\sqrt{x+3}+2)}=\lim_{x\to1}\dfrac{1}{\sqrt{x+3}+2}=\mathbf{\dfrac{1}{4}}$

⑦ 준식$=\lim_{x\to\infty}\dfrac{2+\dfrac{3}{x}-\dfrac{1}{x^2}}{1+\dfrac{1}{x^2}}=\dfrac{2+0-0}{1+0}=\mathbf{2}$

⑧ 준식$=\lim_{x\to\infty}\dfrac{x^2-x-x^2}{(\sqrt{x^2-x}+x)}=\lim_{x\to\infty}\dfrac{-x}{\sqrt{x^2-x}+x}$

$=\lim_{x\to\infty}\dfrac{-1}{\sqrt{1-\dfrac{1}{x}}+1}=\mathbf{-\dfrac{1}{2}}$

⑨ 준식$=\lim_{x\to2}\dfrac{(x-2)(x^2+2x+4)}{x-2}=\lim_{x\to2}(x^2+2x+4)=\mathbf{12}$

⑩ 준식$=\lim_{x\to\infty}\dfrac{1-\dfrac{2}{x}+\dfrac{3}{x^2}}{3+\dfrac{1}{x^2}}=\mathbf{\dfrac{1}{3}}$

분수함수의 극한값에서는 $x\to a$ 일 때 $\dfrac{f(x)}{g(x)}\to\alpha$ (α는 실수)이고, 분모가 $g(x)\to0$이면 반드시 분자도 $f(x)\to0$이어야 한다.

예제 6 $\lim_{x \to 1} \frac{a\sqrt{x}+b}{x-1} = 1$이 성립하도록 상수 a, b의 값을 구하여라.

[해] $\lim_{x \to 1}(x-1)=0$이므로 극한값이 존재하기 위하여는

$\lim_{x \to 1} a\sqrt{x}+b=0 \qquad \therefore a+b=0$

주어진 식의 좌변에 $b=-a$를 대입하여 계산하면

$$\lim_{x \to 1} \frac{a\sqrt{x}+b}{x-1} = \lim_{x \to 1} \frac{a(\sqrt{x}-1)}{(\sqrt{x}+1)(\sqrt{x}-1)} = \lim_{x \to 1} \frac{a}{\sqrt{x}+1} = \frac{a}{2}$$

따라서, $\frac{a}{2}=1$, $\therefore a=2$

$a=2$를 $a+b=0$에 대입하면 $b=-2$

$\therefore \boldsymbol{a=2,\ b=-2}$

7-3 초월함수의 극한

(1) $\frac{\sin x}{x}$의 극한

삼각함수에 관한 극한값 중에 다음은 앞으로 배우게 될 삼각함수의 미분법에서 기본이 되는 중요한 정리이다.

$$\lim_{x \to 0} \frac{\sin x}{x} = 1 \quad (x\text{는 라디안})$$

이 극한을 증명하여 보자.

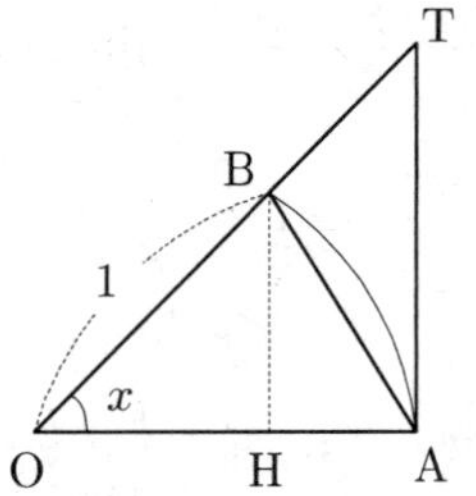

[그림 7-6]

[그림 7-6]과 같이 중심각의 크기가 $0 < x < \frac{\pi}{2}$인 $x$rad이고 반지름의 길이가 1인 부채꼴(▽) OAB에서, 점 A에서의 접선이 직선 OB와 만나는 점을 T라고 하면,

$$\triangle OAB < \triangledown OAB < \triangle OAT$$

여기서

$$\triangle OAB = \frac{1}{2}OA \cdot BH = \frac{1}{2}OA \cdot OB\sin x = \frac{1}{2}\sin x$$

$$\text{부채꼴 } OAB = \frac{1}{2}OA^2 x = \frac{1}{2}x$$

$$\triangle OAT = \frac{1}{2}OA \cdot AT = \frac{1}{2}OA \cdot OA\tan x = \frac{1}{2}\tan x = \frac{1}{2}\frac{\sin x}{\cos x}$$

이므로,

$$\sin x < x < \frac{\sin x}{\cos x}$$

그런데, $\sin x > 0$ 이므로 각 변을 $\sin x$로 나누면

$$1 < \frac{x}{\sin x} < \frac{1}{\cos x}$$

이고, 이 식의 각 변은 양수이므로 역수를 택하면

$$\cos x < \frac{\sin x}{x} < 1$$

그런데, $\lim_{x \to 0} \cos x = 1$ 이므로

$$\lim_{x \to 0} \frac{\sin x}{x} = 1$$

이다.

예제 7 다음 극한값을 구하여라.

① $\lim_{x \to 0} \frac{\sin 3x}{x}$ ② $\lim_{x \to 0} \frac{\sin 2x}{3x}$

③ $\lim_{x \to 0} \frac{\tan x}{x}$ ④ $\lim_{x \to 0} \frac{\tan 4x}{\tan 5x}$

[해] ① $\frac{\sin 3x}{x}=3\cdot\frac{\sin 3x}{3x}$ 이므로, 여기서 $3x=\theta$ 로 놓으면 $x\to 0$ 일 때 $\theta\to 0$ 이므로

$$\lim_{x\to 0}\frac{\sin 3x}{x}=\lim_{x\to 0}3\cdot\frac{\sin 3x}{3x}=\lim_{\theta\to 0}3\cdot\frac{\sin\theta}{\theta}=3\times 1=\mathbf{3}$$

② $\lim_{x\to 0}\frac{\sin 2x}{3x}=\lim_{x\to 0}\frac{\sin 2x}{2x}\cdot\frac{2}{3}=1\cdot\frac{2}{3}=\mathbf{\frac{2}{3}}$

③ $\lim_{x\to 0}\frac{\tan x}{x}=\lim_{x\to 0}\frac{\sin x}{x\cos x}=\lim_{x\to 0}\frac{\sin x}{x}\cdot\frac{1}{\cos x}=1\cdot 1=\mathbf{1}$

④ $\lim_{x\to 0}\frac{\tan 4x}{\tan 5x}=\lim_{x\to 0}\frac{\frac{\tan 4x}{4x}\cdot 4x}{\frac{\tan 5x}{5x}\cdot 5x}=\frac{\lim_{x\to 0}\frac{\tan 4x}{4x}}{\lim_{x\to 0}\frac{\tan 5x}{5x}}\times\frac{4}{5}=\mathbf{\frac{4}{5}}$

(2) 극한값 e 의 정의

이제, 극한값 $\lim_{x\to 0}(1+x)^{\frac{1}{x}}$ 에 대하여 알아보자.

마클로우린(Maclaurin) 급수 전개식

$$\begin{aligned}(1+x)^n &= x^0+n\,C_1\,x+n\,C_2\,x^2+n\,C_3\,x^3+\cdots\cdots\\ &=1+nx+\frac{n(n-1)}{2!}x^2+\frac{n(n-1)(n-2)}{3!}x^3+\cdots\cdots\end{aligned}$$

에서 $n=\frac{1}{x}$ 을 대입하면

$$\begin{aligned}(1+x)^{\frac{1}{x}} &= 1+\frac{1}{x}\cdot x+\frac{1}{2!}\frac{1}{x}\left(\frac{1}{x}-1\right)x^2+\frac{1}{3!}\frac{1}{x}\left(\frac{1}{x}-1\right)\left(\frac{1}{x}-2\right)x^3+\cdots\cdots\\ &=1+1+\frac{1-x}{2!}+\frac{(1-x)(1-2x)}{3!}+\cdots\cdots\end{aligned}$$

가 되므로

$$\begin{aligned}\lim_{x\to 0}(1+x)^{\frac{1}{x}} &= 1+1+\frac{1}{2!}+\frac{1}{3!}+\frac{1}{4!}+\cdots\cdots\\ &=2.7182818\end{aligned}$$

인 무리수이다. 이 값을 e 로 나타낸다. 즉,

$$\mathbf{e=\lim_{x\to 0}(1+x)^{\frac{1}{x}}=2.7182818\cdots\cdots}$$

특히, 로그의 밑이 e일 때, 곧 $\log_e x$를 $\ln x$로 나타내고 이를 **자연로그**(natural logarithm) 또는 **자연대수**라 하고 e를 자연로그의 **밑**(base) 또는 **밑수**라 한다.

예제 8 $\lim_{x\to\infty}\left(1+\frac{1}{x}\right)^x$를 계산하여라.

[해] 주어진 식에서 $\frac{1}{x}=h$로 놓으면, $x\to 0$일 때 $h\to\infty$이므로

$$\lim_{x\to\infty}\left(1+\frac{1}{x}\right)^x=\lim_{h\to 0}(1+h)^{\frac{1}{h}}=e$$

$$\therefore \lim_{x\to\infty}\left(1+\frac{1}{x}\right)^x=e$$

예제 9 $\lim_{x\to 0}\frac{\ln(1+x)}{x}$를 구하여라.

[해] 준식$=\lim_{x\to 0}\frac{1}{x}\ln(1+x)=\lim_{x\to 0}\ln(1+x)^{\frac{1}{x}}=\ln e=\mathbf{1}$

예제 10 다음 극한값을 구하여라.

① $\lim_{x\to 0}(1+3x)^{\frac{1}{x}}$ ② $\lim_{x\to\infty}\left(1+\frac{1}{x}\right)^{2x}$

[해] ① 준식$=\lim_{x\to 0}\left\{(1+3x)^{\frac{1}{3x}}\right\}^3=\mathbf{e^3}$

② 준식$=\lim_{x\to\infty}\left\{\left(1+\frac{1}{x}\right)^x\right\}^2=\mathbf{e^2}$

7-4 함수의 연속성

(1) 함수의 연속조건

함수 $f(x)=x+2$에서 a가 임의의 실수이면 $f(a)=a+2$는 실수이고,

$$\lim_{x\to a}f(x)=\lim_{x\to a}(x+2)=a+2$$

이므로 다음 식이 성립한다.

$$\lim_{x \to a} f(x) = f(a)$$

그러나, 함수 $g(x) = \dfrac{x^2 - 4}{x - 2}$ 에서

$$\lim_{x \to 2} g(x) = \lim_{x \to 2} (x+2) = 4$$

이지만, $g(2)$는 정의되어 있지 않으므로

$$\lim_{x \to 2} g(x) \neq g(2)$$

이다.

일반적으로, 함수 $y = f(x)$가 다음 조건을 만족하면 함수 $f(x)$는 $x = a$ 에서 **연속**(continuous)이라고 한다.

■ **연속조건** ■

① $f(a)$가 정의되고　② $\lim_{x \to a} f(x)$ 가 존재하며　③ $\lim_{x \to a} f(x) = f(a)$

함수 $y = f(x)$가 어떤 구간의 모든 점에서 연속이면, 이 함수는 이 구간에서 **연속** 또는 **연속함수**(continuous function)라고 한다.

함수 $y = f(x)$가 $x = a$ 에서 연속이 아니면, 이 함수는 $x = a$ 에서 **불연속**(discontinuous)이라고 한다.

즉, 위의 연속조건 ①, ②, ③ 중에서 어느 하나라도 성립하지 않으면 이 함수는 $x = a$ 에서 불연속이다.

예제 11 다음 함수의 주어진 값에서 연속성을 조사하여라.

① $f(x) = x^2 \, (x = 2)$　② $f(x) = \dfrac{x^2 - 1}{x + 1} \, (x = -1)$

[해] ① 연속조건을 살펴보면

$f(2) = 2^2 = 4$, $\lim_{x \to 2} x^2 = 2^2 = 4$, $\lim_{x \to 2} x^2 = f(2)$

이 성립하므로 $f(x)$는 $x = 2$ 에서 **연속**이다.

② $f(-1)$의 값이 존재하지 않으므로 함수 $f(x) = \dfrac{x^2 - 1}{x + 1}$ 은 $x = -1$ 에서 **불연속**이다.

(2) 연속함수의 성질

일반적으로, 함수 $f(x)$, $g(x)$가 어떤 구간에서 연속이면, 함수의 극한의 성질을 이용하여 이 구간에서 다음 함수도 연속함수임을 알 수 있다.

■ 연속함수의 성질 ■

① $cf(x)$ (c는 상수)　　② $f(x)\pm g(x)$

③ $f(x)g(x)$　　④ $\dfrac{f(x)}{g(x)}$ (단, $g(x)\neq 0$)

폐구간 $[a, b]$에서 연속인 함수

$$y=f(x) \quad (a\leq x\leq b)$$

가 그 구간에서 가장 큰 값 또는 가장 작은 값을 가지면 그 값을 각각 그 구간에서의 **최대값** 또는 **최소값**이라고 한다.

일반적으로, 연속함수에 대하여 다음과 같은 정리가 성립한다.

■ 최대값, 최소값의 정리 ■

함수 $f(x)$가 폐구간 $[a, b]$에서 연속이면 $f(x)$는 이 구간에서 반드시 최대값과 최소값을 가진다.

■ 중간값의 정리 ■

함수 $f(x)$가 폐구간 $[a, b]$에서 연속이고, $f(a)\neq f(b)$이면, $f(a)$와 $f(b)$ 사이에 있는 임의의 값을 k라고 하면 $f(c)=k$가 되는 점 c가 개구간 (a, b)에 적어도 하나 존재한다.

예제 12 폐구간 $[0, 3]$에서 함수 $f(x)=x^2-2x-1$의 최대값과 최소값을 구하여라.

[해] $f(x)=x^2-2x-1=(x-1)^2-2$에서 $x=1$은 $[0, 3]$ 안에 있으므로 주어진 함수는 $x=1$에서 **최소값 -2**를 가진다. 그런데 $f(0)=-1$, $f(3)=2$이므로 $x=3$에서 **최대값 2**를 가진다.

예제 13 중간값 정리를 이용하여 폐구간 $[3, 5]$에서 방정식 $x^2-3x-4=0$이 실근을 가짐을 밝혀라.

[해] $f(x)=x^2-3x-4$라 하면 $f(3)=-4$, $f(5)=6$이므로 중간값 정리에 의해 $f(k)=0$이고 $3<k<5$인 k가 존재한다. 이때, k는 방정식 $x^2-3x-4=0$의 근이다.

■ 연습문제 10 ■

10-1 다음 극한값을 구하여라.

① $\lim\limits_{x\to 0}(x^2-3x+4)$ ② $\lim\limits_{x\to 1}\dfrac{x^2-2}{x+1}$

③ $\lim\limits_{x\to 2}\dfrac{x^2-5}{2x+3}$ ④ $\lim\limits_{x\to 3}\dfrac{x^3+x-5}{x^2+1}$

⑤ $\lim\limits_{x\to 0}\dfrac{x^2+5x}{x^2+3x}$ ⑥ $\lim\limits_{x\to 2}\dfrac{x^2-4}{x-2}$

⑦ $\lim\limits_{x\to 1}\dfrac{x^3-1}{x-1}$ ⑧ $\lim\limits_{x\to 0}\dfrac{1-\sqrt{1-x}}{x}$

⑨ $\lim\limits_{x\to 1}\dfrac{x-1}{\sqrt{x+3}-2}$ ⑩ $\lim\limits_{x\to\infty}(\sqrt{x^2+x}-x)$

⑪ $\lim\limits_{x\to\infty}\dfrac{3x^2-1}{x^2-x+1}$ ⑫ $\lim\limits_{x\to\infty}\dfrac{-2x^2+7x}{x^2+3}$

10-2 다음 극한값을 구하여라.

① $\lim\limits_{t\to 0}\dfrac{(a+t)^2-a^2}{t}$ ② $\lim\limits_{t\to\infty}\dfrac{t+\sin t}{t+\cos t}$

③ $\lim\limits_{\theta\to 0}\theta\tan\dfrac{4}{\theta}$ ④ $\lim\limits_{\theta\to 0}\dfrac{\cot\theta-\csc\theta}{\theta}$

10-3 다음 극한값을 구하여라.

① $\lim\limits_{x\to 0}\dfrac{x}{\sin x}$ ② $\lim\limits_{x\to 0}\dfrac{x}{\tan x}$

③ $\lim\limits_{x\to 0}\dfrac{\sin 3x}{2x}$ ④ $\lim\limits_{x\to 0}\dfrac{\tan 2x}{x}$

⑤ $\lim_{x \to 0} \frac{\sin 4x^2}{9x^2}$　　⑥ $\lim_{x \to 0} \frac{\tan 5x}{\tan 2x}$

⑦ $\lim_{h \to \infty} \left(1+\frac{2}{h}\right)^{3h}$　　⑧ $\lim_{h \to \infty} \left(\frac{h}{h+1}\right)^{h}$

⑨ $\lim_{x \to \infty} x \tan\frac{1}{x}$　　⑩ $\lim_{x \to \pi} \frac{\sin x}{\pi - x}$

10-4 다음 등식이 성립하도록 상수 a, b의 값을 구하여라.

① $\lim_{x \to -1} \frac{ax^2 - 2x + b}{x+1} = -4$　　② $\lim_{x \to -1} \frac{x-1}{\sqrt{x+a} - b} = 6$

10-5 다음 함수의 연속성을 조사하여라.

① $y = \frac{1}{x}$　　② $y = \frac{x^2 - 4}{x - 2}$

10-6 폐구간 $[0, 3]$에서 함수 $f(x) = x^2 - 2x + 1$의 최대값과 최소값을 구하여라.

10-7 다음 극한값을 구하여라(R, L, C는 양의 값).

① $\lim_{t \to 0} \frac{E}{R}\left(1 - e^{-\frac{R}{L}t}\right)$　　② $\lim_{t \to \infty} \frac{E}{R}\left(1 - e^{-\frac{R}{L}t}\right)$

③ $\lim_{t \to 0} \frac{E}{R} e^{-\frac{1}{RC}t}$　　④ $\lim_{t \to \infty} \frac{E}{R} e^{-\frac{1}{RC}t}$

chapter 8

미분과 그 활용

영국의 수학자 뉴턴(Newton ; 1642~1725)은 물체의 운동에서 속도를 정하기 위하여 미분법을 발견하였다.

또, 이와는 별도로 독일의 라이프니츠(Leibniz ; 1646~1716)에 의하여 곡선의 접선 또는 극대, 극소를 고찰하는 수단으로 미분법이 발견되었다.

특히, 라이프니츠는 오늘날 사용하는 $\frac{dy}{dx}$ 기호를 도입하였다.

한편, 이들에 영향을 준 것은 프랑스의 페르마(Ferma ; 1601~1665)의 곡선에 접선을 긋는 문제와 극대값, 극소값을 구하는 문제를 해결하는 방법 등 여러 가지이다.

이후, 18세기에서는 미적분학은 극한의 개념이 명확하지 않아 하나의 계산기술로서만 발전하였고, 19세기에 들어와서 오늘날과 같은 미적분학이 확립되었다.

이러한, 미적분학의 발견은 수학의 혁명적인 진보의 바탕이 되었다.

8-1 변화율과 도함수

고속도로를 달리는 자동차의 평균속도는 쉽게 구할 수 있다. 그렇다면 어느 특정한 지점을 통과할 때의 순간속도는 어떻게 구할 것인가를 생각하면서, 평균변화율과 순간변화율을 음미해 보자.

(1) 평균변화율

[그림 8-1]과 같이 함수 $y=f(x)=x^2$ 에서 x 의 값이 1부터 2까지 변하면 이에 따라 y 의 값은 1에서 4까지 3만큼 변한다.

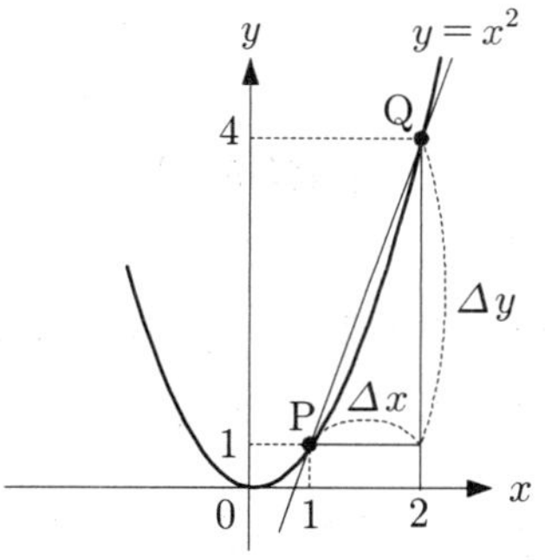

[그림 8-1]

이때, x 의 변화량 $2-1=1$을 x 의 **증분**(increment)이라 하고, Δx 로 나타낸다. 여기서 y 의 증분 Δy 와 x 의 증분 Δx 와의 비, 즉

$$\frac{\Delta y}{\Delta x}=\frac{4-1}{2-1}=3$$

을 구간 $[1, 2]$에서의 y 의 **평균변화율**(average rate of change)이라 한다. 그리고 이 평균변화율의 값은 두 점 $P(1, 1)$, $Q(2, 4)$를 잇는 할선 PQ 의 기울기와 같다.

이제, 일반적으로 [그림 8-2]와 같이 x 의 함수 $y=f(x)$에서 x 가 x_1 에서 x_2 까지 변할 때, 함수값은 $f(x_1)$에서 $f(x_2)$까지 변한다. 이때,

$$\frac{\Delta y}{\Delta x} = \frac{f(x_2) - f(x_1)}{x_2 - x_1} = \frac{f(x_1 + \Delta x) - f(x_1)}{\Delta x}$$

을 구간 $[x_1, x_2]$에서의 **평균변화율**이라고 한다.

참고로, Δx에서 Δ는 영어의 d에 해당되는 그리스 문자로 **델타**(delta)라고 읽는다. x의 증분이라는 의미에서 Δx를 쓰지만, 실제 계산에서는 h, t 등의 문자를 써도 좋다.

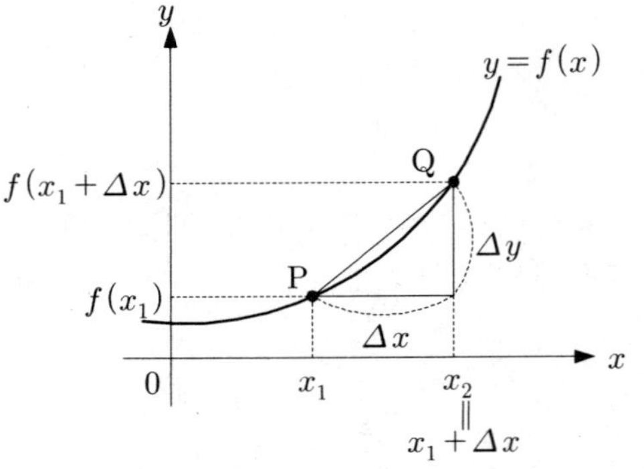

[그림 8-2]

예제 1 다음 함수의 주어진 구간에서의 평균변화율을 구하여라.

① $y = 3x + 2 \quad [2, 5]$ ② $y = \sqrt{x} \quad [4, 9]$

[해] ① $\frac{\Delta y}{\Delta x} = \frac{f(5) - f(2)}{5-2} = \frac{(3\times5+2)-(3\times2+2)}{3} = \frac{9}{3} = \mathbf{3}$

② $\frac{\Delta y}{\Delta x} = \frac{f(9) - f(4)}{9-4} = \frac{\sqrt{9} - \sqrt{4}}{5} = \mathbf{\frac{1}{5}}$

(2) 미분계수(순간변화율)

[그림 8-1]과 같이 $y = x^2$에서 구간 $[1, 1+\Delta x)$에서의 평균변화율은

$$\frac{\Delta y}{\Delta x} = \frac{(1+\Delta x)^2 - 1^2}{(1+\Delta x) - 1}$$

$$= \frac{1 + 2\Delta x + \Delta x^2 - 1}{\Delta x}$$

$$= \frac{(2+\Delta x)\Delta x}{\Delta x} = 2 + \Delta x$$

여기서, x의 증분 Δx가 $\Delta x = 0.1$, $\Delta x = 0.01$, $\Delta x = 0.00001$ 등과 같이 Δx가 0에 가까운 값을 가질 때의 평균변화율은 다음과 같이 된다.

$$\Delta x = 0.1 \text{일 때, } \frac{\Delta y}{\Delta x} = 2 + \Delta x = 2 + 0.1 = 2.1$$

$$\Delta x = 0.01 \text{일 때, } \frac{\Delta y}{\Delta x} = 2 + \Delta x = 2 + 0.01 = 2.01$$

$$\Delta x = 0.00001 \text{일 때, } \frac{\Delta y}{\Delta x} = 2 + \Delta x = 2 + 0.00001 = 2.00001$$

이와 같이, $|\Delta x|$를 무한히 작게 했을 때, 곧 $\Delta x \to 0$일 때의 y의 평균변화율을 생각하면

$$\lim_{\Delta x \to 0} \frac{\Delta y}{\Delta x} = \lim_{\Delta x \to 0} (2 + \Delta x) = 2$$

가 된다. 이때, $y = x^2$의 $x = 1$에서의 **미분계수**(differential coefficient), **순간변화율**(instantaneous rate of change) 또는 간단히 **변화율**(rate of change)이라 하고, $y'_{x=1} = 2$ 또는 $f'(1) = 2$로 나타낸다.

이 변화율 값은 $x = 1$인 점 P에서 곡선 $y = x^2$에 그은 접선의 기울기와 같다.

일반적으로 [그림 8-2]와 같이 함수 $y = f(x)$에서 x가 x_1에서 $x_1 + \Delta x$까지 변할 때의 평균변화율

$$\frac{\Delta y}{\Delta x} = \frac{f(x_1 + \Delta x) - f(x_1)}{\Delta x}$$

에서 $\Delta x \to 0$일 때의 극한값

$$\lim_{\Delta x \to 0} \frac{\Delta y}{\Delta x} = \lim_{\Delta x \to 0} \frac{f(x_1 + \Delta x) - f(x_1)}{\Delta x}$$

이 존재하면, 이때의 극한값을 $x = x_1$에서의 **미분계수**, **(순간)변화율**이라고 하며, 기호로

$$f'(x_1), \quad y'_{x=x_1}, \quad \left.\frac{dy}{dx}\right|_{x=x_1}$$

등으로 나타낸다.

특히, 함수 $f(x)$가 어떤 구간 안의 모든 점에서 미분계수를 가지면, 이 함수는 그 구간에서 미분 가능하다고 한다.

예제 2 다음 함수의 주어진 x 의 값에서의 미분계수를 구하여라.

① $y = x^2 \ (x = 2)$ ② $y = x^2 + 3 \ (x = 5)$

[해] ① $f'(2) = \lim_{\Delta x \to 0} \frac{(2+\Delta x)^2 - 2^2}{\Delta x} = \lim_{\Delta x \to 0} \frac{4 + 4\Delta x + \Delta x^2 - 4}{\Delta x}$

$= \lim_{\Delta x \to 0} \frac{(4+\Delta x)\Delta x}{\Delta x} = \lim_{\Delta x \to 0} (4 + \Delta x) = \mathbf{4}$

② $f'(5) = \lim_{\Delta x \to 0} \frac{\{(5+\Delta x)^2 + 3\} - (5^2 + 3)}{\Delta x} = \lim_{\Delta x \to 0} \frac{10\Delta x + \Delta x^2}{\Delta x}$

$= \lim_{\Delta x \to 0} (10 + \Delta x) = \mathbf{10}$

(3) 도함수

이제, 함수 $f(x) = x^2$의 $x = x_1$ 에서 미분계수는

$$f'(x_1) = \lim_{\Delta x \to 0} \frac{(x_1 + \Delta x)^2 - (x_1)^2}{\Delta x} = \lim_{\Delta x \to 0} (2x_1 + \Delta x) = 2x_1$$

이다. 지금 $x_1 = 1, 2, 3, \cdots\cdots$ 등을 $f'(x_1) = 2x_1$ 에 대입하면

$$f'(1) = 2, \ f'(2) = 4, \ f'(3) = 6, \ \cdots\cdots$$

가 된다.

이때, 함수 $y = f(x)$에서 $x = x_1$ 일 때의 미분계수 $f'(x_1)$는 x_1 를 변수로 보면 x_1 의 함수이다. 따라서 $f'(x_1)$에서 x_1 대신 x 를 대입한 $f'(x)$는 x 의 함수이므로 $f'(x)$는 $f(x)$의 **도함수**(derivative)라고 한다.

다시 말하면, 함수 $y = f(x)$에서 임의의 독립변수

$$x = 1, 2, 3, 4, \cdots\cdots$$

을 독립변수로 잡고

$$f'(1) = 2, \ f'(2) = 4, \ f'(3) = 6, \ f'(4) = 8, \ \cdots\cdots$$

을 종속변수로 하는 새로운 함수를 x 에 관한 y 의 도함수라고 한다. 즉,

$$f'(x) = \lim_{x \to 0} \frac{\Delta y}{\Delta x} = \lim_{\Delta x \to 0} \frac{f(x + \Delta x) - f(x)}{\Delta x}$$

를 x 에 관한 y 의 도함수라 하고, 기호로

$$y', \quad f'(x), \quad \frac{dy}{dx}, \quad \frac{d}{dx}f(x)$$

등으로 나타낸다.

또, 함수 $f(x)$에서 도함수 $f'(x)$를 구하는 것을 $f(x)$를 x에 관해 **미분한다**고 말하고, 그 계산법을 **미분법**(differentiation)이라고 한다.

지금까지 공부한 평균변화율, 미분계수, 도함수의 정의 및 그래프 상의 의미를 정리해 보면 다음과 같다.

■ 평균변화율, 미분계수, 도함수 ■

함수 $y=f(x)$에서

① 평균변화율

$$\frac{\Delta y}{\Delta x}=\frac{f(x_1+\Delta x)-f(x_1)}{\Delta x}$$

$y=f(x)$의 $\{x_1, f(x_1)\}$과 $\{(x+\Delta x_1), f(x_1+\Delta x)\}$인 점을 지나는 직선의 기울기

② 미분계수 또는 순간변화율

$$f'(x_1)=\lim_{\Delta x\to 0}\frac{\Delta y}{\Delta x}=\lim_{\Delta x\to 0}\frac{f(x_1+\Delta x)-f(x_1)}{\Delta x}$$

$y=f(x)$의 $\{x_1, f(x_1+\Delta x)\}$인 점에서의 접선의 기울기

③ 도함수

$$f'(x)=\lim_{\Delta x\to 0}\frac{\Delta y}{\Delta x}=\lim_{\Delta x\to 0}\frac{f(x+\Delta x)-f(x)}{\Delta x}$$

x가 임의의 $\{x, f(x+\Delta x)\}$인 점에서의 접선의 기울기

예제 3 다음 함수의 그래프를 그리고, 곡선 상의 몇 개의 점에서 그 점에 접하는 접선의 기울기에 따라, 도함수의 그래프를 그려라.

① $y=|2x|$　　② $y=\sin x$

③ $y=\cos x$　　④ $x^2+y^2=4$

[해] 주어진 함수와 그 함수의 도함수는 [그림 8-3], [그림 8-4], [그림 8-5], [그림 8-6]과 같다.

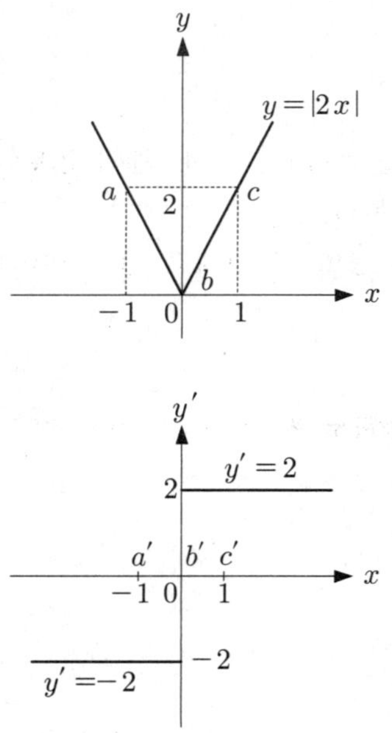

[그림 8-3]

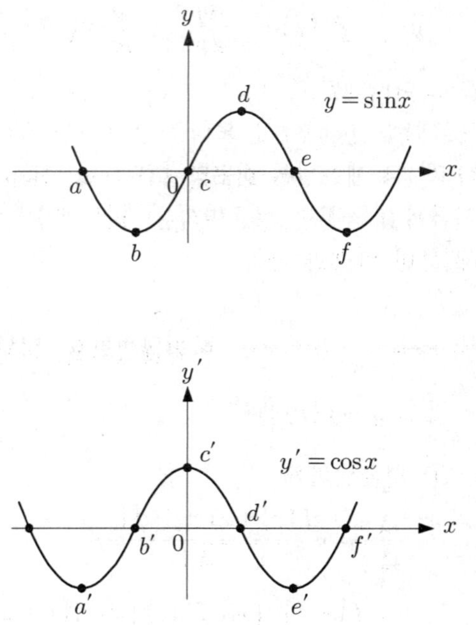

[그림 8-4]

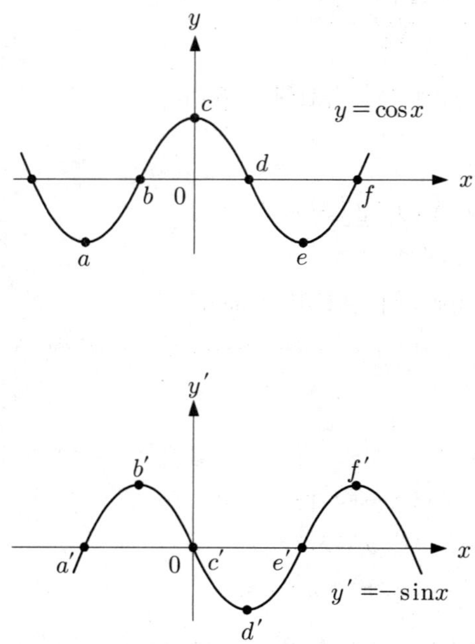

[그림 8-5]

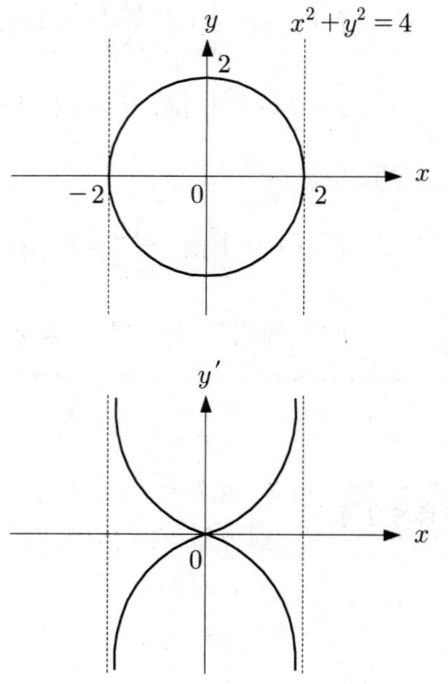

[그림 8-6]

예제 4 다음 함수를 도함수의 정의에 의해서 구하고, $x=2$ 에서의 미분계수를 구하여라.

① $f(x)=x^2+x$ ② $f(x)=\dfrac{1}{x}$

[해] ① $f'(x)=\lim_{\Delta x\to 0}\dfrac{f(x+\Delta x)-f(x)}{\Delta x}=\lim_{\Delta x\to 0}\dfrac{\{(x+\Delta x)^2+(x+\Delta x)\}-(x^2+x)}{\Delta x}$

$=\lim_{\Delta x\to 0}\dfrac{(\Delta x)^2+2x(\Delta x)+\Delta x}{\Delta x}=\lim_{\Delta x\to 0}(\Delta x+2x+1)=2x+1$

$f'(x)=2x+1$이므로 $f'(2)=2\times 2+1=\mathbf{5}$

② $f'(x)=\lim_{\Delta x\to 0}\dfrac{f(x+\Delta x)-f(x)}{\Delta x}=\lim_{\Delta x\to 0}\dfrac{\dfrac{1}{x+\Delta x}-\dfrac{1}{x}}{\Delta x}$

$=\lim_{\Delta x\to 0}\dfrac{-\Delta x}{\Delta x(x+\Delta x)x}=\lim_{\Delta x\to 0}\dfrac{-1}{(x+\Delta x)x}=-\dfrac{1}{x^2}$

$f'(x)=-\dfrac{1}{x^2}$ 이므로 $f'(2)=-\dfrac{1}{2^2}=-\mathbf{\dfrac{1}{4}}$

■ 연습문제 11 ■

11-1 다음 함수의 주어진 구간에서의 평균변화율을 구하여라.

① $y=x^2+1$ $[0, 2]$ ② $y=x^2-5x+4$ $[1, 3]$

11-2 함수 $f(x)=x^2+2x$ 의 구간 $[a, a+2]$에서의 평균변화율이 6 일 때, a 의 값을 구하여라.

11-3 다음 함수를 도함수의 정의에 따라 미분하고, x 값에서의 미분계수를 구하여라.

① $y=2x$ $(x=2)$ ② $y=\sqrt{x}$ $(x=1)$

③ $y=-3x+2$ $(x=2)$ ④ $y=x^2+3$ $(x=3)$

11-4 다음 곡선 위의 주어진 점에서의 접선의 기울기를 구하여라.

① $y=x^2+x$ $(-2, 2)$ ② $y=x^3-1$ $(1, 0)$

11-5 $y=3x^2+2x-1$의 $x=k$에서 $x=k+1$까지의 평균변화율이 -1이 되게 하는 k의 값을 구하여라.

8-2 미분법의 공식

주어진 함수의 도함수를 구하고자 할 때, 일일이 정의에 의한다는 것은 여러 가지로 번거로움이 따른다. 따라서 이와 같은 번거로움을 줄이기 위해 미분법의 공식을 기억해 두고서, 실제문제에 이용한다면 훨씬 능률적인 계산을 할 수 있을 것이다.

(1) 미분법의 기본공식

이제, 미분법의 기본공식을 생각해 보기로 하자.

이를테면, $y=x$, $y=x^2$, $y=x^3$, $y=x^4$, …… 등의 도함수를

$$y' = \lim_{\Delta x \to 0} \frac{f(x+\Delta x)-f(x)}{\Delta x}$$

의 정의에 의하여 각각 구해 보면

$y=x$ 는 $y'=x^0$, $y=x^2$ 는 $y'=2x^1$

$y=x^3$ 는 $y'=3x^2$, $y=x^4$ 는 $y'=4x^3$

등과 같이 된다. 이때, 원함수와 도함수의 계수 및 지수를 비교해 보면

$y=x^n$ 은 $y'=nx^{n-1}$

과 같은 관계가 있음을 알 수 있다.

이와 같은 미분법의 기본공식을 정리하면 다음과 같다.

■ 미분법의 기본공식 ■

① 상수의 미분

$y=c \Rightarrow y'=0$ (c는 상수)

② 멱함수의 미분

$y=x^n \Rightarrow y'=nx^{n-1}$

③ 상수곱의 미분

$y=cf(x) \Rightarrow y'=cf'(x)$ (c는 상수)

④ 합의 미분

$y=f(x)\pm g(x) \Rightarrow y'=f'(x)\pm g'(x)$ (복호동순)

⑤ 곱의 미분

$y=f(x)g(x) \Rightarrow y'=f'(x)g(x)+f(x)g'(x)$

⑥ 몫의 미분

$y=\dfrac{f(x)}{g(x)} \Rightarrow y'=\dfrac{f'(x)g(x)-f(x)g'(x)}{\{g(x)\}^2}$ $(g(x)\neq 0)$

위의 미분법의 기본공식들은 도함수의 정의를 이용하면 모두 증명되므로, 여기서는 공식유도를 생략한다.

예제 5 다음 함수의 도함수를 구하여라.

① $y=5$ ② $y=x$

③ $y=\dfrac{1}{x}$ ④ $y=\dfrac{1}{x^2}$

⑤ $y=\sqrt{x}$ ⑥ $y=-5x^4$

[해] ① $y'=\mathbf{0}$ ② $y'=1x^{1-1}=x^0=\mathbf{1}$

③ $y'=-1x^{-1-1}=-\dfrac{1}{\boldsymbol{x^2}}$ ④ $y'=-2x^{-2-1}=-\dfrac{\mathbf{2}}{\boldsymbol{x^3}}$

⑤ $y'=\dfrac{1}{2}x^{\frac{1}{2}-1}=\dfrac{1}{2}x^{-\frac{1}{2}}=\dfrac{\mathbf{1}}{\mathbf{2}\sqrt{\boldsymbol{x}}}$

⑥ $y'=-5(x^4)'=-5\cdot 4x^{4-1}=\boldsymbol{-20x^3}$

예제 6 다음 함수의 도함수를 구하여라.

① $y=2x^2+x$ ② $y=-7x^5-2x^3+5$

③ $y=(x+2)(x^2+3x-1)$ ④ $y=(x^2+1)(2x+1)(3x+1)$

⑤ $y=\dfrac{1}{2x+3}$ ⑥ $y=\dfrac{x-1}{2x^2+x+1}$

[해] ① $y'=2\cdot 2x^{2-1}+1=\boldsymbol{4x+1}$

② $y'=\boldsymbol{-35x^4-6x^2}$

③ $y'=(x+2)'(x^2+3x-1)+(x+2)(x^2+3x-1)'$

$=1(x^2+3x-1)+(x+2)(2x+3)$

$=\boldsymbol{3x^2+10x+5}$

④ $y' = (x^2+1)'(2x+1)(3x+1) + (x^2+1)(2x+1)'(3x+1)$
$+ (x^2+1)(2x+1)(3x+1)'$
$= 2x(2x+1)(3x+1) + (x^2+1) \cdot 2 \cdot (3x+1) + (x^2+1)(2x+1) \cdot 3$
$= \mathbf{24x^3+15x^2+14x+5}$

⑤ $y' = \dfrac{0 \times (2x+3) - (2x+3)' \times 1}{(2x+3)^2} = \mathbf{\dfrac{-2}{(2x+3)^2}}$

⑥ $y' = \dfrac{(x-1)'(2x^2+x+1) - (x-1)(2x^2+x+1)'}{(2x^2+x+1)^2} = \mathbf{\dfrac{-2x^2+4x+2}{(2x^2+x+1)^2}}$

(2) 합성함수의 미분법

함수 $y = (3x^2+2)^3$에서 $3x^2+2 = u$로 놓으면, $y = u^3$이 되므로, 두 함수

$$y = u^3, \qquad u = 3x^2+2$$

의 합성함수이다. 이와 같은 합성함수의 미분법에는 다음과 같은 공식이 성립한다.

■ 합성함수의 미분법 ■

$y = f(u)$, $u = g(x)$가 미분 가능할 때, 합성함수 $y = f(g(x))$의 도함수는

$$\frac{dy}{dx} = \frac{dy}{du} \cdot \frac{du}{dx} = f'(u) \cdot g'(x)$$

$$y' = f'(g(x))g'(x)$$

예제 7 다음 함수를 미분하여라.

① $y = (3x^2+2)^3$　　② $y = \dfrac{1}{(2-3x)^2}$

③ $y = \sqrt{2x+1}$　　④ $y = (1+x)^2(2-x)^5$

⑤ $y = (2x^2+1)^5$　　⑤ $y = (x^2+x+1)(2x-1)^2$

[해] ① $3x^2+2 = u$로 놓으면, $y = u^3$이므로

$$\frac{dy}{dx} = \frac{dy}{du} \cdot \frac{du}{dx} = 3u^2 \cdot 6x = 18xu^2 = \mathbf{18x(3x^2+2)^2}$$

② $2-3x = u$로 놓으면, $y = u^{-2}$이므로

$$\frac{dy}{dx} = \frac{dy}{du} \cdot \frac{du}{dx} = -2u^{-3} \cdot (-3) = \frac{6}{u^3} = \mathbf{\frac{6}{(2-3x)^3}}$$

③ $y=(2x+1)^{\frac{1}{2}}$ 이므로

$$y'=\frac{1}{2}(2x+1)^{\frac{1}{2}-1}\cdot(2x+1)'=(2x+1)^{-\frac{1}{2}}=\frac{1}{2\sqrt{2x+1}}$$

④ $y'=2(1+x)(1+x)'(2-x)^5+5(1+x)^2(2-x)^4(2-x)'$

$=2(1+x)(2-x)^5-5(1+x)^2(2-x)^4$

$=-(1+x)(7x+1)(2-x)^4$

⑤ $y'=5(2x^2+1)^4(2x^2+1)$

$=5(2x^2+1)^4(4x)$

$=20x(2x^2+1)^4$

⑥ $y'=\{(x^2+x+1)^2\}'(2x-1)^2+(x^2+x+1)^2\{(2x-1)^2\}'$

$=2(x^2+x+1)(2x+1)(2x-1)^2+(x^2+x+1)^2\cdot 2(2x-1)2$

$=2(x^2+x+1)(2x-1)\{(2x+1)(2x-1)+2(x^2+x+1)\}$

$=2(2x-1)(x^2+x+1)(6x^2+2x+1)$

(3) 음함수의 미분법

x의 함수 y가 음함수 $f(x, y)=0$의 꼴로 주어졌을 때, 양함수 $y=f(x)$의 꼴로 고치지 않고, 합성함수의 미분법을 이용하여 직접 도함수 y'를 구할 수 있다.

이를테면, 합성함수의 미분법에서

$$\frac{d}{dx}\{f(x)\}^n=n\{f(x)\}^{n-1}f'(x)$$

에서 $f(x)=y$로 놓으면

$$\frac{d}{dx}y^n=ny^{n-1}y'$$

이며, 이것은 y^n을 x에 관하여 미분할 때에는, 먼저 y^n을 y에 관하여 미분하고, 여기에다 y를 x로 미분한 $\frac{dy}{dx}$를 곱한 것임을 보이고 있다. 이를 정리하면 다음과 같다.

■ 음함수의 미분법 ■

x의 함수 y가 음함수 $f(x, y)=0$의 꼴일 때 다음 성질을 이용한다.

$$\frac{d}{dx}y^n=\frac{d}{dy}y^n\cdot\frac{dy}{dx}=ny^{n-1}\frac{dy}{dx}$$

예제 8 다음 음함수의 도함수를 구하여라.

① $x^2 + y^2 - 1 = 0$ ② $2x^2 + 3y^2 = 6$

③ $y^2 = 4x$ ④ $x^3 - y^3 - 3xy = 0$

[해] ① 양변을 x에 관하여 미분하면

$$2x + 2y\frac{dy}{dx} = 0 \qquad \therefore \frac{dy}{dx} = -\boldsymbol{\frac{x}{y}}$$

② $4x + 6yy' = 0 \qquad \therefore y' = \frac{dy}{dx} = \boldsymbol{\frac{-2x}{3y}}$

③ $2y \cdot y' = 4 \qquad \therefore y' = \boldsymbol{\frac{2}{y}}$

④ 각 항을 x에 관하여 미분하면

$$3x^2 + 3y^2 \cdot \frac{dy}{dx} - \left(3y + 3x \cdot \frac{dy}{dx}\right) = 0$$

이 식을 정리하면

$$(y^2 - x)\frac{dy}{dx} = y - x^2$$

따라서, $y^2 - x \neq 0$일 때

$$\boldsymbol{\frac{dy}{dx} = \frac{y - x^2}{y^2 - x}}$$

(4) 역함수의 미분법

함수 $y = f(x)$가 미분 가능하고, 역함수가 $x = f(y)$일 때 양변을 x에 관하여 미분하면, 음함수의 미분법을 적용하여

$$1 = f'(y)\frac{dy}{dx}, \qquad \therefore \frac{dy}{dx} = \frac{1}{f'(y)} = \frac{1}{\frac{dx}{dy}}$$

이다. 이와 같이 역함수는 다음과 같은 방법으로 도함수를 구한다.

■ 역함수의 미분법 ■

$y = f(x)$의 역함수가 $x = f(y)$일 때

$$\therefore \frac{dy}{dx} = \frac{1}{f'(y)} = \frac{1}{\frac{dx}{dy}} \quad (\text{단, } f'(y) \neq 0)$$

예제 9 다음 함수에서 $\frac{dy}{dx}$를 구하여라.

① $x=y^2-2y$ ② $x=\frac{y}{y^2-1}$

[해] ① $\frac{dx}{dy}=2y-2 \quad \therefore \frac{dy}{dx}=\frac{1}{\frac{dx}{dy}}=\mathbf{\frac{1}{2y-2}}$

② $\frac{dx}{dy}=\frac{(y^2-1)-2y\cdot y}{(y^2-1)^2}=-\frac{y^2+1}{(y^2-1)^2}$

$\therefore \frac{dy}{dx}=-\mathbf{\frac{(y^2-1)^2}{y^2+1}}$

(5) 매개변수함수의 미분법

$x=f(t)$이고, $y=g(t)$로 x와 y가 매개변수 t의 함수일 때 도함수 $\frac{dy}{dx}$는 다음과 같이 구한다.

■ 매개변수함수의 미분법 ■

$x=f(t)$, $y=g(t)$가 미분 가능할 때

$$\frac{dy}{dx}=\frac{\frac{dy}{dt}}{\frac{dx}{dt}}=\frac{g'(t)}{f'(t)} \quad (\text{단, } f'(t)\neq 0)$$

예제 10 $x=2t+1$, $y=t^2+4t+3$일 때, $\frac{dy}{dx}$를 구하여라.

[해] $\frac{dy}{dx}=\frac{dy}{dt}\Big/\frac{dx}{dt}=\frac{2t+4}{2}=t+2=\mathbf{\frac{1}{2}x+\frac{3}{2}}$

예제 11 $x=\frac{1}{1+t}$, $y=\frac{t}{1+t}$일 때, $\frac{dy}{dx}$를 구하여라.

[해] $\frac{dx}{dt}=\frac{-1}{(1+t)^2}$, $\frac{dy}{dt}=\frac{1+t-t}{(1+t)^2}=\frac{1}{(1+t)^2}$

$\therefore \frac{dy}{dx}=\frac{1}{(1+t)^2}\Big/\frac{-1}{(1+t)^2}=\mathbf{-1}$

8-3 초월함수의 도함수

대수함수가 아닌 삼각, 역삼각, 지수, 로그, 쌍곡선함수 등을 초월함수라고 한다. 이들 함수에 대한 개념은 이미 공부하였으므로, 이 절에서는 이들 함수의 도함수를 다음과 같이 정리한다.

■ 초월함수의 도함수 ■

① 삼각함수의 도함수

ⓐ $\frac{d}{dx}\sin x = \cos x$　　ⓑ $\frac{d}{dx}\cos x = -\sin x$

ⓒ $\frac{d}{dx}\tan x = \sec^2 x$　　ⓓ $\frac{d}{dx}\sec x = \sec x \tan x$

ⓔ $\frac{d}{dx}\operatorname{cosec} x = -\operatorname{cosec} x \cot x$　　ⓕ $\frac{d}{dx}\cot x = -\operatorname{cosec}^2 x$

② 역삼각함수의 도함수

ⓐ $\frac{d}{dx}\sin^{-1} x = \frac{1}{\sqrt{1-x^2}}$　　$\left(-1 \leqq x \leqq 1, -\frac{\pi}{2} \leqq y \leqq \frac{\pi}{2}\right)$

ⓑ $\frac{d}{dx}\cos^{-1} x = -\frac{1}{\sqrt{1-x^2}}$　　$(-1 \leqq x \leqq 1, 0 \leqq y \leqq \pi)$

ⓒ $\frac{d}{dx}\tan^{-1} x = \frac{1}{1+x^2}$　　$\left(-\infty < x < \infty, -\frac{\pi}{2} < y < \frac{\pi}{2}\right)$

③ 지수함수와 로그함수의 도함수

ⓐ $\frac{d}{dx}e^x = e^x$　　ⓑ $\frac{d}{dx}a^x = a^x \ln a$

ⓒ $\frac{d}{dx}\ln x = \frac{1}{x}$　　ⓓ $\frac{d}{dx}\log_a x = \frac{1}{x \ln a}$

④ 쌍곡선함수의 도함수

ⓐ $\frac{d}{dx}\sinh x = \cosh x$　　ⓑ $\frac{d}{dx}\cosh x = \sinh x$

ⓒ $\frac{d}{dx}\tanh x = \operatorname{sech}^2 x$

앞의 초월함수에서 도함수를 유도하여 보자.

①-ⓐ　$y=\sin x$

$$y'=\lim_{\Delta x\to 0}\frac{\Delta y}{\Delta x}=\lim_{\Delta x\to 0}\frac{\sin(x+\Delta x)-\sin x}{\Delta x}=\lim_{\Delta x\to 0}\frac{2\cos\left(\frac{2x+\Delta x}{2}\right)\sin\frac{\Delta x}{2}}{\Delta x}$$

$$=\lim_{\Delta x\to 0}\cos\left(x+\frac{\Delta x}{2}\right)\lim_{\Delta x\to 0}\frac{\sin\frac{\Delta x}{2}}{\frac{\Delta x}{2}}=\cos x$$

①-ⓒ　$y=\tan x=\dfrac{\sin x}{\cos x}$ 이므로

$$y'=\frac{(\sin x)'\cos x-\sin x(\cos x)'}{\cos^2 x}=\frac{\cos^2 x+\sin^2 x}{\cos^2 x}=\frac{1}{\cos^2 x}=\sec^2 x$$

①-ⓔ　$y=\csc x=\dfrac{1}{\sin x}$ 이므로

$$y'=\frac{0\cdot\sin x-1\cdot\cos x}{\sin^2 x}=-\frac{\cos x}{\sin^2 x}=-\frac{1}{\sin x}\cdot\frac{\cos x}{\sin x}=-\csc x\cdot\cot x$$

②-ⓐ　$y=\sin^{-1}x$,　$x=\sin y$

$\dfrac{dy}{dx}=\dfrac{1}{\frac{dx}{dy}}=\dfrac{1}{\cos y}$, $-\dfrac{\pi}{2}\leqq y\leqq\dfrac{\pi}{2}$ 에서 $\cos y\geqq 0$이므로

$\cos y=\sqrt{1-\sin^2 y}=\sqrt{1-x^2}$

$\therefore\ \dfrac{dy}{dx}=\dfrac{1}{\sqrt{1-x^2}}$

②-ⓒ　$y=\tan^{-1}x$,　$x=\tan y$

$\dfrac{dy}{dx}=\dfrac{1}{\sec^2 y}$, $-\dfrac{\pi}{2}\leqq y\leqq\dfrac{\pi}{2}$ 에서 $\sec y\geqq 0$이므로

$\sec^2 y=1+x^2$

$\therefore\ \dfrac{dy}{dx}=\dfrac{1}{1+x^2}$

③-ⓐ　$y=e^x$,　$x=\log_e y=\ln y$

$$\frac{dy}{dx}=\frac{1}{\frac{dx}{dy}}=\frac{1}{\frac{1}{y}}=y=e^x$$

③-ⓑ $y = a^x, \quad x = \log_a y$

$$\frac{dy}{dx} = \frac{1}{\frac{dx}{dy}} = \frac{1}{\frac{1}{y\ln a}} = y\ln a = a^x \ln a$$

③-ⓒ
$$y' = \lim_{\Delta x \to 0} \frac{\ln(x + \Delta x) - \ln x}{\Delta x}$$
$$= \lim_{\Delta x \to 0} \frac{1}{\Delta x} \ln\left(\frac{x + \Delta x}{x}\right)$$
$$= \lim_{\Delta x \to 0} \frac{1}{x} \cdot \frac{x}{\Delta x} \ln\left(1 + \frac{\Delta x}{x}\right)$$
$$= \frac{1}{x} \lim_{\Delta x \to 0} \ln\left(1 + \frac{\Delta x}{x}\right)^{\frac{x}{\Delta x}}$$
$$= \frac{1}{x} \lim_{\Delta x \to 0} \ln e = \frac{1}{x}$$

③-ⓓ $y = \log_a x = \dfrac{\ln x}{\ln a}$

$$\frac{dy}{dx} = \frac{1}{x} \cdot \frac{1}{\ln a} = \frac{1}{x\ln a}$$

④-ⓐ $\sinh x = \dfrac{1}{2}(e^x - e^{-x}), \quad \cosh x = \dfrac{1}{2}(e^x + e^{-x})$이므로

$$\frac{d}{dx}\sinh x = \frac{1}{2}\frac{d}{dx}(e^x - e^{-x}) = \frac{1}{2}(e^x + e^{-x}) = \cosh x$$

④-ⓒ $\tanh x = \dfrac{\sinh x}{\cosh x}$이므로

$$\frac{d}{dx}(\tanh x) = \frac{d}{dx}\left(\frac{\sinh x}{\cosh x}\right) = \frac{\cosh^2 x - \sinh^2 x}{\cosh^2 x} = \frac{1}{\cosh^2 x} = \mathrm{sech}^2 x$$

증명을 생략한 도함수는 다른 함수와 같은 방법으로 쉽게 증명이 된다.

예제 12 다음 함수를 미분하여라.

① $y = \sin 3x + \cos 4x$　　② $y = \sin^2 x$

③ $y = \sin(\cos x)$　　④ $y = (\sin x + \cos x)^3$

⑤ $y = 2\sin^2 3x$　　⑥ $y = \tan(1 + x^2)$

⑦ $y = \cos\left(\dfrac{\pi}{3} - 2x\right)$　　⑧ $y = \dfrac{\sin x}{2 + \cos x}$

[해] ① $y' = \cos 2x \cdot (3x)' - \sin 4x \cdot (4x)' = \mathbf{3\cos 3x - 4\sin 4x}$

② $y' = 2\sin x(\sin x)^2 = \mathbf{2\sin x \cos x}$

③ $y' = \{\cos(\cos x)\}(\cos x)' = \mathbf{-\sin x \cos x(\cos x)}$

④ $y' = 3(\sin x + \cos x)^2(\sin x + \cos x)' = \mathbf{3(\sin x + \cos x)^2(\cos x - \sin x)}$

⑤ $y' = 4\sin 3x(\sin 3x)' = 12\sin 3x \cos 3x = \mathbf{6\sin 6x}$

⑥ $y' = \{\sec^2(1+x^2)\} \cdot (1+x^2)' = \mathbf{2x\sec^2(1+x)}$

⑦ $y' = \left\{-\sin\left(\frac{\pi}{3} - 2x\right)\right\}\left(\frac{\pi}{3} - 2x\right)' = \mathbf{2\sin\left(\frac{\pi}{3} - 2x\right)}$

⑧ $y' = \dfrac{\cos x(2+\cos x) - (-\sin x)\sin x}{(2+\cos x)^2} = \mathbf{\dfrac{2\cos x + 1}{(2+\cos x)^2}}$

예제 13 다음 함수를 미분하여라.

① $y = \sin^{-1}(2x+3)$ ② $y = \cos^{-1}x^2$

③ $y = \tan^{-1}3x^2$ ④ $y = \tan^{-1}\dfrac{x-1}{x+1}$

[해] ① $y' = \dfrac{1}{\sqrt{1-(2x+3)^2}} \cdot 2 = -\mathbf{\dfrac{1}{\sqrt{x^2+3x+2}}}$

② $y' = -\dfrac{1}{\sqrt{1-x^4}} \cdot 2x = -\mathbf{\dfrac{2x}{\sqrt{1-x^4}}}$

③ $y' = \dfrac{1}{\sqrt{1+9x^4}} \cdot 6x = \mathbf{\dfrac{6x}{\sqrt{1+9x^4}}}$

④ $y' = \dfrac{\left(\frac{x-1}{x+1}\right)^{-1}}{1+\left(\frac{x-1}{x+1}\right)^2} = \dfrac{(x+1)^2}{(x+1)^2+(x-1)^2}\ \dfrac{(x+1)-(x-1)}{(x+1)^2}$

$= \mathbf{\dfrac{1}{x^2+1}}$

예제 14 다음 함수의 도함수를 구하여라.

① $y = e^{3x}$ ② $y = \ln x^3$

③ $y = 3^{2x}$ ④ $y = x^2e^x$

⑤ $y = e^x \ln x$ ⑥ $y = \log_3(2x+1)$

[해] ① $y' = e^{3x} \cdot (3x)' = \mathbf{3e^{3x}}$

② $y' = \dfrac{(x^3)'}{x^3} = \dfrac{3x^2}{x^3} = \mathbf{\dfrac{3}{x}}$

③ $y' = 3^{2x} \cdot \ln 3 \cdot (2x)' = \mathbf{2\ln 3 \cdot 3^{2x}}$

④ $y' = 2xe^x + x^2e^x = \mathbf{xe^x(x+2)}$

⑤ $y' = e^x \log x + e^x \cdot \dfrac{1}{x} = \mathbf{e^x\left(\log x + \dfrac{1}{x}\right)}$

⑥ $y' = \frac{1}{(2x+1)\ln 3}(2x+1)' = \frac{\mathbf{2}}{\mathbf{(2x+1)ln3}}$

예제 15 다음 함수를 미분하여라.

① $y = \sinh 3x$ ② $y = \cosh 2x$

③ $y = \tanh(1+x^2)$ ④ $y = \cosh^2 5x$

[해] ① $y' = \cosh 3x \cdot (3x)' = \mathbf{3\cosh 3x}$

② $y' = \sinh 2x \cdot (2x)' = \mathbf{2\sinh 2x}$

③ $y' = \mathrm{sech}^2(1+x^2) \cdot (1+x^2)' = \mathbf{2x\,sech^2(1+x^2)}$

④ $y' = 2(\cosh 5x)(\cosh 5x)' = \mathbf{10\cosh 5x \sinh 5x}$

8-4 고계도함수

함수 $y=f(x)$의 도함수 $f'(x)$는 x의 함수이므로 이것이 미분 가능할 때 그의 도함수

$$\lim_{\Delta x \to 0} \frac{f'(x+\Delta x) - f'(x)}{\Delta x}$$

가 생각되고, 이것은 $f(x)$를 2회 미분하여 얻어진 함수로서 $f(x)$의 **2계도함수** (derivative of 2nd order)라 하고 다음과 같은 기호로 나타낸다.

$$y'', \quad f''(x), \quad \frac{d^2y}{dx^2}, \quad \frac{d^2}{dx^2}f(x)$$

마찬가지로 함수 $y=f(x)$를 3회 미분하여 얻어진 함수를 **3계도함수**라 하고 기호는

$$y''', \quad f'''(x), \quad \frac{d^3y}{dx^3}, \quad \frac{d^3}{dx^3}f(x)$$

등으로 나타낸다.

일반적으로, 함수 $y=f(x)$를 n회 미분하여 얻어진 함수를 ***n* 계도함수**라 하고

$$y^{(n)}, \quad f^{(n)}(x), \quad \frac{d^ny}{dx^n}, \quad \frac{d^n}{dx^n}f(x)$$

등으로 표시한다.

2계, 3계 등의 도함수에 대하여 $y' = f'(x)$를 **1계(차)도함수**라고 할 때도 있다. 그리고 2계 이상의 도함수를 총칭하여 **고계도함수**(higher derivative)라 한다. 더욱이, $x = x_1$에 있어서 **n 계미분계수**(n-th differential coefficient)를

$$y^{(n)}_{x=x_1}, \quad f^{(n)}(x_1), \quad \left.\frac{d^n y}{dx^n}\right|_{x=x_1}$$

등으로 표시한다.

예제 16 다음 함수의 2계도함수를 구하여라.

① $y = x^4 + 2x^2$　　② $y = \cos 3x$

③ $y = e^{2x}$　　④ $y = x^2 \ln x$

[해] ① $y' = 4x^3 + 4x$, $y'' = \mathbf{12x^2 + 4}$

② $y' = -3\sin 3x$, $y'' = \mathbf{-9\cos 3x}$

③ $y' = e^{2x}(2x)' = 2e^{2x}$, $y'' = 2e^{2x} \cdot (2x)' = \mathbf{4e^{2x}}$

④ $y' = 2x\ln x + x^2 \cdot \dfrac{1}{x} = 2x\ln x + x$

$y'' = 2\ln x + 2x \cdot \dfrac{1}{x} + 1 = \mathbf{2\ln x + 3}$

예제 17 다음 함수의 n 계도함수를 구하여라.

① $y = \sin x$　　② $y = \ln x$

[해] ① $y' = \cos x = \sin\left(x + \dfrac{\pi}{2}\right)$

$y'' = \cos\left(x + \dfrac{\pi}{2}\right) = \sin\left(x + \dfrac{2\pi}{2}\right)$

$y''' = \cos\left(x + \dfrac{2\pi}{2}\right) = \sin\left(x + \dfrac{3\pi}{2}\right)$

……………………………………

$\therefore \boldsymbol{y^{(n)} = \sin\left(x + \dfrac{n\pi}{2}\right)}$

② $y' = \dfrac{1}{x}$, $y'' = -\dfrac{1}{x^2}$, $y''' = \dfrac{1 \cdot 2}{x^3}$

$y^{(4)} = -\dfrac{1 \cdot 2 \cdot 3}{x^4}$

……………………………………

$\therefore \boldsymbol{y^{(n)} = (-1)^{n-1}\dfrac{(n-1)!}{x^n}}$

■ 연습문제 12 ■

12-1 다음 함수의 도함수를 구하여라.

① $y = 4x$　② $y = -6x^5$

③ $y = -\dfrac{2}{x^5}$　④ $y = \sqrt{x} + 3x^2$

⑤ $y = x(\sqrt{x} - 1)$　⑥ $y = 3x^4 - 5x^3 + 2x^2 - 7$

12-2 다음 함수를 미분하여라.

① $y = (x^2 + 2)(x - 1)$　② $y = (x + 1)(x + 2)(x + 3)$

③ $y = (x^2 + 3)(x^3 + 2x + 5)$　④ $y = \dfrac{1 - x}{x^2 + 2}$

⑤ $y = \dfrac{x + 2}{x^2 + 2x + 3}$　⑥ $y = \dfrac{(x + 3)(x^2 + 2)}{2x + 1}$

12-3 다음 함수를 미분하여라.

① $y = 3(3x + 1)^4$　② $y = \sqrt{2x + 1}$

③ $y = (2x^2 + 5x)^{\frac{3}{2}}$　④ $y = (x + 1)^3(x^2 + 2)^4$

⑤ $y = \dfrac{1}{(1 - x^2)^3}$　⑥ $y = \dfrac{x^3}{(x + 1)^2}$

12-4 다음 함수의 도함수를 구하여라.

① $4x^2 + 9y^2 = 16$　② $y^2 - 8x = 4$

③ $x^2 + 3xy + 2y^2 = 1$　④ $\dfrac{y}{x} + \dfrac{x}{y} = 3$

⑤ $x = y\sqrt{1 + y}$　⑥ $x = \dfrac{y}{y^2 - 1}$

12-5 다음 매개변수함수에서 $\dfrac{dy}{dx}$를 구하여라.

① $x = 2t$, $y = t^2 + t + 1$　② $x = \dfrac{1 + t}{1 - t}$, $y = \dfrac{2}{1 - t}$

③ $x = 3t$, $y = t^2 + 4t + 3$　④ $x = t^2 - 2t$, $y = t + \dfrac{1}{t}$

12-6 다음 함수를 미분하여라.

① $y = \sin x - \sqrt{3}\cos x$　② $y = \sin x \tan x$

③ $y = \cot^2 x$ ④ $y = (\csc x + \cot x)^2$

⑤ $y = (2x^2 + 1)\sin 2x$ ⑥ $y = \dfrac{1 + \sin x}{\cos x}$

⑦ $y = \cos(\sin x)$ ⑧ $y = \sin^3 x \cos 3x$

12-7 다음 함수를 미분하여라.

① $y = \sin^{-1} 3x$ ② $y = \cos^{-1}(\sin x)$

③ $y = \tan^{-1}(\ln x)$ ④ $y = \tan^{-1}\dfrac{x}{a} + \tan^{-1}\dfrac{a}{x}$

12-8 다음 함수를 미분하여라.

① $y = e^{2x}$ ② $y = \log_2 x$

③ $y = \ln(x^2 + 1)$ ④ $y = x^2 \ln x$

⑤ $y = e^{-x}\cos x$ ⑥ $y = \dfrac{1}{2}\ln\dfrac{1+x}{1-x}$

12-9 다음 함수를 미분하여라.

① $y = \tan h\, 2x$ ② $y = \sin h^2 3x$

③ $y = e^x \sin h\, x$ ④ $y = \cos h\, \dfrac{1}{2}x$

12-10 다음 함수의 2계도함수를 구하여라.

① $y = x^5 + 2x^3$ ② $y = \cos x$

③ $y = e^x \sin x$ ④ $y = x^3 \ln x$

12-11 다음 함수의 n 계도함수를 구하여라.

① $y = e^x$ ② $y = \cos x$ ③ $y = \ln x$

8-5 곡선의 접선과 법선

곡선 $y = f(x)$ 위의 한 점 $P(x_1, y_1)$에 있어서의 **접선**(tangent)의 기울기는 이미 공부한 바와 같이 [그림 8-9]에서

$$f'(x_1) = y'_{x = x_1} = \tan\alpha$$

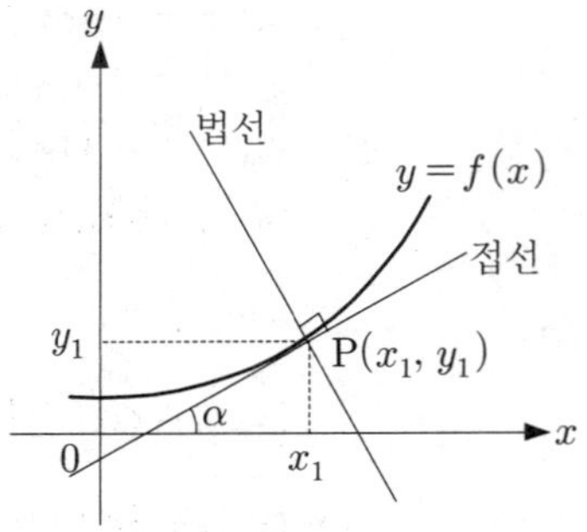

[그림 8-9]

점 $(x_{1,}\ y_1)$을 지나고 기울기가 m 인 직선의 방정식은

$$y - y_1 = m(x - x_1)$$

이므로, 곡선 $y=f(x)$ 위의 점 $(x_{1,}\ y_1)$에서의 접선의 방정식은

$$y - y_1 = f'(x_1)(x - x_1)$$

또, 이 점에서 접선에 직교하는 **법선**(normal)의 기울기는 $-\dfrac{1}{f'(x_1)}$이므로 법선의 방정식은

$$y - y_1 = -\frac{1}{f'(x_1)}(x - x_1)$$

이 된다. 이상을 정리하면 다음과 같다.

■ 접선과 법선의 방정식 ■

곡선 $y=f(x)$ 위의 점 $(x_1,\ y_1)$에서

① 접선의 기울기는 $\tan\alpha = f'(x_1)$

② 접선의 방정식은 $y - y_1 = f'(x_1)(x - x_1)$

③ 법선의 기울기는 $\tan(90° - \alpha) = -\dfrac{1}{f'(x_1)}$

④ 법선의 방정식은 $y - y_1 = -\dfrac{1}{f'(x)}(x - x_1)$

예제 18 포물선 $y=x^2$ 위의 점 $(1, 1)$에서 접선과 법선의 방정식을 구하여라.

[해] 점 $(1, 1)$에서 접선의 기울기는 $f'(1)=2x|_{x=1}=2$이므로 접선의 방정식은

$y-1=2(x-1)$에서 $y=2x-1$

법선의 방정식은

$y-1=-\frac{1}{2}(x-1)$에서 $\boldsymbol{y=-\frac{1}{2}x+\frac{3}{2}}$

예제 19 곡선 $y=8x-3x^2$에서 기울기가 2인 접선의 방정식을 구하여라.

[해] $f(x)=8x-3x^2$에서 $f'(x)=8-6x$이고, 접점을 $(a, 8a-3a^2)$이라고 하자. 그러면 기울기가 2이므로

$f'(a)=8-6a=2 \quad \therefore a=1$

따라서 접점은 $(1, 5)$이고, 구하는 접선의 방정식은

$y-5=2(x-1)$에서 $\boldsymbol{y=2x+3}$

8-6 로올의 정리와 평균값의 정리

함수 $y=f(x)$가 구간 $[a, b]$에서 연속이면, 이 구간에서 $f(x)$는 최대값과 최소값을 가짐을 배웠다. 이 사실을 이용하여 다음과 같은 정리가 성립한다(증명 생략).

■ 로올의 정리 ■

함수 $y=f(x)$가 구간 $[a, b]$에서 연속이고, 구간 (a, b)에서 미분 가능할 때, $f(a)=f(b)$이면

$f'(c)=0$ (단, $a<c<b$)

인 c가 적어도 하나 존재한다.

이 정리의 기하학적 의미는 [그림 8-10]과 같이 x축과 평행선을 그을 수 있는 점 c가 구간 (a, b) 안에 적어도 하나 존재한다는 뜻이다.

참고로, 이 정리는 프랑스의 수학자 **로올**(Rolle ; 1652~1719)에 의하여 정리되었다.

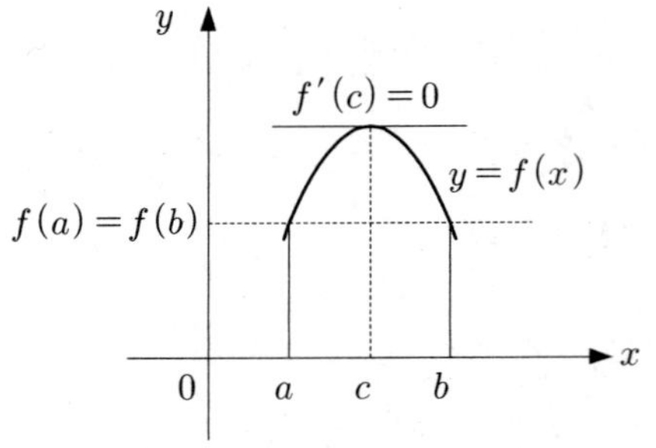

[그림 8-10]

■ 평균값 정리 ■

함수 $y = f(x)$가 구간 $[a, b]$에서 연속이고, 구간 (a, b)에서 미분 가능할 때,

$$\frac{f(b) - f(a)}{b - a} = f'(c) \quad (\text{단}, \ a < c < b)$$

가 되는 c가 적어도 하나 존재한다.

이 정리의 기하학적 의미는 [그림 8-11]과 같이 직선 PQ와 평행인 곡선 위의 접선이 구간 (a, b) 안에 적어도 하나 존재한다.

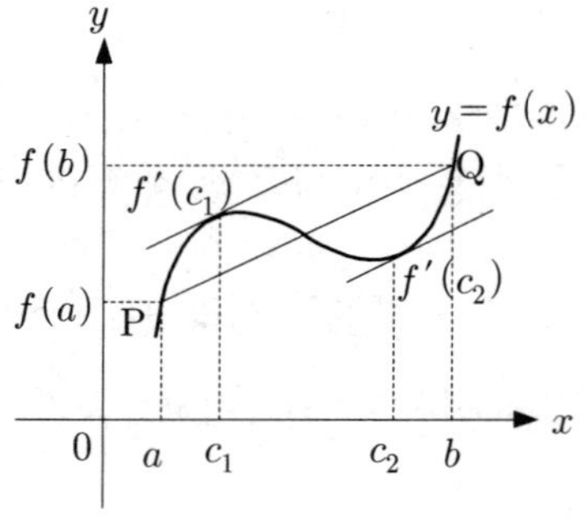

[그림 8-11]

예제 20 $f(x) = 6x - x^2$일 때, $f'(c) = 0 \, (1 < c < 5)$가 되는 c가 존재함을 로올의 정리를 써서 보이고, 이때의 c의 값을 구하여라.

[해] $f(x)$는 폐구간 $[1, 5]$에서 연속이고, 개구간 $(1, 5)$에서 미분 가능하며, $f(1) = f(5) = 5$이므로

$$f'(c) = 0 \, (1 < c < 5)$$

인 c가 존재한다.

곧, $f'(x) = 6 - 2x$ 에서 $f'(c) = 6 - 2c = 0$ $\therefore$ $\mathbf{c = 3}$

예제 21 함수 $f(x) = x^2$ 의 구간 $[1, 2]$에 대하여 평균값의 정리를 만족시키는 상수 c를 구하여라.

[해] $f'(c) = f'(x)|_{x=c} = 2x|_{x=c} = 2c$

$$\frac{f(b) - f(a)}{b - a} = \frac{2^2 - 1^2}{2 - 1} = 3$$

$2c = 3$에서 $\mathbf{c = \frac{3}{2}}$

8-7 함수의 극값과 변곡점

(1) 함수의 증감

함수 $y = f(x)$가 어떤 구간의 임의의 두 수 x_1, x_2에 대하여

$$x_1 < x_2 \text{일 때 } f(x_1) < f(x_2)$$

이면, $f(x)$는 그 구간에서 증가한다 또는 **증가함수**라 하고

$$x_1 > x_2 \text{일 때 } f(x_1) > f(x_2)$$

이면, $f(x)$는 그 구간에서 감소한다 또는 **감소함수**라 한다.

이제, 함수의 증가, 감소와 미분계수의 관계는 다음과 같다.

■ 함수의 증감 ■

주어진 구간의 모든 x에 대하여

① $f'(x) > 0$이면 $f(x)$는 그 구간에서 증가한다.
② $f'(x) < 0$이면 $f(x)$는 그 구간에서 감소한다.

예제 22 함수 $f(x)=x^3-3x+2$의 증가, 감소를 조사하여라.

[해] $f'(x)=3x^2-3=3(x-1)(x+1)$이므로
$x<-1$, $x>1$에서는 $f'(x)>0$, 곧 $f(x)$는 **증가**한다.
$-1<x<1$에서는 $f'(x)<0$, 곧 $f(x)$는 **감소**한다.

(2) 함수의 극대 · 극소

일반적으로, 함수 $y=f(x)$가 $x=a$에 연속이고, x가 증가하면서 a를 지날 때, 함수값 $f(x)$가 증가상태에서 감소상태로 변하면, $f(x)$는 $x=a$에서 **극대**(maximal)가 된다고 하고, 그 때의 함수값 $f(a)$를 **극대값**(maximal value)이라고 한다.

또, x가 증가하면서 a를 지날 때, $f(x)$가 감소상태에서 증가상태로 변하면, $f(x)$는 $x=a$에서 **극소**(minimal)가 된다고 하고, 그 때의 함수값 $f(a)$를 **극소값**(minimal value)이라고 한다.

이때 극대값과 극소값을 통틀어 **극값**(extreme value)이라고 하며, 미분계수와 극값과의 관계는 다음과 같다.

■ $f(x)$의 극대, 극소 ■

함수 $f(x)$가 $x=a$에 미분 가능하고, $f'(a)=0$일 때

① $f'(a)$가 증가(+)에서 감소(−)로 변하면 $x=a$에서 극대이고, 극대값은 $f(a)$

② $f'(a)$가 감소(−)에서 증가(+)로 변하면 $x=a$에서 극소이고, 극소값은 $f(a)$

예제 23 함수 $f(x)=2x^3-9x^2+12x$의 극값을 구하여라.

[해] $f'(x)=6x^2-18x+12=6(x-1)(x-2)$이고, $f'(x)=0$일 때 $x=1, 2$이므로 $f'(x)$의 부호에 의하여 증감을 살펴보면 〈표 8-1〉과 같다.

〈표 8-1〉

x	……	1	……	2	……
$f'(x)$	+	0	−	0	+
$f(x)$	↗	극대	↘	극소	↗

따라서

극대값 $f(1)=2-9+12=5$

극소값 $f(2)=2\times2^3-9\times2^2+12\times2=4$

예제 24 함수 $f(x)=3x^4-4x^3+1$의 극값을 구하고, 그 그래프를 그려라.

[해] $f'(x)=12x^3-12x^2=12x^2(x-1)$, $f'(x)=0$에서 $x=0$, $x=1$

〈표 8-2〉

x	……	0	……	1	……
$f'(x)$	$-$	0	$-$	0	$+$
$f(x)$	↘	1	↘	극소	↗

따라서 〈표 8-2〉에서 $x=1$일 때

극소값 $f(0)=0$이고, 구하는 그래프는 [그림 8-12]와 같다.

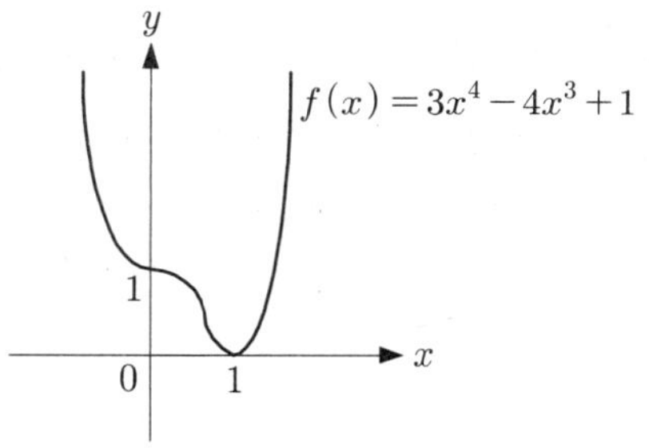

[그림 8-12]

예제 25 구간 $[-2, 1]$에서 함수 $f(x)=x^4-2x^3-3$의 최대값과 최소값을 구하여라.

[해] $f'(x)=4x^3-4x=4x(x^2-1)=4x(x-1)(x+1)$

$f'(x)=0$이라고 놓으면 $x=-1$, $x=0$, $x=1$

구간 $[-2, 1]$에서의 함수 $f(x)$의 증감은 〈표 8-3〉과 같다.

〈표 8-3〉

x	-2	……	-1	……	0	……	1
$f'(x)$		$-$	0	$+$	0	$-$	0
$f(x)$	5	↘	극소	↗	극대	↘	-4

따라서
$x=-2$일 때 **최대값** $f(-2)=29$
$x=-1$ 또는 1일 때 **최소값** $f(1)=f(-1)=-4$

(3) 곡선의 볼록과 변곡점

점 P의 근방에서 곡선이 P에서의 접선의 아래쪽에 있을 때, 곡선은 점 P에서 **위로 볼록(아래로 오목)**이라 하고, 반대로 곡선이 접선의 위쪽에 있을 때 곡선은 점 P에서 **아래로 볼록(위로 오목)**이라고 한다.

또, 곡선의 모양이 오목에서 볼록 또는 볼록에서 오목으로 바뀔 때, 이 점을 **변곡점**(point of inflexion)이라고 하며, 2계도함수와 곡선의 볼록 및 변곡점의 관계는 다음과 같다.

■ 곡선의 볼록과 변곡점 ■

함수 $f(x)$가 $x=a$의 근방에서 연속이고 $f''(x)$를 가질 때

① $f''(a)>0$이면 $f(x)$는 $x=a$에서 아래로 볼록
② $f''(a)<0$이면 $f(x)$는 $x=a$에서 위로 볼록
③ $f''(a)=0$이고 x가 a를 지날 때 $f''(x)$의 부호가 바뀌면 점 $(a, f(a))$는 변곡점이다.

예제 26 다음 함수의 변곡점을 구하여라.

① $y=(x-1)^3$　　② $y=2x^3-9x^2-24x+5$

[해] ① $y'=3(x-1)^2$, $y''=6(x-1)$

$y''=0$에서 $x=1$ $\therefore$ 변곡점은 $(1, 0)$이다.

② $y'=6x^2-18x-24$, $y''=12x-18$

$y''=0$에서 $x=\frac{3}{2}$ $\therefore$ 변곡점은 $\left(\frac{3}{2}, -\frac{89}{2}\right)$이다.

■ 연습문제 13 ■

13-1 곡선 $y=x^3$ 위의 점 $(2, 4)$에서의 접선과 법선의 방정식을 구하여라.

13-2 곡선 $xy=1$ 위의 점 $\left(\frac{1}{2}, 2\right)$에서의 법선의 방정식을 구하여라.

13-3 곡선 $f(x)=x^2+2x-3$에서 기울기가 2인 접선의 방정식을 구하여라.

13-4 지수함수 $y=e^x$ 위의 점 $(1, e)$에서 법선의 방정식을 구하여라.

13-5 다음 함수에 대하여 주어진 구간에서 로올의 정리를 만족시키는 상수 c의 값을 구하여라.

① $f(x)=12x-3x^2$ $[0, 4]$　　② $f(x)=\sin x$ $[0, 2\pi]$

13-6 다음 함수에 대하여 주어진 구간에서 평균값의 정리를 만족시키는 상수 c의 값을 구하여라.

① $f(x)=x^2$ $[0, 2]$　　② $f(x)=\sqrt{x}$ $[1, 4]$

③ $f(x)=-x^3$ $[-1, 1]$　　④ $f(x)=\ln x$ $[1, e]$

13-7 다음 함수의 극값을 구하고, 그 그래프의 개형을 그려라.

① $y=x^3-12x+4$　　② $y=x^4-10x^2+9$

13-8 다음 함수의 주어진 구간에서 최대값과 최소값을 구하여라.

① $y=x^3-3x^2+10$ $[-2, 3]$　　② $y=x^4-2x^2$ $[-2, 1]$

13-9 다음 함수의 변곡점을 구하여라.

① $y=x(12-2x^2)$　　② $y=2x^3-9x^2-24x+5$

8-8 부정형의 극한값

함수 $f(x)$와 $g(x)$에서

$$\frac{f(x)}{g(x)},\ f(x)\cdot g(x),\ f(x)\pm g(x),\ \cdots\cdots$$

가 극한값 $x\to a$를 취할 때

$$\frac{0}{0},\ \frac{\infty}{\infty},\ \infty-\infty,\ 0^0,\ 0^\infty,\ \cdots\cdots$$

의 어느 하나를 취하면 **부정형**이라 하며, 극한값이 존재할 때 다음과 같은 정리로 구할 수 있으며, 평균값의 정리 확장인 **코오시**(cauchy)**의 정리**는 프랑스의 수학자 **코오시**(Cauchy ; 1789~1857)에 의한 것이다.

■ 코오시의 정리 ■

함수 $f(x)$, $g(x)$가 구간 $[a, b]$에서 연속이고 미분 가능하면

$$\frac{f(b)-f(a)}{g(b)-g(a)}=\frac{f'(c)}{g'(c)}\quad (g(b)\neq g(a),\ a<c<b)$$

인 c가 적어도 하나 존재한다.

위의 정리를 증명하면,
평균값 정리에 의하여

$$\frac{f(b)-f(a)}{b-a}=f'(c)\ \cdots\cdots\cdots\cdots\cdots\cdots\cdots\cdots\ (8.1)$$

$$\frac{g(b)-g(a)}{b-a}=g'(c)\ \cdots\cdots\cdots\cdots\cdots\cdots\cdots\cdots\ (8.2)$$

이므로 식 (8.1)을 식 (8.2)로 나누면

$$\frac{f(b)-f(a)}{g(b)-g(a)}=\frac{f'(c)}{g'(c)}$$

가 성립한다.

함수 $f'(x)$, $g'(x)$가 $x = a$를 포함하는 구간에서 코오시의 정리를 만족하면 다음과 같은 **로피탈**(L'Hospital)**의 정리**가 성립하는데, 이 정리는 프랑스의 수학자 **로피탈**(L'Hospital ; 1661~1704)의 이름을 따서 불리고 있다.

■ 로피탈의 정리 ■

> 함수 $f(x)$, $g(x)$에서 $f(a) = g(a) = 0$이고, $g(x) \neq 0$이면
>
> $$\lim_{x \to a}\frac{f(x)}{g(x)} = \lim_{x \to a}\frac{f'(x)}{g'(x)}$$
>
> 또한, $f(a) = g(a) = 0$이고, $f'(a) = g'(a) = 0$이면
>
> $$\lim_{x \to a}\frac{f'(x)}{g'(x)} = \lim_{x \to a}\frac{f''(x)}{g''(x)}$$

위의 정리를 증명하면, $f(a) = g(a) = 0$이므로 코오시의 정리에 의해서

$$\frac{f(x) - f(a)}{g(x) - g(a)} = \frac{f'(x_1)}{g'(x_1)} \quad (a < x_1 < x)$$

가 된다. 위의 관계식에서 $x \to a$일 때, $x_1 \to a$가 되어야 하므로

$$\lim_{x \to a}\frac{f(x)}{g(x)} = \lim_{x \to a}\frac{f(x) - f(a)}{g(x) - g(a)}$$
$$= \lim_{x \to a}\frac{f'(x)}{g'(x)}$$

가 성립하며 $\lim_{x \to a}\frac{f'(x)}{g'(x)} = \lim_{x \to a}\frac{f''(x)}{g''(x)}$도 같은 방법으로 증명이 된다.

예제 27 다음의 극한값을 구하여라.

① $\lim_{x \to 2}\frac{x^2 + x - 6}{x^2 - 4}$ ② $\lim_{x \to 0}\frac{e^x - 1}{x}$

③ $\lim_{x \to 0}\frac{x - \sin x}{x^3}$ ④ $\lim_{x \to 0}\frac{1 - \cos x}{x \sin x}$

⑤ $\lim_{x \to \infty}\frac{e^{2x}}{x^3}$ ⑥ $\lim_{x \to 0}\frac{e^x - e^{-x} - 2x}{x - \sin x}$

[해] ① 준식$= \lim_{x \to 2}\frac{2x + 1}{2x} = \mathbf{\frac{5}{4}}$

② 준식$=\lim_{x\to 0}\frac{e^x}{1}=e^0=1$

③ 준식$=\lim_{x\to 0}\frac{1-\cos x}{3x^2}=\lim_{x\to 0}\frac{\sin x}{6x}=\lim_{x\to 0}\frac{\cos x}{6}=\frac{1}{6}$

④ 준식$=\lim_{x\to 0}\frac{1-\cos x}{x\sin x}=\lim_{x\to 0}\frac{\sin x}{\sin x+x\cos x}$

$=\lim_{x\to 0}\frac{\cos x}{\cos x+\cos x-x\sin x}=\frac{1}{2}$

⑤ 준식$=\lim_{x\to\infty}\frac{2e^{2x}}{3x^2}=\lim_{x\to\infty}\frac{4e^{2x}}{6x}=\lim_{x\to\infty}\frac{8e^{2x}}{6}=\infty$

⑥ 준식$=\lim_{x\to 0}\frac{e^x+e^{-x}-2}{1-\cos x}=\lim_{x\to 0}\frac{e^x-e^{-x}}{\sin x}=\lim_{x\to 0}\frac{e^x+e^{-x}}{\cos x}=2$

8-9 마클로우린 급수와 테일러 급수

(1) 마클로우린 급수

급수에 변수 x가 포함된 항으로 나타나는

$$\sum_{n=0}^{\infty} a_n x^n = a_0 + a_1 x + a_2 x^2 + \cdots + a_n x^n + \cdots$$

와 같은 꼴의 급수를 **멱급수**(power series)라 한다.

이제, 함수 $f(x)$가 멱급수 함수

$$f(x) = a_0 + a_1 x + a_2 x^2 + a_3 x^3 + \cdots + a_n x^n + \cdots$$

로 전개되고, 계속적으로 미분 가능하다고 하면

$$f'(x) = a_1 + 2a_2 x + 3a_3 x^2 + \cdots + na_n x^{n-1} + \cdots$$

$$f''(x) = 2a_2 + 3\cdot 2a_3 x + \cdots + n(n-1)a_n x^{n-2} + \cdots$$

$$f'''(x) = 3\cdot 2a_3 + 4\cdot 3\cdot 2a_4 x + \cdots + n(n-1)(n-2)a_n x^{n-3} + \cdots$$

$$\vdots$$

$$f^{(n)}(x) = n(n-1)(n-2)\cdots\cdots a_n$$

$$= n!a_n$$

위의 식들에 $x=0$을 대입하면

$$a_0 = f(0),\ a_1 = f'(0),\ a_2 = \frac{f''(0)}{2!},\ \cdots\cdots,\ a_n = \frac{f^{(n)}(0)}{n!}$$

이므로, 멱급수 함수 $f(x)$는 다음과 같은 **마클로우린 급수**(Maclaurin series)로 전개된다.

■ 마클로우린 급수 ■

$$f(x) = f(0) + f'(0) + \frac{f''(0)}{2!}x^2 + \cdots\cdots + \frac{f^{(n)}(0)}{n!}x^n + \cdots\cdots$$

이것은 스코틀랜드의 수학자 **마클로우린**(Maclaurin ; 1698~1746)의 이름을 딴 것이다.

예제 28 다음 함수를 마클로우린 급수로 전개하여라.

① $f(x) = e^x$　　② $f(x) = \sin x$　　③ $f(x) = \cos x$

[해] ① $f(x) = e^x$ 에서

$$\begin{aligned} f(x) &= e^x & f(0) &= e^0 = 1 \\ f'(x) &= e^x & f'(0) &= e^0 = 1 \\ f''(x) &= e^x & f''(0) &= e^0 = 1 \\ f'''(x) &= e^x & f'''(0) &= e^0 = 1 \end{aligned}$$

……………………………

이므로 구하는 e^x 의 마클로우린 급수는

$$f(x) = e^x = f(0) + f'(0)x + \frac{f''(0)}{2!}x^2 + \cdots\cdots + \frac{f^{(n)}(0)}{n!}x^n + \cdots\cdots$$

$$= \mathbf{1 + x + \frac{1}{2!}x^2 + \frac{1}{3!}x^3 + \cdots\cdots + \frac{1}{n!}x^n + \cdots\cdots}$$

② $f(x) = \sin x$ 에서

$$\begin{aligned} f(x) &= \sin x & f(0) &= \sin 0 = 0 \\ f'(x) &= \cos x & f'(0) &= \cos 0 = 1 \\ f''(x) &= -\sin x & f''(0) &= -\sin 0 = 0 \\ f'''(x) &= -\cos x & f'''(0) &= -\cos 0 = -1 \end{aligned}$$

……………………………

이므로 구하는 $\sin x$ 의 마클로우린 급수는

$$f(x) = \mathbf{\sin x = x - \frac{x^3}{3!} + \frac{x^5}{5!} - \cdots\cdots}$$

③ $f(x)=\cos x$ 에서

$$f(x)=\cos x \qquad f(0)=\cos 0=1$$
$$f'(x)=-\sin x \qquad f'(0)=-\sin 0=0$$
$$f''(x)=-\cos x \qquad f''(0)=-\cos 0=-1$$
$$f'''(x)=\sin x \qquad f'''(0)=\sin 0=0$$
$$\cdots\cdots$$

이므로 구하는 $\cos x$ 의 마클로우린 급수는

$$f(x)=\cos x=1-\frac{x^2}{2!}+\frac{x^4}{4!}-\cdots\cdots$$

(2) 오일러의 정리

앞의 예제에서 나타난 e^x 의 마클로우린 급수는 x 가 모든 실수에 대하여 성립한다. 지금 e^x 의 급수전개식에서 x 를 $j\theta$ 로 바꾸어 놓은 식은

$$\begin{aligned} e^{j\theta} &= 1+j\theta+\frac{(j\theta)^2}{2!}+\frac{(j\theta)^3}{3!}+\frac{(j\theta)^4}{4!}+\frac{(j\theta)^5}{5!}+\cdots\cdots \\ &= \left(1-\frac{\theta^2}{2!}+\frac{\theta^4}{4!}-\cdots\cdots\right)+j\left(\theta-\frac{\theta^3}{3!}+\frac{\theta^5}{5!}-\cdots\cdots\right) \end{aligned}$$

로 되므로, 이 실수부와 허수부에 앞의 예제에서 구한 $\sin x$ 와 $\cos x$ 의 마클로우린 급수를 적용하면 다음과 같은 **오일러**(Euler)**의 정리**가 얻어진다.

■ 오일러의 정리 ■

$$e^{j\theta}=\cos\theta+j\sin\theta$$

지수계산에서는 $(e^{j\theta})^n=e^{jn\theta}$ 로 나타내지만 이것을 오일러의 정리에 적용한 다음 식을 **드 무아브르**(De Moivre)**의 정리**라고 부른다.

■ 드 무아브르의 정리 ■

$$(\cos\theta+j\sin\theta)^n=\cos n\theta+j\sin n\theta$$

(3) 테일러 급수

함수 $f(x)$가 $(x-a)$의 멱급수 함수

$$f(x) = c_0 + c_1(x-a) + c_2(x-a)^2 + \cdots\cdots + c_n(x-a)^n + \cdots\cdots$$

로 전개되고, 계속적으로 미분 가능하다고 하면, 마클로우린 급수 유도식과 같은 방법으로 위 식을 계속 미분한 도함수에 $x=a$를 대입하여 상수 c_0, c_1, c_2, …… 등을 구하면 다음과 같은 **테일러 급수**(Taylor series)로 전개된다.

■ 테일러 급수 ■

$$f(x) = f(a) + f'(a)(x-a) + \frac{f''(a)}{2!}(x-a)^2 + \frac{f'''(a)}{3!}(x-a)^3 + \cdots\cdots + \frac{f^{(n)}(a)}{n!}(x-a)^n + \cdots\cdots$$

이것은 영국의 수학자 **테일러**(Taylor ; 1685~1731)의 이름을 딴 것이다.

예제 29 $f(x) = x^3 + 3x^2 + 2x + 1$을 $(x-1)$의 멱급수로 전개하여라.

[해] $f(x) = f(1) + f'(1)(x-1) + \frac{f''(1)}{2!}(x-1)^2 + \frac{f'''(1)}{3!}(x-1)^3 + \cdots\cdots$

에서 $f(1)$, $f'(1)$, $f''(1)$, $f'''(1)$, ……을 구하면

$f(x) = x^3+3x^2+2x+1$ $f(1)=7$

$f'(x) = 3x^2+6x+2$ $f'(1)=11$

$f''(x) = 6x+6$ $f''(1)=12$

$f'''(x) = 6$ $f'''(1)=6$

$f^{(4)}(x) = 0$ $f^{(4)}(1)=0$

이므로 구하는 테일러 급수는

$$f(x) = 7 + 11(x-1) + \frac{12}{2!}(x-1)^2 + \frac{6}{3!}(x-1)^3$$
$$= \mathbf{(x-1)^3 + 6(x-1)^2 + 11(x-1) + 7}$$

8-10 속도와 가속도

(1) 직선 위의 운동

수직선 위를 움직이는 점 P 가 있을 때, 시각 t 에서의 점 P 의 좌표를 x 라 하면, x 는 t 의 함수로

$$x = f(t)$$

로 나타내어진다.

이때, x 의 t 에 대한 변화율

$$\lim_{\Delta t \to 0} \frac{\Delta x}{\Delta t} = \frac{dx}{dt} = f'(t)$$

를 시각 t 에 있어서의 점 P 의 **속도**(velocity)라 하고 흔히 v 로 나타내고, 속도의 절대값 $|v|$를 **속력**이라고 한다.

또, v 의 t 에 대한 변화율

$$\lim_{\Delta t \to 0} \frac{\Delta v}{\Delta t} = \frac{dv}{dt} = \frac{d}{dt}\left(\frac{dx}{dt}\right) = \frac{d^2x}{dt^2} = f''(t)$$

를 시각 t 에 있어서는 점 P 의 **가속도**(acceleration)라 하고, 흔히 α 로 나타낸다. 이상을 정리하면 다음과 같다.

■ 직선 위의 속도와 가속도 ■

수직선 위를 움직이는 점 P 의 좌표 x 가 시각 t 의 함수 $x = f(t)$일 때

① 시각 t 에서의 점 P 의 속도는

$$v = \lim_{\Delta t \to 0} \frac{\Delta x}{\Delta t} = \frac{dx}{dt} = f'(t)$$

② 시각 t 에서의 가속도는

$$\alpha = \lim_{\Delta t \to 0} \frac{\Delta v}{\Delta t} = \frac{dv}{dt} = f''(t)$$

예제 30 x 축 위를 움직이는 점 P 의 좌표 x 와 시각 t 사이에 $x=t^2+3t$ 인 관계가 있을 때 $t=2$ 에서의 속도를 구하여라.

[해] $v'(t)=\dfrac{dx}{dt}=\lim\limits_{\Delta t\to 0}\dfrac{(t+\Delta t)^2-3(t+\Delta t)-(t^2+3t)}{\Delta t}$

$$=\lim_{\Delta t\to 0}\frac{(2t+3+\Delta t)}{\Delta t}=2t+3$$

따라서, $t=2$ 에서의 속도는

$$v'(2)=\frac{dx}{dt}\bigg|_{t=2}=2\cdot 2+3=\mathbf{7}$$

예제 31 직선궤도 위를 달리는 열차가 제동을 건 다음 t 초 경과한 사이에 달린 거리를 x[m]이라고 할 때, $x=6t-0.15t^2$ 인 관계가 있을 때 다음을 구하여라.

① 이 열차는 제동을 건 후 몇 초 후에 정지하는가?

② 달린 거리는 얼마인가?

[해] ① t 초 후의 속도를 $v(t)$[m/s]라 하면

$$v(t)=\frac{dx}{dt}=6-0.3t=0 \text{에서 } \mathbf{t=20}$$

따라서, 제동을 건 후 20초 후에 정지한다.

② 제동을 건 후 정지할 때까지 달린 거리는

$$x=6\times 20-0.15\times 20^2=120-60=\mathbf{60}[\text{m}]$$

예제 32 지면에서 처음 속도 24.5[m/sec]로 똑바로 위로 던진 물체가 있다. 이 물체의 t 초 후의 높이를 x[m]라 하면, x 와 t 와의 관계식이 $x=24.5t-4.9t^2$ 일 때, 다음을 구하여라.

① 던지고 나서 3 초 후의 속도와 가속도

② 최고점에 도달할 때까지의 시간

[해] $x=24.5t-4.9t^2$ 에서 $v=24.5-9.8t$, $a=-9.8$

① $t=3$이면, $v=4.9$[m/s], $a=\mathbf{-9.8}$[m/s^2]

② 최고점에 도달하면 $v=0$ 이므로

$24.5-9.8t=0 \qquad \therefore t=\mathbf{2.5}$[초]

(2) 평면 위의 운동

앞에서는 직선 위를 움직이는 점 P 의 속도, 가속도에 대해서 알아보았다. 이제,

평면 위를 움직이는 점 P 의 속도, 가속도에 대해서 알아보기로 하자.

평면 위를 움직이는 점 P 의 좌표 (x, y)가 시각 t 의 함수로서

$$x = f(t), \qquad y = g(t)$$

로 주어진다고 할 때, [그림 8-13]과 같이 점 P 의 x축 위의 정사영 Q 는 x축 위에서 $x = f(t)$로 주어지는 운동을 한다.

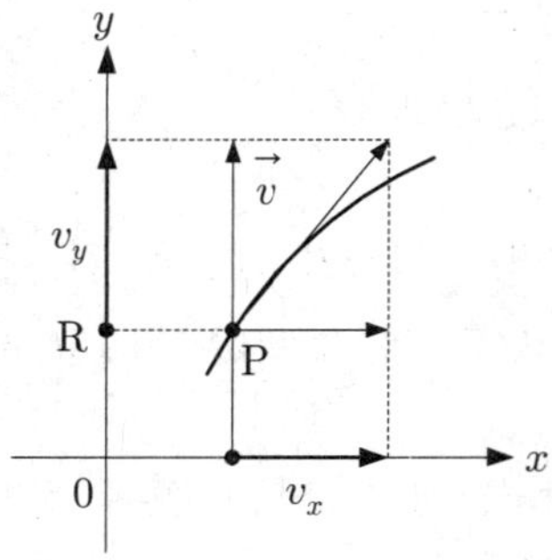

[그림 8-13]

따라서, 시각 t 에서의 점 Q 의 x축 위에서의 속도를 v_x 라 하면

$$v_x = \frac{dx}{dt} = f'(t)$$

마찬가지로 점 P 의 y축 위의 정사영 R 은 y축 위에서 $y = g(t)$로 주어지는 운동을 하며, 시각 t 에서의 점 R 의 y축 위에서의 속도를 v_y 라 하면 v_y 는 다음과 같다.

$$v_y = \frac{dy}{dt} = g'(t)$$

이때, 이 v_x , v_y 를 성분으로 갖는 벡터

$$\vec{v} = (v_x, v_y) = \left(\frac{dx}{dt}, \frac{dy}{dt}\right)$$

를 시각 t 에서의 점 P 의 **속도벡터** 또는 간단히 **속도**라 한다.

이때, 속도 $\vec{v}$ 의 크기는

$$|\vec{v}| = \sqrt{v_x^2 + v_y^2} = \sqrt{\left(\frac{dx}{dt}\right)^2 + \left(\frac{dy}{dx}\right)^2}$$

이며, 이것을 **속력**이라 한다.

또한, 시각 t 에서의 점 Q, R 의 x축, y축 위에서의 가속도를 각각 α_x , α_y 라고 하면,

$$\alpha_x = \frac{dv_x}{dt} = \frac{d^2x}{dt^2} = f''(t), \quad \alpha_y = \frac{dv_y}{dt} = \frac{d^2y}{dt^2} = g''(t)$$

이다. 이 α_x , α_y 를 성분으로 하는 벡터

$$\vec{\alpha} = (\alpha_x, \alpha_y) = \left(\frac{d^2x}{dt^2}, \frac{d^2y}{dt^2}\right)$$

를 시각 t 에서의 점 P 의 **가속도벡터** 또는 간단히 **가속도**라 한다.

이때, 가속도 $\vec{\alpha}$ 의 크기는 다음과 같다.

$$|\vec{\alpha}| = \sqrt{\alpha_x^2 + \alpha_y^2}$$

이상을 정리하면 다음과 같다.

■ 평면 위의 속도와 가속도 ■

$x = f(t)$, $y = g(t)$로 나타내어지는 평면 위의 점 $P(x, y)$의 운동에서

① 속도 $\vec{v} = (v_x, v_y) = \left(\frac{dx}{dt}, \frac{dy}{dt}\right)$

② 속력 $|\vec{v}| = \sqrt{v_x^2 + v_y^2} = \sqrt{\left(\frac{dx}{dt}\right)^2 + \left(\frac{dy}{dx}\right)^2}$

③ 가속도 $\vec{\alpha} = (\alpha_x, \alpha_y) = \left(\frac{d^2x}{dt^2}, \frac{d^2y}{dt^2}\right)$

④ 가속도의 크기 $|\vec{\alpha}| = \sqrt{\alpha_x^2 + \alpha_y^2} = \sqrt{\left(\frac{d^2x}{dt^2}\right)^2 + \left(\frac{d^2y}{dt^2}\right)^2}$

예제 33 시각 t 에서의 동점 $P(x, y)$가 $x = 2t + 1$, $y = 2t - t^2$ 로 주어질 때 $t = 2$에서의 속도와 가속도 및 그 크기를 각각 구하여라.

[해] $\frac{dx}{dt} = 2$, $\frac{d^2x}{dt^2} = 0$이고 $\left.\frac{dx}{dt}\right|_{t=2} = 2$, $\left.\frac{d^2x}{dt^2}\right|_{t=2} = 0$

$\frac{dy}{dt} = 2 - 2t$, $\frac{d^2y}{dt^2} = -2$이고 $\left.\frac{dy}{dt}\right|_{t=2} = -2$, $\left.\frac{d^2y}{dt^2}\right|_{t=2} = -2$

$\therefore \vec{v} = (2, -2)$, $|\vec{v}| = \sqrt{2^2 + (-2)^2} = 2\sqrt{2}$

$$\vec{\alpha}=(0,-2),\ |\vec{\alpha}|=\sqrt{0^2+(-2)^2}=2$$

예제 34 $x=2(t-\sin t)$, $y=2(1-\cos t)$로 표시되는 운동에서 $t=\pi$일 때 속도와 가속도의 크기를 구하여라.

[해] $\dfrac{dx}{dt}=2(1-\cos t)$, $\dfrac{dy}{dt}=2\sin t$

$$|\vec{v}|^2=\left(\frac{dx}{dt}\right)^2+\left(\frac{dy}{dt}\right)^2=4\{(1-\cos t)^2+\sin^2 t\}=8(1-\cos t)=16\sin^2\frac{t}{2}$$

$t=\pi$일 때 $|\vec{v}|^2=16$에서 $|\vec{v}|=4$

$$|\vec{\alpha}|^2=\left(\frac{d^2x}{dt^2}\right)^2+\left(\frac{d^2y}{dt^2}\right)^2=4(\sin^2 t+\cos^2 t)=4$$

$\therefore |\vec{\alpha}|=2$

8-11 편도함수

(1) 다변수함수

지금까지 우리가 다룬 함수는 그 형태가 $y=f(x)$의 꼴이었다. 이때, x를 독립변수, y를 종속변수라 하였다.

이러한 개념을 확장하여 보기로 하자.

2개의 독립변수 x, y에 대하여 종속변수 z의 값이 정하여지는 f가 있을 때 z를 x, y의 함수라 하고

$$z=f(x,y)$$

라 쓴다.

일반적으로, 독립변수 x_1, x_2, $\cdots$, x_n에 대하여 종속변수 y의 값이 정해지는 f가 있을 때,

$$y=f(x_1, x_2, \cdots, x_n)$$

으로 나타낸다.

여기서 독립변수가 1개, 2개, $\cdots$, n개인 함수를 **1변수함수**, **2변수함수**, $\cdots$, **n변수함수**라 하고, 2변수함수 이상을 **다변수함수**라 한다.

2변수함수 $f(x, y)$에서 x가 a에, y가 b에 가까워질 때, $f(x, y)$의 값이 일정한 값 c에 한없이 가까워지면, $f(x, y)$는 c에 **수렴한다**라고 하고 c를 $f(x, y)$의 극한값 또는 극한이라고 한다. 이것을 기호로

$$\lim_{\substack{x \to a \\ y \to b}} f(x, y) = \lim_{(x,y)\to(a,b)} f(x, y) = c$$

또는

$$x \to a, y \to b \text{ 일 때 } f(x, y) = c$$

로 나타낸다.

또한, 2변수함수 $z = f(x, y)$가 $x = a$, $y = b$에서 함수값 $f(a, b)$가 존재하고 $\lim_{\substack{x \to a \\ y \to b}} f(x, y)$가 유한확정값을 가지며, $f(a, b) = \lim_{\substack{x \to a \\ y \to b}} f(x, y)$일 때 z는 $x = a$, $y = b$에서 연속이라 하고, 연속함수의 성질은 다음과 같다.

■ 연속함수의 성질 ■

$f(x, y)$, $g(x, y)$가 연속함수라 하면

① $f(x, y) \pm g(x, y)$, $f(x, y) \cdot g(x, y)$, $\dfrac{f(x, y)}{g(x, y)}$(단, $g(x, y) \neq 0$)는 모두 연속함수이다.

② 연속함수의 연속함수도 연속함수이다.

예제 35 $x = 1$, $y = 2$에서 $f(x, y) = x^2 + y^2$의 값을 구하여라.

[해] $f(1, 2) = 1^2 + 2^2 = 5$

예제 36 함수 $f(x, y) = \sqrt{1 - x^2 - y^2}$의 정의역을 구하여라.

[해] $1 - x^2 - y^2 \geq 0$ $\therefore x^2 + y^2 \leqq 1$ (단위원의 내부)

예제 37 다음 극한값을 구하여라.

① $\lim_{\substack{x \to 1 \\ y \to 2}} xy$ ② $\lim_{\substack{x \to 0 \\ y \to 1}} \dfrac{x - xy + 4}{x^2 y + 3xy - 2y}$

[해] ① $\lim_{\substack{x \to 1 \\ y \to 2}} 1 \cdot 2 = \mathbf{2}$

② $\lim_{\substack{x \to 0 \\ y \to 1}} \dfrac{x - xy + 4}{x^2 y + 3xy - 2y} = \dfrac{4}{-2} = \mathbf{-2}$

(2) 편도함수

2변수함수 $z = f(x, y)$에서 y를 어떤 상수로 고정시키면 1변수함수와 같은 x만의 함수가 된다. 따라서, x에 관한 도함수를 생각할 수 있게 된다.

y를 고정시키고 x의 증분을 Δx라 할 때

$$\lim_{\Delta x \to 0} \frac{f(x + \Delta x, y) - f(x, y)}{\Delta x}$$

의 극한값이 존재하면, 이것을

$$\frac{\partial z}{\partial x}, \quad \frac{\partial}{\partial x} f(x, y), \quad f_x(x, y), \quad z_x$$

등으로 나타내고, $z = f(x, y)$의 x에 관한 **편도함수**(portial derivative)라 한다.

또, x를 고정시키고 y의 증분 Δy라 할 때

$$\lim_{\Delta y \to 0} \frac{f(x, y + \Delta y) - f(x, y)}{\Delta y}$$

의 극한값이 존재하면, 이것을

$$\frac{\partial z}{\partial y}, \quad \frac{\partial}{\partial y} f(x, y), \quad f_y(x, y), \quad z_y$$

등으로 나타내고, $z = f(x, y)$의 y에 관한 편도함수라 한다.

이상을 정리하면 다음과 같다.

■ 편도함수와 편미분계수 ■

2변수함수 $z = f(x, y)$와 한 점 (a, b)에서의

① x에 관한 편도함수와 편미분계수

$$\frac{\partial z}{\partial x} = \lim_{\Delta x \to 0} \frac{f(x + \Delta x, y) - f(x, y)}{\Delta x}$$

$$f_x(a, b) = \left. \frac{\partial z}{\partial x} \right|_{\substack{x = a \\ y = b}}$$

② y에 관한 편도함수와 편미분계수

$$\frac{\partial z}{\partial y} = \lim_{\Delta y \to 0} \frac{f(x, y+\Delta y) - f(x, y)}{\Delta y}$$

$$f_y(a, b) = \left.\frac{\partial z}{\partial y}\right|_{\substack{x=a \\ y=b}}$$

예제 38 다음 함수의 편도함수를 구하여라.

① $z = 2xy^3 + x^2y - 3xy + 2$ ② $z = e^x \ln(x^2 + y^2 + 1)$

[해] ① $\frac{\partial z}{\partial x} = \frac{\partial}{\partial x}(2xy^3 + x^2y - 3xy + 2) = \mathbf{2y^3 + 2xy - 3y}$

$\frac{\partial z}{\partial y} = \frac{\partial}{\partial y}(2xy^3 + x^2y - 3xy + 2) = \mathbf{6xy^2 + x^2 - 3x}$

② $\frac{\partial z}{\partial x} = \mathbf{e^x \ln(x^2 + y^2 + 1) + e^x \cdot \frac{2x}{x^2 + y^2 + 1}}$

$\frac{\partial z}{\partial y} = \mathbf{e^x \cdot \frac{2y}{x^2 + y^2 + 1}}$

(3) 고계편도함수

2변수함수 $z = f(x, y)$의 편도함수 $\frac{\partial z}{\partial x}$, $\frac{\partial z}{\partial y}$를 x와 y로 편미분하면

$$\frac{\partial}{\partial x}\left(\frac{\partial z}{\partial x}\right), \quad \frac{\partial^2 z}{\partial x^2}, \quad z_{xx}, \quad \frac{\partial}{\partial x} f_x(x, y)$$

$$\frac{\partial}{\partial y}\left(\frac{\partial z}{\partial y}\right), \quad \frac{\partial^2 z}{\partial y^2}, \quad z_{yy}, \quad \frac{\partial}{\partial y} f_y(x, y)$$

$$\frac{\partial}{\partial x}\left(\frac{\partial z}{\partial y}\right), \quad \frac{\partial^2 z}{\partial x \partial y}, \quad z_{yx}, \quad \frac{\partial}{\partial x} f_y(x, y)$$

$$\frac{\partial}{\partial y}\left(\frac{\partial z}{\partial x}\right), \quad \frac{\partial^2 z}{\partial y \partial x}, \quad z_{xy}, \quad \frac{\partial}{\partial y} f_x(x, y)$$

가 되고, 이것들을 **2계편도함수**라 하고 2계 이상의 편도함수를 **고계편도함수**라 한다.

예제 39 다음 함수의 2계편도함수를 구하여라.

① $z = x^2 \sin y$ ② $z = xe^y + y\sin x$

[해] ① $\frac{\partial z}{\partial x} = 2x\sin y$, $\frac{\partial z}{\partial y} = \mathbf{x^2 \cos y}$

$$\frac{\partial^2 z}{\partial x^2}=2\sin y, \qquad \frac{\partial z}{\partial y^2}=-x^2\sin y$$

$$\frac{\partial^2 z}{\partial x \partial y}=2x\cos y, \qquad \frac{\partial^2 z}{\partial y \partial x}=z_{xy}=2x\cos y$$

② $$\frac{\partial z}{\partial x}=e^y+y\cos x, \qquad \frac{\partial z}{\partial y}=xe^y+\sin x$$

$$\frac{\partial^2 z}{\partial x^2}=-y\sin x, \qquad \frac{\partial^2 z}{\partial y^2}=xe^y$$

$$\frac{\partial^2 z}{\partial x \partial y}=e^y+\cos x, \qquad \frac{\partial^2 z}{\partial y \partial x}=e^y+\cos x$$

8-12 전미분

함수 $z=f(x, y)$가 임의의 구간에서 연속이고, 또한 n계편도함수가 존재하는 함수이면 변수 x, y가 이 구간에서 한 조의 값 x, y에서 다른 한 조의 값 $x+\Delta x$, $x+\Delta y$로 변하였을 때 z가 하나의 값 z에서 $z+\Delta z$로 변하였다고 하면

$$\begin{aligned}\Delta z &= f(x+\Delta x, y+\Delta y)-f(x, y)\\ &= f(x+\Delta x, y+\Delta y)-f(x, y+\Delta y)+f(x, y+\Delta y)-f(x, y)\\ &= \frac{f(x+\Delta x, y+\Delta y)-f(x, y+\Delta y)}{\Delta x}\cdot\Delta x\\ &\quad+\frac{f(x, y+\Delta y)-f(x, y)}{\Delta y}\cdot\Delta y\end{aligned}$$

한편,

$$\lim_{\substack{\Delta x\to 0\\ \Delta y\to 0}}\frac{f(x+\Delta x, y+\Delta y)-f(x, y+\Delta y)}{\Delta x}=f_x(x, y)$$

$$\lim_{\substack{\Delta x\to 0\\ \Delta y\to 0}}\frac{f(x, y+\Delta y)-f(x, y+\Delta y)}{\Delta y}=f_y(x, y)$$

로 정의할 수 있으므로

$$\lim_{\substack{\Delta x\to 0\\ \Delta y\to 0}}\Delta z=\lim_{\substack{\Delta x\to 0\\ \Delta y\to 0}}\frac{f(x+\Delta x, y+\Delta y)-f(x, y+\Delta y)}{\Delta x}\cdot\lim_{\Delta x\to 0}\Delta x$$

$$+\lim_{\Delta y \to 0}\frac{f(x,\,y+\Delta x)-f(x,\,y)}{\Delta y}\cdot\lim_{\Delta y \to 0}\Delta y$$

에서

$$\lim_{\substack{\Delta x \to 0 \\ \Delta y \to 0}}\Delta z = dz\,,\quad \lim_{\Delta x \to 0}\Delta x = dx\,,\quad \lim_{\Delta y \to 0}\Delta y = dy$$

라 하면 다음과 같은 **전미분**(total differential)이 정의된다.

■ 전 미 분 ■

> $z=f(x,\,y)$에서 전미분은
>
> $$dz=\frac{\partial z}{\partial x}dx+\frac{\partial z}{\partial y}dy$$

예제 40 다음 함수를 전미분하여라.

① $z=2x^2+3y^2$　　② $z=\dfrac{y}{x}$

③ $z=r\cos\theta$　　④ $z=r\sin\theta$

[해] ① $dz=\dfrac{\partial z}{\partial x}dx+\dfrac{\partial z}{\partial y}dy=\mathbf{4x\,dx+6y\,dy}$

② $dz=-\dfrac{y}{x^2}dx+\dfrac{1}{x}dy=\dfrac{\mathbf{-y\,dx+x\,dy}}{\mathbf{x^2}}$

③ $dz=\dfrac{\partial z}{\partial r}dr+\dfrac{\partial z}{\partial \theta}d\theta=\mathbf{\cos\theta\,dr-r\sin\theta d\theta}$

④ $dz=\mathbf{\sin\theta\,dr+r\cos\theta\,d\theta}$

■ 연습문제 14 ■

14-1 다음 함수의 극한값을 구하여라.

① $\displaystyle\lim_{x\to 4}\frac{x^2-16}{x^2+x-20}$　　② $\displaystyle\lim_{x\to 0}\frac{e^x-1}{x^2}$

③ $\displaystyle\lim_{x\to\infty}\frac{\sqrt{2+x^2}}{x}$　　④ $\displaystyle\lim_{x\to 0}\frac{e^x-x+3}{x^2}$

⑤ $\lim_{x \to \infty} \frac{x^2}{e^x}$ ⑥ $\lim_{x \to 0}(\csc x - \cot x)$

⑦ $\lim_{x \to 0} \sin 3x \cot 2x$ ⑧ $\lim_{x \to \infty} \frac{\log(1+e^x)}{x}$

14-2 함수 $f(x) = \ln(1+x)$를 마클로우린 급수로 전개하여라.

14-3 $f(x) = x^4 - x^3 + 3x^2 - 3$을 $(x-2)$의 멱급수로 전개하여라.

14-4 $f(x) = \sin x$의 $x = \frac{\pi}{4}$에 관한 멱급수로 나타내어라.

14-5 수직선 위를 움직이는 물체의 시각 t에서의 위치 x가 $x = t^3 - 3t^2 - 9t$로 주어질 때, 다음을 구하여라.
① $t = 4$일 때의 물체의 속도
② 물체가 운동의 방향을 바꾸는 시각

14-6 지면에 똑바로 위를 향하여 처음 속도 15[m/s]로 던진 물체의 t초 후의 높이를 x[m]라 하면, $x = 15t - 5t^2$으로 나타내어진다고 한다. 이때, 다음을 구하여라.
① 시각 t에서의 속도 v와 가속도 α
② 물체가 최고 높이에 도달할 때까지의 시간
③ 물체가 다시 지면에 떨어지는 순간의 속도

14-7 지상 30[m]의 높이에서 초속 25[m]로 똑바로 위로 던진 물체의 t초 후의 지상으로부터의 높이를 $S(t)$라 하면, $S(t) = 30 + 25t - 5t^2$[m]인 관계가 있을 때, 다음을 구하여라.
① 3초 후의 속도와 가속도
② 물체가 도달하는 최고의 높이

14-8 $x = 2$, $y = 3$에서 다음 함수 $f(x, y)$의 값을 구하여라.
① $f(x, y) = x^2 + 2y$ ② $f(x, y) = \sqrt{x+y}$

14-9 함수 $f(x, y) = \sqrt{4-x^2} - \sqrt{9-y^2}$의 정의역을 구하여라.

14-10 다음 극한값을 구하여라.

① $\lim_{\substack{x \to 1 \\ y \to 1}} (x^2 + y^2)$ ② $\lim_{(x,y) \to (0,1)} \frac{2x^3 - 3xy + y^2}{x^4 + 2y^2 + y}$

14-11 다음 함수의 편도함수를 구하여라.

① $z = x^3y - xy^3$ ② $z = \sqrt{x^2 + y^2}$

③ $z = \dfrac{y}{x}$ ④ $z = \log\sqrt{x^2 + y^2}$

14-12 함수 $f(x, y) = y\sqrt{x^2 + y^2}$ 의 점 $(1, 2)$에서 x에 관한 편미분계수 및 점 $(0, 1)$에서 y에 관한 편미분계수를 구하여라.

14-13 $z = x^3 + 3x^2y - 2x^2y^2 - y^4 + 3xy$ 에서 다음을 구하여라.

① $\dfrac{\partial z}{\partial x}$ ② $\dfrac{\partial^2 z}{\partial x^2}$ ③ $\dfrac{\partial^2 z}{\partial y\, \partial z}$

④ $\dfrac{\partial z}{\partial y}$ ⑤ $\dfrac{\partial^2 z}{\partial y^2}$ ⑥ $\dfrac{\partial^2 z}{\partial x\, \partial y}$

14-14 다음 함수를 전미분하여라.

① $z = 3xy^2 - 2x^3y^3$ ② $z = \sqrt{x^2 + y^2}$

③ $u = xy^2z^3$ ④ $u = x^2y + y^2z + z^2x$

chapter 9

적분과 그 활용

바빌로니아, 이집트, 중국 등의 옛날 기록에 의하면 지금부터 4,000년 전에도 길이, 넓이, 부피를 구하는 여러 가지 구분구적법이 알려져 있었다. 이와 같이, 적분의 개념은 미분법과 관계없이 구분구적법에서 시작되었다고 볼 수 있다.

처음으로, 극한의 개념을 도입하여 넓이와 부피를 구한 수학자는 케플러(Keppler ; 1571~1630)이다. 이러한 극한의 구분구적법은 뉴턴(Newton ; 1642~1727)과 라이프니츠(Leibniz ; 1646~1716)에 의하여 적분으로 연결되었다.

한편, 코오시(Cauchy ; 1789~1857)는 극한을 써서 연속함수에 대한 정적분을 정의하여 오늘날의 정적분의 개념에 가깝게 하였다.

그리고, 우리가 배우고 있는 적분은 리만(Riemann ; 1826~1866)이 코오시의 적분을 유한함수까지 확장한 것이다.

9-1 부정적분

(1) 부정적분의 정의

앞 장에서 배운 미분은 주어진 함수의 도함수를 구하는 것이지만, 반대로 도함수가 주어지고 그 원래의 함수를 구하는 것이 적분이다.

이를테면, 도함수가 $2x$ 인 함수를 구하면, C를 임의의 상수라 할 때

$$\frac{d}{dx}(x^2 + C) = 2x$$

이므로, 도함수가 $2x$ 인 함수는 $x^2 + C$이다.

일반적으로, 함수 $F(x)$의 도함수가 $f(x)$라 할 때, 즉

$$\frac{d}{dx}F(x) = f(x)$$

일 때, $F(x)$를 $f(x)$의 **부정적분**(indefinite integral) 또는 **원시함수**(primitive function)라 하고, 기호로는

$$\int f(x)dx = F(x)$$

와 같이 나타낸다. 그런데, 임의의 상수 C에 대해서도

$$\frac{d}{dx}\{F(x) + C\} = \frac{d}{dx}F(x)$$

가 성립하므로, 위의 부정적분에서 $F(x)$ 대신에 $F(x) + C$를 대입하면

$$\int f(x)dx = F(x) + C$$

와 같이 표시된다.

여기서 함수 $f(x)$를 **피적분함수**(integrand), C를 **적분상수**(integration constant), x를 **적분변수**(integration variable)라 하고, $f(x)$의 부정적분을 구하는 것을 $f(x)$를 **적분한다**(integrate)고 하며, 그 계산법을 **적분법**(integration)이라고 한다.

참고로, 기호 $\int$은 Sum(합)의 머리글자를 길게 늘어뜨린 것으로 **인티그럴** (integral) 또는 **적분**이라고 읽는다. 그리고 dx는 x에 관하여 적분한다는 뜻이다.

이상으로, $f(x)$를 적분하면 $F(x)+C$이고, $F(x)+C$를 미분하면 $f(x)$가 된다. 다시 말해서, 미분의 반대계산이 적분이므로 미분과 적분 사이에는 다음과 같은 관계가 성립한다.

■ 미분과 적분의 관계 ■

$\dfrac{d}{dx}F(x)=f(x)$일 때

① $\displaystyle\int f(x)dx=F(x)+C$ (C는 적분상수)

② $\displaystyle\frac{d}{dx}\left(\int f(x)dx\right)=f(x)$

③ $\displaystyle\int\left(\frac{d}{dx}f(x)\right)dx=f(x)+C$

예제 1 다음 ☐ 안에 알맞는 식을 넣어라.

① $3x^2+1$은 ☐의 부정적분이다.

② x^4-2는 ☐의 부정적분이다.

[해] ① $\dfrac{d}{dx}(3x^2+1)=6x$이므로 $3x^2+1$은 $\boxed{\boldsymbol{6x}}$의 부정적분이다.

② $\dfrac{d}{dx}(x^4-2)=4x^3$이므로 x^4-2는 $\boxed{\boldsymbol{4x^3}}$의 부정적분이다.

예제 2 다음 식을 간단히 하여라.

① $\displaystyle\frac{d}{dx}\left(\int x^2dx\right)$　　② $\displaystyle\int\left(\frac{d}{dx}x^3\right)dx$

[해] ① $\displaystyle\frac{d}{dx}\left(\int x^2dx\right)=\frac{d}{dx}\left(\frac{1}{3}x^3+C\right)=\boldsymbol{x^2}$

② $\displaystyle\int\left(\frac{d}{dx}x^3\right)dx=\int 3x^2dx=\boldsymbol{x^3+C}$

예제 3 다음 함수의 원시함수를 구하여라.

① 0　　② k (임의의 상수)

③ x　　④ x^2

[해] ① $\int 0dx = \boldsymbol{C}$ ② $\int k\,dx = \boldsymbol{kx+C}$

③ $\int x\,dx = \boldsymbol{\frac{1}{2}x^2+C}$ ④ $\int x^2\,dx = \boldsymbol{\frac{1}{3}x^3+C}$

(2) 부정적분의 기본공식

적분은 미분의 반대계산이므로 미분법의 반대를 생각하면 다음과 같은 기본공식이 성립함을 알 수 있다.

■ 부정적분의 기본공식 ■

① $\int k\,dx = kx + C$ (k는 상수)

② $\int x^n\,dx = \frac{1}{n+1}x^{n+1} + C$ ($n \neq -1$일 때)

특히, $n=-1$일 때에는 $\int \frac{1}{x}dx = \ln|x| + C$

③ $\int kf(x)dx = k\int f(x)dx$ (k는 상수)

④ $\int \{f(x) \pm g(x)\}\,dx = \int f(x)dx \pm \int g(x)dx$ (복호동순)

이들 공식의 증명은 우변을 미분하여 좌변의 피적분함수가 됨을 밝히면 된다.

예제 4 다음 부정적분을 구하여라.

① $\int 3dx$ ② $\int 5x^4dx$

③ $\int (3x^2-2x+4)\,dx$ ④ $\int (2x-3)(x+4)\,dx$

⑤ $\int \frac{1}{x^2}dx$ ⑥ $\int \frac{1}{\sqrt{x}}dx$

[해] ① $\int 3dx = \boldsymbol{3x+C}$

② $\int 5x^4dx = 5\cdot\frac{1}{4+1}x^{4+1}+C = \boldsymbol{x^5+C}$

③ 준식 $= \int 3x^2dx + \int (-2)\,xdx + \int 4\,dx = 3\int x^2dx - 2\int xdx + 4\int dx$

$= \boldsymbol{x^3 - x^2 + 4x + C}$

④ 준식$=\int(2x^2+5x-12)\,dx$

$=\dfrac{2}{3}x^3+\dfrac{5}{2}x^2-12x+C$

⑤ $\int\dfrac{1}{x^2}dx=\int x^{-2}dx=\dfrac{1}{-2+1}x^{-2+1}+C$

$=-x^{-1}+C=-\dfrac{1}{x}+C$

⑥ $\int\dfrac{1}{\sqrt{x}}dx=\int x^{-\frac{1}{2}}dx=\dfrac{1}{-\frac{1}{2}+1}x^{-\frac{1}{2}+1}+C=2\sqrt{x}+C$

예제 5 다음 부정적분을 구하여라.

① $\int\dfrac{x^3+3x-1}{x}dx$ ② $\int 3x^3\sqrt{x}\,dx$

③ $\int\left(\dfrac{3}{x}-\dfrac{4}{x^2}\right)dx$ ④ $\int(\sin\theta+\cos\theta)^2\,d\theta+\int(\sin\theta-\cos\theta)^2\,d\theta$

[해] ① $\int\dfrac{x^3+3x-1}{x}dx=\int\left(x^2+3-\dfrac{1}{x}\right)dx=\dfrac{1}{3}x^3+3x-\ln|x|+C$

② $\int 3x^3\sqrt{x}\,dx=\int 3x^{\frac{4}{3}}dx=3\cdot\dfrac{1}{\frac{4}{3}+1}x^{\frac{4}{3}+1}+C=\dfrac{9}{7}x^2\sqrt[3]{x}+C$

③ $\int\left(\dfrac{3}{x}-\dfrac{4}{x^2}\right)dx=\int\left(\dfrac{3}{x}-4\cdot x^{-2}\right)dx=3\ln|x|+\dfrac{4}{x}+C$

④ 준식$=\int\{(\sin\theta+\cos\theta)^2+(\sin\theta-\cos\theta)^2\}\,d\theta=\int 2d\theta=2\theta+C$

9-2 초월함수의 부정적분

앞에서 배운 초월함수의 미분법에서

$(\sin x)'=\cos x$, $(\cos x)'=-\sin x$

$(\tan x)'=\sec^2 x$, $(\cot x)'=-\csc^2 x$

$(\sec x)'=\sec x\tan x$, $(\csc x)'=-\csc x\cot x$

$(e^x)'=e^x$, $(a^x)'=a^x\ln a$ (단, $a>0$, $a\neq 1$)

$(\sin^{-1}x)'=\dfrac{1}{\sqrt{1-x^2}}$, $(\tan^{-1}x)'=\dfrac{1}{1+x^2}$

$$(\sinh x)' = \cosh x\,, \qquad (\cosh x)' = \sinh x$$

가 성립하므로 다음과 같은 공식을 얻는다.

■ 초월함수의 부정적분 ■

① 삼각함수의 부정적분

ⓐ $\int \sin x\,dx = -\cos x + C$ ⓑ $\int \cos x\,dx = \sin x + C$

ⓒ $\int \sec^2 x\,dx = \tan x + C$ ⓓ $\int \csc^2 x\,dx = -\cot x + C$

ⓔ $\int \sec x \tan x = \sec x + C$ ⓕ $\int \csc x \cot x\,dx = -\csc x + C$

ⓖ $\int \tan x\,dx = -\ln|\cos x| + C$ ⓗ $\int \cot x\,dx = \ln|\sin x| + C$

② 지수함수의 부정적분

ⓐ $\int e^x\,dx = e^x + C$ ⓑ $\int a^x\,dx = \frac{a^x}{\ln a} + C$ (단, $a > 0$, $a \neq 1$)

③ 역삼각함수의 부정적분

ⓐ $\int \frac{1}{\sqrt{1-x^2}}\,dx = \sin^{-1}x + C$ ⓑ $\int \frac{1}{1+x^2}\,dx = \tan^{-1}x + C$

④ 쌍곡선함수의 부정적분

ⓐ $\int \sinh x\,dx = \cosh x + C$ ⓑ $\int \cosh x\,dx = \sinh x + C$

예제 6 다음 부정적분을 구하여라.

① $\int (2\sin x - \cos x)\,dx$ ② $\int \tan^2 x\,dx$

③ $\int \frac{1}{1-\sin^2 x}\,dx$ ④ $\int \cos^2 \frac{x}{2}\,dx$

⑤ $\int \cos 2x \sin x\,dx$ ⑥ $\int \frac{\sin^2 x - \cos^2 x}{\sin^2 x \cos^2 x}$

[해] ① $\int (2\sin x - \cos x)\,dx = 2\int \sin x\,dx - \int \cos x\,dx = \mathbf{-2\cos x - \sin x + C}$

② $\int \tan^2 x\,dx = \int (\sec^2 x - 1)dx = \mathbf{\tan x - x + C}$

③ $\int \frac{1}{1-\sin^2 x}dx = \int \frac{1}{\cos^2 x}dx = \int \sec^2 x\,dx = \mathbf{\tan x + C}$

④ $\int \cos^2\frac{x}{2}dx = \int \frac{1}{2}(1+\cos x)dx = \mathbf{\frac{1}{2}(x+\sin x)+C}$

⑤ $\int \cos 2x \sin x\,dx = \int \frac{1}{2}(\sin 3x - \sin x)dx$

$$= \frac{1}{2}\left(-\frac{1}{3}\cos 3x + \cos x\right) + C$$

$$= \mathbf{-\frac{1}{6}\cos 3x + \frac{1}{2}\cos x + C}$$

⑥ $\int \frac{\sin^2 x - \cos^2 x}{\sin^2 x \cos^2 x} = \int \left(\frac{1}{\cos^2 x} - \frac{1}{\sin^2 x}\right)dx$

$$= \int (\sec^2 x - \csc^2 x)\,dx$$

$$= \mathbf{\tan x + \cot x + C}$$

예제 7 다음 부정적분을 구하여라.

① $\int 2e^x\,dx$ ② $\int (e^x - 4x + 2)\,dx$

③ $\int e^{x-1}\,dx$ ④ $\int 10^{x+2}\,dx$

[해] ① $\int 2e^x\,dx = 2\int e^x\,dx = \mathbf{2e^x + C}$

② $\int (e^x - 4x + 2)\,dx = \mathbf{e^x - 2x^2 + 2x + C}$

③ $\int e^{x-1}dx = \int e^x \cdot e^{-1}dx = e^{-1}\int e^x dx = e^{-1}(e^x + C) = \mathbf{e^{x-1} + C}$

④ $\int 10^{x+2}dx = \int 10^2 \cdot 10^x dx = 10^2 \cdot \frac{10^x}{\ln 10} + C = \mathbf{\frac{10^{x+2}}{\ln 10} + C}$

예제 8 다음 부정적분을 구하여라.

① $\int \frac{5}{1+x^2}\,dx$ ② $\int (3\sinh x - 7\cosh x)\,dx$

[해] ① $\int \frac{5}{1+x^2}\,dx = \mathbf{5\tan^{-1}x + C}$

② $\int (3\sinh x - 7\cosh x)\,dx = \mathbf{3\cosh x - 7\sinh x + C}$

9-3 치환적분법

합성함수와 같은 꼴의 부정적분에서 적분변수를 다른 변수로 치환하게 되면, 복잡한 부정적분 문제를 간단한 부정적분의 기본공식 형태로 변형시킬 수 있다.

(1) 치환적분법

이를테면, 부정적분 $\int(2x+1)^2dx$ 를 전개하여 계산하면 다음과 같다.

$$\begin{aligned}\int(2x+1)^2dx &= \int(4x^2+4x+1)\,dx \\ &= \frac{4}{3}x^3+2x^2+x+C\end{aligned}$$

또, 위의 적분에서 $2x+1$을 하나의 변수로 치환하여 간편하게 구할 수 있다. 즉, $2x+1=t$ 로 놓으면

$$x=\frac{t-1}{2}, \qquad \frac{dx}{dt}=\frac{1}{2}, \qquad dx=\frac{1}{2}dt$$

이므로

$$\begin{aligned}\int(2x+1)^2dx &= \int t^2\cdot\frac{1}{2}dt=\frac{1}{2}\int t^2dt \\ &= \frac{1}{6}t^3+C=\frac{1}{6}(2x+1)^3+C\end{aligned}$$

와 같이 부정적분이 구해진다.

일반적으로, $\int f(x)\,dx$ 에서 $x=g(t)$ 라 놓고 양변을 t 에 관하여 미분하면

$$dx=g'(t)\,dt$$

이므로

$$\int f(x)dx=\int f\{g(t)\}g'(t)dt$$

이것으로부터 다음과 같은 적분공식을 얻을 수 있으며, 이와 같은 적분법을 **치환적분법**(integration by substitution)이라고 한다.

■ 치환적분법 ■

$y=f(x)$에서 $x=g(t)$로 놓으면 $dx=g'(t)\,dt$ 이므로

$$\int f(x)\,dx=\int f\{g(t)\}g'(t)\,dt$$

예제 9 다음 부정적분을 구하여라.

① $\int (2x+1)^5\,dx$ ② $\int \frac{1}{2x+1}dx$

③ $\int (x^2+1)^3 x\,dx$ ④ $\int \frac{x}{x^2+1}dx$

[해] ① $2x+1=t$ 로 놓고 양변을 미분하면

$2dx=dt \qquad \therefore\ dx=\frac{1}{2}dt$

$$\int (2x+1)^5dx=\int t^5\cdot\frac{1}{2}dt=\frac{1}{2}\int t^5dt$$

$$=\frac{1}{2}\cdot\frac{1}{6}t^6+C=\mathbf{\frac{1}{12}(2x+1)^6+C}$$

② $\int \frac{1}{2x+1}dx=\frac{1}{2}\int\frac{1}{t}dt=\frac{1}{2}\ln|t|+C=\mathbf{\frac{1}{2}\ln|2x+1|+C}$

③ $x^2+1=t$ 로 놓고 양변을 미분하면

$2x\,dx=dt \qquad \therefore\ dx=\frac{1}{2x}dt$

$$\int (x^2+1)^3x\,dx=\int t^3\cdot x\cdot\frac{1}{2x}dt=\frac{1}{2}\int t^3dt$$

$$=\mathbf{\frac{1}{2}\cdot\frac{1}{4}t^4+C=\frac{1}{8}(x^2+1)^4+C}$$

④ $\int \frac{x}{x^2+1}dx=\int\frac{x}{t}\cdot\frac{1}{2x}dt=\frac{1}{2}\int\frac{1}{t}dt$

$$=\mathbf{\frac{1}{2}\ln|t|+C=\frac{1}{2}\ln(x^2+1)+C}$$

예제 10 다음 부정적분을 구하여라.

① $\int \sin 3x\,dx$ ② $\int e^{3x}\,dx$

③ $\int \cos(3x+1)\,dx$ ④ $\int (e^x+2)^2e^x\,dx$

[해] ① $3x=t$ 로 놓고 양변을 미분하면

$$3dx=dt \qquad \therefore\ dx=\frac{1}{3}dt$$

$$\int \sin 3x\,dx=\int \sin t\cdot\frac{1}{3}dt=-\frac{1}{3}\cos t+C=-\frac{1}{3}\cos 3x+C$$

② $\displaystyle\int e^{3x}dx=\int e^{t}\cdot\frac{1}{3}dt=\frac{1}{3}e^{t}+C=\frac{1}{3}e^{3x}+C$

③ $3x+1=t$ 로 놓고 양변을 미분하면

$$3\,dx=dt \qquad \therefore\ dx=\frac{1}{3}dt$$

$$\int \cos(3x+1)\,dx=\frac{1}{3}\int \cos t\,dt=\frac{1}{3}\sin t+C=\frac{1}{3}\sin(3x+1)+C$$

④ $e^{x}+2=t$ 로 놓고 양변을 미분하면

$$e^{x}dx=dt \qquad \therefore\ dx=\frac{1}{e^{x}}dt$$

$$\therefore\ \int (e^{x}+2)^{2}e^{x}dx=\int t^{2}\cdot e^{x}\cdot\frac{1}{e^{x}}dt=\int t^{2}dt$$

$$=\frac{1}{3}t^{3}+C=\frac{1}{3}(e^{x}+2)^{3}+C$$

(2) 치환적분의 기본유형

주어진 부정적분이 $\int f\{g(x)\}g'(x)\,dx$ 인 꼴로 되어 있을 때에는

$$g(x)=t\,, \qquad g'(x)\,dx=dt$$

로 놓으면, 치환적분법의 공식에 의하여 다음과 같이 주어진다.

$$\int f\{g(x)\}g'(x)\,dx=\int f(t)dt$$

또, 부정적분 $\displaystyle\int \frac{f'(x)}{f(x)}dx$ 에서

$$f(x)=t\,, \qquad f'(x)dx=dt$$

로 놓으면,

$$\int \frac{f'(x)}{f(x)}dx=\int \frac{1}{t}dt=\ln|t|+C$$

$$\therefore\ \int \frac{f'(x)}{f(x)}dx=\ln|f(x)|+C$$

이상으로 치환적분의 기본유형에 관한 부정적분은 다음과 같은 공식을 활용하면 쉽게 구할 수 있다.

■ 기본유형의 부정적분 ■

① $g(x)=t$ 라 할 때 $g'(x)dx=dt$ 이므로

$$\int f\{g(x)\}g'(x)\,dx=\int f(t)dt$$

② $\displaystyle\int \frac{f'(x)}{f(x)}dx=\ln|f(x)|+C$

예제 11 다음 부정적분을 구하여라.

① $\displaystyle\int (2x-3)^3dx$ ② $\displaystyle\int \frac{1}{3x-4}dx$

③ $\displaystyle\int \sin(5x+1)dx$ ④ $\displaystyle\int \sqrt{2x-3}\,dx$

[해] ① $2x-3=t$ 로 놓으면 $2dx=dt$ 이므로

$$\int (2x-3)^3dx=\frac{1}{2}\int (2x-3)^3\cdot 2dx=\frac{1}{2}\int t^3dt$$

$$=\frac{1}{2}\cdot\frac{1}{4}t^4+C=\mathbf{\frac{1}{8}(2x-3)^4+C}$$

② $3x-4=t$ 로 놓으면 $3dx=dt$ 이므로

$$\int \frac{1}{3x-4}dx=\frac{1}{3}\int \frac{3}{3x-4}dx=\frac{1}{3}\int \frac{1}{t}dt$$

$$=\frac{1}{3}\ln|t|+C=\mathbf{\frac{1}{3}\ln|3x-4|+C}$$

③ $5x+1=t$ 로 놓으면 $5dx=dt$ 이므로

$$\int \sin(5x+1)dx=\frac{1}{5}\int \sin(5x+1)\cdot 5\,dx$$

$$=\frac{1}{5}\int \sin t\,dt=-\frac{1}{5}\cos t=\mathbf{-\frac{1}{5}\cos(5x+1)+C}$$

④ $2x-3=t$ 로 놓으면 $2dx=dt$ 이므로

$$\int \sqrt{2x-3}\,dx=\frac{1}{2}\int (2x-3)^{\frac{1}{2}}\cdot 2\,dx=\frac{1}{2}\int t^{\frac{1}{2}}dt$$

$$=\frac{1}{2}\frac{1}{\frac{1}{2}+1}t^{\frac{1}{2}+1}+C=\frac{1}{3}t^{\frac{3}{2}}+C=\mathbf{\frac{1}{3}(2x-3)^{\frac{3}{2}}+C}$$

예제 12 다음 부정적분을 구하여라.

① $\int x(x^2+1)^2 dx$ ② $\int 2x\sqrt{x^2+3}\,dx$

③ $\int \frac{1}{\sqrt{4-x^2}}dx$ ④ $\int \frac{1}{x^2+4}dx$

[해] ① $x^2+1=t$ 로 놓으면 $2xdx=dt$ 이므로

$$\int x(x^2+1)^2dx=\frac{1}{2}\int (x^2+1)^2 2x\,dx=\frac{1}{2}\int t^2dt$$

$$=\frac{1}{2}\cdot\frac{1}{3}t^3+C=\mathbf{\frac{1}{6}(x^2+1)^3+C}$$

② $x^2+3=t$ 로 놓으면 $2xdx=dt$ 이므로

$$\int 2x\sqrt{x^2+3}\,dx=\int t^{\frac{1}{2}}dt=\frac{1}{\frac{1}{2}+1}t^{\frac{1}{2}+1}+C$$

$$=\frac{2}{3}t^{\frac{3}{2}}+C=\frac{2}{3}(x^2+3)^{\frac{3}{2}}+C=\mathbf{\frac{2}{3}(x^2+3)\sqrt{x^2+3}+C}$$

③ $\frac{x}{2}=t$ 로 놓으면 $\frac{1}{2}dx=dt$ 이므로

$$\int\frac{1}{\sqrt{4-x^2}}dx=\frac{1}{2}\int\frac{1}{\sqrt{1-\left(\frac{x}{2}\right)^2}}dx$$

$$=\int\frac{1}{\sqrt{1-t^2}}dt=\sin^{-1}t+C=\mathbf{\sin^{-1}\frac{x}{2}+C}$$

④ $$\int\frac{1}{x^2+4}dx=\frac{1}{4}\int\frac{1}{1+\left(\frac{x}{2}\right)^2}dx=\frac{1}{2}\int\frac{1}{1+t^2}\cdot\frac{dt}{dx}\cdot dx=\frac{1}{2}\tan^{-1}t+C$$

$$=\mathbf{\frac{1}{2}\tan^{-1}\frac{x}{2}+C}$$

예제 13 다음 부정적분을 구하여라.

① $\int\frac{2x}{x^2+1}dx$ ② $\int\frac{e^x}{e^x+1}dx$

③ $\int \tan x\,dx$ ④ $\int\frac{\sin x}{1+\cos x}dx$

[해] ① $x^2+1=t$ 로 놓으면 $2x\,dx=dt$

$$\therefore \int\frac{2x}{x^2+1}dx=\int\frac{1}{t}dt=\ln|t|+C=\ln|x^2+1|+C$$

$$=\mathbf{\ln(x^2+1)+C}$$

② $e^x+1=t$ 로 놓으면 $e^x dx=dt$

$$\therefore \int \frac{e^x}{e^x+1}dx=\int \frac{1}{t}dt=\ln|t|+C=\ln|e^x+1|+C$$
$$=\ln(e^x+1)+C$$

③ $\tan x=\dfrac{\sin x}{\cos x}$ 이므로 $\cos x=t$ 로 놓으면 $-\sin x\,dx=dt$

$$\therefore \int \tan x\,dx=\int \frac{\sin x}{\cos x}dx=\int \frac{-1}{t}dt=-\ln|t|+C$$
$$=-\ln|\cos x|+C$$

④ $\displaystyle\int \frac{\sin x}{1+\cos x}dx=\int \frac{-(1+\cos x)'}{1+\cos x}dx=-\ln(1+\cos x)+C$

9-4 부분적분법

이제, 두 함수의 곱의 미분법을 이용하여, 두 함수의 곱의 적분법을 알아보자.

이를테면, 두 함수의 곱 xe^x 의 부정적분을 구하기 위하여 xe^x 를 미분하면

$$(xe^x)'=e^x+xe^x$$

이다. 이 식의 양변을 x 에 관하여 적분하면

$$\int (xe^x)'dx=\int e^x dx+\int xe^x dx$$

따라서,

$$\int xe^x dx=\int (xe^x)'dx-\int e^x dx$$
$$=xe^x-e^x+C$$

와 같이 구할 수 있다.

일반 함수도 마찬가지로, 두 함수의 곱의 미분법에 의하여

$$\{f(x)g(x)\}'=f'(x)g(x)+f(x)g'(x)$$

이므로 양변을 다시 적분하면, 부정적분의 정의에 의하여

$$f(x)g(x)=\int f'(x)g(x)dx+\int f(x)g'(x)dx$$

$$\therefore \int f'(x)g(x)\,dx = f(x)g(x) - \int f(x)g'(x)\,dx$$

이와 같은 적분법을 **부분적분법**(integration by parts)이라고 한다.

■ 부분적분법의 공식 ■

$$\int f'(x)g(x)\,dx = f(x)g(x) - \int f(x)g'(x)\,dx$$

참고로, 부분적분을 구할 때

$$\int \underbrace{f'(x)g(x)\,dx}_{(\text{문제})} = \underbrace{f(x)g(x)}_{①} - \int \underbrace{f(x)g'(x)\,dx}_{②}$$

로 놓고

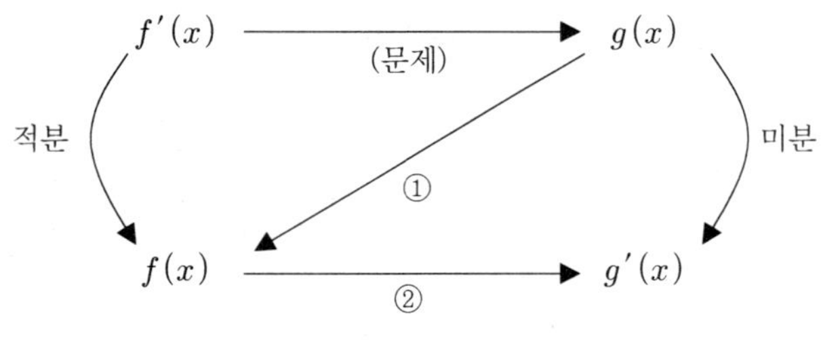

와 같이 암기하면 편리하다.

그리고, 대부분의 경우 다음과 같이 왼쪽의 것을 $g(x)$, 오른쪽의 것을 $f'(x)$로 적분하기 쉬운 쪽을 $f'(x)$로 놓는다.

$$\ln x\,,\ (1,\ x,\ x^2,\ \cdots\cdots),\ (\sin x,\ \cos x),\ e^x$$

$g(x) \Leftarrow$ $\qquad\qquad\qquad\qquad$ $\Rightarrow f'(x)$

예제 14 다음 부정적분을 구하여라.

① $\int xe^x\,dx$ ② $\int x\cos x\,dx$

③ $\int x^2\sin x\,dx$ ④ $\int x\ln x\,dx$

⑤ $\int \ln x\,dx$ ⑥ $\int e^x\sin x\,dx$

[해] ① $f'(x)=e^x$, $g(x)=x$ 로 놓으면 $f(x)=e^x$, $g'(x)=1$이므로

$\int xe^x dx = xe^x - \int e^x dx = \boldsymbol{xe^x - e^x + C}$

② $f'(x)=\cos x$, $g(x)=x$ 로 놓으면 $f(x)=\sin x$, $g'(x)=1$이므로

$\int x\cos x\, dx = x\sin x - \int \sin x\, dx = \boldsymbol{x\sin x + \cos x + C}$

③ $f'(x)=\sin x$, $g(x)=x^2$ 로 놓으면 $f(x)=-\cos x$, $g'(x)=2x$ 이므로

$\int x^2\sin x\, dx = -x^2\cos x + 2\int x\cos x\, dx$

$\int x\cos x\, dx$ 에서 다시 $f'(x)=\cos x$, $g(x)=x$ 라 하면

$f(x)=\sin x$, $g'(x)=1$

$\therefore \int x\cos x\, dx = x\sin x - \int \sin x\, dx = x\sin x + \cos x + C_1$

$$\begin{aligned}\therefore \int x^2\sin x\, dx &= -x^2\cos x + 2(x\sin x + \cos x + C_1)\\ &= -x^2\cos x + 2x\sin x + 2\cos x + 2C_1\\ &= \boldsymbol{(2-x^2)\cos x + 2x\sin x + C}\end{aligned}$$

④ $f'(x)=x$, $g(x)=\ln x$ 로 놓으면 $f(x)=\frac{1}{2}x^2$, $g'(x)=\frac{1}{x}$ 이므로

$\int x\ln x\, dx = \frac{1}{2}x^2\ln x - \frac{1}{2}\int x\, dx = \boldsymbol{\frac{1}{2}x^2\ln x - \frac{1}{4}x^2 + C}$

⑤ $f'(x)=1$, $g(x)=\ln x$ 로 놓으면 $f(x)=x$, $g'(x)=\frac{1}{x}$ 이므로

$\int \ln x\, dx = x\ln x - \int 1\, dx = x\ln x - x + C = \boldsymbol{x(\ln x - 1) + C}$

⑥ $f'(x)=e^x$, $g(x)=\sin x$ 로 놓으면 $f(x)=e^x$, $g'(x)=\cos x$ 이므로

$\int e^x\sin x\, dx = e^x\sin x - \int e^x\cos x\, dx$

$f'(x)=e^x$, $g(x)=\cos x$ 로 놓으면 $f(x)=e^x$, $g'(x)=-\sin x$ 이므로

$\int e^x\sin x\, dx = e^x\sin x - (e^x\cos x + \int e^x\sin x\, dx)$

$\therefore 2\int e^x\sin x\, dx = e^x\sin x - e^x\cos x$

$\therefore \int e^x\sin x\, dx = \boldsymbol{\frac{e^x}{2}(\sin x - \cos x) + C}$

9-5 유리함수의 적분법

분모, 분자가 다항식인 분수식을 **유리함수**라 한다. 지금 유리함수 $\frac{f(x)}{g(x)}$ 에서 $f(x)$의 차수가 $g(x)$의 차수보다 같거나, 높으면 $f(x)$를 $g(x)$로 나누어서 그 몫을 $Q(x)$, 나머지를 $R(x)$라 할 때

$$\frac{f(x)}{g(x)} = Q(x) + \frac{R(x)}{g(x)}$$

가 되어, $Q(x)$는 정식이므로 쉽게 적분할 수 있다.

여기서 $\frac{R(x)}{g(x)}$ 는 **진분수**이므로 $g(x)$가 서로 **소**가 되는 인수 $g_1(x)$, $g_2(x)$, …로 분해할 경우

$$\frac{R(x)}{g(x)} = \frac{R_1(x)}{g_1(x)} + \frac{R_2(x)}{g_2(x)} + \frac{R_3(x)}{g_3(x)} + \cdots\cdots$$

와 같이 몇 개의 분수식의 합 또는 차의 꼴로 만드는 것을 **부분분수**(partial function)로 **전개**한다고 한다.

일반적으로, 유리함수의 부정적분은 부분분수로 전개하면 쉽게 부정적분을 구할 수 있다.

예제 15 부정적분 $\int \frac{1}{x^2-1} dx$ 를 구하여라.

[해] $\frac{1}{x^2-1}$ 를 부분분수 분해하면

$$\frac{1}{x^2-1} = \frac{1}{(x-1)(x+1)} = \frac{A}{x-1} + \frac{B}{x+1}$$

우변을 통분하면

$$\frac{A}{x-1} + \frac{B}{x+1} = \frac{A(x+1)+B(x-1)}{(x-1)(x+1)} = \frac{(A+B)x+(A-B)}{(x-1)(x+1)}$$

이때,

$$(A+B)x + A - B = 1$$
$$A+B=0, \quad A-B=1$$

$$\therefore A=\frac{1}{2}, \quad B=-\frac{1}{2}$$

따라서

$$\frac{1}{x^2-1}=\frac{\frac{1}{2}}{x-1}-\frac{\frac{1}{2}}{x+1}, \quad B=-\frac{1}{2}$$

$$\therefore \int \frac{1}{x^2-1}dx=\frac{1}{2}\int \frac{1}{x-1}dx-\frac{1}{2}\int \frac{1}{x+1}dx$$

$$=\frac{1}{2}\ln|x-1|-\frac{1}{2}\ln|x+1|+C=\boldsymbol{\frac{1}{2}\ln\left|\frac{x-1}{x+1}\right|+C}$$

예제 16 부정적분 $\int \frac{x-2}{x(x+1)}dx$ 를 구하여라.

[해] $\frac{x-2}{x(x+1)}=\frac{A}{x}+\frac{B}{x+1}=\frac{(A+B)x+A}{x(x+1)}$

이때,

$$A+B=1, \quad A=-2, \quad B=3$$

$$\therefore \int \frac{x-2}{x(x+1)}dx=\int\left(-\frac{2}{x}+\frac{3}{x+1}\right)dx$$

$$=-2\ln|x|+3\ln|x+1|+C=\boldsymbol{\ln\frac{|x+1|^3}{x^2}+C}$$

예제 17 부정적분 $\int \frac{x^3-x+1}{x^2+1}dx$ 를 구하여라.

[해] $\frac{x^3-x+1}{x^2+1}=x+\frac{-2x+1}{x^2+1}$

$$\int \frac{x^3-x+1}{x^2+1}dx=\int x\,dx+\int \frac{-2x+1}{x^2+1}dx=\int x\,dx-\int \frac{2x}{x^2+1}dx+\int \frac{1}{x^2+1}dx$$

$$=\boldsymbol{\frac{1}{2}x^2-\ln(x^2+1)+\tan^{-1}x+C}$$

예제 18 부정적분 $\int \frac{2x+4}{x^3-2x^2}dx$ 를 구하여라.

[해] $\frac{2x+4}{x^3-2x^2}=\frac{2x+4}{x^2(x-2)}=\frac{A}{x}+\frac{B}{x^2}+\frac{C}{x-2}$

우변을 통분하면

$$2x+4=Ax(x-2)+B(x-2)+Cx^2=(A+C)x^2+(-2A+B)x-2B$$

에서

$A+C=0, \quad -2A+B=2, \quad -2B=4$

$\therefore A=-2,\ B=-2,\ C=2$

$$\therefore \int \frac{2x+4}{x^2(x-2)}dx=-2\int \frac{1}{x}dx-2\int \frac{1}{x^2}dx+2\int \frac{1}{x-2}dx$$

$$=-2\ln|x|+\frac{2}{x}+2\ln|x-2|+C=\mathbf{2\ln\left|\frac{x-2}{x}\right|+\frac{2}{x}+C}$$

■ 연습문제 15 ■

15-1 다음 부정적분을 구하여라.

① $\int 5dx$ ② $\int 3x^2dx$

③ $\int (6x^2-2x+1)dx$ ④ $\int (x^2+1)(1-x)dx$

⑤ $\int \frac{3+x}{x^2}dx$ ⑥ $\int \left(3x+\frac{1}{x^2}\right)^2dx$

⑦ $\int (3x+2)^2dx-\int (3x-2)^2dx$ ⑧ $\int {}^3\sqrt{x^2}\,dx$

15-2 점 (1, 2)를 지나는 곡선 $y=f(x)$ 위의 점 $(x, f(x))$에서의 접선의 기울기가 $2x-1$일 때, 이 곡선의 방정식을 구하여라.

15-3 다음 부정적분을 구하여라.

① $\int (2\sin x-5\cos x)dx$ ② $\int \cot^2 x\,dx$

③ $\int \frac{\sin^2 x}{1+\cos x}dx$ ④ $\int \frac{\sin x}{\cos^2 x}dx$

⑤ $\int \sin^4 x\,dx$ ⑥ $\int \sin^2 \frac{x}{2}dx$

15-4 다음 부정적분을 구하여라.

① $\int 5e^x\,dx$ ② $\int \frac{3^x}{2}dx$

③ $\int e^{3-x}dx$ ④ $\int (2e^x-3^x)dx$

15-5 다음 부정적분을 구하여라.

① $\int x^{\frac{1}{4}}dx$ ② $\int \frac{x-1}{x^2}dx$

③ $\int (x^2-2)^3dx$ ④ $\int \frac{2x}{x-1}dx$

15-6 다음 부정적분을 구하여라.

① $\int \cos^2 x\,dx$ ② $\int \sin^2 x\,dx$

③ $\int \cos^3 x\,dx$ ④ $\int \sin 3x \sin 2x\,dx$

15-7 다음 부정적분을 구하여라.

① $\int \sin(2x+1)dx$ ② $\int \cos(5x+4)dx$

③ $\int e^{3x+2}dx$ ④ $\int \frac{5}{10x+3}dx$

15-8 다음 부정적분을 구하여라.

① $\int \sqrt{2x-3}\,dx$ ② $\int x(x^2+4)^3dx$

③ $\int xe^{-x^2}dx$ ④ $\int \frac{6x^2}{(x^3+4)^2}dx$

⑤ $\int 2\sin^3 x\cos x\,dx$ ⑥ $\int \frac{\ln x}{x}dx$

15-9 다음 부정적분을 구하여라.

① $\int \frac{1}{\sqrt[3]{4-x}}dx$ ② $\int 2x\sqrt{x^2+3}\,dx$

③ $\int \frac{1}{9x^2+4}dx$ ④ $\int \frac{1}{\sqrt{1-4x^2}}dx$

⑤ $\int \sin^3 x\,dx$ ⑥ $\int 3x^2\sqrt{x^3+1}\,dx$

15-10 다음 부정적분을 구하여라.

① $\int \frac{e^x-e^{-x}}{e^x+e^{-x}}dx$ ② $\int \frac{3e^x}{e^x-2}dx$

③ $\int \cos^2 x\sin^3 x\,dx$ ④ $\int \frac{\ln(x+1)}{x+1}dx$

⑤ $\int (\sin x+\cos x)^2dx$ ⑥ $\int \sin 2x\cos 3x\,dx$

15-11 다음 부정적분을 구하여라.

① $\int xe^{-x}dx$　　② $\int x\sin 2x\,dx$

③ $\int x^2e^x\,dx$　　④ $\int x^3\cos x\,dx$

⑤ $\int e^x\cos x\,dx$　　⑥ $\int x^2\sin 3x\,dx$

15-12 다음 부정적분을 구하여라.

① $\int \frac{dx}{x^2-5x+6}$　　② $\int \frac{x^3+2}{x-1}dx$

③ $\int \frac{dx}{x(1+x)^2}$　　④ $\int \frac{dx}{x(x^2+1)}$

⑤ $\int \frac{3x^2-x+6}{(x-1)^2(x^2+3)}dx$　　⑥ $\int \frac{e^t}{e^{2t}+3e^t+2}dt$

9-6 정적분의 정의와 기본정리

(1) 구분구적법

이제, 밑면의 길이가 a, 높이가 h인 삼각형의 넓이가

$$S=\frac{1}{2}ah$$

가 됨을 **구분구적법**을 써서 알아보자.

[그림 9-1]과 같이 높이 h를 n등분하면, n개의 닮은 삼각형으로 쪼개어진다.

이때, n개의 닮은 삼각형의 밑변은 차례로

$$\frac{a}{n},\ \frac{2a}{n},\ \frac{3a}{n},\ \cdots\cdots,\ \frac{na}{n}$$

가 된다.

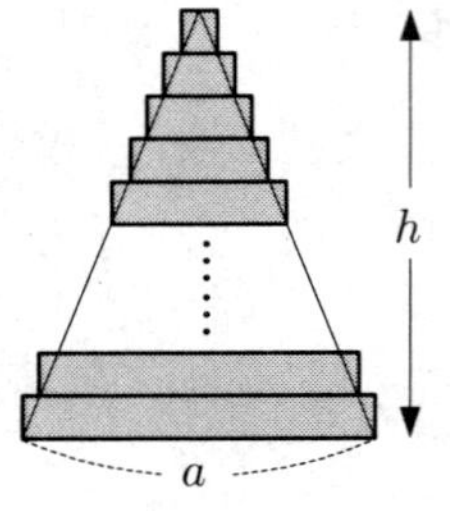

[그림 9-1]

이들 밑변을 가로로 하는 n 개의 직사각형을 만들고, 이들 n 개의 넓이의 합을 S_n 이라 하면

$$\begin{aligned} S_n &= \frac{a}{n}\cdot\frac{h}{n}+\frac{2a}{n}\cdot\frac{h}{n}+\frac{3a}{n}\cdot\frac{h}{n}+\cdots\cdots+\frac{na}{n}\cdot\frac{h}{n} \\ &= \frac{ah}{n^2}(1+2+3+\cdots+n)=\frac{ah}{2}\cdot\frac{n+1}{n} \end{aligned}$$

여기서, $n\to\infty$ 이면, S_n 은 구하는 도형의 넓이 S에 한없이 가까워진다. 곧,

$$S=\lim_{n\to\infty}S_n=\frac{ah}{2}\lim_{n\to\infty}\frac{n+1}{n}=\frac{1}{2}ah$$

가 되어, 이미 알고 있는 삼각형의 넓이 공식이 유도되었다.

이와 같이, 어떤 도형의 넓이나 부피를 구할 때, 주어진 도형을 세분하여 그 도형의 근사값을 구하고, 이 근사값의 극한값으로 도형의 넓이 또는 부피를 구하는 방법을 **구분구적법**이라고 한다.

예제 19 곡선 $y=x^2$과 x축 및 직선 $x=1$로 둘러싸인 도형의 넓이 S를 구분구적법으로 구하여라.

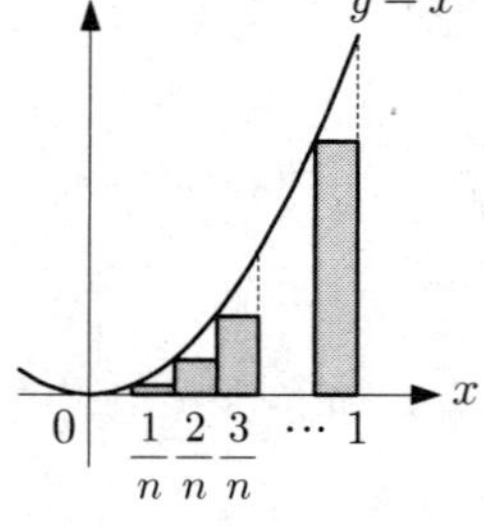

[그림 9-2]

[해] [그림 9-2]와 같이 구간 [0, 1]을 n 등분하면, 양 끝점의 x 좌표는 차례로

$$0,\ \frac{1}{n},\ \frac{2}{n},\ \frac{3}{n},\ \cdots\cdots,\ \frac{n-1}{n},\ \frac{n}{n}(=1)$$

각 소구간을 밑변으로 하고 높이가 각각

$$0^2,\ \left(\frac{1}{n}\right)^2,\ \left(\frac{2}{n}\right)^2,\ \cdots\cdots,\ \left(\frac{n-1}{n}\right)^2$$

인 직사각형의 넓이의 합을 S_n 이라 하면

$$\begin{aligned} S_n &= \frac{1}{n}\left(\frac{0}{n}\right)^2+\frac{1}{n}\left(\frac{1}{n}\right)^2+\frac{1}{n}\left(\frac{2}{n}\right)^2+\cdots+\frac{1}{n}\left(\frac{n-1}{n}\right)^2 \\ &= \frac{1}{n^3}\{1^2+2^2+3^2+\cdots+(n-1)^2\} \\ &= \frac{1}{6n^3}(n-1)n(2n-1)=\frac{1}{6}\left(1-\frac{1}{n}\right)\left(2-\frac{1}{n}\right) \end{aligned}$$

$$\therefore\ \boldsymbol{S=\lim_{n\to\infty}S_n=\frac{1}{3}}$$

(2) 정적분의 정의

앞절에서 배운 구분구적법을 연속함수에 적용하여 보자.

이를테면, 함수 $y=f(x)$가 폐구간 $[a, b]$에서 연속이고, $f(x)\geq 0$일 때 구간 $[a, b]$를 n 등분한 분점을 차례로

$$a=x_0,\ x_1,\ x_2,\ \cdots\cdots,\ x_{n-1},\ x_n=b$$

라 하고, 각 소구간의 길이를 Δx 라 하면

$$\Delta x=\frac{b-a}{n}$$

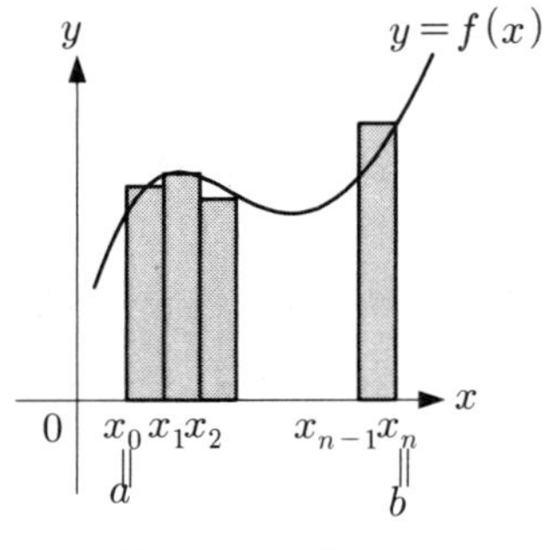

[그림 9-3]

[그림 9-3]에서 n 개의 직사각형의 넓이의 합을 S_n 이라 하면 다음과 같다.

$$S_n = f(x_1)\Delta x + f(x_2)\Delta x + \cdots\cdots + f(x_n)\Delta x$$
$$= \sum_{k=1}^{n} f(x_k)\Delta x$$

여기서, $n \to \infty$ 일 때, 즉 $\Delta x \to 0$ 일 때 곡선 $y = f(x)$와 두 직선 $x = a$, $x = b$ 및 x 축으로 둘러싸인 도형의 넓이 S에 한없이 가까워진다. 즉,

$$S = \lim_{n \to \infty} S_n = \lim_{n \to \infty} \sum_{k=1}^{n} f(x_k)\Delta x$$

이 극한값을 함수 $f(x)$의 a에서 b까지의 **정적분**(definite integral)이라 하고, 기호는 다음과 같다.

$$\int_a^b f(x)dx$$

이때, 정적분 $\int_a^b f(x)dx$ 의 값을 구하는 것을 함수 $f(x)$를 a에서 b까지 적분한다고 하고, a를 **아래끝**, b를 **위끝**이라고 한다. 또 구간 $[a, b]$를 **적분구간**이라 하고, $f(x)$를 **피적분함수**, x를 **적분변수**라 한다.

참고로, $\int_a^b f(x)dx$ 를 '**인티그럴**(integral) $\boldsymbol{a}$에서 $\boldsymbol{b}$까지 $\boldsymbol{f(x)dx}$'로 읽는다.

■ 정적분의 정의 ■

함수 $f(x)$가 구간 $[a, b]$에서 연속일 때

$$\int_a^b f(x)dx = \lim_{n \to \infty} \sum_{k=1}^{n} f(x_k)\Delta x$$

단, $\Delta x = \dfrac{b-a}{n}$, $x_k = a + k\Delta x$

예제 20 $\int_0^1 x^2 dx$ 를 정적분의 정의에 의해서 구하여라.

[해] [그림 9-2]와 같이 $0 \leqq x \leqq 1$을 n등분하면

$$\Delta x = \frac{1-0}{n} = \frac{1}{n}$$

$$x_k = a + k\Delta x = 0 + k\frac{1}{n} = \frac{k}{n}$$

$$\therefore \int_0^1 x^2 dx = \lim_{n\to\infty}\sum_{k=1}^{n} f(x_k)\Delta x = \lim_{n\to\infty}\sum_{k=1}^{n}\frac{k^2}{n^2}\cdot\frac{1}{n}$$
$$= \lim_{n\to\infty}\frac{1}{n^3}(1^2+2^2+\cdots\cdots+n^2) = \lim_{n\to\infty}\frac{1}{n^3}\frac{n(n+1)(2n+1)}{6}$$
$$= \lim_{n\to\infty}\frac{(n+1)(2n+1)}{6n^2} = \lim_{n\to\infty}\frac{2n^2+3n+1}{6n^2} = \mathbf{\frac{1}{3}}$$

(3) 정적분과 부정적분과의 관계

정적분과 부정적분 사이에는 다음과 같은 관계가 성립한다.

■ 정적분의 기본정리 ■

$\int f(x)dx = F(x) + C$라 할 때

$$\int_a^b f(x)dx = [F(x)]_a^b = F(b) - F(a)$$

이와 같은 관계를 이용하면 정적분의 값을 간단히 구할 수 있다.

예제 21 정적분 $\int_0^1 x^2 dx$ 의 값을 구하여라.

[해] $\int_0^1 x^2 dx = \left[\frac{1}{3}x^3\right]_0^1 = \frac{1}{3}\cdot 1^3 - 0 = \mathbf{\frac{1}{3}}$

예제 19, 20의 값과 일치함을 알 수 있다.

예제 22 다음 정적분의 값을 구하여라.

① $\int_1^3 3x^2 dx$ ② $\int_0^1 \sqrt{x}\, dx$

③ $\int_1^2 e^{-x} dx$ ④ $\int_0^{\frac{\pi}{4}} \cos 2x\, dx$

[해] ① $\int_1^3 3x^2 dx = [x^3]_1^3 = 3^3 - 1^3 = 27 - 1 = \mathbf{26}$

② $\int_0^1 \sqrt{x}\, dx = \int_0^1 x^{\frac{1}{2}} dx = \left[\frac{2}{3}x^{\frac{3}{2}}\right]_0^1 = \mathbf{\frac{2}{3}}$

③ $\int_1^2 e^{-x} dx = [-e^{-x}]_1^2 = -(e^{-2} - e^{-1}) = \mathbf{\frac{1}{e} - \frac{1}{e^2}}$

④ $\int_0^{\frac{\pi}{4}} \cos 2x\, dx = \frac{1}{2}[\sin 2x]_0^{\frac{\pi}{4}} = \frac{1}{2}\left(\sin\frac{\pi}{2} - \sin 0\right) = \mathbf{\frac{1}{2}}$

9-7 정적분의 계산

(1) 정적분의 기본정의

지금까지 공부한 정적분 $\int_a^b f(x)dx$ 에서 $b>a$ 인 경우만을 생각하기 쉬우나 $a=b$, $a>b$ 인 경우에도 정적분을 다음과 같이 정의한다.

■ 정적분의 기본정의 ■

① $\int_a^a f(x)=0$

② $\int_a^b f(x)dx=-\int_b^a f(x)dx$

예제 23 다음 정적분의 값을 구하여라.

① $\int_3^3 3x^2dx$ ② $\int_3^0 2x\,dx$

[해] ① $\int_3^3 3x^2dx=\mathbf{0}$

② $\int_3^0 2x\,dx=-\int_0^3 2x\,dx=-[x^2]_0^3=-(3^2-0^2)=\mathbf{-9}$

(2) 정적분의 기본공식

부정적분의 정의와 미분·적분의 정리에 의하여 정적분을 계산하는 데 이용되는 기본공식은 다음과 같다. 이들은 모두 a, b, c의 대소에 관계없이 성립한다.

■ 정적분의 기본공식 ■

① $\int_a^b kf(x)dx=k\int_a^b f(x)dx$ (k는 상수)

② $\int_a^b \{f(x)\pm g(x)\}dx=\int_a^b f(x)dx\pm\int_a^b g(x)dx$ (복호동순)

③ $\int_a^b f(x)dx=\int_a^c f(x)dx+\int_c^b f(x)dx$

예제 24 다음 정적분의 값을 구하여라.

① $\int_2^3 (2x+1)^2 dx - \int_2^3 (2x-1)^2 dx$

② $\int_0^1 3x^2 dx + \int_1^3 3x^2 dx$

[해] ① 준식$=\int_2^3 \{(2x+1)^2-(2x-1)^2\}dx=\int_2^3 8x\,dx$

$=[4x^2]_2^3=4\times 3^2-4\times 2^2=\mathbf{20}$

② 준식$=\int_0^3 3x^2 dx=[x^3]_0^3=3^3=\mathbf{27}$

예제 25 다음 정적분의 값을 구하여라.

① $\int_{-1}^1 (x^3-x+1)dx$　　② $\int_2^3 (t-2)(t^2+2t+4)dt$

③ $\int_0^{\frac{\pi}{3}} \tan^2 x\,dx$　　④ $\int_0^{\pi} (e^{4x}-\sin^2 x)dx$

[해] ① $\int_{-1}^1 (x^3-x+1)dx=\left[\frac{x^4}{4}-\frac{x^2}{2}+x\right]_{-1}^1=\left(\frac{1}{4}-\frac{1}{2}+1\right)-\left(\frac{1}{4}-\frac{1}{2}-1\right)=\mathbf{2}$

② 준식$=\int_2^3 (t^3-8)dt=\left[\frac{1}{4}t^4-8t\right]_2^3=\left(\frac{1}{4}\cdot 3^4-8\cdot 3\right)-\left(\frac{1}{4}\cdot 2^4-8\cdot 2\right)$

$=\mathbf{\frac{33}{4}}$

③ $\int_0^{\frac{\pi}{3}} \tan^2 x\,dx=\int_0^{\frac{\pi}{3}}(\sec^2 x-1)dx=[\tan x-x]_0^{\frac{\pi}{3}}$

$=\left(\tan\frac{\pi}{3}-\frac{\pi}{3}\right)-(\tan 0-0)=\boldsymbol{\sqrt{3}-\frac{\pi}{3}}$

④ 준식$=\int_0^{\pi}\left(e^{4x}-\frac{1-\cos 2x}{2}\right)dx=\left[\frac{1}{4}e^{4x}-\frac{1}{2}x+\frac{1}{4}\sin 2x\right]_0^{\pi}$

$=\left(\frac{1}{4}e^{4\pi}-\frac{1}{2}\pi\right)-\left(\frac{1}{4}e^0\right)=\boldsymbol{\frac{1}{4}(e^{4\pi}-2\pi-1)}$

예제 26 정적분 $\int_0^2 |x^2-1|dx$ 의 값을 구하여라.

[해] 구간 [0, 2]에서 [그림 9-4]와 같이

$|x^2-1|=\begin{cases}-(x^2-1) & (0\leqq x\leqq 1)\\ x^2-1 & (1\leqq x\leqq 2)\end{cases}$

이므로, 구간 [0, 2]를 두 구간 [0, 1], [1, 2]로 나누어 적분한다. 즉

$$\begin{aligned}\int_0^2 |x^2-1|\,dx &= \int_0^1 |x^2-1|\,dx + \int_1^2 |x^2-1|\,dx \\ &= -\int_0^1 (x^2-1)\,dx + \int_1^2 (x^2-1)\,dx \\ &= -\left[\frac{x^3}{3}-x\right]_0^1 + \left[\frac{x^3}{3}-x\right]_1^2 \\ &= -\left(\frac{1}{3}-1\right)+\left\{\left(\frac{8}{3}-2\right)-\left(\frac{1}{3}-1\right)\right\} = \mathbf{2}\end{aligned}$$

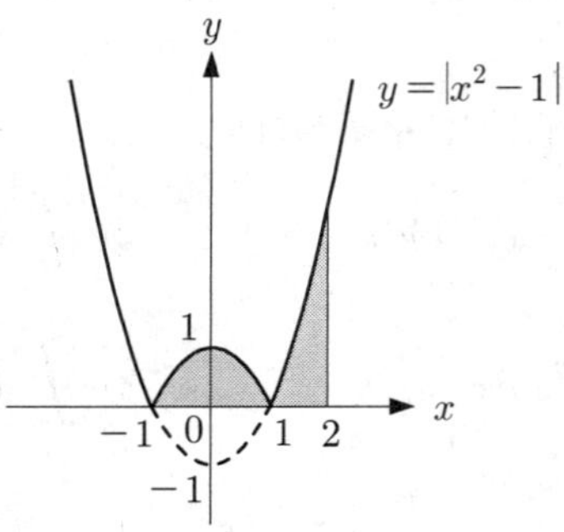

[그림 9-4]

예제 27 순시값이 $i=I_m \sin\omega t$ 인 사인파의 평균값을 구하여라.

[해] 사인파와 같은 대칭파의 1주기 평균값 0이므로 반주기 평균값으로 정의한다. 반주기 평균값 I_{ha} 는

$$\begin{aligned}I_{ha} &= \frac{1}{\pi}\int_0^{\pi} I_m \sin\omega t\, d\omega t = \frac{I_m}{\pi}\int_0^{\pi} \sin\omega t\, d\omega t \\ &= \frac{I_m}{\pi}\left[-\cos\omega t\right]_0^{\pi} = \frac{I_m}{\pi}(-\cos\pi+\cos 0) \\ &= \frac{I_m}{\pi}\{-(-1)+1\} = \boldsymbol{\frac{2}{\pi}I_m}\end{aligned}$$

(3) 우함수와 기함수의 정적분

우(짝)함수와 기(홀)함수의 정적분에서는 우함수는 y 축에 대칭이고 기함수는 원점에 대칭인 관계로 다음과 같은 성질이 있다.

■ 우함수와 기함수의 정적분 ■

① $f(x)$가 우함수이면,

$$\int_{-a}^{a} f(x)dx = 2\int_{0}^{a} f(x)dx$$

② $f(x)$가 기함수이면,

$$\int_{-a}^{a} f(x)dx = 0$$

예제 28 다음 정적분의 값을 구하여라.

① $\int_{-1}^{1} x^3 dx$ ② $\int_{-2}^{2} (3x^2+4x+1)dx$

③ $\int_{-1}^{0} (x^5+x^3)dx - \int_{1}^{0} (x^5+x^3)dx$

④ $\int_{-\pi}^{\pi} (\sin x + \cos x)dx$

[해] ① $\int_{-1}^{1} x^3 dx = \int_{-1}^{1} (\text{기함수})dx = 0$

② $\int_{-2}^{2} (3x^2+4x+1)dx = \int_{-2}^{2} 3x^2 dx + \int_{-2}^{2} 4x dx + \int_{-2}^{2} dx$

$= 2\int_{0}^{2} (3x^2+1)dx = 20$

③ 준식$= \int_{-1}^{0} (x^5+x^3)dx + \int_{0}^{1} (x^5+x^3)dx = \int_{-1}^{1} (x^5+x^3)dx = 0$

④ 준식$= \int_{-\pi}^{\pi} \sin x\, dx + \int_{-\pi}^{\pi} \cos x\, dx = 0 + 2\int_{0}^{\pi} \cos x\, dx$

$= 2[\sin x]_0^{\pi} = 0$

(4) 정적분의 치환적분법

함수 $f(x)$가 구간 $[a, b]$에서 연속이며, $x = g(t)$이고 t가 α에서 β까지 변화할 때

$$dx = g'(t)dt, \quad a = g(\alpha), \quad b = g(\beta)$$

이므로 다음과 같은 공식을 얻는다.

■ 정적분의 치환적분법 ■

$x=g(t)$일 때, $a=g(\alpha)$, $b=g(\beta)$이면

$$\int_a^b f(x)dx=\int_\alpha^\beta f\{g(t)\}g'(t)\,dt$$

예제 29 다음 정적분의 값을 구하여라.

① $\int_3^5 \sqrt{x-3}\,dx$ ② $\int_0^2 x\sqrt{4-x^2}\,dx$

③ $\int_0^1 \frac{x}{1+x^2}dx$ ④ $\int_0^{\frac{\pi}{4}} \sin^2 x\cos x\,dx$

[해] ① $x-3=t$ 로 놓으면

$dx=dt$

또,

x	$3 \longrightarrow 5$
t	$0 \longrightarrow 2$

$$\therefore \int_3^5 \sqrt{x-3}\,dx=\int_0^2 \sqrt{t}\,dt=\left[\frac{2}{3}t^{\frac{3}{2}}\right]_0^2=\mathbf{\frac{4\sqrt{2}}{3}}$$

② $\sqrt{4-x^2}=t$ 로 놓으면

$4-x^2=t^2$, $x^2=4-t^2$, $x\,dx=-t\,dt$

또,

x	$0 \longrightarrow 2$
t	$2 \longrightarrow 0$

$$\therefore \int_0^2 x\sqrt{4-x^2}\,dx=-\int_0^2 t^2\,dt=-\left[\frac{1}{3}t^3\right]_0^2=-\left(\frac{1}{3}\cdot 2^3\right)=-\mathbf{\frac{8}{3}}$$

③ $1+x^2=t$ 로 놓으면

$2x\,dx=dt$, $x\,dx=-\frac{1}{2}t$

또,

x	$0 \longrightarrow 1$
t	$1 \longrightarrow 2$

$$\therefore \int_0^1 \frac{x}{1+x^2}dx=\int_1^2 \cdot\frac{1}{2}\cdot\frac{1}{t}\,dt=\left[\frac{1}{2}\ln|t|\right]_1^2=\mathbf{\frac{1}{2}\ln 2}$$

④ $\sin x = t$ 로 놓으면
$\cos x\, dx = dt$

또,

x	$0 \longrightarrow \frac{\pi}{4}$
t	$0 \longrightarrow \frac{\sqrt{2}}{2}$

$$\therefore \int_0^{\frac{\pi}{4}} \sin^2 x \cos x\, dx = \int_0^{\frac{\sqrt{2}}{2}} t^2\, dt = \left[\frac{t^3}{3}\right]_0^{\frac{\sqrt{2}}{2}} = \mathbf{\frac{\sqrt{2}}{12}}$$

(5) 정적분의 부분적분법

치환적분법에서와 같이 부분적분법의 공식

$$\int f'(x)g(x)dx = f(x)g(x) - \int f(x)g'(x)dx$$

로부터 다음과 같은 정적분의 부분적분법을 얻는다.

■ 정적분의 부분적분법 ■

$$\int_a^b f'(x)g(x)dx = [f(x)g(x)]_a^b - \int_a^b f(x)g'(x)dx$$

예제 30 다음 정적분의 값을 구하여라.

① $\int_1^e x e^x\, dx$ ② $\int_0^\pi x \cos x\, dx$

③ $\int_0^1 x^2 e^x\, dx$ ④ $\int_0^\infty t e^{-st}\, dt$

[해] ① $f'(x) = e^x$, $g(x) = x$ 로 놓으면, $f(x) = e^x$, $g'(x) = 1$

$$\therefore \int_1^e x e^x\, dx = [e^x x]_1^e - \int_1^e e^x \cdot 1\, dx = e^e \cdot e - e - [e^x]_1^e = \mathbf{(e-1)e^e}$$

② $f'(x) = \cos x$, $g(x) = x$ 로 놓으면, $f(x) = \sin x$, $g'(x) = 1$

$$\therefore \int_0^\pi x \cos x\, dx = [(\sin x)x]_0^\pi - \int_0^\pi \sin x\, dx = 0 - [-\cos x]_0^\pi = \mathbf{-2}$$

③ $f'(x) = e^x$, $g(x) = x^2$ 으로 놓으면, $f(x) = e^x$, $g'(x) = 2x$

$$\therefore \int_0^1 x^2 e^x\, dx = [x^2 e^x]_0^1 - \int_0^1 2x e^x\, dx$$

$$= e - 2\left\{[xe^x]_0^1 - [e^x]_0^1\right\} = e - 2\{e - (e-1)\} = \mathbf{e-2}$$

④ $f'(x) = e^{-st}$, $g(x) = t$ 로 놓으면, $f(x) = -\frac{1}{s}e^{-st}$, $g'(x) = 1$

$$\therefore \int_0^\infty te^{-st}dt = \left[t\,\frac{e^{-st}}{-s}\right]_0^\infty - \int_0^\infty \frac{e^{-st}}{-s}dt = \left[-\frac{1}{s^2}e^{-st}\right]_0^\infty = \frac{\mathbf{1}}{\mathbf{s^2}}$$

■ 연습문제 16 ■

16-1 반지름 r 인 원의 면적 S를 구분구적법을 써서 구하여라.

16-2 곡선 $y = x^3$, 직선 $x = 2$, x 축으로 둘러싸인 부분의 면적 S를 구분구적법을 써서 구하여라.

16-3 직선 $y = x$ 와 x 축 및 직선 $x = 2$ 로 둘러싸인 도형의 넓이를 구하여라.

16-4 다음 정적분의 값을 구하여라.

① $\int_0^2 4x^3dx$　　② $\int_1^2 (x^2 - 3x + 2)\,dx$

③ $\int_2^3 (t - 3t^3)dt$　　④ $\int_1^e \frac{1}{x}dx$

⑤ $\int_0^\pi \sin x\,dx$　　⑥ $\int_0^2 \frac{1}{1+x}dx$

16-5 다음 정적분의 값을 구하여라.

① $\int_1^3 \frac{dx}{\sqrt{x}}$　　② $\int_0^3 \sqrt{x+1}\,dx$

③ $\int_1^e \frac{1}{x}\ln x\,dx$　　④ $\int_1^2 \frac{1}{x^2+x}dx$

⑤ $\int_{-1}^1 \frac{e^{2x}+1}{e^x}dx$　　⑥ $\int_{-1}^2 4(t+1)(t^2-1)\,dt$

16-6 다음 정적분의 값을 구하여라.

① $\int_0^1 (3x^2 - 6x)\,dx + \int_0^1 (2x+5)\,dx$

② $\int_{-1}^2 (4x^3 - 3x^2 + 1)\,dx - \int_{-1}^2 (4x^3 + 2x^2 - x)\,dx$

③ $\int_0^1 (3x^2 - x + 1)\,dx + \int_1^2 (3x^2 - x + 1)\,dx$

16-7 다음 정적분의 값을 구하여라.

① $\displaystyle\int_1^3 \frac{1}{x(x+1)}dx$ ② $\displaystyle\int_0^{\frac{\pi}{2}} \sin 2x \cos x\, dx$

③ $\displaystyle\int_{-1}^1 |x| dx$ ④ $\displaystyle\int_1^4 |x^2-4x+3| dx$

⑤ $\displaystyle\int_0^{\sqrt{3}} \frac{1}{\sqrt{3-x^2}}dx$ ⑥ $\displaystyle\int_0^{\frac{\pi}{3}} \sin 4x \cos 3x\, dx$

16-8 다음 정적분의 값을 우함수와 기함수의 성질을 이용하여 구하여라.

① $\displaystyle\int_{-1}^1 \{x(x^2+1)+x^2(x^3-x)+x^3+5\}dx$

② $\displaystyle\int_{-\frac{\pi}{2}}^{\frac{\pi}{2}} (x\cos x + x^2\sin x + \cos x + \sin x)dx$

16-9 다음 정적분의 값을 구하여라.

① $\displaystyle\int_2^3 x\sqrt{x-2}\, dx$ ② $\displaystyle\int_0^{\sqrt{3}} x\sqrt{x^2+1}\, dx$

③ $\displaystyle\int_0^1 \frac{x}{(2x+1)^3}dx$ ④ $\displaystyle\int_0^{\frac{\pi}{4}} \sin^2 x \cos x\, dx$

16-10 다음 정적분의 값을 구하여라.

① $\displaystyle\int_0^1 xe^{-x}dx$ ② $\displaystyle\int_0^1 x^2e^{2x}dx$

③ $\displaystyle\int_1^e \ln x\, dx$ ④ $\displaystyle\int_0^{\pi} x(\sin x+\cos x)dx$

9-8 넓이와 정적분

(1) x축과 곡선 사이의 넓이

이미 정적분의 정의에서 공부한 정적분과 넓이와의 관계를 정리해 보자.

[그림 9-5], [그림 9-6], [그림 9-7]과 같이 구간 $[a, b]$에서 곡선 $y=f(x)$와 x축 및 두 직선 $x=a$, $x=b$로 둘러싸인 도형의 넓이 S는 다음과 같다.

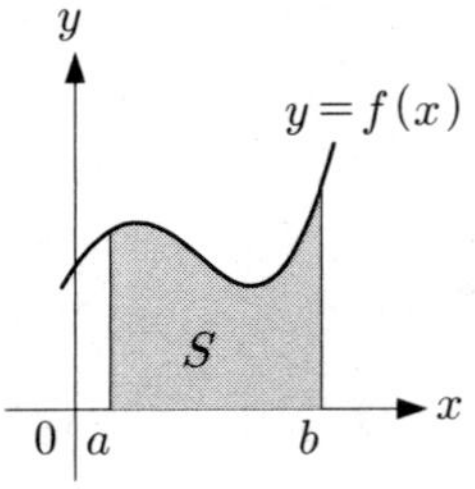

[그림 9-5]

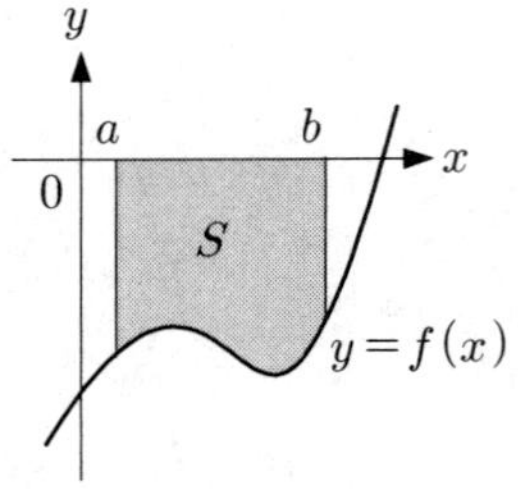

[그림 9-6]

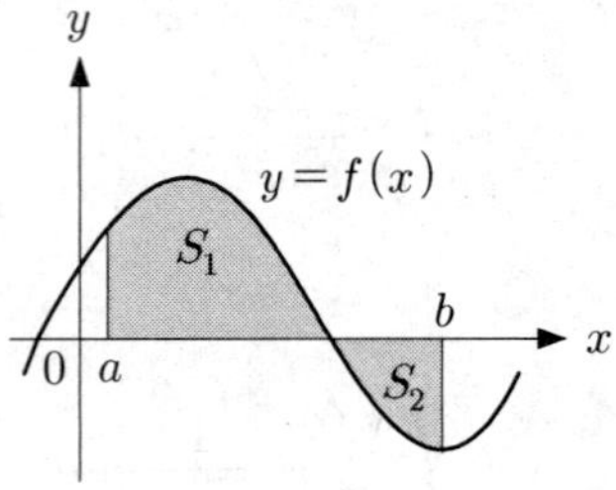

[그림 9-7]

■ x축과 곡선 사이의 넓이 ■

① $f(x) \geqq 0$인 경우

$$S=\int_a^b f(x)dx$$

② $f(x) \leqq 0$인 경우

$$S=\int_a^b \{-f(x)\}dx=-\int_a^b f(x)dx$$

③ 일반적인 경우

$$S=S_1+S_2=\int_a^c f(x)dx-\int_c^b f(x)dx=\int_a^b |f(x)|dx$$

예제 31 곡선 $y=-x^2+1$과 x축으로 둘러싸인 도형의 넓이를 구하여라.

[해] 함수 $y=-x^2+1$의 그래프는 [그림 9-8]과 같다.

$$\therefore S=\int_{-1}^{1}(-x^2+1)dx=2\int_0^1(-x^2+1)dx=2\left[-\frac{1}{3}x^3+x\right]_0^1=\mathbf{\frac{4}{3}}$$

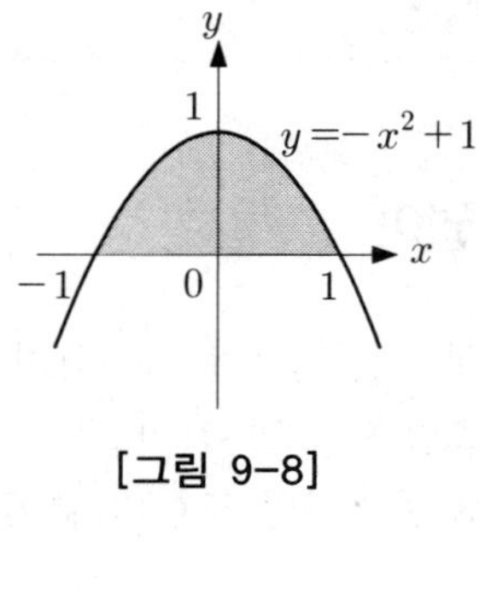

[그림 9-8]

예제 32 곡선 $y=x^2-2x$ 와 x 축으로 둘러싸인 도형의 넓이를 구하여라.

[해] 함수 $y=x^2-2x$ 의 그래프는 [그림 9-9]와 같다.

$$\therefore S=-\int_0^2 (x^2-2x)dx = -\left[\frac{1}{3}x^3-x^2\right]_0^2 = \mathbf{\frac{4}{3}}$$

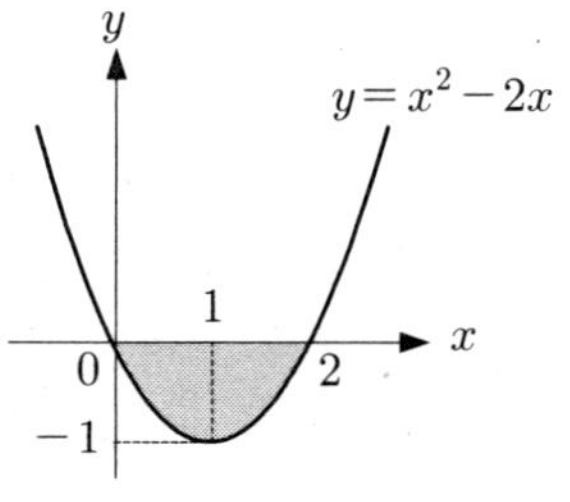

[그림 9-9]

예제 33 구간 $[-1, 2]$에서 곡선 $y=x^3$과 x축 및 두 직선 $x=1$, $x=2$로 둘러싸인 부분의 넓이를 구하여라.

[해] 함수 $y=x^3$ 의 그래프는 [그림 9-10]과 같다.

$$\therefore S=\int_{-1}^2 |x^3|dx = \int_{-1}^0 (-x^3)dx + \int_0^2 x^3dx$$

$$=\left[-\frac{1}{4}x^4\right]_{-1}^0 + \left[\frac{1}{4}x^4\right]_0^2 = \frac{1}{4}+\frac{16}{4}=\mathbf{\frac{17}{4}}$$

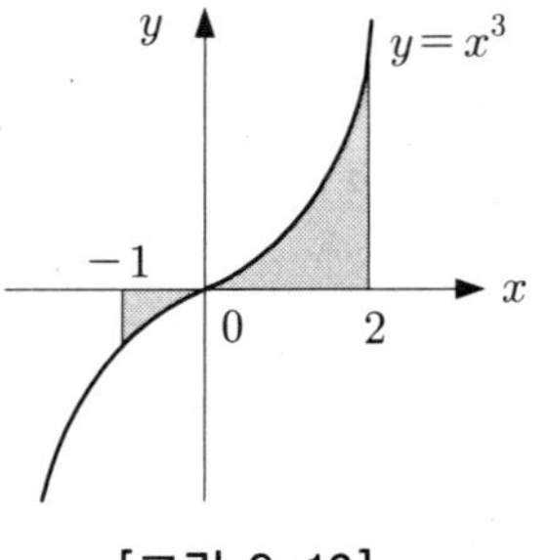

[그림 9-10]

예제 34 $y=x^2-3x+2$의 좌표축으로 둘러싸인 부분의 넓이를 구하여라.

[해] $y=0$으로 놓으면 $x^2-3x+2=(x-1)(x-2)=0$에서 $x=1, 2$이므로 $y=x^2-3x+2$의 그래프는 [그림 9-11]과 같다.

$$\therefore S=\int_0^1(x^2-3x+2)dx-\int_1^2(x^2-3x+2)dx$$
$$=\left[\frac{x^3}{3}-\frac{3}{2}x^2+2x\right]_0^1-\left[\frac{x^3}{3}-\frac{3}{2}x^2+2x\right]_1^2=\mathbf{\frac{1}{6}}$$

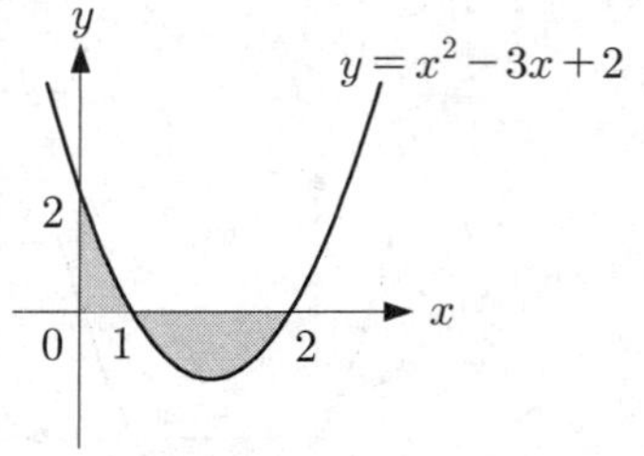

[그림 9-11]

예제 35 $y=\sin x\ (0\leqq x\leqq\pi)$와 x축으로 둘러싸인 부분의 면적을 구하여라.

[해] $S=\int_0^\pi \sin x\,dx=[-\cos x]_0^\pi=-(-1)+1=\mathbf{2}$

예제 36 곡선 $y^2=x+1$과 y축으로 둘러싸인 도형의 넓이를 구하여라.

[해] $x=y^2-1=0$으로 놓으면 $y^2-1=(y-1)(y+1)=0$에서 $y=1,-1$이므로 $x=y^2-1$의 그래프는 [그림 9-12]와 같다.

$$\therefore S=-\int_{-1}^1 x\,dy=-\int_{-1}^1(y^2-1)dy=-\left[\frac{1}{3}y^3-y\right]_{-1}^1=\mathbf{\frac{4}{3}}$$

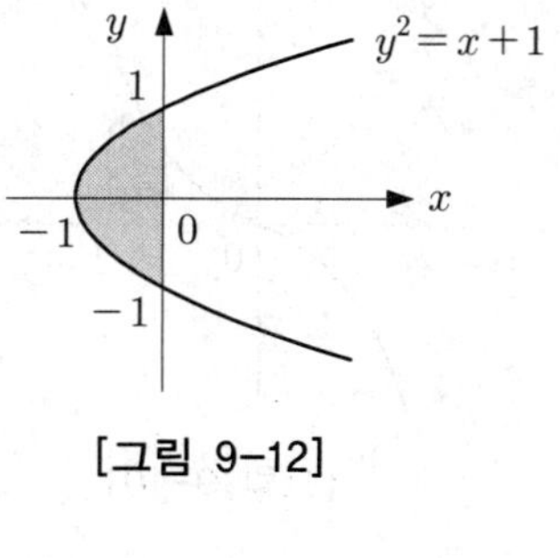

[그림 9-12]

(2) 두 곡선 사이의 넓이

이제, 구간 $[a, b]$에서 두 곡선 $y=f(x)$, $y=g(x)$로 둘러싸인 부분의 넓이 S를 구하여 보자.

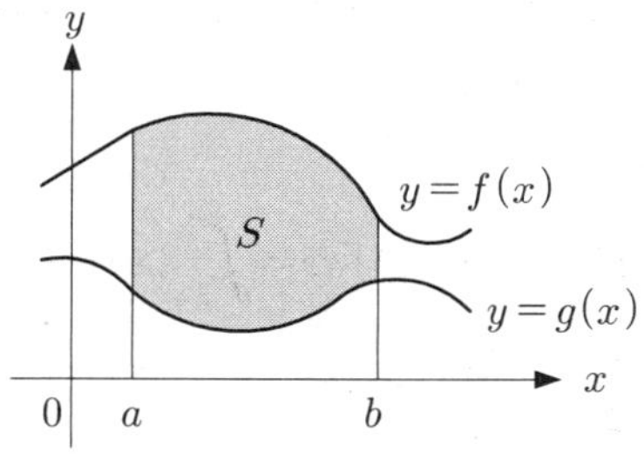

[그림 9-13]

[그림 9-13]과 같이 구간 $[a, b]$에서

$$0 \leqq g(x) \leqq f(x)$$

이면, 구하는 넓이 S는 다음과 같다.

$$S = \int_a^b f(x)dx - \int_a^b g(x)dx = \int_a^b \{f(x) - g(x)\}dx$$

이것은 어느 곡선이 x축의 아래 부분에 있을 경우에도 모두 성립한다.

■ 두 곡선 사이의 넓이 ■

구간 $[a, b]$에서 $f(x) > g(x)$일 때,

$$S = \int_a^b \{f(x) - g(x)\}dx$$

예제 37 포물선 $y = 2 - x^2$과 직선 $y = -x$로 둘러싸인 부분의 넓이 S를 구하여라.

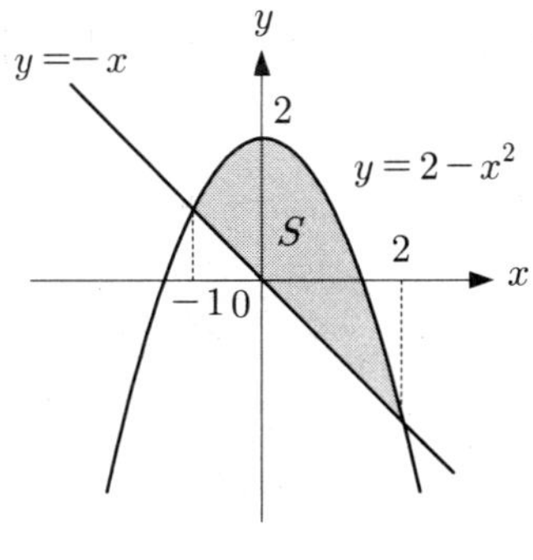

[그림 9-14]

[해] 포물선과 직선의 교점의 x 좌표는 [그림 9-14]와 같이 $-1, 2$이다.
이때, 구간 $[-1, 2]$에서

$$-x \leqq 2-x^2$$

$$\therefore\ S=\int_{-1}^{2}\{(2-x^2)-(-x)\}\,dx=\int_{-1}^{2}(2+x-x^2)\,dx$$

$$=\left[2x+\frac{x^2}{2}-\frac{x^3}{3}\right]_{-1}^{2}=\mathbf{\frac{9}{2}}$$

예제 38 포물선 $x=3y-y^2$과 직선 $x+y=3$으로 둘러싸인 부분의 넓이를 구하여라.

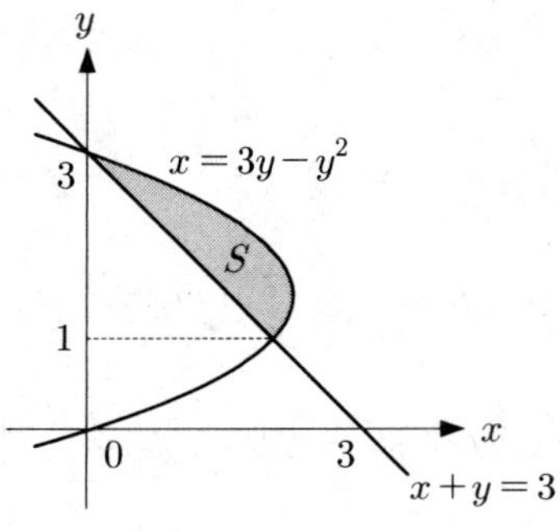

[그림 9-15]

[해] 포물선 $x=3y-y^2$과 직선 $x+y=3$의 y 좌표는 [그림 9-15]와 같이 $1, 3$이다.

$$\therefore\ S=\int_{1}^{3}\{(3y-y^2)-(3-y)\}\,dy=\int_{1}^{3}(4y-y^2-3)\,dy$$

$$=\left[2y^2-\frac{y^3}{3}-3y\right]_{1}^{3}=\mathbf{\frac{4}{3}}$$

예제 39 타원 $\dfrac{x^2}{a^2}+\dfrac{y^2}{b^2}=1\,(a,\, b>0)$의 넓이를 구하여라.

[해] $y=\pm\dfrac{b}{a}\sqrt{a^2-x^2}$ 이므로

$$S=\int_{-a}^{a}\left\{\frac{b}{a}\sqrt{a^2-x^2}-\left(-\frac{b}{a}\sqrt{a^2-x^2}\right)\right\}dx=2\frac{b}{a}\int_{-a}^{a}\sqrt{a^2-x^2}\,dx$$

$$=\frac{2b}{a}\left[\frac{x}{2}\sqrt{a^2-x^2}+\frac{a^2}{2}\sin^{-1}\frac{x}{a}\right]_{-a}^{a}$$

$$=\frac{2b}{a}\cdot\frac{a^2}{2}\{\sin^{-1}1-\sin^{-1}(-1)\}=\boldsymbol{\pi ab}$$

(3) 극좌표에서의 넓이

극좌표로 표시된 곡선

$$r = f(\theta)$$

가 주어졌을 때, 이것을 θ에 대하여 미분 가능인 연속함수라 생각하자.

이때, $r = f(\theta)$와 두 직선 $\theta = \alpha$, $\theta = \beta$로 둘러싸인 부분의 면적을 구하여 보자.

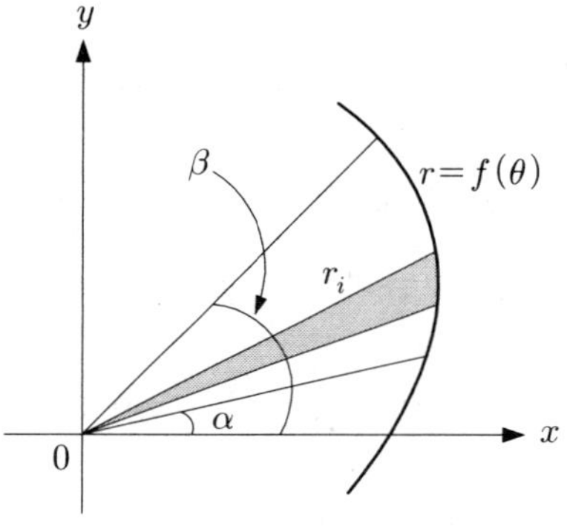

[그림 9-16]

[그림 9-16]에서와 같이 구간 $[\alpha, \beta]$를 n개의 작은 구간으로 나누고 각 구간의 각의 크기를 차례로

$$\Delta\theta_1,\ \Delta\theta_2,\ \Delta\theta_3,\ \cdots\cdots,\ \Delta\theta_n$$

이라 하고, 작은 구간에서 그 각에 그 대응하는 곡선의 동경을 차례로

$$r_1,\ r_2,\ r_3,\ \cdots\cdots,\ r_n$$

이라 하면, 전체면적 S는 n개의 부채꼴의 면적

$$\frac{1}{2}r_i^2 \cdot \Delta\theta_i \quad (i = 1,\ 2,\ 3,\ \cdots\cdots,\ n)$$

의 전체합의 극한값으로 나타난다. 즉,

$$S = \lim_{n \to \infty} \sum_{i=1}^{n} \frac{1}{2} r_i^2\, \Delta\theta_i$$

따라서, 정적분의 정의에 의하여 다음과 같이 표시된다.

$$S = \lim_{n\to\infty}\sum_{i=1}^{n}\frac{1}{2}r_i^2\,\Delta\theta_i = \frac{1}{2}\int_{\alpha}^{\beta} r^2 d\theta$$

■ 극좌표에서의 넓이 ■

극좌표에서 곡선 $r = f(\theta)$와 $\theta = \alpha$, $\theta = \beta$로 둘러싸인 부분의 넓이

$$S = \frac{1}{2}\int_{\alpha}^{\beta} r^2 d\theta$$

예제 40 아르키메데스(Archimedes)의 나선(spiral) $r = a\theta$ $(a > 0)$에서 θ의 구간 $\left[0, \frac{\pi}{2}\right]$에서 y축으로 둘러싸인 부분의 넓이를 구하여라.

[해] [그림 9-17]과 같은 나선에서 구하는 넓이 S는

$$S = \frac{1}{2}\int_0^{\frac{\pi}{2}} r^2 d\theta = \frac{1}{2}\int_0^{\frac{\pi}{2}} a^2\theta^2 d\theta$$

$$= \frac{a^2}{2}\left[\frac{\theta^3}{3}\right]_0^{\frac{\pi}{2}} = \frac{a^2}{2}\left[\frac{1}{3}\cdot\frac{\pi^3}{8}\right] = \mathbf{\frac{1}{48}\pi^3 a^2}$$

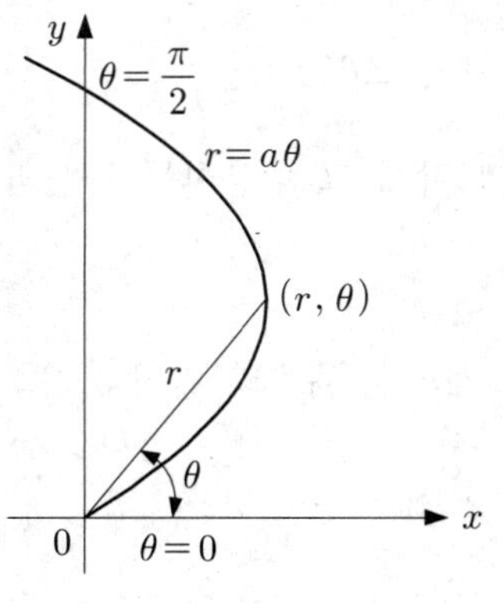

[그림 9-17]

예제 41 연주형(lemmiscate) $r^2 = a^2\cos 2\theta$로 둘러싸인 부분의 넓이를 구하여라.

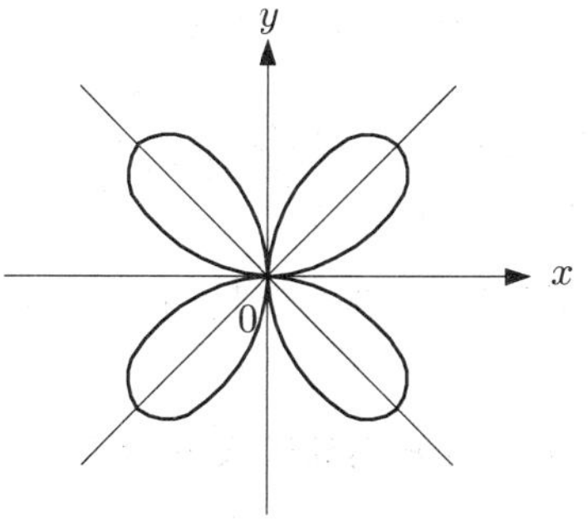

[그림 9-18]

[해] [그림 9-18]과 같은 연주형에서 θ가 0에서 $\frac{\pi}{2}$까지 변하면 전체 넓이의 $\frac{1}{4}$이 되므로 구하는 넓이 S는

$$S = 4 \cdot \frac{1}{2}\int_0^{\frac{\pi}{2}} a^2 \sin^2 2\theta \, d\theta = 2a^2 \int_0^{\frac{\pi}{2}} \frac{1-\cos 4\theta}{2} d\theta$$

$$= 2a^2 \left[\frac{\theta}{2} - \frac{\sin 4\theta}{8}\right]_0^{\frac{\pi}{2}} = \boldsymbol{\frac{\pi a^2}{2}}$$

9-9 부피와 정적분

(1) 입체도형의 부피

[그림 9-19]와 같은 그릇에 물을 채우는데 깊이가 $x$cm일 때, 수면의 넓이가 $\sqrt{2}\,\text{cm}^2$이라고 한다. 깊이가 8cm일 때 물의 부피를 구하여 보자.

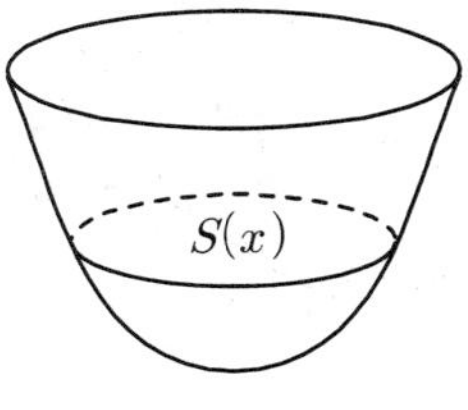

[그림 9-19]

수면의 넓이가 $\sqrt{x}$ 이므로 구하는 부피 V는

$$V=\int_0^8 \sqrt{x}\,dx=\frac{2}{3}\left[x^{\frac{3}{2}}\right]_0^8=\frac{32\sqrt{2}}{3}(\mathrm{cm}^3)$$

일반적으로, 잘린 면의 넓이를 알 때의 입체도형의 부피는 다음과 같다.

■ 입체의 부피 ■

구간 $[a, b]$ 안에 있는 임의의 점 x에서의 어떤 입체의 단면의 넓이가 $S(x)$일 때, 입체의 부피 V는

$$V=\int_a^b S(x)dx$$

예제 42 어떤 그릇에 물을 넣을 때, 물의 깊이 x와 그 때의 수면의 넓이 $S(x)$ 사이에는 관계식 $S(x)=x^3+2x$가 성립한다. $x=2$일 때, 물의 부피를 구하여라.

[해] 구하는 부피 V는

$$V=\int_0^2(x^3+2x)dx=\left[\frac{x^4}{4}+x^2\right]_0^2=8$$

(2) 회전체의 부피

[그림 9-20]과 같이 x축 위의 좌표가 x인 점을 지나 x축에 수직인 평면에 의하여 잘리는 단면은 원이고, 반지름의 길이는 $|f(x)|$이다.

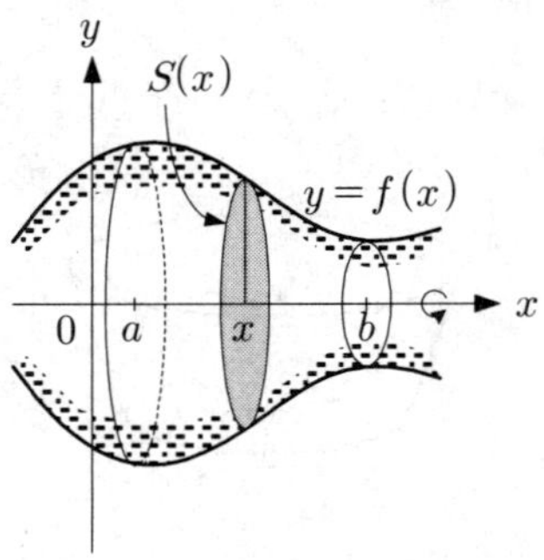

[그림 9-20]

따라서, 단면의 넓이를 $S(x)$라 하면

$$S(x)=\pi\{f(x)\}^2$$

이므로, $y=f(x)$ $(a\leq x\leq b)$를 x축 둘레로 회전해서 생기는 회전체의 부피는 다음과 같다.

■ 회전체의 부피 ■

구간 $[a, b]$에서 곡선 $y=f(x)$를 x축의 둘레로 회전시킬 때 생기는 회전체의 부피 V는

$$V=\pi\int_a^b y^2dx=\pi\int_a^b\{f(x)\}^2dx$$

예제 43 구간 $[0, h]$에서 포물선 $y^2=x$를 x축 둘레로 회전해서 생기는 회전체의 부피를 구하여라.

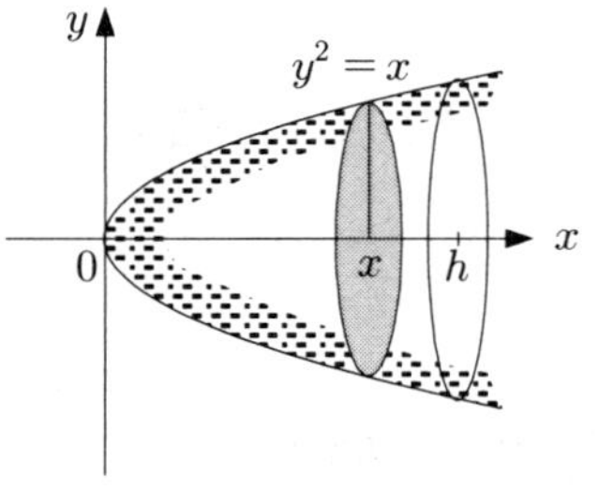

[그림 9-21]

[해] [그림 9-21]과 같은 회전체에서 구하는 부피를 V라 하면

$$V=\pi\int_0^h y^2dx=\pi\int_0^h x\,dx=\pi\left[\frac{1}{2}x^2\right]_0^h=\boldsymbol{\frac{\pi h^2}{2}}$$

예제 44 반지름의 길이가 r인 원을 x축 둘레로 회전해서 생기는 회전체의 부피를 구하여라.

[해] 원의 방정식은 $x^2+y^2=r^2$이므로 구하는 공의 부피 V는

$$V=\pi\int_{-r}^r y^2dx=\pi\int_{-r}^r(r^2-x^2)dx$$

$$=2\pi\left[r^2x-\frac{1}{3}x^3\right]_0^r=\boldsymbol{\frac{4}{3}\pi r^3}$$

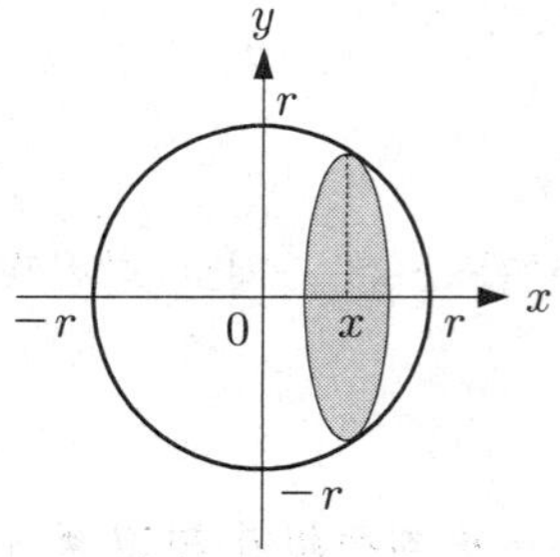

[그림 9-22]

예제 45 두 곡선 $y=x^2$과 $y^2=x$로 둘러싸인 부분을 x축의 둘레로 회전시켰을 때 생기는 회전체의 부피를 구하여라.

[해] 두 곡선의 교점을 구하면

$$x^4=x,\ x(x^3-1)=0 \quad \therefore x=0, 1$$

따라서, 구하려는 회전체의 부피 V는

$$V=\pi\int_0^1 y^2dx=\pi\int_0^1(x-x^4)dx$$

$$=\pi\left[\frac{1}{2}x^2-\frac{1}{5}x^5\right]_0^1=\pi\left(\frac{1}{2}-\frac{1}{5}\right)=\mathbf{\frac{3}{10}\pi}$$

9-10 곡선의 길이와 정적분

구간 $[a, b]$ 위에서 연속인 함수 $y=f(x)$가 있을 때 $x=a$, $x=b$에서의 곡선 위의 두 점을 P, Q라 하고 $\overline{\mathrm{PQ}}$의 길이를 구하여 보자.

[그림 9-23]에서 보는 바와 같이 구간 $[a, b]$ 안의 소구간 $[x_{i-1}, x_i]$에 대응하는 $\mathrm{P}_{i-1}\mathrm{P}_i$의 길이 $\varDelta l$는 선분$\mathrm{P}_{i-1}\mathrm{P}_i$와 근사적으로 같다.

$$\therefore \varDelta l \fallingdotseq \sqrt{\varDelta x^2+\varDelta y^2}=\sqrt{1+\left(\frac{\varDelta y}{\varDelta x}\right)^2}\varDelta x$$

$$\therefore l=\lim_{n\to\infty}\sum_{i=1}^{n}\varDelta l=\lim_{\varDelta x\to 0}\sum_{a}^{b}\sqrt{1+\left(\frac{\varDelta y}{\varDelta x}\right)^2}\varDelta x$$

$$=\int_a^b\sqrt{1+(y')^2}\,dx \quad \cdots\cdots\cdots\cdots\cdots\cdots \quad (9.1)$$

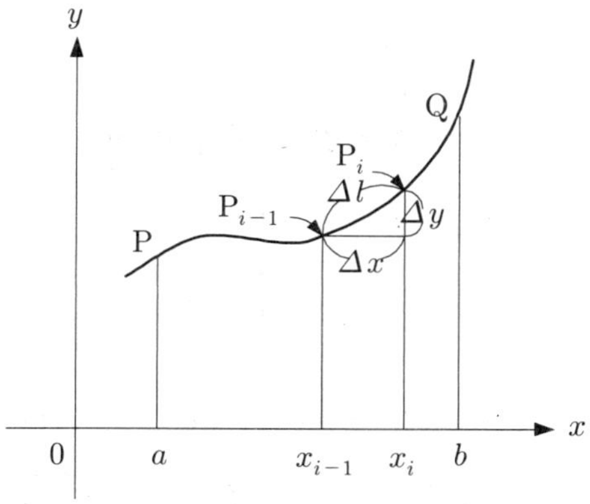

[그림 9-23]

또, 곡선이 매개변수 $x=f(t)$, $y=g(t)$ $(\alpha \leqq t \leqq \beta)$로 주어졌을 경우 곡선의 길이는 $dx=f'(t)dt$ 이므로

$$l=\int_a^b \sqrt{1+\left(\frac{dy}{dx}\right)^2}\,dx=\int_\alpha^\beta \sqrt{1+\left(\frac{dy}{dt}\Big/\frac{dx}{dt}\right)^2}\,f'(t)dt$$

$$=\int_\alpha^\beta \sqrt{\left(\frac{dx}{dt}\right)^2+\left(\frac{dy}{dt}\right)^2}\,dt \quad \cdots\cdots (9.2)$$

또, 곡선 극좌표에서 $r=f(\theta)$ $(\alpha \leqq \theta \leqq \beta)$로 주어졌을 때

$$x=r\cos\theta, \quad y=r\sin\theta$$

이므로 (9.2)식에서 $t=\theta$로 놓으면

$$l=\int_\alpha^\beta \sqrt{\left(\frac{dx}{d\theta}\right)^2+\left(\frac{dy}{d\theta}\right)^2}\,d\theta$$

그런데,

$$\frac{dx}{d\theta}=\cos\theta\,\frac{dr}{d\theta}-r\sin\theta, \quad \frac{dy}{d\theta}=\sin\theta\,\frac{dr}{d\theta}+r\cos\theta$$

이므로

$$\left(\frac{dx}{d\theta}\right)^2+\left(\frac{dy}{d\theta}\right)^2=\left(\cos\theta\frac{dr}{d\theta}-r\sin\theta\right)^2+\left(\sin\theta\frac{dr}{d\theta}+r\cos\theta\right)^2=\left(\frac{dr}{d\theta}\right)^2+r^2$$

$$\therefore l=\int_\alpha^\beta \sqrt{r^2+\left(\frac{dr}{d\theta}\right)^2}\,d\theta$$

이상을 정리하면 다음과 같다.

■ 곡선의 길이 ■

① 직교좌표에서 곡선이 $y=f(x)$ $(a \leqq x \leqq b)$인 경우

$$l=\int_a^b \sqrt{1+\{f'(x)\}^2}\,dx=\int_a^b \sqrt{1+\left(\frac{dy}{dx}\right)^2}\,dx$$

② 곡선이 매개변수 $x=f(t)$, $y=g(t)$ $(\alpha \leqq x \leqq \beta)$인 경우

$$l=\int_\alpha^\beta \sqrt{\{f'(t)\}^2+\{g'(t)\}^2}\,dt=\int_\alpha^\beta \sqrt{\left(\frac{dx}{dt}\right)^2+\left(\frac{dy}{dt}\right)^2}\,dt$$

③ 극좌표에서 곡선이 $r=f(\theta)$ $(\alpha \leqq \theta \leqq \beta)$인 경우

$$l=\int_\alpha^\beta \sqrt{r^2+\left(\frac{dr}{dt}\right)^2}\,d\theta$$

예제 46 다음 주어진 구간에서의 직선 또는 곡선의 길이 l 을 구하여라.

① $y=3x+1$ $(0 \leqq x \leqq 1)$

② $y=\frac{2}{3}(x-1)^{\frac{3}{2}}$ $(1 \leqq x \leqq 4)$

③ $x=3t^2$, $y=1-t^2$ $(0 \leqq t \leqq 2)$

[해] ① $l=\int_0^1 \sqrt{1+\left(\frac{dy}{dx}\right)^2}\,dx=\int_0^1 \sqrt{1+3^2}\,dx=[\sqrt{10}\,x]_0^1=\sqrt{10}$

② $y'=(x-1)^{\frac{1}{2}}$ 이므로 구하는 길이 l 는

$$l=\int_1^4 \sqrt{1+(x-1)}\,dx=\int_1^4 \sqrt{x}\,dx=\left[\frac{2}{3}x^{\frac{3}{2}}\right]_1^4=\frac{14}{3}$$

③ $l=\int_0^2 \sqrt{\left(\frac{dx}{dt}\right)^2+\left(\frac{dy}{dt}\right)^2}\,dt$

$$=\int_0^2 \sqrt{(6t)^2+(-2t)^2}\,dt=\sqrt{40}\int_0^2 t\,dt=\sqrt{40}\left[\frac{t^2}{2}\right]_0^2=4\sqrt{10}$$

예제 47 [그림 9-24]와 같은 심장형(cardioid) $r=a(1+\cos\theta)$의 길이를 구하여라.

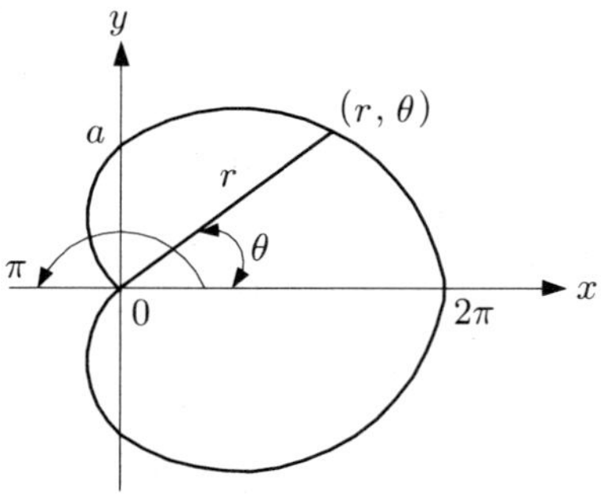

[그림 9-24]

[해] 주어진 식의 양변을 θ에 대하여 미분하면

$$\frac{dr}{d\theta}=-a\sin\theta$$

이므로

$$r^2+\left(\frac{dr}{d\theta}\right)^2=a^2(1+\cos\theta)^2+a^2\sin^2\theta=2a^2(1+\cos\theta)=4a^2\cos^2\frac{\theta}{2}$$

$$\therefore l=2\int_0^{\pi}\sqrt{r^2+\left(\frac{dr}{d\theta}\right)^2}\,d\theta=2\int_0^{\pi}2a\cos\frac{\theta}{2}d\theta=4a\left[2\sin\frac{\theta}{2}\right]_0^{\pi}=\mathbf{8a}$$

9-11 중적분

미분법의 반대계산으로 적분법을 만들어 내듯이 편미분법의 반대계산으로 중적분법을 만들어 낼 수 있다.

즉, **고계편도함수**를 구할 때 미분하는 변수만을 변수로 취급하고 다른 변수들은 상수로 취급하듯이, **중적분**을 구할 때도 적분하고자 하는 변수만을 변수로 취급하고 다른 변수들은 상수로 하여 적분을 여러 번 하면 된다. 그 표시법은

$$\int_c^d\int_a^b f(x,\ y)dx^2=\int_c^d\left\{\int_a^b f(x)dx\right\}dx$$

$$\int_c^d\int_{a(y)}^{b(y)} f(x,\ y)\,dx\,dy=\int_c^d\left\{\int_{a(y)}^{b(y)} f(x,\ y)dx\right\}dy$$

$$\int_c^d\int_{a(x)}^{b(x)} f(x,\ y)\,dy\,dx=\int_c^d\left\{\int_{a(x)}^{b(x)} f(x,\ y)dy\right\}dx$$

와 같은 기호로 표시하며, 이러한 경우를 **2중적분**(double integral)이라 하고, 3번 거듭 적하는 것을 **3중적분**이라 하며, 2중적분 이상을 **다중적분**(multi integral), 간단히 **중적분**이라고 한다.

또, 2중적분에서는 적분영역 D를 $a \leqq x \leqq b$, $\phi_1(x) \leqq y \leqq \phi_2(x)$인 폐영역이라 하고, $\phi_1(x)$, $\phi_2(x)$는 연속함수로서 폐영역 D가 면적확정일 때 D에서 적분 가능한 함수 $f(x, y)$의 2중적분은

$$\iint_D f(x, y)\,dx\,dy = \int_a^b \left\{ \int_{\phi_1(x)}^{\phi_2(x)} f(x, y)dy \right\} dx$$

와 같이 계산한다. 물론 3중적분 이상의 다중적분에서도 같은 방법에 의한다.

예제 48 다음 2중적분을 구하여라.

① $\int_0^1 \int_0^x (x+y+1)dx\,dy$ ② $\int_0^1 \int_0^y xy\,dx\,dy$

[해] ① $\int_0^1 \int_0^x (x+y+1)dy\,dx = \int_0^1 \left[xy + \frac{1}{2}y^2 + y \right]_0^x dx$

$$= \int_0^1 \left(\frac{3}{2}x^2 + x \right) dx = \left[\frac{1}{2}x^3 + \frac{1}{2}x^2 \right]_0^1 = 1$$

② $\int_0^1 \int_0^y xy\,dx\,dy = \int_0^1 \left[\frac{1}{2}x^2 y \right]_0^y dy = \frac{1}{2}\int_0^1 y^3 dy = \frac{1}{2}\left[\frac{1}{4}y^4 \right]_0^1 = \frac{1}{8}$

예제 49 D를 $0 \leqq y \leqq x$, $1 \leqq x \leqq 2$로 둘러싸인 영역이라고 할 때 $\iint_D (3x+2)\,dx\,dy$를 구하여라.

[해] [그림 9-25]에서

$$\iint_D (3x+2)\,dy\,dx = \int_1^2 \int_0^x (3x+2)\,dy\,dx = \int_1^2 [3xy+2y]_0^x dx$$

$$= \int_1^2 (3x^2+2x)\,dx = [x^3+x^2]_1^2 = 10$$

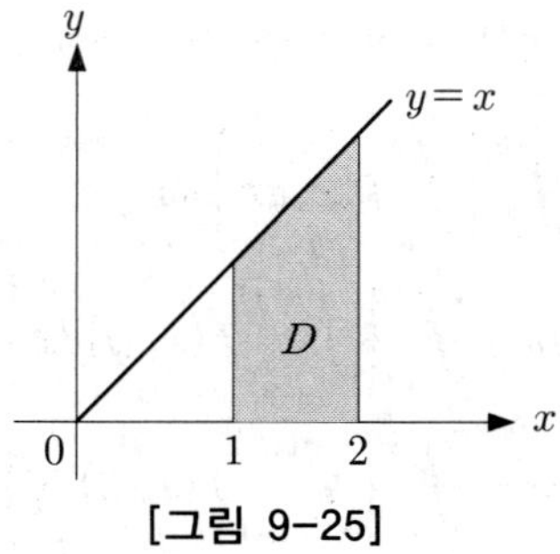

[그림 9-25]

예제 50 D를 $x \leqq y \leqq \sqrt{x}$, $0 \leqq x \leqq 1$로 둘러싸인 영역이라고 할 때 $\iint_D (x^2+y^2)\,dx\,dy$를 구하여라.

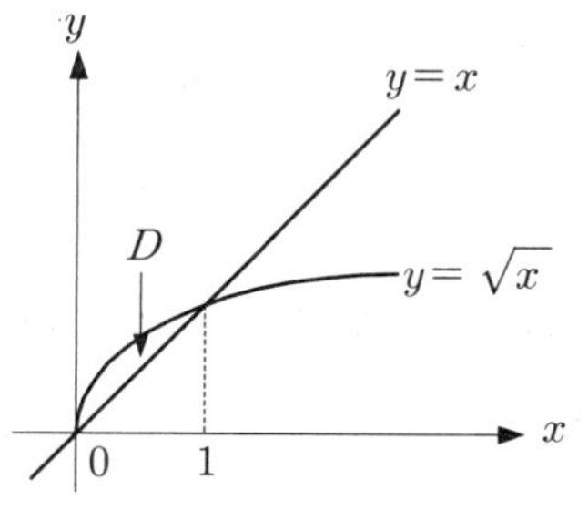

[그림 9-26]

[해] [그림 9-26]에서

$$\begin{aligned}\iint_D (x^2+y^2)\,dx\,dy &= \int_0^1 \int_x^{\sqrt{x}} (x^2+y^2)\,dy\,dx \\ &= \int_0^1 \left[x^2y+\frac{1}{3}y^3\right]_x^{\sqrt{x}} dx = \int_0^1 \left(x^{\frac{5}{2}}+\frac{1}{3}x^{\frac{3}{2}}-x^3-\frac{1}{3}x^3\right)dx \\ &= \left[\frac{2}{7}x^{\frac{7}{2}}+\frac{2}{15}x^{\frac{5}{2}}-\frac{1}{3}x^4\right]_0^1 = \frac{2}{7}+\frac{2}{15}-\frac{1}{3}=\mathbf{\frac{3}{35}}\end{aligned}$$

■ 연습문제 17 ■

17-1 곡선 $y=x^2$과 x축 및 직선 $x=2$로 둘러싸인 도형의 넓이를 구하여라.

17-2 곡선 $y=4x-x^2$과 x축으로 둘러싸인 도형의 넓이를 구하여라.

17-3 곡선 $y=x^2-4x+3$과 좌표축으로 둘러싸인 부분의 넓이를 구하여라.

17-4 곡선 $y=x^2-7x+6$과 x축으로 둘러싸인 부분의 넓이를 구하여라.

17-5 $y=\cos x \left(0 \leqq x \leqq \frac{\pi}{2}\right)$로 둘러싸인 부분의 넓이를 구하여라.

17-6 곡선 $y^2=4x$와 y축 및 두 직선 $y=0$, $y=4$로 둘러싸인 부분의 넓이를 구하여라.

17-7 곡선 $x=3y^2+6y$ 와 y 축 및 직선 $y=1$ 로 둘러싸인 도형의 넓이를 구하여라.

17-8 다음 곡선과 직선으로 둘러싸인 부분의 넓이를 구하여라.

① $y=x^2+1$, $y=2x+4$

② $y=x^2-3x+3$, $y=x$

③ $y^2=x$, $y=x$

17-9 다음 두 곡선으로 둘러싸인 부분의 넓이를 구하여라.

① $y^2=6x$, $x^2=6y$

② $y=x^2-1$, $y=-x^2+2x+3$

17-10 곡선 $y=x^2$ $(1\leq x\leq 2)$를 x 축 둘레로 회전시켜 생기는 회전체의 부피를 구하여라.

17-11 직선 $y=x+1$ $(2\leq y\leq 4)$를 y 축 둘레로 회전시켜 생기는 회전체의 부피를 구하여라.

17-12 곡선 $y=\cos x$ $\left(0\leq x\leq \frac{\pi}{2}\right)$를 x 축 둘레로 회전시켜 생기는 회전체의 부피를 구하여라.

17-13 곡선 $y=4x-x^2$과 직선 $y=x$ 로 둘러싸인 부분을 x 축 둘레로 회전시켜 생기는 회전체의 부피를 구하여라.

17-14 다음 주어진 구간에서의 직선 또는 곡선의 길이 l 을 구하여라.

① $y=2x+1$ $(0\leq x\leq 1)$

② $y=\frac{2}{3}x^{\frac{3}{2}}$ $(0\leq x\leq 3)$

③ $x=6t^2$, $y=t^3-12t$ $(0\leq t\leq 1)$

17-15 다음 2중적분을 구하여라.

① $\int_0^2\int_0^x (x+3y^2)\,dy\,dx$ ② $\int_0^3\int_1^2 (1+8xy)\,dy\,dx$

17-16 다음 3중적분을 구하여라.

① $\int_0^2\int_0^{\frac{\pi}{3}}\int_0^{r^2} r^2\,dz\,d\phi\,dr$ ② $\int_0^{\frac{\pi}{2}}\int_0^1\int_0^2 z\rho^2\sin\theta\,dz\,d\rho\,d\theta$

17-17 D를 $2 \leqq x \leqq 4$, $\frac{1}{2}x \leqq y \leqq \sqrt{x}$ 로 둘러싸인 영역이라고 할 때 $\int\int_D xy\,dx\,dy$ 를 구하여라.

17-18 적분영역 D가 원점을 중심으로 하고 반지름의 길이가 a인 원의 제1사분면일 때 $\int\int_D xy\,dx\,dy$ 를 구하여라.

chapter 10

미분방정식

미분방정식은 뉴턴(Newton)의 운동법칙, 아인슈타인(Einstein)의 상대성원리 등 물리적 법칙이나 관계식에서 미분방정식이라는 형태로 나타나는 경우가 많다.

특히, 회로 시스템을 바탕으로 하는 전자회로, 반도체장치, 신호처리 분야 및 전력 시스템 등의 해석 및 설계에서는 다양한 형태의 미분방정식이 나타난다.

미분방정식은 물리 시스템 특성의 수학적 표현이므로 전자, 전기, 통신 등의 관련학과에서는 전기자기학, 회로망해석, 회로설계 및 제어공학 등에서 자주 접하게 된다.

그러므로 미분방정식의 해석은 관련 교과목 내용을 학습하는데 필수 불가결한 문제이다. 이 장에서 다루어진 대부분의 내용은 선형미분방정식을 대상으로 하고, 방정식 형태 · 작성 및 해법들을 기술하였다.

10-1 기본개념

(1) 미분방정식의 종류

도함수 y', y'', … 등을 포함하는 방정식을 **미분방정식**(differential equation)이라고 한다.

미분방정식에 포함되어 있는 최고계도함수의 계수를 그 미분방정식의 **계수**(order)라 한다. 또, 미분방정식의 미지함수와 그 도함수에 대해서 다항식인 경우 최고계인 도함수의 차수를 그 미분방정식의 **차수**(degree)라 한다. 특히, 모든 미지함수와 도함수에 대해서 1차일 때 이 미분방정식을 **선형**(liner)이라고 한다.

또한, 1개의 독립변수와 이에 대한 도함수만을 포함하는 미분방정식을 **상미분방정식**(ordinary differential equation)이라 하며, 2개 이상의 독립변수를 갖고 그들의 편도함수를 포함하고 있는 미분방정식을 **편미분방정식**(partial differential equation)이라고 한다.

예제 1 다음 미분방정식의 계수, 차수 및 명칭을 써라.

① $\dfrac{dy}{dx}-2y=x^2$

② $\left(\dfrac{d^2y}{dx^2}\right)^3-3\dfrac{dy}{dx}+y^2=e^x$

③ $\dfrac{\partial z}{\partial x}+\dfrac{\partial z}{\partial y}=0$

④ $\dfrac{\partial^2 z}{\partial x^2}+\dfrac{\partial^2 z}{\partial y^2}=xy$

[해] ① 1계1차 상미분방정식
② 2계3차 상미분방정식
③ 1계1차 편미분방정식
④ 2계1차 편미분방정식

(2) 미분방정식의 해

어떤 함수가 주어진 미분방정식을 만족할 때, 이것을 이 미분방정식의 **해**(solution)라고 한다. 예를 들면,

$$\frac{d^2y}{dx^2} - y = 0$$

의 해는

$$y = C_1 e^x + C_2 e^{-x}$$

이다. 왜냐하면

$$y' = C_1 e^x - C_2 e^{-x}, \quad y'' = C_1 e^x + C_2 e^{-x}$$

이고, 이 y는 $y'' - y = 0$을 만족하기 때문이다. 여기서 C_1, C_2는 상수이기만 하면 어떤 값이라도 미분방정식의 해가 된다. 이러한 의미에서 C_1, C_2를 임의상수라 한다.

일반적으로 미분방정식에서 계수와 같은 수의 임의상수를 포함하는 해를 **일반해**(general solution)라고 한다. 또 일반해에서 임의상수에 특정한 값을 취할 때의 해를 **특수해**(particular solution) 또는 **특해**라고 한다. 따라서 특수해는 일반해에 포함되는 하나의 해이다. 또한, 얻어진 일반해의 임의상수에 어떤 값을 대입하여도 얻을 수 없는 해를 **특이해**(singular solution)라 하며, 이 해는 직관에 의하여 구해진다.

예제 2 $y = 2x + Ce^x$는 $y' - y = 2(1-x)$의 일반해임을 보이고 $x = 0$일 때 $y = 5$인 특수해를 구하여라.

[해] $y = 2x + Ce^x$에서 $y' = 2 + Ce^x$

$$\therefore y' - y = 2 + Ce^x - (2x + Ce^x) = 2(1-x)$$

따라서, $y = 2x + Ce^x$는 $y' - y = 2(1-x)$의 일반해이다. 또, $y = 2x + Ce^x$에 $x = 0$, $y = 5$를 대입하면

$$5 = 2 \cdot 0 + Ce^0 \quad \therefore C = 5$$

따라서, 특수해는

$$\boldsymbol{y = 2x + 5e^x}$$

이다.

예제 3 $(y')^2 = 4y$의 일반해는 $y = (x+C)^2$이고, 특이해는 $y = 0$임을 밝혀라.

[해] $y = (x+C)^2$을 미분하면

$$y' = 2(x+C)$$

$$\therefore\ (y')^2 = 4(x+C)^2 = 4y$$

이므로 일반해이다.

또, $y=0$에서 $y'=0$이므로 $y=0$는 $(y')^2=4y$의 해가 되지만 일반해의 임의상수 C에 어떤 특정한 값을 넣어도 $y=0$가 될 수 없으므로 일반해에 포함되지 않고, $y=0$는 특이해이다.

(3) 반복적분에 의한 일반해

반복적분으로 $\dfrac{d^n y}{dx^n} = f(x)$인 형의 미분방정식의 일반해를 구할 수 있다. 즉,

$$\frac{d^{n-1}y}{dx^{n-1}} = \int f(x)dx + C_1$$

$$\cdots\cdots\cdots\cdots\cdots\cdots\cdots\cdots\cdots$$

$$y = \int \cdots\cdots \int f(x)dx^n + C_1 x^{n-1} + C_2 x^{n-2} + \cdots\cdots$$

계속되는 적분마다 새로운 적분상수가 나온다.

예제 4 $\dfrac{d^2y}{dx^2} = x^2$의 일반해를 구하여라.

[해] x에 관해서 반복적분하면

$$\frac{dy}{dx} = \int x^2 dx = \frac{1}{3}x^3 + C_1$$

$$y = \int\left(\frac{1}{3}x^3 + C_1\right)dx = \boldsymbol{\frac{1}{12}x^4 + C_1 x + C_2}$$

가 일반해이다.

예제 5 $\dfrac{d^3y}{dx^3} = \sin x + \cos x$의 일반해를 구하여라.

[해] $$\frac{d^2y}{dx^2} = \int(\sin x + \cos x)dx = -\cos x + \sin x + C_1$$

$$\frac{dy}{dx} = \int(-\cos x x \sin x + C_1)dx = -\sin x - \cos x + C_1 x + C_2$$

$$y = \int(-\sin x - \cos x + C_1 x + C_2)dx = \boldsymbol{\cos x - \sin x + \frac{1}{2}C_1 x^2 + C_2 x + C_3}$$

가 일반해이다.

10-2 변수분리형 미분방정식

1계1차 미분방정식에서 미분 dx, dy 의 계수가 각 x 만의 함수, y 만의 함수로 분리될 때, 즉

$$M(x)dx + N(y)dy = 0$$

형의 미분방정식을 **변수분리형**(variables separable)이라 하고, 이 경우 미분방정식의 일반해는 양변을 적분하면 다음과 같다.

■ 변수분리형 일반해 ■

$$\int M(x)dx + \int N(y)dy = C$$

예제 6 $\dfrac{dy}{dx} = \dfrac{x}{y}$ 의 일반해를 구하여라.

[해] $\dfrac{dy}{dx} = \dfrac{x}{y}$ 를 변수분리하면

$$x\,dx - y\,dy = 0$$

가 되고, 이 식을 적분하면

$$\frac{1}{2}x^2 - \frac{1}{2}y^2 = C_1, \quad x^2 - y^2 = 2C_1$$

따라서, 일반해는

$$\boldsymbol{x^2 - y^2 = C} \quad (C = 2C_1)$$

예제 7 $(1 + x^2)\dfrac{dy}{dx} + xy = 0$ 의 일반해를 구하여라.

[해] 주어진 방정식을 변수로 분리하면

$$\frac{x}{1+x^2}dx + \frac{1}{y}dy = 0$$

이것을 적분하면

$$\frac{1}{2}\ln(1+x^2)+\ln y=\ln C,\ \ \ln y\sqrt{1+x^2}=\ln C$$

를 얻으며, 일반해는 다음과 같다.

$$y\sqrt{1+x^2}=C$$

예제 8 $\cos x\sin y\dfrac{dy}{dx}=\sin x\cos y$ 를 풀어라.

[해] $\dfrac{\sin x}{\cos x}dx=\dfrac{\sin y}{\cos y}dy,\ \ \displaystyle\int\frac{\sin x}{\cos x}dx=\int\frac{\sin y}{\cos y}dy$

$$-\ln(\cos x)=-\ln(\cos y)+C_1$$

$$\ln\frac{\cos x}{\cos y}=C_1,\ \ \frac{\cos x}{\cos y}=e^{C_1}$$

따라서 일반해는

$$\frac{\cos x}{\cos y}=C$$

10-3 동차형 미분방정식

미분방정식

$$M(x,\ y)\,dx+N(x,\ y)\,dy=0 \qquad (10.1)$$

에서 M, N 이 x, y 에 관하여 동일한 차수의 동차식이면 M/N 이 x, y 에 관하여 0차인 동차함수이므로, 이 경우 식 (10.1)은

$$\frac{dy}{dx}=-\frac{M}{N}=f\left(\frac{y}{x}\right) \qquad (10.2)$$

의 형으로 쓸 수 있다. 이러한 미분방정식을 **동차형**(homogeneous)이라고 한다. 동차형의 미분방정식은 변수변환에 의하여 변수분리형으로 고친다.

즉, $\dfrac{y}{x}=v$, $y=vx$ 라 하면

$$\frac{dy}{dx}=v+x\frac{dv}{dx}$$

이므로, 이 식을 식 (10.2)에 대입하면

$$v + x\frac{dv}{dx} = f(v)$$

가 된다. 따라서 변수분리하면

$$\frac{dx}{x} = \frac{dv}{f(v) - v}$$

적분하면

$$\ln x = \int \frac{dv}{f(v) - v} + C$$

여기서 $v = \dfrac{y}{x}$를 대입하면 일반해를 얻는다.

예제 9 $(x - y)\dfrac{dy}{dx} + x + y = 0$을 풀어라.

[해] 양변을 x로 나누면

$$\left(1 - \frac{y}{x}\right)\frac{dy}{dx} + 1 + \frac{y}{x} = 0 \quad \cdots\cdots\cdots\cdots \text{ⓐ}$$

이므로 동차형이다. $v = \dfrac{y}{x}$, $y = vx$로 놓으면

$$\frac{dy}{dx} = v + x\frac{dv}{dx} \quad \cdots\cdots\cdots\cdots\cdots \text{ⓑ}$$

ⓐ식에 ⓑ식을 대입하면

$$(1 - v)\left(v + x\frac{dv}{dx}\right) + 1 + v = 0$$

$$\frac{1 - v}{1 + 2v - v^2}dv + \frac{1}{x}dx = 0$$

이것을 적분하면

$$\frac{1}{2}\ln(1 + 2v - v^2) + \ln x = C_1$$

$$x^2(1 + 2v - v^2) = C \quad \left(C = e^{2C_1}\right)$$

$$x^2\left\{1 + 2\frac{y}{x} - \left(\frac{y}{x}\right)^2\right\} = C$$

$$\therefore \boldsymbol{x^2 + 2xy - y^2 = C}$$

예제 10 $(y^2 - xy)dx + x^2dy = 0$ 을 풀어라.

[해] 양변을 x^2dx 로 나누면

$$\left(\frac{y^2}{x^2} - \frac{y}{x}\right) + \frac{dy}{dx} = 0$$

$\frac{y}{x} = v$, $\frac{dy}{dx} = v + x\frac{dv}{dx}$ 를 대입하면

$$(v^2 - v) + v + x\frac{dv}{dx} = 0$$

정리하면

$$\frac{dx}{x} + \frac{dv}{v^2} = 0$$

이 식을 적분하면

$$\ln x - \frac{1}{v} = C$$

v 에 $\frac{y}{x}$ 를 대입하고 정리하면

$$\ln x - \frac{x}{y} = C \quad \therefore \boldsymbol{y = \frac{x}{\ln x - C}}$$

예제 11 $x(y-x)\frac{dy}{dx} = y^2$ 을 풀어라.

[해] $$\frac{dy}{dx} = \frac{y^2}{xy - x^2} = \frac{\left(\frac{y}{x}\right)^2}{\frac{y}{x} - 1} \cdots\cdots\cdots\cdots ⓐ$$

이므로 동차형이다. $\frac{y}{x} = v$ 로 놓으면

$$\frac{dy}{dx} = x\frac{dv}{dx} + v \cdots\cdots\cdots\cdots\cdots ⓑ$$

ⓐ식을 ⓑ식에 대입하면

$$x\frac{dv}{dx} + v = \frac{v^2}{v-1}$$

$$\frac{dx}{x} = \frac{v-1}{v}dv$$

이것을 적분하면

$$\int \frac{1}{x} = \int \left(1 - \frac{1}{v}\right)dv, \ \ln x + C = v - \ln v, \ v = \ln xv + C$$

이것에 $v=\frac{y}{x}$ 을 대입하면

$$\frac{y}{x}=\ln y+C \quad \therefore\ \boldsymbol{y=x\ln y+Cx}$$

10-4 완전미분방정식

미분방정식

$$M(x,\ y)dx+N(x,\ y)dy=0$$

에서 좌변의 함수가 $u(x,\ y)$의 전미분 $du=\frac{\partial u}{\partial x}dx+\frac{\partial u}{\partial y}dy$ 와 같을 때, 즉

$$M(x,\ y)dx+N(x,\ y)dy=du=\frac{\partial u}{\partial x}dx+\frac{\partial}{\partial y}dy$$

일 때, **완전미분방정식**(exact differential equation)이라 하고, 완전미분방정식이 되기 위한 필요충분조건은

$$\frac{\partial M}{\partial y}=\frac{\partial N}{\partial x}$$

이고, 일반해는 다음과 같다.

■ 완전미분방정식 일반해 ■

① $\int Mdx+\int\left[N-\frac{\partial}{\partial y}\int Mdx\right]dy=C$

② $\int Mdx$ 와 $\int Ndy$ 에서
공통인 항은 한 항만 취하고 각 항을 더한다.

예제 12 $(3x^2+2y)\,dx+2x\,dy=0$을 풀어라.

[해] $\frac{\partial M}{\partial y}=\frac{\partial}{\partial y}(3x^2+2y)=2,\ \frac{\partial N}{\partial x}=\frac{\partial}{\partial x}(2x)=2$

$\frac{\partial M}{\partial y}=\frac{\partial N}{\partial x}$ 이므로 준식은 완전미분방정식이다. 따라서

$$\int M dx = \int (3x^2+2y)dx = x^3+2xy$$
$$\int N dy = \int 2x\,dy = 2xy$$

이 두 식에서 공통인 항 $2xy$는 하나만 취하고 각 항을 더한 일반해는 다음과 같다.

$$\boldsymbol{x^3+2xy=C}$$

예제 13 $(\cos y+y\cos x)dx+(\sin x-x\sin y)dy=0$

[해] $\frac{\partial M}{\partial y}=-\sin y+\cos x=\frac{\partial N}{\partial x}$ (완전미분방정식)

$$\int(\cos y+y\cos x)dx = x\cos y+y\sin x$$
$$\int(\sin x-x\sin y)dy = y\sin x+x\cos y$$

따라서, 일반해

$$\boldsymbol{x\cos y+y\sin x=C}$$

■ 연습문제 18 ■

18-1 다음 미분방정식의 계수, 차수 및 명칭을 써라.

① $x\,dy+y\,dx=0$　　② $yy''+xy'=x$

③ $\frac{\partial z}{\partial y}-x\frac{\partial z}{\partial x}=y$　　④ $\frac{\partial^2 v}{\partial x^2}=\sqrt[3]{\frac{\partial v}{\partial y}}$

18-2 다음 미분방정식의 일반해를 반복적분으로 구하여라.

① $\frac{d^2y}{dx^2}=4x^3$　　② $\frac{d^3y}{dx^3}=e^{-x}$

③ $\frac{d^3y}{dx^3}=x+\cos x$　　④ $\frac{d^2y}{dx^2}=3\cos x$

18-3 다음 변수분리형 미분방정식의 일반해를 구하여라.

① $(1+x)\frac{dy}{dx}+(1+y)=0$　　② $(y+2)dx+(x-2)dy=0$

③ $y\dfrac{dy}{dx}+x=0$ ④ $\dfrac{dy}{dx}-\sin x\cdot e^{y}=0$

⑤ $dy+\cos x\cdot e^{y}dx=0$ ⑥ $(1+x^2)\dfrac{dy}{dx}+xy=0$

18-4 다음 동차형 미분방정식의 일반해를 구하여라.

① $(x+y)+(x-y)\dfrac{dy}{dx}=0$ ② $(x^2+y^2)-2xy\dfrac{dy}{dx}=0$

③ $y+3x+xy'=0$ ④ $(2x+y)dy=(x-2xy)dx$

⑤ $(x^3+y^3)dx-3xy^2dy=0$ ⑥ $(y^2+xy)dx-x^2dy=0$

18-5 다음 완전미분방정식의 일반해를 구하여라.

① $(x^3+2xy+y)dx+(y^3+x^2+x)dy=0$

② $(7x-3y+2)dx+(4y-3x-5)dy=0$

③ $(2x+y-3)dx+(x-4y+1)dy=0$

④ $(3x^2+8xy)dx+(4x^2+3y^2)dy=0$

⑤ $(y^2+e^x\sin y)dx+(2xy+e^x\cos y)dy=0$

10-5 1계선형 미분방정식

어떤 미분방정식이 그 종속변수 y와 각 도함수들이 1차일 때, **선형 미분방정식**(linear differential equation)이라고 한다. 또한, $P(x)$, $Q(x)$가 x만의 함수일 때

$$\frac{dy}{dx}+P(x)y=Q(x) \quad \cdots\cdots \quad (10.3)$$

와 같은 형을 **1계선형 미분방정식**이라 하며, 식 (10.3)의 일반해는 다음과 같이 구할 수 있다.

식 (10.3)의 양변에 $e^{\int P(x)dx}$를 곱하면

$$\frac{dy}{dx}e^{\int P(x)dx}+P(x)ye^{\int P(x)dx}=Q(x)e^{\int P(x)dx}$$

$$\frac{d}{dx}\left(ye^{\int P(x)dx}\right)=\frac{dy}{dx}e^{\int P(x)dx}+yP(x)e^{\int P(x)dx}$$ 이므로

$$\frac{d}{dx}\left(y\,e^{\int P(x)dx}\right)=Q(x)\,e^{\int P(x)dx}$$

이것을 적분하면

$$y\,e^{\int P(x)dx}=\int Q(x)\,e^{\int P(x)dx}$$

이고, 구하는 일반해는 다음과 같다.

■ 1계선형 미분방정식 일반해 ■

$$y=e^{-\int P(x)dx}\left[\int Q(x)\,e^{\int P(x)dx}dx+C\right]$$

예제 14 $\frac{dy}{dx}+5y=50$을 풀어라.

[해] $P(x)=5$, $Q(x)=50$이므로, 구하는 일반해는

$$y=e^{-\int 5dx}\left[\int 50\,e^{\int 5dx}+C\right]$$
$$=e^{-5x}\left[50\int e^{5x}dx+C\right]$$
$$=\mathbf{50+Ce^{-5x}}$$

예제 15 $\frac{dy}{dx}+y=2\cos x$ 를 풀어라.

[해] $P(x)=1$, $Q(x)=2\cos x$ 이므로, 구하는 일반해는

$$y=e^{-\int dx}\left[\int 2\cos x\,e^{\int dx}dx+C\right]$$
$$=e^{-x}\left[2\int \cos x\cdot e^{x}dx+C\right]$$
$$=e^{-x}\left[e^{x}(\cos x+\sin x)+C\right]$$
$$=\mathbf{\cos x+\sin x+Ce^{-x}}$$

예제 16 $\frac{dy}{dx}=x^2-y$를 풀어라.

[해] $P(x)=1$, $Q(x)=x^2$ 이므로, 구하는 일반해는

$$y = e^{-\int dx}\left[\int x^2 e^{\int dx} dx + C\right]$$
$$= e^{-x}\left[\int x^2 e^x dx + C\right]$$
$$= e^{-x}\left[e^x(x^2 - 2x + 2) + C\right]$$
$$= x^2 - 2x + 2 + Ce^{-x}$$

10-6 미분연산자

도함수 $\frac{dy}{dx}$, $\frac{d^2y}{dx^2}$, ……, $\frac{d^ny}{dx^n}$ 및 y에 관한 일차식

$$\frac{d^ny}{dx^n} + P_1\frac{d^{n-1}y}{dx^{n-1}} + P_{n-1}\frac{dy}{dx} + P_n y = R(x) \quad \cdots\cdots (10.4)$$

에서 P_1, P_2, ……, P_n 및 R이 x의 함수일 때 **n 계선형 미분방정식**이라 하고 $R(x) = 0$일 때를 **동차미분방정식**, $R(x) \neq 0$일 때를 **비동차미분방정식**이라 한다.

(10.4)식에서 미분의 연산을 나타내는 $\frac{d}{dx}$를 D로 나타내어, 즉

$$D = \frac{d}{dx}$$

를 **미분연산자**(differential operator)라 한다. 따라서

$$D_y = \frac{dy}{dx}, \quad D^n y = \frac{d^ny}{dx^n}$$

로 나타내며, 특히 D^0는 **단위미분연산자**(unit differential operator)라 부르고 $D^0 y = y$로 정의한다.

또한, $f(D) = D^2 + 3D - 4$의 연산자 다항식의 의미는

$$f(D)y = (D^2 + 3D - 4)y = D^2 y + 3Dy - 4y$$
$$= \frac{d^2y}{dx^2} + 3\frac{dy}{dx} - 4y$$

를 대응시킨 것이다.

예제 17 $D(x^2 + \sin x + e^{3x})$를 풀어라.

[해] $\dfrac{d}{dx}(x^2 + \sin x + e^{3x}) = \mathbf{2x + \cos x + 3e^{3x}}$

예제 18 $(3D^2 + 2D - 1)(x^3 + 1)$을 풀어라.

[해] 준식$= 3(6x) + 2(3x^2) - (x^3 + 1) = \mathbf{-x^3 + 6x^2 + 18x - 1}$

예제 19 $D_y = x$ 에서 y를 구하여라.

[해] $y = \dfrac{1}{D}x = D^{-1}x = \int x\,dx = \mathbf{\dfrac{1}{2}x^2 + C}$

10-7 상수계수 2계선형 동차 미분방정식

A, B가 상수일 때 미분방정식

$$\frac{d^2y}{dx^2} + A\frac{dy}{dx} + By = 0 \quad \cdots\cdots (10.5)$$

(10.5)식의 특수해가 $y = e^{mx}$라 할 때 $y' = me^{mx}$, $y'' = m^2e^{mx}$, 이들을 (10.5)식에 대입하면

$$m^2e^{mx} + Ame^{mx} + Be^{mx} = e^{mx}(m^2 + Am + B) = 0 \quad \cdots\cdots (10.6)$$

여기서 e^{mx}가 식 (10.5)의 해가 되기 위해서는 $e^{mx} \neq 0$이므로

$$m^2 + Am + B = 0 \quad \cdots\cdots (10.7)$$

이어야 한다. 여기서 방정식 (10.7)을 (10.5)식의 **보조방정식**(auxilary equation) 또는 **특성방정식**(charactistic equation)이라 하고, 보조방정식의 근은 다음과 같이 3가지 방법으로 식 (10.5)의 일반해를 결정한다.

(1) 보조방정식이 서로 다른 실근인 경우

보조방정식이 서로 다른 실근 $m = m_1, m_2$를 가지면 식 (10.5)는 특수해 $e^{m_1 x}$와 $e^{m_2 x}$를 가진다. 따라서 일반해는 다음과 같다.

$$y = C_1 e^{m_1 x} + C_2 e^{m_2 x}$$

예제 20 $y'' - y' - 2y = 0$을 풀어라.

[해] 보조방정식 $m^2 - m - 2 = 0$에서 $m_1 = 2$, $m_2 = -1$
따라서, 구하는 일반해는

$$\boldsymbol{y = C_1 e^{2x} + C_2 e^{-x}}$$

예제 21 $(D^2 + D - 2)y = 0$를 풀어라.

[해] 보조방정식 $m^2 + m - 2 = 0$에서 $m = -2, 1$
따라서, 구하는 일반해는

$$\boldsymbol{y = C_1 e^{-2x} + C_2 e^{x}}$$

(2) 보조방정식이 등근인 경우

보조방정식이 등근 m을 가질 때는 하나의 근 e^{mx}만을 얻는다. 여기서는 $m = -\frac{1}{2}A$이다. 그러나, 이 경우 또 하나의 근은 xe^{mx}임을 증명할 수 있다. 즉, 반복적분하면

$$y = xe^{mx}, \quad y' = e^{mx}(1 + mx), \quad y'' = e^{mx}(2m + m^2 x)$$

이것들을 식 (10.5)에 대입하고, e^{mx}로 나누면

$$(m^2 + Am + B)x + (2m + A)$$

이다. 이 식은 m이 식 (10.6)을 만족시키고, 또 값이 $-\frac{1}{2}A$와 같으므로 0이 된다.

따라서, 이 경우 일반해는 다음과 같다.

$$y = C_1 e^{mx} + C_2 x e^{mx} = e^{mx}(C_1 + C_2 x)$$

예제 22 $y'' + 4y' + 4y = 0$을 풀어라.

[해] 보조방정식 $m^2 + 4m + 4 = 0$에서 $m = -2$인 등근이다.
따라서, 구하는 일반해는

$$y = C_1 e^{-2x} + C_2 x e^{-2x} = \boldsymbol{e^{-2x}(C_1 + C_2 x)}$$

예제 23 $D^2 y - 2Dy + y = 0$을 풀어라.

[해] 보조방정식 $m^2 - 2m + 1 = (m-1)^2 = 0$에서 $m = 1$이므로 구하는 일반해는 다음과 같다.

$$y = C_1 e^x + C_2 x e^x = \boldsymbol{e^x(C_1 + C_2 x)}$$

(3) 보조방정식이 허근인 경우

보조방정식이 허근 $m = a \pm jb$를 가지면 앞의 실수 단근인 경우와 같이 일반해는

$$y = A_1 e^{(a+jb)x} + A_2 e^{(a-jb)x} = e^{ax}(A_1 e^{jbx} + A_2 e^{-jbx})$$

또한 이 식은

$$\begin{aligned} y &= e^{ax}\{A_1(\cos bx + j\sin bx) + A_2(\cos bx + j\sin bx)\} \\ &= e^{ax}\{(A_1 + A_2)\cos bx + j(A_1 - A_2)\sin bx\} \\ &= e^{ax}(C_1 \cos bx + C_2 \sin bx) \end{aligned}$$

단, $C_1 = A_1 + A_2$, $C_2 = j(A_1 - A_2)$

따라서, 식 (10.5)의 일반해는 다음과 같다.

$$y = e^{ax}(C_1 \cos bx + C_2 \sin bx)$$

예제 24 $y'' - 6y' + 13y = 0$을 풀어라.

[해] 보조방정식 $m^2 - 6m + 13 = 0$에서 $m = 3 \pm j2$

$\therefore\ y = e^{3x}(C_1 \cos 2x + C_2 \sin 2x)$

예제 25 $(D^2 - 4D + 13)y = 0$을 풀어라.

[해] 보조방정식 $m^2 - 4m + 13 = 0$에서 $m = 2 \pm j3$

$\therefore\ y = e^{2x}(C_1 \cos 3x + C_2 \sin 3x)$

이상의 세 경우를 정리하면 〈표 10-1〉과 같다.

〈표 10-1〉 상수계수 2계선형 미분방정식

보조방정식의 근	일반해
두 실근 $m = m_1, m_2$	$y = C_1 e^{m_1 x} + C_2 e^{m_2 x}$
실 중근 $m = m_1 = m_2$	$y = e^{mx}(C_1 + C_2 x)$
공액복소수근 $m = a \pm jb$	$y = e^{ax}(C_1 \cos bx + C_2 \sin bx)$

10-8 상수계수 고계선형 미분방정식

$f(D)y = 0$인 상수계수 **고계동차 선형 미분방정식**은 $f(D)$를 1차 또는 2차의 인수의 곱의 형태로 변형하여, 그 보조방정식의 근 m의 값을 취하고 2계방식과 같이 일반해를 구한다. 예컨대,

$$f(D)y = 0, \quad 단,\ f(D) = D^n + a_1 D^{n-1} + \cdots\cdots + a_{n-1} D + a_n$$

일 때, $(D - \alpha)^n y = 0$의 일반해는

$$y = (C_1 + C_2 x + \cdots\cdots + C_n x^{n-1}) e^{\alpha x}$$

또, $(D^2+aD+b)^n y=0$, 단, $a^2-4b<0$이고, 방정식 $t^2+at+b=0$의 근이 $t=\alpha\pm j\beta$일 때 일반해는

$$y=(a_1+a_2x+\cdots\cdots+a_nx^{n-1})e^{\alpha x}\cos\beta x+(b_1+b_2x+\cdots\cdots+b_nx^{n-1})e^{\alpha x}\sin\beta x$$

예제 26 $(D+2)^3y=0$을 풀어라.

[해] 보조방정식 $(m+2)^3=0$에서 $m=-2$ 3중근

$\therefore\ \boldsymbol{y=(C_1+C_2x+C_3x^2)e^{-2x}}$

예제 27 $(D^2-2D+5)^2y=0$을 풀어라.

[해] 보조방정식 $m^2-2m+5=0$에서 근은 $m=1\pm j2$

$\therefore\ \boldsymbol{y=(A_1+A_2x)e^x\cos 2x+(B_1+B_2x)e^x\sin 2x}$

예제 28 $y'''-y=0$의 일반해를 구하여라.

[해] $m^3-1=0$의 3근은 $m=1$, $m=-\dfrac{1}{2}\pm j\dfrac{\sqrt{3}}{2}$

$\therefore\ \boldsymbol{y=C_1e^x+e^{-\frac{x}{2}}\left(C_2\cos\dfrac{\sqrt{3}}{2}x+C_3\sin\dfrac{\sqrt{3}}{2}x\right)}$

10-9 미분방정식의 응용

자연과학과 공학은 물론, 자연법칙에 연루된 많은 분야에서 어떤 문제를 해결하기 위하여 그들 관계를 미분방정식으로 수식화하고, 이 미분방정식의 해를 구함으로써 원하는 분야의 해석이 이루어지게 된다.

전기회로이론에서도 과도현상, 전송선로 등 많은 분야에 걸쳐 미분방정식이 응용되고 있으나, 이 절에서는 R-L 직렬회로에 직류전압을 인가한 경우에 미분방정식을 응용하여 회로를 해석해 보기로 하자.

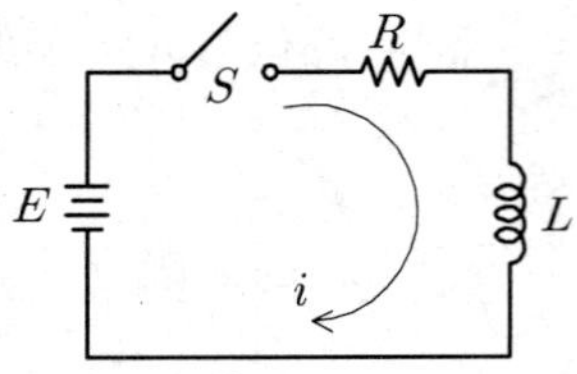

[그림 10-1]

이제, [그림 10-1]과 같이 R-L 직렬직류회로에서 시간 $t=0$에서 스위치 S를 닫아서 직류전압 E를 인가할 때, 회로에 흐르는 전류 i는 키르히호프(Kirchhoff)의 전압법칙을 적용하여

$$L\frac{di}{dt}+Ri=E \quad \cdots\cdots (10.8)$$

가 된다.

식 (10.8)은 1계선형미분방정식이며, 그 일반해 i는 **특별해** i_s와 **보조해** i_t 와의 합으로 표시된다. 즉,

$$i=i_s+i_t$$

특히, 전기회로의 과도현상을 취급할 때는 이 특별해 i_s를 **정상항**, 보조해 i_t를 **과도항**이라 한다.

여기서, 정상항 i_s는 $t=\infty$ 일 때의 해이므로 $t=\infty$ 에서 미분항 $L\frac{di}{dt}=0$이다. 따라서 정상항 i_s는 다음과 같다.

$$0+Ri_s=E, \qquad \therefore i_s=\frac{E}{R}$$

또한, 과도항 i_t는 $E=0$인 동차식의 해이므로

$$L\frac{di_t}{dt}+Ri_t=0$$

이 미분방정식을 변수분리하면

$$\frac{di_t}{i_t}=-\frac{R}{L}dt$$

이고, 양변을 적분하면

$$\log i_t = -\frac{R}{L}t + a \quad (a\text{는 적분상수})$$

이 식을 지수함수로 고쳐 쓰면 과도항 i_t 는

$$i_t = Ae^{-\frac{R}{L}t}$$

가 얻어진다. 여기서 A는 적분상수 a의 역대수이나 적분상수의 임의의 값이므로, 이 A를 적분상수라고 생각해도 된다.

따라서, 식 (10.8)의 일반해 i 는

$$i = i_s + i_t = \frac{E}{R} + Ae^{-\frac{R}{L}t}$$

여기서 적분상수 A는 초기조건에 의하여 $t = 0$에서 $i = 0$이므로

$$0 = \frac{E}{R} + Ae^{-0}, \quad \therefore \ A = -\frac{E}{R}$$

가 되어 구하는 전류 i 는

$$i = \frac{E}{R} - \frac{E}{R}e^{-\frac{R}{L}t} = \frac{E}{R}\left(1 - e^{-\frac{R}{L}t}\right) \quad \cdots\cdots (10.9)$$

이 식에서 알 수 있듯이 $t = \infty$ 에서 과도항은 없어지고 정상상태가 되며, 이때 정상전류 i 는

$$i = I = \frac{E}{R}$$

가 흐르게 된다.

[그림 10-2]에서 전류 i 의 곡선 $t = 0$에서 접선을 그어 $i = \frac{E}{R} = I$와 교차하는 시간을 τ라 하면 식 (10.9)에서

$$\left.\frac{di}{dt}\right|_{t=0} = \left(\frac{E}{R} \cdot \frac{R}{L}e^{-\frac{R}{L}t}\right)_{t=0} = \frac{E}{L} = \tan\theta = \frac{I}{\tau}$$

$$\therefore \ \tau = \frac{L}{R} \ [\mathrm{sec}]$$

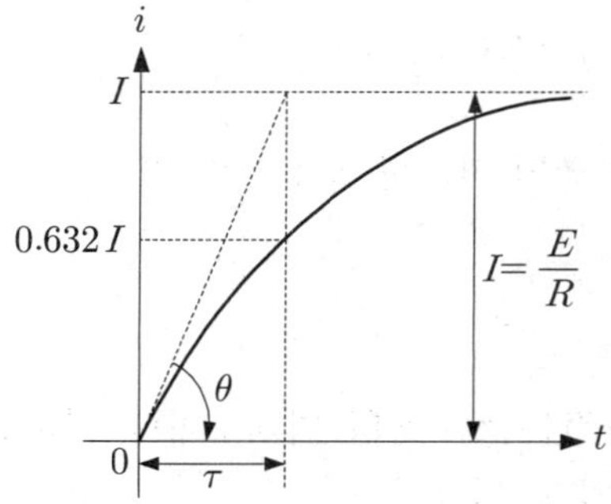

[그림 10-2]

여기서 τ를 회로의 **시정수**(time constant)라 한다. 과도상태의 지속시간, 즉 과도기는 이 시정수에 의하여 결정된다.

예제 29 [그림 10-1]과 같은 R-L 회로에 직류전압을 인가할 때, $t=\tau$, $t=3\tau$ [sec] 후의 전류는 정상값의 몇 [%]인가?

[해] 회로에 흐르는 전류 i는

$$i=\frac{E}{R}\left(1-e^{-\frac{R}{L}t}\right)=\frac{E}{R}\left(1-e^{-\frac{1}{\tau}t}\right)$$

이므로 $t=\tau$ [sec] 일 때는

$$i=\frac{E}{R}(1-e^{-1})=\frac{E}{R}\left(1-\frac{1}{2.718}\right)=0.632\frac{E}{R}$$

$\therefore$ **63.2** [%]

또, $t=3\tau$ [sec] 일 때는

$$i=\frac{E}{R}(1-e^{-3})=\frac{E}{R}(1-0.05)=0.95\frac{E}{R}$$

$\therefore$ **95** [%]

■ 연습문제 19 ■

19-1 다음 1계선형 미분방정식의 일반해를 구하여라.

① $y'-2y=x$ ② $y'-y=e^{2x}$

③ $y'+y=x$ ④ $y'+y=xe^{-x}$

⑤ $2x\dfrac{dy}{dx}+y=2x^2$ ⑥ $x\dfrac{dy}{dx}+2y=x^3$

19-2 다음을 계산하여라.

① $D^3(\cos 2x)$ ② $(D^2+D-1)(xe^{-x})$

③ $(D^2+1)(\sin x+\cos x)$ ④ $(D^2-3D+4)(x^3+2x^2-x+5)$

19-3 다음 미분방정식의 일반해를 구하여라.

① $y''-3y'+2y=0$ ② $y''+6y'+9y=0$

③ $y''+y'-6y=0$ ④ $y''+2y'+2y=0$

⑤ $y''-2y'+10y=0$ ⑥ $y''-4y'+4y=0$

⑦ $y'''-2y''-y'+2y=0$ ⑧ $y'''+4y'=0$

19-4 [그림 9-3]과 같은 R-L 직렬회로에 시간 $t=0$에서 스위치 S를 닫아 직류전압 E를 인가할 때, 회로에 흐르는 전류 $i(t)$를 구하여라.

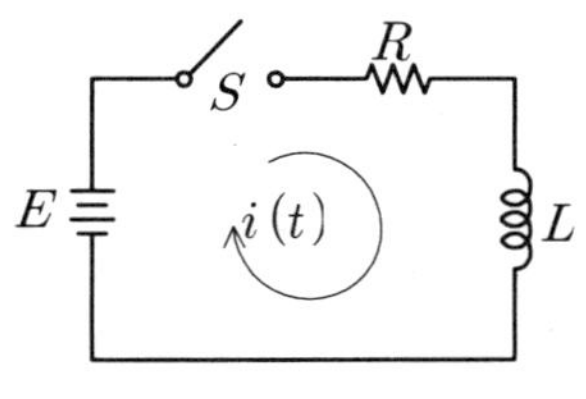

[그림 10-3]

chapter 11

라플라스 변환

11-1 라플라스 변환의 정의/11-2 기본적인 함수의 라플라스 변환
11-3 라플라스 변환의 중요한 정리/11-4 비반복파의 라플라스 변환
11-5 역라플라스 변환과 부분분수 전개/11-6 라플라스 변환의 응용

라플라스 변환은 전기자기 현상을 기술하는 미분방정식의 해를 구하는 한 연산방법으로 영국의 공학자 헤비사이드(Heaviside ; 1850~1925)에 의해 고안되었다.

헤비사이드는 1780년 라플라스(Laplace) 저서에 기본을 두어 $d/dt = P$로 하여 P를 헤비사이드 연산자라 하고, 이를 이용하여 전기회로의 상태를 해석하였다.

따라서, 오늘날의 라플라스 변환법은 다분히 헤비사이드 연산자법의 고찰방법을 도입한 연산자법의 발전으로 볼 수 있다.

최근에는 이 라플라스 변환법이 헤비사이드 연산자법 대신 널리 보급되어 전기회로의 과도현상론, 자동제어이론에 관한 책은 거의 모두 이것을 채용하고 있다.

11-1 라플라스 변환의 정의

이 장에서 최근 공업수학에 많이 이용되는 **라플라스 변환**(Laplace transform)을 취급한다.

선형 미분방정식의 해를 구하는 데 쓰이는 수학적 방편인 라플라스 변환은 난해한 미분방정식이라도 [그림 11-1]과 같이 라플라스 변환에 의하여 대수방정식으로 고치고, 이 대수방정식을 푼 다음 다시 **역라플라스 변환**에 의하여 본래의 미분방정식의 해를 구할 수 있다.

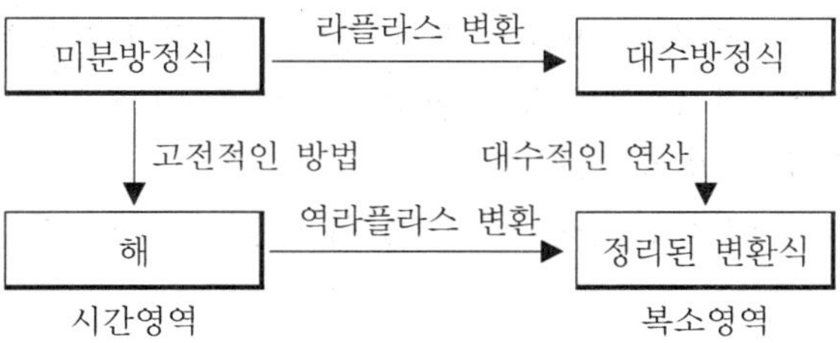

[그림 11-1]

이제, 어떤 시간함수 $f(t)$가 있을 때 라플라스 변환식은 이 시간함수 $f(t)$에 감쇠함수 e^{-st}를 곱하고, 이를 시간 t에 대해서 0에서부터 ∞까지 적분하면 s의 함수 $F(s)$를 얻는다.

이 $F(s)$를 원함수 $f(t)$의 **라플라스 변환**(Laplace transformation)이라 하고, 다음과 같이 적분에 의해서 구할 수 있다.

$$F(s) = \mathcal{L}\,[f(t)] = \int_0^{\infty} f(t)\,e^{-st}\,dt$$

라플라스 변환에 취급하는 시간함수 $f(t)$는 $t=0$ 이전에는 0이고, $t=0$ 이후에서만 유한값을 가지는 것으로 한다. 여기서 s를 **라플라스 연산자**(Laplace operator)라 하며, **복소함수**로서 $s=\sigma+j\omega$를 뜻하고, σ과 ω는 모두 실변수이다.

다음에 라플라스 변환함수 $F(s)$로부터 $f(t)$를 얻는 연산 또는 $f(t)$를 $F(s)$의 **역라플라스 변환**(inverse Laplace transform)이라 하고, 다음과 같이 적분에 의해서 구할 수 있다.

$$f(t) = \mathcal{L}^{-1}[F(s)] = \frac{1}{2\pi j}\int_{6-j\infty}^{6+j\infty} F(s)\, e^{st}\, ds$$

$f(t)$와 $F(s)$를 **라플라스 변환쌍**(Laplace transform pair)이라고 한다. 일반적으로 중요한 함수에 대한 라플라스 변환쌍이 표로 주어지므로 이를 이용하여 한쪽으로부터 다른 쪽을 구하면 된다.

11-2 기본적인 함수의 라플라스 변환

기본적인 함수들의 라플라스 변환은 직접 적분을 하거나 부분적분법에 의하여 구할 수 있으며, 그 이외의 좀더 복잡한 함수들은 다음 절에서 배우게 되는 몇 가지 정리를 이용하여 쉽게 구할 수 있다.

이제, 여기서는 기본이 되는 간단한 함수들의 라플라스 변환을 하여 보자.

(1) 단위계단함수

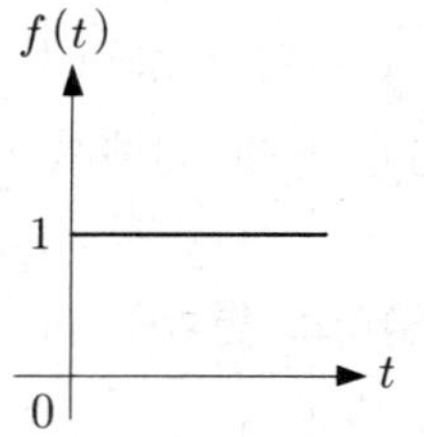

[그림 11-2]

[그림 11-2]와 같이 $t < 0$에서는 0이고, $t = 0$에서 1로 비약하며, 그 값이 t에 관계없이 일정하게 유지하는 이 함수를 **단위계단함수**(unit step function)라 하며 기호 $u(t)$로 표시한다. 즉,

$$f(t) = u(t) = \begin{cases} 0 & : t < 0 \\ 1 & : t > 0 \end{cases}$$

이 단위계단함수를 라플라스 변환하면 다음과 같다.

$$\mathcal{L}[u(t)] = \int_0^\infty 1 \cdot e^{-st}\, dt = \left[-\frac{1}{s}e^{-st}\right]_0^\infty$$
$$= -\frac{1}{s}(e^{-\infty} - e^{-0}) = \frac{1}{s}$$

■ 단위계단함수 ■

$$\mathcal{L}[u(t)] = \frac{1}{s}$$

(2) 단위경사함수

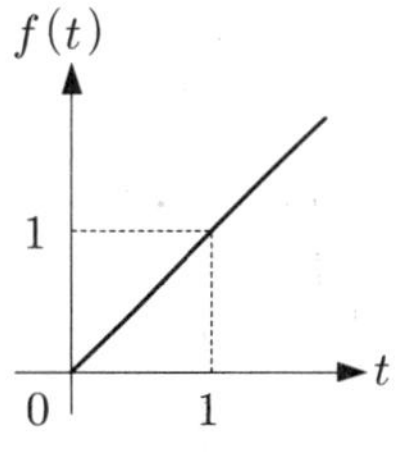

[그림 11-3]

[그림 11-3]과 같이 단위계단함수를 적분하여 얻을 수 있는 기울기가 1인 등속함수를 **단위경사함수**(unit ramp function)라 부르며 $tu(t)$로 표시한다. 즉,

$$f(t) = tu(t) = \begin{cases} 0 & : t < 0 \\ t & : t > 0 \end{cases}$$

이 단위경사함수를 라플라스 변환하면

$$\mathcal{L}[f(t)] = \int_0^\infty te^{-st}\, dt = \left[t \cdot (-)\frac{1}{s}e^{-st}\right]_0^\infty - \int 1 \cdot (-1)\frac{1}{s}e^{-st}\, dt$$
$$= 0 - 0 + \frac{1}{s}\int e^{-st}\, dt = \frac{1}{s} \cdot \frac{1}{s} = \frac{1}{s^2}$$

위의 적분을 풀기 위해서는 부분적분법

$$\int f'(x)g(x)\, dx = f(x)g(x) - \int f(x)g'(x)\, dx$$

을 적용한다.

또, 일반적으로 $t^n u(t)$의 라플라스 변환은 다음과 같다.

$$\mathcal{L}\left[t^n u(t)\right] = \frac{n!}{s^{n+1}}$$

이상을 정리하면 다음과 같다.

■ 단위경사함수와 t^n 함수 ■

① $\mathcal{L}\left[tu(t)\right] = \frac{1}{s^2}$ ② $\mathcal{L}\left[t^n u(t)\right] = \frac{n!}{s^{n+1}}$

(3) 단위충격함수

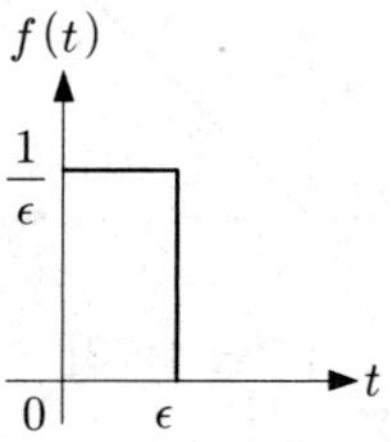

[그림 11-4]

[그림 11-4]와 같이 폭 ϵ, 높이 $\frac{1}{\epsilon}$, 면적이 1인 파형에서 $\epsilon \to 0$으로 한 극한파형을 **단위충격함수** 또는 **단위 임펄스 함수**(unit impulse function)라 부르며, 단위계단함수를 미분함으로써 얻어지며 $\delta(t)$로 표시한다. 수학적으로는

$$f(t) = \delta(t) = \begin{cases} 0 & : t \neq 0 \\ \infty & : t = 0 \end{cases}$$

이며,

$$\int_{-\infty}^{\infty} \delta(t)\, dt = 1$$

인 성질을 갖는 함수이다.

이 단위충격함수를 라플라스 변환하면 다음과 같다.

$$\begin{aligned}\mathcal{L}[\delta(t)] &= \mathcal{L}\left[\lim_{\epsilon\to 0}\delta(t)\right] = \lim_{\epsilon\to 0}\int_0^\infty \delta(t)e^{-st}\,dt \\ &= \lim_{\epsilon\to 0}\frac{1}{\epsilon}\int_0^\infty \{u(t)-u(t-\epsilon)\}e^{-st}\,dt \\ &= \lim_{\epsilon\to 0}\frac{1}{\epsilon}\cdot\frac{1-e^{-\epsilon s}}{s} = 1\end{aligned}$$

■ 단위충격함수 ■

$$\mathcal{L}[\delta(t)] = 1$$

(4) 지수함수

지수감쇠함수 $f(t) = e^{-at}$ 의 라플라스 변환은 다음과 같다.

$$\begin{aligned}\mathcal{L}[f(t)] &= \int_0^\infty e^{-at}e^{-st}\,dt = \int_0^\infty e^{-(s+a)t}\,dt \\ &= \left[-\frac{1}{s+a}e^{-(s+a)t}\right]_0^\infty = \frac{1}{s+a}\end{aligned}$$

■ 지수함수 ■

$$\mathcal{L}\left[e^{\pm at}\right] = \frac{1}{s\mp a}$$

(5) 삼각함수

삼각함수를 그대로 라플라스 변환 공식에 넣으면 풀기가 복잡하므로 이것을 지수함수로 고치면 쉽게 풀이된다. 즉

$$\sin\omega t = \frac{1}{2j}(e^{j\omega t} - e^{-j\omega t})$$

$$\cos\omega t = \frac{1}{2}(e^{j\omega t} + e^{-j\omega t})$$

이므로 $\sin\omega t$ 의 라플라스 변환은

$$\mathcal{L}[\sin\omega t] = \frac{1}{2j}\mathcal{L}\left[e^{j\omega t} - e^{-j\omega t}\right]$$
$$= \frac{1}{2j}\left[\int_0^\infty e^{j\omega t}\cdot e^{-st}\,dt - \int_0^\infty e^{j\omega t}\cdot e^{-st}\,dt\right]$$
$$= \frac{1}{2j}\left[\frac{1}{s-j\omega} - \frac{1}{s+j\omega}\right] = \frac{1}{2j}\frac{2j\omega}{(s^2+\omega^2)} = \frac{\omega}{s^2+\omega^2}$$

또, $\cos\omega t$ 의 라플라스 변환은

$$\mathcal{L}[\cos\omega t] = \frac{1}{2}\mathcal{L}\left[e^{j\omega t} + e^{-j\omega t}\right]$$
$$= \frac{1}{2}\left[\int_0^\infty e^{j\omega t}\cdot e^{-st}\,dt + \int_0^\infty e^{j\omega t}\cdot e^{-st}\,dt\right]$$
$$= \frac{1}{2}\left[\frac{1}{s-j\omega} + \frac{1}{s+j\omega}\right] = \frac{2s}{2(s^2+\omega^2)} = \frac{s}{s^2+\omega^2}$$

■ 삼각함수 ■

① $\mathcal{L}[\sin\omega t] = \dfrac{\omega}{s^2+\omega^2}$　　② $\mathcal{L}[\cos\omega t] = \dfrac{s}{s^2+\omega^2}$

(6) 쌍곡선함수

쌍곡선함수 $\sin h\,\omega t$, $\cos h\,\omega t$ 를 지수함수로 고치면

$$\sin h\,\omega t = \frac{1}{2}(e^{\omega t} - e^{-\omega t})$$

$$\cos h\,\omega t = \frac{1}{2}(e^{\omega t} + e^{-\omega t})$$

가 되므로, 이에 대한 라플라스 변환은 다음과 같다.

■ 쌍곡선함수 ■

① $\mathcal{L}[\sin h\,\omega t] = \dfrac{\omega}{s^2-\omega^2}$　　② $\mathcal{L}[\cos h\,\omega t] = \dfrac{s}{s^2-\omega^2}$

이와 같은 방법으로 간단한 함수들의 라플라스 변환을 얻을 수 있다. 많이 사용되고 있는 실용적인 간단한 함수들의 **라플라스 변환쌍**을 〈표 11-1〉에 나타내었다.

〈표 11-1〉 라플라스 변환쌍

번호	함수명	$f(t)$	$F(s)$
1	단위충격	$\delta(t)$	1
2	단위계단	$u(t)$	$\frac{1}{s}$
3	단위경사	t	$\frac{1}{s^2}$
4	n차경사	t^n	$\frac{n!}{s^{n+1}}$
5	지수감쇠	e^{-at}	$\frac{1}{s+a}$
6	지수감쇠경사	te^{-at}	$\frac{1}{(s+a)^2}$
7	지수 n차경사	$t^n e^{-at}$	$\frac{n!}{(s+a)^{n+1}}$
8	사인파	$\sin\omega t$	$\frac{\omega}{s^2+\omega^2}$
9	코사인파	$\cos\omega t$	$\frac{s}{s^2+\omega^2}$
10	지수감쇠사인파	$e^{-at}\sin\omega t$	$\frac{\omega}{(s+a)^2+\omega^2}$
11	지수감쇠코사인파	$e^{-at}\cos\omega t$	$\frac{s+a}{(s+a)^2+\omega^2}$
12	쌍곡사인파	$\sinh\omega t$	$\frac{\omega}{s^2-\omega^2}$
13	쌍곡코사인파	$\cosh\omega t$	$\frac{s}{s^2-\omega^2}$

11-3 라플라스 변환의 중요한 정리

(1) 선형정리

$f_1(t)$와 $f_2(t)$가 다같이 시간함수이고, a와 b가 정수이면

$$\mathcal{L}\left[af_1(t) \pm bf_2(t)\right] = \int_0^\infty \left[af_1(t) \pm bf_2(t)\right] e^{-st}\,dt$$
$$= a\int_0^\infty f_1(t)e^{-st}\,dt \pm b\int_0^\infty f_2(t)e^{-st}\,dt$$
$$= aF_1(s) \pm bF_2(s)$$

가 된다. 따라서, 다음과 같은 정리가 성립한다.

■ 선형정리 ■

$$\mathcal{L}\left[af_1(t) \pm bf_2(t)\right] = aF_1(s) \pm bF_2(s)$$

예제 1 $f(t) = 2 + 3t + e^{-3t} - 5\sin 4t$ 의 라플라스 변환을 구하여라.

[해] 선형정리에 의해서

$$\mathcal{L}[f(t)] = \mathcal{L}[2] + \mathcal{L}[3t] + \mathcal{L}[e^{-3t}] - \mathcal{L}[5\sin 4t]$$
$$= \frac{2}{s} + \frac{3}{s^2} + \frac{1}{s+3} - \frac{20}{s^2+16}$$

(2) 시간이동정리

[그림 11-5]와 같이 $a > 0$이고, $t \leqq a$에서 $f(t-a) = 0$인 함수 $f(t-a)$를 라플라스 변환하면

$$\mathcal{L}[f(t-a)] = \int_0^\infty f(t-a)e^{-st}\,dt$$

에서 $t-a=\tau$라 놓으면 $dt = d\tau$, $t = \tau + a$이므로

$$\mathcal{L}[f(t-a)] = \int_0^\infty f(\tau)e^{-s(\tau+a)}\,d\tau$$
$$= \int_0^\infty f(\tau)e^{-s\tau}e^{-as}\,d\tau$$
$$= e^{-as}F(s)$$

가 성립한다.

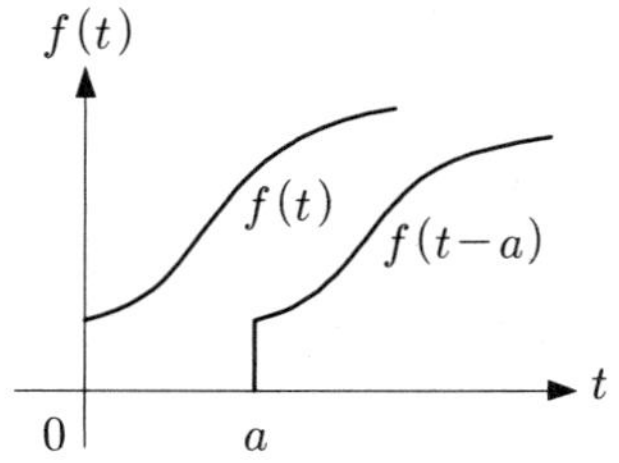

[그림 11-5]

■ 시간이동정리 ■

$$\mathcal{L}[f(t-a)] = e^{-as}F(s)$$

예제 2 $f(t)=(t-3)^2$의 라플라스 변환을 구하여라.

[해] $\mathcal{L}[t^2]=\dfrac{2}{s^3}$이므로 시간추이정리로 풀면

$$\mathcal{L}[(t-3)^2]=e^{-3s}\cdot\frac{2}{s^3}=2\frac{e^{-3s}}{s^3}$$

(3) 복소이동정리

$\mathcal{L}[f(t)] = F(s)$이면, 함수 $e^{\pm at}f(t)$의 라플라스 변환은 다음과 같이 된다.

$$\mathcal{L}[e^{-at}f(t)]=\int_0^\infty f(t)e^{-at}e^{-st}dt=\int_0^\infty f(t)e^{-(s+a)t}dt$$
$$=F(s+a)$$

■ 복소이동정리 ■

$$\mathcal{L}[e^{\pm at}f(t)] = F(s\mp a)$$

예제 3 $e^{-at}\sin\omega t$ 및 $e^{-at}\cos\omega t$의 라플라스 변환을 구하여라.

[해] $\mathcal{L}[\sin\omega t]=\dfrac{\omega}{s^2+\omega^2}$, $\mathcal{L}[\cos\omega t]=\dfrac{s}{s^2+\omega^2}$ 이므로 복소이동정리를 적용하면

$$\mathcal{L}[e^{-at}\sin\omega t]=\frac{\omega}{(s+a)^2+\omega^2}$$

$$\mathcal{L}[e^{-at}\cos\omega t]=\frac{s+a}{(s+a)^2+\omega^2}$$

(4) 미분정리

$f(t)$의 라플라스 변환이 $F(s)$일 때, 그 함수의 미분 $\dfrac{df(t)}{dt}$의 라플라스 변환은 부분적분법을 이용하면

$$\mathcal{L}\left[\frac{df(t)}{dt}\right]=\int_0^\infty \frac{df(t)}{dt}e^{-st}dt=\left[f(t)e^{-st}\right]_0^\infty-\int_0^\infty f(t)(-se^{-st})dt$$
$$=sF(s)-f(0_+)$$

가 된다. 여기서 $f(0_+)$는 $f(t)$의 초기값으로

$$f(0_+)=\lim_{t\to 0_+}f(t)$$

이다. 같은 방법으로 n 계도함수의 라플라스 변환은 다음과 같다.

■ 미분정리 ■

① $\mathcal{L}\left[\dfrac{d}{dt}f(t)\right]=sF(s)-f(0_+)$

② $\mathcal{L}\left[\dfrac{d^n}{dt^n}f(t)\right]=s^nF(s)-s^{n-1}f(0_+)-s^{n-2}f'(0_+)-\cdots\cdots-f^{(n-1)}(0_+)$

③ $\mathcal{L}\left[\dfrac{d^n}{dt^n}f(t)\right]=s^nF(s)$ (단, 모든 초기값 0)

예제 4 $\dfrac{d}{dt}f(t)+f(t)=1$의 라플라스 변환을 구하여라. 단, 초기값은 0이다.

[해] $\mathcal{L}\left[\dfrac{d}{dt}f(t)+f(t)\right]=\mathcal{L}[1]$

$sF(s)-f(0_+)+F(s)=\dfrac{1}{s}$에서 $f(0_+)=0$이므로

$$sF(s)+F(s)=\frac{1}{s} \quad \therefore \boldsymbol{F(s)=\frac{1}{s(s+1)}}$$

(5) 적분정리

적분요소의 라플라스 변환도 도함수의 라플라스 변환과 같은 방법으로

$$\mathcal{L}\left[\int f(t)\,dt\right]=\int_0^{\infty}\left\{\int f(t)\,dt\right\}e^{-st}\,dt$$
$$=\left[\left\{\int f(t)\,dt\right\}\frac{1}{-s}e^{-st}\right]_0^{\infty}-\int_0^{\infty}f(t)\left(\frac{1}{-s}e^{-st}\right)dt$$
$$=\frac{1}{s}F(s)+\frac{1}{s}f^{(-1)}(0_+)$$

이고, 여기서 $f^{(-1)}(0_+)$는 $t\to 0$일 때 계산한 적분의 초기값으로

$$f^{(-1)}(0_+)=\lim_{t\to 0}\int f(t)\,dt$$

이다. 같은 방법으로 n계적분의 라플라스 적분은 다음과 같다.

■ 적분정리 ■

① $\mathcal{L}\left[\int f(t)\,dt\right]=\frac{1}{s}F(s)+\frac{1}{s}f^{(-1)}(0_+)$

② $\mathcal{L}\left[\int\int\cdots\int f(t)\,dt^n\right]=\frac{1}{s^n}F(s)+\frac{1}{s^n}f^{(-1)}(0_+)+\cdots\cdots+\frac{1}{s}f^{(-n)}(0_+)$

③ $\mathcal{L}\left[\int\int\cdots\int f(t)\,dt^n\right]=\frac{1}{s^n}F(s)$ (단, 모든 초기값 0)

예제 5 $e(t)=Ri(t)+L\frac{di(t)}{dt}+\frac{1}{C}\int i(t)\,dt$에서 모든 초기값을 0으로 하고 라플라스 변환을 구하여라.

[해] 각 항을 라플라스 변환하면

$$E(s)=RI(s)+LsI(s)+\frac{1}{Cs}I(s)$$

$$\therefore I(s)=\frac{1}{R+Ls+\frac{1}{Cs}}E(s)=\boldsymbol{\frac{Cs}{LCs^2+RCs+1}E(s)}$$

(6) 복소미분정리

s 의 함수 $F(s)$를 s 로 미분하면

$$\frac{d}{ds}F(s)=\int_0^\infty \frac{d}{ds}f(t)e^{-st}dt=\int_0^\infty f(t)(-te^{-st})dt$$
$$=-\mathcal{L}[tf(t)]$$
$$\therefore \mathcal{L}[tf(t)]=-\frac{d}{ds}F(s)$$

같은 방법으로 $t^n f(t)$의 라플라스 변환은 다음과 같다.

■ 복소미분정리 ■

① $\mathcal{L}[tf(t)]=-\dfrac{d}{ds}F(s)$

② $\mathcal{L}[t^n f(t)]=(-1)^n\dfrac{d^n}{ds^n}F(s)$

예제 6 $f(t)=t\sin\omega t$ 의 라플라스 변환을 구하여라.

[해] $$\mathcal{L}[t\sin\omega t]=-\frac{d}{ds}F(s)=-\frac{d}{ds}\{\mathcal{L}[\sin\omega t]\}$$
$$=-\frac{d}{ds}\left(\frac{\omega}{s^2+\omega^2}\right)=\frac{2\omega s}{(s^2+\omega^2)^2}$$

(7) 초기값정리

미분정리 $\mathcal{L}\left[\dfrac{d}{dt}f(t)\right]=sF(s)-f(0_+)$에 의해서

$$\lim_{s\to\infty}\left[\int_0^\infty \frac{d}{dt}f(t)e^{-st}dt\right]=\lim_{s\to\infty}[sF(s)-f(0_+)]$$

가 되고, $\lim\limits_{s\to\infty}e^{-st}=0$이므로 위 식의 좌변은 0가 된다. 즉,

$$0=\lim_{s\to\infty}[sF(s)-f(0_+)]$$

이다. 여기서 $f(0_+)$를 구하면 다음과 같은 **초기값정리**가 성립한다.

■ 초기값정리 ■

$$f(0_+) = \lim_{t \to 0} f(t) = \lim_{s \to \infty} sF(s)$$

예제 7 $F(s) = \dfrac{3s^2+1}{s^3+3s^2+5s}$ 일 때 $f(t)$의 초기값을 구하여라.

[해] 초기값정리에 의하여

$$\lim_{t \to 0} f(t) = \lim_{s \to \infty} sF(s) = \lim_{s \to \infty} s\frac{3s^2+1}{s^2+3s+5}$$

$$= \lim_{s \to \infty} \frac{3+\dfrac{1}{s^2}}{1+\dfrac{3}{s}+\dfrac{5}{s^2}} = \mathbf{3}$$

(8) 최종값정리

미분정리 $\mathcal{L}\left[\dfrac{d}{dt}f(t)\right] = sF(s) - f(0_+)$에 의해서

$$\lim_{s \to 0}\left[\int_0^\infty \frac{d}{dt}f(t)e^{-st}dt\right] = \lim_{s \to 0}[sF(s) - f(0_+)]$$

가 되고, $\lim_{s \to 0} e^{-st} = 1$이므로 위 식의 좌변은

$$\lim_{s \to 0}\left[\int_0^\infty \frac{d}{dt}f(t)e^{-st}dt\right] = \int_0^\infty \frac{d}{dt}f(t)dt = \lim_{t \to \infty}\int_0^t \frac{df(t)}{dt}dt$$

$$= \lim_{t \to \infty}[f(t)]_0^\infty = \lim_{t \to \infty}[f(t) - f(0_+)]$$

가 된다. 따라서

$$\lim_{t \to \infty}[f(t) - f(0_+)] = \lim_{s \to 0}[sF(s) - f(0_+)]$$

그러므로 다음과 같은 **최종값정리**가 성립한다.

■ 최종값정리 ■

$$f(\infty) = \lim_{t \to \infty} f(t) = \lim_{s \to 0} s\,F(s)$$

예제 8 $F(s) = \dfrac{5s+6}{s^2+2s^2+3s}$ 일 때 $f(t)$의 최종값을 구하여라.

[해] 최종값정리에 의하여

$$f(\infty) = \lim_{s\to 0} s\,F(s) = \lim_{s\to 0} s\,\frac{5s+6}{s(s^2+2s+3)} = \lim_{s\to 0}\frac{5s+6}{s^2+2s+3} = 2$$

이상으로 지금까지 배운 정리를 〈표 11-2〉에 나타내었다.

〈표 11-2〉 라플라스 변환의 중요한 정리

1	선형정리	$\mathcal{L}\,[af_1(t) \pm bf_2(t)] = aF_1(s) \pm bF_2(s)$
2	시간이동정리	$\mathcal{L}\,[f(t \pm a)] = e^{\mp as}F(s)$
3	복소이동정리	$\mathcal{L}\,[e^{\pm at}f(t)] = F(s \mp a)$
4	미분정리	$\mathcal{L}\left[\dfrac{d}{dt}f(t)\right] = sF(s) - f(0_+)$ $\mathcal{L}\left[\dfrac{d^n}{dt^n}f(t)\right] = s^nF(s)$ 단, 초기값=0
5	적분정리	$\mathcal{L}\left[\int f(t)\,dt\right] = \dfrac{1}{s}F(s) + \dfrac{1}{s}f^{(-1)}(0_+)$ $\mathcal{L}\left[\int\int\cdots\int f(t)\,dt^n\right] = \dfrac{1}{s^n}F(s)$ 단, 초기값=0
6	복소미분정리	$\mathcal{L}\,[t^nf(t)] = (-1)^n\dfrac{d^n}{ds^n}F(s)$
7	초기값정리	$f(0_+) = \lim_{t\to 0}f(t) = \lim_{s\to\infty}sF(s)$
8	최종값정리	$f(\infty) = \lim_{t\to\infty}f(t) = \lim_{s\to 0}sF(s)$

11-4 비반복파의 라플라스 변환

신호가 $t > 0$에서 어떤 시간의 구간에서만 신호가 존재하고 다른 시간에서는 0이다. 이러한 파형을 **비반복파**라 하고, 계속적으로 존재하는 파형을 주기파로서 **반복파**라 한다. 이러한 복잡한 신호파형에 대한 회로망의 응답을 라플라스 변환방법을 적용하여 구해 보자.

우선 신호파형을 기본함수의 합성파를 구한 다음 라플라스 변환의 제정리를 적용하여 구할 수 있다.

예제 9 [그림 11-6]과 같은 사인파 펄스 함수의 라플라스 변환을 구하여라.

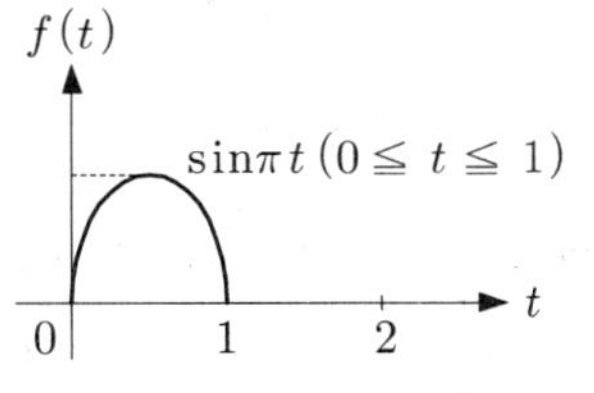

[그림 11-6]

[해] 사인파의 합성파로 나타내면

$$f(t) = \sin\pi t u(t) + \sin\pi(t-1)u(t-1)$$

이므로

$$F(s) = \frac{\pi}{s^2+\pi^2} + \frac{\pi}{s^2+\pi^2}e^{-s} = \frac{\pi}{s^2+\pi^2}(1+e^{-s})$$

예제 10 [그림 11-7]과 같은 사각파의 라플라스 변환을 구하여라.

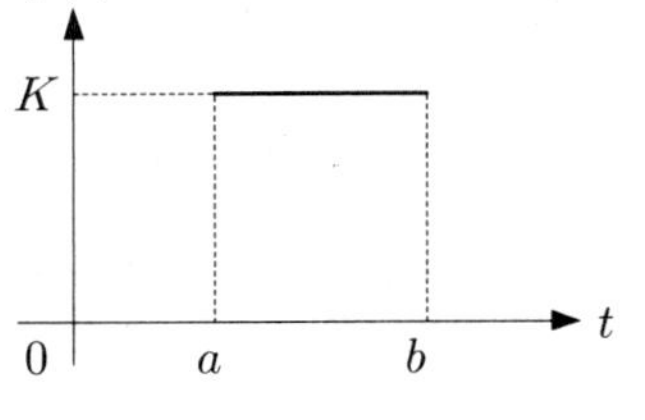

[그림 11-7]

[해] 단위계단함수의 합성파로 나타내면

$$f(t)=k\{u(t-a)-u(t-b)\}$$

$$\therefore\ F(s)=\frac{\boldsymbol{k}}{\boldsymbol{s}}(\boldsymbol{e}^{-\boldsymbol{as}}+\boldsymbol{e}^{-\boldsymbol{bs}})$$

예제 11 [그림 11-8]과 같은 삼각파의 라플라스 변환을 구하여라.

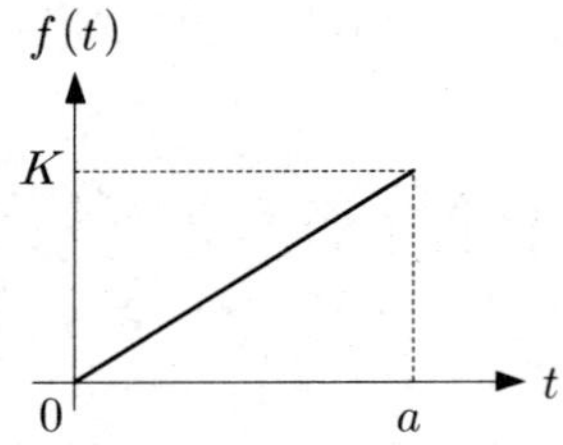

[그림 11-8]

[해] 단위계단함수의 합성파로 나타내면

$$f(t)=\frac{k}{a}tu(t)-ku(t-a)-\frac{k}{a}(t-a)u(t-a)$$

$$\therefore\ F(s)=\frac{k}{a}\cdot\frac{1}{s^2}-\frac{k}{s}e^{-as}-\frac{k}{a}e^{-as}=\frac{\boldsymbol{k}}{\boldsymbol{as^2-e^{-as}}}\left(\frac{\boldsymbol{k}}{\boldsymbol{s}}-\frac{\boldsymbol{k}}{\boldsymbol{a}}\right)$$

예제 12 [그림 11-9]와 같은 톱니파형인 주기함수의 라플라스 변환을 구하여라.

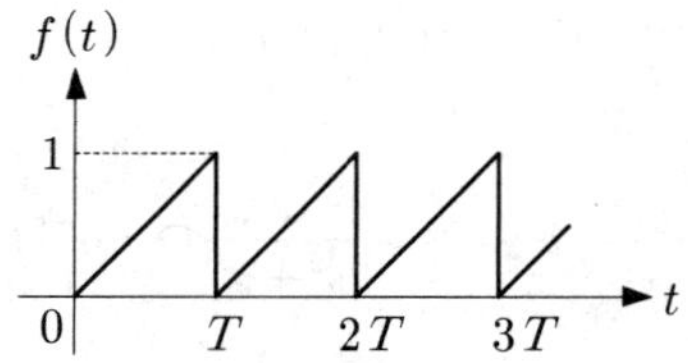

[그림 11-9]

[해] 단위계단함수의 합성파로 나타내면

$$f(t)=\frac{1}{T}t-\{u(t-T)+u(t-2T)+u(t-3T)\cdots\cdots\}$$

$$\therefore\ F(s)=\frac{1}{Ts^2}-\left(-\frac{1}{s}e^{-Ts}+\frac{1}{s}e^{-2Ts}+\frac{1}{s}e^{-3Ts}+\cdots\cdots\right)$$

$$=\frac{1}{Ts^2}-\frac{1}{s}e^{-Ts}(1+e^{-Ts}+e^{-2Ts}+e^{-3Ts}+\cdots\cdots)$$

여기서 마클로우린 급수

$$\frac{1}{1-x} = 1 + x + x^2 + x^3 + \cdots\cdots$$

을 적용하면

$$F(s) = \frac{1}{Ts^2} - \frac{e^{-Ts}}{s(1-e^{-Ts})}$$

11-5 역라플라스 변환과 부분분수 전개

(1) 간단한 함수의 역라플라스 변환

복소수 s 의 함수 $F(s)$를 시간 t 의 함수 $f(t)$의 **라플라스 변환**이라고 부르며, 우리는 그 동안 여러 가지 함수의 라플라스 변환을 구하는 방법을 공부하였다.

이제, 이 절에서는 **라플라스 변환** $F(s)$로부터 원래의 함수 $f(t)$를 찾아내는 문제를 취급하여 보자. 이때, $F(s)$로부터 $f(t)$를 구하는 것을 **역라플라스 변환**(inverse transform)이라 부르고, 다음과 같이 표시함을 이미 배웠다.

$$f(t) = \mathcal{L}^{-1}[F(s)] = \frac{1}{2\pi j}\int_{\sigma - j\infty}^{\sigma + j\infty} F(s)e^{st}\,ds$$

여기서 σ은 실상수이다. 일반적으로 역라플라스 변환은 계산이 복잡하므로 **라플라스 변환쌍**을 이용하여 다음과 같이 구하는 경우가 많다.

$$\underset{f(t)}{\text{시간함수}} \;\underset{\text{역라플라스 변환}(\mathcal{L}^{-1})}{\overset{\text{라플라스 변환}(\mathcal{L})}{\rightleftarrows}}\; \underset{F(s)}{\text{복소함수}}$$

예제 13 다음 함수의 역라플라스 변환을 구하여라.

① $F(s) = \dfrac{1}{s^3}$ ② $F(s) = \dfrac{1}{s+3}$

③ $F(s) = \dfrac{5s}{s^2+4}$ ④ $F(s) = \dfrac{s+5}{s^2+2s+5}$

[해] ① $\mathcal{L}[t^n] = \dfrac{n!}{s^{n+1}}$에서 $\mathcal{L}^{-1}\left[\dfrac{1}{s^n}\right] = \dfrac{1}{(n-1)!}t^{n-1}$

$$\therefore \mathcal{L}^{-1}\left[\frac{1}{s^3}\right]=\frac{1}{2!}t^{3-1}=\frac{1}{2}t^2$$

② $\mathcal{L}[e^{-at}]=\dfrac{1}{s+a}$ 에서 $\mathcal{L}^{-1}\left[\dfrac{1}{s+a}\right]=e^{-at}$

$$\therefore \mathcal{L}^{-1}\left[\frac{1}{s+3}\right]=e^{-3t}$$

③ $\mathcal{L}[\cos\omega t]=\dfrac{s}{s^2+\omega^2}$ 에서 $\mathcal{L}^{-1}\left[\dfrac{s}{s^2+a}\right]=\cos at$

$$\therefore \mathcal{L}^{-1}\left[\frac{5s}{s^2+4}\right]=5\cos 2t$$

④ $\mathcal{L}^{-1}\left[\dfrac{s+5}{s^2+2s+5}\right]=\mathcal{L}^{-1}\left[\dfrac{s+5}{(s+1)^2+4}\right]=\mathcal{L}^{-1}\left[\dfrac{s+1+4}{(s+1)^2+2^2}\right]$

$$=\mathcal{L}^{-1}\left[\frac{s+1}{(s+1)^2+2^2}+\frac{4}{(s+1)^2+2^2}\right]$$

$$=e^{-t}\cos 2t+2e^{-t}\sin 2t=e^{-t}(\cos 2t+2\sin 2t)$$

(2) 부분분수 전개에 의한 역라플라스 변환

지금 라플라스 변환 함수 $F(s)$가 s의 다항식인

$$F(s)=\frac{B(s)}{A(s)}=\frac{b_m s^m+b_{m-1}s^{m-1}+\cdots\cdots+b_1 s+b_0}{a_n s^n+a_{n-1}s^{n-1}+\cdots\cdots+a_1 s+a_0}$$

로 표시된다면, 유리함수 $F(s)$의 역라플라스 변환은 **부분분수 전개**(partial fraction expansion) 방법으로 구할 수 있다.

여기에서, $n>m$ 인 경우는 직접 부분분수 전개를 유도하나, $n\leq m$ 인 경우는 $B(s)$를 $A(s)$로 나누어 분자의 차수가 분모의 차수보다 작게 한 후 부분분수 전개를 한다. 이때 부분분수 전개에서 $A(s)=0$의 **특성근**이

① 실수단근인 경우
② 공액복소수근인 경우
③ 중복근인 경우

와 같이 세 가지 형태에 따른 부분분수 전개 방법을 알아보자.

1) 실수단근인 경우

라플라스 변환 함수가

$$F(s)=\frac{2s+3}{(s+1)(s+3)}=\frac{k_1}{s+1}+\frac{k_2}{s+3}$$

인 경우, **유수**(redidue) k_1을 구하기 위하여 양변에 $(s+1)$을 곱하면

$$F(s)=k_1+k_2\frac{s+1}{s+3}$$

이 되고, 이 식에 $(s+1)=0$의 근 $s=-1$을 대입하면 $k_2=0$이고 k_1은

$$k_1=\left.\frac{2s+3}{s+3}\right|_{s=-1}=\frac{-2+3}{-1+3}=\frac{1}{2}$$

마찬가지로

$$k_2=\left.\frac{2s+3}{s+1}\right|_{s=-3}=\frac{-6+3}{-3+1}=\frac{3}{2}$$

이다. 따라서 $F(s)$는

$$F(s)=\frac{\frac{1}{2}}{s+1}+\frac{\frac{3}{2}}{s+3}$$

이므로 $F(s)$의 역라플라스 변환에 의한 원함수 $f(t)$는 다음과 같다.

$$f(t)=\frac{1}{2}e^{-t}+\frac{3}{2}e^{-3t}$$

물론, 고등학교에서 배운 **미정계수법**을 이용하여 유수 k_1, k_2를 구하고 역라플라스 변환 함수 $f(t)$를 구할 수 있다.

이제, 일반적인 부분분수 전개형이

$$F(s)=\frac{k_1}{s-p_1}+\frac{k_2}{s-p_2}+\cdots\cdots+\frac{k_j}{s-p_j}+\cdots\cdots$$

이라면, 임의의 항의 미정계수인 **유수** k_j는 다음과 같이 구해진다.

■ 실수단근 ■

$$k_j=\lim_{s\to p_j}F(s)(s-p_j)=F(s)(s-p_j)|_{s=p_j}$$

예제 14 다음 식의 역라플라스 변환을 구하여라.

① $\dfrac{3s+16}{s^2-s-6}$ ② $\dfrac{s^2+2}{s(s+1)(s+2)}$

[해] ① 우선 부분분수 전개하면

$$\frac{3s+16}{s^2-s-6}=\frac{3s+16}{(s-3)(s+2)}=\frac{k_1}{s-3}+\frac{k_2}{s+2}$$

유수 k_1, k_2는

$$k_1=\frac{3s+16}{(s-3)(s+2)}(s-3)\bigg|_{s=3}=\frac{9+16}{3+2}=5$$

$$k_2=\frac{3s+16}{(s-3)(s+2)}(s+2)\bigg|_{s=-2}=\frac{-6+16}{-2-3}=-2$$

이 되므로

$$F(s)=\frac{5}{s-3}-\frac{2}{s+2}$$

$$\therefore f(t)=\mathcal{L}^{-1}[F(s)]=\mathcal{L}^{-1}\left[\frac{5}{s-3}-\frac{2}{s+2}\right]=\mathbf{5e^{3t}-2e^{-2t}}$$

② 부분분수 전개하면

$$F(s)=\frac{s^2+2}{s(s+1)(s+2)}=\frac{k_1}{s}+\frac{k_2}{s+1}+\frac{k_3}{s+2}$$

$$k_1=\frac{s^2+2}{s(s+1)(s+2)}\cdot s\bigg|_{s=0}=\frac{2}{2}=1$$

$$k_2=\frac{s^2+2}{s(s+1)(s+2)}(s+1)\bigg|_{s=-1}=\frac{1+2}{-1(-1+2)}=-3$$

$$k_3=\frac{s^2+2}{s(s+1)(s+2)}(s+2)\bigg|_{s=-2}=\frac{4+2}{-2(-2+1)}=3$$

이 되므로

$$F(s)=\frac{1}{s}+\frac{-3}{s+1}+\frac{3}{s+2}$$

$$\therefore f(t)=\mathcal{L}^{-1}[F(s)]=\mathcal{L}^{-1}\left[\frac{1}{s}-\frac{3}{s+1}+\frac{3}{s+2}\right]$$

$$=\mathbf{1-3e^{-t}+3e^{-2t}}$$

2) 공액복소수근인 경우

일반적인 부분분수 전개식이

$$F(s) = \frac{B(s)}{(s-p)\{(s-\alpha)^2+\omega^2\}} = \frac{k}{s-p} + \frac{C_s + D}{(s-\alpha)^2+\omega^2}$$

와 같이 분모에 **공액복소수근**이 인수로 있는 경우는, 위 식의 양변에 $(s-p)\{(s-\alpha)^2+\omega^2\}$을 곱하고 미정계수법으로 k, C, D의 값을 구하는 방법과 k는 실수단근법으로 구하고, C, D는 k의 값을 대입하고, **이항정리**로서 구하는 방법도 있다.

예제 15 $F(s) = \dfrac{4(s+1)}{s(s^2+2s+2)}$의 역라플라스 변환을 구하여라.

[해] $\dfrac{4(s+1)}{s(s^2+2s+2)} = \dfrac{k}{s} + \dfrac{C_s+D}{s^2+2s+2}$

라 놓고 양변에 $s(s^2+2s+2)$를 곱하면

$$4s+4 = k(s^2+2s+2) + \{C_s+D\}s = (k+C)s^2 + (2k+D)s + 2k$$

에서 양변의 계수를 비교하면

$$2k=4,\ k+C=0,\ 2k+D=4$$

이것을 풀면

$$k=2,\ C=-2,\ D=0$$

$$\therefore F(s) = \frac{2}{s} + \frac{-2s}{s^2+2s+2} = 2\left(\frac{1}{s} - \frac{s+1-1}{(s+1)^2+1}\right)$$

$$= 2\left(\frac{1}{s} - \frac{s+1}{(s+1)^2+1} + \frac{1}{(s+1)^2+1}\right)$$

$$\therefore f(t) = 2(1 - e^{-t}\cos t + e^{-t}\sin t)$$

예제 16 $F(s) = \dfrac{s+1}{s(s^2+2s+2)}$의 역라플라스 변환을 구하여라.

[해] $F(s) = \dfrac{k}{s} + \dfrac{C_s+D}{s^2+2s+2}$

로 놓으면, k는 실수단근법에 의하여

$$k = \left.\frac{s+1}{s^2+2s+2}\right|_{s=0} = \frac{1}{2}$$

$k=\dfrac{1}{2}$의 값을 대입하고, 이항하여 정리하면

$$\frac{s+1}{s(s^2+2s+2)} - \frac{\frac{1}{2}}{s} = \frac{C_s+D}{s^2+2s+2}$$

$$\frac{s+1-\frac{1}{2}(s^2+2s+s)}{s(s^2+2s+2)}=\frac{C_s+D}{s^2+2s+2}$$

$$\frac{-\frac{1}{2}s^2}{s(s^2+2s+2)}=\frac{-\frac{1}{2}s}{s^2+2s+2}=\frac{C_s+D}{s^2+2s+2}$$

에서 양변의 계수를 비교하면

$$C=-\frac{1}{2},\ D=0$$

따라서 k, C, D의 값을 준식에 대입하면

$$\therefore F(s)=\frac{\frac{1}{2}}{s}+\frac{-\frac{1}{2}s}{s^2+2s+2}=\frac{1}{2}\left(\frac{1}{s}-\frac{s+1-1}{(s+1)^2+1}\right)$$

$$=\frac{1}{2}\left(\frac{1}{s}-\frac{s+1}{(s+1)^2+1}+\frac{1}{(s+1)^2+1}\right)$$

$$\therefore f(t)=\mathcal{L}^{-1}[F(s)]$$

$$=\frac{1}{2}(1-e^{-t}\cos t+e^{-t}\sin t)$$

3) 중복근인 경우

라플라스 변환 함수가

$$F(s)=\frac{s+2}{(s+1)^2}=\frac{k_2}{(s+1)^2}+\frac{k_1}{s+1}$$

인 경우, 위 식의 양변에 $(s+1)^2$을 곱하면

$$s+2=k_2+(s+1)k_1$$

이고, $s=-1$일 때 $k_2=1$으로 실수단근법과 같다. 그러나 k_1을 구하기 위하여 $(s+1)$을 양변에 곱하면

$$\frac{s+2}{s+1}=\frac{k_2}{s+1}+k_1$$

가 되어, $s=-1$에서 k_2항은 ∞ 가 되어 계산이 불가능하므로 식 $s+2=k_2+(s+1)k_1$를 s에 대하여 미분하면

$$1+0=k_1+0,\ \therefore k_1=1$$

따라서

$$F(s)=\frac{s+2}{(s+1)^2}=\frac{1}{(s+1)^2}+\frac{1}{s+1}$$

$$\therefore f(t)=te^{-t}+e^{-t}$$

일반적인 전개식이

$$F(s)=\frac{L_r}{(s-p)^r}+\frac{L_{r-1}}{(s-p)^{r-1}}+\cdots\cdots+\frac{L_{r-t}}{(s-p)^{r-t}}+\cdots\cdots+\frac{L_1}{(s-p)^1}$$

인 경우 L_r은 실수단근법과 같은 방법으로 구하고, 임의의 항의 미정계수인 유수 L_{r-t}는 다음과 같이 구한다.

■ 중 복 근 ■

$$L_{r-t}=\lim_{s\to p}\frac{1}{t!}\left[\frac{d^t}{ds^t}F(s)(s-p)^r\right]$$

예제 17 다음 식의 역라플라스 변환을 구하여라.

① $F(s)=\dfrac{s}{(s+1)^5}$ ② $F(s)=\dfrac{s+2}{(s+1)^2(s+3)}$

[해] ① $F(s)=\dfrac{s}{(s+1)^5}=\dfrac{L_5}{(s+1)^5}+\dfrac{L_4}{(s+1)^4}+\dfrac{L_3}{(s+1)^3}+\dfrac{L_2}{(s+1)^2}+\dfrac{L_1}{(s+1)^1}$

와 같은 부분분수 전개에서 유수는

$$L_5=\frac{s}{(s+1)^5}\cdot(s+1)^5\bigg|_{s=-1}=-1$$

$$L_4=\left[\frac{d}{ds}\left\{\frac{s}{(s+1)^5}(s+1)^5\right\}\right]_{s=-1}=1$$

$$L_3=\frac{1}{2!}\frac{d^2}{ds^2}s\bigg|_{s=-1}=0$$

$$L_2=0,\quad L_1=0$$

$$\therefore f(t)=\mathcal{L}^{-1}\left[\frac{s}{(s+1)^5}\right]=\mathcal{L}^{-1}\left[-\frac{1}{(s+1)^5}+\frac{1}{(s+1)^4}\right]$$

$$=-e^{-t}\frac{t^4}{4!}+e^{-t}\frac{t^3}{3!}=\mathbf{\frac{1}{24}e^{-t}(4t^3-t^4)}$$

② $F(s)=\dfrac{s+2}{(s+1)^2(s+3)}=\dfrac{L_2}{(s+1)^2}+\dfrac{L_1}{s+1}+\dfrac{k}{s+3}$

에서 유수 L_2, L_1, k는

$$L_2 = \frac{s+2}{(s+1)^2(s+3)}(s+1)^2\Big|_{s=-1} = \frac{1}{2}$$

$$L_1 = \left[\frac{d}{ds}(s+2)\right]_{s=-1} = \left[\frac{1}{(s+3)^2}\right]_{s=-1} = \frac{1}{4}$$

$$k = \frac{s+2}{(s+1)^2(s+3)}(s+3)\Big|_{s=-3} = -\frac{1}{4}$$

$$\therefore f(t) = \mathcal{L}^{-1}\left[\frac{s+2}{(s+1)^2(s+3)}\right] = \mathcal{L}^{-1}\left[\frac{\frac{1}{2}}{(s+1)^2} + \frac{\frac{1}{4}}{s+1} - \frac{\frac{1}{4}}{s+3}\right]$$

$$= \frac{1}{2}e^{-t}t + \frac{1}{4}e^{-t} - \frac{1}{4}e^{-3t}$$

$$= \frac{1}{4}e^{-t}(2t+1) - \frac{1}{4}e^{-3t}$$

11-6 라플라스 변환의 응용

(1) 미분방정식의 해석

앞에서도 언급한 바와 같이 라플라스 변환은 미분방정식을 쉽게 풀 수 있다는 것이 큰 장점으로, **선형물리계**의 관계를 나타내는 미분방정식을 이 라플라스 변환을 이용하여 풀면 대수방정식을 푸는 것과 같이 쉽게 그 해를 구할 수 있다.

또한, **고전적** 방법에서는 일반해를 구한 다음 주어진 조건들을 일반해에 대입하여 미지의 적분상수를 결정하였으나, 이 라플라스 변환을 이용하여 미분방정식을 풀 때에는 푸는 과정 중에서 주어진 조건들이 미리 들어가 그 해를 구했을 때에는 적분상수를 포함하지 않는 완전한 해가 구해진다.

예제 18 미분방정식 $\frac{d^2y}{dx^2} + 3\frac{dy}{dx} + 2y = 4$를 풀어라. 단 $y(0) = y'(0) = 0$

[해] 주어진 미분방정식을 라플라스 변환하면 모든 초기값은 0이므로

$$s^2 Y(s) + 3s\,Y(s) + 2\,Y(s) = \frac{4}{s}$$

$$Y(s) = \frac{4}{s(s^2+3s+2)} = \frac{4}{s(s+1)(s+2)}$$

$$= \frac{k_1}{s} + \frac{k_2}{s+1} + \frac{k_3}{s+2}$$

에서 유수값을 구하면

$$k_1 = \left.\frac{4}{s^2+3s+2}\right|_{s=0} = 2$$

$$k_2 = \left.\frac{4}{s(s+2)}\right|_{s=-1} = -4$$

$$k_3 = \left.\frac{4}{s(s+1)}\right|_{s=-2} = 2$$

$$\therefore f(t) = \mathcal{L}^{-1}[Y(s)] = \mathcal{L}^{-1}\left[\frac{2}{s} - \frac{4}{s+1} + \frac{2}{s+2}\right]$$

$$= \mathbf{2 - 4e^{-t} + 2e^{-2t}}$$

예제 19 $\dfrac{d^2y(t)}{dt^2} + y(t) = t$ 를 풀어라. 단 $y(0_+) = 1$, $y'(0_+) = -2$

[해] 미분방정식을 라플라스 변환하고, 주어진 초기값을 대입하면

$$s^2 Y(s) - sy(0_+) + y'(0_+) + Y(s) = \frac{1}{s^2}$$

$$s^2 Y(s) - s + 2 + Y(s) = \frac{1}{s^2}$$

$$(s^2+1)\,Y(s) = s - 2 + \frac{1}{s^2}$$

$$Y(s) = \frac{s-2}{s^2+1} + \frac{1}{s^2(s^2+1)}$$

이 되며, 이것을 부분분수로 나타내면

$$Y(s) = \frac{s}{s^2+1} - \frac{2}{s^2+1} + \frac{1}{s^2} - \frac{1}{s^2+1}$$

$$= \frac{s}{s^2+1} - \frac{3}{s^2+1} + \frac{1}{s^2}$$

$$\therefore y(t) = \mathcal{L}^{-1}[Y(s)] = \mathcal{L}^{-1}\left[\frac{s}{s^2+1} - \frac{3}{s^2+1} + \frac{1}{s^2}\right]$$

$$= \mathbf{\cos t - 3\sin t + t}$$

(2) 회로망 해석

회로특성이 미분방정식으로 기술되는 경우에는 이 미분방정식을 해석하는 데는 **라플라스 변환**이 유용하게 사용된다.

예제 20 [그림 11-10]과 같은 회로에서 $t=0$에서 스위치 S를 급히 닫을 때 전류 $i(t)$를 구하여라. 단, L의 초기전류는 0이다.

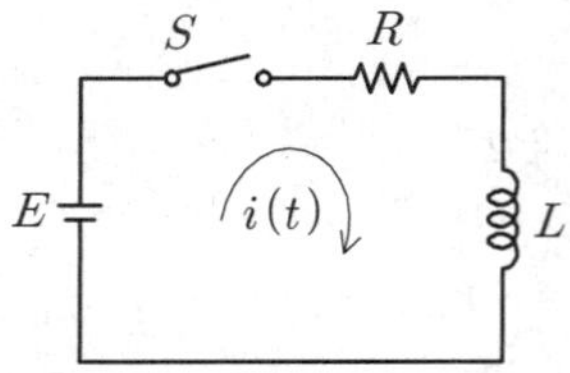

[그림 11-10]

[해] 회로의 전압방정식은 키르히호프(Kirchhoff)의 법칙에서

$$Ri(t)+L\frac{di(t)}{dt}=E$$

위의 식을 라플라스 변환하면 초기값은 0이므로

$$RI(s)+LsI(s)=\frac{E}{s}$$

$$I(s)=\frac{E}{s(Ls+E)}$$

부분분수 전개하면

$$I(s)=\frac{\frac{E}{L}}{s\left(s+\frac{R}{L}\right)}=\frac{k_1}{s}+\frac{k_2}{s+\frac{R}{L}}$$

$$=\frac{\frac{E}{R}}{s}+\frac{-\frac{E}{R}}{s+\frac{R}{L}}=\frac{E}{R}\left(\frac{1}{s}-\frac{1}{s+\frac{R}{L}}\right)$$

$$\therefore\ i(t)=\mathcal{L}^{-1}[I(s)]=\boldsymbol{\frac{E}{R}\left(1-e^{-\frac{R}{L}t}\right)}$$

■ 연습문제 20 ■

20-1 다음 함수의 라플라스 변환을 구하여라.

① $f(t)=3t^2$ ② $f(t)=5e^{-2t}$

③ $f(t)=\sin t+2\cos t$ ④ $f(t)=e^{-2t}\sin 2t$

⑤ $f(t)=10e^{-3t}\cos 3t$ ⑥ $f(t)=\sin t\cos t$

⑦ $f(t) = \cos^2 t$　　⑧ $f(t) = 5t + e^{-3t}$

⑨ $f(t) = \delta t - 3e^{-at}$　　⑩ $f(t) = 4\sinh 3t$

20-2 $F(s) = \dfrac{2(s+1)}{s^2+2s+5}$의 초기값 $f(0_+)$을 구하여라.

20-3 $F(s) = \dfrac{5s+3}{s(s+1)}$의 최종값 $f(\infty)$를 구하여라.

20-4 다음 라플라스 변환 함수의 역라플라스 변환을 구하여라.

① $F(s) = \dfrac{2}{s+4}$　　② $F(s) = \dfrac{2}{s^2+16}$

③ $F(s) = \dfrac{2s+1}{s^2+1}$　　④ $F(s) = \dfrac{1}{(s+5)^2+1}$

⑤ $F(s) = \dfrac{1}{s(s+1)}$　　⑥ $F(s) = \dfrac{s+2}{(s+1)^2}$

⑦ $F(s) = \dfrac{1}{(s+1)^2(s+2)}$　　⑧ $F(s) = \dfrac{s^2+3s+3}{s^2+3s+2}$

20-5 다음 미분방정식을 풀어라.

① $\dfrac{d}{dt}x(t) + x(t) = 1$ (초기값 0)

② $\dfrac{d^2}{dt^2}x(t) + 2\dfrac{d}{dt}x(t) - 3x(t) = 4$ (모든 초기값 0)

③ $\dfrac{d}{dt}i(t) + 4i(t) + 4\int i(t)dt = 50$ (모든 초기값 0)

④ $\dfrac{d^2y}{dx^2} + 9y = 0$ ($y(0_+) = 0$, $y'(0_+) = 2$)

20-6 [그림 11-11], [그림 11-12]와 같은 비반복파의 라플라스 변환을 구하여라.

①

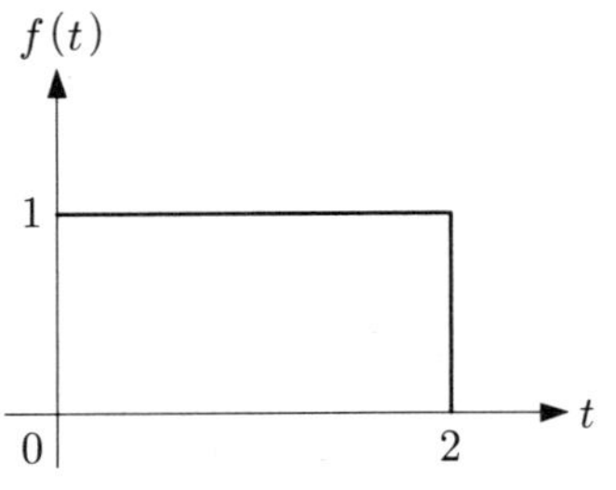

[그림 11-11]

②

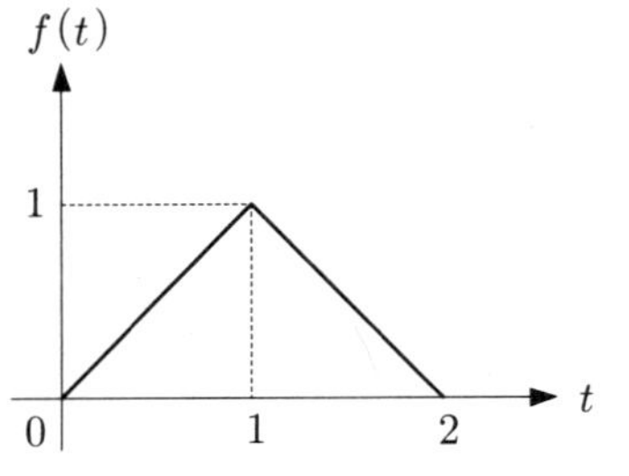

[그림 11-12]

20-7 [그림 11-13]과 같은 주기파형의 라플라스 변환을 구하여라.

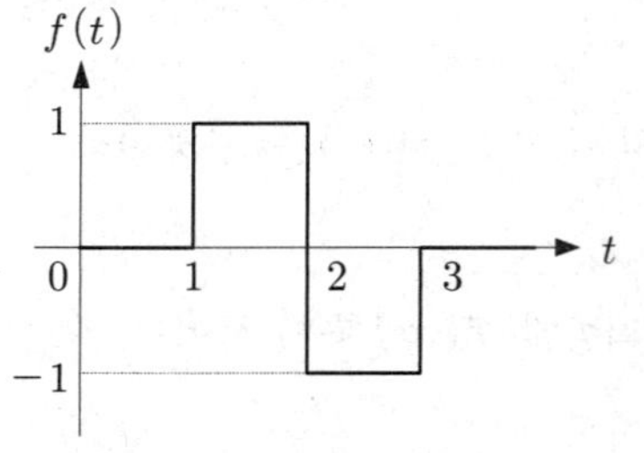

[그림 11-13]

20-8 [그림 11-14]와 같은 회로에서 스위치 S를 급히 닫을 때, 전류 $i(t)$를 라플라스 변환을 써서 구하여라. 단, C의 초기전하는 0이다.

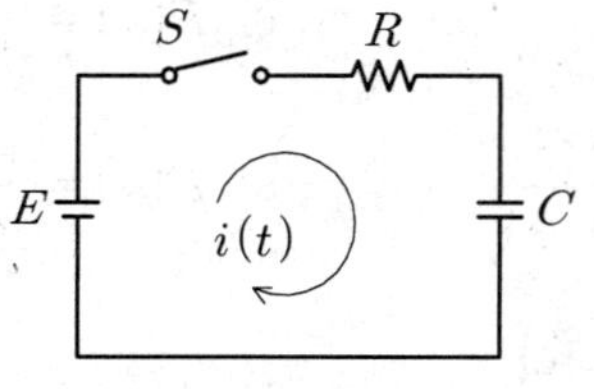

[그림 11-14]

chapter 12

푸리에 급수와 변환

프랑스의 수학자 푸리에(Fourier ; 1768~1830)는 임의의 함수는 sine과 cosine의 일차결합을 표시할 수 있다고 발표하였다. sine과 cosine의 합을 포함하는 이런 일차결합이 푸리에 급수(Fourier series)이며, 진동, 파동운동과 같은 주기적 현상을 연구하는 물리학이나 공학에 중요하게 쓰인다.

실제로 라플라스 변환과 더불어 푸리에 변환은 응용분야뿐만 아니라, 순수수학에서도 중요한 변환이다.

이 장에서는 일반적인 주기함수를 sine과 cosine의 주기함수로 나타내는 삼각급수인 푸리에 급수의 기본개념과 성질을 공부하고, 특히 공학적인 중요한 응용문제를 살펴본다.

또한, 불연속 주기함수는 테일러 급수(Taylor series)로 전개할 수 없으나 푸리에 급수는 전개할 수 있으며, 푸리에 변환(Fourier transform)에 대하여도 공부할 것이다.

12-1 비정현주기파

2개 또는 그 이상의 주파수가 다른 **정현파**(sine wave)를 합치면 **비정현주기파**(non-sinusoidal periodic wave)가 생긴다.

특히, 어떤 주파수의 정현파 $f_1(t)$가 그 정수배의 주파수를 갖는 정현파 $f_i(t)$ $(i=2, 3, 4, \cdots)$ 들을 합치면 $f_1(t)$와 동일한 주기를 갖는 비정현주기파가 얻어진다. 이때, $f_1(t)$을 **기본파**(fundamental wave), $f_i(t)$들을 **고조파**(higher harmonic wave)라고 한다.

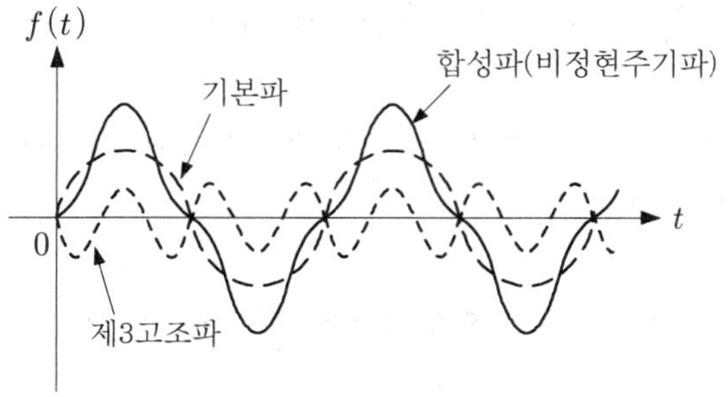

[그림 12-1]

[그림 12-1]은 기본파와 제3고조파를 합해서 **비정현주기파**(non-sinusoidal periodic wave)가 얻어짐을 보였다. 앞으로, 비정현주기파를 단순히 **비정현파**(non-sinusoidal)라 부르기로 한다.

이와 같이 주파수가 다른 정현파들을 진폭이나 위상을 변화시키면서 합성하면 여러 가지 파형의 비정현파를 얻을 수 있다.

이 사실을 반대로 생각하여도 성립하며, [그림 12-1]의 비정현파는 2개의 정현파로 분해할 수 있다.

일반적으로, 비정현파를 분해하면 다음과 같다.

■ 비정현파 분해 ■

① 일정항 : 직류성분으로 파형의 평균값
② 기본파 : 비정현파와 주기가 같은 파
③ 고조파 : 기본파 주파수의 정수배의 주파수를 갖는 파

12-2 푸리에 급수와 전개

일반적으로 주기 T인 비정현파를 $f(t)$라 하면

$$f(t) = f(t \pm T)$$

이고, 이것은 다음과 같은 푸리에 급수(Fourier series)로 전개할 수 있다.

$$\begin{aligned} f(t) &= a_0 + a_1\cos\omega_0 t + a_2\cos 2\omega_0 t + \cdots\cdots + a_n\cos n\omega_0 t + \cdots\cdots \\ &\quad + b_1\sin\omega_0 t + b_2\sin 2\omega_0 t + \cdots\cdots + b_n\sin n\omega_0 t + \cdots\cdots \\ &= a_0 + \sum_{n=1}^{\infty} a_n\cos n\omega_0 t + \sum_{n=1}^{\infty} b_n\sin n\omega_0 t \end{aligned} \quad \cdots\cdots (12.1)$$

이와 같이 전개할 수 있는 비정현파 $f(t)$는 다음과 같은 **디리끄레**(Dirichlet) **조건**을 만족하는 주기함수이어야 한다.

■ 디리끄레 조건 ■

① 불연점이 1주기 사이에 유한개일 것
② 1주기 사이에서 극대, 극소점이 유한개일 것
③ $\int_0^T |f(t)|dt$ 가 유한값을 가질 것

대체로 공학적으로 나타나는 거의 모든 비정현파는 이 조건을 만족한다. 비정현파가 주어지면 주기 T와 각 주파수 ω_o를 알 수 있으므로 **푸리에 계수**(Fourier coefficient) a_0, a_n, b_n을 구하는 것이 문제가 된다.

(1) a_0의 결정

식 (12.1)의 양변을 0에서 T까지 1주기 동안 적분하면 sin항 및 cos항은 0가 되고, 일정항만 남으므로

$$\int_0^T f(t)dt = \int_0^T a_0\,dt = a_0 T$$

$$\therefore a_0 = \frac{1}{T}\int_0^T f(t)dt = \frac{1}{2\pi}\int_0^{2\pi} f(\omega_0 t)d(\omega_0 t)$$

가 되어 a_0는 주기함수의 1주기 동안의 평균값임을 알 수 있다. 이것을 보통 직류성분이라고도 부르며, 파형의 관찰로부터 평균값을 쉽게 구할 수 있는 경우가 많다.

(2) a_n의 결정

식 (12.1)의 양변에 $\cos m\omega_0 t$ 를 곱하고, 이것을 0에서 T까지 적분하면

$$\int_0^T f(t)\cos m\omega_0 t\,dt = a_0\int_0^T \cos m\omega_0 t\,dt + \sum_{n=1}^{\infty} a_n\int_0^T \cos n\omega_0 t\cdot\cos m\omega_0 t\,dt$$

$$+\sum_{n=1}^{\infty} b_n\int_0^T \sin n\omega_0 t\cdot\cos m\omega_0 t\,dt \quad\cdots\cdots\cdots (12.2)$$

우변의 제1항은 명백히 0이고, 제2항, 제3항은

$$\int_0^T \cos m\omega_0 t\cdot\cos m\omega_0 t\,dt = \frac{1}{2}\int_0^T \left[\cos(m+n)\omega_0 t + \cos(m-n)\omega_0 t\right]dt$$

$$= \begin{cases} 0 & : \ m\neq n\text{일 때} \\ \dfrac{T}{2} & : \ m = n\text{일 때} \end{cases}$$

$$\int_0^T \sin n\omega_0 t\cdot\cos m\omega_0 t\,dt = \frac{1}{2}\int_0^T \left[\sin(m+n)\omega_0 t + \sin(m-n)\omega_0 t\right]dt = 0$$

따라서, 식 (12.2)의 우변은 제2항 중 $m=n$인 항만 남고 $a_n\dfrac{T}{2}$가 된다.

$$\therefore a_n = \frac{2}{T}\int_0^T f(t)\cos n\omega_0 t\,dt = \frac{1}{\pi}\int_0^{2\pi} f(\omega_0 t)\cos n\omega_0 t\,d(\omega_0 t)$$

$$(n = 1, 2, 3, \cdots)$$

(3) b_n의 결정

식 (12.1)의 양변에 $\sin m\omega_0 t$ 를 곱하고, 이것을 0에서 T까지 적분하면

$$\int_0^T f(t)\sin m\omega_0 t\,dt = a_0\int_0^T \sin m\omega_0 t\,dt + \sum_{n=1}^{\infty} a_n \int_0^T \cos n\omega_0 t \cdot \sin m\omega_0 t\,dt$$
$$+ \sum_{n=1}^{\infty} b_n \int_0^T \sin n\omega_0 t \cdot \sin m\omega_0 t\,dt \quad \cdots\cdots (12.3)$$

전과 마찬가지로 우변의 제1, 제2항은 0이고, 제3항은

$$\int_0^T \sin m\omega_0 t \cdot \sin m\omega_0 t\,dt = \frac{1}{2}\int_0^T [\cos(m-n)\omega_0 t - \cos(m+n)\omega_0 t]\,dt$$
$$= \begin{cases} 0 & : \quad m \neq n \text{일 때} \\ \dfrac{T}{2} & : \quad m = n \text{일 때} \end{cases}$$

따라서, 식 (12.3)의 우변은 제3항 중 $m=n$ 인 항만 남고 $b_n \dfrac{T}{2}$가 된다.

$$\therefore b_n = \frac{2}{T}\int_0^T f(t)\sin n\omega_0 t\,dt = \frac{1}{\pi}\int_0^{2\pi} f(\omega_0 t)\sin n\omega_0 t\,d(\omega_0 t)$$
$$(n = 1,\ 2,\ 3, \ldots)$$

이상과 같은 푸리에 계수 a_0, a_n, b_n을 결정하는 데 유의하여야 할 점은 다음과 같다.

① 함수가 **시간 t** 의 함수인가, 또는 **전기각 $\omega_0 t$** 의 함수인가를 유의하여 **적분변수**를 명확히 택해야 한다.

② **적분구간**은 주기함수이므로 $0 \sim T$가 아니고, 임의의 시점에서부터 1주기 동안을 택하여도 무방하다.

(4) 푸리에 급수의 sin 표시

푸리에 급수의 식 (12.1)을 cos항과 sin항을 합하여 sin항만으로 표시할 수 있다.

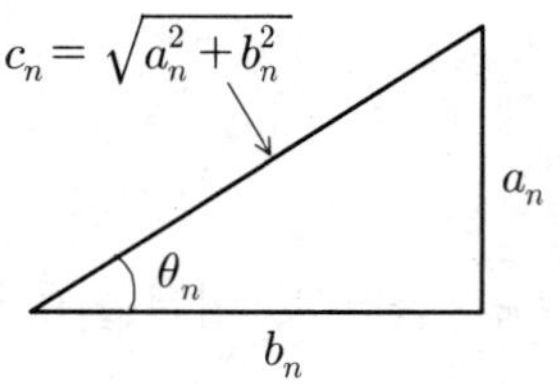

[그림 12-2]

[그림 12-2]를 참고로 하여

$$a_n\cos n\omega_0 t+b_n\sin n\omega_0 t=\sqrt{a_n^2+b_n^2}\left(\frac{a_n}{\sqrt{a_n^2+b_n^2}}\cos n\omega_0 t+\frac{b_n}{\sqrt{a_n^2+b_n^2}}\sin n\omega_0 t\right)$$

$$=c_n(\sin\theta_n\cdot\cos n\omega_0 t+\cos\theta_n\cdot\sin n\omega_0 t)$$

$$=c_n\sin(n\omega_0 t+\theta_n)$$

단, $c_n=\sqrt{a_n^2+b_n^2}$

$$\theta_n=\tan^{-1}\frac{a_n}{b_n}\quad(n=1,\ 2,\ 3,\cdots)$$

따라서, 식 (12.1)은 다음과 같이 쓸 수 있다.

$$f(t)=a_0+\sum_{n=1}^{\infty}c_n\sin(n\omega_0 t+\theta_n)$$

이 식에서 $n=1$인 경우, 즉 $c_1\sin(\omega_0 t+\theta_1)$이 주기함수 $f(t)$와 같은 주파수 ω_0를 가진 **기본파**(fundamental wave)가 되고, $n=2, 3, 4,\cdots$의 경우, 즉 $f(t)$의 주파수 ω_0의 2배, 3배, …가 되는 항들을 각각 제2고조파, 제3고조파, …라고 부르고 이들을 총칭하여 **고조파**(higher harmonic wave)라 한다.

이와 같이 비정현주기파는 일정항과 기본파 및 고조파로 분해할 수 있으며 이러한 분해를 **푸리에 분석**(Fourier analysis) 또는 **조파분석**(harmonic analysis)이라고 한다.

이상의 푸리에 급수와 계수를 요약하면 다음과 같다.

■ 푸리에 급수와 계수 ■

$$f(t)=a_0+\sum_{n=1}^{\infty}a_n\cos n\omega_0 t+\sum_{n=1}^{\infty}b_n\sin n\omega_0 t$$

$$=a_0+\sum_{n=1}^{\infty}c_n\sin(n\omega_0 t+\theta_n)$$

$$a_0=\frac{1}{T}\int_0^T f(t)\,dt=\frac{1}{2\pi}\int_0^{2\pi}f(\omega_0 t)\,d(\omega_0 t)$$

$$a_n=\frac{2}{T}\int_0^T f(t)\cos n\omega_0 t\,dt=\frac{1}{\pi}\int_0^{2\pi}f(\omega_0 t)\cos n\omega_0 t\,d(\omega_0 t)$$

$$b_n=\frac{2}{T}\int_0^T f(t)\sin n\omega_0 t\,dt=\frac{1}{\pi}\int_0^{2\pi}f(\omega_0 t)\sin n\omega_0 t\,d(\omega_0 t)$$

$$c_n=\sqrt{a_n^2+b_n^2}\ ,\quad \theta_n=\tan^{-1}\frac{a_n}{b_n}\quad(n=1,\ 2,\ 3,\cdots)$$

예제 1 [그림 12-3]과 같은 직사각파를 푸리에 급수로 전개하여라.

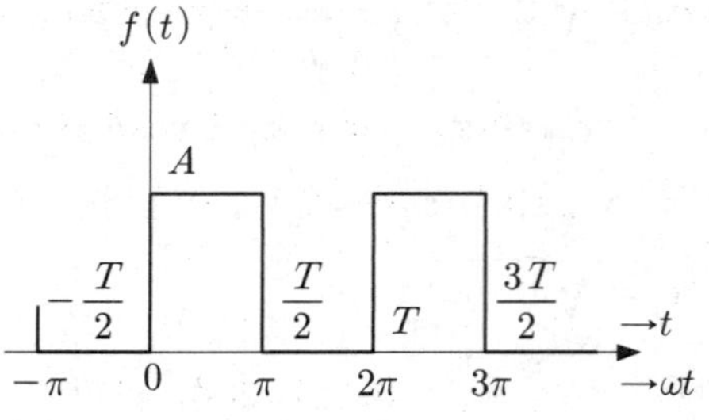

[그림 12-3]

[해] 먼저 주어진 파형에 대한 1주기 동안($0<t<T$)의 표시식은

$$f(t)=\begin{cases} A, & 0<t<T/2 \\ 0, & T/2<t<T \end{cases}$$

평균값인 직류성분은 파형의 관찰로부터

$$a_0=\frac{A\times\dfrac{T}{2}}{T}=\frac{A}{2}$$

$$a_n=\frac{2}{T}\int_0^T f(t)\cos n\omega_0 t\,dt=\frac{2}{T}\int_0^{T/2}A\cos n\omega_0 t\,dt$$

$$=\frac{2A}{n\omega_0 T}[-\sin n\omega_0 t]_0^{T/2}=\frac{A}{n\pi}\sin n\pi=0$$

마지막으로 sin항의 계수 b_n 은

$$b_n=\frac{2}{T}\int_0^T f(t)\sin n\omega_0 t\,dt=\frac{2}{T}\int_0^{T/2}A\sin n\omega_0 t\,dt$$

$$=\frac{2A}{n\omega_0 T}[-\cos n\omega_0 t]_0^{T/2}=\frac{A}{n\pi}(1-\cos n\pi)$$

$$=\begin{cases} 0 & : \quad n=2,\ 4,\ 6,\cdots \\ \dfrac{2A}{n\pi} & : \quad n=1,\ 3,\ 5,\cdots \end{cases}$$

그러므로

$$f(t)=\frac{A}{2}+\frac{2A}{\pi}\left(\sin\omega_0 t+\frac{1}{3}\sin 3\omega_0 t+\frac{1}{5}\sin 5\omega_0 t+\cdots\cdots\right)$$

여기서 ω_0는 직사각파의 주기 T와 $\omega_0=\dfrac{2\pi}{T}$의 관계가 있다.

12-3 푸리에 계수와 파형의 대칭

주어진 비정현파 $f(t)$의 함수가 어떤 형태의 대칭성을 가질 때에는 그 푸리에 계수 중 어떤 것이 0이 된다.

이러한 대칭성은 파형을 관찰함으로써 쉽게 알 수 있고, **푸리에 분석**에 앞서 대칭성을 알아보아 0이 되는 계수들에 대해서는 구할 필요가 없다. 파형의 대칭성에는 여러 가지가 있으나, 그 중 **여현대칭(우함수파)**, **정현대칭(기함수파)** 및 **반파대칭**이 가장 중요하며 [그림 12-4]에 세 가지 예를 들었다.

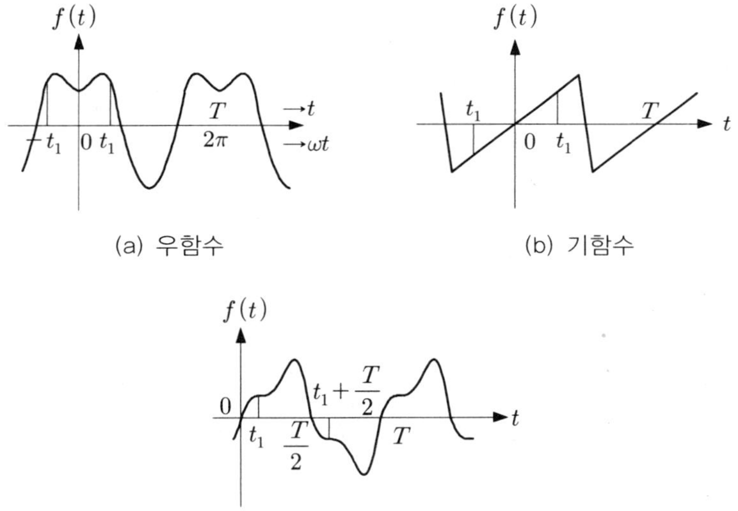

(a) 우함수

(b) 기함수

(c) 반파대칭

[그림 12-4]

우선 **우(짝)함수**(even function)와 **기(홀)함수**(odd function)에 대하여 앞에서 배웠지만 다시 복습하여 보자.

일반적으로 t 의 함수 $f(t)$가

$$f(t)=f(-t)$$

인 조건을 만족하는 경우 $f(t)$를 **우함수**라고 한다. 우함수의 예를 들어 보면 t^2, t^4, $\cos\omega t$ 등이 있으며, 우함수는 원점을 지나는 수직선 $f(t)$축에 관해서 대칭이며, 우함수인 파형을 **우함수파** 또는 **여현대칭파**라고 한다.

다음으로 함수 $f(t)$가

$$f(t) = -f(t)$$

인 조건을 만족하는 경우 $f(t)$를 **기함수**라고 한다. 기함수의 예를 들어 보면 t, t^3, $\sin\omega t$ 등이 있으며, 기함수는 원점에 관해서 대칭이며, 기함수인 파형을 **기함수파** 또는 **정현대칭파**라고 한다.

이상에서 우함수(우)와 기함수(기)는 다음과 같은 관계가 있다.

$$\int_{-t_1}^{t_1} (\text{우})\,dt = 2\int_0^{t_1} (\text{우})\,dt$$

$$\int_{-t_1}^{t_1} (\text{기})\,dt = 0$$

$(\text{우}) \pm (\text{우}) = (\text{우})$, $(\text{우}) \pm (\text{기}) = (\text{우})$도 (기)도 아님.

$(\text{기}) \pm (\text{기}) = (\text{기})$, $(\text{우}) \times (\text{우}) = (\text{우})$

$(\text{우}) \times (\text{기}) = (\text{기})$, $(\text{기}) \times (\text{기}) = (\text{우})$

푸리에 급수를 두 부분으로 구분하면

$$a_0 + \sum_{n=1}^{\infty} a_n \cos n\omega_0 t \quad : (\text{우})$$

$$\sum_{n=1}^{\infty} b_n \sin n\omega_0 t \quad : (\text{기})$$

가 된다.

(1) 우함수인 경우

우함수인 여현대칭인 경우에는 푸리에 계수를 구하는 경우에 있어서 적분구간을 $-T/2$에서 $T/2$까지 취해도 좋으므로 **푸리에 계수**는

$$a_0 = \frac{1}{T}\int_{-T/2}^{T/2} f(t)\,dt = \frac{2}{T}\int_0^{T/2} f(t)\,dt$$

$$a_n = \frac{2}{T}\int_{-T/2}^{T/2} f(t)\cos n\omega_0 t\,dt = \frac{4}{T}\int_0^{T/2} f(t)\cos n\omega_0 t\,dt$$

$$b_n = \frac{2}{T}\int_{-T/2}^{T/2} f(t)\sin n\omega_0 t\,dt = 0$$

가 성립하므로 비정현파가 우함수인 경우에는 푸리에 급수 중에서 sin항들은 없어지고, 직류성분 및 cos항만 남으며 이들을 구할 때는 반주기만 적분하여 2배 하면 된다. 이때, **푸리에 급수**는

$$f(t) = a_0 + a_1\cos\omega_0 t + a_2\cos 2\omega_0 t + a_3\cos 3\omega_0 t + \cdots\cdots$$

로 전개된다.

(2) 기함수인 경우

기함수인 정현대칭인 경우에도 우함수의 경우와 같은 방법으로 구하면

$$a_0 = 0, \quad a_n = 0$$

$$b_n = \frac{4}{T}\int_0^T f(t)\sin n\omega_0 t\,dt$$

가 성립하므로 기함수의 경우에는 푸리에 급수에서 직류성분과 cos항들은 없어지고, sin항만 남으며 이들을 구할 때도 반주기만 적분하여 2배 하면 된다. 이때, **푸리에 급수**는

$$f(t) = b_1\sin\omega_0 t + b_2\sin 2\omega_0 t + b_3\sin 3\omega_0 t + \cdots\cdots$$

로 전개된다.

(3) 반파대칭

주기 T인 비정현파가

$$f(t) = -f\left(t \pm \frac{T}{2}\right)$$

이라는 조건을 만족하면 **반파대칭**(half-wave symmetry)이라고 한다.

[그림 12-4 (c)]는 반파대칭으로 반주기마다 그 값의 크기가 같고 부호가 반대이므로 (+)의 반파를 180°만큼 수평축으로 평행이동하면 (-)반파와 수평축에 대해서 대칭이 된다.

반파대칭은 (+)반파와 (-)반파의 넓이가 같으므로 $a_0 = 0$가 된다. 또,

$$f(t) = \sum_{n=1}^{\infty} a_n\cos n\omega_0 t + \sum_{n=1}^{\infty} b_n\sin n\omega_0 t$$

$$-f\left(t+\frac{T}{2}\right)=-\left\{\sum_{n=1}^{\infty}a_n\cos n\left(\omega_0 t+\frac{T}{2}\right)+\sum_{n=1}^{\infty}b_n\sin n\left(\omega_0 t+\frac{T}{2}\right)\right\}$$
$$=-\sum_{n=1}^{\infty}a_n(-1)^n\cos n\omega_0 t-\sum_{n=1}^{\infty}b_n(-1)^n\sin n\omega_0 t$$

에서 $f(t)=-f\left(t+\dfrac{T}{2}\right)$의 관계가 성립하려면 a_n, b_n의 푸리에 계수에서 n가 홀수라야 한다. 따라서,

$$a_n=\frac{4}{T}\int_0^{T/2}f(t)\cos n\omega_0 t\,dt \quad : \quad n=1,\ 3,\ 5,\cdots\cdots$$
$$b_n=\frac{4}{T}\int_0^{T/2}f(t)\sin n\omega_0 t\,dt \quad : \quad n=1,\ 3,\ 5,\cdots\cdots$$

가 성립하므로 반파대칭인 경우에는 푸리에 급수에서 직류성분은 없어지고 cos항이나 sine항에서는 기수만 존재하고, 반주기만 적분하여 2배 하면 된다.

이밖의 파형의 변화에 따른 푸리에 급수의 변화를 살펴보면

① $f(t)$의 파형은 상하로 이동시키면 a_0만 변할 뿐, a_n, b_n은 불변이다.

② $f(t)$의 파형을 좌우로 이동시키면 a_0는 불변이나, a_n, b_n이 변한다.

이상의 결과를 요약하면 〈표 12-1〉과 같다.

〈표 12-1〉 대칭파의 성질

종 류	우 함 수	기 함 수	반 파 대 칭
조 건	$f(t)=f(-t)$	$f(t)=-f(-t)$	$f(t)=-f\left(t\pm\dfrac{T}{2}\right)$
특 징	직류성분과 cos항만 존재	sin항만 존재	기수 고조파만 존재
a_0	$\dfrac{2}{T}\int_0^{T/2}f(t)dt$	0	0
a_n	$\dfrac{4}{T}\int_0^{T/2}f(t)\cos n\omega_0 t\,dt$ $n=1,\ 2,\ 3,...$	0	$\dfrac{4}{T}\int_0^{T/2}f(t)\cos n\omega_0 t\,dt$ $n=1,\ 3,\ 5,\cdots$
b_n	0	$\dfrac{4}{T}\int_0^{T/2}f(t)\sin n\omega_0 t\,dt$ $n=1,\ 2,\ 3,\cdots$	$\dfrac{4}{T}\int_0^{T/2}f(t)\sin n\omega_0 t\,dt$ $n=1,\ 3,\ 5,\cdots$

예제 2 [그림 12-5]와 같은 톱니파 전압을 푸리에 급수로 전개하여라.

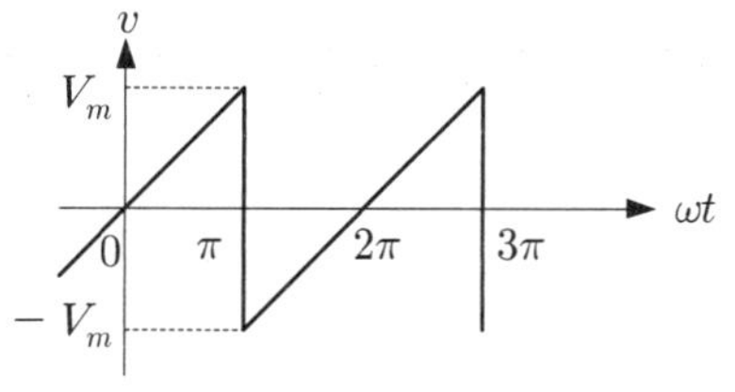

[그림 12-5]

[해] 파형은 기함수이므로

$$a_0 = 0, \ a_n = 0$$

이고, b_n은 반주기 적분에 의해서 구할 수 있으므로, 먼저 반주기 동안의 함수를 표시하면

$$v(\omega_0 t) = \frac{V_m}{\pi}\omega_0 t, \quad 0 < \omega_0 t < \pi$$

이므로

$$b_n = \frac{2}{\pi}\int_0^\pi \frac{V_m}{\pi}\omega_0 t \cdot \sin n\omega_0 t \, d(\omega_0 t) = \frac{2V_m}{\pi^2}\left[-\frac{\omega_0 t \cos n\omega_0 t}{n} + \frac{\sin n\omega_0 t}{n^2}\right]_0^\pi$$

$$= \frac{2V_m}{\pi}\left\{-\frac{(-1)^n}{n}\right\}$$

그러므로

$$b_1 = \frac{2V_m}{\pi}, \ b_2 = -\frac{2V_m}{2\pi}, \ b_3 = \frac{2V_m}{3\pi}, \ \cdots\cdots$$

따라서, 구하는 파형의 푸리에 급수는

$$v(\omega_0 t) = \frac{2V_m}{\pi}\left\{\sin\omega_0 t - \frac{1}{2}\sin 2\omega_0 t + \frac{1}{3}\sin 3\omega_0 t - \cdots\cdots + \frac{(-1)^{n+1}}{n}\sin n\omega_0 t\right\}$$

12-4 비정현파의 실효값

주기적으로 변하는 전류의 실효값은 정현파이건 비정현파이건 그 파형에 관계없이 다음과 같이 정의한다.

$$I_{rms} = \sqrt{\frac{1}{T}\int_0^T i^2 dt}$$

지금, $i = I_0 + \sum_{n=1}^{\infty} I_{mn}\sin(n\omega_0 t + \theta_n)$로 표시되는 비정현파가 있을 때 i^2은

① I_0^2의 항

② I_0와 각 정현파의 곱의 항

③ 각 정현파의 제곱의 항

④ 주파수가 다른 두 정현파의 곱의 항

위의 각 항의 평균값을 구해 보면

① $\frac{1}{T}\int_0^I I_0^2\, dt = I_0^2$

② $\frac{1}{T}\int_0^T I_0\, I_{mn}\sin(n\omega_0 t + \theta_n)\, dt = 0$

③ $\frac{1}{T}\int_0^T I_{mn}^2\, \sin^2(n\omega_0 t + \theta_n)\, dt = \frac{I_{mn}^2}{2} = I_n^2$

④ $\frac{1}{T}\int_0^T I_{mn}\, I_{mk}\sin(n\omega_0 t + \theta_n)\sin(k\omega_0 t + \theta_k)\, dt = 0 \quad (n \neq k)$

여기서 ③항은 $\sin^2 x = \frac{1}{2}(1 - \cos 2x)$, ④항은 $\sin x \sin y = \frac{1}{2}\{\cos(x-y) - \cos(x+y)\}$의 관계식을 이용하였다.

따라서, 실효값은 다음 결과를 얻을 수 있다.

$$I_s = I = \sqrt{I_0^2 + I_1^2 + I_2^2 + \cdots\cdots}$$

여기서, I_1, I_2, ⋯ 등은 각 고조파의 실효값이다.

즉, 비정현주기전류의 실효값은 직류성분 및 각 고조파의 실효값의 제곱의 합의 제곱근과 같다.

마찬가지로 **비정현파 전압**의 실효값은

$$V_s = V = \sqrt{V_0^2 + V_1^2 + V_2^2 + \cdots\cdots}$$

여기서, V_0, V_1, V_2, ⋯ 등은 전압파의 직류성분 및 각 고조파의 실효값이다.

예제 3 비정현파 전류 $i = 5 + 10\sin\omega_0 t + 20\sqrt{2}\sin\left(3\omega_0 t - \frac{\pi}{6}\right)$[A]일 때 이 전류의 실효값을 구하여라.

[해] 실효값 I는 $I = \sqrt{I_0^2 + I_1^2 + I_2^2 + \cdots\cdots}$ 에서

$$I = \sqrt{5^2 + \left(\frac{10}{\sqrt{2}}\right)^2 + 0^2 + 20^2} = \sqrt{475} \fallingdotseq \mathbf{21.8}[\mathrm{A}]$$

12-5 비정현파에 의한 전력

회로의 2단자 사이의 전압과 전류가 각각

$$v(t) = V_0 + V_{m1}\sin(\omega_0 t + \alpha_1) + V_{m2}\sin(2\omega_0 t + \alpha_2) + \cdots\cdots$$
$$i(t) = I_0 + I_{m1}\sin(\omega_0 t + \beta_1) + I_{m2}\sin(2\omega_0 t + \beta_2) + \cdots\cdots$$

와 같이 표시되는 비정현파일 때, 회로에 공급되는 순시전력은 $\mathrm{P} = vi$ 가 되고, 평균전력은

$$\mathrm{P} = \frac{1}{T}\int_0^T vi\,dt$$
$$= \frac{1}{T}\int_0^T \{V_0 + V_{m1}\sin(\omega_0 t + \alpha_1) + V_{m2}\sin(2\omega_0 t + \alpha_2) + \cdots\cdots\} \cdot \{I_0 + I_{m1}\sin(\omega_0 t + \beta_1) + I_{m2}\sin(2\omega_0 t + \beta_2) + \cdots\cdots\}\,dt$$

이다. 이것을 전개하면 다음 4가지 항으로 분류할 수 있음을 알 수 있다.

① $V_0 I_0$
② 직류성분과 정현파의 곱의 항
③ 주파수가 같은 두 정현파의 곱의 항
④ 주파수가 다른 두 정현파의 곱의 항

이들 각 항의 1주기 동안의 평균값을 구해 보면 ①의 평균값은 $V_0 I_0$, ②와 ④의 평균값은 앞절에서와 마찬가지로 0이다. 나머지 ③의 평균값은

$$\frac{1}{T}\int_0^T V_{mn} I_{mn}\sin(n\omega_0 t + \alpha_n)\sin(n\omega_0 t + \beta_n)\,dt$$
$$= \frac{V_{mn} I_{mn}}{T}\int_0^T \sin(n\omega_0 t + \alpha_n)\sin(n\omega_0 t + \alpha_n - \theta_n)\,dt$$
$$(n = 1, 2, 3, \cdots)$$

단, $\theta_n = \alpha_n - \beta_n$ (제n 고조파의 전압과 전류의 위상차)

여기서 삼각함수 공식

$$\sin x \sin y = \frac{1}{2}\{\cos(x-y) - \cos(x+y)\}$$

를 이용하여 ③의 평균값을 계산하면 그 결과는

$$\frac{1}{2} V_{mn} I_{mn} \cos\theta_n = V_n I_n \cos\theta_n$$

과 같게 된다. 결국 평균전력은 ①항과 ③항의 결과로부터

$$\begin{aligned} \mathrm{P} &= V_0 I_0 + V_1 I_1 \cos\theta_1 + V_2 I_2 \cos\theta_2 + \cdots\cdots \\ &= \mathrm{P}_0 + \mathrm{P}_1 + \mathrm{P}_2 + \cdots\cdots \end{aligned}$$

가 된다. 여기서 P_0, P_1, P_2, …는 평균전력의 직류성분과 고조파성분이다.

이상으로 비정현파에 의하여 회로에 공급되는 평균전력은 각 고조파의 개별적인 평균전력의 합과 같음을 알 수 있다.

예제 4 다음과 같은 비정현파의 전압과 전류에 의한 평균전력을 구하여라.

$v = 100\sin(\omega_0 t + 30°) - 50\sin(3\omega_0 t + 60°) + 25\sin(5\omega_0 t - 30°)$

$i = 20\sin(\omega_0 t - 30°) + 15\sin(3\omega_0 t + 30°) + 10\sin(5\omega_0 t - 60°)$

[해] $\mathrm{P} = V_0 I_0 + V_1 I_1 \cos\theta_1 + V_2 I_2 \cos\theta_2 + \cdots\cdots$ 이므로

$$\begin{aligned} \mathrm{P} &= \frac{100}{\sqrt{2}} \cdot \frac{20}{\sqrt{2}} \cos 60° + \frac{-50}{\sqrt{2}} \cdot \frac{15}{\sqrt{2}} \cos 30° + \frac{25}{\sqrt{2}} \cdot \frac{10}{\sqrt{2}} \cos 30° \\ &= 500 - 324.75 + 108.25 = \mathbf{283.5}[\mathrm{W}] \end{aligned}$$

12-6 복소 푸리에 지수급수

일반적으로 주기함수의 **푸리에 급수**는 사인 및 코사인 항으로 주어진다. 이와 같은 사인 및 코사인 항은 지수형태로 표현할 수 있으므로 이 성질을 이용하면 경우에 따라 간편하게 푸리에 계수를 구할 수 있다.

사인 및 코사인은 **오일러**(Euler)**의 공식**에 의하여 다음과 같이 지수항으로 표현할 수 있다.

$$\sin n\omega_0 t = \frac{1}{2j}\left(e^{jn\omega_0 t} - e^{-jn\omega_0 t}\right)$$

$$\cos n\omega_0 t = \frac{1}{2}\left(e^{jn\omega_0 t} + e^{-jn\omega_0 t}\right)$$

이 관계식을 **푸리에 삼각함수급수**에 이용하면

$$\begin{aligned} f(t) &= a_0 + \sum_{n=1}^{\infty}\left[a_n \cos n\omega_0 t + b_n \sin n\omega_0 t\right] \\ &= a_0 + \sum_{n=1}^{\infty}\left[a_n \frac{e^{jn\omega_0 t} + e^{-jn\omega_0 t}}{2} + b_n \frac{e^{jn\omega_0 t} - e^{-jn\omega_0 t}}{2j}\right] \\ &= a_0 + \sum_{n=1}^{\infty}\left[\left(\frac{a_n}{2} + \frac{b_n}{2j}\right)e^{jn\omega_0 t} + \left(\frac{a_n}{2} - \frac{b_n}{2j}\right)e^{-jn\omega_0 t}\right] \\ &= c_0 + \sum_{n=1}^{\infty}\left[c_n e^{jn\omega_0 t} + c_{-n} e^{-jn\omega_0 t}\right] \end{aligned}$$

여기서 c_{-n} 은 c_n 의 공액복소수일 때, 각 계수의 관계는 다음과 같다.

$$c_0 = a_0 = \frac{1}{T}\int_{-T/2}^{T/2} f(t)\,dt$$

$$\begin{aligned} c_n &= \frac{1}{2}(a_n - jb_n) \\ &= \frac{1}{T}\left[\int_{-T/2}^{T/2} f(t)\cos n\omega_0 t\,dt - j\int_{-T/2}^{T/2} f(t)\sin n\omega_0 t\,dt\right] \\ &= \frac{1}{T}\int_{-T/2}^{T/2} f(t)\,e^{-jn\omega_0 t}\,dt \end{aligned}$$

$$c_{-n} = \frac{1}{2}(a_n + jb_n) = \frac{1}{T}\int_{-T/2}^{T/2} f(t)\,e^{jn\omega_0 t}\,dt$$

위 c_0, c_n, c_{-n} 의 계수식을 동시에 쓰면 다음과 같이 나타낼 수 있다.

$$c_n = \frac{1}{T}\int_{-T/2}^{T/2} f(t)\,e^{-jn\omega_0 t}$$

$$n = 0, \pm 1, \pm 2, \pm 3, \cdots$$

이상을 정리하면 주기함수 $f(t)$에 대하여 다음과 같은 복소수 형태의 푸리에 급수를 얻는다.

■ 복소 푸리에 지수급수 ■

$$f(t) = \sum_{n=-\infty}^{\infty} c_n e^{jn\omega_0 t}$$

$$c_n = \frac{1}{T}\int_{-T/2}^{T/2} f(t)e^{-jn\omega_0 t}\,dt$$

$$n = 0, \pm 1, \pm 2, \pm 3, \cdots$$

예제 5 [그림 12-6]과 톱니파를 복소수형 푸리에 급수로 전개하여라.

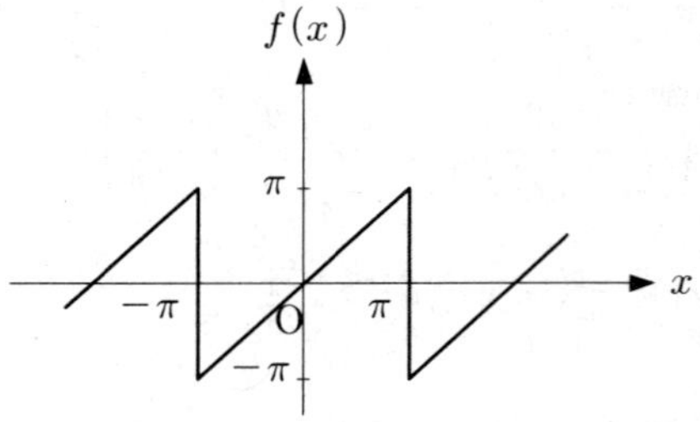

[그림 12-6]

[해] 먼저 1주기 동안의 함수 표시식은

$$f(x) = x \quad (-\pi < x < \pi)$$

따라서 복소 푸리에 계수는

$$c_n = \frac{1}{2\pi}\int_{-\pi}^{\pi} xe^{-jnx}\,dx$$

이 식을 부분적분법에 의하여 풀면,

$$\begin{aligned} c_n &= \frac{1}{2\pi}\left[-\frac{x}{jn}e^{-jnx}\right]_{-\pi}^{\pi} + \frac{1}{jn}\int_{-\pi}^{\pi} e^{-jnx}\,dx \\ &= \frac{1}{2\pi}\left[-\frac{\pi}{jn}(e^{-jnx}+e^{jnx}) + \frac{1}{n^2}(e^{-jnx}-e^{jnx})\right] \\ &= \frac{1}{2\pi}\left[-\frac{\pi}{jn}2\cos n\pi - \frac{2j}{n^2}\sin n\pi\right] \\ &= \frac{1}{jn}(-1)^{n+1} \end{aligned}$$

따라서 $f(x)$에 대한 복소 푸리에 급수는 다음과 같다.

$$f(x)=\sum_{n=-\infty}^{\infty}\frac{1}{jn}(-1)^{n+1}e^{jnx}$$
$$=\frac{1}{j}\left(e^{jx}-e^{-jx}\right)-\frac{1}{2j}\left(e^{j2x}-e^{-j2x}\right)+\cdots\cdots$$
$$=2\left[\sin x-\frac{1}{2}\sin 2x+\frac{1}{3}\sin 3x-\cdots\cdots\right]$$

12-7 푸리에 변환의 정의

푸리에 변환(Fourier transform)은 비주기성 파형에 대하여 진폭과 위상에 대한 해석적 수단을 제공해 준다. 함수 $f(t)$에 대한 푸리에 변환의 일반적인 정의를 하기 전에 푸리에 급수 전개과정으로 푸리에 변환을 유도해 보기로 한다.

함수 $f(t)$에 대한 복소 푸리에 급수는

$$f(t)=\sum_{n=-\infty}^{\infty}c_n e^{jn\omega_0 t}\quad\left(\omega_0=\frac{2\pi}{T}\right)\cdots\cdots(12.4)$$

$$c_n=\frac{1}{T}\int_{-T/2}^{T/2}f(t)e^{-jn\omega_0 t}\,dt\cdots\cdots(12.5)$$

식 (12.4)를 식 (12.5)에 대입하고 $T\to\infty$로 취하면

$$f(t)=\lim_{T\to\infty}\sum_{n=-\infty}^{\infty}\left[\frac{1}{T}\int_{-T/2}^{T/2}f(t)e^{-jn\omega_0 t}\,dt\right]e^{jn\omega_0 t}$$
$$=\int_{-\infty}^{\infty}df\int_{-\infty}^{\infty}f(t)e^{-j\omega t}\,dt\,e^{j\omega t}$$
$$=\int_{-\infty}^{\infty}\left[\int_{-\infty}^{\infty}f(t)e^{-j\omega t}\,dt\right]e^{j\omega t}\,dt$$
$$=\int_{-\infty}^{\infty}F(\omega)e^{j\omega t}\,df$$

$\omega=2\pi f$ 이므로 이 식은

$$f(t)=\frac{1}{2\pi}\int_{-\infty}^{\infty}F(\omega)e^{j\omega t}\,d\omega\cdots\cdots(12.6)$$

여기서

$$F(\omega) = \int_{-\infty}^{\infty} f(t) e^{-j\omega t} dt \quad \cdots\cdots (12.7)$$

이때, 식 (12.7)은 다음 조건이 만족하는 경우에만 성립한다.

$$\int_{-\infty}^{\infty} |f(t)| dt < \infty$$

이 경우, 식 (12.7)을 함수 $f(t)$의 **푸리에 변환**(Fourier transform)이라 하고, 식 (12.6)을 함수 $F(\omega)$의 **역푸리에 변환**(inverse Fourier transform)이라 한다.

따라서, 푸리에 변환은 시간함수 $f(t)$를 주파수 함수 $F(\omega)$로 변환하는 과정이며, 역푸리에 변환은 주파수 함수 $F(\omega)$를 시간함수 $f(t)$로 변환하는 과정이다. 다음은 이 과정을 나타내었다.

$$\underset{f(t)}{\text{시간함수}} \; \underset{\text{역푸리에 변환}(\mathscr{F}^{-1})}{\overset{\text{푸리에 변환}(\mathscr{F})}{\rightleftarrows}} \; \underset{F(\omega)}{\text{주파수함수}}$$

이러한 변환, 역변환 과정은 쌍대성이 있으므로 다음과 같이 표현한다.

■ 푸리에 변환, 역푸리에 변환 ■

$$F(\omega) = \mathscr{F}[f(t)] = \int_{-\infty}^{\infty} f(t) e^{-j\omega t} dt$$

$$f(t) = \mathscr{F}^{-1}[F(\omega)] = \frac{1}{2\pi}\int_{-\infty}^{\infty} F(\omega) e^{j\omega t} d\omega = \int_{-\infty}^{\infty} F(\omega) e^{j\omega t} df$$

일반적으로 $F(\omega)$는 복소함수로 진폭 및 위상 스펙트럼이 연속함수로 주어진다. **푸리에 변환쌍**은 **라플라스 변환쌍**과 유사한 성질을 가지고 있음을 알 수 있다.

12-8 기본적인 함수의 푸리에 변환

이 절에서는 기본적인 간단한 함수들의 푸리에 변환을 하여 보자.

(1) 단측지수함수

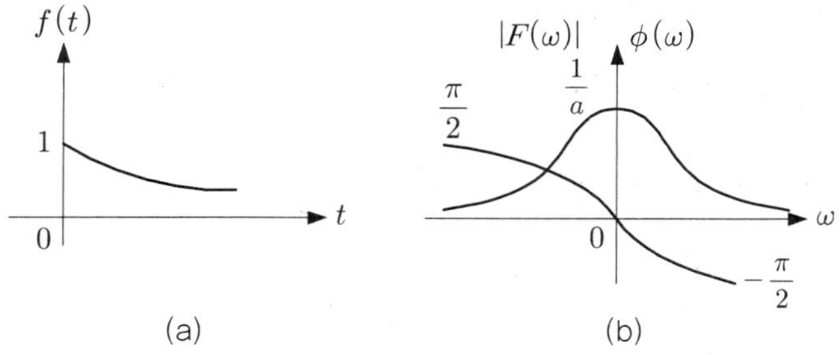

[그림 12-7]

[그림 12-7 (a)]와 같이 주어지는 **단측지수함수**(unilateral exponential function)의 푸리에 변환은 정의식에 의하여

$$\begin{aligned}\mathcal{F}[e^{-at}u(t)] &= \int_{-\infty}^{\infty} e^{-at}u(t)e^{-j\omega t}\,dt = \int_{0}^{\infty} e^{-(a+j\omega)t}\,dt \\ &= \left[-\frac{1}{a+j\omega}e^{-(a+j\omega)t}\right]_0^{\infty} \\ &= \frac{1}{a+j\omega}\end{aligned}$$

따라서,

■ 단측지수함수 ■

$$\mathcal{F}[e^{-at}u(t)] = \frac{1}{a+j\omega}$$

이 경우에 위 푸리에 변환은 복소함수이므로 진폭과 위상은

$$|F(\omega)| = \frac{1}{\sqrt{a^2+\omega^2}}$$

$$\phi(\omega) = -\tan^{-1}\frac{\omega}{a}$$

[그림 12-7 (b)]는 $F(\omega)$의 진폭과 위상 스펙트럼을 나타낸 것으로 연속함수임을 알 수 있다.

예제 6 다음과 같은 함수의 푸리에 변환을 구하고, $\omega = 4$[rad/sec]일 때 진폭과 위상을 구하여라.

$$f(t) = 10e^{-4t}u(t)$$

[해] 정의식에 의하여

$$F(\omega) = 10\int_{-\infty}^{\infty} e^{-4t}u(t)e^{-j\omega t}\,dt$$
$$= 10\int_{0}^{\infty} e^{-(4+j\omega)t}\,dt$$
$$= \frac{10}{4+j\omega}$$

이 식에서 $\omega = 4$일 때

$$F(\omega) = \frac{10}{4+j4} = \frac{10}{\sqrt{4^2+4^2}}\angle -\tan\frac{4}{4}$$
$$= \frac{5}{2\sqrt{2}}\angle -45°$$

(2) 단위충격함수

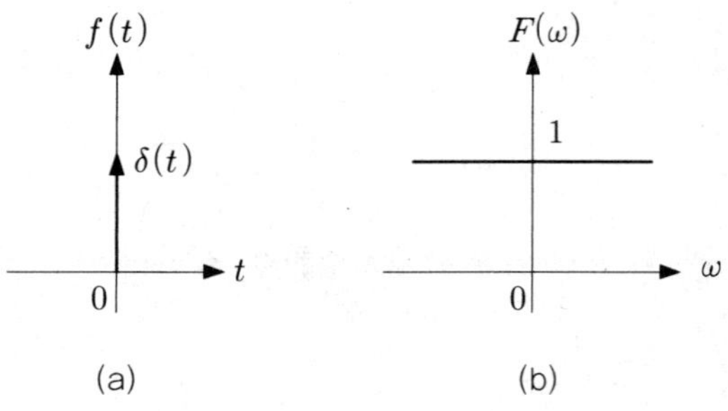

[그림 12-8]

[그림 12-8 (a)]와 같은 **단위충격함수**(unit impulse function)의 푸리에 변환은 정의식에 의하여

$$\mathcal{F}[\delta(t)] = \int_{-\infty}^{\infty} \delta(t)e^{-j\omega t}\,dt = \int_{0_-}^{0_+} \delta(t)\,dt$$
$$= e^{j0} = 1$$

와 같으며, [그림 12-8 (b)]는 푸리에 변환의 진폭 스펙트럼을 나타내었다.

■ 단위충격함수 ■

$$\mathcal{F}[\delta(t)] = 1$$

(3) 시그늄함수

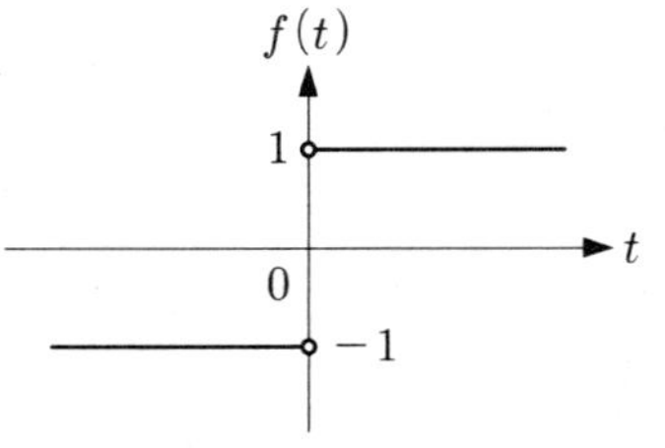

[그림 12-9]

[그림 12-9]와 같은 **시그늄함수**(signum function)는 다음과 같이 표현한다.

$$sgn(t) = \begin{cases} 1 & : \quad t > 0 \\ 0 & : \quad t = 0 \\ -1 & : \quad t < 0 \end{cases}$$

또는

$$sgn(t) = 2u(t) - 1$$

이 시그늄 함수의 푸리에 변환은 주어진 함수를 다음과 같이 변환하고 정의식에 의하여

$$\begin{aligned} \mathcal{F}[sgn(t)] &= \lim_{a \to 0} \left[\int_0^{\infty} e^{-at} e^{-j\omega t} dt - \int_{-\infty}^{0} e^{at} e^{-j\omega t} dt \right] \\ &= \lim_{a \to 0} \left[\frac{1}{a + j\omega} - \frac{1}{a - j\omega} \right] = \lim_{a \to 0} \frac{-j2\omega}{a^2 + \omega^2} = \frac{2}{j\omega} \end{aligned}$$

■ 시그늄 함수 ■

$$\mathcal{F}[sgn(t)] = \frac{2}{j\omega}$$

(4) 단위계단함수

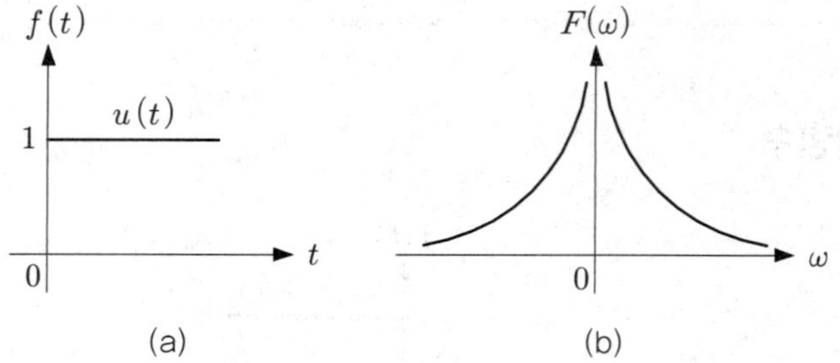

(a) (b)

[그림 12-10]

[그림 12-10 (a)]와 같은 **단위계단함수**는 다음과 같이 표현한다.

$$u(t) = \begin{cases} 0 : & t < 0 \\ 1 : & t > 0 \end{cases}$$

이 단위계단함수는 평균값과 시그늄함수를 이용하여 다음과 같이 쓸 수 있다.

$$u(t) = \frac{1}{2}[1 + sgn(t)]$$

이 식을 푸리에 변환하면

$$\begin{aligned} \mathscr{F}[u(t)] &= \frac{1}{2}\mathscr{F}[1] + \frac{1}{2}\mathscr{F}[sgn(t)] \\ &= \pi\delta(\omega) + \frac{1}{j\omega} \end{aligned}$$

■ 단위계단함수 ■

$$\mathscr{F}[u(t)] = \pi\delta(\omega) + \frac{1}{j\omega}$$

이상의 함수 이외의 **양측지수함수**, **게이트함수**, **상수** 및 **삼각함수**의 푸리에 변환은 유도과정을 생략하고 〈표 12-2〉에 나타내었다.

〈표 12-2〉 푸리에 변환쌍

번호	함수명	$f(t)$	$F(\omega)$
1	단측지수함수	$e^{-at}u(t)\ (a>0)$	$\frac{1}{a+j\omega}$
2	양측지수함수	$e^{-a\|t\|}\ (a>0)$	$\frac{2a}{a^2+\omega^2}$
3	게이트함수	$AG_a(t)$	$aAS_a(\omega a/2)$
4	임펄스함수	$\delta(t)$	1
5	상수	A	$2\pi A\delta(\omega)$
6	시그늄함수	$sgn(t)$	$\frac{2}{j\omega}$
7	단위계단함수	$u(t)$	$\pi\delta(\omega)+\frac{1}{j\omega}$
8	지수함수	$e^{j\omega_0 t}$	$2\pi\delta(\omega-\omega_0)$
9	정현함수	$\sin\omega_0 t$	$j\pi[\delta(\omega+\omega_0)-\delta(\omega-\omega_0)]$
10	여현함수	$\cos\omega_0 t$	$\pi A[\delta(\omega-\omega_0)+\delta(\omega+\omega_0)]$

■ 연습문제 21 ■

21-1 [그림 12-11]과 같은 파형을 푸리에 급수로 전개하여라.

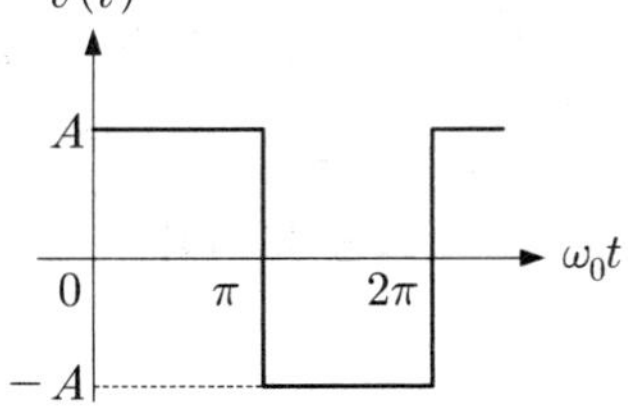

[그림 12-11]

21-2 [그림 12-12]와 같은 파형을 푸리에 급수로 전개하여라.

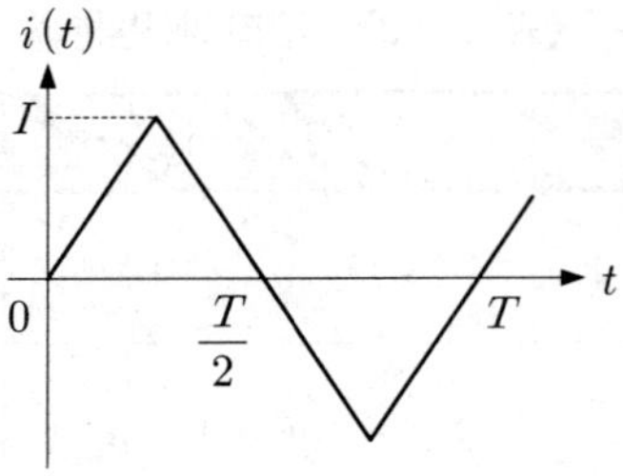

[그림 12-12]

21-3 [그림 12-13]과 같은 전파정류파를 푸리에 급수로 전개하여라.

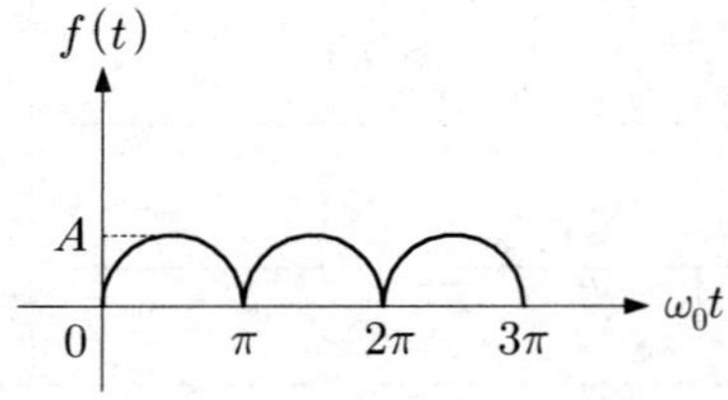

[그림 12-13]

21-4 [그림 12-14]와 같은 삼각파의 평균값과 실효값을 구하여라.

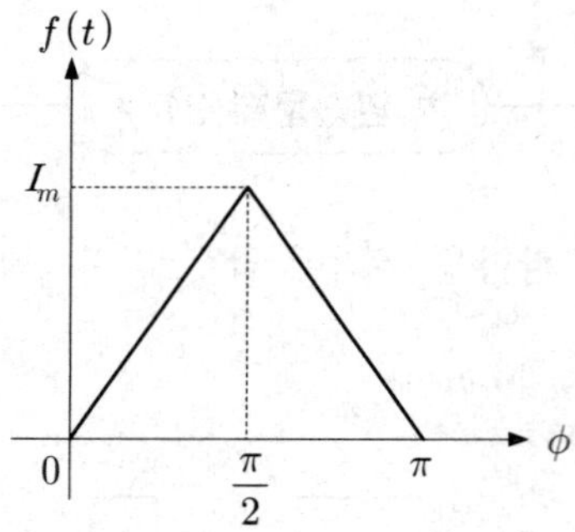

[그림 12-14]

21-5 다음과 같은 비정현파 전압, 전류의 실효값을 구하여라.

① $v = 5 + 10\sqrt{2}\sin\omega_0 t + 5\sqrt{2}\sin\left(3\omega_0 t + \frac{\pi}{3}\right)$

② $i = 200\sin\left(\omega_0 t + \frac{\pi}{3}\right) + 50\sin\left(3\omega_0 t - \frac{\pi}{4}\right) + 30\sin\left(5\omega_0 t + \frac{\pi}{6}\right)$

21-6 다음과 같은 비정현파 전압 및 전류에 의한 전력은 몇 [W]인가?

$i = 20\sin 20t + 30\sin 30t + 10\sin 50t$ [A]

$v = 30\sin 20t + 30\sin 40t + 10\sin 50t$ [V]

21-7 다음과 같은 비정현파 전압 및 전류에 의한 평균전력은 얼마인가?

$v = 100\sin\omega_0 t + 40\sin 2\omega_0 t + 30\sin(3\omega_0 t + 60°)$

$i = 10\sin(\omega_0 t - 60°) + 2\sin(3\omega_0 t + 135°)$

21-8 10[Ω]의 저항에 흐르는 전류가 $i = 5 + 14.14\sin t + 7.07\sin 2t$ 일 때 저항에서 소비되는 평균전력을 구하여라.

21-9 R-L 직렬회로에 $v = 10 + 1000\sqrt{2}\sin\omega_0 t + 50\sqrt{2}\sin(3\omega_0 t + 60°) + 60\sqrt{2}\sin(5\omega_0 t + 30°)$[V]인 전압을 가할 때 제3고조파의 전류의 실효값을 구하여라. (단, $R = 8$[Ω], $\omega L = 2$[Ω])

21-10 다음 함수의 푸리에 변환을 구하여라.

① $f(t) = 10e^{-3t}u(t)$　　② $f(t) = -5e^{-2|t|}$

③ $f(t) = 4u(t) - 3\delta(t)$　　④ $f(t) = 5$

⑤ $f(t) = 5\,\mathrm{sgn}(t)$　　⑥ $f(t) = Vu(t)$

⑦ $f(t) = 5\cos 10t$　　⑧ $f(t) = 4e^{-2t} - 5e^{-3t}$

⑨ $f(t) = 10\,G_{10}(t) = \begin{cases} 10 & (|t| < 5) \\ 0 & (|t| > 5) \end{cases}$

chapter 13

벡 터 해 석

아리스토텔레스(Aristoteles ; 384~322 B.C.)는 벡터의 개념을 일찍이 가지고 있었다. 그는 힘을 벡터로 표시할 수 있고, 두 힘의 합을 평행사변형의 법칙에 의하여 구할 수 있다고 보았다.

그 후, 가우스(Gauss ; 1777~1855)는 복소수를 기하학적으로 나타내고 복소수를 벡터로 표시하는 것을 알고 있었다.

한편, 그라스만(Grassmann ; 1809~1877)은 벡터를 n차원 공간의 기하학으로서 설명하였으며, 벡터의 내적과 외적을 정의하였다.

또, 기브스(Gibbs ; 1839~1903)는 두 벡터의 내적과 외적을 성분으로 표시하였다. 이러한 벡터 해석학은 19세기 물리학을 대표하는 전자기학에서 필수적인 수학적 도구가 되었다.

13-1 벡터의 개념

(1) 스칼라와 벡터

자연현상에 나타나는 양의 대부분은 어떤 단위를 사용해서 그것의 측정값을 나타낼 수 있다.

이를테면, 선분의 길이, 도형의 넓이, 무게, 온도 등은 5m, $10m^2$, 15kg, 20°C와 같이 수의 크기와 단위만으로 그 성격을 충분히 나타낼 수 있는 양이 있다. 이와 같은 양을 **스칼라양**(scalar quantity) 또는 단순히 **스칼라**(scalar)라고 한다. 이밖에도 시간, 전기량 등은 모두 스칼라이다.

이것에 대해, 힘, 속도, 가속도 등과 같은 양은 크기와 방향을 가지고 있으므로, 크기는 물론 방향이 주어져야 그 양을 나타낼 수 있다. 이와 같은 양을 **벡터량**(vector quantity), 단순히 **벡터**(vector)라고 한다.

벡터는 흔히 [그림 13-1]과 같이 크기는 선분의 길이를 나타내고, 방향은 선분의 방향을 표시하는 이른바 **유향선분**(directed components) AB로 나타내고 벡터 AB로 읽는다.

이때, 화살표가 시작하는 점 A를 **시점**(initial point), B를 **종점**(end point)이라 한다.

그리고 벡터를 문자로 표시할 때는

$$\overrightarrow{AB},\ \vec{a},\ \mathbf{A}$$

등으로 나타낸다. 이 책에서는 **A**와 같은 굵은 활자의 고딕체를 사용한다.

참고로, 페이저(phasor)에 대해서는 고딕체 활자를 사용할 수 있으나, 벡터와 구별하여 $\dot{A}$, $\dot{B}$와 같이 문자 위에 흑점을 붙이는 것이 보통이다.

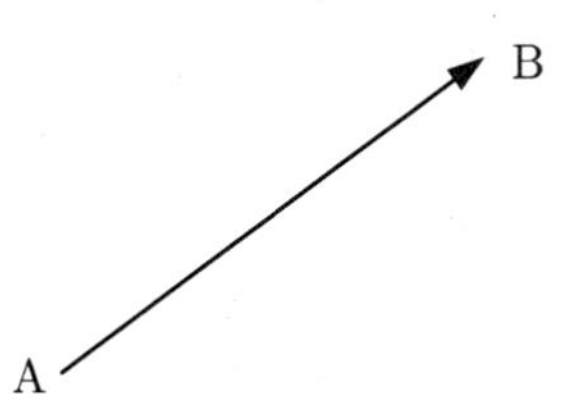

[그림 13-1]

(2) 벡터의 크기와 상등

벡터 $\mathbf{A}$ 의 길이를 그 **크기**(magnitude) 또는 **절대값**(absolute)이라 하고, 다음과 같이 표시한다.

$$|\mathbf{A}| = |\overrightarrow{\mathrm{AB}}| = A$$

한편, 벡터는 그 크기와 방향만으로 정하여지므로, 두 벡터 $\mathbf{A}$, $\mathbf{B}$ 의 크기와 방향이 같을 때, 두 벡터는 **같다** 또는 **상등**이라 하고, 기호로

$$\mathbf{A} = \mathbf{B}$$

와 같이 나타낸다. 여기서, 벡터가 같다는 것은 공간에서의 이들 위치와는 관계가 없다.

(3) 영벡터와 역벡터

크기가 0인 벡터는 한 점으로 나타내어지며, 이러한 벡터를 **영벡터**(zero vector)라 하고, 기호

$$\vec{0}$$

로 나타낸다.

또, 벡터 $\mathbf{A}$ 와 크기는 같고 방향이 반대인 벡터를 **역벡터**(inverse vector)라 하고

$$-\mathbf{A}$$

로 나타낸다.

예제 1 [그림 13-2]와 같은 직육면체에서 $\overline{\mathrm{AB}} = 3$, $\overline{\mathrm{AD}} = 1$, $\overline{\mathrm{AE}} = 2$라고 할 때, 다음 벡터의 크기를 구하여라.

① $\overrightarrow{\mathrm{EF}}$ ② $\overrightarrow{\mathrm{AC}}$ ③ $\overrightarrow{\mathrm{BH}}$

[해] ① $\overline{\mathrm{EF}} = 3$이므로 $|\overrightarrow{\mathrm{EF}}| = \mathbf{3}$

② $\overline{\mathrm{AC}} = \sqrt{1^2 + 3^2} = \sqrt{10}$ 이므로 $|\overrightarrow{\mathrm{AC}}| = \sqrt{\mathbf{10}}$

③ $\overline{\mathrm{BH}} = \sqrt{1^2 + 3^2 + 2^2} = \sqrt{10}$ 이므로 $|\overrightarrow{\mathrm{BH}}| = \sqrt{\mathbf{14}}$

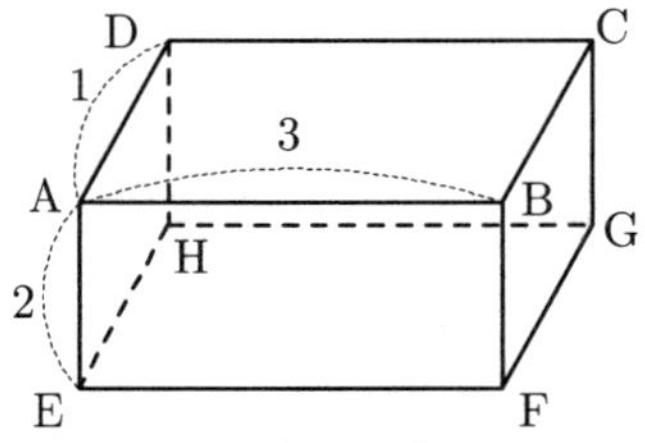

[그림 13-2]

13-2 벡터의 성분

(1) 단위벡터

어떤 벡터가 있을 때 그 방향과 동일한 방향을 갖고 크기가 1인 벡터를 그 벡터의 **단위벡터**(unit vector)라 한다. 따라서, 크기가 A인 벡터 $\mathbf{A}$의 단위벡터를 $\boldsymbol{a}$라 하면

$$\mathbf{A} = A\boldsymbol{a}, \quad \boldsymbol{a} = \frac{\mathbf{A}}{A}$$

이때, A를 벡터 $\mathbf{A}$의 $\boldsymbol{a}$방향의 **성분**(component)이라 부른다.

(2) 벡터의 성분

3축상에서 같은 척도를 택하면 축에서 (1, 0, 0), (0, 1, 0), (0, 0, 1)인 3단위점은 3축이 교차하는 점인 원점에서 같은 거리를 가진다.

이와 같은 직교좌표의 각 축을 x, y, z로 표시하면 x, y, z축의 양의 방향을 갖는 각각의 단위벡터를 $\boldsymbol{i}, \boldsymbol{j}, \boldsymbol{k}$ 혹은 $\boldsymbol{a}_x, \boldsymbol{a}_y, \boldsymbol{a}_z$로 표시한다. 이들을 특히 **기본벡터**(foundamental vector)라 한다.

[그림 13-3]에서 임의의 벡터 $\mathbf{A}$는 x성분 A_x, y성분 A_y, z성분 A_z를 갖고 있으므로 이들로 구성되는 3개의 벡터 $A_x\boldsymbol{i}$, $A_y\boldsymbol{j}$, $A_z\boldsymbol{k}$의 합으로 나타낼 수 있고

$$\mathbf{A} = A_x\boldsymbol{i} + A_y\boldsymbol{j} + A_z\boldsymbol{k}$$

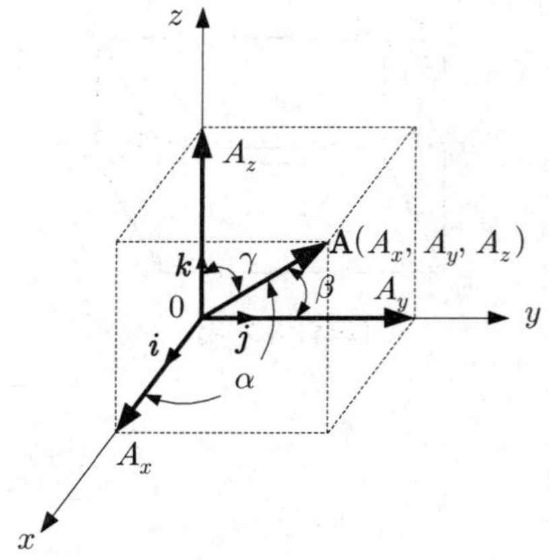

[그림 13-3]

그 크기는 **피타고라스**(Pythagoras)의 정리에서

$$A = |\mathbf{A}| = \sqrt{A_x^2 + A_y^2 + A_z^2}$$

가 된다.

한편, 그림에서와 같이 벡터 $\mathbf{A}$ 가 x, y, z 축과 이루는 각을 각각 α, β, γ 라 하면

$$A_x = A\cos\alpha,\ A_y = A\cos\beta,\ A_z = A\cos\gamma$$

가 된다. 여기서 $\cos\alpha$, $\cos\beta$, $\cos\gamma$ 를 벡터 $\mathbf{A}$ 의 **방향 코사인**(directional cosine) 또는 **방향여현**이라 부르며, 방향 코사인과 그 관계식은 다음과 같다.

■ 방향 코사인 ■

$$\cos\alpha = \frac{A_x}{A} = \frac{A_x}{\sqrt{A_x^2 + A_y^2 + A_z^2}}$$

$$\cos\beta = \frac{A_y}{A} = \frac{A_y}{\sqrt{A_x^2 + A_y^2 + A_z^2}}$$

$$\cos\gamma = \frac{A_z}{A} = \frac{A_z}{\sqrt{A_x^2 + A_y^2 + A_z^2}}$$

$$\cos^2\alpha + \cos^2\beta + \cos^2\gamma = 1$$

예제 2 $\text{E} = 3\boldsymbol{i} + 4\boldsymbol{j} + 5\boldsymbol{k}\,[\text{V/m}]$ 로 주어지는 전기장의 세기를 구하여라.

[해] $|\text{E}| = \sqrt{3^2+4^2+5^2} = \sqrt{50} \fallingdotseq \mathbf{7.07}[\text{V/m}]$

예제 3 벡터 $\mathbf{A} = \boldsymbol{i} + 2\boldsymbol{j} + 3\boldsymbol{k}$ 일 때 $\mathbf{A}$ 의 다음을 구하여라.

① 크기　　② 방향 코사인　　③ 단위 벡터

[해] ① $|\mathbf{A}| = A = \sqrt{1^2+2^2+3^2} = \sqrt{\mathbf{14}}$

② x, y, z 축과 $\mathbf{A}$ 가 이루는 각을 각각 α, β, γ 라 하면

$$\cos\alpha = \frac{A_x}{A} = \frac{\mathbf{1}}{\sqrt{\mathbf{14}}}$$

$$\cos\beta = \frac{A_y}{A} = \frac{\mathbf{2}}{\sqrt{\mathbf{14}}}$$

$$\cos\gamma = \frac{A_z}{A} = \frac{\mathbf{3}}{\sqrt{\mathbf{14}}}$$

③ $\mathbf{A}$ 의 단위 벡터를 $\boldsymbol{a}$ 라 하면 크기는 1 이어야 하므로

$$\boldsymbol{a} = \frac{\mathbf{A}}{A} = \frac{1}{\sqrt{14}}\boldsymbol{i} + \frac{2}{\sqrt{14}}\boldsymbol{j} + \frac{3}{\sqrt{14}}\boldsymbol{k}$$

13-3 벡터의 덧셈과 뺄셈

일반적으로 좌표상에서 벡터 $\mathbf{A}$ 와 $\mathbf{B}$ 의 합은 [그림 13-4]와 같이 평행사변형법 또는 삼각형법에 의해 구해진다.

또, 벡터의 차는 뺄 때 벡터의 방향을 반대로 하여 더하면 된다.

$$\mathbf{A} - \mathbf{B} = \mathbf{A} + (-\mathbf{B})$$

다음에 벡터 $\mathbf{A}$ 와 $\mathbf{B}$ 가 직교좌표이며

$$\mathbf{A} = A_x\boldsymbol{i} + A_y\boldsymbol{j} + A_z\boldsymbol{k}$$

$$\mathbf{B} = B_x\boldsymbol{i} + B_y\boldsymbol{j} + B_z\boldsymbol{k}$$

일 때 이 두 벡터의 합과 차는

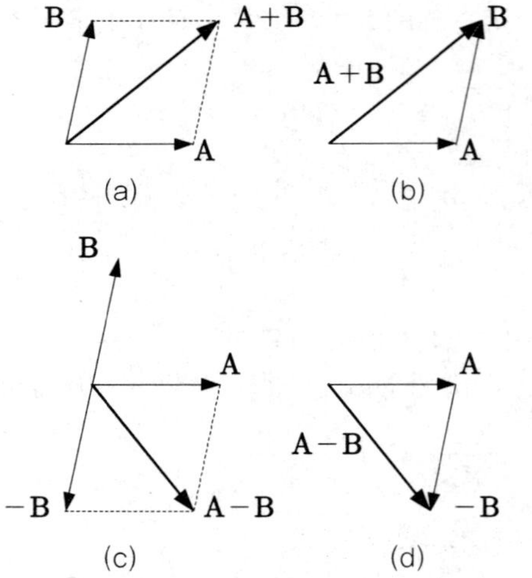

[그림 13-4]

$$\mathbf{A} \pm \mathbf{B} = (A_x \pm B_x)\boldsymbol{i} + (A_y \pm B_y)\boldsymbol{j} + (A_z \pm B_z)\boldsymbol{k}$$

가 된다.

벡터의 덧셈에 대하여 다음 법칙이 성립한다.

■ 벡터의 덧셈에 대한 성질 ■

① $\mathbf{A}+\mathbf{B}=\mathbf{B}+\mathbf{A}$ (교환법칙)
② $\mathbf{A}+(\mathbf{B}+\mathbf{C})=(\mathbf{A}+\mathbf{B})+\mathbf{C}$ (결합법칙)
③ $m(\mathbf{A}+\mathbf{B})=m\mathbf{A}+m\mathbf{B}$ (분배법칙)

예제 4 직교좌표의 원점으로부터 출발하는 두 벡터 $\mathbf{A}$, $\mathbf{B}$가 점 (1, 2, 3) 및 (6, 3, 5)에서 끝난다. 이 두 벡터의 합과 차를 구하여라.

[해] 벡터 $\mathbf{A}$, $\mathbf{B}$는

$$\mathbf{A}=\boldsymbol{i}+2\boldsymbol{j}+3\boldsymbol{k},\ \mathbf{B}=6\boldsymbol{i}+3\boldsymbol{j}+5\boldsymbol{k}$$

이므로

$$\mathbf{A}+\mathbf{B}=(1+6)\boldsymbol{i}+(2+3)\boldsymbol{j}+(3+5)\boldsymbol{k}=7\boldsymbol{i}+5\boldsymbol{j}+8\boldsymbol{k}$$
$$\mathbf{A}-\mathbf{B}=(1-6)\boldsymbol{i}+(2-3)\boldsymbol{j}+(3-5)\boldsymbol{k}=-5\boldsymbol{i}-\boldsymbol{j}-2\boldsymbol{k}$$

예제 5 A = (2, 3, 1), B = (−1, 1, 2)일 때 다음을 구하여라.

① 3A ② $-\frac{1}{2}$B ③ 3A$-\frac{1}{2}$B

[해] ① 3A = 3(2, 3, 1) = **(6, 9, 3)**

② $-\frac{1}{2}\mathrm{B}=-\frac{1}{2}(-1, 1, 2)=\left(\mathbf{\frac{1}{2}}, -\mathbf{\frac{1}{2}}, -\mathbf{1}\right)$

③ $3\mathrm{A}-\frac{1}{2}\mathrm{B}=\left(6+\frac{1}{2}, 9-\frac{1}{2}, 3-1\right)=\left(\mathbf{\frac{13}{2}}, -\mathbf{\frac{17}{2}}, \mathbf{2}\right)$

13-4 법선벡터와 면벡터

(1) 법선벡터

[그림 13-5]에 나타난 바와 같이 폐곡선 C로 둘러싸인 평면을 S라고 할 때, 이 S에 수직인 벡터 n을 **법선벡터**(normal vector)라 한다.

이 S의 법선벡터 방향에는 2개가 있는데 다음과 같이 정리된다.

이제, S의 주변 C에 따라 회전방향을 오른나사의 회전하는 방향으로 하고 나사의 진행방향을 법선벡터의 방향으로 하여 그 방향을 양(+)의 방향이라 하고, 그 반대방향을 음(−)의 방향이라 한다.

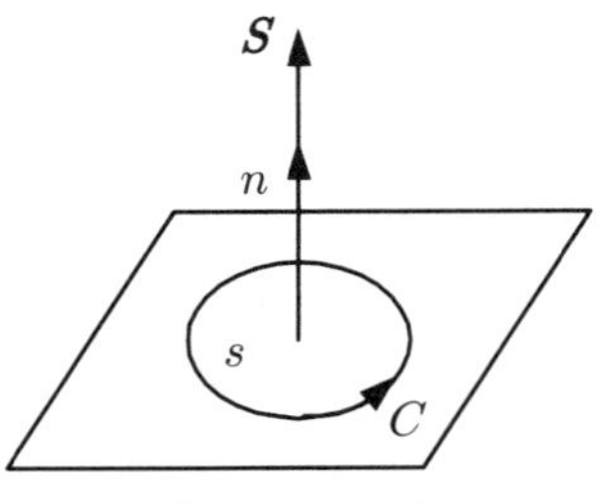

[그림 13-5]

(2) 면벡터

면적은 그 크기만을 문제로 할 때는 스칼라양이지만 특정한 규약을 설정하여 벡터량으로서 취급할 수 있다.

앞에서 설명한 바와 같이 폐곡선 C로 둘러싸인 평면 S가 있고, S의 법선벡터의 방향을 정하면, 그 법선벡터와 똑같이 향하는 것 중 S의 면적을 크기로 하는 벡터를 **면벡터**(surface vector)라 한다.

다시 말하면, 폐곡선 S의 면적과 같은 크기의 선분을 S평면의 법선벡터 방향으로 그어서 이를 폐곡선 S의 면벡터라 한다. 즉,

$$\boldsymbol{S} = \boldsymbol{n} S$$

13-5 두 벡터의 곱셈

두 벡터의 곱(적)으로 결정되는 물리량 가운데는 스칼라양인 것과 벡터량인 것이 있다.

여기서, 곱이 스칼라양이 되는 것을 **스칼라곱(적)** 또는 **내적(곱)**이라 하고, 곱의 결과가 벡터량이 되는 것을 **벡터곱(적)** 또는 **외적(곱)**이라 부른다.

(1) 스칼라곱

두 벡터 **A** 와 **B** 의 **스칼라곱**(scalar product) 또는 **내적**(dot or inner product)은 [그림 13-6]에서 **A**, **B** 의 크기와 사이각 θ 의 코사인을 곱한 것으로 정의하고 **A** · **B** 혹은 (**AB**)로 나타낸다.

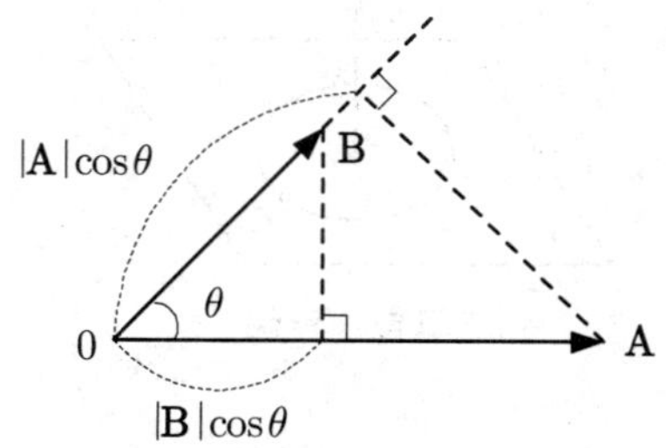

[그림 13-6]

■ 벡터의 스칼라곱 ■

두 벡터 **A**, **B** 의 사이각이 θ 일 때

$$\mathbf{A}\cdot\mathbf{B}=(\mathbf{AB})=|\mathbf{A}||\mathbf{B}|\cos\theta=AB\cos\theta$$

두 벡터 **A**,**B** 가 서로 수직인 경우

$$\cos\theta=\cos 90^\circ=0$$
$$\therefore \mathbf{A}\cdot\mathbf{B}=0$$

가 되고, 같은 방향으로 평행인 경우

$$\cos\theta=\cos 0=1$$
$$\therefore \mathbf{A}\cdot\mathbf{B}=AB$$

따라서, 직교좌표계의 기본벡터간 스칼라곱을 이용하면

$$\boldsymbol{i}\cdot\boldsymbol{i}=\boldsymbol{j}\cdot\boldsymbol{j}=\boldsymbol{k}\cdot\boldsymbol{k}=1$$
$$\boldsymbol{i}\cdot\boldsymbol{j}=\boldsymbol{j}\cdot\boldsymbol{k}=\boldsymbol{k}\cdot\boldsymbol{i}=0$$

가 되므로 두 벡터 **A**,**B** 가

$$\mathbf{A}=A_x\boldsymbol{i}+A_y\boldsymbol{j}+A_z\boldsymbol{k}$$
$$\mathbf{B}=B_x\boldsymbol{i}+B_y\boldsymbol{j}+B_z\boldsymbol{k}$$

로 표시될 때, 스칼라곱은

$$\begin{aligned}\mathbf{A}\cdot\mathbf{B}&=(A_x\boldsymbol{i}+A_y\boldsymbol{j}+A_z\boldsymbol{k})\cdot(B_x\boldsymbol{i}+B_y\boldsymbol{j}+B_z\boldsymbol{k})\\&=A_xB_x\boldsymbol{i}\cdot\boldsymbol{i}+A_xB_y\boldsymbol{i}\cdot\boldsymbol{j}+A_xB_z\boldsymbol{i}\cdot\boldsymbol{k}\\&\quad+A_yB_x\boldsymbol{j}\cdot\boldsymbol{i}+A_yB_y\boldsymbol{j}\cdot\boldsymbol{j}+A_yB_z\boldsymbol{j}\cdot\boldsymbol{k}\\&\quad+A_zB_x\boldsymbol{k}\cdot\boldsymbol{i}+A_zB_y\boldsymbol{k}\cdot\boldsymbol{j}+A_zB_z\boldsymbol{k}\cdot\boldsymbol{k}\\&=A_xB_x+A_yB_y+A_zB_z\end{aligned}$$

가 되므로, 스칼라곱과 성분은 다음과 같다.

■ 스칼라곱과 성분 ■

① 평면좌표

$\mathbf{A}=(A_x, A_y)$, $\mathbf{B}=(B_x, B_y)$일 때

$$\mathbf{A}\cdot\mathbf{B}=A_x B_y + A_y B_y$$

② 공간좌표

$\mathbf{A}=(A_x, A_y, A_z)$, $\mathbf{B}=(B_x, B_y, B_z)$일 때

$$\mathbf{A}\cdot\mathbf{B}=A_x B_x + A_y B_y + A_z B_z$$

또한, 스칼라곱은 다음과 같은 연산법칙이 성립한다.

■ 스칼라곱의 연산법칙 ■

①$\mathbf{A}\cdot\mathbf{B}=\mathbf{B}\cdot\mathbf{A}$ (교환법칙)

② $(m\mathbf{A})\cdot\mathbf{B}=\mathbf{A}\cdot(m\mathbf{B})=m(\mathbf{A}\cdot\mathbf{B})$ (결합법칙)

(단, m은 실수)

③$\mathbf{A}\cdot(\mathbf{B}+\mathbf{C})=\mathbf{A}\cdot\mathbf{B}+\mathbf{A}\cdot\mathbf{C}$ (분배법칙)

예제 6 두 벡터가 $\mathbf{A}=4\boldsymbol{i}+\boldsymbol{j}+\boldsymbol{k}$, $\mathbf{B}=5\boldsymbol{i}+2\boldsymbol{j}+5\boldsymbol{k}$일 때 스칼라곱 $\mathbf{A}\cdot\mathbf{B}$와 사이각 θ를 구하여라.

[해] $\mathbf{A}\cdot\mathbf{B}=(4\times5)+(1\times2)+(1\times5)=27$

$$\cos\theta=\frac{\mathbf{A}\cdot\mathbf{B}}{AB}=\frac{27}{\sqrt{4^2+1^2+1^2}\times\sqrt{5^2+2^2+5^2}}$$

$$=\frac{27}{\sqrt{18}\sqrt{54}}=\frac{\sqrt{3}}{2}$$

$$\therefore\ \theta=\cos^{-1}\frac{\sqrt{3}}{2}=\frac{\pi}{6}$$

예제 7 다음 두 벡터의 내적을 구하여라.

① $\mathbf{A}=(2, -3)$, $\mathbf{B}=(5, 4)$

② $\mathbf{A}=(3, 1, 4)$, $\mathbf{B}=(-2, -3, 5)$

[해] ① $\mathbf{A} \cdot \mathbf{B} = (2 \times 5) + (-3 \times 4) = \mathbf{-2}$

② $\mathbf{A} \cdot \mathbf{B} = (3 \times -2) + (1 \times -3) + (4 \times 5) = \mathbf{11}$

예제 8 질점에 일정한 힘 $\boldsymbol{F} = 5\boldsymbol{i} + 6\boldsymbol{j} + 8\boldsymbol{k}$[N]이 작용하여 점 $A(-2, 1, 3)$[m]로부터 점 $B(1, -3, 4)$[m]로 이동하였을 때 힘이 행한 일을 구하여라.

[해] 이 경우 A로부터 B로의 변위 벡터 $\boldsymbol{r}$은

$$\boldsymbol{r} = \mathbf{B} - \mathbf{A} = (1+2)\boldsymbol{i} + (-3-1)\boldsymbol{j} + (4+3)\boldsymbol{k}$$
$$= 3\boldsymbol{i} - 4\boldsymbol{j} + 7\boldsymbol{k}$$
$$\therefore W = \boldsymbol{F} \cdot \boldsymbol{r} = (5\boldsymbol{i} + 6\boldsymbol{j} + 8\boldsymbol{k}) \cdot (3\boldsymbol{i} - 4\boldsymbol{j} + 7\boldsymbol{k})$$
$$= 5 \times 3 + 6 \times (-4) + 8 \times 7$$
$$= \mathbf{47}[\mathrm{J}]$$

(2) 벡터곱

두 벡터 **A**와 **B**의 사이각이 θ일 때 **벡터곱**(vector product) 또는 **외적**(cross or outer product)은 다음과 같이 나타내고 정의한다.

■ 벡터의 벡터곱 ■

두 벡터 **A**, **B**의 사이각이 θ일 때

$$\mathbf{A} \times \mathbf{B} = [\mathbf{AB}] = |\mathbf{A}||\mathbf{B}|\sin\theta = AB\sin\theta$$

벡터곱의 방향은 벡터 **A**와 **B**를 포함하는 평행사변형에 수직이고 **A**쪽으로부터 **B**쪽으로 돌리는 오른나사의 진행방향이 된다.

[그림 13-7]과 같이 벡터 **B**로부터 **A**로 돌리는 오른나사가 진행하는 방향은

$$\mathbf{B} \times \mathbf{A} = -\mathbf{A} \times \mathbf{B}$$

가 되므로 벡터곱에서는 교환법칙이 성립되지 않는다. 그리고 일반적으로

$$\mathbf{A} \times (\mathbf{B} \times \mathbf{C}) \neq (\mathbf{A} \times \mathbf{B}) \times \mathbf{C}$$

가 되어 결합법칙도 성립하지 않는다.

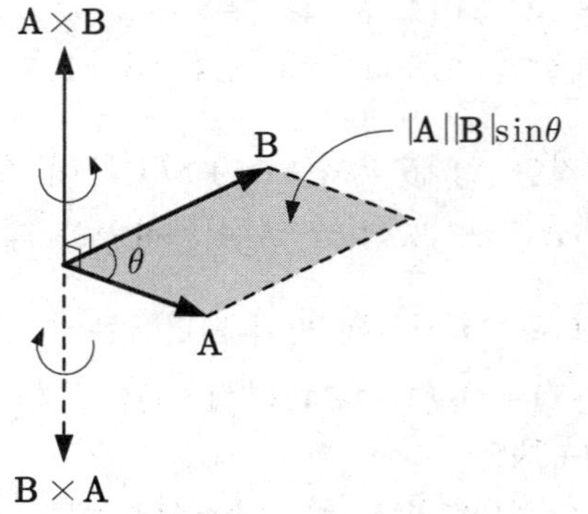

[그림 13-7]

그러나, 벡터의 덧셈에 대하여는

$$(\mathbf{A}+\mathbf{B})\times\mathbf{C}=\mathbf{A}\times\mathbf{C}+\mathbf{B}\times\mathbf{C}$$

인 분배법칙이 성립함을 알 수 있다.

두 벡터 **A** 와 **B** 가 수직인 경우

$$\sin\theta=\sin 90^\circ=1$$

이므로

$$\mathbf{A}\times\mathbf{B}=AB$$

가 되며, 두 벡터 **A** 와 **B** 가 같은 방향일 경우

$$\sin\theta=\sin 0^\circ=0$$

이므로

$$\mathbf{A}\times\mathbf{B}=0$$

따라서, 직교좌표에서 기본벡터 $\boldsymbol{i}$, $\boldsymbol{j}$, $\boldsymbol{k}$ 에 대하여는

$$\boldsymbol{i}\times\boldsymbol{i}=\boldsymbol{j}\times\boldsymbol{j}=\boldsymbol{k}\times\boldsymbol{k}=0$$
$$\boldsymbol{i}\times\boldsymbol{j}=\boldsymbol{k}, \qquad \boldsymbol{j}\times\boldsymbol{k}=\boldsymbol{i}, \qquad \boldsymbol{k}\times\boldsymbol{i}=\boldsymbol{j}$$
$$\boldsymbol{j}\times\boldsymbol{i}=-\boldsymbol{k}, \qquad \boldsymbol{k}\times\boldsymbol{j}=-\boldsymbol{i}, \qquad \boldsymbol{i}\times\boldsymbol{k}=-\boldsymbol{j}$$

가 성립하므로 두 벡터 **A** ,**B** 의 벡터곱은

$$\begin{aligned}\mathbf{A}\times\mathbf{B} &= (A_x\boldsymbol{i}+A_y\boldsymbol{j}+A_z\boldsymbol{k})\times(B_x\boldsymbol{i}+B_y\boldsymbol{j}+B_z\boldsymbol{k})\\ &= A_xB_y\boldsymbol{k}-A_xB_z\boldsymbol{j}-A_yB_x\boldsymbol{k}+A_yB_z\boldsymbol{i}+A_zB_x\boldsymbol{j}-A_zB_y\boldsymbol{i}\\ &= \boldsymbol{i}(A_yB_z-A_zB_y)-\boldsymbol{j}(A_xB_z-A_zB_x)+\boldsymbol{k}(A_xB_y-A_yB_x)\\ &= \boldsymbol{i}\begin{vmatrix}A_y & A_z\\ B_y & B_z\end{vmatrix}-\boldsymbol{j}\begin{vmatrix}A_x & A_z\\ B_x & B_z\end{vmatrix}+\boldsymbol{k}\begin{vmatrix}A_x & A_y\\ B_x & B_y\end{vmatrix}\\ &= \begin{vmatrix}\boldsymbol{i} & \boldsymbol{j} & \boldsymbol{k}\\ A_x & A_y & A_z\\ B_x & B_y & B_z\end{vmatrix}\end{aligned}$$

가 되므로, 벡터곱과 성분은 다음과 같다.

■ 벡터곱과 성분 ■

$\mathbf{A}=(A_x, A_y, A_z)$, $\mathbf{B}=(B_x, B_y, B_z)$일 때

$$\mathbf{A}\times\mathbf{B}=\begin{vmatrix}\boldsymbol{i} & \boldsymbol{j} & \boldsymbol{k}\\ A_x & A_y & A_z\\ B_x & B_y & B_z\end{vmatrix}$$

예제 9 두 벡터 $\mathbf{A}=2\boldsymbol{i}-3\boldsymbol{j}-\boldsymbol{k}$, $\mathbf{B}=\boldsymbol{i}+4\boldsymbol{j}-2\boldsymbol{k}$일 때 다음을 구하여라.

① 벡터곱 $\mathbf{A}\times\mathbf{B}$

② A, B를 두 변으로 하는 평행사변형의 넓이

③ $\mathbf{A}$와 $\mathbf{B}$의 사이각이 θ일 때 $\sin\theta$

④ $(\mathbf{A}+\mathbf{B})\times(\mathbf{A}-\mathbf{B})$

[해] ① $\mathbf{A}\times\mathbf{B}=\begin{vmatrix}\boldsymbol{i} & \boldsymbol{j} & \boldsymbol{k}\\ 2 & -3 & -1\\ 1 & 4 & -2\end{vmatrix}$

$=10\boldsymbol{i}+3\boldsymbol{j}+11\boldsymbol{k}$

② 구하는 넓이 S는 $|\mathbf{A}\times\mathbf{B}|$이므로

$$S=|10\boldsymbol{i}+3\boldsymbol{j}+11\boldsymbol{k}|$$
$$=\sqrt{10^2+3^2+11^2}=\sqrt{\mathbf{230}}$$

③ $|\mathbf{A}|=\sqrt{2^2+3^2+1^2}=\sqrt{14}$

$|\mathbf{B}|=\sqrt{1^2+4^2+2^2}=\sqrt{21}$

$$\therefore \sin\theta=\frac{\mathbf{A}\times\mathbf{B}}{|\mathbf{A}||\mathbf{B}|}=\frac{\sqrt{230}}{\sqrt{14}\sqrt{21}}=\sqrt{\frac{\mathbf{115}}{\mathbf{147}}}$$

④ $(\mathbf{A}+\mathbf{B})\times(\mathbf{A}-\mathbf{B})=\mathbf{A}\times\mathbf{A}+\mathbf{B}\times\mathbf{A}-\mathbf{A}\times\mathbf{B}-\mathbf{B}\times\mathbf{B}$

$$=0-A\times B-A\times B-0=-2(A\times B)$$

$$=-2(10\boldsymbol{i}+3\boldsymbol{j}+11\boldsymbol{k})=-20\boldsymbol{i}-6\boldsymbol{j}-22\boldsymbol{k}$$

예제 10 두 벡터 $\mathbf{A}=(2, 3, 7)$, $\mathbf{B}=(2, 1, 4)$일 때 내적(dot product)과 외적(cross product)을 구하여라.

[해] 내적 $\mathbf{A}\cdot\mathbf{B}$는

$$\mathbf{A}\cdot\mathbf{B}=2\times2+3\times1+7\times4=\mathbf{35}$$

외적 $\mathbf{A}\times\mathbf{B}$는

$$\mathbf{A}\times\mathbf{B}=\begin{vmatrix}\boldsymbol{i}&\boldsymbol{j}&\boldsymbol{k}\\2&3&7\\2&1&4\end{vmatrix}=12\boldsymbol{i}-7\boldsymbol{i}+14\boldsymbol{j}-8\boldsymbol{j}+2\boldsymbol{k}-6\boldsymbol{k}$$

$$=5\boldsymbol{i}+6\boldsymbol{j}-4\boldsymbol{k}$$

예제 11 z축과 일치한 긴 도체에 z방향으로 $\mathbf{I}=10\boldsymbol{k}$[A]의 전류를 흘릴 때 자속밀도 $\mathbf{B}=3\boldsymbol{i}+4\boldsymbol{j}$를 가한 경우 이 도체의 단위길이당 작용하는 힘 $\mathbf{F}$를 구하여라.

[해] 단위길이당 작용하는 힘 $\mathbf{F}$는 $\mathbf{F}=\mathbf{I}\times\mathbf{B}$이므로

$$\mathbf{F}=\mathbf{I}\times\mathbf{B}=(10\boldsymbol{k})\times(3\boldsymbol{i}+4\boldsymbol{j})$$

$$=\begin{vmatrix}\boldsymbol{i}&\boldsymbol{j}&\boldsymbol{k}\\0&0&10\\3&4&0\end{vmatrix}=-40\boldsymbol{i}+30\boldsymbol{j}$$

13-6 세 벡터의 곱셈

이 경우도 두 벡터의 곱셈과 같이 스칼라인 경우와 벡터인 경우가 있다.

(1) 스칼라 3중곱

한 벡터와 다른 두 벡터가 만든 벡터곱과의 스칼라곱으로 결과가 스칼라이므로 **스칼라 3중곱**(scalar triple product)이라 하며, 다음과 같은 관계식이 성립한다.

■ 스칼라 3중곱 ■

$$\mathbf{A}\cdot(\mathbf{B}\times\mathbf{C}),\ \mathbf{B}\cdot(\mathbf{C}\times\mathbf{A}),\ \mathbf{C}\cdot(\mathbf{A}\times\mathbf{B})$$

앞 절의 벡터곱에서

$$\begin{aligned}\mathbf{B}\times\mathbf{C} &= \begin{vmatrix} \boldsymbol{i} & \boldsymbol{j} & \boldsymbol{k} \\ B_x & B_y & B_z \\ C_x & C_y & C_z \end{vmatrix} \\ &= (B_yC_z - B_zC_y)\boldsymbol{i} + (B_zC_x - B_xC_z)\boldsymbol{j} + (B_xC_y - B_yC_x)\boldsymbol{k}\end{aligned}$$

이므로, $\mathbf{B}\times\mathbf{C}$의 x, y, z의 각 성분은

$$(\mathbf{B}\times\mathbf{C})_x = B_yC_z - B_zC_y$$
$$(\mathbf{B}\times\mathbf{C})_y = B_zC_x - B_xC_z$$
$$(\mathbf{B}\times\mathbf{C})_z = B_xC_y - B_yC_x$$

가 되고, 앞 절의 스칼라곱에서

$$\begin{aligned}\mathbf{A}\cdot(\mathbf{B}\times\mathbf{C}) &= A_x(\mathbf{B}\times\mathbf{C})_x + A_y(\mathbf{B}\times\mathbf{C})_y + A_z(\mathbf{B}\times\mathbf{C})_z \\ &= A_x(B_yC_z - B_zC_y) + A_y(B_zC_x - B_xC_z) + A_z(B_xC_y - B_yC_x)\end{aligned}$$

가 된다. 이것을 행렬식으로 표시하면 다음과 같다.

■ 스칼라 3중곱과 행렬식 ■

$$\mathbf{A}\cdot(\mathbf{B}\times\mathbf{C}) = \begin{vmatrix} A_x & A_y & A_z \\ B_x & B_y & B_z \\ C_x & C_y & C_z \end{vmatrix}$$

그리고 $\mathbf{A}\cdot(\mathbf{B}\times\mathbf{C})$를 입체기하학적으로 생각하면 [그림 13-8]과 같이 $\mathbf{B}\times\mathbf{C}$와 $\mathbf{A}$가 이루는 각을 θ라고 할 때 높이는 $h = |\mathbf{A}|\cos\theta$이며, 밑넓이는 $S = |\mathbf{B}\times\mathbf{C}|$이므로

$$\mathbf{A}\cdot(\mathbf{B}\times\mathbf{C}) = |\mathbf{A}||\mathbf{B}\times\mathbf{C}|\cos\theta = hS$$

가 되어 평행육면체의 부피가 됨을 알 수 있다.

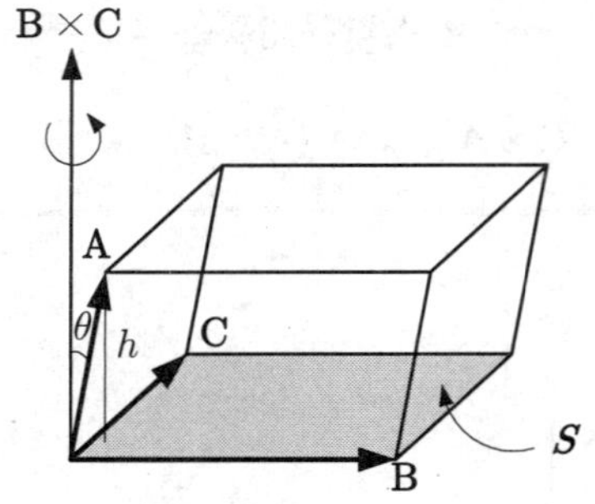

[그림 13-8]

예제 12 세 벡터가 $\mathbf{A}=(2, -3, 4)$, $\mathbf{B}=(1, 2, -1)$, $\mathbf{C}=(3, -1, 2)$일 때 다음을 구하여라.

① 스칼라 3중곱 $\mathbf{A}\cdot(\mathbf{B}\times\mathbf{A})$

② $|\mathbf{A}|, |\mathbf{B}|, |\mathbf{C}|$를 세 변으로 하는 평행육면체의 부피

[해] ① $\mathbf{A}\cdot(\mathbf{B}\times\mathbf{A})=\begin{vmatrix} 2 & -3 & 4 \\ 1 & 2 & -1 \\ 2 & -3 & 4 \end{vmatrix}=0$

② 평행육면체의 부피를 V라 하면

$$\mathbf{A}\cdot(\mathbf{B}\times\mathbf{C})=\begin{vmatrix} 2 & -3 & 4 \\ 1 & 2 & -1 \\ 3 & -1 & 2 \end{vmatrix}=-7$$

$\therefore\ V=7$

(2) 벡터 3중곱

한 벡터와 다른 두 벡터가 만든 벡터곱과 벡터곱으로 결과가 벡터이므로 **벡터 3중곱**(vector triple product)이라 하며 다음과 같이 표시한다.

■ 벡터 3중곱 ■

$$\mathbf{A}\times(\mathbf{B}\times\mathbf{C})$$

이 벡터는 $\mathbf{B}$와 $\mathbf{C}$로 결정되는 평면에 수직이고, 또 $\mathbf{A}$에도 수직이므로 $\mathbf{A}\times(\mathbf{B}\times\mathbf{C})$는 $\mathbf{B}$와 $\mathbf{C}$로 결정되는 평면 안에 있고, $\mathbf{A}$에 수직인 벡터이다.

벡터 3중곱을 행렬식으로 표시하면 다음과 같다.

■ 벡터 3중곱과 행렬식 ■

$$\mathbf{A}\times(\mathbf{B}\times\mathbf{C})=(A_x\boldsymbol{i}+A_y\boldsymbol{j}+A_z\boldsymbol{k})\times\begin{vmatrix}\boldsymbol{i} & \boldsymbol{j} & \boldsymbol{k}\\ B_x & B_y & B_z\\ C_x & C_y & C_z\end{vmatrix}$$

$$=\begin{vmatrix}\boldsymbol{i} & \boldsymbol{j} & \boldsymbol{k}\\ A_x & A_y & A_z\\ (B_yC_z-B_zC_y) & (B_zC_x-B_xC_z) & (B_xC_y-B_yC_x)\end{vmatrix}$$

예제 13 세 벡터가 $\mathbf{A}=2\boldsymbol{i}+\boldsymbol{j}-3\boldsymbol{k}$, $\mathbf{B}=\boldsymbol{i}-2\boldsymbol{j}-\boldsymbol{k}$, $\mathbf{C}=-\boldsymbol{i}+\boldsymbol{j}-4\boldsymbol{k}$ 일 때 다음 값을 구하여라.

① $\mathbf{A}\cdot(\mathbf{B}\times\mathbf{C})$

② $\mathbf{A}\times(\mathbf{B}\times\mathbf{C})$

③ $(\mathbf{A}\times\mathbf{B})\times\mathbf{C}$

[해] ① $\mathbf{A}\cdot(\mathbf{B}\times\mathbf{C})=(2\boldsymbol{i}+\boldsymbol{j}-3\boldsymbol{k})\cdot\begin{vmatrix}\boldsymbol{i} & \boldsymbol{j} & \boldsymbol{k}\\ 1 & -2 & 1\\ -1 & 1 & 4\end{vmatrix}$

$=(2\boldsymbol{i}+\boldsymbol{j}-3\boldsymbol{k})\cdot(7\boldsymbol{i}+3\boldsymbol{j}-\boldsymbol{k})$

$=2\times7+1\times3+(-3)\times(-1)$

$=20$

② $\mathbf{A}\times(\mathbf{B}\times\mathbf{C})=(2\boldsymbol{i}+\boldsymbol{j}-3\boldsymbol{k})\times\begin{vmatrix}\boldsymbol{i} & \boldsymbol{j} & \boldsymbol{k}\\ 1 & -2 & 1\\ -1 & 1 & -4\end{vmatrix}$

$=(2\boldsymbol{i}+\boldsymbol{j}-3\boldsymbol{k})\times(7\boldsymbol{i}+3\boldsymbol{j}-\boldsymbol{k})$

$=\begin{vmatrix}\boldsymbol{i} & \boldsymbol{j} & \boldsymbol{k}\\ 2 & 1 & -3\\ 7 & 3 & -1\end{vmatrix}=8\boldsymbol{i}-19\boldsymbol{j}-\boldsymbol{k}$

③ $(\mathbf{A}\times\mathbf{B})\times\mathbf{C}=\begin{vmatrix}\boldsymbol{i} & \boldsymbol{j} & \boldsymbol{k}\\ 2 & 1 & -3\\ 1 & -2 & 1\end{vmatrix}\times(-\boldsymbol{i}+\boldsymbol{j}-4\boldsymbol{k})$

$=(-5\boldsymbol{i}-5\boldsymbol{j}-5\boldsymbol{k})\times(-\boldsymbol{i}+\boldsymbol{j}-4\boldsymbol{k})$

$=\begin{vmatrix}\boldsymbol{i} & \boldsymbol{j} & \boldsymbol{k}\\ -5 & -5 & -5\\ -1 & 1 & -4\end{vmatrix}=25\boldsymbol{i}-15\boldsymbol{j}-10\boldsymbol{k}$

13-7 벡터의 미분

(1) 벡터의 도함수

벡터함수가 $\mathbf{A}(t)$ 일 때 시간 t 의 증분 Δt 에 대하여 $\Delta\mathbf{A}$ 의 증분이 있었다면

$$\Delta\mathbf{A} = \mathbf{A}(t+\Delta t) - \mathbf{A}(t)$$

이므로 벡터의 도함수는

$$\frac{d\mathbf{A}}{dt} = \lim_{\Delta t \to 0}\frac{\Delta\mathbf{A}}{\Delta t} = \lim_{\Delta t \to 0}\frac{\mathbf{A}(t+\Delta t) - \mathbf{A}(t)}{\Delta t}$$

가 되며, $d\mathbf{A}/dt$ 는 [그림 13-9]와 같이 $\Delta\mathbf{A}$ 와 같은 방향을 가진 벡터임을 알 수 있다.

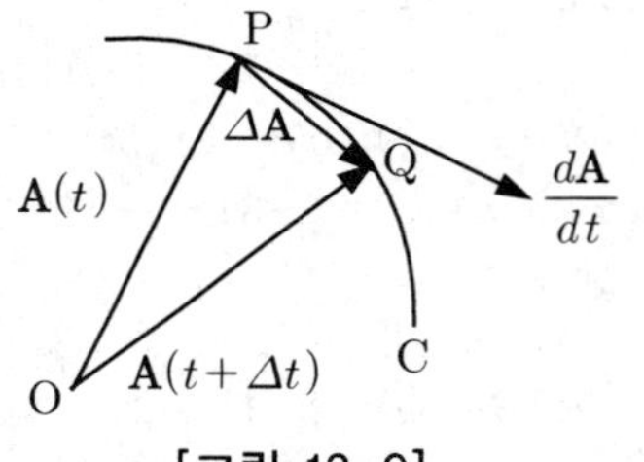

[그림 13-9]

벡터 $\mathbf{A}$ 가 시간함수이면 그 성분도 또한 시간의 함수이므로

$$\mathbf{A}(t) = A_x(t)\boldsymbol{i} + A_y(t)\boldsymbol{j} + A_z(t)\boldsymbol{k}$$

가 되며, 이의 도함수는 다음과 같다.

$$\begin{aligned}\frac{d\mathbf{A}}{dt} &= \lim_{\Delta t \to 0}\frac{\Delta\mathbf{A}(t)}{\Delta t} = \lim_{\Delta t \to 0}\frac{\Delta A_x(t)\boldsymbol{i} + \Delta A_y(t)\boldsymbol{j} + \Delta A_z(t)\boldsymbol{k}}{\Delta t} \\ &= \frac{dA_x(t)}{dt}\boldsymbol{i} + \frac{dA_y(t)}{dt}\boldsymbol{j} + \frac{dA_z(t)}{dt}\boldsymbol{k}\end{aligned}$$

벡터함수의 미분법도 보통 함수의 미분법과 같으므로, 두 벡터 $\mathbf{A}(t)$와 $\mathbf{B}(t)$에 대한 미분공식은 다음과 같다.

■ 벡터의 미분공식 ■

① $\dfrac{d}{dt}(\mathbf{A}+\mathbf{B})=\dfrac{d\mathbf{A}}{dt}+\dfrac{d\mathbf{B}}{dt}$

② $\dfrac{d}{dt}(\phi\mathbf{A})=\phi\dfrac{d\mathbf{A}}{dt}+\dfrac{d\phi}{dt}\mathbf{A}$ (단, ϕ는 스칼라함수)

③ $\dfrac{d}{dt}(\mathbf{A}\cdot\mathbf{B})=\mathbf{A}\dfrac{d\mathbf{B}}{dt}+\mathbf{B}\dfrac{d\mathbf{A}}{dt}$

④ $\dfrac{d}{dt}(\mathbf{A}\times\mathbf{B})=\mathbf{A}\times\dfrac{d\mathbf{B}}{dt}+\dfrac{d\mathbf{A}}{dt}\times\mathbf{B}$

(2) 벡터의 편도함수

벡터 **A**가 스칼라 변수 x, y, z의 함수일 때, 이를 $\mathbf{A}(x, y, z)$로 표시하며, 벡터 **A**의 x, y, z에 대한 편도함수는

$$\frac{\partial\mathbf{A}}{\partial x}=\frac{\partial A_x}{\partial x}\boldsymbol{i}+\frac{\partial A_y}{\partial x}\boldsymbol{j}+\frac{\partial A_z}{\partial x}\boldsymbol{k}$$

$$\frac{\partial\mathbf{A}}{\partial y}=\frac{\partial A_x}{\partial y}\boldsymbol{i}+\frac{\partial A_y}{\partial y}\boldsymbol{j}+\frac{\partial A_z}{\partial y}\boldsymbol{k}$$

$$\frac{\partial\mathbf{A}}{\partial z}=\frac{\partial A_x}{\partial z}\boldsymbol{i}+\frac{\partial A_y}{\partial z}\boldsymbol{j}+\frac{\partial A_z}{\partial z}\boldsymbol{k}$$

여기서, 변수의 변화 d_x, d_y, d_z가 동시에 일어날 때의 벡터 **A**의 변화량은

$$d\mathbf{A}=\frac{\partial\mathbf{A}}{\partial x}dx+\frac{\partial\mathbf{A}}{\partial y}dy+\frac{\partial\mathbf{A}}{\partial z}dz$$

이므로, 이는 벡터 $\mathbf{A}(x, y, z)$의 시간 t에 대한 전미분이다.

13-8 벡터의 미분연산자

벡터해석에는 다음과 같은 미분연산자 ∇(nabla or del)이 흔히 사용된다. 이것은 **해밀턴 연산자**(Hamilton operator)라고도 한다.

$$\nabla = \frac{\partial}{\partial x}\boldsymbol{i} + \frac{\partial}{\partial y}\boldsymbol{j} + \frac{\partial}{\partial z}\boldsymbol{k}$$

이것은 스칼라함수나 벡터함수를 미분하는 연산자이며 스칼라의 기울기(gradient), 벡터의 발산(divergence), 벡터의 회전(curl or rotation)을 정의하는 데 널리 사용되고 있다.

(1) 스칼라의 기울기

스칼라함수 $\phi(x, y, z)$를 미분연산자 ∇로 미분한 것으로 그 결과는 스칼라함수 ϕ에 대한 x, y, z로 각 방향의 기울기를 의미하므로 **ϕ의 기울기**(gradient)라 부르고 다음과 같이 표시한다.

$$\begin{aligned}\mathrm{grad}\phi = \nabla\phi &= \left(\frac{\partial}{\partial x}\boldsymbol{i} + \frac{\partial}{\partial y}\boldsymbol{j} + \frac{\partial}{\partial z}\boldsymbol{k}\right)\phi \\ &= \frac{\partial\phi}{\partial x}\boldsymbol{i} + \frac{\partial\phi}{\partial y}\boldsymbol{j} + \frac{\partial\phi}{\partial z}\boldsymbol{k}\end{aligned}$$

여기서 ϕ는 스칼라인 것에 대해 $\nabla\phi$는 벡터이다.

(2) 벡터의 발산

스칼라곱으로 미분할 때 벡터함수 $\mathbf{A}(x, y, z)$와 ∇의 스칼라곱으로 표현되어, 그 결과는 스칼라이며, 이 결과는 벡터 $\mathbf{A}$의 **지력선**(line of force)의 단위부피에서의 **발산**(divergence)을 의미하므로 다음과 같이 표시한다.

$$\begin{aligned}\mathrm{div}\mathbf{A} = \nabla \cdot \mathbf{A} &= \left(\frac{\partial}{\partial x}\boldsymbol{i} + \frac{\partial}{\partial y}\boldsymbol{j} + \frac{\partial}{\partial z}\boldsymbol{k}\right) \cdot (A_x\boldsymbol{i} + A_y\boldsymbol{j} + A_z\boldsymbol{k}) \\ &= \frac{\partial A_x}{\partial x} + \frac{\partial A_y}{\partial y} + \frac{\partial A_z}{\partial z}\end{aligned}$$

(3) 벡터의 회전

벡터곱으로 미분할 때 벡터 $\mathbf{A}(x, y, z)$와 ∇의 벡터곱으로 표현되어 그 결과 벡터이며, 이 결과는 벡터 $\mathbf{A}$의 지력선의 **회전**(rotation or curl)을 의미하므로 다음과 같이 표시한다.

$$\nabla \times A = \text{rot}\mathbf{A} = \text{curl}\mathbf{A}$$
$$= \left(\frac{\partial}{\partial x}\boldsymbol{i} + \frac{\partial}{\partial y}\boldsymbol{j} + \frac{\partial}{\partial z}\boldsymbol{k}\right) \times (A_x\boldsymbol{i} + A_y\boldsymbol{j} + A_z\boldsymbol{k})$$
$$= \begin{vmatrix} \boldsymbol{i} & \boldsymbol{j} & \boldsymbol{k} \\ \frac{\partial}{\partial x} & \frac{\partial}{\partial y} & \frac{\partial}{\partial z} \\ A_x & A_y & A_z \end{vmatrix}$$
$$= \left(\frac{\partial A_z}{\partial y} - \frac{\partial A_y}{\partial z}\right)\boldsymbol{i} + \left(\frac{\partial A_x}{\partial z} - \frac{\partial A_z}{\partial x}\right)\boldsymbol{j} + \left(\frac{\partial A_y}{\partial x} - \frac{\partial A_x}{\partial y}\right)\boldsymbol{k}$$

이상을 정리하면 다음과 같다.

■ 벡터의 미분연산자와 연산법 ■

① 미분연산자

$$\nabla = \frac{\partial}{\partial x}\boldsymbol{i} + \frac{\partial}{\partial y}\boldsymbol{j} + \frac{\partial}{\partial z}\boldsymbol{k}$$

② 스칼라의 기울기(gradϕ)

$$\nabla\phi = \frac{\partial\phi}{\partial x}\boldsymbol{i} + \frac{\partial\phi}{\partial y}\boldsymbol{j} + \frac{\partial\phi}{\partial z}\boldsymbol{k} \quad (\phi\text{는 스칼라함수})$$

③ 벡터의 발산(div$\mathbf{A}$)

$$\nabla \cdot \mathbf{A} = \frac{\partial A_x}{\partial x} + \frac{\partial A_y}{\partial y} + \frac{\partial A_z}{\partial z}$$

④ 벡터의 회전(rot$\mathbf{A}$ or curl$\mathbf{A}$)

$$\nabla \times \mathbf{A} = \left(\frac{\partial A_z}{\partial y} - \frac{\partial A_y}{\partial z}\right)\boldsymbol{i} + \left(\frac{\partial A_x}{\partial z} - \frac{\partial A_z}{\partial x}\right)\boldsymbol{j} + \left(\frac{\partial A_y}{\partial x} - \frac{\partial A_x}{\partial y}\right)\boldsymbol{k}$$

예제 14 스칼라함수 $\phi = xyz$ 에 대하여 점 (1, 1, 1)에서의 gradϕ 를 구하여라.

[해] $$\text{grad}\phi = \frac{\partial}{\partial x}(xyz)\boldsymbol{i} + \frac{\partial}{\partial y}(xyz)\boldsymbol{j} + \frac{\partial}{\partial z}(xyz)\boldsymbol{k}$$
$$= yz\boldsymbol{i} + xz\boldsymbol{j} + xy\boldsymbol{k}$$

따라서 점 (1, 1, 1)에서는

$$\text{grad}\phi = \boldsymbol{i} + \boldsymbol{j} + \boldsymbol{k}$$

예제 15 $\mathbf{A}=xz\boldsymbol{i}-y^2\boldsymbol{j}+2x^2y\boldsymbol{k}$ 일 때 $\mathbf{A}$ 의 div$\mathbf{A}$ 와 rot$\mathbf{A}$ 를 구하여라.

[해] ① $\mathrm{div}\mathbf{A}=\nabla\cdot\mathbf{A}=\dfrac{\partial}{\partial x}(xz)+\dfrac{\partial}{\partial y}(-y^2)+\dfrac{\partial}{\partial z}(2x^2y)$

$=\boldsymbol{z-2y}$

② $\mathrm{rot}\mathbf{A}=\nabla\times\mathbf{A}=\begin{vmatrix} \boldsymbol{i} & \boldsymbol{j} & \boldsymbol{k} \\ \dfrac{\partial}{\partial x} & \dfrac{\partial}{\partial y} & \dfrac{\partial}{\partial z} \\ xz & -y^2 & 2x^2y \end{vmatrix}$

$$=\left\{\frac{\partial}{\partial y}(2x^2y)-\frac{\partial}{\partial z}(-y^2)\right\}\boldsymbol{i}+\left\{\frac{\partial}{\partial z}(xz)-\frac{\partial}{\partial x}(2x^2y)\right\}\boldsymbol{j}$$

$$+\left\{\frac{\partial}{\partial x}(-y^2)-\frac{\partial}{\partial y}(xz)\right\}\boldsymbol{k}$$

$$=\boldsymbol{2x^2i}+(x-4xy)\,\boldsymbol{j}$$

13-9 벡터의 적분

(1) 부정적분과 정적분

스칼라변수 t 에 관한 벡터함수 $\mathbf{B}(t)$를 미분한 도함수가 $\mathbf{A}(t)$라면, 즉,

$$\frac{d}{dt}\mathbf{B}(t)=\mathbf{A}(t)$$

이면

$$\int\mathbf{A}(t)dt=\mathbf{B}(t)+C$$

이것을 $\mathbf{A}(t)$의 **부정적분**이라 한다.
또, $\mathbf{A}(t)$의 $t=a$ 와 $t=b$ 의 극한간 정적분

$$\int_a^b\mathbf{A}(t)\,dt=[\mathbf{B}(t)]_a^b=\mathbf{B}(b)-\mathbf{B}(a)$$

그리고, $\mathbf{A}(t)$를 직교좌표로 표시하면

$$\mathbf{A}(t) = A_x(t)\boldsymbol{i} + A_y(t)\boldsymbol{j} + A_z(t)\boldsymbol{k}$$

라면, $\mathbf{A}(t)$ 의 부정적분은 다음과 같다.

$$\int \mathbf{A}(t)dt = \left(\int A_x(t)dt\right)\boldsymbol{i} + \left(\int A_y(t)dt\right)\boldsymbol{j} + \left(\int A_z(t)dt\right)\boldsymbol{k}$$

예제 16 $\mathbf{A}(t) = (t - t^2)\boldsymbol{i} + 2t^3\boldsymbol{j} - 3\boldsymbol{k}$ 일 때 다음 적분을 구하여라.

① $\int \mathbf{A}(t)\,dt$ ② $\int_1^2 \mathbf{A}(t)\,dt$

[해] ① $\int \mathbf{A}(t)\,dt = \left(\int (t - t^2)\,dt\right)\boldsymbol{i} + \left(\int 2t^3 dt\right)\boldsymbol{j} - \left(\int 3\,dt\right)\boldsymbol{k}$

$= \left(\frac{1}{2}t^2 - \frac{1}{3}t^3\right)\boldsymbol{i} + \frac{1}{2}t^4\boldsymbol{j} - 3t\boldsymbol{k} + C$

② $\int_1^2 \mathbf{A}(t)\,dt = \left[\left(\frac{1}{2}t^2 - \frac{1}{3}t^3\right)\boldsymbol{i} + \frac{1}{2}t^4\boldsymbol{j} - 3t\boldsymbol{k}\right]_1^2$

$= \left\{\left(2 - \frac{8}{3}\right)\boldsymbol{i} + 8\boldsymbol{j} - 6\boldsymbol{k}\right\} - \left\{\left(\frac{1}{2} - \frac{1}{3}\right)\boldsymbol{i} + \frac{1}{2}\boldsymbol{j} - 3\boldsymbol{k}\right\}$

$= -\frac{5}{6}\boldsymbol{i} + \frac{15}{2}\boldsymbol{j} - 3\boldsymbol{k}$

(2) 선적분

임의의 공간에서의 벡터장을 $\mathbf{A}$라 하고 [그림 13-10]과 같이 호의 길이를 $\boldsymbol{l}$, 점 A와 점 B를 호선상의 두 점이라 하면 벡터장 $\mathbf{A}$와 미소길이 $d\boldsymbol{l}_1$, $d\boldsymbol{l}_2$, ⋯, $d\boldsymbol{l}_n$과의 스칼라곱은 $\mathbf{A}_1 d\boldsymbol{l}_1$, $\mathbf{A}_2 d\boldsymbol{l}_2$, ⋯, $\mathbf{A}_n d\boldsymbol{l}_n$ 이므로 스칼라곱의 합은

$$\sum_A^B \mathbf{A}_r\, d\boldsymbol{l}_r = \int_A^B \mathbf{A} \cdot d\boldsymbol{l}$$

으로서 곡선의 전길이에 대한 합이며, 이를 곡선 AB에 대한 벡터 $\mathbf{A}$의 **선적분**(line integral)이라 한다.

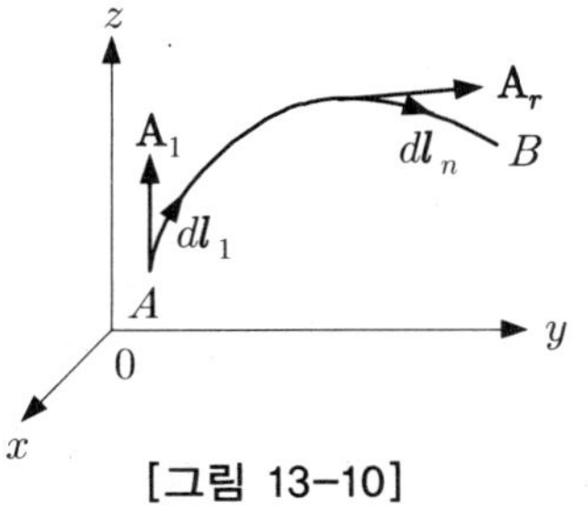

[그림 13-10]

한편, 선적분을 직교좌표 성분으로 표시하면 다음과 같다.

$$\int_A^B \mathbf{A} \cdot dl = \int_A^B (A_x \cdot d_x + A_y \cdot d_y + A_x \cdot d_x)$$

예제 17 벡터 $\mathbf{A} = y\boldsymbol{i} + x\boldsymbol{j}$ 인 벡터장에서 곡선 $y = x^2$ 을 따라 원점 (0, 0, 0)에서 (2, 2, 0)까지의 선적분을 구하여라.

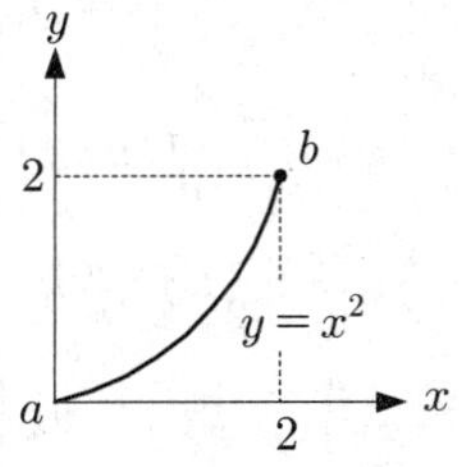

[그림 13-11]

[해] [그림 13-11]에서 a와 b 사이의 곡선에서 미소구간 $\boldsymbol{dl}$ 은

$$\boldsymbol{dl} = dx\boldsymbol{i} + dy\boldsymbol{j}$$

이므로

$$\int_a^b \mathbf{A} \cdot dl = \int_a^b (y\boldsymbol{i} + x\boldsymbol{i}) \cdot (dx\boldsymbol{i} + dy\boldsymbol{j})$$

$$= \int_a^b (ydx + xdy)$$

$$= \int_0^1 ydx + \int_0^1 xdy$$

이고, $y = x^2$, $dy = 2xdx$ 이므로

$$\int_a^b \mathbf{A} \cdot dl = \int_0^2 ydx + \int_0^2 xdy = \int_0^2 x^2 dx + \int_0^2 x \cdot 2xdx$$

$$= \left[\frac{1}{3}x^3\right]_1^2 + \left[\frac{2}{3}x^3\right]_0^2$$

$$= \frac{8}{3} + \frac{16}{3} = \frac{24}{3} = 8$$

(3) 면적분

벡터장 $\mathbf{A}$ 내에서 하나의 면 S를 생각하고 그 위의 미소면적 dS에 위치한 법선방

향의 단위벡터 $\boldsymbol{n}$과 벡터 $\mathbf{A}$의 스칼라곱을 전체면적에 관해서 적분한 것

$$\int_S \mathbf{A}\cdot\boldsymbol{n}dS \text{ 또는 } \iint_S \mathbf{A}\cdot\boldsymbol{n}dS$$

를 S 위에 있는 $\mathbf{A}$의 **면적분**(surface integral)이라 한다.

그리고, [그림 13-12]와 같이 $\mathbf{A}\cdot\boldsymbol{n}$은 $\boldsymbol{n}$ 위의 $\mathbf{A}$의 정사영이며, $A_n=\mathbf{A}\cdot\boldsymbol{n}$으로 놓으면

$$\int_S \mathbf{A}\cdot\boldsymbol{n}dS=\int_S A_n dS$$

또, dS에 법선방향을 고려하면 $d\boldsymbol{S}=\boldsymbol{n}dS$로 놓고 다음과 같이 표시하는 경우도 있다.

$$\int_S \mathbf{A}\cdot\boldsymbol{n}dS=\int_S \mathbf{A}\cdot d\boldsymbol{S}$$

또, S가 폐곡면인 경우 S 위의 면적분을 다음과 같이 쓴다.

$$\oint_S \mathbf{A}\cdot\boldsymbol{n}dS=\oint\oint_S \mathbf{A}\cdot\boldsymbol{n}dS$$

한편, 직교좌표의 성분으로 표시하면

$$d\boldsymbol{S}=dS_x\boldsymbol{i}+dS_y\boldsymbol{j}+dS_z\boldsymbol{k}$$

이므로,

$$\int_S \mathbf{A}\cdot d\boldsymbol{S}=\int_S (A_x\cdot dS_x+A_y\cdot dS_y+A_z\cdot dS_z)$$

가 되며, 벡터 $\mathbf{A}$의 면적분은 면 전체를 통과한 $\mathbf{A}$의 **선속**을 의미한다.

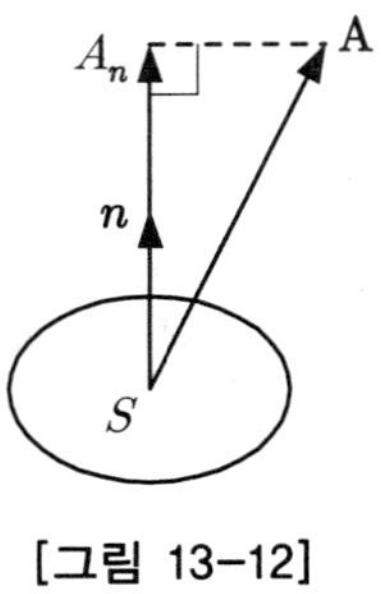

[그림 13-12]

(4) 가우스의 발산정리

부피 V를 둘러싼 폐곡면을 생각할 경우

$$\int_V \mathbf{A} \cdot d\boldsymbol{V} \quad \text{또는} \quad \iiint_V \mathbf{A} \cdot d\boldsymbol{V}$$

를 **부피적분**(volume integral or space integral)이라 한다.

부피 V에 대하여 취한 벡터장 $\mathbf{A}$의 발산의 부피적분이 그 부피 V를 둘러싸고 있는 폐곡선 위에서 취한 $\mathbf{A}$의 면적분과 같다.

즉, 부피적분을 면적분으로, 또는 면적분을 부피적분으로 바꾸는 다음과 같은 것을 **가우스의 발산정리**(Gauss' divergence theorem)라고 한다.

$$\int_S \mathbf{A} \cdot \boldsymbol{n} dS = \int_V \nabla \cdot \mathbf{A} dV$$

(5) 스토크스의 정리

면적 S에 대하여 벡터장 $\mathbf{A}$의 회전의 면적부분은 그 면적의 둘레에 대한 벡터장 $\mathbf{A}$의 선적분과 같다는 다음과 같은 것을 **스토크스의 정리**라 한다.

$$\oint_C \mathbf{A} \cdot dl = \int_S (\nabla \times \mathbf{A}) \cdot d\boldsymbol{S}$$

이상을 정리하면 다음과 같다.

■ 벡터의 적분 ■

① 선적분

$$\int_A^B \mathbf{A} \cdot d\boldsymbol{l} = \int_A^B (A_x \cdot d_x + A_y \cdot d_y + A_x \cdot d_x)$$

② 면적분

$$\int_S \mathbf{A} \cdot \boldsymbol{n} dS = \int_S \mathbf{A} \cdot d\boldsymbol{S} = \int_S (A_x \cdot dS_x + A_y \cdot dS_y + A_z \cdot dS_z)$$

③ 가우스의 정리

$$\int_S \mathbf{A} \cdot \boldsymbol{n} dS = \int_V \nabla \cdot \mathbf{A} dV$$

④ 스토크스의 정리

$$\oint_C \mathbf{A} \cdot dl = \int_S (\nabla \times \mathbf{A}) \cdot d\boldsymbol{S}$$

■ 연습문제 22 ■

22-1 다음 벡터의 크기를 구하여라.

① $\mathbf{A}_1 = (3, -4)$　② $\mathbf{A}_2 = (\cos\theta, \sin\theta)$

③ $\mathbf{A}_3 = (1, -1, -1)$　④ $\mathbf{A}_4 = (\cos 30°, \sin 30°, \tan 60°)$

22-2 시점 $\mathbf{A} = (3, 1, 4)$와 종점 $\mathbf{B} = (1, -2, 4)$인 벡터 $\overrightarrow{\mathrm{AB}}$와 거리 $\overline{\mathrm{AB}}$를 구하여라.

22-3 다음 벡터의 방향 코사인과 방향비를 구하여라.

① $\mathbf{A} = (1, 0, -1)$　② $\mathbf{A} = (4, 2, -\sqrt{5})$

22-4 벡터 $\mathbf{A} = \boldsymbol{i} + 2\boldsymbol{j} + 3\boldsymbol{k}$에 대하여 다음을 구하여라.

① $\mathbf{A}$의 크기

② $\mathbf{A}$의 방향 코사인

③ $\mathbf{A}$의 단위벡터

22-5 벡터 $\mathbf{A} = (2, 3, 4)$, $\mathbf{B} = (1, 1, 2)$일 때 다음을 구하여라.

① $\mathbf{A} + \mathbf{B}$　② $\mathbf{A} - \mathbf{B}$

22-6 두 벡터 $\mathrm{A} = 2\boldsymbol{i} + 3\boldsymbol{j} + 4\boldsymbol{k}$, $\mathrm{B} = -2\boldsymbol{i} + \boldsymbol{j} + 5\boldsymbol{k}$에 대하여, 선분 $\overline{\mathrm{AB}}$의 길이를 구하여라.

22-7 $\mathrm{A} = 3\boldsymbol{i} - 2\boldsymbol{j} + \boldsymbol{k}$, $\mathrm{B} = 2\boldsymbol{i} - 4\boldsymbol{j} - 3\boldsymbol{k}$, $\mathrm{C} = -\boldsymbol{i} + 2\boldsymbol{j} + 2\boldsymbol{k}$의 합 및 그 크기를 구하여라.

22-8 다음 두 벡터의 스칼라곱 $\mathbf{A} \cdot \mathbf{B}$와 사이각이 θ일 때 $\cos\theta$를 구하여라.

① $\mathbf{A} = -\boldsymbol{i} + 2\boldsymbol{j} + \boldsymbol{k}$,　$\mathbf{B} = 2\boldsymbol{i} - \boldsymbol{j} + \boldsymbol{k}$

② $\mathbf{A} = (0, 1, 1)$, $\mathbf{B} = (-1, 1, 0)$

22-9 전계의 세기 $\mathbf{E}=2\boldsymbol{i}+4\boldsymbol{j}+\boldsymbol{k}$[V/m]일 때 직선경로를 따라 5[C]의 전하를 점 $A(4,\ 1,\ 2)$에서 점 $B(2,\ 3,\ 2)$까지 이동시키는 데 요하는 일을 구하여라.

22-10 두 벡터 $\mathbf{A}=4\boldsymbol{i}-\boldsymbol{k}$, $\mathbf{B}=-2\boldsymbol{i}+\boldsymbol{j}+3\boldsymbol{k}$일 때 $\mathbf{A}\times\mathbf{B}$를 구하여라.

22-11 두 벡터 $\mathbf{A}=(1,\ 2,\ 3)$, $\mathbf{B}=(3,\ 2,\ 1)$의 외적을 구하여라.

22-12 두 벡터가 $\mathbf{A}=\boldsymbol{i}-2\boldsymbol{j}+2\boldsymbol{k}$, $\mathbf{B}=2\boldsymbol{i}-\boldsymbol{j}-2\boldsymbol{k}$일 때 다음을 구하여라.
① 벡터곱 $\mathbf{A}\times\mathbf{B}$
② $\mathbf{A}$, $\mathbf{B}$를 변으로 하는 평행사변형의 넓이
③ $\mathbf{A}$, $\mathbf{B}$의 사이각 θ

22-13 다음과 같은 벡터를 세 변으로 하는 육면체의 부피를 구하여라.
① $\mathbf{A}=\boldsymbol{i}$, $\mathbf{B}=\boldsymbol{j}$, $\mathbf{C}=\boldsymbol{k}$
② $\mathbf{A}=\boldsymbol{i}+2\boldsymbol{k}$, $\mathbf{B}=4\boldsymbol{i}+6\boldsymbol{j}+2\boldsymbol{k}$, $\mathbf{C}=3\boldsymbol{i}+3\boldsymbol{j}-6\boldsymbol{k}$

22-14 $\mathbf{A}=3\boldsymbol{i}+2\boldsymbol{k}$, $\mathbf{B}=2\boldsymbol{i}+2\boldsymbol{j}-\boldsymbol{k}$, $\mathbf{C}=\boldsymbol{i}-2\boldsymbol{j}+3\boldsymbol{k}$일 때 다음 값을 구하여라.
① $\mathbf{A}\cdot(\mathbf{B}\times\mathbf{C})$
② $\mathbf{A}\times(\mathbf{B}\times\mathbf{C})$
③ $(\mathbf{A}\times\mathbf{B})\times\mathbf{C}$

22-15 스칼라함수 $\phi=3x^2y-y^3z^2$에 대하여 점 $(1,\ -2,\ 1)$에서의 $\mathrm{grad}\phi$를 구하여라.

22-16 $\mathbf{A}=x^2z\boldsymbol{i}-2y^3z\boldsymbol{j}+xy^2z\boldsymbol{k}$에 대하여 $\mathrm{div}\mathbf{A}$의 점 $(1,\ -1,\ 1)$에 있어서의 값을 구하여라.

22-17 $\mathbf{A}=xz^3\boldsymbol{i}-2x^2yz\boldsymbol{j}+2yz^4\boldsymbol{k}$에 대하여 $\mathrm{rot}\mathbf{A}$의 점 $(1,\ -1,\ 1)$에 있어서의 값을 구하여라.

22-18 전위함수가 $V=2x+5yz+3$[V]일 때 점 $(2,\ 1,\ 0)$에서의 전계의 세기 $\mathbf{E}$를 구하여라.

부 록

I. 그리스 문자

문 자		명 칭		문 자		명 칭	
A	α	alpha	알파	N	ν	nu	뉴
B	β	beta	베타	Ξ	ξ	xi	크사이
Γ	γ	gamma	감마	O	o	omicron	오미크론
Δ	δ	delta	델타	Π	π	pi	파이
E	ϵ	epsilon	입실론	P	ρ	rho	로
Z	ζ	zeta	제타	Σ	σ	sigma	시그마
H	η	eta	에타	T	τ	tau	타우
Θ	θ	theta	세타	Y	υ	upsilon	웁실론
I	ι	iota	이오타	Φ	ϕ	phi	파이
K	κ	kappa	카파	X	χ	chi	카이
Λ	λ	lambda	람다	Ψ	ψ	psi	프사이
M	μ	mu	뮤	Ω	ω	omega	오메가

II. 거듭제곱의 보조단위

기 호	읽 기	배 수	기 호	읽 기	배수
T	테라(Tera)	10^{12}	c	센티(centi)	10^{-2}
G	기가(Giga)	10^{9}	m	밀리(milli)	10^{-3}
M	메가(Mega)	10^{6}	μ	마이크로(micro)	10^{-6}
k	킬로(kilo)	10^{3}	n	나노(nano)	10^{-9}
h	헥토(hecto)	10^{2}	p	피코(pico)	10^{-12}

Ⅲ. 수학기호

기 호	의 미	기 호	의 미
$\pm$	더하기 혹은 빼기	$\mp$	빼기 혹은 더하기
$=$	같다	$\neq(\neq)$	같지 않다
$\equiv$	항등적으로 같다	$\not\equiv(\not\equiv)$	항등적으로 같지 않다
$\times(\cdot)$	곱하기	$\div(/)$	나누기
$a \gg b$	a는 b보다 매우 크다	$a \ll b$	a는 b보다 매우 작다
$a \geqq b(\geq)$	a는 b보다 크거나 같다	$a \leqq b(\leq)$	a는 b보다 작거나 같다
$\cong$	합동이다	$\fallingdotseq(\approx)$	약(거의 같다)
$\backsim$	닮았다	$\perp$	수직이다
$//(\parallel)$	평행이다	⫫(⫽)	평행으로 길이가 같다
$a : b\left(\frac{a}{b}\right)$	a와 b의 비	$a \propto b$	a는 b에 비례한다
$\sim$	내지	……	등등
$\therefore$	그러므로	$\because$	왜냐하면
( )	소괄호	{ }	중괄호
[ ]	대괄호	$\sqrt{\ }$	제곱근(평방근)
Σ	시그마(총합)	∞	무한대
$\bar{a}$	a의 평균값	$\lvert a \rvert$	a의 절대값
( )([ ])	행렬	| |	행렬식
$\angle AOB$	각 AOB	$\widehat{AB}$	호 AB
arg ($\dot{\mathrm{A}}$)	$\dot{\mathrm{A}}$ 의 각(편각)	Δ	델타(증분)
$\sin^{-1}$	arc 사인(역사인)	sinh	hyperbolic 사인(쌍곡사인)

Ⅳ. 상수근사값

1. $\pi = 3.14159265 \cdots\cdots \fallingdotseq 3.1416 \quad \left(\frac{1}{\pi} = 0.31830989 \cdots\cdots \fallingdotseq 0.3183\right)$
2. $\sqrt{2} = 1.4142136 \cdots\cdots \fallingdotseq 1.414 \quad \left(\frac{1}{\sqrt{2}} = 0.7071068 \cdots\cdots \fallingdotseq 0.707\right)$
3. $\sqrt{3} = 1.7320508 \cdots\cdots \fallingdotseq 1.732 \quad \left(\frac{1}{\sqrt{3}} = 0.5723503 \cdots\cdots \fallingdotseq 0.572\right)$
4. $e = \lim_{x \to 0}(1+x)^{\frac{1}{x}} = 2.7182818 \cdots\cdots \fallingdotseq 2.718$
5. $\log_{10}2 = \log 2 = 0.3010299 \cdots\cdots \fallingdotseq 0.3010$
6. $\log_{10}3 = \log 3 = 0.4771212 \cdots\cdots \fallingdotseq 0.4771$
7. $\log_{10}e = \log e = 0.4342944 \cdots\cdots \fallingdotseq 0.4343$
8. $\log_e 2 = \ln 2 = 0.6931471 \cdots\cdots \fallingdotseq 0.6931$
9. $\log_e 3 = \ln 3 = 1.0986122 \cdots\cdots \fallingdotseq 1.0986$
10. $\log_e 10 = \ln 10 = 2.3025850 \cdots\cdots \fallingdotseq 2.3026$

Ⅴ. 특수한 수열의 합

① $1+2+3+\cdots\cdots+n = \frac{n(n+1)}{2}$

② $1^2+2^2+3^2+\cdots\cdots+n^2 = \frac{n(n+1)(2n+1)}{6}$

③ $1^3+2^3+3^3+\cdots\cdots+n^3 = \left\{\frac{n(n+1)}{2}\right\}^2$

④ $1 \cdot 2+2 \cdot 3+3 \cdot 4+\cdots\cdots+n \cdot (n+1) = \frac{n(n+1)(n+2)}{3}$

⑤ $\frac{1}{1^2}+\frac{1}{2^2}+\frac{1}{3^2}+\cdots\cdots = \frac{\pi^2}{6}$ (무한급수)

⑥ $\frac{1 \cdot 2}{1 \cdot 3}+\frac{1 \cdot 2 \cdot 3}{1 \cdot 3 \cdot 5}+\frac{1 \cdot 2 \cdot 3 \cdot 4}{1 \cdot 3 \cdot 5 \cdot 7}+\cdots\cdots = \frac{\pi}{2}$ (무한급수)

⑦ $1-\frac{1}{2}+\frac{1}{3}-\frac{1}{4}+\cdots\cdots = \ln 2$ (무한급수)

Ⅵ. 수 표

■ 제곱근 · 세제곱근 · 역수표

수	제곱	세제곱	제곱근	세제곱근	역수	수	제곱	세제곱	제곱근	세제곱근	역수
1	1	1	1.0000	1.0000	1.00000	51	2601	132651	7.1414	3.7084	0.01961
2	4	8	1.4142	1.2599	0.50000	52	2704	140608	7.2111	3.7325	0.01923
3	9	27	1.7321	1.4222	0.33333	53	2809	148877	7.2801	3.7563	0.01887
4	16	64	2.0000	1.5874	0.25000	54	2916	157464	7.3485	3.7798	0.01852
5	25	125	2.2361	1.7100	0.20000	55	3025	166375	7.4162	3.8030	0.01818
6	36	216	2.4495	1.8171	0.16667	56	3136	175616	7.4833	3.8259	0.01786
7	49	343	2.6458	1.9129	0.14286	57	3249	185193	7.5498	3.8485	0.01754
8	64	512	2.8284	2.0000	0.12500	58	3364	195112	7.6158	3.8709	0.01724
9	81	729	3.0000	2.0801	0.11111	59	3481	205379	7.6811	3.8930	0.01695
10	100	1000	3.1623	2.1544	0.10000	60	3600	216000	7.7460	3.9149	0.01667
11	121	1331	3.3166	2.2240	0.09091	61	3721	226981	7.8102	3.9365	0.01639
12	144	1728	3.4641	2.2894	0.08333	62	3844	238328	7.8740	3.9579	0.01613
13	169	2197	3.6056	2.3513	0.07692	63	3969	250047	7.9373	3.9791	0.01587
14	196	2744	3.7417	2.4101	0.07143	64	4096	262144	8.0000	4.0000	0.01563
15	225	3375	3.8730	2.4662	0.06667	65	4225	274625	8.0623	4.0207	0.01538
16	256	4096	4.0000	2.5198	0.06250	66	4356	287496	8.1240	4.0412	0.01515
17	289	4913	4.1231	2.5713	0.05882	67	4489	300763	8.1854	4.0615	0.01493
18	324	5832	4.2426	2.6207	0.05556	68	4624	314462	8.2462	4.0817	0.01471
19	361	6859	4.3589	2.6684	0.05263	69	4761	328509	8.3066	4.1016	0.01449
20	400	8000	4.4721	2.7144	0.05000	70	4900	343000	8.3666	4.1213	0.01429
21	441	9261	4.5826	2.7589	0.04762	71	5041	357911	8.4261	4.1408	0.01408
22	484	10648	4.6904	2.8020	0.04545	72	5184	373248	8.4353	4.1602	0.01389
23	529	12167	4.7958	2.8439	0.04348	73	5329	389017	8.5440	4.1793	0.01370
24	576	13824	4.8990	2.8845	0.04167	74	5476	405224	8.6023	4.1983	0.01351
25	625	15625	5.0000	2.9240	0.04000	75	5625	421875	8.6603	4.2172	0.01333
26	676	17576	5.0990	2.8625	0.03846	76	5776	438976	8.7178	4.2358	0.01316
27	729	19683	5.1962	3.0000	0.03704	77	5929	456533	8.7750	4.2543	0.01299
28	784	21952	5.2915	3.0366	0.03571	78	6084	474552	8.8318	4.2727	0.01282
29	841	24389	5.3852	3.0723	0.03448	79	6241	493039	8.8882	4.2908	0.01266
30	900	27000	5.4772	3.1072	0.03333	80	6400	512000	8.9443	4.3089	0.01250
31	961	29791	5.5678	3.1414	0.03226	81	6561	531441	9.0000	4.3267	0.01235
32	1024	32768	5.6569	3.1748	0.03125	82	6724	551368	9.0554	4.3445	0.01220
33	1089	35937	5.7446	3.2075	0.03030	83	6889	571787	9.1104	4.3621	0.01205
34	1156	39304	5.8310	3.2396	0.02941	84	7056	592704	9.1652	4.3795	0.01190
35	1225	42875	5.9161	3.2711	0.02857	85	7225	614125	9.2195	4.3968	0.01176
36	1296	46656	6.0000	3.3019	0.02778	86	7396	636056	9.2736	4.4140	0.01163
37	1369	50653	6.0828	3.3322	0.02703	87	7569	658503	9.3274	4.4310	0.01149
38	1444	54872	6.1644	3.3620	0.02632	88	7744	681472	9.3808	4.4480	0.01136
39	1521	59319	6.2450	3.3912	0.02564	89	7921	704969	9.4340	4.4647	0.01124
40	1600	64000	6.3246	3.4200	0.02500	90	8100	729000	9.4868	4.4814	0.01111
41	1681	68921	6.4031	3.4482	0.02439	91	8281	753571	9.5394	4.4979	0.01099
42	1764	74088	6.4807	3.4760	0.02381	92	8464	778688	9.5917	4.5144	0.01087
43	1849	79507	6.5574	3.5034	0.02326	93	8649	804357	9.6437	4.5307	0.01075
44	1936	85184	6.6332	3.5303	0.02273	94	8836	830584	9.6954	4.5468	0.01064
45	2025	91125	6.7082	3.5569	0.02222	95	9025	857375	9.7468	4.5629	0.01053
46	2116	97336	6.7823	3.5830	0.02174	96	9216	884736	9.7980	4.5789	0.01042
47	2209	103823	6.8557	3.6088	0.02128	97	9409	912673	9.8489	4.5947	0.01031
48	2304	110592	6.9282	3.6342	0.02083	98	9604	941192	9.8995	4.6104	0.01020
49	2401	117649	7.0000	3.6593	0.02941	99	9801	970299	9.9499	4.6261	0.01010
50	2500	125000	7.0711	3.6840	0.02000	100	10000	1000000	10.0000	4.6416	0.01000

$\pi = 3.14\ 159\ 265$　$\frac{1}{\pi} = 0.31831$　$\sqrt{\pi} = 1.7725$　$\sqrt[3]{\pi} = 1.4646$

■ 삼각함수표

각	sin	cos	tan	각	sin	cos	tan
0°	0.0000	1.0000	0.0000	45°	0.7071	0.7071	1.0000
1°	0.0175	0.9998	0.0175	46°	0.7193	0.6947	1.0355
2°	0.0349	0.9994	0.0349	47°	0.7314	0.6820	1.0724
3°	0.0523	0.9986	0.0524	48°	0.7431	0.6691	1.1106
4°	0.0698	0.9976	0.0699	49°	0.7547	0.6561	1.1504
5°	0.0872	0.9962	0.0875	50°	0.7660	0.6428	1.1918
6°	0.1045	0.9945	0.1057	51°	0.7771	0.6293	1.2349
7°	0.1219	0.9925	0.1228	52°	0.7880	0.6157	1.2799
8°	0.1392	0.9903	0.1405	53°	0.7986	0.6018	1.3270
9°	0.1564	0.9877	0.1584	54°	0.8090	0.5878	1.3764
10°	0.1736	0.9848	0.1763	55°	0.8192	0.5736	1.4281
11°	0.1908	0.9816	0.1944	56°	0.8290	0.5592	1.4826
12°	0.2079	0.9781	0.2126	57°	0.8387	0.5446	1.5399
13°	0.2250	0.9744	0.2309	58°	0.8480	0.5299	1.6003
14°	0.2419	0.9703	0.2493	59°	0.8572	0.5150	1.6643
15°	0.2588	0.9659	0.2679	60°	0.8660	0.5000	1.7321
16°	0.2756	0.9613	0.2867	61°	0.8746	0.4848	1.8040
17°	0.2924	0.9563	0.3057	62°	0.8829	0.4695	1.8807
18°	0.3090	0.9511	0.3249	63°	0.8910	0.4540	1.9626
19°	0.3256	0.9455	0.3443	64°	0.8988	0.4384	2.0503
20°	0.3420	0.9397	0.3640	65°	0.9063	0.4226	2.1445
21°	0.3584	0.9336	0.3839	66°	0.9135	0.4067	2.2460
22°	0.3746	0.9272	0.4040	67°	0.9205	0.3907	2.3559
23°	0.3907	0.9205	0.4245	68°	0.9272	0.3746	2.4751
24°	0.4067	0.9135	0.4452	69°	0.9336	0.3584	2.6051
25°	0.4226	0.9063	0.4663	70°	0.9397	0.3420	2.7475
26°	0.4384	0.8988	0.4877	71°	0.9455	0.3256	2.9042
27°	0.4540	0.8910	0.5095	72°	0.9511	0.3090	3.0777
28°	0.4695	0.8829	0.5317	73°	0.9563	0.2924	3.2709
29°	0.4848	0.8746	0.5543	74°	0.9613	0.2756	3.4874
30°	0.5000	0.8660	0.5774	75°	0.9659	0.2588	3.7321
31°	0.5150	0.8572	0.6009	76°	0.9703	0.2419	4.0108
32°	0.5299	0.8480	0.6249	77°	0.9744	0.2250	4.3315
33°	0.5446	0.8387	0.6494	78°	0.9781	0.2079	4.7046
34°	0.5592	0.8290	0.6745	79°	0.9816	0.1908	5.1446
35°	0.5736	0.8192	0.7002	80°	0.9848	0.1736	5.6713
36°	0.5878	0.8090	0.7265	81°	0.9877	0.1564	7.1154
37°	0.6018	0.7986	0.7536	82°	0.9903	0.1392	8.1443
38°	0.6157	0.7880	0.7813	83°	0.9925	0.1219	9.5144
39°	0.6293	0.7771	0.8098	84°	0.9945	0.1045	6.3138
40°	0.6428	0.7660	0.8391	85°	0.9962	0.0872	11.4301
41°	0.6561	0.7547	0.8693	86°	0.9976	0.0698	14.3007
42°	0.6691	0.7431	0.9004	87°	0.9986	0.0523	19.0811
43°	0.6820	0.7314	0.9325	88°	0.9994	0.0349	28.6363
44°	0.9747	0.7193	0.9657	89°	0.9998	0.0175	57.2900
45°	0.7071	0.7071	1.0000	90°	1.0000	0.0000	∞

■ 지수함수와 쌍곡선함수표

x	e^x	e^{-x}	sinh x	cosh x	tanh x
0	1.0000	1.0000	.00000	1.0000	.00000
0.1	1.1052	.90484	.10017	1.0050	.09967
0.2	1.2214	.81884	.20134	1.0201	.19738
0.3	1.3499	.74082	.30452	1.0452	.29131
0.4	1.4918	.67032	.41075	1.0811	.37995
0.5	1.6487	.60653	.52110	1.1276	.46212
0.6	1.8221	.54881	.63665	1.1855	.53705
0.7	2.0138	.49659	.75858	1.2552	.60437
0.8	2.2255	.44938	.88811	1.3374	.66404
0.9	2.4596	.40657	1.0265	1.4331	.71630
1.0	2.7183	.36788	1.1752	1.5431	.76159
1.1	3.0042	.33287	1.3356	1.6685	.80050
1.2	3.3201	.30119	1.5095	1.8107	.83365
1.3	3.6693	.27253	1.6984	1.9709	.86172
1.4	4.0552	.24660	1.9043	2.1509	.88535
1.5	4.4817	.22313	2.1293	2.3524	.90515
1.6	4.9530	.20190	2.3756	2.5775	.92167
1.7	5.4739	.18268	2.6456	2.8283	.93541
1.8	6.0496	.16530	2.9422	3.1075	.94681
1.9	6.6859	.14957	3.2682	3.4177	.95624
2.0	7.3891	.13534	3.6269	3.7622	.96403
2.1	8.1662	.12246	4.0219	4.1443	.97045
2.2	9.0250	.11080	4.4571	4.5679	.97574
2.3	9.9742	.10026	4.9370	5.0372	.98010
2.4	11.023	.09072	5.4662	5.5569	.98367
2.5	12.182	.08208	9.0502	6.1323	.98661
2.6	13.464	.07427	6.6947	6.7690	.98903
2.7	14.880	.06721	7.4063	7.4735	.99101
2.8	16.445	.06081	8.1919	8.2527	.99263
2.9	18.174	.05502	9.0596	9.1146	.99396
3.0	20.086	.04979	10.018	10.068	.99505
3.1	22.198	.04505	11.076	11.122	.99595
3.2	24.533	.04076	12.246	12.287	.99668
3.3	24.113	.03688	13.538	13.575	.99728
3.4	19.964	.03337	14.965	14.999	.99777
3.5	33.115	.03020	16.543	16.573	.99818
3.6	36.598	.02732	18.285	18.313	.99777
3.7	40.447	.02472	20.211	20.236	.99878
3.8	44.701	.02237	22.339	22.362	.99900
3.9	49.402	.02024	24.691	24.711	.99918
4.0	54.593	.01832	27.290	27.308	.99933
4.1	60.340	.01657	30.162	30.178	.99945
4.2	66.686	.01500	33.336	33.351	.99955
4.3	73.700	.01357	36.843	86.856	.99963
4.4	81.451	.01228	40.719	40.732	.99970
4.5	90.017	.01111	45.003	45.014	.99975
4.6	99.484	.01005	39.737	49.747	.99980
4.7	109.95	.00910	54.969	54.978	.99983
4.8	121.51	.00823	60.751	60.759	.99986
4.9	134.29	.00745	67.141	67.149	.99989
5.0	148.41	.00674	74.023	74.210	.99991

■ 상용로그표(Ⅰ) $\log_{10} x$

x	0	1	2	3	4	5	6	7	8	9	표차								
											1	2	3	4	5	6	7	8	9
1.0	.0000	.0043	.0086	.0128	.0170	.0212	.0253	.0294	.0334	.0374	4	8	12	17	21	25	29	33	37
1.1	.0414	.0453	.0492	.0531	.0569	.0607	.0645	.0682	.0719	.0755	4	8	11	15	19	23	26	30	34
1.2	.0792	.0828	.0864	.0899	.0934	.0969	.1004	.1038	.1072	.1106	3	7	10	14	17	21	24	28	31
1.3	.1139	.1173	.1206	.1239	.1271	.1303	.1335	.1367	.1399	.1430	3	6	10	13	16	19	23	26	29
1.4	.1461	.1492	.1523	.1553	.1584	.1614	.1644	.1673	.1703	.1732	3	6	9	12	15	18	21	24	27
1.5	.1761	.1790	.1818	.1847	.1875	.1803	.1931	.1959	.1987	.2014	3	6	8	11	14	17	20	22	25
1.6	.2041	.2068	.2095	.2122	.2148	.2175	.2201	.2227	.2253	.2279	3	5	8	11	13	16	18	21	24
1.7	.2304	.2330	.2355	.2380	.2405	.2430	.2455	.2480	.2504	.2529	2	5	7	10	12	15	17	20	22
1.8	.2553	.2577	.2601	.2625	.2648	.2672	.2695	.2718	.2742	.2765	2	5	7	9	12	14	16	19	21
1.9	.2788	.2810	.2833	.2856	.2878	.2900	.2923	.2945	.2967	.2989	2	4	7	9	11	13	16	18	20
2.0	.3010	.3032	.3054	.3075	.3096	.3118	.3139	.3160	.3181	.3201	2	4	6	8	11	13	15	17	19
2.1	.3222	.3243	.3263	.3284	.3304	.3324	.3345	.3365	.3385	.3404	2	4	6	8	10	12	14	16	18
2.2	.3424	.3444	.3464	.3483	.3502	.3522	.3541	.3560	.3579	.3598	2	4	6	8	10	12	14	15	17
2.3	.3617	.3636	.3655	.3674	.3692	.3711	.3729	.3747	.3766	.3784	2	4	6	7	9	11	13	15	17
2.4	.3802	.3820	.3838	.3856	.3874	.3892	.3909	.3927	.3945	.3962	2	4	5	7	9	11	12	14	16
2.5	.3979	.3997	.4014	.4031	.4048	.4065	.4082	.4099	.4116	.4133	2	3	5	7	9	10	12	14	15
2.6	.4150	.4166	.4083	.4200	.4216	.4232	.4249	.4265	.4281	.4298	2	3	5	7	8	10	11	13	15
2.7	.4314	.4330	.4346	.4362	.4378	.4393	.4409	.4425	.4440	.4456	2	3	5	6	8	9	11	13	14
2.8	.4472	.4487	.5602	.4518	.4533	.4548	.4564	.4579	.4594	.4609	2	3	5	6	8	9	11	12	14
2.9	.4624	.4639	.4654	.4669	.4683	.4698	.4713	.4728	.4742	.4757	1	3	4	6	7	9	10	12	13
3.0	.4771	.4786	.4800	.4814	.4829	.4843	.4857	.4871	.4886	.4900	1	3	4	6	7	9	10	11	13
3.1	.4914	.4928	.4942	.4955	.4969	.4983	.4997	.5011	.5024	.5038	1	3	4	6	7	8	10	11	12
3.2	.5051	.5065	.5079	.5092	.5105	.5119	.5132	.5145	.5159	.5172	1	3	4	5	7	8	9	11	12
3.3	.5185	.5198	.5211	.5224	.5237	.5250	.5263	.5276	.5289	.5302	1	3	4	5	6	8	9	10	12
3.4	.5315	.5328	.5340	.5353	.5366	.5378	.5391	.5403	.5416	.5428	1	3	4	5	6	8	9	10	11
3.5	.5441	.5453	.5465	.5478	.5490	.5502	.5514	.5527	.5539	.5551	1	2	4	5	6	7	9	10	11
3.6	.5563	.5575	.5587	.5599	.5611	.5623	.5635	.5647	.5658	.5670	1	2	4	5	6	7	8	10	11
3.7	.5682	.5694	.5705	.5717	.5729	.5740	.5752	.5763	.5775	.5786	1	2	3	5	6	7	8	9	10
3.8	.5798	.5809	.5821	.5832	.5843	.5855	.5866	.5877	.5888	.5899	1	2	3	5	6	7	8	9	10
3.9	.5911	.5922	.5933	.5944	.5955	.5966	.5977	.5988	.5999	.6010	1	2	3	4	5	7	8	9	10
4.0	.6021	.6031	.6042	.6053	.6064	.6075	.6085	.6096	.6107	.6117	1	2	3	4	5	6	7	9	10
4.1	.6128	.6138	.6149	.6160	.6170	.6180	.6191	.6201	.6212	.6222	1	2	3	4	5	6	7	8	9
4.2	.6232	.6243	.6253	.6263	.6274	.6284	.6294	.6304	.6314	.6325	1	2	3	4	5	6	7	8	9
4.3	.6335	.6345	.6355	.6365	.6375	.6385	.6395	.6405	.6415	.6425	1	2	3	4	5	6	7	8	9
4.4	.6435	.6444	.6454	.6464	.6474	.6484	.6493	.6503	.6513	.6522	1	2	3	4	5	6	7	8	9
4.5	.6532	.6542	.6551	.6561	.6571	.6580	.6590	.6599	.6609	.6618	1	2	3	4	5	6	7	8	9
4.6	.6628	.6637	.6646	.6656	.6665	.6675	.6684	.6693	.6702	.6712	1	2	3	4	5	6	7	7	8
4.7	.6721	.6730	.6739	.6749	.6758	.6767	.6776	.6785	.6794	.6803	1	2	3	4	5	5	6	7	8
4.8	.6812	.6821	.6830	.6839	.6848	.6857	.6866	.6875	.6884	.6893	1	2	3	4	4	5	6	7	8
4.9	.6902	.6911	.6920	.6928	.6937	.6946	.6955	.6964	.6972	.6981	1	2	3	4	4	5	6	7	8
5.0	.6990	.6998	.7007	.7016	.7024	.7033	.7042	.7050	.7059	.7067	1	2	3	3	4	5	6	7	8
5.1	.7076	.7084	.7093	.7101	.7110	.7118	.7126	.7135	.7143	.7152	1	2	3	3	4	5	6	7	8
5.2	.7160	.7168	.7177	.7185	.7193	.7202	.7210	.7218	.7226	.7235	1	2	2	3	4	5	6	7	7
5.3	.7243	.7251	.7259	.7267	.7275	.7284	.7292	.7300	.7308	.7316	1	2	2	3	4	5	6	6	7
5.4	.7324	.7332	.7340	.7348	.7356	.7364	.7372	.7380	.7388	.7396	1	2	2	3	4	5	6	6	7

■ 상용로그표(Ⅱ) $\log_{10} x$

x	0	1	2	3	4	5	6	7	8	9	표차 1	2	3	4	5	6	7	8	9
5.5	.7404	.7412	.7419	.7427	.7435	.7443	.7451	.7459	.7466	.7474	1	2	2	3	4	5	5	6	7
5.6	.7482	.7490	.7497	.7505	.7513	.7520	.7528	.7536	.7543	.7551	1	2	2	3	4	5	5	6	7
5.7	.7559	.7566	.7574	.7582	.7589	.7597	.7604	.7612	.7619	.7627	1	2	2	3	4	5	5	6	7
5.8	.7634	.7642	.7649	.7657	.7664	.7672	.7679	.7686	.7694	.7701	1	1	2	3	4	4	5	6	7
5.9	.7709	.7716	.7723	.7731	.7738	.7745	.7752	.7760	.7767	.7774	1	1	2	3	4	4	5	6	7
6.0	.7782	.7789	.7796	.7803	.7810	.7818	.7825	.7832	.7893	.7846	1	1	2	3	4	4	5	6	6
6.1	.7853	.7860	.7868	.7875	.7882	.7889	.7896	.7903	.7910	.7917	1	1	2	3	4	4	5	6	6
6.2	.7924	.7931	.7938	.7945	.7952	.7959	.7966	.7973	.7980	.7987	1	1	2	3	3	4	5	6	6
6.3	.7993	.8000	.8007	.8014	.8021	.8028	.8035	.8041	.8048	.8055	1	1	2	3	3	4	5	5	6
6.4	.8062	.8069	.8075	.8082	.8089	.8096	.8102	.8109	.8116	.8122	1	1	2	3	3	4	5	5	6
6.5	.8129	.8136	.8142	.8149	.8156	.8162	.8169	.8176	.8182	.8189	1	1	2	3	3	4	5	5	6
6.6	.8195	.8202	.8209	.8215	.8222	.8228	.8235	.8241	.8248	.8254	1	1	2	3	3	4	5	5	6
6.7	.8261	.8267	.8274	.8280	.8287	.8293	.8299	.8306	.8312	.8319	1	1	2	3	3	4	5	5	6
6.8	.8325	.8331	.8338	.8344	.8351	.8357	.8363	.8370	.8376	.8382	1	1	2	3	3	4	4	5	6
6.9	.8388	.8395	.8401	.8407	.8414	.8420	.8426	.8432	.8439	.8445	1	1	2	2	3	4	4	5	6
7.0	.8451	.8457	.8463	.8470	.8476	.8482	.8488	.8494	.8500	.8506	1	1	2	2	3	4	4	5	6
7.1	.8513	.8519	.8525	.8531	.8537	.8543	.8549	.8555	.8561	.8567	1	1	2	2	3	4	4	5	5
7.2	.8573	.8579	.8585	.8591	.8597	.8603	.8609	.8615	.8621	.8627	1	1	2	2	3	4	4	5	5
7.3	.8633	.8639	.8645	.8651	.8657	.8663	.8669	.8675	.8681	.8686	1	1	2	2	3	4	4	5	5
7.4	.8692	.8698	.8704	.8710	.8716	.8722	.8727	.8733	.8739	.8745	1	1	2	2	3	4	4	5	5
7.5	.8751	.8756	.8762	.8768	.8774	.8779	.8785	.8791	.8797	.8802	1	1	2	2	3	3	4	5	5
7.6	.8808	.8814	.8820	.8825	.8831	.8837	.8842	.8848	.8854	.8859	1	1	2	2	3	3	4	5	5
7.7	.8865	.8871	.8876	.8882	.8887	.8893	.8899	.8904	.8910	.8915	1	1	2	2	3	3	4	4	5
7.8	.8921	.8927	.8932	.8938	.8943	.8949	.8954	.8960	.8965	.8971	1	1	2	2	3	3	4	4	5
7.9	.8976	.8982	.8987	.8993	.8998	.9004	.9009	.9015	.9020	.9025	1	1	2	2	3	3	4	4	5
8.0	.9031	.9036	.9042	.9047	.9053	.9058	.9063	.9069	.9074	.9079	1	1	2	2	3	3	4	4	5
8.1	.9085	.9090	.9096	.9101	.9106	.9112	.9117	.9122	.9128	.9133	1	1	2	2	3	3	4	4	5
8.2	.9138	.9143	.9149	.9154	.9159	.9165	.9170	.9175	.9180	.9186	1	1	2	2	3	3	4	4	5
8.3	.9191	.9196	.9201	.9206	.9212	.9217	.9222	.9227	.9232	.9238	1	1	2	2	3	3	4	4	5
8.4	.9243	.9248	.9253	.9258	.9263	.9269	.9274	.9279	.9284	.9289	1	1	2	2	3	3	4	4	5
8.5	.9294	.9299	.9304	.9309	.9315	.9320	.9325	.9330	.9335	.9340	1	1	2	2	3	3	4	4	5
8.6	.9345	.9350	.9355	.9360	.9365	.9370	.9375	.9380	.9385	.9390	1	1	2	2	3	3	4	4	5
8.7	.9395	.9400	.9405	.9410	.9415	.9420	.9425	.9430	.9435	.9440	0	1	1	2	2	3	3	4	4
8.8	.9445	.9450	.9455	.9460	.9465	.9469	.9474	.9479	.9484	.9489	0	1	1	2	2	3	3	4	4
8.9	.9494	.9499	.9504	.9509	.9513	.9518	.9523	.9528	.9533	.9538	0	1	1	2	2	3	3	4	4
9.0	.9542	.9547	.9552	.9557	.9562	.9566	.9571	.9576	.9581	.9586	0	1	1	2	2	3	3	4	4
9.1	.9590	.9595	.9600	.9605	.9609	.9614	.9619	.9624	.9628	.9633	0	1	1	2	2	3	3	4	4
9.2	.9638	.9643	.9647	.9652	.9657	.9661	.9666	.9671	.9675	.9680	0	1	1	2	2	3	3	4	4
9.3	.9685	.9689	.9694	.9699	.9703	.9708	.9713	.9717	.9722	.9727	0	1	1	2	2	3	3	4	4
9.4	.9731	.9736	.9741	.9745	.9750	.9754	.9759	.9763	.9768	.9773	0	1	1	2	2	3	3	4	4
9.5	.9777	.9782	.9786	.9791	.9795	.9800	.9805	.9809	.9814	.9818	0	1	1	2	2	3	3	4	4
9.6	.9823	.9827	.9832	.9836	.9841	.9845	.9850	.9854	.9859	.9863	0	1	1	2	2	3	3	4	4
9.7	.9868	.9872	.9877	.9881	.9886	.9890	.9894	.9903	.9903	.9908	0	1	1	2	2	3	3	4	4
9.8	.9912	.9917	.9921	.9926	.9930	.9934	.9939	.9943	.9948	.9952	0	1	1	2	2	3	3	4	4
9.9	.9956	.9961	.9965	.9969	.9974	.9978	.9983	.9987	.9991	.9996	0	1	1	2	2	3	3	3	4

■ 자연로그표(Ⅰ) $\log_e x (= \ln x)$

10보다 크거나 1보다 작은 수의 대수를 구할 때 ln10=2.30259를 이용

x	0	1	2	3	4	5	6	7	8	9
1.0	0.0000	0096	0198	0296	0392	0488	0583	0677	0770	0862
1.1	0953	1044	1133	1222	1310	1398	1484	1570	1655	1740
1.2	1823	1906	1989	2070	2151	2231	2311	2390	2469	2546
1.3	2624	2700	2776	2852	2927	3001	3075	3148	6221	3292
1.4	3365	3436	3507	3577	3646	3716	3784	3853	3920	3988
1.5	0.4055	4124	4187	4253	4318	4383	4447	4511	4574	4637
1.6	4700	4762	4824	4886	4947	5008	5068	5128	5188	5247
1.7	5306	5365	5423	5481	5539	5596	5653	5710	5766	5822
1.8	5878	5933	5988	6043	6098	6152	6206	6259	6313	6366
1.9	6419	6471	6523	6575	6627	6678	6729	6780	6831	6881
2.0	0.6932	6981	7031	7080	7129	7178	7227	7275	7324	7372
2.1	7419	7467	7514	7561	7608	7655	7701	7747	7793	7839
2.2	7885	7930	7975	8020	8065	8109	8154	8189	8242	8246
2.3	8329	8372	8416	8459	8502	8544	8587	8629	8671	8713
2.4	8755	8796	8838	8879	8920	8961	9002	9042	9083	9123
2.5	0.9163	9203	9243	9282	9322	9361	9400	9439	9478	9517
2.6	9555	9594	9632	9670	9708	9746	9783	9821	9858	9895
2.7	9933	9969	1.0006	1.0043	1.0079	1.0116	1.0152	1.0188	1.0225	1.0260
2.8	1.0296	1.0332	0367	0403	0438	0473	0508	0543	0578	0613
2.9	0647	0682	0726	0750	0784	0818	0852	0886	0919	0953
3.0	1.0986	1019	1053	1086	1119	1151	1184	1217	1249	1282
3.1	1314	1346	1378	1410	1442	1474	1506	1537	1569	1600
3.2	1632	1663	1694	1725	1756	1787	1817	1848	1878	1909
3.3	1939	1969	2000	2030	2060	2090	2119	2149	2179	2208
3.4	2238	2267	2296	2326	2355	2384	2413	2442	2470	2499
3.5	1.2528	2556	2585	2613	2641	2669	2698	2726	2754	2782
3.6	2809	2837	2865	2892	2920	2947	2975	3002	3029	3056
3.7	3083	3110	3137	3164	3191	3218	3244	3271	3297	3324
3.8	3350	3376	3403	3429	3455	3481	3507	3533	3558	3584
3.9	3610	3635	3661	3686	3712	3737	3762	3788	3813	3838
4.0	1.3863	3888	3913	3938	3962	3987	4012	4036	4061	4085
4.1	4110	4134	4159	4183	4207	4231	4255	4279	4303	4327
4.2	4351	4375	4398	4422	4446	4469	4493	4516	4540	4563
4.3	4586	4609	4633	4656	4679	4702	4725	4748	4770	4793
4.4	4816	4839	4861	4884	4907	4929	4951	4974	4996	5019
4.5	1.5041	5063	5085	5107	5129	5151	5173	5195	5217	5239
4.6	5261	5282	5304	5326	5347	5369	5390	5412	5433	5454
4.7	5476	5497	5518	5539	5560	5581	5602	5623	5644	5655
4.8	5686	5707	5728	5748	5769	5790	5810	5831	5851	5872
4.9	5892	5913	5933	5953	5974	5994	6014	6034	6054	6074
5.0	1.6094	6114	6134	6154	6174	6194	6214	6233	6253	6273
5.1	6292	6312	6332	6351	6371	6390	6409	6429	6448	6467
5.2	6487	6506	6525	6544	6563	6582	6601	6620	6639	6658
5.3	6677	6696	6725	6734	6752	6771	6790	6808	6827	6845
5.4	6864	6882	6901	6919	6938	6956	6974	6993	7011	7029

■ 자연로그표(Ⅱ) $\log_e x (= \ln x)$

예) ln150 = ln1.5 + 2ln10 = 0.4055 + 2 × 2.30259 = 5.01068

x	0	1	2	3	4	5	6	7	8	9
5.5	1.7047	7066	7084	7102	7120	7138	7156	7174	7192	7210
5.6	7228	7246	7263	7281	7299	7317	7334	7352	7370	7387
5.7	7405	7422	7440	7457	7475	7492	7509	7527	7544	7561
5.8	7579	7596	7613	7630	7647	7664	7681	7699	7716	7733
5.9	7750	7766	7783	7800	7817	7834	7851	7867	7884	7901
6.0	1.7918	7934	7951	7967	7984	8001	8017	8034	8050	8066
6.1	8083	8099	8116	8132	8148	8165	8181	8197	8213	8229
6.2	8245	8262	8278	8294	8310	8326	8342	8358	8374	8390
6.3	8405	8421	8437	8453	8496	8485	8500	8516	8532	8547
6.4	8563	8579	8594	8610	8625	8641	8656	8672	8687	8703
6.5	1.8718	8733	8749	8764	8779	8795	8810	8825	8840	8856
6.6	8871	8886	8901	8916	8931	8946	8961	8976	8991	9006
6.7	9021	9036	9051	9066	9081	9095	9110	9125	9140	9155
6.8	9169	9184	9199	9213	9228	9242	9257	9272	9286	9301
6.9	9315	9330	9344	9359	9373	9387	9402	9416	9430	9445
7.0	1.9459	9473	9488	9502	9516	9530	9544	9559	9573	9587
7.1	9601	9615	9629	9643	9657	9671	9685	9669	9713	9727
7.2	9741	9755	9769	9782	9796	9810	9824	9838	9851	9865
7.3	9879	9892	9906	9920	9933	9947	9961	9974	9988	2.0001
7.4	2.0015	2.0028	2.0042	2.0055	2.0069	2.0082	2.0096	2.0109	2.0122	2.0136
7.5	2.0149	0162	0176	0189	0202	0215	0229	0242	0255	0268
7.6	0281	0295	0308	0321	0334	0347	0360	0373	0386	0399
7.7	0412	0425	0438	0451	0464	0477	0490	0503	0516	0528
7.8	0541	0554	0567	0580	0592	0605	0618	0631	0643	0656
7.9	0669	0681	0694	0707	0719	0732	0744	0757	0769	0782
8.0	2.0794	0807	0819	0832	0844	0857	0869	0882	0894	0906
8.1	0919	0931	0943	0956	0968	0980	0992	1005	1017	1029
8.2	1041	1054	1066	1078	1090	1102	1114	1126	1138	1150
8.3	1163	1175	1187	1199	1211	1223	1235	1247	1258	1270
8.4	1282	1294	1306	1318	1330	1342	1353	1365	1377	1389
8.5	2.1401	1412	1424	1436	1448	1459	1471	1483	1494	1506
8.6	1518	1529	1541	1552	1564	1576	1587	1599	1610	1622
8.7	1633	1645	1656	1668	1679	1691	1702	1713	1725	1736
8.8	1748	1759	1770	1782	1793	1804	1815	1827	1838	1849
8.9	1861	1872	1883	1894	1905	1917	1929	1939	1950	1961
9.0	2.1972	1983	1994	2006	2017	2028	2039	2050	2061	2072
9.1	2083	2094	2105	2116	2127	2138	2148	2159	2170	2181
9.2	2192	2203	2214	2225	2235	2246	2257	2268	2279	2289
9.3	2300	2311	2322	2332	2343	2354	2364	2375	2386	2396
9.4	2407	2418	2428	2439	2450	2460	2471	2481	2492	2502
9.5	2.2513	2523	2534	2544	2555	2565	2576	2586	2597	2607
9.6	2618	2628	2638	2649	2659	2670	2680	2690	2701	2711
9.7	2721	2732	2742	2752	2762	2773	2783	2793	2803	2814
9.8	2824	2834	2844	2854	2865	2875	2885	2895	2905	2915
9.9	2925	2935	2946	2956	2966	2976	2986	2996	3006	3016

연습문제 풀이와 해답

■ 연습문제 1 ■

1-1 $x-2 \geqq 0$, 즉 $x \geqq 2$일 때

$x-2=5$에서 $x=7$,

또, $x-2<0$, 즉 $x<2$일 때

$-(x-2)=5$에서 $x=-3$

따라서 위의 조건으로부터 등식을 만족시키는 x의 값은

$\boldsymbol{x=7}$ **또는** $\boldsymbol{x=-3}$

1-2 $f(2)=\dfrac{1-2}{1+2}=-\dfrac{\mathbf{1}}{\mathbf{3}}$,

$f(-2)=\dfrac{1-(-2)}{1-2}=\dfrac{3}{-1}=\mathbf{-3}$

1-3 모든 실수의 집합을 R, 정의역 X, 치역을 $f(x)$라고 하면

① 1차함수이므로

$\therefore \boldsymbol{X=R,\ f(X)=R}$

② $x-1 \neq 0$이어야 하므로 $x \neq 1$,

$x \neq 1$일 때 $y \neq 0$

$\therefore \boldsymbol{X=R-\{1\},\ f(X)=R-\{0\}}$

③ $4-x^2 \geqq 0$여야 하므로 $-2 \leqq x \leqq 2$

$-2 \leqq x \leqq 2$일 때 $0 \leqq y \leqq 2$

$\therefore \boldsymbol{-2 \leqq X \leqq 2,\ 0 \leqq f(X) \leqq 2}$

④ 2차함수의 정의역은 모든 실수

$y=x^2-2x+3=(x-1)^2+2$

$(x-1)^2 \geqq 0$, $(x-1)^2+2 \geqq 2$

$\therefore \boldsymbol{X=R,\ f(X) \geqq 2}$

1-4 $(g \circ f)(x)=g(f(x))=g(x^2+1)$

$=(x^2+1)+1=\boldsymbol{x^2+2}$

$(f \circ g)(x)=f(g(x))=f(x+1)$

$=(x+1)^2+1=\boldsymbol{x^2+2x+2}$

1-5 ① 주어진 식에서 x와 y를 바꾸어 놓으면

$x=\sqrt{1+y}$, $x^2=1+y$, $y=x^2-1$

$\therefore f^{-1}(x)=\boldsymbol{x^2-1}$

② $x=y^3$, $y=x^{\frac{1}{3}}$

$\therefore f^{-1}(x)=x^{\frac{1}{3}}=\boldsymbol{\sqrt[3]{x}}$

③ $x=3y^2-1$, $3y^2=x+1$,

$y=\pm\sqrt{\dfrac{x+1}{3}}$

$\therefore f^{-1}(x)=\pm\boldsymbol{\sqrt{\dfrac{x+1}{3}}}$

④ $x=\dfrac{2}{3}y-1$, $\dfrac{2}{3}y=x+1$

$y=\dfrac{3}{2}x+\dfrac{3}{2}$

$\therefore f^{-1}(x)=\boldsymbol{\dfrac{3}{2}x+\dfrac{3}{2}}$

1-6 ① 기울기 $\mathbf{\sqrt{3}}$, y절편 **2**

x축과 이루는 각 $\tan 60°=\sqrt{3}$이므로

60°

② 기울기 **1**, y절편 **−3**

x축과 이루는 각 $\tan 45°=1$이므로

45°

1-7 ① $y=|x-2|+1$에서

$x-2 \geqq 0$일 때, 곧 $x \geqq 2$일 때

$y=x-2+1=x-1$

$x-2<0$일 때, 곧 $x<2$일 때

$y=-(x-2)+1=-x+3$

따라서 구하는 그래프는 다음과 같다.

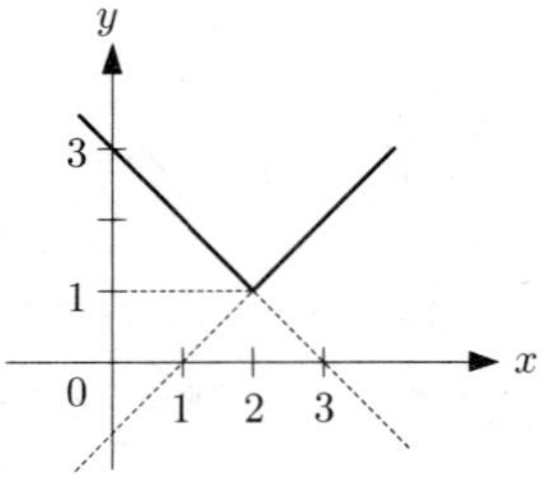

② $|x|-2|y|=1$에서

$x \geqq 0$, $y \geqq 0$일 때,

$x-2y=1 \quad \therefore y=\frac{1}{2}x-\frac{1}{2}$

$x \geqq 0$, $y<0$일 때,

$x+2y=1 \quad \therefore y=-\frac{1}{2}x+\frac{1}{2}$

$x<0$, $y \geqq 0$일 때,

$-x-2y=1 \quad \therefore y=-\frac{1}{2}x-\frac{1}{2}$

$x<0$, $y<0$일 때,

$-x+2y=1 \quad \therefore y=\frac{1}{2}x+\frac{1}{2}$

따라서 구하는 그래프는

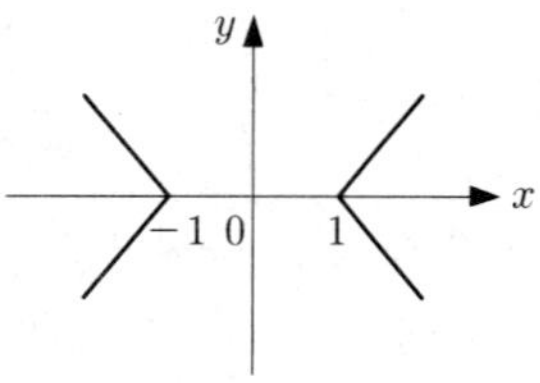

1-8 ① $y=-x^2+4x-3=-(x-2)^2+1$

또, $y=-x^2+4x-3=-(x-1)(x-3)$

따라서 꼭지점의 좌표는 **(2, 1)**

대칭축의 방정식 $\boldsymbol{x=2}$,

x축과의 교점 **(1, 0), (3, 0)**

그래프는 다음과 같다.

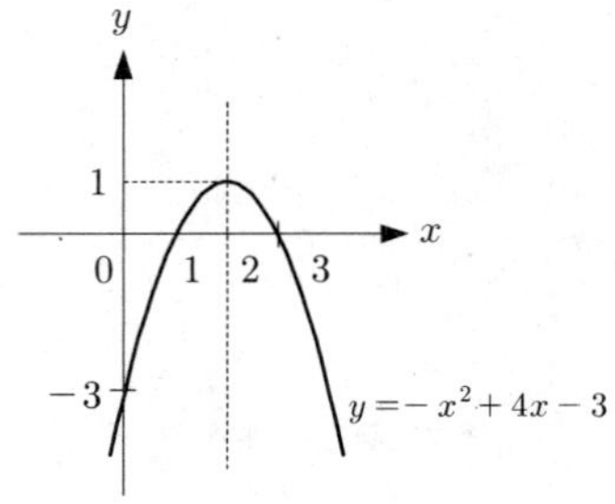

② $y=\frac{1}{2}x^2+x-\frac{3}{2}=\frac{1}{2}(x+1)^2-2$

또, $y=\frac{1}{2}x^2+x-\frac{3}{2}$

$=\frac{1}{2}(x+3)(x-1)$

따라서, 꼭지점의 좌표 **(−1, −2)**

대칭축의 방정식 $x=-1$

x축과의 교점 **(−3, 0), (1, 0)**

그래프는 다음 그림과 같다.

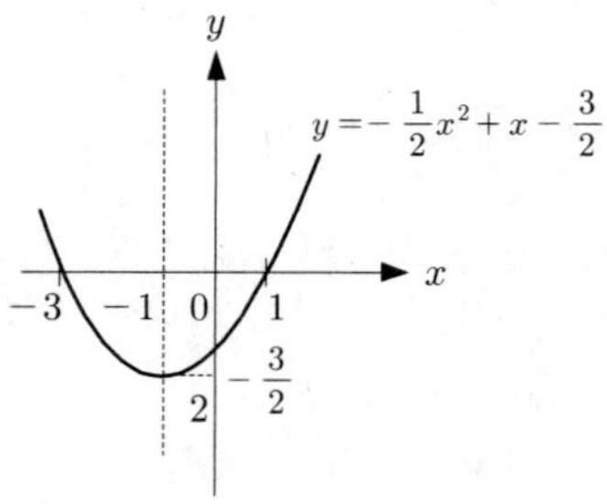

1-9 ① $x=-1$에서 x축에 접하므로

$y=a(x+1)^2$으로 놓으면, 이것이 점 $(-2, 3)$을 지나므로 $3=a(-2+1)^2$에서 $a=3$

$\therefore \boldsymbol{y=3(x+1)^2}$

② 꼭지점이 $(1, 3)$이므로

$y=a(x-1)^2+3$으로 놓으면 이것이 점 $(2, 5)$를 지나므로 $5=a+3$에서 $a=2$

$\therefore \boldsymbol{y=2(x-1)^2+3}$

③ x축과 1, 2에서 만나므로

$y=a(x-1)(x-2)$로 놓으면 이것이 점 $(3, 2)$를 지나므로 $2=2a$에서 $a=1$

$\therefore y=(x-1)(x-2)$, $\boldsymbol{y=x^2-3x+2}$

④ 구하는 포물선의 방정식을

$y=ax^2+bx+c$로 놓으면 이것이 세 점 $(0, 3), (-1, 0), (1, 4)$를 지나므로 $c=3$, $a-b+c=0$, $a+b+c=4$에서 $a=-1$, $b=2$, $c=3$

$\therefore \boldsymbol{y=-x^2+2x+3}$

1-10 직각쌍곡선 $y=\dfrac{1}{x}$을 x축의 방향으로 2, y축의 방향으로 3만큼 평행이동한 것으로 그래프는 다음 그림과 같다.

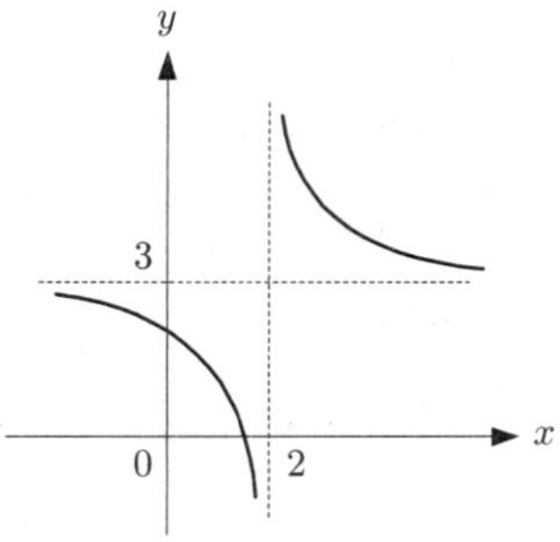

1-11 ① $y=-\sqrt{2(x+2)}+2$에서

$y=-\sqrt{2x}$의 그래프를 x축 방향으로 -2, y축 방향으로 2만큼 평행 이동한 것으로 그래프는 다음 그림과 같다.

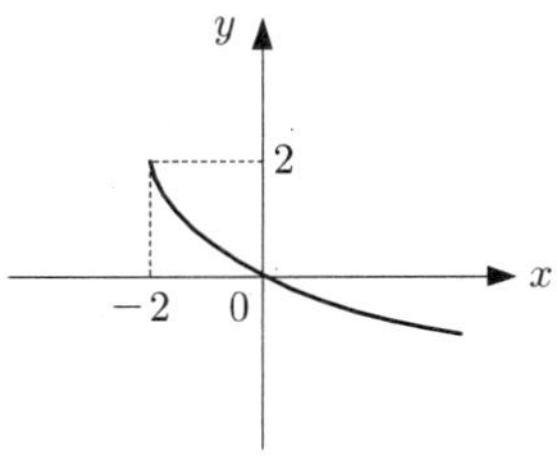

정의역 : $X=\{x \mid x \geqq 2\}$
치 역 : $Y=\{y \mid y \leqq 2\}$

② $y=\sqrt{-3(x-2)}-1$에서

$y=\sqrt{-3x}$의 그래프를 x축 방향으로 2, y축 방향으로 -1만큼 평행 이동한 것으로 그래프는 다음 그림과 같다.

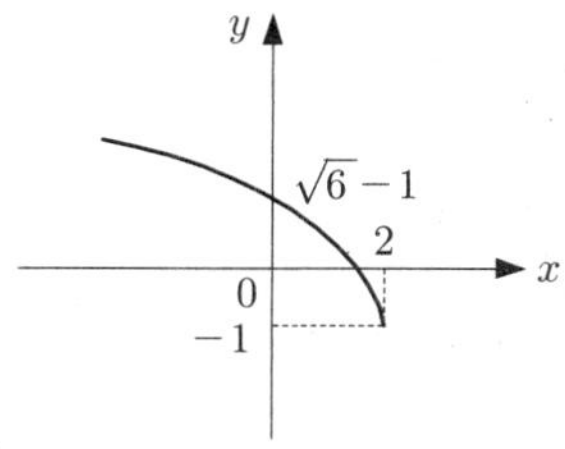

정의역 : $X=\{x \mid x \leqq 2\}$
치 역 : $Y=\{y \mid y \geqq -1\}$

■ 연습문제 2 ■

2-1 ① $a^{-2}a^3=a^{-2+3}=a^1=\boldsymbol{a}$

② $(a^{-3})^2=a^{-6}=\boldsymbol{\dfrac{1}{a^6}}$

③ $(a^2a^3)^3=(a^5)^3=\boldsymbol{a^{15}}$

④ $\dfrac{(a^2)^3}{a^5}=\dfrac{a^6}{a^5}=\boldsymbol{a}$

⑤ $\left(\dfrac{1}{e}\right)^{-2}=(e^{-1})^{-2}=\boldsymbol{e^2}$

⑥ $\left(\dfrac{e^{15}}{e^2}\right)^{-1}=(e^{13})^{-1}=e^{-13}=\boldsymbol{\dfrac{1}{e^{13}}}$

2-2 ① $(\sqrt{5})^0=\boldsymbol{1}$

② $(-3)^{-2}=\dfrac{1}{(-3)^2}=\boldsymbol{\dfrac{1}{9}}$

③ $(-2^2)^{-2}=(4)^{-2}=\dfrac{1}{4^2}=\boldsymbol{\dfrac{1}{16}}$

④ $\left(\dfrac{1}{5}\right)^3=\dfrac{1}{5^3}=\boldsymbol{\dfrac{1}{125}}$

⑤ $\left(\dfrac{1}{8}\right)^{\frac{1}{3}}=\dfrac{1}{8^{\frac{1}{3}}}=\boldsymbol{\dfrac{1}{2}}$

⑥ $\left(\dfrac{1}{5}\right)^{-2}=(5^{-1})^{-2}=5^2=\boldsymbol{25}$

2-3 ① $\left(\sqrt[3]{a^5}\right)^{-2}=\left(a^{\frac{5}{3}}\right)^{-2}=\boldsymbol{a^{-\frac{10}{3}}}$

② $\sqrt[3]{\sqrt[3]{a^3}}=\left(a^{\frac{3}{3}}\right)^{\frac{1}{3}}=\boldsymbol{a^{\frac{1}{3}}}$

③ $\dfrac{\sqrt[3]{a^4}}{\sqrt[4]{a^2}} = \dfrac{a^{\frac{4}{3}}}{a^{\frac{2}{4}}} = a^{\frac{4}{3}-\frac{1}{2}} = \boldsymbol{a^{\frac{5}{6}}}$

2-4 ① $(5^2)(5^3) = 5^{2+3} = \mathbf{5^5}$

② $\left(9^{\frac{2}{3}}\right)(3)\left(3^{\frac{2}{3}}\right) = \left(3^{\frac{4}{3}}\right)(3^1)\left(3^{\frac{2}{3}}\right)$

$= 3^{\frac{4}{3}+1+\frac{2}{3}} = 3^3 = \mathbf{27}$

③ $\left\{(8^{-1})\left(8^{\frac{2}{3}}\right)\right\}^3 = \left(8^{-1+\frac{2}{3}}\right)^3$

$= \left(8^{-\frac{1}{3}}\right)^3 = 8^{-1} = \mathbf{\frac{1}{8}}$

④ $32^{\frac{3}{2}}\left(\frac{1}{2}\right)^{\frac{3}{2}} = \left(2^{\frac{15}{2}}\right)\left(2^{-\frac{3}{2}}\right)$

$= 2^{\frac{15}{2}-\frac{3}{2}} = 2^{\frac{12}{2}} = 2^6 = \mathbf{64}$

⑤ $\sqrt[3]{4} \cdot \sqrt[3]{16} = \sqrt[3]{64} = \sqrt[3]{2^6}$

$= 2^{\frac{6}{3}} = 2^2 = \mathbf{4}$

⑥ $-\sqrt[4]{81} = -\sqrt[4]{3^4} = \mathbf{-3}$

⑦ $\sqrt{3} \cdot \sqrt[3]{3^4} \cdot \sqrt[6]{3} = 3^{\frac{1}{2}+\frac{4}{3}+\frac{1}{6}}$

$= 3^{\frac{12}{6}} = 3^2 = \mathbf{9}$

⑧ $\sqrt[3]{-8} \cdot \sqrt[3]{27} \cdot \sqrt[3]{-27}$

$= (-8)^{\frac{1}{3}} \times (27)^{\frac{1}{3}} \times (-27)^{\frac{1}{3}}$

$= (-2^3)^{\frac{1}{3}} \cdot (3^3)^{\frac{1}{3}} \times (-3^3)^{\frac{1}{3}}$

$= -2 \times 3 \times (-3) = \mathbf{18}$

2-5 ① 준식$= \dfrac{1}{\sqrt{2 \times 5 \times 10^{-13}}}$

$= \dfrac{1}{\sqrt{10^{-12}}} = \dfrac{1}{10^{-6}} = \mathbf{10^6}$

② 준식$= 50^2 + \dfrac{1}{\pi \times 10^{-3}}$

$= 50^2 + 0.3184 \times 10^3$

$= 2500 + 318.4 \fallingdotseq \mathbf{2818.4}$

2-6 ① $\log_2 32 = \log_2 2^5 = 5\log_2 2 = \mathbf{5}$

② $\log_{10} 0.1 = \log_{10} 10^{-1}$

$= -\log_{10} 10 = \mathbf{-1}$

③ $\log_2 1 + \log_2 2 = 0 + 1 = \mathbf{1}$

④ $\log_{10} 2 + \log_{10} 5 = \log_{10} 10 = \mathbf{1}$

⑤ $2\log_3 3 - \log_3 4 + 2\log_3 \sqrt{12}$

$= 2 + \log_3 \dfrac{12}{4} = 2 + \log_3 3$

$= 2 + 1 = \mathbf{3}$

⑥ $\log_3 \sqrt[4]{2} - \log_3 4 + 7\log_3 \sqrt[4]{2}$

$= \dfrac{1}{4}\log_3 2 - 2\log_3 2 + \dfrac{7}{4}\log_3 2$

$= \left(\dfrac{1}{4} - 2 + \dfrac{7}{4}\right)\log_3 2 = \mathbf{0}$

2-7 ① $\ln 6 = \ln 2 + \ln 3 = 0.6931 + 1.0986$

$= \mathbf{1.7917}$

② $\ln \dfrac{2}{3} = \ln 2 - \ln 3$

$= 0.6931 - 1.0986 = \mathbf{-0.4055}$

③ $\ln \sqrt{3} = \dfrac{1}{2}\ln 3 = \dfrac{1.0986}{2}$

$= \mathbf{0.5493}$

④ $\ln \sqrt[3]{12} = \dfrac{1}{3}(2\ln 2 + \ln 3)$

$= \dfrac{1}{3}(2 \times 0.6931 + 1.0986)$

$= \mathbf{0.8283}$

2-8 ① $3^x = 81 = 3^4 \quad \therefore x = \mathbf{4}$

② $x^{\frac{3}{4}} = 8$, $x = 8^{\frac{3}{4}} = \sqrt[3]{8^4} = \mathbf{16}$

③ $3^{x-1} = 27 = 3^3$ 에서 $x - 1 = 3$

$\therefore x = \mathbf{2}$

④ $\left(\dfrac{1}{3}\right)^{5-x} = 27 = \left(\dfrac{1}{3}\right)^{-3}$ 에서

$5 - x = -3$, $\therefore x = \mathbf{8}$

⑤ $(x+3)^{\frac{4}{3}} = 16$,

$x + 3 = 16^{\frac{3}{4}} = 2^3 = 8$

$\therefore x = \mathbf{5}$

⑥ $e^{-2x} = e^5$ 에서 $-2x = 5$

$\therefore x = \mathbf{-\frac{5}{2}}$

⑦ $\log_x 8 = 3$, $x^3 = 8 = 2^3$, $\therefore x = \mathbf{2}$

⑧ $\log_3 27 = -x$, $3^{-x} = 27 = 3^3$,

$\therefore x = \mathbf{-3}$

2-9 ① 준식에서 x와 y를 바꾸어놓으면

$x = 2^{3y}$

y에 관하여 풀면 $3y = \log_2 x$

$\therefore \boldsymbol{y = \frac{1}{3}\log_2 x}$

② $\frac{x}{2} = 5^{y-1}$, $y-1 = \log_5 \frac{x}{2}$

$\therefore \boldsymbol{y = \log_5 \frac{x}{2} + 1}$

③ $\frac{x}{2} = \log_3 y$, $\therefore \boldsymbol{y = 3^{\frac{x}{2}}}$

④ $x = 2 + \log_{10}(y+1)$,

$10^{x-2} = y+1$, $\therefore \boldsymbol{y = 10^{x-2} - 1}$

2-10 ① $y = 3^x$의 그래프를 x축의 방향으로 -1, y축의 방향으로 -1만큼 평행이동한 것으로, $y = -1$을 점근선으로 한다. 구하는 그래프는 그림과 같다.

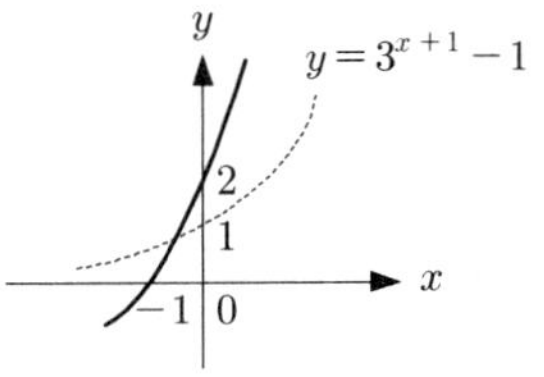

② $x \geqq 0$일 때, $y = 3^{-x}$

$x < 0$일 때, $y = 3^x$이므로

구하는 그래프는 그림과 같다.

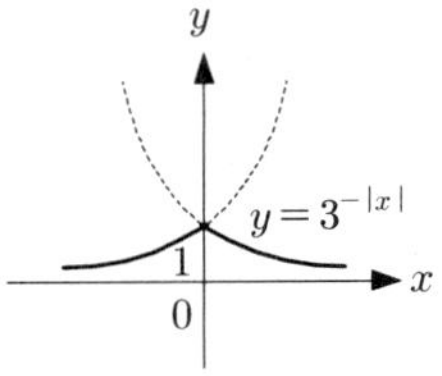

2-11 ① $y = \ln x$의 그래프를 x축의 방향으로 1만큼 이동한 것으로 그래프는 그림과 같다.

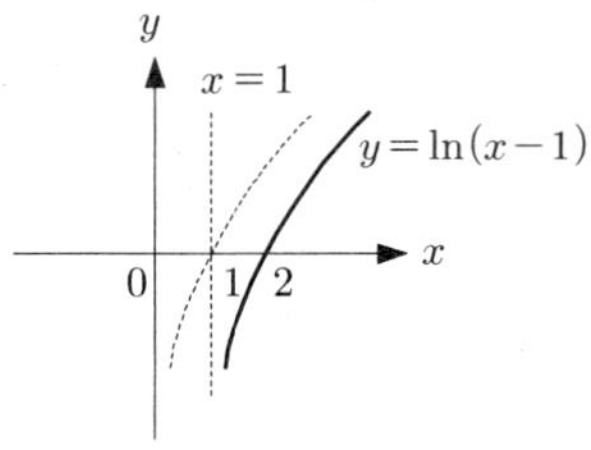

② $y = \log_2 x$의 그래프를 y축의 방향으로 3만큼 이동한 것으로 그래프는 그림과 같다.

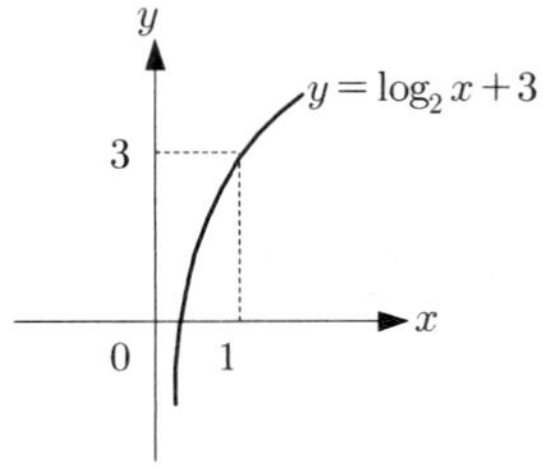

2-12 ① $3^x = X$, $3^y = Y$라 놓으면

$X > 0$, $Y > 0$

첫째 식에서

$X^2 - Y^2 = 72$ ………ⓐ

둘째 식에서

$XY = 27$ ……………ⓑ

ⓐ×3−ⓑ×8에서

$3X^2 - 8XY - 3Y^2 = 0$

$(3X + Y)(X - 3Y) = 0$

그런데, $X > 0$, $Y > 0$이므로

$X = 3Y$

이것을 ⓑ에 대입하면

$(3Y)Y = 27$에서 $Y = 3$, $X = 9$

이때, $3^y = 3$, $3^x = 9$

따라서, $\boldsymbol{x = 2}$, $\boldsymbol{y = 1}$

② $\log_x 2 = X$, $\log_y 3 = Y$라 놓으면

첫째 식에서

$2X-Y=5$ ………ⓐ

둘째 식에서

$X-3Y=5$ ………ⓑ

ⓐ, ⓑ를 연립하여 풀면

$X=2$, $Y=-1$

$\therefore \log_x 2=2$, $\log_y 3=-1$

$\log_x 2=2$ 에서 $x^2=2$

$\therefore \boldsymbol{x=\sqrt{2}}$ $(\because x>0)$

$\log_y 3=-1$ 에서 $y^{-1}=3$

$\therefore \boldsymbol{y=\dfrac{1}{3}}$

■ 연습문제 3 ■

3-1 ① $12''=\left(\dfrac{12}{60}\right)'=0.2'$

$6'+0.2'=6.2'=\left(\dfrac{0.2}{60}\right)°=0.103°$

$\therefore 5°6'12''=5°+0.103°=\mathbf{5.103°}$

② $4''=\left(\dfrac{40}{60}\right)'=0.667'$

$37'+0.667'=37.667'$

$=\left(\dfrac{37.667}{60}\right)°=0.628°$

$\therefore 58°37'40''=58°+0.628°=\mathbf{58.625°}$

③ $25''=\left(\dfrac{25}{60}\right)'=0.417'$

$15'+0.417'=15.417'$

$=\left(\dfrac{15.417}{60}\right)°=0.257°$

$\therefore 352°15'25''=352°+0.257°=\mathbf{352.257°}$

3-2 ① $0.75°=(0.75\times 60)'=45'$

$\therefore 1.75°=\mathbf{1°45'}$

② $0.63°=(0.63\times 60)'=37.8'=37'+0.8'$

$0.8'=(0.8\times 60)''=4''$,

$0.63°=37'12''$

$\therefore 15.63°=\mathbf{15°37'12''}$

③ $0.280°=(0.28\times 60)'=16.8'=16+0.8'$

$0.8'=(0.8\times 60)''=48''$

$0.280'=16'48''$

$\therefore 320.280°=\mathbf{320°16'48''}$

3-3 ① $43°12'55''+12°20'15''=\mathbf{55°33'10''}$

② $65°12'30''-12°40'14''=\mathbf{52°32'16''}$

③ $71°\times 3=213°$, $25'\times 3=75'=1°15'$,

$32''\times 3=96''=1'36''$

$\therefore 71°25'32''\times 3$

$=(213+1)°(15+1)'36''$

$=\mathbf{214°16'36''}$

④ $58°\div 5=11.6°$,

$0.6°=(0.6\times 60)'=36'$,

$12'\div 5=2.4'$

$0.4'=(0.4\times 60)''=24''$,

$40''\div 5=8''$

$\therefore 58°12'40''\div 5=11°(2+36)'(24+8)''$

$=\mathbf{11°38'32''}$

3-4 ① $23.5\left(\dfrac{\pi}{180}\right)=23.5(0.0175)$

$\fallingdotseq \mathbf{0.41}[\mathrm{rad}]$

② $80.4\left(\dfrac{\pi}{180}\right)=80.4(0.0175)$

$\fallingdotseq \mathbf{1.41}[\mathrm{rad}]$

③ $120\left(\dfrac{\pi}{180}\right)=120(0.0175)$

$\fallingdotseq \mathbf{2.1}[\mathrm{rad}]$

④ $3\dfrac{1}{2}$ 회전 $=6\pi+\pi=7\pi$

$\fallingdotseq 7\times 3.14=\mathbf{22}[\mathrm{rad}]$

3-5 ① $0.1\left(\dfrac{180}{\pi}\right)=0.1(57.3)\fallingdotseq \mathbf{5.73°}$

② $4.3\left(\dfrac{180}{\pi}\right)=4.3(57.3)\fallingdotseq \mathbf{246.4°}$

③ $\dfrac{\pi}{3}\left(\dfrac{180}{\pi}\right)=\mathbf{60°}$

④ $4\pi\left(\dfrac{180}{\pi}\right)=\mathbf{720°}$

3-6 ① 제**2**사분면 ② 제**4**사분면

③ 제**2**사분면 ④ 제**1**사분면

3-7 $l=r\theta$ 에서

$$\theta=\frac{l}{r}=\frac{15}{10}=1.5[\text{rad}]$$

$$S=\frac{1}{2}\times 10\times 15=\mathbf{75}[\text{rad}]$$

3-8 그림에서와 같이 제2사분면의 각을 α 라 하면 α 의 일반각은

$$\theta=2n\pi+\alpha \quad (\text{단, } \frac{\pi}{2}<\alpha<\pi)$$

$$\therefore \frac{\theta}{2}=n\pi+\frac{\alpha}{2}$$

그런데 $\frac{\pi}{2}<\alpha<\pi$ 이므로 $\frac{\pi}{4}<\frac{\alpha}{2}<\frac{\pi}{2}$ 이다. 따라서 n 이 짝수이면 제1사분면의 각이 되고 n 이 홀수이면 $\frac{\theta}{2}$ 는 제3사분면의 각이 된다. 즉, **제1사분면** 또는 **제3사분면**의 각이다.

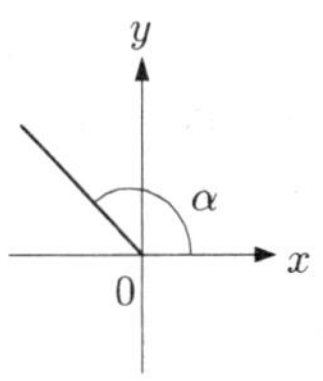

3-9 $\cos^2\theta=1-\sin^2\theta=1-\left(-\frac{2}{3}\right)^2=\frac{5}{9}$

$$\theta=\pm\frac{\sqrt{5}}{3}$$

그런데 θ 는 제3사분면의 각이므로

$\cos\theta<0 \quad \therefore \cos\theta=-\mathbf{\frac{\sqrt{5}}{3}}$

$$\tan\theta=\frac{\sin\theta}{\cos\theta}=\left(-\frac{2}{3}\right)\div\left(-\frac{\sqrt{3}}{3}\right)=\mathbf{\frac{2\sqrt{5}}{5}}$$

3-10 $\sin\theta=\sqrt{1-\cos^2\theta}=\sqrt{1-(0.6)^2}$

$$=\sqrt{1-0.36}=\sqrt{0.64}=\mathbf{0.8}$$

$$\tan\theta=\frac{\sin\theta}{\cos\theta}=\frac{0.8}{0.6}=\mathbf{\frac{4}{3}}$$

3-11 ① $\sin 120°=\sin(180-60°)=\mathbf{\sin 60°}$

또는 $\sin 120°=\sin(90+30°)=\mathbf{\cos 30°}$

② $\cos 700°=\cos(360\times 2-20°)$

$=\cos(-20°)=\mathbf{\cos 20°}$ 또는

$\cos 700°=\cos(90°\times 7+70°)=\mathbf{\sin 70°}$

③ $\tan(-740°)=\tan\{360°\times(-2)-20°\}$

$=\tan(-20°)=\mathbf{\tan 20°}$ 또는

$\tan(-740°)=\tan\{90°\times(-9)-70°\}$

$=\mathbf{-\cot 70°}$

④ $\sin\left(-\frac{5}{4}\pi\right)=-\sin\frac{5}{4}\pi$

$=-\sin\left(\pi+\frac{\pi}{4}\right)$

$=\mathbf{\sin\frac{\pi}{4}}$ 또는

$\sin\left(-\frac{5}{4}\pi\right)=\sin\left\{\frac{\pi}{2}\times(-3)+\frac{\pi}{4}\right\}$

$=\mathbf{\cos\frac{\pi}{4}}$

⑤ $\cos\frac{14}{3}\pi=\cos\left(2\pi\times 2+\frac{2}{3}\pi\right)$

$=\cos\frac{2}{3}\pi=\cos\left(\pi-\frac{\pi}{3}\right)$

$=\mathbf{-\cos\frac{\pi}{3}}$ 또는

$\cos\frac{14}{3}\pi=\cos\left(\frac{\pi}{2}\times 9+\frac{\pi}{6}\right)$

$=\mathbf{-\sin\frac{\pi}{6}}$

⑥ $\tan\left(\frac{5}{3}\pi\right)=\tan\left(2\pi-\frac{\pi}{3}\right)=\mathbf{-\tan\frac{\pi}{3}}$

또는

$\tan\left(\frac{5}{3}\pi\right)=\tan\left(\frac{3}{2}\pi+\frac{\pi}{6}\right)=\mathbf{-\cos\frac{\pi}{6}}$

3-12 ① $\sin 150°=\sin(90°+60°)$

$=\cos 60°=\mathbf{\frac{\sqrt{3}}{2}}$

② $\cos 225°=\cos(270°-45°)$

$=-\sin 45°=-\mathbf{\frac{1}{\sqrt{2}}}$

③ $\tan 135°=\tan(180°-45°)$

$=-\tan 45°=\mathbf{-1}$

④ $\sin(-30°)=-\sin 30°=\mathbf{-\frac{1}{2}}$

⑤ $\cos(-45°)=\cos 45°=\dfrac{\mathbf{1}}{\sqrt{\mathbf{2}}}$

⑥ $\tan(-60°)=-\tan 60°=-\sqrt{\mathbf{3}}$

⑦ $\sin\dfrac{7}{6}\pi=\sin\left(\pi+\dfrac{\pi}{6}\right)=-\dfrac{\mathbf{1}}{\mathbf{2}}$

⑧ $\cos\dfrac{5}{3}\pi=\cos\left(2\pi-\dfrac{\pi}{3}\right)$

$=\cos\dfrac{\pi}{3}=\dfrac{\mathbf{1}}{\mathbf{2}}$

⑨ $\tan\dfrac{2}{3}\pi=\tan\left(\pi-\dfrac{\pi}{3}\right)$

$=-\tan\dfrac{\pi}{3}=-\sqrt{\mathbf{3}}$

⑩ $\sin 840°=\sin(90°\times 9+30°)$

$=\cos 30°=\dfrac{\sqrt{\mathbf{3}}}{\mathbf{2}}$

⑪ $\cos 765°=\cos(720°+45°)$

$=\cos 45°=\dfrac{\mathbf{1}}{\sqrt{\mathbf{2}}}$

⑫ $\tan(-1110°)=-\tan 1110°$

$=-\tan(360°\times 3+30°)$

$=-\tan 30°=-\dfrac{\mathbf{1}}{\sqrt{\mathbf{3}}}$

3-13 ① $\cos 160°=\cos(90°+70°)$

$=-\sin 70°$

$\cos 110°=\cos(90°+20°)=-\sin 20°$

$\therefore$ 준식$=-\sin 70°-(-\sin 20°)$

$+\sin 70°-\sin 20°=\mathbf{0}$

② $\sin 63°=\sin(90°-27°)=\cos 27°$

$\therefore \sin^2 27°+\sin^2 63°$

$=\sin^2 27°+\cos^2 27°=\mathbf{1}$

3-14 ① 최대값 : **1**, 최소값 : **−1**, 주기 : $\boldsymbol{2\pi}$

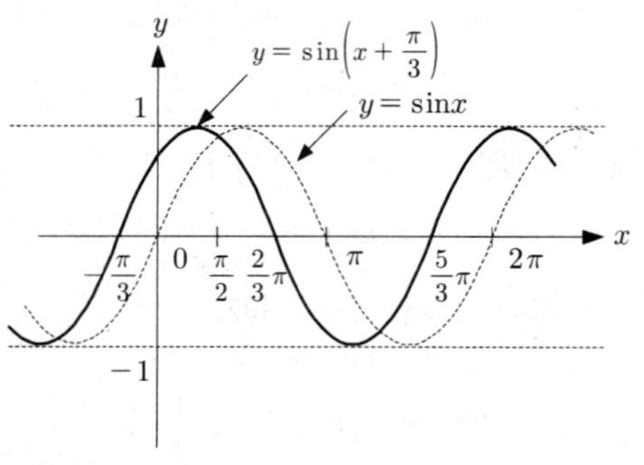

② 최대값 : **4**, 최소값 : **−4**, 주기 : $\boldsymbol{\pi}$

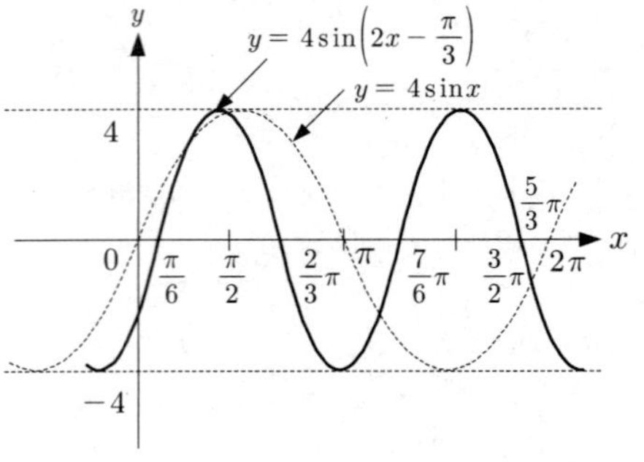

■ 연습문제 4 ■

4-1 $\sin 105°=\sin(60°+45°)$

$=\sin 60°\cos 45°+\cos 60°\sin 45°$

$=\dfrac{\sqrt{3}}{2}\times\dfrac{\sqrt{2}}{2}+\dfrac{1}{2}\times\dfrac{\sqrt{2}}{2}$

$=\dfrac{\sqrt{\mathbf{6}}+\sqrt{\mathbf{2}}}{\mathbf{4}}$

$\cos 105°=\cos(60°+45°)$

$=\cos 60°\cos 45°-\sin 60°\sin 45°$

$=\dfrac{1}{2}\times\dfrac{\sqrt{2}}{2}-\dfrac{\sqrt{3}}{2}\cdot\dfrac{\sqrt{2}}{2}$

$=\dfrac{\sqrt{\mathbf{2}}-\sqrt{\mathbf{6}}}{\mathbf{4}}$

$\tan 105°=\dfrac{\sin 105°}{\cos 105°}$

$=\dfrac{\sqrt{2}+\sqrt{6}}{\sqrt{2}-\sqrt{6}}$

$=\dfrac{(\sqrt{2}+\sqrt{6})^2}{(\sqrt{2}-\sqrt{6})(\sqrt{2}+\sqrt{6})}$

$=\dfrac{2+2\sqrt{12}+6}{2-6}$

$=\dfrac{8+4\sqrt{3}}{-4}$

$=\mathbf{-2-\sqrt{3}}$

4-2 그림과 같이 두 직선 $y=\dfrac{1}{3}x$ 와 $y=2x$ 가 x 축의 양의 방향과 이루는 각의 크기를 각각 α, β 라고 하면, 두 직선이 이루는 각의 크기는 $\beta-\alpha$ 이고,

$\tan\alpha=\dfrac{1}{3}$, $\tan\beta=2$

$$\therefore \tan(\beta-\alpha)=\frac{\tan\beta-\tan\alpha}{1+\tan\beta\tan\alpha}=\frac{2-\frac{1}{3}}{1+2\times\frac{1}{3}}=1$$

$\therefore \beta-\alpha=\mathbf{45°}$

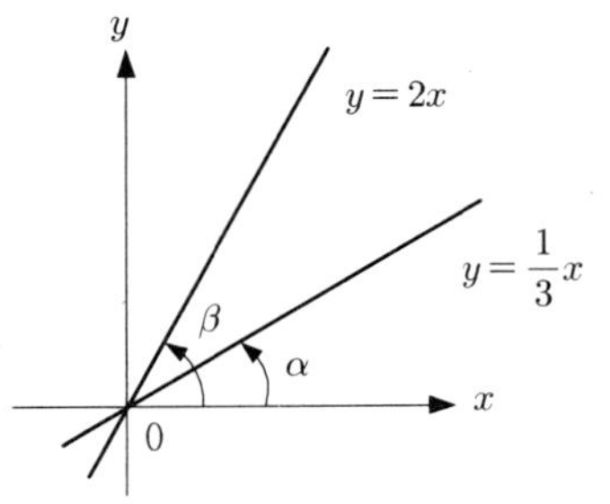

4-3 ① $\sin\theta+\cos\theta$

$$=\sqrt{1^2+1^2}\left(\frac{1}{\sqrt{2}}\sin\theta+\frac{1}{\sqrt{2}}\cos\theta\right)$$
$$=\sqrt{2}\,(\cos 45°\sin\theta+\sin 45°\cos\theta)$$
$$=\boldsymbol{\sqrt{2}\,\sin(\theta+45°)}$$

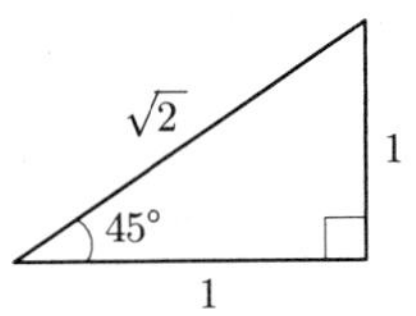

② $3\sin\theta+4\cos\theta$

$$=\sqrt{3^2+4^2}\left(\frac{3}{5}\sin\theta+\frac{4}{5}\cos\theta\right)$$
$$=5(\cos\alpha\sin\theta+\sin\alpha\cos\theta)$$
$$=\boldsymbol{5\sin(\theta+\alpha)}\ \left(\text{단, } \alpha=\tan^{-1}\frac{4}{3}\right)$$

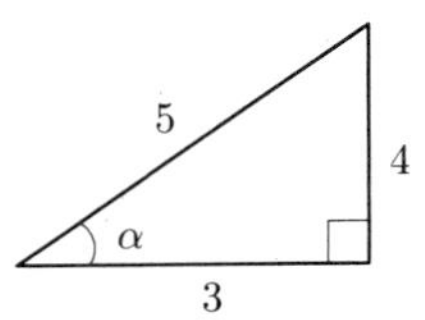

4-4 ① $y=\sqrt{3}\,\sin x+\cos x$

$$=2\left(\frac{\sqrt{3}}{2}\sin x+\frac{1}{2}\cos x\right)$$
$$=2(\cos 30°\sin x+\sin 30°\cos x)$$
$$=2\sin(x+30°)$$

$\therefore$ 최대값 **2**, 최소값 **−2**

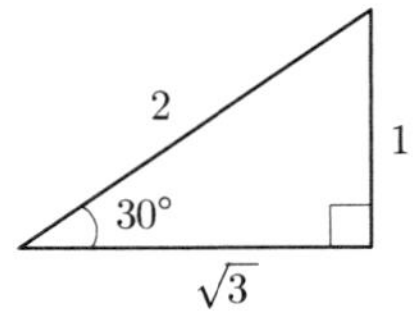

② $y=5\sin x+8\cos x$

$$=\sqrt{89}\left(\frac{5}{\sqrt{89}}\sin x+\frac{8}{\sqrt{89}}\cos x\right)$$
$$=\sqrt{89}\,\sin(x+\theta)\ \left(\text{단, } \theta=\tan^{-1}\frac{8}{5}\right)$$

$\therefore$ 최대값 $\boldsymbol{\sqrt{89}}$, 최소값 $\boldsymbol{-\sqrt{89}}$

4-5 $\cos 2\alpha=2\cos^2\alpha-1=2\cdot\left(\dfrac{1}{3}\right)^2-1$

$$=\boldsymbol{-\frac{7}{9}}$$

$$\cos\frac{\alpha}{2}=\sqrt{\frac{1+\cos\alpha}{2}}=\sqrt{\frac{2}{3}}=\boldsymbol{\frac{\sqrt{6}}{3}}$$

4-6 $\cos\alpha=\cos 2\cdot\dfrac{\alpha}{2}$

$$=\cos^2\frac{\alpha}{2}-\sin^2\frac{\alpha}{2}$$
$$=\cos^2\frac{\alpha}{2}\left(1-\tan^2\frac{\alpha}{2}\right)$$
$$=\frac{1}{\sec^2\frac{\alpha}{2}}\left(1-\tan^2\frac{\alpha}{2}\right)$$
$$=\frac{1-\tan^2\frac{\alpha}{2}}{1+\tan^2\frac{\alpha}{2}}=\boldsymbol{\frac{1-t^2}{1+t^2}}$$

4-7 $\tan 2x=\dfrac{2\tan x}{1-\tan^2 x}=\boldsymbol{\dfrac{2t}{1-t^2}}$

$$\cos 2x=2\cos^2 x-1=\frac{2}{\sec^2 x}-1$$
$$=\frac{2}{1+\tan^2 x}-1=\frac{2}{1+t^2}-1$$
$$=\boldsymbol{\frac{1-t^2}{1+t^2}}$$

$\sin 2x = \tan 2x \cdot \cos 2x$

$= \dfrac{2t}{1-t^2} \cdot \dfrac{1-t^2}{1+t^2} = \dfrac{2t}{1+t^2}$

4-8 ① 준식$= \dfrac{1}{2}\{\sin(75°+15°)$

$+\sin(75°-15°)\}$

$= \dfrac{2+\sqrt{3}}{4}$

② 준식$= \dfrac{1}{2}\{\sin(15°+75°)$

$+\sin(15°-75°)\}$

$= \dfrac{2-\sqrt{3}}{4}$

③ 준식$= \dfrac{1}{2}\{\cos(75°+15°)$

$+\cos(75°-15°)\}$

$= \dfrac{1}{4}$

④ 준식$= -\dfrac{1}{2}\{\cos(75°+15°)$

$-\cos(75°-15°)\}$

$= \dfrac{1}{4}$

4-9 ① 준식

$= 2\sin\dfrac{105°+15°}{2}\cos\dfrac{105°-15°}{2}$

$= 2\sin 60°\cos 45° = \dfrac{\sqrt{6}}{2}$

② 준식

$= 2\cos\dfrac{105°+15°}{2}\sin\dfrac{105°-15°}{2}$

$= 2\cos 60°\sin 45° = \dfrac{\sqrt{2}}{2}$

③ 준식

$= 2\cos\dfrac{105°+15°}{2}\cos\dfrac{105°-15°}{2}$

$= 2\cos 60°\cos 45° = \dfrac{\sqrt{2}}{2}$

④ 준식

$= -2\sin\dfrac{105°+15°}{2}\sin\dfrac{105°-15°}{2}$

$= -\dfrac{\sqrt{6}}{2}$

4-10 $\sin x + \cos x = \dfrac{1}{2}$ 의 양변을 제곱하면

$1 + 2\sin x\cos x = \dfrac{1}{4}$

$\therefore 2\sin x\cos x = \sin 2x = -\dfrac{3}{4}$

또한, $\sin^2 2x + \cos^2 2x = 1$ 에서

$\cos^2 2x = 1 - \sin^2 2x = 1 - \left(-\dfrac{3}{4}\right)^2 = \dfrac{7}{16}$

$\therefore \cos 2x = \pm\dfrac{\sqrt{7}}{4}$

따라서, $\sin 2x + \cos 2x = \dfrac{-3 \pm \sqrt{7}}{4}$

4-11 $\triangle ABC$에서 $\dfrac{a}{\sin A} = \dfrac{b}{\sin B}$이므로

$\dfrac{10}{\sin 60°} = \dfrac{b}{\sin B}$

$\therefore b = \dfrac{10\sin 45°}{\sin 60°} = \dfrac{10\sqrt{6}}{3}$

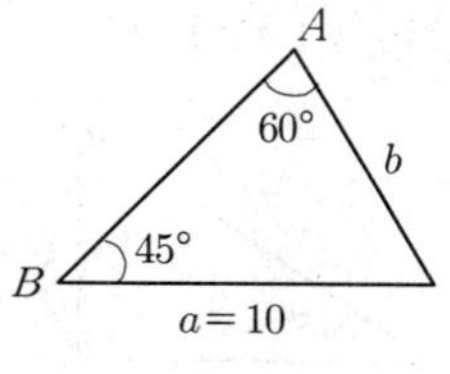

4-12 사인법칙에 의하여 $\dfrac{a}{\sin A} = 2R$

$\dfrac{5}{\sin A} = 2\times 5$, $\sin A = \dfrac{1}{2}$

$\therefore A = 30°$ 또는 $150°$

4-13 $A = 60°$, 나머지 변의 길이를 a 라 하면

$a^2 = b^2 + c^2 - 2bc\cos A$ 에서

$a^2 = 2^2 + 3^2 - 2\cdot 2\cdot 3\cos 60° = 7$

$\therefore a = \sqrt{7}$ [cm]

4-14 $c^2 = a^2 + b^2 - 2bc\cos C$에서

$$\cos C = \frac{a^2+b^2-c^2}{2ab}$$
$$= \frac{7^2+8^2-13^2}{2\cdot 7\cdot 8} = -\frac{1}{2}$$
$$\therefore C = \mathbf{120°}$$

4-15 최대변에 대한 맞각이 최대각이므로 최대각은 A이다.

$$\cos A = \frac{b^2+c^2-a^2}{2bc} = \frac{5^2+3^2-7^2}{2\cdot 5\cdot 3}$$
$$= -\frac{1}{2}$$
$$\therefore A = \mathbf{120°}$$

4-16 $S = \frac{1}{2}bc\sin A$에서

$$S = \frac{1}{2}\times 3\times 6\times \sin 60° = \frac{\mathbf{9\sqrt{3}}}{\mathbf{2}}[\mathrm{cm}^2]$$

4-17 헤론의 공식에서

$$S = \frac{1}{2}(5+6+7) = 9 \text{ 이므로}$$
$$S = \sqrt{9(9-5)(9-6)(9-7)}$$
$$= \sqrt{9\times 4\times 3\times 2} = \mathbf{6\sqrt{6}}$$

4-18 ① $\mathrm{Sin}^{-1}(-1) = -\boldsymbol{\frac{\pi}{2}}$

② $\mathrm{Sin}^{-1}\left(\frac{1}{2}\right) = \boldsymbol{\frac{\pi}{6}}$

③ $\mathrm{Cos}^{-1}(-1) = \boldsymbol{\pi}$

④ $\mathrm{Cos}^{-1}\left(\frac{1}{2}\right) = \boldsymbol{\frac{\pi}{3}}$

⑤ $\mathrm{Tan}^{-1}(-1) = -\boldsymbol{\frac{\pi}{4}}$

⑥ $\mathrm{Tan}^{-1}\left(\frac{1}{\sqrt{3}}\right) = \boldsymbol{\frac{\pi}{6}}$

4-19 $v = 6\sin\omega t + 8\cos\omega t$

$$= 10\left(\frac{6}{10}\sin\omega t + \frac{8}{10}\cos\omega t\right)$$
$$= 10(\cos\theta\sin\omega t + \sin\theta\cos\omega t)$$
$$= \mathbf{10\sin(\omega t+\theta)}$$
$$\left(\text{단, } \theta = \tan^{-1}\frac{8}{6} = \tan^{-1}\frac{4}{3}\right)$$

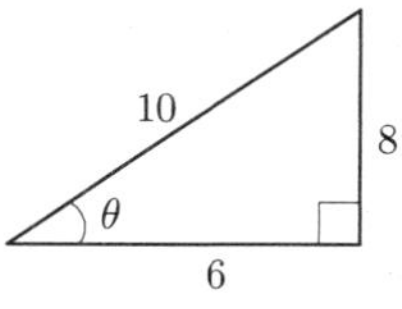

4-20 $a = 6\cos 60° = 6\times\frac{1}{2} = 3$

$$b = 6\sin 60° = 6\times\frac{\sqrt{3}}{2} = 3\sqrt{3}$$
$$\therefore i = a\sin\omega t + b\cos\omega t$$
$$= \mathbf{3\sin\omega t + 3\sqrt{3}\cos\omega t}$$

■ 연습문제 5 ■

5-1 ① y 계수의 절대값이 같고, 부호가 다르므로 두 식을 더하면

$4x = 16$, $\therefore \boldsymbol{x = 4}$

$x = 4$를 첫째 식에 대입하면
$3\times 4 + 2y = 12$, $2y = 0$, $\therefore \boldsymbol{y = 0}$

② 첫째 식을 둘째 식에 대입하면

$3x + 2(-2x+5) = 8$, $3x - 4x + 10 = 8$,
$-x = 8 - 10$, $\therefore \boldsymbol{x = 2}$

또, $x = 2$를 첫째 식에 대입하면
$y = (-2)\times 2 + 5 = 1$, $\therefore \boldsymbol{y = 1}$

③ $3x + y + 2z = 14$ ·········ⓐ
$2x + y - z = 5$ ·········ⓑ
$x - 4y + 2z = 3$ ·········ⓒ
에서 ⓐ+ⓑ×2

$$\begin{array}{rl} & 3x + y + 2z = 14 \\ +) & 4x + 2y - 2z = 10 \\ \hline & 7x + 3y \quad\;\; = 24 \end{array}$$ ·········ⓓ

ⓐ−ⓒ

$$\begin{array}{rl} & 3x + y + 2z = 14 \\ +) & x - 4y + 2z = 3 \\ \hline & 2x + 5y \quad\;\; = 11 \end{array}$$ ·········ⓔ

ⓓ, ⓔ를 연립시켜 풀면
$x = 3$, $y = 1$

x, y의 값을 ⓐ에 대입하면, $z=2$

$\therefore \boldsymbol{x=3,\ y=1,\ z=2}$

5-2 ① 준식$=(2)(5)-(-3)(4)=\mathbf{22}$

② 준식$=(2)(-2)-(1)(1)=\mathbf{-5}$

③ 준식$=(-1)+(2)-(-1)=\mathbf{2}$

④ 준식$=(45)+(84)+(96)-(105)$
$-(-48)-(72)=\mathbf{240}$

5-3 ① $C_{11}=(-1)^{1+1}\begin{vmatrix}1 & 2\\6 & 5\end{vmatrix}$
$=5-12=\mathbf{-7}$

② $C_{12}=(-1)^{1+2}\begin{vmatrix}4 & 2\\-3 & 5\end{vmatrix}$
$=-\{20-(-6)\}=\mathbf{-26}$

③ $C_{13}=(-1)^{1+3}\begin{vmatrix}4 & 1\\-3 & 6\end{vmatrix}$
$=24-(-3)=\mathbf{27}$

5-4 ① 준식$=1\begin{vmatrix}5 & 6\\8 & 9\end{vmatrix}-2\begin{vmatrix}4 & 6\\7 & 9\end{vmatrix}$
$+3\begin{vmatrix}4 & 5\\7 & 8\end{vmatrix}$
$=45-48-2(36-42)+3(32-35)$
$=-3+12-9=\mathbf{0}$

② 준식$=\begin{vmatrix}-1 & 1\\-1 & 1\end{vmatrix}-\begin{vmatrix}2 & -1\\0 & -1\end{vmatrix}$
$=(-1)-(-1)-(-2)=\mathbf{2}$

5-5 ① 준식$=1-0=\mathbf{1}$

② 준식$=6-(-4)=\mathbf{10}$

③ 준식$=1-8=\mathbf{-7}$

④ $\cos^2\theta-(-\sin^2\theta)=\mathbf{1}$

⑤ 준식$=30+4-24-9=\mathbf{1}$

⑥ 준식$=-12-336-4-(-12)$
$-64-21$
$=\mathbf{-425}$

⑦ 준식$=1+4+3-(-3)-2-(-2)$
$=\mathbf{11}$

⑧ 준식$=2\begin{vmatrix}2 & 1 & 1\\1 & 2 & 1\\1 & 1 & 2\end{vmatrix}-\begin{vmatrix}1 & 1 & 1\\1 & 2 & 1\\1 & 1 & 2\end{vmatrix}$
$-\begin{vmatrix}1 & 1 & 1\\2 & 1 & 1\\1 & 1 & 2\end{vmatrix}-\begin{vmatrix}1 & 1 & 1\\2 & 1 & 1\\1 & 2 & 1\end{vmatrix}=\mathbf{5}$

5-6 ① 준식$=15+2x+3-6x+5(2x+3)$
$=33+6x=0$

$\therefore x=-\dfrac{\mathbf{33}}{\mathbf{6}}$

② 준식
$=x-3(1+x)+6x+2x-9x-(1+x)$
$=-4-4x=0$
$\therefore x=\mathbf{-1}$

5-7 ① $D=\begin{vmatrix}2 & -1\\3 & 2\end{vmatrix}=4-(-3)=7$

$x=\dfrac{Dx}{D}=\dfrac{1}{7}\begin{vmatrix}5 & -1\\-3 & 21\end{vmatrix}=\dfrac{7}{7}=1$

$y=\dfrac{Dy}{D}=\dfrac{1}{7}\begin{vmatrix}2 & 5\\3 & -3\end{vmatrix}=\dfrac{-21}{7}=-3$

$\therefore \boldsymbol{x=1,\ y=-3}$

② $D=\begin{vmatrix}1 & 2\\3 & 2\end{vmatrix}=2-6=-4$

$x=\dfrac{Dx}{D}=-\dfrac{1}{4}\begin{vmatrix}6 & 2\\10 & 2\end{vmatrix}=-\dfrac{1}{4}(-8)=2$

$y=\dfrac{Dy}{D}=-\dfrac{1}{4}\begin{vmatrix}1 & 6\\3 & 10\end{vmatrix}=-\dfrac{1}{4}(-8)=2$

$\therefore \boldsymbol{x=2,\ y=2}$

③ $D=\begin{vmatrix}2 & 1 & -1\\1 & -1 & 1\\1 & 2 & 1\end{vmatrix}$
$=-2-2+1-(1+4+1)=-9$

$x=\dfrac{Dx}{D}=-\dfrac{1}{9}\begin{vmatrix}2 & 1 & -1\\7 & -1 & 1\\4 & 2 & 1\end{vmatrix}$
$=-\dfrac{1}{9}(-27)=3$

$y=\dfrac{Dy}{D}=-\dfrac{1}{9}\begin{vmatrix}2 & 2 & -1\\1 & 7 & 1\\1 & 4 & 1\end{vmatrix}$
$=-\dfrac{1}{9}(9)=-1$

$z=\dfrac{Dz}{D}=-\dfrac{1}{9}\begin{vmatrix}2 & 1 & 2\\1 & -1 & 7\\1 & 2 & 4\end{vmatrix}$
$=-\dfrac{1}{9}(-27)=3$

$\therefore \boldsymbol{x=3,\ y=-1,\ z=3}$

④ $D=\begin{vmatrix} 2 & 3 & -1 \\ 3 & 5 & 2 \\ -1 & 2 & 3 \end{vmatrix}$

$=30-6-6-(5+8+27)=-22$

$x=\dfrac{Dx}{D}=-\dfrac{1}{22}\begin{vmatrix} 1 & 3 & -1 \\ 8 & 5 & 2 \\ 1 & 2 & 3 \end{vmatrix}$

$=-\dfrac{1}{22}(-66)=3$

$y=\dfrac{Dy}{D}=-\dfrac{1}{22}\begin{vmatrix} 2 & 1 & -1 \\ 3 & 8 & 2 \\ -1 & 1 & 3 \end{vmatrix}$

$=-\dfrac{1}{22}(22)=-1$

$z=\dfrac{Dz}{D}=-\dfrac{1}{22}\begin{vmatrix} 2 & 3 & 1 \\ 3 & 5 & 8 \\ -1 & 2 & 1 \end{vmatrix}$

$=-\dfrac{1}{22}(-44)=2$

$\therefore \boldsymbol{x=3,\ y=-1,\ z=2}$

⑤ $D=\begin{vmatrix} 1 & -2 & 3 \\ 2 & 0 & -3 \\ 1 & 1 & 1 \end{vmatrix}$

$=6+6-(-3-4)=19$

$x_1=\dfrac{D_1}{D}=\dfrac{1}{19}\begin{vmatrix} 2 & -2 & 3 \\ 3 & 0 & -3 \\ 6 & 1 & 1 \end{vmatrix}$

$=\dfrac{1}{19}(57)=3$

$x_2=\dfrac{D_2}{D}=\dfrac{1}{19}\begin{vmatrix} 1 & 2 & 3 \\ 2 & 3 & -3 \\ 1 & 6 & 1 \end{vmatrix}$

$=\dfrac{1}{19}(38)=2$

$x_3=\dfrac{D_3}{D}=\dfrac{1}{19}\begin{vmatrix} 1 & -2 & 2 \\ 2 & 0 & 3 \\ 1 & 1 & 6 \end{vmatrix}$

$=\dfrac{1}{19}(19)=1$

$\therefore \boldsymbol{x_1=3,\ x_2=2,\ x_3=1}$

⑥ $D=\begin{vmatrix} 2 & 4 & 1 \\ 3 & 2 & 3 \\ 5 & -4 & 4 \end{vmatrix}$

$=16-12+60-(10-24+48)=30$

$I_1=\dfrac{D_1}{D}=\dfrac{1}{30}\begin{vmatrix} 7 & 4 & 1 \\ 7 & 2 & 3 \\ 9 & -4 & 4 \end{vmatrix}$

$=\dfrac{1}{30}(90)=3$

$I_2=\dfrac{D_2}{D}=\dfrac{1}{30}\begin{vmatrix} 2 & 7 & 1 \\ 3 & 7 & 3 \\ 5 & 9 & 4 \end{vmatrix}$

$=\dfrac{1}{30}(15)=0.5$

$I_3=\dfrac{D_3}{D}=\dfrac{1}{30}\begin{vmatrix} 2 & 4 & 7 \\ 3 & 2 & 7 \\ 5 & -4 & 9 \end{vmatrix}$

$=\dfrac{1}{30}(-30)=-1$

$\therefore \boldsymbol{I_1=3,\ I_2=0.5,\ I_3=-1}$

5-8 $|A|\cdot|B|=\begin{vmatrix} 2+4 & 4+7 \\ 3+8 & 6+14 \end{vmatrix}$

$=\begin{vmatrix} \mathbf{6} & \mathbf{11} \\ \mathbf{11} & \mathbf{20} \end{vmatrix}$

$|C|\cdot|D|=\begin{vmatrix} 12+6-10 & 4-1-25 & 2+20 \\ 9-6-2 & 3+1-5 & -2+4 \\ 6-6+6 & 2+1+15 & -2-12 \end{vmatrix}$

$=\begin{vmatrix} \mathbf{8} & \mathbf{-22} & \mathbf{22} \\ \mathbf{1} & \mathbf{-1} & \mathbf{2} \\ \mathbf{0} & \mathbf{18} & \mathbf{-14} \end{vmatrix}$

■ 연습문제 6 ■

6-1 ① 1행 3열 행렬 또는 1×3행렬

② 2행 1열 행렬 또는 2×1행렬

③ 원소의 네모꼴이 아니므로 행렬 아님.

④ 2행 3열 행렬 또는 2×3행렬

6-2 ① 행렬의 상등의 정의로부터

$a+b=2$ ……ⓐ　$a-b=4$ ……ⓑ

ⓐ+ⓑ에서 $2a=b$　$\therefore \boldsymbol{a=3}$

ⓐ−ⓑ에서 $2b=-2$　$\therefore \boldsymbol{b=-1}$

② 대응하는 성분이 각각 같아야 하므로

$-a=a+4$, $2b=a-4$, $-5=a+b$

이것을 연립하여 풀면

$\boldsymbol{a=-2,\ b=-3}$

③ $x-1=2$, $0=a-2$,
$y+1=1$, $y=b+2$
$\therefore \boldsymbol{x=3}$, $\boldsymbol{y=0}$,
$\boldsymbol{a=2}$, $\boldsymbol{b=-2}$

④ $x+y=3$ ……ⓐ $2x+y=4$ ……ⓑ
$y+z=5$ ……ⓒ $y+2z=8$ ……ⓓ

ⓐ, ⓑ를 x, y에 관하여 풀면
$x=1$, $y=2$
$y=2$를 ⓒ에 대입하면 $z=3$
$x=1$, $y=2$, $z=3$은 ⓓ를 만족시킨다.
$\therefore \boldsymbol{x=1}$, $\boldsymbol{y=2}$, $\boldsymbol{z=3}$

6-3 ① $A+B=\begin{pmatrix}-1 & 3\\ 4 & 2\end{pmatrix}+\begin{pmatrix}5 & -2\\ 1 & -3\end{pmatrix}$
$=\begin{pmatrix}4 & 1\\ 5 & -1\end{pmatrix}$이므로
$(A+B)-C=\begin{pmatrix}4 & 1\\ 5 & -1\end{pmatrix}-\begin{pmatrix}0 & -4\\ -1 & 3\end{pmatrix}$
$=\begin{pmatrix}\mathbf{4} & \mathbf{5}\\ \mathbf{6} & \mathbf{-4}\end{pmatrix}$

② $B-C=\begin{pmatrix}5 & -2\\ 1 & -3\end{pmatrix}-\begin{pmatrix}0 & -4\\ -1 & 3\end{pmatrix}$
$=\begin{pmatrix}5 & 2\\ 2 & -6\end{pmatrix}$이므로
$A+(B-C)=\begin{pmatrix}-1 & 3\\ 4 & 2\end{pmatrix}+\begin{pmatrix}5 & 2\\ 2 & -6\end{pmatrix}$
$=\begin{pmatrix}\mathbf{4} & \mathbf{5}\\ \mathbf{6} & \mathbf{-4}\end{pmatrix}$

③ $A-B=\begin{pmatrix}-1 & 3\\ 4 & 2\end{pmatrix}-\begin{pmatrix}5 & -2\\ 1 & -3\end{pmatrix}$
$=\begin{pmatrix}-6 & 5\\ 3 & 5\end{pmatrix}$이므로
$(A-B)-C=\begin{pmatrix}-6 & 5\\ 3 & 5\end{pmatrix}+\begin{pmatrix}0 & -4\\ -1 & 3\end{pmatrix}$
$=\begin{pmatrix}\mathbf{-6} & \mathbf{9}\\ \mathbf{4} & \mathbf{2}\end{pmatrix}$

④ $C-B=\begin{pmatrix}0 & -4\\ -1 & 3\end{pmatrix}-\begin{pmatrix}5 & -2\\ 1 & -3\end{pmatrix}$
$=\begin{pmatrix}-5 & -2\\ -2 & 6\end{pmatrix}$이므로
$(C-B)-A=\begin{pmatrix}-5 & -2\\ -2 & 6\end{pmatrix}-\begin{pmatrix}-1 & 3\\ 4 & 2\end{pmatrix}$
$=\begin{pmatrix}\mathbf{-4} & \mathbf{-5}\\ \mathbf{-6} & \mathbf{4}\end{pmatrix}$

6-4 $P=\begin{pmatrix}2 & 1 & -3\\ 3 & 2 & 0\end{pmatrix}-\begin{pmatrix}2 & 1 & -3\\ 3 & 2 & 0\end{pmatrix}$
$=\begin{pmatrix}2-2 & 1-1 & -3+3\\ 3-3 & 2-2 & 0-0\end{pmatrix}=\begin{pmatrix}0 & 0 & 0\\ 0 & 0 & 0\end{pmatrix}$

6-5 ① $2(-A)=-2\begin{pmatrix}1 & 2\\ 2 & -1\end{pmatrix}$
$=\begin{pmatrix}\mathbf{-2} & \mathbf{-4}\\ \mathbf{-4} & \mathbf{2}\end{pmatrix}$

② $6A-3B+6C=$
$6\begin{pmatrix}1 & 2\\ 2 & -1\end{pmatrix}-3\begin{pmatrix}2 & 1\\ -1 & 1\end{pmatrix}+6\begin{pmatrix}-2 & 0\\ 1 & 3\end{pmatrix}$
$=\begin{pmatrix}\mathbf{-12} & \mathbf{9}\\ \mathbf{21} & \mathbf{9}\end{pmatrix}$

6-6 $3(X-A)+B=2X-B$에서 X를 A, B로 나타내면

$3X-3A+B=2X-B$,
$3X-2X=3A-B-B$
$\therefore X=3A-2B$

따라서, $X=3\begin{pmatrix}6 & -2\\ 0 & 4\end{pmatrix}-2\begin{pmatrix}2 & -3\\ 1 & 2\end{pmatrix}$
$=\begin{pmatrix}18 & -6\\ 0 & 12\end{pmatrix}-\begin{pmatrix}4 & -6\\ 2 & 4\end{pmatrix}$
$=\begin{pmatrix}\mathbf{14} & \mathbf{0}\\ \mathbf{-2} & \mathbf{8}\end{pmatrix}$

6-7 ① $(1\ \ 2)\begin{pmatrix}-2\\ 3\end{pmatrix}=(1\times(-2)+2\times 3)$
$=(4)=\mathbf{4}$

② $\begin{pmatrix}-2\\ 3\end{pmatrix}(1\ \ 2)=\begin{pmatrix}-2\times 1 & -2\times 2\\ 3\times 1 & 3\times 2\end{pmatrix}$
$=\begin{pmatrix}\mathbf{-2} & \mathbf{-4}\\ \mathbf{3} & \mathbf{6}\end{pmatrix}$

③ $(1\ \ 2)\begin{pmatrix}3 & 2\\ -1 & 0\end{pmatrix}$
$=(1\times 3+2(-1)\quad 1\times 2+2\times 0)$
$=(\mathbf{1}\ \ \mathbf{2})$

④ $\begin{pmatrix}3 & 2\\ -1 & 0\end{pmatrix}\begin{pmatrix}-2\\ 3\end{pmatrix}$
$=\begin{pmatrix}3\times(-2)+2\times 3\\ -1\times(-2)+0\times 3\end{pmatrix}=\begin{pmatrix}\mathbf{0}\\ \mathbf{2}\end{pmatrix}$

⑤ $\begin{pmatrix}3 & -2\\ -1 & 7\end{pmatrix}\begin{pmatrix}2 & 4\\ -3 & \end{pmatrix}$

$$=\begin{pmatrix} 12 & 10 \\ -23 & 3 \end{pmatrix}$$

⑥ $\begin{pmatrix} 2 & -1 \\ 5 & 4 \end{pmatrix}\begin{pmatrix} 1 & 0 & 3 \\ -1 & 2 & 1 \end{pmatrix}$

$$=\begin{pmatrix} 3 & -2 & 5 \\ 1 & 8 & 19 \end{pmatrix}$$

⑦ $\begin{pmatrix} 1 & 2 \\ -3 & 1 \\ 4 & 3 \end{pmatrix}\begin{pmatrix} -1 & 6 & 3 \\ 1 & -2 & 7 \end{pmatrix}$

$$=\begin{pmatrix} 1 & 2 & 17 \\ 4 & -20 & -2 \\ -1 & 18 & 23 \end{pmatrix}$$

⑧ $\begin{pmatrix} 1 & 2 & 3 \\ -1 & 0 & 1 \\ 3 & -2 & 4 \end{pmatrix}\begin{pmatrix} -2 & 0 & 4 \\ 1 & -1 & 2 \\ 2 & 1 & -3 \end{pmatrix}$

$$=\begin{pmatrix} 6 & 1 & -1 \\ 4 & 1 & -7 \\ 0 & 6 & -4 \end{pmatrix}$$

6-8 $AB=\begin{pmatrix} 0 & 1 \\ 1 & 0 \end{pmatrix}\begin{pmatrix} 3 & x \\ 1 & y \end{pmatrix}=\begin{pmatrix} 1 & y \\ 3 & x \end{pmatrix}$

$BA=\begin{pmatrix} 3 & x \\ 1 & y \end{pmatrix}\begin{pmatrix} 0 & 1 \\ 1 & 0 \end{pmatrix}=\begin{pmatrix} x & 3 \\ y & 1 \end{pmatrix}$

$AB=BA$ 에서

$\begin{pmatrix} 1 & y \\ 3 & x \end{pmatrix}\begin{pmatrix} x & 3 \\ y & 1 \end{pmatrix}$

$\therefore$ $\boldsymbol{x=1,\ y=3}$

6-9 준식에서

$(ax \quad bx+cy)\begin{pmatrix} x \\ y \end{pmatrix}=(x+3y \quad 2x+y)\begin{pmatrix} x \\ y \end{pmatrix}$

$\therefore (ax^2+(bx+cy)y)$

$=((x+3y)x+(2x+y)y)$

$\therefore ax^2+bxy+cy^2=x^25xy+y^2$

임의의 x, y에 대하여 성립하려면

$\boldsymbol{a=1,\ b=5,\ c=1}$

6-10 ① 주어진 행렬의 역행렬을 $\begin{pmatrix} a & b \\ c & d \end{pmatrix}$라고 하면

$\begin{pmatrix} 5 & 2 \\ 2 & 1 \end{pmatrix}\begin{pmatrix} a & b \\ c & d \end{pmatrix}=\begin{pmatrix} 1 & 0 \\ 0 & 1 \end{pmatrix}$에서

$\begin{pmatrix} 5a+2c & 5b+2d \\ 2a+c & 2b+d \end{pmatrix}=\begin{pmatrix} 1 & 0 \\ 0 & 1 \end{pmatrix}$

$5a+2c=1$, $5b+2d=0$, $2a+c=0$,

$2b+d=1$

이것을 연립하여 풀면

$a=1$, $b=-2$, $c=-2$, $d=5$

이때,

$\begin{pmatrix} 1 & -2 \\ -2 & 5 \end{pmatrix}\begin{pmatrix} 5 & 2 \\ 2 & 1 \end{pmatrix}=\begin{pmatrix} 1 & 0 \\ 0 & 1 \end{pmatrix}$

따라서, 구하는 역행렬은

$\begin{pmatrix} \boldsymbol{1} & \boldsymbol{-2} \\ \boldsymbol{-2} & \boldsymbol{5} \end{pmatrix}$

② 주어진 행렬의 역행렬을 $\begin{pmatrix} a & b \\ c & d \end{pmatrix}$라고 하면

$\begin{pmatrix} 1 & -2 \\ 0 & 1 \end{pmatrix}\begin{pmatrix} a & b \\ c & d \end{pmatrix}=\begin{pmatrix} 1 & 0 \\ 0 & 1 \end{pmatrix}$에서

$\begin{pmatrix} a-2c & b-2d \\ c & d \end{pmatrix}=\begin{pmatrix} 1 & 0 \\ 0 & 1 \end{pmatrix}$

$a-2c=1$, $b-2d=0$, $c=0$, $d=1$

이것을 연립하여 풀면

$a=1$, $b=2$, $c=0$, $d=1$

이때,

$\begin{pmatrix} 1 & 2 \\ 0 & 1 \end{pmatrix}\begin{pmatrix} 1 & -2 \\ 0 & 1 \end{pmatrix}=\begin{pmatrix} 1 & 0 \\ 0 & 1 \end{pmatrix}$

따라서, 구하는 역행렬은

$\begin{pmatrix} \boldsymbol{1} & \boldsymbol{2} \\ \boldsymbol{0} & \boldsymbol{1} \end{pmatrix}$

6-11 ① $\begin{pmatrix} 3 & 2 \\ 7 & 5 \end{pmatrix}^{-1}=\dfrac{1}{15-14}\begin{pmatrix} 5 & -2 \\ -7 & 3 \end{pmatrix}$

$$=\begin{pmatrix} \boldsymbol{5} & \boldsymbol{-2} \\ \boldsymbol{-7} & \boldsymbol{3} \end{pmatrix}$$

② $\begin{pmatrix} \cos\theta & -\sin\theta \\ \sin\theta & \cos\theta \end{pmatrix}^{-1}$

$$=\frac{1}{1}\begin{pmatrix} \cos\theta & \sin\theta \\ -\sin\theta & \cos\theta \end{pmatrix}$$

$$=\begin{pmatrix} \boldsymbol{\cos\theta} & \boldsymbol{\sin\theta} \\ \boldsymbol{-\sin\theta} & \boldsymbol{\cos\theta} \end{pmatrix}$$

③ 전치행렬 A^T는

$$A^T=\begin{pmatrix} 1 & 0 & 3 \\ 2 & 1 & 2 \\ -1 & -2 & 0 \end{pmatrix}$$

A^T의 각 원소의 여인수를 원소로 하는 행렬 C는

$$C=\begin{pmatrix} \begin{vmatrix} 1 & 2 \\ -2 & 0 \end{vmatrix} & \begin{vmatrix} 2 & 2 \\ -1 & 0 \end{vmatrix} & \begin{vmatrix} 2 & 1 \\ -1 & -2 \end{vmatrix} \\ -\begin{vmatrix} 0 & 3 \\ -2 & 0 \end{vmatrix} & \begin{vmatrix} 1 & 3 \\ -1 & 0 \end{vmatrix} & -\begin{vmatrix} 1 & 0 \\ -1 & -2 \end{vmatrix} \\ \begin{vmatrix} 0 & 3 \\ 1 & 2 \end{vmatrix} & -\begin{vmatrix} 1 & 3 \\ 2 & 2 \end{vmatrix} & \begin{vmatrix} 1 & 0 \\ 2 & 1 \end{vmatrix} \end{pmatrix}$$

$$=\begin{pmatrix} 4 & -2 & -3 \\ -6 & 3 & 2 \\ -3 & 4 & 4 \end{pmatrix}$$

준행렬의 행렬식 $|A|$는

$$|A|=\begin{vmatrix} 1 & 2 & -1 \\ 0 & 1 & -2 \\ 3 & 2 & 0 \end{vmatrix}=-12-(-3-4)=-5$$

$$\therefore\ A^{-1}=-\frac{\mathbf{1}}{\mathbf{5}}\begin{pmatrix} \mathbf{4} & \mathbf{-2} & \mathbf{-3} \\ \mathbf{-6} & \mathbf{3} & \mathbf{2} \\ \mathbf{-3} & \mathbf{4} & \mathbf{4} \end{pmatrix}$$

④ $A^T=\begin{pmatrix} 3 & 1 & 2 \\ 2 & 6 & -4 \\ -1 & 3 & 0 \end{pmatrix}$

$$C=\begin{pmatrix} \begin{vmatrix} 6 & 3 \\ -4 & 0 \end{vmatrix} & -\begin{vmatrix} 2 & -4 \\ -1 & 0 \end{vmatrix} & -\begin{vmatrix} 2 & 6 \\ -1 & 3 \end{vmatrix} \\ -\begin{vmatrix} 1 & 2 \\ 3 & 0 \end{vmatrix} & \begin{vmatrix} 3 & 2 \\ -1 & 0 \end{vmatrix} & -\begin{vmatrix} 3 & 1 \\ -1 & 3 \end{vmatrix} \\ \begin{vmatrix} 1 & 2 \\ 6 & -4 \end{vmatrix} & -\begin{vmatrix} 3 & 2 \\ 2 & -4 \end{vmatrix} & \begin{vmatrix} 3 & 1 \\ 2 & 6 \end{vmatrix} \end{pmatrix}$$

$$=\begin{pmatrix} 12 & -4 & 12 \\ 6 & 2 & -10 \\ -16 & 16 & 16 \end{pmatrix}$$

$$|A|=\begin{vmatrix} 3 & 2 & -1 \\ 1 & 6 & 3 \\ 2 & -4 & 0 \end{vmatrix}$$

$$=4+12-(-12-36)=64$$

$$\therefore\ A^{-1}=\frac{\mathbf{1}}{\mathbf{64}}\begin{pmatrix} \mathbf{12} & \mathbf{-4} & \mathbf{12} \\ \mathbf{6} & \mathbf{2} & \mathbf{-10} \\ \mathbf{-16} & \mathbf{16} & \mathbf{16} \end{pmatrix}$$

■ 연습문제 7 ■

7-1 ① $j^{12}=(j^2)^6=(-1)^6=\mathbf{1}$

② $j^{102}=(j^2)^{51}=(-1)^{51}=\mathbf{-1}$

③ $j^{999}=j^{998}\cdot j=(j^2)^{499}\cdot j$

$=(-1)^{499}\cdot j=\boldsymbol{-j}$

7-2 ① $j^4 2+j^3 3+j^2 4+1=2-j^3-4+1$

$=\mathbf{-1-}\boldsymbol{j}\mathbf{3}$

② $(3+j2)-(4-j3)=(3-4)+j(2+3)$

$=\mathbf{-1+}\boldsymbol{j}\mathbf{5}$

③ $(1+j2)^2=1+j4-4=\mathbf{-3+}\boldsymbol{j}\mathbf{4}$

④ $(-3+j2)(1+j3)$

$=(-3-6)+j(-9+2)$

$=\mathbf{-9-}\boldsymbol{j}\mathbf{7}$

⑤ $\dfrac{1+j}{1+j2}=\dfrac{(1+j)(1-j2)}{(1+j2)(1-j2)}$

$=\dfrac{(1+2)+j(1-2)}{1^2+2^2}=\dfrac{\mathbf{3}}{\mathbf{5}}-\boldsymbol{j}\dfrac{\mathbf{1}}{\mathbf{5}}$

⑥ $\dfrac{1-j2}{2-j3}=\dfrac{(1-j2)(2+j3)}{(2-j3)(2+j3)}$

$=\dfrac{(2+6)+j(3-4)}{2^2+3^2}=\dfrac{\mathbf{8}}{\mathbf{13}}-\boldsymbol{j}\dfrac{\mathbf{1}}{\mathbf{13}}$

7-3 ① $\sqrt{3}\times\sqrt{-2}=\sqrt{3}\times j\sqrt{2}$

$=j\sqrt{3\times 2}=\boldsymbol{j}\sqrt{\mathbf{6}}$

② $\sqrt{-3}\times\sqrt{-2}=j\sqrt{3}\times j\sqrt{2}$

$=j^2\sqrt{3\times 2}=-\sqrt{\mathbf{6}}$

③ $\dfrac{\sqrt{2}}{\sqrt{-3}}=\dfrac{\sqrt{2}}{j\sqrt{3}}=\dfrac{j}{j^2}\sqrt{\dfrac{2}{3}}=-\boldsymbol{j}\sqrt{\dfrac{\mathbf{2}}{\mathbf{3}}}$

④ $\dfrac{\sqrt{-2}}{\sqrt{-3}}=\dfrac{j\sqrt{2}}{j\sqrt{3}}=\dfrac{\sqrt{2}}{\sqrt{3}}=\sqrt{\dfrac{\mathbf{2}}{\mathbf{3}}}$

7-4 ① 준식의 좌변을 전개하여 정리하면

$x^2-x-2+j(x^2+3x+2)=0$

그런데 x, y가 실수이므로

x^2-x-2, x^2+3x+2도 실수이다.

$\therefore x^2-x-2=(x-2)(x+1)=0$

$\therefore x^2+3x+2=(x+1)(x+2)=0$

두 식을 동시에 만족하는 x 의 값은
$\boldsymbol{x=-1}$

② 준식의 좌변을 전개하여 정리하면
$(x-3y)+j(3x+y)=11+j13$

그런데, $x-3y$, $3x+y=13$
$\therefore \boldsymbol{x=5,\ y=-2}$

③ 준식의 좌변을 통분하여 변형하면

$$\frac{x}{1+j}+\frac{y}{1-j}=\frac{(1-j)x+(1+j)y}{(1+j)(1-j)}$$
$$=\frac{(x+y)-j(x-y)}{2}=\frac{x+y}{2}-j\frac{x-y}{2}$$

따라서 준식은

$$\frac{x+y}{2}-j\frac{x-y}{2}=2-j$$
$$\therefore \frac{x+y}{2}=2,\ \frac{x-y}{2}=1$$
$$\therefore x+y=4,\ x-y=2$$
$$\therefore \boldsymbol{x=3,\ y=1}$$

7-5 ① $r=\sqrt{1^2+1^2}=\sqrt{2}$,
$\theta=\tan^{-1}\frac{1}{1}=\frac{\pi}{4}$

$$\therefore 1+j=\boldsymbol{\sqrt{2}\left(\cos\frac{\pi}{4}+j\sin\frac{\pi}{4}\right)}$$

② $r=\sqrt{(-\sqrt{3})^2+1^2}=2$,

$$\theta=\tan^{-1}\frac{1}{-\sqrt{3}}=\frac{5}{6}\pi$$
$$\therefore -\sqrt{3}+j=\boldsymbol{2\left(\cos\frac{5}{6}\pi+j\sin\frac{5}{6}\pi\right)}$$

③ $r=\sqrt{(-2)^2+(-2)^2}=2\sqrt{2}$,

$$\theta=\tan^{-1}\frac{-2}{-2}=\frac{5}{4}\pi$$
$$\therefore -2-j2=\boldsymbol{2\sqrt{2}\left(\cos\frac{5}{4}\pi+j\sin\frac{5}{4}\pi\right)}$$

④ $r=\sqrt{0^2+1^2}=1$,

$$\tan^{-1}\frac{1}{0}=\tan^{-1}\infty=\frac{\pi}{2}$$
$$\therefore j=\boldsymbol{\cos\frac{\pi}{2}+j\sin\frac{\pi}{2}}$$

7-6 ① $10\angle 60°=10\cos 60°+j10\sin 60°$

$$=10\cdot\frac{1}{2}+j10\cdot\frac{\sqrt{3}}{2}$$
$$=\boldsymbol{5+j5\sqrt{3}}$$

② $\sqrt{2}\angle -45°=\sqrt{2}\cos 45°-j\sqrt{2}\sin 45°$

$$=2\cdot\frac{1}{\sqrt{2}}-j\sqrt{2}\cdot\frac{1}{\sqrt{2}}=\boldsymbol{1-j}$$

③ $2\left(\cos\frac{7}{6}\pi+j\sin\frac{7}{6}\pi\right)$

$$=2\left(-\frac{\sqrt{3}}{2}-j\frac{1}{2}\right)=\boldsymbol{-\sqrt{3}-j}$$

④ $\sqrt{2}\left(\cos\frac{3}{4}\pi+j\sin\frac{3}{4}\pi\right)$

$$=\sqrt{2}\left(-\frac{\sqrt{2}}{2}+j\frac{\sqrt{2}}{2}\right)=\boldsymbol{-1+j}$$

7-7 ① 절대값 r, 편각 θ 는

$$r=\sqrt{4^2+3^2}=\sqrt{16+9}=\sqrt{25}=\boldsymbol{5}$$
$$\theta=\tan^{-1}\frac{3}{4}=\boldsymbol{36.9°}$$

② $r=\sqrt{4^2+(-3)^2}=\boldsymbol{5}$

$$\theta=\tan^{-1}\frac{-3}{4}=\boldsymbol{-36.9°}$$

7-8 ① $r_1=\sqrt{(\sqrt{3})^2+1^2}=\boldsymbol{2}$,

$$\theta_1=\tan^{-1}\frac{-1}{\sqrt{3}}=-\frac{\pi}{6}$$
$$r_2=\sqrt{1+1}=\boldsymbol{\sqrt{2}},\ \theta_2=\tan^{-1}1=\frac{\pi}{4}$$
$$\therefore \frac{\dot{A}_1}{\dot{A}_2}=\frac{\sqrt{2}\angle -\frac{\pi}{6}}{1\angle\frac{\pi}{4}}=\sqrt{2}\angle -\frac{5}{12}\pi$$
$$\therefore r=\boldsymbol{\sqrt{2}},\ \theta=\boldsymbol{-\frac{5}{12}\pi}$$

② $r_1=2$,

$$\theta_1=\tan^{-1}\frac{2}{0}=\tan^{-1}\infty=\frac{\pi}{2}$$
$$r_2=\sqrt{\left(\frac{1}{\sqrt{2}}\right)^2+\left(\frac{1}{\sqrt{2}}\right)^2}=1,$$
$$\theta=\tan^{-1}=\frac{\pi}{4}$$

$$\frac{\dot{A}_1}{\dot{A}_2}=\frac{2\angle\frac{\pi}{2}}{1\angle\frac{\pi}{4}}=2\angle\frac{\pi}{4}$$

$\therefore r=\mathbf{2},\ \theta=\boldsymbol{\frac{\pi}{4}}$

7-9 ① $\dot{A}_1+\dot{A}_2=(2+j)+(-1+j2)$
$=\mathbf{1+j3}$

② $\dot{A}_1-\dot{A}_2=(2+j)-(-1+j2)=\mathbf{3-j}$

③ $\dot{A}_1\cdot\dot{A}_2=(2+j)(-1+j2)$
$=(-2-2)+j(4-1)$
$=\mathbf{-4+j3}$

④ $\frac{\dot{A}_1}{\dot{A}_2}=\frac{2+j}{-1+j2}$
$=\frac{(2+j)(-1-j2)}{(-1+j2)(-1-j2)}$
$=\frac{(-2+2)+j(-4-1)}{1+4}$
$=\frac{-j5}{5}=\mathbf{-j}$

7-10 ① $r=\sqrt{1^2+(-1)^2}=\sqrt{2}$
$\theta=\tan^{-1}\frac{-1}{1}=-\frac{\pi}{4}$

$\therefore (1-j)^8=\left(\sqrt{2}\,\epsilon^{-j\frac{\pi}{4}}\right)^8=(\sqrt{2})^8\epsilon^{-j\frac{\pi}{4}\cdot 8}$
$=16\epsilon^{-j2\pi}=16\{\cos(-2\pi)+j\sin(-2\pi)\}$
$=\mathbf{16}$

② $\left(\cos\frac{\pi}{7}+j\sin\frac{\pi}{7}\right)^{14}$
$=\cos 14\cdot\frac{\pi}{7}+j\sin 14\cdot\frac{\pi}{7}$
$=\cos 2\pi+j\sin 2\pi=1+j\cdot 0=\mathbf{1}$

③ $r=\sqrt{(\sqrt{3})^2+1}=2$
$\theta=\tan^{-1}\sqrt{3}=\frac{\pi}{6}$

$\therefore(\sqrt{3}+j)^4=\left(2\angle\frac{\pi}{6}\right)^4=2^4=\angle\frac{\pi}{6}\cdot 4$
$=16\angle\frac{2}{3}\pi=16\cos\frac{2}{3}\pi+j16\sin\frac{2}{3}\pi$
$=16\left(-\frac{1}{2}\right)+j16\left(\frac{\sqrt{3}}{2}\right)$
$=\mathbf{-8+j8\sqrt{3}}$

④ $\frac{-1+j\sqrt{3}}{2}=\cos\frac{2}{3}\pi+j\sin\frac{2}{3}\pi$

$\therefore\left(\frac{-1+j\sqrt{3}}{2}\right)^3=\left(\cos\frac{2}{3}\pi+j\sin\frac{2}{3}\pi\right)^3$
$=\cos\left(3\cdot\frac{2}{3}\pi\right)+j\sin\left(3\cdot\frac{2}{3}\pi\right)$
$=\cos 2\pi+j\sin 2\pi=\mathbf{1}$

7-11 $\dot{A}_1=5\left(\cos\frac{\pi}{6}+j\sin\frac{\pi}{6}\right)=5\angle\frac{\pi}{6}$

$\dot{A}_2=4\left(\cos\frac{\pi}{3}+j\sin\frac{\pi}{3}\right)=4\angle\frac{\pi}{3}$

$\therefore\dot{A}_1\cdot\dot{A}_2=5\angle\frac{\pi}{6}\cdot 4\angle\frac{\pi}{3}$
$=20\angle\frac{\pi}{6}+\frac{\pi}{3}=20\angle\frac{\pi}{2}$
$=20\cos\frac{\pi}{2}+j20\sin\frac{\pi}{2}=\mathbf{j20}$

7-12 $\dot{A}=50\left(\cos\frac{\pi}{6}+j\sin\frac{\pi}{6}\right)=50\angle\frac{\pi}{6}$

$j=1\angle\frac{\pi}{2}$

$\therefore j\dot{A}=1\angle\frac{\pi}{2}\cdot 50\angle\frac{\pi}{6}=50\angle\frac{\pi}{2}+\frac{\pi}{6}=\mathbf{50\angle\frac{2}{3}\pi}$

7-13 $V=\frac{10\sqrt{2}}{\sqrt{2}}=10,\ \theta=\frac{\pi}{3}$

$\therefore\dot{V}=\mathbf{10\angle\frac{\pi}{3}}$

7-14 ① 준식$=4\cdot 2\left\{\cos\left(\frac{\pi}{3}+\frac{\pi}{6}\right)\right.$
$\left.+j\sin\left(\frac{\pi}{3}+\frac{\pi}{6}\right)\right\}$
$=8\left(\cos\frac{\pi}{2}+j\sin\frac{\pi}{2}\right)=\mathbf{j8}$

② 준식$=\frac{3}{2}\{\cos(105°-60°)$
$+j\sin(105°-60°)\}$
$=\frac{3}{2}(\cos 45°+j\sin 45°)$
$=\mathbf{\frac{3\sqrt{2}}{4}(1+j)}$

7-15 $\dot{A}^4 = 1 = 1(\cos 0 + j\sin 0)$이므로 4제곱근은

$$\dot{A}_k = \sqrt[4]{1}\left(\cos\frac{n\pi}{2} + j\sin\frac{n\pi}{2}\right)$$

$(k=0, 1, 2, 3)$으로 주어진다. 즉,

$$\dot{A}_0 = \cos 0° + j\sin 0° = 1$$

$$\dot{A}_1 = \cos\frac{\pi}{2} + j\sin\frac{\pi}{2} = j$$

$$\dot{A}_3 = \cos\pi + j\sin\pi = -1$$

$$\dot{A}_4 = \cos\frac{3}{2}\pi + j\sin\frac{3}{2}\pi = -j$$

따라서, 근은 $\pm 1, \pm j$

7-16 ① $\cos h^2 x - \sin h^2 x = 1$의 양변에 $\cos h^2 x$로 나누어주면

$$1 - \tan h^2 x = \frac{1}{\cos h^2 x} = \sec h^2 x$$

$$\therefore \sec hx = \sqrt{1 - \tan h^2 x} = \sqrt{1 - \left(\frac{3}{5}\right)^2}$$

$$= \frac{4}{5}$$

② $\cos(jx) = 1 + \frac{1}{2!}x^2 + \frac{1}{4!}x^4 + \cdots\cdots$

$$= \cos hx$$

에서 $x=1$인 경우이므로

$$\cos j = 1 + \frac{1}{2!} + \frac{1}{4!} + \cdots\cdots$$

$$= \cos h1 = \frac{e + e^{-1}}{2} \fallingdotseq 1.5431$$

■ 연습문제 8 ■

8-1 ① $\overline{AB} = |5-2| = 3$

② $\overline{PQ} = |4-(-4)| = 8$

8-2 ① $\overline{AB} = \sqrt{(1-4)^2 + (6-2)^2}$

$$= \sqrt{9+16} = \sqrt{25} = 5$$

② $\overline{PQ} = \sqrt{(5+3)^2 + (-4-2)^2}$

$$= \sqrt{64+36} = \sqrt{100} = 10$$

③ $\overline{OP} = \sqrt{(-8)^2 + 15^2} = \sqrt{64+225}$

$$= \sqrt{289} = 17$$

④ $\overline{RS}$

$$= \sqrt{(-\sin\theta - \cos\theta)^2 + (\cos\theta - \sin\theta)^2}$$

$$= \sqrt{2(\cos^2\theta + \sin^2\theta)} = \sqrt{2}$$

8-3 ① $\overline{AB}^2 = (-1+3)^2 + (1-3)^2 = 8$

$\overline{BC}^2 = (3+1)^2 + (5-1)^2 = 32$

$\overline{CA}^2 = (-3-3)^2 + (3-5)^2 = 40$

$\therefore \overline{AB}^2 + \overline{BC}^2 = \overline{CA}^2$

따라서 △ABC는 ∠B = 90°인 직각삼각형

② $\overline{AB}^2 = (3-5)^2 + (-2-4)^2 = 40$

$\overline{BC}^2 = (1-3)^2 + (2+2)^2 = 20$

$\overline{CA}^2 = (5-1)^2 + (4-2)^2 = 20$

$\therefore \overline{AB}^2 = \overline{BC}^2 + \overline{CA}^2$

$\overline{AC} = \overline{BC} = \sqrt{20}$

따라서 △ABC는 ∠C = 90°인 직각이등변삼각형

8-4 ① 점P의 좌표를 $(a, 0)$이라 놓으면

$\overline{AP} = \sqrt{(a+3)^2 + (0-2)^2} = \sqrt{a^2 + 6a + 13}$

$\overline{BP} = \sqrt{(a-4)^2 + (0+5)^2} = \sqrt{a^2 - 8a + 41}$

또, 조건에서 $\overline{AP} = \overline{BP}$이므로

$$\sqrt{a^2 + 6a + 13} = \sqrt{a^2 - 8a + 41}$$

이 식을 풀면 $a=2$

따라서 구하는 좌표는 **P(2, 0)**

② 점Q의 좌표를$(0, b)$라 놓으면

$\overline{AQ} = \sqrt{(0+3)^2 + (b-2)^2} = \sqrt{b^2 - 4b + 13}$

$\overline{BQ} = \sqrt{(0-4)^2 + (b+5)^2} = \sqrt{b^2 + 10b + 41}$

또, 조건에서 $\overline{AQ} = \overline{BQ}$이므로

$$\sqrt{b^2 - 4b + 13} = \sqrt{b^2 + 10b + 41}$$

이 식을 풀면 $b = -2$

따라서 구하는 좌표는 **Q(0, −2)**

8-5 ① $m=\tan 135°=-1$, $b=5$ 이므로

$\boldsymbol{y=-x+5}$

② $y-7=-2(x+3)$에서

$\boldsymbol{y=-2x+1}$

③ $y-(-1)=\dfrac{7-(-1)}{6-2}(x-2)$에서

$\boldsymbol{y=2x-5}$

④ $\dfrac{x}{-3}+\dfrac{y}{6}=1$에서 $\boldsymbol{y=2x+6}$

8-6 직선 AB의 방정식은

$y-1=\dfrac{7-1}{2+1}(x+1)$에서 $y=2x+3$

점 $(k, k+1)$이 직선 $y=2x+3$ 위에 있으므로

$k+1=2k+3 \quad \therefore \boldsymbol{k=-2}$

8-7 구하는 직선의 방정식을 $y=mx+b$로 놓으면, 주어진 직선의 기울기가 $\dfrac{1}{2}$이므로 $m=\dfrac{1}{2}$, 그런데 이 직선은 점 $(4, 0)$을 지나므로,

$0=\dfrac{1}{2}\cdot 4+b$, 즉 $b=-2$

따라서 구하는 직선은 $\boldsymbol{y=\dfrac{1}{2}x-2}$

8-8 직선 l의 기울기는 $\dfrac{2}{3}$이므로 l에 수직인 직선의 기울기를 m이라고 하면

$\dfrac{2}{3}m=-1$, 즉, $m=-\dfrac{3}{2}$

따라서, 구하는 직선의 방정식은

$y-1=-\dfrac{3}{2}(x-2)$에서

$\boldsymbol{3x+2y-8=0}$

8-9 ① x축과 $135°$의 각을 이루므로 기울기는 $\tan 135°=-1$

$\therefore y-4=-1(x-2) \quad \therefore \boldsymbol{y=-x+6}$

② 직선 $4x+y-3=0$의 기울기는

$y=-4x+3$으로부터 -4

$\therefore y-3=-4(x+2) \quad \therefore \boldsymbol{y=-4x-5}$

③ 두 점 $(2, 4)$, $(6, 5)$를 지나는 직선의 기울기는 $\dfrac{5-4}{6-2}=\dfrac{1}{4}$

따라서 이 직선에 수직인 직선의 기울기는 -4

$\therefore y+3=-4(x-1) \quad \therefore \boldsymbol{y=-4x+1}$

④ $x+3y=3$에서 $y=-\dfrac{1}{3}x+1$이므로 이 직선의 기울기는 $-\dfrac{1}{3}$이고 이 직선에 수직인 직선의 기울기는 3이다.

또 $3x+2y=-1$, $2x-y=10$을 연립시켜 풀면 $x=-3$, $y=4$이므로 두 직선의 교점의 좌표는 $(-3, 4)$

$\therefore y-4=3(x+3) \quad \therefore \boldsymbol{y=3x+13}$

⑤ x절편을 a라 하면 y절편은 $-a$이므로

$\dfrac{x}{a}+\dfrac{y}{-a}=1$

이 직선이 점$(-2, 4)$를 지나므로

$\dfrac{-2}{a}+\dfrac{4}{-a}=1$

$\therefore a=-6 \quad \therefore \boldsymbol{-\dfrac{x}{6}+\dfrac{y}{6}=1}$

8-10 ① $d=\dfrac{|3\times 4+(-1)\times(-3)-2|}{\sqrt{3^2+(-1)^2}}$

$=\dfrac{13}{\sqrt{10}}=\boldsymbol{\dfrac{13\sqrt{10}}{10}}$

② $d=\dfrac{|0\cdot\cos\theta+0\cdot\sin\theta-5|}{\sqrt{\cos^2\theta+\sin^2\theta}}$

$=\dfrac{|-5|}{1}=\boldsymbol{5}$

8-11 두 직선의 교점을 구하면

$P(2, -3)$

이 점 P에서 직선l에 이르는 거리 d는

$d=\dfrac{|3\times 2-4\times(-3)+2|}{\sqrt{3^2+(-4)^2}}=\dfrac{20}{5}=\boldsymbol{4}$

8-12 두 직선이 평행하므로 $-3=-\frac{m}{2}$ 에서 $m=6$, 따라서 두 번째 직선의 방정식은 $3x+y=-2$, 이 직선 위의 한 점, 이를테면 점 $(0,-2)$를 잡아 이 점에서 $3x+y-8=0$ 에 이르는 거리 d는

$$d=\frac{|3\times 0+(-2)\times 1-8|}{\sqrt{3^2+1^2}}=\frac{10}{\sqrt{10}}=\sqrt{10}$$

8-13 주어진 방정식을 두 개씩 연립하여 교점의 좌표를 구하면

$\mathrm{A}(5,6)$, $\mathrm{B}(-3,0)$, $\mathrm{C}(0,-4)$

점 $\mathrm{A}(5,6)$에서 직선 BC 인 $4x+3y+12=0$ 까지의 높이 h는

$$h=\frac{|4\times 5+3\times 6+12|}{\sqrt{4^2+3^2}}=10$$

또 밑변 $\overline{\mathrm{BC}}$ 의 길이는 $\overline{\mathrm{BC}}=\sqrt{3^2+4^2}=5$
따라서 구하는 넓이 S는

$$S=\frac{1}{2}\overline{\mathrm{BC}}\cdot h=\frac{1}{2}\cdot 5\cdot 10=25$$

■ 연습문제 9 ■

9-1 ① $\boldsymbol{(x+3)^2+(y-1)^2=25}$
② 반지름의 길이는 $\sqrt{1^2+(\sqrt{3})^2}=2$, 따라서 구하는 원의 방정식은
$\boldsymbol{x^2+y^2=4}$

9-2 $A(-1,2)$, $B(3,-4)$라 하고 선분 AB의 중점을 $C(a,b)$라 하면

$$a=\frac{-1+3}{2}=1,\ b=\frac{2-4}{2}=-1$$

$\therefore C(1,-1)$

또 $AC=\sqrt{(1+1)^2+(-1-2)^2}=\sqrt{13}$ 이 원의 반지름

$\therefore \boldsymbol{(x-1)^2+(y+1)^2=13}$

9-3 ① $x^2+(y-3)^2=3^2$

따라서 중심 **(0, 3)**, 반지름 **3**

② $2(x^2-2x)+2(y^2+4y)+3=0$,
$2(x-1)^2-2+2(y+2)^2-8+3=0$
$2(x-1)^2+2(y+2)^2=7$
$(x-1)^2+(y+2)^2=\frac{7}{2}$

따라서 중심 **(1, −2)**, 반지름 $\boldsymbol{\frac{\sqrt{14}}{2}}$

9-4 $x^2+y^2-4x+6y-3=0$ 에서
$(x-2)^2+(y+3)^2=16$

구하는 원을

$(x-2)^2+(y+3)^2=r^2$

이라 놓으면 이 원은 점 $(3,0)$을 지나므로

$(3-2)^2+(0+3)^2=r^2$
$\therefore r^2=10$

따라서 구하는 원은
$\boldsymbol{(x-2)^2+(y+3)^2=10}$

9-5 구하는 원의 방정식을
$x^2+y^2+Ax+By+C=0$

이라 하면 이것은 점 $A(4,1)$, $B(6,-3)$, $C(-3,0)$을 지나므로

$16+1+4A+B+C=0$,
$36+9+6A-3B+C=0$,
$9-3A+C=0$
$\therefore A=-2$, $B=6$, $C=-15$
$\therefore \boldsymbol{x^2+y^2-2x+6y-15=0}$

9-6 ① $4\cdot x+(-3)\cdot y=25$

따라서 구하는 접선의 방정식은
$\boldsymbol{4x-3y=25}$

② $2\cdot x+0\cdot y=4$

따라서 구하는 접선의 방정식은
$\boldsymbol{x=2}$

9-7 구하는 직선의 방정식을 $y=2x+k$ 라 하고, 주어진 포물선의 방정식에 대입하면

$(2x+k)^2=8x$,

이것을 정리하면

$4x^2+4(k-2)x+k^2=0$

포물선과 직선이 접하므로 판별식 $D=0$ 에서

$\frac{D}{4}=4(k-2)^2-4k^2=-16k+16=0$

$\therefore k=1$

따라서 구하는 접선의 방정식은

$\boldsymbol{y=2x+1}$

9-8 $y^2=-x$ 에서 $y^2=4\left(-\frac{1}{4}\right)x$ 이므로

$P=-\frac{1}{4}$

따라서 구하는 접선의 방정식은

$1\cdot y=2\left(-\frac{1}{4}\right)\{x+(-1)\}$ 에서

$\boldsymbol{y=-\frac{1}{2}x+\frac{1}{2}}$

9-9 ① $2a=12$ 에서 $a=6$

$b=\sqrt{a^2-c^2}$ 에서 $b=\sqrt{6^2-3^2}=3\sqrt{3}$

따라서 구하는 타원의 방정식은

$\therefore \boldsymbol{\frac{x^2}{36}+\frac{y^2}{27}=1}$

② $2a=2b$ 에서 $a=13$

$b=\sqrt{13^2-5^2}=12$

$\therefore \boldsymbol{\frac{x^2}{169}+\frac{y^2}{144}=1}$

9-10 ① $a=5$, $b=6$이므로

$c=\sqrt{6^2-5^2}=\sqrt{11}$ 이므로

초점의 좌표 $(\mathbf{0}, \sqrt{\mathbf{11}}), (\mathbf{0}, -\sqrt{\mathbf{11}})$

꼭지점의 좌표

$(\mathbf{5}, \mathbf{0}), (-\mathbf{5}, \mathbf{0}), (\mathbf{0}, \mathbf{6}), (\mathbf{0}, -\mathbf{6})$

장축의 길이 $2b=2\cdot 6=\mathbf{12}$

단축의 길이 $2a=2\cdot 5=\mathbf{10}$

② 양변을 100 으로 나누면

$\frac{x^2}{100}+\frac{y^2}{4}=1$

초점의 좌표

$(\mathbf{4\sqrt{6}}, \mathbf{0}), (-\mathbf{4\sqrt{6}}, \mathbf{0})$

꼭지점의 좌표

$(\mathbf{10}, \mathbf{0}), (-\mathbf{10}, \mathbf{0}), (\mathbf{0}, \mathbf{2}), (\mathbf{0}, -\mathbf{2})$

장축의 길이 $2a=\mathbf{20}$

단축의 길이 $2b=\mathbf{4}$

9-11 ① 양변을 36으로 나누면

$\frac{x^2}{9}+\frac{y^2}{4}=1$, $\frac{x^2}{3^2}+\frac{y^2}{2^2}=1$

따라서 $y=mx\pm\sqrt{a^2m^2+b^2}$ 에서

$m=\sqrt{3}$, $a=3$, $b=2$ 인 경우이므로 구하는 접선의 방정식은

$\boldsymbol{y=\sqrt{3}x\pm\sqrt{31}}$

② 기울기 $m=\tan 60°=\sqrt{3}$ 이므로 접선의 방정식은

$y=\sqrt{3}x\pm\sqrt{12\times 3+8}$

$\therefore \boldsymbol{y=\sqrt{3}x\pm 2\sqrt{11}}$

9-12 ① 점 $(2, 1)$에서의 접선의 방정식은

$2\cdot 2x+1\cdot y=9$ 이므로 $\boldsymbol{4x+y=9}$

② 점 $(2, 0)$에서의 접선의 방정식은

$\frac{2x}{4}+\frac{0\cdot y}{3}=1$ 이므로 $\boldsymbol{x=2}$

9-13 ① $\frac{x^2}{4}-\frac{y^2}{9}=0$ 에서 $y^2=\frac{9}{4}x^2$

따라서 구하는 점근선의 방정식은

$\boldsymbol{y=\pm\frac{3}{2}x}$

② $25x^2-16y^2=0$ 에서 $y^2=\frac{25}{16}x^2$

따라서 구하는 점근선의 방정식은

$\boldsymbol{y=\pm\frac{5}{4}x}$

9-14 점 $(2, 2)$에서의 접선의 방정식은

$2x-8y=-12$ 이므로 $x-4y=-6$

x 축과의 교점의 좌표는 $(-6, 0)$

y 축과의 교점의 좌표는 $\left(0, \dfrac{3}{2}\right)$

도형의 넓이 S는

$S = \dfrac{1}{2} \times \dfrac{3}{2} \times 6 = \mathbf{\dfrac{9}{2}}$

■ 연습문제 10 ■

10-1 ① $\lim_{x \to 0}(x^2 - 3x + 4) = (0 - 0 + 4) = \mathbf{4}$

② $\lim_{x \to 1}\dfrac{x^2 - 2}{x + 1} = \lim_{x \to 1}\dfrac{1^2 - 2}{1 + 1} = \mathbf{-\dfrac{1}{2}}$

③ $\lim_{x \to 2}\dfrac{x^2 - 5}{2x + 3} = \dfrac{2^2 - 5}{4 + 3} = \mathbf{-\dfrac{1}{7}}$

④ $\lim_{x \to 3}\dfrac{x^3 + x - 5}{x^2 + 1} = \dfrac{27 + 3 - 5}{9 + 1} = \dfrac{25}{10} = \mathbf{\dfrac{5}{2}}$

⑤ $\lim_{x \to 0}\dfrac{x^2 + 5x}{x^2 + 3x} = \lim_{x \to 0}\dfrac{x(x + 5)}{x(x + 3)}$

$= \lim_{x \to 0}\dfrac{x + 5}{x + 3} = \mathbf{\dfrac{5}{3}}$

⑥ $\lim_{x \to 2}\dfrac{x^2 - 4}{x - 2} = \lim_{x \to 2}\dfrac{(x - 2)(x + 2)}{x - 2}$

$= \lim_{x \to 2}(x + 2) = 2 + 2 = \mathbf{4}$

⑦ $\lim_{x \to 1}\dfrac{x^3 - 1}{x - 1} = \lim_{x \to 1}\dfrac{(x - 1)(x^2 + x + 1)}{x - 1}$

$= \lim_{x \to 1}(x^2 + x + 1) = \mathbf{3}$

⑧ $\lim_{x \to 0}\dfrac{1 - \sqrt{1 - x}}{x}$

$= \lim_{x \to 0}\dfrac{(1 - \sqrt{1 - x})(1 + \sqrt{1 - x})}{x(1 + \sqrt{1 - x})}$

$= \lim_{x \to 0}\dfrac{1 - (1 - x)}{x(1 + \sqrt{1 - x})}$

$= \lim_{x \to 0}\dfrac{1}{1 + \sqrt{1 - x}}$

$= \dfrac{1}{1 + \sqrt{1}} = \mathbf{\dfrac{1}{2}}$

⑨ $\lim_{x \to 1}\dfrac{x - 1}{\sqrt{x + 3} - 2}$

$= \lim_{x \to 1}\dfrac{(x - 1)(\sqrt{x + 3} + 2)}{(\sqrt{x + 3} - 2)(\sqrt{x + 3} + 2)}$

$= \lim_{x \to 1}\dfrac{(x - 1)(\sqrt{x + 3} + 2)}{x + 3 - 4}$

$= \lim_{x \to 1}\dfrac{(x - 1)(\sqrt{x + 3} + 2)}{x - 1}$

$= \lim_{x \to 1}(\sqrt{x + 3} + 2) = \sqrt{1 + 3} + 2 = \mathbf{4}$

⑩ $\lim_{x \to \infty}(\sqrt{x^2 + x} - x)$

$= \lim_{x \to \infty}\dfrac{(\sqrt{x^2 + x} - x)(\sqrt{x^2 + x} + x)}{\sqrt{x^2 + x} + x}$

$= \lim_{x \to \infty}\dfrac{(x^2 + x) - x^2}{\sqrt{x^2 + x} + x} = \lim_{x \to \infty}\dfrac{x}{\sqrt{x^2 + x} + x}$

$= \lim_{x \to \infty}\dfrac{1}{\sqrt{1 + \dfrac{1}{x}} + 1} = \mathbf{\dfrac{1}{2}}$

⑪ $\lim_{x \to \infty}\dfrac{3x^2 - 1}{x^2 - x + 1} = \lim_{x \to \infty}\dfrac{3 - \dfrac{1}{x^2}}{1 - \dfrac{1}{x} + \dfrac{1}{x^2}} = \mathbf{3}$

⑫ $\lim_{x \to \infty}\dfrac{-2x^2 + 7x}{x^3 + 3} = \lim_{x \to \infty}\dfrac{-2 + \dfrac{7}{x}}{1 + \dfrac{3}{x^2}} = \mathbf{-2}$

10-2 ① $\lim_{t \to 0}\dfrac{(a + t)^2 - a^2}{t}$

$= \lim_{t \to 0}\dfrac{a^2 + 2at + t^2 - a^2}{t} = \lim_{t \to 0}\dfrac{2at + t^2}{t}$

$= \lim_{t \to 0}(2a + t) = \mathbf{2a}$

② $\lim_{t \to \infty}\dfrac{t + \sin t}{t + \cos t} = \lim_{t \to \infty}\dfrac{1 + \dfrac{\sin t}{t}}{1 + \dfrac{\cos t}{t}}$

$= \dfrac{1 + 0}{1 + 0} = \mathbf{1}$

③ $\lim_{\theta \to 0}\theta\tan\dfrac{4}{\theta} = \lim_{\theta \to 0}\dfrac{\tan\dfrac{4}{\theta}}{\dfrac{4}{\theta}} \cdot 4 = \mathbf{4}$

$\left(\because \lim_{\theta \to 0}\dfrac{\tan\theta}{\theta} = 1\right)$

④ $\lim_{\theta \to 0}\dfrac{\cos\theta - \csc\theta}{\theta}$

$= \lim_{\theta \to 0}\dfrac{\dfrac{\cos\theta}{\sin\theta} - \dfrac{1}{\sin\theta}}{\theta}$

$$=\lim_{x\to0}\frac{\frac{\cos\theta-1}{\sin\theta}}{\theta}=\lim_{\theta\to0}\frac{\cos\theta-1}{\theta\sin\theta}$$
$$=\lim_{\theta\to0}\frac{-\sin^2\theta}{\theta\sin\theta(\cos\theta+1)}$$
$$=\lim_{\theta\to0}\frac{-\sin\theta}{\theta(\cos\theta+1)}$$
$$=\lim_{\theta\to0}\frac{-\frac{\sin\theta}{\theta}}{\cos\theta+1}=\frac{-1}{1+1}=-\mathbf{\frac{1}{2}}$$
$$\left(\because\lim_{\theta\to0}\frac{\sin\theta}{\theta}=1\right)$$

10-3 ① $\lim_{x\to0}\frac{x}{\sin x}=\lim_{x\to0}\frac{1}{\frac{\sin x}{x}}=\mathbf{1}$

② $\lim_{x\to0}\frac{x}{\tan x}=\lim_{x\to0}\frac{x}{\frac{\sin x}{\cos x}}$
$$=\lim_{x\to0}\frac{\cos x}{\frac{\sin x}{x}}=\mathbf{1}$$

③ $\lim_{x\to0}\frac{\sin3x}{2x}=\lim_{x\to0}\frac{\sin3x}{3x}\cdot\frac{3}{2}=1\cdot\frac{3}{2}$
$$=\mathbf{\frac{3}{2}}$$

④ $\lim_{x\to0}\frac{\tan2x}{x}=\lim_{x\to0}\frac{\tan2x}{2x}\cdot2$
$$=\lim_{x\to0}\frac{\sin2x}{2x}\cdot\frac{2}{\cos2x}=1\cdot2=\mathbf{2}$$

⑤ $\lim_{x\to0}\frac{\sin4x^2}{9x^2}=\lim_{x\to0}\frac{\sin4x^2}{4x^2}\cdot\frac{4}{9}$
$$=1\cdot\frac{4}{9}=\mathbf{\frac{4}{9}}$$

⑥ $\lim_{x\to0}\frac{\tan5x}{\tan2x}=\lim_{x\to0}\frac{\tan5x}{5x}\cdot\frac{2x}{\tan2x}\cdot\frac{5}{2}$
$$=1\cdot1\cdot\frac{5}{2}=\mathbf{\frac{5}{2}}$$

⑦ $\lim_{h\to\infty}\left(1+\frac{2}{h}\right)^{3h}=\left\{\lim_{h\to\infty}\left(1+\frac{2}{h}\right)^{\frac{h}{2}}\right\}^6=\mathbf{e^6}$
$$\left(\because\lim_{x\to\infty}\left(1+\frac{1}{x}\right)^x=e\right)$$

⑧ $\lim_{h\to\infty}\left(\frac{h}{h+1}\right)^h=\lim_{h\to\infty}\left(\frac{h+1}{h}\right)^{-h}$
$$=\left\{\lim_{h\to\infty}\left(1+\frac{1}{h}\right)^h\right\}^{-1}=\mathbf{e^{-1}}$$

⑨ $\frac{1}{x}=t$ 로 놓으면, $x\to\infty$ 일 때 $t\to0$ 이므로

준식$=\lim_{t\to0}\frac{\tan t}{t}=\mathbf{1}$

⑩ $x-\pi=t$ 로 놓으면, $x\to\pi$ 일 때 $t\to0$ 이므로

준식$=\lim_{t\to0}\frac{\sin(\pi+t)}{-t}=\lim_{t\to0}\frac{-\sin t}{-t}$
$$=\lim_{t\to0}\frac{\sin t}{t}=\mathbf{1}$$

10-4 ① $\lim_{x\to-1}\frac{ax^2-2x+b}{x+1}$ 의 값이 존재하고, $x\to-1$ 일 때 (분모)$\to0$ 이므로 (분자)$\to0$ 이어야 한다.

즉, $\lim_{x\to-1}(ax^2-2x+b)=0$ 에서

$a+2+b=0$

$\therefore b=-a-2$ ………ⓐ

ⓐ를 주어진 식에 대입하면

$$\lim_{x\to-1}\frac{ax^2-2x+b}{x+1}$$
$$=\lim_{x\to-1}\frac{ax^2-2x-a-2}{x+1}$$
$$=\lim_{x\to-1}\frac{(x+1)(ax-a-2)}{x+1}$$
$$=\lim_{x\to-1}(ax-a-2)=-2a-2$$

$-2a-2=-4$ 에서 $a=1$

이것을 ⓐ에 대입하면 $b=-3$

$\therefore \mathbf{a=1,\ b=-3}$

② $\lim_{x\to1}\frac{x-1}{\sqrt{x+a}-b}$ 의 값이 존재하고, $x\to1$ 일 때 (분자)$\to0$ 이므로 (분모)$\to0$ 이어야 한다.

즉, $\lim_{x\to1}(\sqrt{x+a}-b)=0$ 에서

$\sqrt{1+a}-b=0$

$\therefore b=\sqrt{1+a}$ ………ⓑ

ⓑ를 주어진 식에 대입하면

$$\lim_{x\to 1}\frac{x-1}{\sqrt{x+a}-\sqrt{1+a}}$$

$$=\lim_{x\to 1}\frac{(x-1)(\sqrt{x+a}+\sqrt{1+a})}{(x+a)-(1+a)}$$

$$=\lim_{x\to 1}(\sqrt{x+a}+\sqrt{1+a})=2\sqrt{1+a}$$

$2\sqrt{1+a}=6$ 에서 $\boldsymbol{a=8}$,

이것을 ⓑ에 대입하면 $\boldsymbol{b=3}$

10-5 ① $y=\dfrac{1}{x}$은 $x=0$일 때, $y=\dfrac{1}{0}$이 되어 y값이 없으므로 $x=0$에서 **불연속**이다. 그러나, 구간 $(-\infty, 0)$ 및 $(0, \infty)$에서는 **연속**이다.

② $f(2)$가 존재하지 않으므로 $x=2$에서 **불연속**이다. 그러나, $a\neq 2$일 때

$\lim_{x\to 2}f(x)=\lim_{x\to 2}(x+2)=4$ 이므로

구간 $(-\infty, 2)$ 및 $(2, \infty)$에서는 **연속**이다.

10-6 $f(x)=x^2-2x-1=(x-1)^2-2$ 에서 $x=1$은 $[0, 3]$ 안에 있으므로 주어진 함수는 $x=1$에서 최소값 -2를 갖는다. 그런데 $f(0)=-1$, $f(3)=2$이므로 $x=3$에서 최대값 2를 갖는다.

즉, **최대값 2, 최소값 −2**

10-7 ① $\lim_{t\to 0}\dfrac{E}{R}\left(1-e^{-\frac{R}{L}t}\right)$

$$=\frac{E}{R}(1-e^{-0})=\frac{E}{R}(1-1)=0$$

② $\lim_{t\to \infty}\dfrac{E}{R}\left(1-e^{-\frac{R}{L}t}\right)$

$$=\frac{E}{R}(1-e^{-\infty})=\frac{E}{R}(1-0)=\boldsymbol{\frac{E}{R}}$$

③ $\lim_{t\to 0}\dfrac{E}{R}e^{-\frac{1}{RC}t}=\dfrac{E}{R}e^{-0}=\boldsymbol{\dfrac{E}{R}}$

④ $\lim_{t\to \infty}\dfrac{E}{R}e^{-\frac{1}{RC}t}=\dfrac{E}{R}e^{-\infty}=0$

■ 연습문제 11 ■

11-1 ① $f(x)=x^2+1$로 놓으면

$$\frac{\Delta y}{\Delta x}=\frac{f(2)-f(0)}{2-0}=\frac{5-1}{2}=\boldsymbol{2}$$

② $f(x)=x^2-5x+4$로 놓으면

$$\frac{\Delta y}{\Delta x}=\frac{f(3)-f(1)}{3-1}$$

$$=\frac{(3^2-5\cdot 3+4)-(1^2-5\cdot 1+4)}{2}$$

$$=\boldsymbol{-1}$$

11-2 $\dfrac{\Delta y}{\Delta x}=\dfrac{f(a+2)-f(a)}{(a+2)-a}$

$$=\frac{\{(a+2)^2+2(a+2)\}-(a^2+2a)}{2}$$

$$=2a+4$$

따라서 $2a+4=6$ 으로부터 $\boldsymbol{a=1}$

11-3 ① $y'=\lim_{\Delta x\to 0}\dfrac{2(x+\Delta x)-2x}{\Delta x}$

$$=\lim_{\Delta x\to 0}\frac{2x+2\Delta x-2x}{\Delta x}$$

$$=\lim_{\Delta x\to 0}\frac{2\Delta x}{\Delta x}=2$$

$\therefore y'_{x=1}=\boldsymbol{2}$

② $y'=\lim_{\Delta x\to 0}\dfrac{\sqrt{x+\Delta x}-\sqrt{x}}{\Delta x}$

$$=\lim_{\Delta x\to 0}\frac{(x+\Delta x)-x}{\Delta x(\sqrt{x+\Delta x}-\sqrt{x})}$$

$$=\lim_{\Delta x\to 0}\frac{1}{\sqrt{x+\Delta x}-\sqrt{x}}=\frac{1}{2\sqrt{x}}$$

$\therefore y'_{x=1}=\dfrac{1}{2\sqrt{1}}=\boldsymbol{\dfrac{1}{2}}$

③ $y'=\lim_{\Delta x\to 0}\dfrac{-3(x+\Delta x)+2-(-3x+2)}{\Delta x}$

$$=\lim_{\Delta x\to 0}\frac{-3\Delta x}{\Delta x}=-3$$

$\therefore y'_{x=2}=\boldsymbol{-3}$

④ $y' = \lim_{\Delta x \to 0} \dfrac{(x+\Delta x)^2+3-(x^2+3)}{\Delta x}$

$= \lim_{\Delta x \to 0} \dfrac{2x\Delta x+\Delta x^2}{\Delta x}$

$= \lim_{\Delta x \to 0} \dfrac{\Delta x(2x+\Delta x)}{\Delta x}$

$= \lim_{\Delta x \to 0} (2x+\Delta x) = 2x$

$\therefore y'_{x=3} = 2 \cdot 3 = \mathbf{6}$

11-4 ① $f(x) = x^2+x$ 로 놓으면

$f'(-2) = \lim_{\Delta x \to 0} \dfrac{f(-2+\Delta x)-f(-2)}{\Delta x}$

$= \lim_{\Delta x \to 0} \left[\dfrac{\{(-2+\Delta x)^2+(-2+\Delta x)\}}{\Delta x} - \dfrac{\{(-2)^2+(-2)\}}{\Delta x} \right]$

$= \lim_{\Delta x \to 0} \dfrac{(\Delta x)^2-3\Delta x}{\Delta x} = \lim_{\Delta x \to 0} (\Delta x - 3)$

$= \mathbf{-3}$

② $f(x) = x^3-1$ 로 놓으면

$f'(1) = \lim_{\Delta x \to 0} \dfrac{\{(1+\Delta x)^3-1\}-(1^3-1)}{\Delta x}$

$= \lim_{\Delta x \to 0} \dfrac{3\Delta x+3(\Delta x)^2+(\Delta x)^3}{\Delta x}$

$= \lim_{\Delta x \to 0} \{3+3\Delta x+(\Delta x)^2\} = \mathbf{3}$

11-5 $f(x) = 3x^2+2x-1$ 로 놓으면

$f(k+1)-f(k)$

$= 3(k+1)^2+2(k+1)-1-(3k^2+2k-1)$

$= 6k+5$

$\dfrac{f(k+1)-f(k)}{(k+1)-k} = f(k+1)-f(k)$

$= 6k+5 = -1$

$\therefore \boldsymbol{k = -1}$

■ 연습문제 12 ■

12-1 ① $y' = \mathbf{4}$

② $y' = (-6) \cdot 5x^{5-1} = \boldsymbol{-30x^4}$

③ $y' = (-2) \cdot (-5)x^{-5-1} = 10x^{-6} = \boldsymbol{\dfrac{10}{x^6}}$

④ $y' = \dfrac{1}{2}x^{\frac{1}{2}-1} + 3 \cdot 2x^{2-1}$

$= \boldsymbol{\dfrac{1}{2\sqrt{x}} + 6x}$

⑤ $y = x^{\frac{3}{2}} - x$ 에서

$y' = \dfrac{3}{2}x^{\frac{3}{2}-1} - x^{1-1} = \boldsymbol{\dfrac{3}{2}\sqrt{x} - 1}$

⑥ $y' = 3 \cdot 4x^{4-1} - 5 \cdot 3x^{3-1} + 2 \cdot 2x^{2-1}$

$= \boldsymbol{12x^3 - 15x^2 + 4x}$

12-2 ① $y' = (x^2+2)'(x-1) + (x^2+2)(x-1)'$

$= 2x(x-1) + (x^2+2) \cdot 1$

$= \boldsymbol{3x^2 - 2x + 2}$

② $y' = (x+1)'(x+2)(x+3) + (x+1)(x+2)'(x+3) + (x+1)(x+2)(x+3)'$

$= (x+2)(x+3) + (x+1)(x+3) + (x+1)(x+2)$

$= x^2+5x+6+x^2+4x+3 + x^2+3x+2$

$= \boldsymbol{3x^2 + 12x + 11}$

③ $y' = (x^2+3)'(x^3+2x^2+5) + (x^2+3)(x^3+2x^2+5)'$

$= 2x(x^3+2x^2+5) + (x^2+3)(3x^2+2x^2+5)'$

$= \boldsymbol{5x^4 + 8x^3 + 9x^2 + 22x}$

④ $y' = \dfrac{(1-x)'(x^2+2)-(1-x)(x^2+2)'}{(x^2+2)^2}$

$= \dfrac{(-1) \cdot (x^2+2)-(1-x) \cdot 2x}{(x^2+2)^2}$

$= \boldsymbol{\dfrac{x^2-2x-2}{(x+2)^2}}$

⑤ $y' =$

$\dfrac{(x+2)'(x^2+2x+3)-(x+2)(x^2+2x+3)'}{(x^2+2x+3)^2}$

$$=\frac{1\cdot(x^2+2x+3)-(x+2)(2x+2)}{(x^2+2x+3)^2}$$

$$=-\frac{\boldsymbol{x^2+4x+1}}{\boldsymbol{(x^2+2x+3)^2}}$$

⑥ $$y'=\left[\frac{\{(x+3)(x^2+2)\}'(2x+1)}{(2x+1)^2}-\frac{(x+3)(x^2+2)(2x+1)'}{(2x+1)^2}\right]$$

$$=\frac{\boldsymbol{4x^3+9x^2+6x-10}}{\boldsymbol{(2x+1)^2}}$$

12-3 ① $y'=3\cdot4(3x+1)^{4-1}(3x+1)'$
$=\boldsymbol{36(3x+1)^3}$

② $$y'=\frac{1}{2}(2x+1)^{\frac{1}{2}-1}(2x+1)'$$
$$=\frac{2}{2\sqrt{2x+1}}=\frac{\boldsymbol{1}}{\boldsymbol{\sqrt{2x+1}}}$$

③ $$y'=\frac{3}{2}(2x^2+5x)^{\frac{3}{2}-1}(2x^2+5x)'$$
$$=\boldsymbol{\frac{3}{2}(2x^2+5x)^{\frac{1}{2}}(4x+5)}$$

④ $y'=\{(x+1)^3\}'(x^2+2)^4$
$+(x+1)^3\{(x+2)^4\}'$
$=3(x+1)^2(x^2+2)^4$
$+(x+1)^3\cdot4(x^2+2)^3\cdot2x$
$=\boldsymbol{(x+1)^2(x^2+2)^3(11x^2+8x+6)}$

⑤ $y=(1-x^2)^{-3}$ 이므로
$y'=-3(1-x^2)^{-4}\cdot(1-x^2)'$
$$=\frac{\boldsymbol{6x}}{\boldsymbol{(1-x^2)^4}}$$

⑥ $y=x^3(x+1)^{-2}$ 이므로
$y'=(x^3)'(x+1)^{-2}+x^3\{(x+1)^{-2}\}'$
$=3x^2(x+1)^{-2}$
$+x^3\cdot(-2)(x+1)^{-3}\cdot(x+1)'$
$$=\frac{3x^2}{(x+1)^2}-\frac{2x^3}{(x+1)^3}=\frac{\boldsymbol{x^2(x+3)}}{\boldsymbol{(x+1)^3}}$$

12-4 ① 양변을 x 에 관하여 미분하면
$$8x+18y\frac{dy}{dx}=0 \qquad \therefore\ \frac{\boldsymbol{dy}}{\boldsymbol{dx}}=-\frac{\boldsymbol{4x}}{\boldsymbol{9y}}$$

② $$2y\frac{dy}{dx}-8=0 \qquad \therefore\ \frac{\boldsymbol{dy}}{\boldsymbol{dx}}=\frac{\boldsymbol{4}}{\boldsymbol{y}}$$

③ $$2x+3y+3x\frac{dy}{dx}+4y\frac{dy}{dx}=0$$
즉, $(3x+4y)\dfrac{dy}{dx}=-(2x+3y)$
$$\therefore\ \frac{\boldsymbol{dy}}{\boldsymbol{dx}}=-\frac{\boldsymbol{2x+3y}}{\boldsymbol{3x+4y}}$$

④ 양변에 xy 를 곱하면 $y^2+x^2=3xy$
$$2y\frac{dy}{dx}+2x=3y+3x\frac{dy}{dx}$$
즉, $(2y-3x)\dfrac{dy}{dx}=3y-2x$
$$\therefore\ \frac{\boldsymbol{dy}}{\boldsymbol{dx}}=\frac{\boldsymbol{3y-2x}}{\boldsymbol{2y-3x}}$$

⑤ $$\frac{dx}{dy}=\sqrt{1+y}+y\cdot\frac{1}{2\sqrt{1+y}}$$
$$=\frac{2(1+y)+y}{2\sqrt{1+y}}=\frac{3y+2}{2\sqrt{1+y}}$$
$$\therefore\ \frac{\boldsymbol{dy}}{\boldsymbol{dx}}=\frac{\boldsymbol{2\sqrt{1+y}}}{\boldsymbol{3y+2}}$$

⑥ $$\frac{dx}{dy}=\frac{(y^2-1)-2y\cdot y}{(y^2-1)^2}=-\frac{y^2+1}{(y^2-1)^2}$$
$$\therefore\ \frac{\boldsymbol{dy}}{\boldsymbol{dx}}=-\frac{\boldsymbol{(y^2-1)^2}}{\boldsymbol{y^2+1}}$$

12-5 ① $\dfrac{dx}{dt}=2,\ \dfrac{dy}{dt}=2t+1$
$$\therefore\ \frac{dy}{dx}=\frac{dy}{dt}\Big/\frac{dx}{dt}=\frac{\boldsymbol{2t+1}}{\boldsymbol{2}}$$

② $$\frac{dx}{dt}=\frac{(1-t)-(1+t)(-1)}{(1-t)^2}$$
$$=\frac{2}{(1-t)^2}$$
$$\frac{dy}{dt}=\frac{2}{(1-t)^2}$$
$$\therefore\ \frac{dy}{dx}=\frac{dy}{dt}\Big/\frac{dx}{dt}=\boldsymbol{1}$$

③ $\dfrac{dx}{dt}=3,\ \dfrac{dy}{dt}=2t+4$

$\therefore \dfrac{dy}{dx}=\dfrac{2t+4}{3}=\mathbf{\dfrac{2}{3}t+\dfrac{4}{3}}$

④ $\dfrac{dx}{dt}=2t-2,\ \dfrac{dy}{dt}=1-\dfrac{1}{t^2}=\dfrac{t^2-1}{t^2}$

$\therefore \dfrac{dy}{dx}=\dfrac{1}{2t-2}\cdot\dfrac{t^2-1}{t^2}$

$=\dfrac{(t-1)(t+1)}{2(t-1)t^2}=\mathbf{\dfrac{t+1}{2t^2}}$

12-6 ① $y'=\mathbf{\cos x+\sqrt{3}\sin x}$

② $y'=(\sin x)'\tan x+\sin x(\tan x)'$

$=\cos x\cdot\dfrac{\sin x}{\cos x}+\sin x\cdot\sec^2 x$

$=\sin x+\dfrac{\sin x}{\cos^2 x}$

$=\mathbf{\sin x+\sec x\tan x}$

③ $y'=2\cot x(\cot x)'=2\cot x(-\mathrm{cosec}^2 x)$

$=\mathbf{-2\mathrm{cosec}^2 x\cot x}$

④ $y'=2(\csc x+\cot x)(\csc x+\cot x)'$

$=2(\csc x+\cot x)(-\csc x\cot x-\csc^2 x)$

$=\mathbf{-2\csc x(\csc x+\cot x)^2}$

⑤ $y'=(2x^2+1)'\sin 2x+(2x^2+1)(\sin 2x)'$

$=4x\sin 2x+(2x^2+1)\cdot 2\cos 2x$

$=\mathbf{4x\sin 2x+2(2x^2+1)\cos 2x}$

⑥

$y'=\dfrac{(1+\sin x)'\cos x-(1+\sin x)(\cos x)'}{\cos^2 x}$

$=\dfrac{\cos x\cos x-(1+\sin x)(-\sin x)}{\cos^2 x}$

$=\dfrac{\cos^2 x+\sin x+\sin^2 x}{\cos^2 x}$

$=\dfrac{1+\sin x}{1-\sin^2 x}=\mathbf{\dfrac{1}{1-\sin x}}$

⑦ $y'=\{-\sin(\sin x)\}(\sin x)'$

$=\mathbf{-(\cos x)\sin(\sin x)}$

⑧ $y'=(\sin^3 x)'\cos 3x+(\sin^3 x)(\cos 3x)'$

$=3(\sin^2 x)(\sin x)'\cos 3x$

$+(\sin^3 x)(-\sin 3x)\cdot(3x)'$

$=3\sin^2 x\cos x\cos 3x-3\sin^3 x\sin 3x$

$=3(\sin^2 x)(\cos x\cos 3x-\sin x\sin 3x)$

$=\mathbf{3\sin^2 x\cos 4x}$

12-7 ① $y'=\dfrac{1}{\sqrt{1-(3x)^2}}(3x)'$

$=\mathbf{\dfrac{3}{\sqrt{1-9x^2}}}$

② $y'=-\dfrac{1}{\sqrt{1-\sin^2 x}}(\sin x)'$

$=-\dfrac{\cos x}{\sqrt{1-\sin^2 x}}=-\dfrac{\cos x}{\cos x}=\mathbf{-1}$

③ $y'=\dfrac{1}{1+(\ln x)^2}(\ln x)'$

$=\dfrac{1}{1+(\ln x)^2}\cdot\dfrac{1}{x}=\mathbf{\dfrac{1}{x+x(\ln x)^2}}$

④ $y'=\dfrac{1}{1+\left(\dfrac{x}{a}\right)^2}\cdot\dfrac{1}{a}+\dfrac{1}{1+\left(\dfrac{a}{x}\right)^2}\cdot\dfrac{-a}{x^2}$

$=\dfrac{a}{a^2+x^2}-\dfrac{a}{a^2+x^2}=\mathbf{0}$

12-8 ① $y'=\mathbf{2e^{2x}}$

② $y'=\mathbf{\dfrac{1}{x\ln 2}}$

③ $y'=\dfrac{(x^2+1)'}{(x^2+1)}=\mathbf{\dfrac{2x}{x^2+1}}$

④ $y'=2x\ln x+x^2\cdot\dfrac{1}{x}=\mathbf{x(2\ln x+1)}$

⑤ $y'=-e^{-x}\cos x-e^{-x}\sin x$

$=\mathbf{-e^{-x}(\sin x+\cos x)}$

⑥ $y'=\dfrac{1}{2}\cdot\dfrac{1-x}{1+x}\cdot\left(\dfrac{1+x}{1-x}\right)'$

$=\dfrac{1}{2}\cdot\dfrac{1-x}{1+x}\cdot\dfrac{1-x+1-x}{(1-x)^2}$

$=\dfrac{1}{(1+x)(1-x)}=\mathbf{\dfrac{1}{1-x^2}}$

12-9 ① $y'=\mathbf{2\mathrm{sech}^2 2x}$

② $y'=2(\sinh 3x)(\sinh 3x)'$

$=\mathbf{6\sinh 3x\cosh 3x}$

③ $y' = e^x \sinh x + e^x \cosh x$

$= \boldsymbol{e^x(\sinh x + \cosh x)}$

④ $y' = \boldsymbol{\frac{1}{2}\sinh\frac{1}{2}x}$

12-10 ① $y' = 5x^4 + 6x^3$

$\therefore y'' = \boldsymbol{20x^3 + 18x^2}$

② $y' = -\sin x \quad \therefore y'' = \boldsymbol{-\cos x}$

③ $y' = e^x \sin x + e^x \cos x = e^x(\sin x + \cos x)$

$y'' = e^x(\sin x + \cos x) + e^x(\cos x - \sin x)$

$= \boldsymbol{2e^x \cos x}$

④ $y' = 3x^2 \ln x + x^3 \cdot \frac{1}{x} = x^2(3\ln x + 1)$

$\therefore y'' = 2x(3\ln x + 1) + x^2 \cdot \frac{3}{x}$

$= \boldsymbol{x(6\ln x + 5)}$

12-11 ① $y' = y'' = \cdots\cdots = y^{(n)} = \boldsymbol{e^x}$

② $y' = -\sin x = \cos\left(x + \frac{\pi}{2}\right)$

$y'' = -\sin\left(x + \frac{\pi}{2}\right) = \cos\left(x + \frac{2\pi}{2}\right)$

……………………………

$\therefore \boldsymbol{y^{(n)} = \cos\left(x + \frac{n}{2}\pi\right)}$

③ $y' = \frac{1}{x},\ y'' = -\frac{1}{x^2}$

$y''' = \frac{1 \cdot 2}{x^3},\ y^{(4)} = -\frac{1 \cdot 2 \cdot 3}{x^4}$

……………………………

$\therefore \boldsymbol{y^{(n)} = (-1)^{n-1}\frac{(n-1)!}{x^n}}$

■ 연습문제 13 ■

13-1 접선의 기울기는

$f'(2) = 3x^2|_{x=2} = 3 \cdot 2^2 = 12$

이므로 접선의 방정식은

$y - 4 = 12(x - 2) \quad \therefore \boldsymbol{y = 12x - 20}$

법선의 기울기 m은 $12 \cdot m = -1$에서

$m = -\frac{1}{12}$이므로 법선의 방정식은

$y - 4 = -\frac{1}{12}(x - 2)$

$\therefore \boldsymbol{y = -\frac{1}{12}x + \frac{25}{6}}$

13-2 $xy = 1$에서 $y = \frac{1}{x},\ y' = -\frac{1}{x^2}$,

$m = [y']_{x=1/2} = -4$

법선의 방정식 $y - 2 = -\frac{1}{(-4)}\left(x - \frac{1}{2}\right)$

$\therefore \boldsymbol{y = \frac{1}{4}x + \frac{15}{8}}$

13-3 접점의 좌표를 $P(a,\ a^2 + 2a - 3)$이라고 하자.

$f'(x) = 2x + 2$이고, 접점 P에서의 접선의 기울기가 2이므로,

$f'(a) = 2a + 2 = a \quad \therefore a = 0$

따라서, 접점 $P(0,\ -3)$에서의 접선의 방정식은

$y + 3 = 2(x - 0) \quad \therefore y = \boldsymbol{2x - 3}$

13-4 $y' = e^x,\ [y']_{x=1} = e$이므로 법선의 기울기 $-\frac{1}{e}$

$\therefore y - e = -\frac{1}{e}(x - 1)$에서

$y = \boldsymbol{-\frac{1}{e}x + e + \frac{1}{e}}$

13-5 ① $f'(x) = 12 - 6x$에서

$f'(c) = 12 - 6c = 0 \quad \therefore \boldsymbol{c = 2}$

② $f'(x) = \cos x$에서 $f'(c) = \cos c = 0$

$\therefore \boldsymbol{c = \frac{\pi}{2}}$ 또는 $\boldsymbol{c = \frac{3}{2}\pi}$

13-6 ① $f(x) = x^2$에서 $f'(x) = 2x$이므로 구하는 c는

$\frac{f(2) - f(0)}{2 - 0} = 2c \quad (0 < c < 2)$에서

$\dfrac{2^2-0^2}{2}=2c$

$\therefore c=1$

② $f(x)=\sqrt{x}$ 에서 $f'(x)=\dfrac{1}{2\sqrt{x}}$ 이므로

$\dfrac{f(4)-f(1)}{4-1}=\dfrac{1}{2\sqrt{c}}$ $(1<c<4)$에서

$\dfrac{\sqrt{4}-\sqrt{1}}{3}=\dfrac{1}{2\sqrt{c}}$

$\therefore c=\dfrac{9}{4}$

③ $f(x)=-x^3$ 에서 $f'(x)=-3x^2$ 이므로

$\dfrac{f(1)-f(-1)}{1-(-1)}=-3c^2$ $(-1<c<1)$에서

$\dfrac{-1-1}{2}=-3c^2$

$\therefore c=\pm\dfrac{\sqrt{3}}{3}$

④ $f(x)=\ln x$ 에서 $f'(x)=\dfrac{1}{x}$ 이므로

$\dfrac{f(e)-f(1)}{e-1}=\dfrac{1}{c}$ $(1<c<e)$에서

$\dfrac{\ln e-\ln 1}{e-1}=\dfrac{1}{c}$

$\therefore c=e-1$

13-7 ① $y'=3x^2-12=3(x^2-4)$
$=3(x+2)(x-2)$
$y'=0$ 에서 $x=-2$, $x=2$

x	⋯	-2	⋯	2	⋯
$f'(x)$	+	0	−	0	+
$f(x)$	↗	극대	↘	극소	↗

따라서, 극대값
$f(-2)=-8-12\cdot(-2)+4=20$
극소값
$f(2)=8-12\cdot 2+4=-12$

구하는 그래프는 다음 그림과 같다.

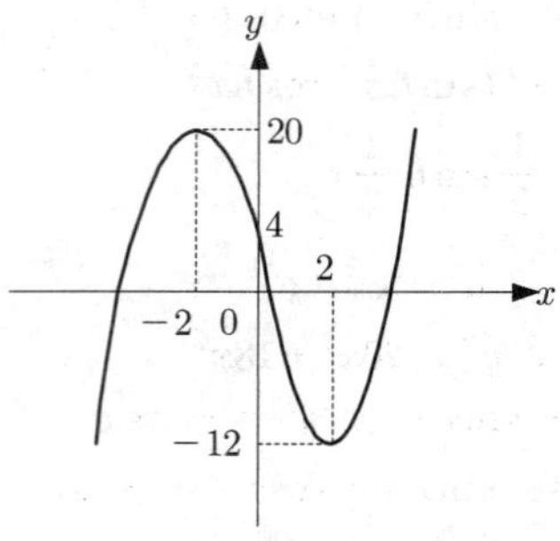

② $y'=4x^3-20x=4x(x^2-5)$
$y'=0$ 에서 $x=0$, $x=-\sqrt{5}$, $x=\sqrt{5}$

x	⋯	$-\sqrt{5}$	⋯	0	⋯	$\sqrt{5}$	⋯
$f'(x)$	−	0	+	0	−	0	+
$f(x)$	↘	극소	↗	극대	↘	극소	↗

따라서 극대값 $f(0)=9$
극소값 $f(-\sqrt{5})=f(\sqrt{5})$
$=-16$

구하는 그래프는 다음 그림과 같다.

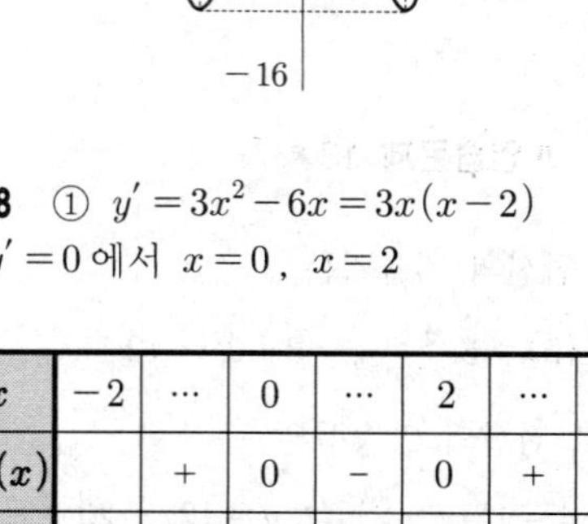

13-8 ① $y'=3x^2-6x=3x(x-2)$
$y'=0$ 에서 $x=0$, $x=2$

x	-2	⋯	0	⋯	2	⋯	3
$f'(x)$		+	0	−	0	+	
$f(x)$	-10	↗	10	↘	6	↗	10

따라서 최대값 $f(0)=f(3)=\mathbf{10}$

최소값 $f(-2)=\mathbf{-10}$

② $y'=4x^3-4x=4x(x-1)(x+1)$

$y'=0$ 에서 $x=-1$, $x=0$, $x=1$

x	-2	…	-1	…	0	…	1
$f'(x)$		$-$	0	$+$	0	$-$	0
$f(x)$	5	↘	극소 -4	↗	극대 -3	↘	-4

따라서 최대값 $f(-2)=\mathbf{5}$

최소값 $f(-1)=f(1)=\mathbf{-4}$

13-9 ① $y'=(12-2x)^2-4(12-2x)$

$12(x-2)(x-6)=0$,

$x=2,6$

$y''=12(2x-8)=24(x-4)$

x	…	2	…	6	…
y'		0		0	
y''		$-$		$+$	
y		극대		극소	

따라서 $x=2$에서 극대값 128을 갖고 $x=6$에서 극소값 0을 갖는다.

$y''=24(x-4)=0$,

$x=4$

따라서 변곡점은 **(4, 64)**

② $y'=6x^2-18x-24=0$,

$6(x-4)(x+1)=0$,

$x=-1,4$

$y''=12x-18$

x	…	-1	…	4	…
y'		0		0	
y''		$-$		$+$	
y		극대		극소	

따라서 $x=-1$에서 극대값 18을 갖고 $x=4$에서 극소값 -107을 갖는다.

$y''=12x-18=0$, $x=\dfrac{3}{2}$

따라서 변곡점은 $\left(\mathbf{\dfrac{3}{2}}, -\mathbf{\dfrac{89}{2}}\right)$

■ 연습문제 14 ■

14-1 ① $\displaystyle\lim_{x\to4}\frac{x^2-16}{x^2+x-20}=\lim_{x\to4}\frac{2x}{2x+1}=\mathbf{\frac{8}{9}}$

② $\displaystyle\lim_{x\to0}\frac{e^x-1}{x^2}=\lim_{x\to0}\frac{e^x}{2x}=\frac{1}{0}=\infty$

③ $\displaystyle\lim_{x\to\infty}\frac{\sqrt{2+x^2}}{x}=\lim_{x\to\infty}\sqrt{\frac{2+x^2}{x^2}}=\lim_{x\to\infty}\sqrt{\frac{2}{x^2}+1}=\mathbf{1}$

④ $\displaystyle\lim_{x\to0}\frac{e^x-x+3}{x^2}=\lim_{x\to0}\frac{e^x-1}{2x}=\lim_{x\to0}\frac{e^x}{2}=\mathbf{\frac{1}{2}}$

⑤ $\displaystyle\lim_{x\to\infty}\frac{x^2}{e^x}=\lim_{x\to\infty}\frac{2x}{e^x}=\lim_{x\to\infty}\frac{2}{e^x}=\mathbf{0}$

⑥ $\displaystyle\lim_{x\to0}(\csc x-\cot x)=\lim_{x\to0}\frac{1-\cos x}{\sin x}=\lim_{x\to0}\frac{\sin x}{\cos x}=\mathbf{0}$

⑦ $\displaystyle\lim_{x\to0}\sin3x\cot2x=\lim_{x\to0}\frac{\sin3x}{\tan2x}=\lim_{x\to0}\frac{3\cos3x}{2\sec^2 2x}=\mathbf{\frac{3}{2}}$

⑧ $\displaystyle\lim_{x\to\infty}\frac{\log(1+e^x)}{x}=\lim_{x\to\infty}\frac{\frac{e^x}{1+e^x}}{1}=\lim_{x\to\infty}\frac{e^x}{1+e^x}=\lim_{x\to\infty}\frac{e^x}{e^x}=\mathbf{1}$

14-2 $f'(x)=\dfrac{1}{1+x}$, $f''(x)=\dfrac{-1}{(1+x)^2}$

$f^{(3)}(x)=\dfrac{2!}{(1+x)^3}$

$\vdots$

$f^{(n)}(x)=\dfrac{(-1)^{n-1}(n-1)!}{(1+x)^n}$

$f(0)=\ln 1=0$, $f'(0)=1$, $f''(0)=-1$

$f^{(3)}(0)=2!$

$\vdots$

$f^{(n)}(0)=(-1)^{n-1}(n-1)!$

$$\therefore \log(1+x)=x-\frac{x^2}{2}+\frac{x^3}{3}-\cdots+(-1)^{n-1}\frac{x^n}{n}+\cdots$$

14-3 $f(x)=x^4-x^3+3x^2-3$ $f(2)=17$

$f'(x)=4x^3-3x^2+6x$ $f'(2)=32$

$f''(x)=12x^2-6x+6$ $f''(2)=42$

$f^{(3)}(x)=24x-6$ $f^{(3)}(2)=42$

$f^{(4)}(x)=24$ $f^{(4)}(2)=24$

$$\begin{aligned}\therefore f(x)&=x^4-x^3+3x^2-3\\&=17+32(x-2)+\frac{42}{2!}(x-2)^2+\frac{42}{3!}(x-2)^3+\cdots\\&=17+32(x-2)+21(x-2)^2+7(x-2)^3+(x-2)^4+\cdots\end{aligned}$$

14-4 $f(x)=\sin x$ $f\left(\dfrac{\pi}{4}\right)=\dfrac{1}{\sqrt{2}}$

$f'(x)=\cos x$ $f'\left(\dfrac{\pi}{4}\right)=\dfrac{1}{\sqrt{2}}$

$f''(x)=-\sin x$ $f''\left(\dfrac{\pi}{4}\right)=-\dfrac{1}{\sqrt{2}}$

$f^{(3)}(x)=-\cos x$ $f^{(3)}\left(\dfrac{\pi}{4}\right)=-\dfrac{1}{\sqrt{2}}$

$f^{(4)}(x)=\sin x$ $f^{(4)}\left(\dfrac{\pi}{4}\right)=\dfrac{1}{\sqrt{2}}$

$$\begin{aligned}\therefore f(x)&=\sin x\\&=\frac{1}{\sqrt{2}}\left\{1+\left(x-\frac{\pi}{4}\right)-\frac{1}{2!}\left(x-\frac{\pi}{4}\right)^2-\frac{1}{3!}\left(x-\frac{\pi}{4}\right)^3+\cdots\right\}\end{aligned}$$

14-5 t초 후의 속도 v는

$$v=\frac{dx}{dt}=3t^2-6t-9$$

① $v(4)=3\cdot 4^2-6\cdot 4-9=\mathbf{15}$

② $v=0$에서 $3t^2-6t-9=0$

$3(t-3)(t+1)=0$

$\therefore \boldsymbol{t=3}$ $(\because t>0)$

14-6 ① $v=\dfrac{dx}{dt}=\mathbf{15-10}\boldsymbol{t}$[m/s]

$\alpha=\dfrac{dv}{dt}=\mathbf{-10}$[m/s²]

② $v=0$이므로 $15-10t=10$

$\therefore t=\mathbf{1.5}$[s]

③ $x=0$이므로 $15t-5t^2=0$

$\therefore t=0$, $t=3$

그런데 $t\neq 0$이므로 $t=3$

따라서 $t=3$일 때의 속도는

$v=15-10\times 3=-15$

그러므로 속도 아래로**15**[m/s]이다.

14-7 ① $v(t)=\dfrac{ds}{dt}=25-10t$

$a(t)=\dfrac{dv}{dt}=-10$

따라서 3초 후의 속도

$v(3)=25-30=-5$[m/s]

가속도 $a(3)=\mathbf{-10}$[m/s²]

② $v(t)=0$에서 $t=\dfrac{5}{2}$[s]

$$\therefore S\left(\frac{5}{2}\right)=30+25\times\frac{5}{2}-5\times\left(\frac{5}{2}\right)^2=\frac{\mathbf{245}}{\mathbf{4}}\text{[m]}$$

14-8 ① $f(2,3)=2^2+2\cdot 3=\mathbf{10}$

② $f(2,3)=\sqrt{2+3}=\boldsymbol{\sqrt{5}}$

14-9 $4-x^2\geq 0$에서 $-2\leq x\leq 2$,

$9-y^2\geq 0$에서 $-3\leq y\leq 3$

∴ 정의역

$=\{\boldsymbol{x, y\,|-2\leq x\leq 2, -3\leq y\leq 3}\}$

14-10 ① $\lim_{\substack{x\to1\\y\to1}}(x^2+y^2)=1^2+1^2=\mathbf{2}$

② $\lim_{(x,y)\to(0,1)}\dfrac{2x^3-3xy+y^2}{x^4+2y^2+y}=\dfrac{1}{2+1}=\mathbf{\dfrac{1}{3}}$

14-11 ① $\dfrac{\partial z}{\partial x}=\mathbf{3x^2y-y^3}$

$\dfrac{\partial z}{\partial y}=\mathbf{x^3-3xy^2}$

② $\dfrac{\partial z}{\partial x}=\dfrac{1}{2\sqrt{x^2+y^2}}\cdot 2x$

$=\mathbf{\dfrac{x}{\sqrt{x^2+y^2}}}$

$\dfrac{\partial z}{\partial y}=\mathbf{\dfrac{y}{\sqrt{x^2+y^2}}}$

③ $\dfrac{\partial z}{\partial x}=-\mathbf{\dfrac{y}{x^2}}$, $\dfrac{\partial z}{\partial y}=\mathbf{\dfrac{1}{x}}$

④ $\dfrac{\partial z}{\partial x}=\dfrac{1}{\sqrt{x^2+y^2}}\cdot\dfrac{\partial}{\partial x}\sqrt{x^2+y^2}$

$=\dfrac{1}{\sqrt{x^2+y^2}}\cdot\dfrac{x}{\sqrt{x^2+y^2}}=\mathbf{\dfrac{x}{x^2+y^2}}$

$\dfrac{\partial z}{\partial y}=\mathbf{\dfrac{y}{x^2+y^2}}$

14-12 $f_x(x,y)=y\cdot\dfrac{x}{\sqrt{x^2+y^2}}$

$=\dfrac{xy}{\sqrt{x^2+y^2}}$

$\therefore f_x(1,2)=\dfrac{1\cdot2}{\sqrt{1^2+2^2}}=\mathbf{\dfrac{2}{\sqrt5}}$

$f_y(x,y)=\sqrt{x^2+y^2}+y\dfrac{y}{\sqrt{x^2+y^2}}$

$=\dfrac{x^2+y^2+y^2}{\sqrt{x^2+y^2}}=\dfrac{x^2+2y^2}{\sqrt{x^2+y^2}}$

$=\dfrac{xy}{\sqrt{x^2+y^2}}$

$\therefore f_y(0,1)=\dfrac{0^2+2\cdot1^2}{\sqrt{0^2+1^2}}=\mathbf{2}$

14-13 ① $\dfrac{\partial z}{\partial x}=\mathbf{3x^2+6xy-4xy^2+3y}$

② $\dfrac{\partial^2 z}{\partial x^2}=\mathbf{6x+6y-4y^2}$

③ $\dfrac{\partial^2 z}{\partial y\,\partial z}=\mathbf{6x-8xy+3}$

④ $\dfrac{\partial z}{\partial y}=\mathbf{3x^2-4x^2y-4y^3+3x}$

⑤ $\dfrac{\partial^2 z}{\partial y^2}=\mathbf{-4x^2-12y^2}$

⑥ $\dfrac{\partial^2 z}{\partial x\,\partial y}=\mathbf{6x-8xy+3}$

14-14 전미분의 정의,

$dz=\dfrac{\partial z}{\partial x}dx+\dfrac{\partial z}{\partial y}dy$ 에서

① $dz=\mathbf{(3y^2-6x^2y^3)dx}$

$\mathbf{+(6xy-6x^3y^2)dy}$

② $dz=\mathbf{\dfrac{x}{\sqrt{x^2+y^2}}dx}+\mathbf{\dfrac{y}{\sqrt{x^2+y^2}}dy}$

③ $du=\dfrac{\partial u}{\partial x}dx+\dfrac{\partial u}{\partial y}dy+\dfrac{\partial u}{\partial z}dz$ 에서

$du=\mathbf{(y^2z^3)dx+(2xyz^3)dy+(3xy^2z^2)dz}$

④ $du=\mathbf{(2xy+z^2)dx+(2yz+x^2)dy}$

$\mathbf{+(2zx+y^2)dz}$

■ 연습문제 15 ■

15-1 ① $\int 5dx=\mathbf{5x+C}$

② $\int 3x^2dx=3\cdot\dfrac{1}{2+1}x^{2+1}+C=\mathbf{x^3+1}$

③ $\int(6x^2-2x+1)dx=\mathbf{2x^3-x^2+x+C}$

④ $\int(x^2+1)(1-x)dx$

$=\int(-x^3+x^2-x+1)dx$

$=\mathbf{-\dfrac{1}{4}x^4+\dfrac{1}{3}x^3-\dfrac{1}{2}x^2+x+C}$

⑤ $\int\dfrac{3+x}{x^2}dx=\int\left(3x^{-2}+\dfrac{1}{x}\right)dx$

$=\dfrac{3}{-2+1}x^{-2+1}+\ln|x|+C$

$=\mathbf{-\dfrac{3}{x}+\ln|x|+C}$

⑥ $\int\left(3x+\frac{1}{x^2}\right)^2 dx$

$=\int\left(9x^2+\frac{6}{x}+x^{-4}\right)dx$

$=\frac{9}{3}x^3+6\ln|x|-\frac{1}{3}x^{-3}+C$

$=\mathbf{3x^3+6\ln|x|-\frac{1}{3x^3}+C}$

⑦ $\int(3x+2)^2dx-\int(3x-2)^2dx$

$=\int 24x\,dx=\mathbf{12x^2+C}$

⑧ $\int\sqrt[3]{x^2}\,dx=\int x^{\frac{2}{3}}dx$

$=\frac{1}{\frac{2}{3}+1}x^{\frac{2}{3}+1}+C$

$=\frac{3}{5}x^{\frac{5}{3}}+C$

$=\mathbf{\frac{3}{5}x\sqrt[3]{x^2}+C}$

15-2 기울기가 $f'(x)=2x-1$이므로

$f(x)=\int(2x-1)dx=x^2-x+C$

이 곡선은 점 $(1, 2)$를 지나므로

$-2=f(1)=1-1+C \quad \therefore C=-2$

따라서 $\mathbf{f(x)=x^2-x-2}$

15-3 ① $\int(2\sin x-5\cos x)dx$

$=\mathbf{-2\cos x-5\sin x+C}$

② $\int\cot^2x\,dx=\int(\csc^2x-1)\,dx$

$=\mathbf{-\cot x-x+C}$

③ $\int\frac{\sin^2x}{1+\cos x}dx=\int\frac{1-\cos^2x}{1+\cos x}dx$

$=\int(1-\cos x)dx=\mathbf{x-\sin x+C}$

④ $\int\frac{\sin x}{\cos^2x}dx=\int\frac{1}{\cos x}\cdot\frac{\sin x}{\cos x}dx$

$=\int\sec x\tan x\,dx$

$=\mathbf{\sec x+C}$

⑤ $\sin^4x=(\sin^2x)^2=\left(\frac{1-\cos 2x}{2}\right)^2$

$=\frac{1-2\cos 2x+\cos^2 2x}{4}$

$=\frac{1}{4}\left(1-2\cos 2x+\frac{1+\cos 4x}{2}\right)$

$=\frac{3}{8}-\frac{1}{2}\cos 2x+\frac{1}{8}\cos 4x$

$\therefore \int\sin^4x\,dx$

$=\mathbf{\frac{3}{8}x-\frac{1}{4}\sin 2x+\frac{1}{32}\sin 4x+C}$

⑥ $\int\sin^2\frac{x}{2}dx=\int\frac{1-\cos x}{2}dx$

$=\mathbf{\frac{1}{2}x-\frac{1}{2}\sin x+C}$

15-4 ① $\int 5e^x dx=\mathbf{5e^x+C}$

② $\int\frac{3^x}{2}dx=\frac{1}{2}\cdot\frac{3^x}{\ln 3}+C$

$=\mathbf{\frac{3^x}{2\ln 3}+C}$

③ $\int e^{x+1}dx=\int e\cdot e^x dx$

$=e\cdot e^x+C$

$=\mathbf{e^{x+1}+C}$

④ $\int(2e^x-3^x)\,dx=\mathbf{2e^x-\frac{3^x}{\ln 3}+C}$

15-5 ① $\int x^{\frac{1}{4}}dx=\frac{1}{\frac{1}{4}+1}x^{\frac{1}{4}+1}+C$

$=\mathbf{\frac{4}{5}x^{\frac{5}{4}}+C}$

② $\int\frac{x-1}{x^2}dx=\int\left(\frac{1}{x}-\frac{1}{x^2}\right)dx$

$=\ln|x|-\frac{1}{-2+1}x^{-2+1}+C$

$=\mathbf{\ln|x|+x^{-1}+C}$

③ $\int(x^2-2)^3dx=\int(x^2-2)^2(x^2-2)\,dx$

$=\int(x^4-4x^2+4)(x^2-2)\,dx$

$$=\int (x^6-4x^4+4x^2-2x^4+8x^2-8)\,dx$$

$$=\frac{1}{7}x^7-\frac{6}{5}x^5+4x^3-8x+C$$

④ $\int \frac{2x}{x-1}dx=\int \left(2+\frac{2}{x-1}\right)dx$

$$=2x+2\ln|x-1|+C$$

15-6 ① $\int \cos^2 x\,dx=\frac{1}{2}\int (1+\cos 2x)dx$

$$=\frac{1}{2}x+\frac{1}{2}\cdot\frac{1}{2}\sin 2x+C$$

$$=\frac{1}{2}x+\frac{1}{4}\sin 2x+C$$

② $\int \sin^2 x\,dx=\frac{1}{2}\int (1-\cos 2x)\,dx$

$$=\frac{1}{2}x-\frac{1}{4}\sin 2x+C$$

③ $\int \cos^3 x\,dx=\int \cos^2 x\cos x\,dx$

$$=\int (1-\sin^2 x)\cos x\,dx$$

$$=\int \cos x\,dx-\int \sin^2 x\cos x\,dx$$

$$=\sin x-\frac{1}{3}\sin^3 x+C$$

④ $\int \sin 3x\sin 2x\,dx$

$$=\frac{1}{2}\int \{\cos(3x-2x)-\cos(3x+2x)\}\,dx$$

$$=\frac{1}{2}\int (\cos x-\cos 5x)\,dx$$

$$=\frac{1}{2}\sin x-\frac{1}{10}\sin 5x+C$$

15-7 ① $\int \sin(2x+1)dx$

$$=\frac{1}{2}\int \sin(2x+1)(2x+1)'dx$$

$$=-\frac{1}{2}\cos(2x+1)+C$$

② $\int \cos(5x+3)dx$

$$=\frac{1}{5}\int \cos(5x+3)(5x+3)'dx$$

$$=\frac{1}{5}\sin(5x+4)+C$$

③ $\int e^{3x+2}dx=\frac{1}{3}\int e^{3x+2}(3x+2)'dx$

$$=\frac{1}{3}e^{3x+2}+C$$

④ $\int \frac{5}{10x+3}dx=\frac{1}{2}\int \frac{10}{10x+3}dx$

$$=\frac{1}{2}\ln|10x+3|+C$$

15-8 ① $\int \sqrt{2x-3}\,dx$

$$=\frac{1}{2}\int (2x-3)^{\frac{1}{2}}(2x-3)'dx$$

$$=\frac{1}{2}\cdot\frac{2}{3}(2x-3)^{\frac{3}{2}}+C$$

$$=\frac{1}{3}(2x-3)^{\frac{3}{2}}+C$$

② $\int x(x^2+4)^3dx$

$$=\frac{1}{2}\int (x^2+4)^3(x^2+4)'$$

$$=\frac{1}{2}\cdot\frac{1}{3+1}(x^2+4)^{3+1}+C$$

$$=\frac{1}{8}(x^2+4)^4+C$$

③ $\int xe^{-x^2}dx=-\frac{1}{2}\int e^{-x^2}(-x^2)'dx$

$$=-\frac{1}{2}e^{-x^2}+C$$

④ $\int \frac{6x^2}{(x^3+4)^2}dx$

$$=2\int (x^3+4)^{-2}(x^3+4)'dx$$

$$=\frac{2}{-2+1}(x^3+4)^{-2+1}+C$$

$$=\frac{-2}{(x^3+4)}+C$$

⑤ $\int 2\sin^3 x\cos x\,dx=\frac{2}{3+1}(\sin x)^{3+1}+C$

$$=\frac{1}{2}\sin^4 x+C$$

⑥ $\int \frac{\ln x}{x}dx=\int \ln x(\ln x)'dx$

$$=\frac{1}{1+1}(\ln x)^{1+1}+C$$
$$=\frac{1}{2}(\ln x)^2+C$$

15-9 ① $\int \frac{1}{\sqrt[3]{4-x}}dx=\int (4-x)^{-\frac{1}{3}}dx$
$$=\frac{-1}{-\frac{1}{3}+1}(4-x)^{-\frac{1}{3}+1}+C$$
$$=-\frac{3}{2}\sqrt[3]{(4-x)^2}+C$$

② $\int 2x\sqrt{x^2+3}\,dx=\int 2x(x^2+3)^{\frac{1}{2}}$
$$=\frac{1}{\frac{1}{2}+1}(x^2+3)^{\frac{1}{2}+1}+C$$
$$=\frac{2}{3}\sqrt{(x^2+3)^3}+C$$

③ $\int \frac{dx}{9x^2+4}=\frac{1}{4}\int \frac{1}{\left(\frac{3x}{2}\right)^2+1}dx$
$$=\frac{1}{4}\cdot\frac{2}{3}\int \frac{1}{\left(\frac{3x}{2}\right)^2+1}\cdot\frac{3}{2}dx$$
$$=\frac{1}{6}\tan^{-1}\frac{3x}{2}+C$$

④ $\int \frac{1}{\sqrt{1-4x^2}}dx$
$$=\frac{1}{2}\int \frac{2}{\sqrt{1-(2x)^2}}dx$$
$$=\frac{1}{2}\sin^{-1}2x+C$$

⑤ $\int \sin^3 x\,dx=\int (1-\cos^2 x)\sin x\,dx$
$$=\int \{\sin x+\cos^2 x(-\sin x)\}dx$$
$$=\frac{1}{3}\cos^3 x-\cos x+C$$

⑥ $\int 3x^2\sqrt{x^3+1}\,dx$
$$=\int (x^3+1)^{\frac{1}{2}}(3x^2)\,dx$$
$$=\frac{2}{3}\sqrt[3]{(x^3+1)^2}+C$$

15-10 ① $\int \frac{e^x-e^{-x}}{e^x+e^{-x}}dx$
$$=\ln|e^x+e^{-x}|+C$$

② $\int \frac{3e^x}{e^x-2}dx=3\int \frac{e^x}{e^x-2}dx$
$$=3\ln|e^x-2|+C$$

③ $\int \cos^2 x\sin^3 x\,dx$
$$=\int \cos^2 x(1-\cos^2 x)\sin x\,dx$$
$$=\int (\cos^2 x\sin x-\cos^4 x\sin x)\,dx$$
$$=\int \{\cos^4 x(-\sin x)-\cos^2 x(-\sin x)\}dx$$
$$=\frac{1}{5}\cos^5 x-\frac{1}{3}\cos^3 x+C$$

④ $\int \frac{\ln(x+1)}{x+1}dx$
$$=\int \ln(x+1)\{\ln(x+1)\}'\,dx$$
$$=\frac{1}{2}\{\ln(x+1)\}^2+C$$

⑤ $\int (\sin x+\cos x)^2dx$
$$=\int (\sin^2 x+2\sin x\cos x+\cos^2 x)\,dx$$
$$=\int (1+\sin 2x)\,dx$$
$$=x-\frac{1}{2}\cos 2x+C$$

⑥ $\int \sin 2x\cos 3x\,dx$
$$=\int \frac{1}{2}\{\sin(2x+3x)+\sin(2x-3x)\}dx$$
$$=\int \frac{1}{2}(\sin 5x-\sin x)dx$$
$$=\frac{1}{2}\cdot\frac{1}{5}(-\cos 5x)-\frac{1}{2}(-\cos x)+C$$
$$=-\frac{1}{10}\cos 5x+\frac{1}{2}\cos x+C$$

15-11 ① $f'(x)=e^{-x}$, $g(x)=x$ 로 놓으면

$f(x)=-e^{-x}$, $g'(x)=1$이므로

$$\int xe^{-x}dx=-xe^{-x}+\int e^{-x}dx$$
$$=\boldsymbol{-xe^{-x}-e^{-x}+C}$$

② $f'(x)=\sin 2x$, $g(x)=x$ 로 놓으면

$f(x)=-\frac{1}{2}\cos 2x$, $g'(x)=1$이므로

$$\int x\sin 2x\,dx=-\frac{1}{2}x\cos 2x+\frac{1}{2}\int\cos 2x\,dx$$
$$=\boldsymbol{-\frac{1}{2}x\cos 2x+\frac{1}{4}\sin 2x+C}$$

③ $f'(x)=e^x$, $g(x)=x^2$ 으로 놓으면

$f(x)=e^x$, $g'(x)=2x$ 이므로

$$\int x^2e^x dx=x^2e^x-2\int xe^x dx$$

또, $f'(x)=e^x$, $g(x)=x$ 로 놓으면

$f(x)=e^x$, $g'(x)=1$이므로

$$\int x^2e^x dx=x^2e^x-2\left(xe^x-\int e^x dx\right)$$
$$=x^2e^x-2(xe^x-e^x)+C$$
$$=\boldsymbol{e^x(x^2-2x+2)+C}$$

④ $\int x^3\cos x\,dx=x^3\sin x-3\int x^2\sin x\,dx$

$=x^3\sin x-3\left\{x^2(-\cos x)+2\int x\cos x\,dx\right\}$

$=x^3\sin x+3x^2\cos x-6\left(x\sin x-\int\sin x\,dx\right)$

$=\boldsymbol{x^3\sin x+3x^2\cos x-6x\sin x}$
$\boldsymbol{-6\cos x+C}$

⑤ $\int e^x\cos x\,dx$

$=e^x\sin x-\left\{-e^x\cos x-\int e^x\cos x\,dx\right\}$

$=e^x\sin x+e^x\cos x-\int e^x\cos x\,dx$

$2\int e^x\cos x\,dx=e^x\sin x+e^x\cos x$

$\therefore\int e^x\cos x\,dx=\boldsymbol{\frac{1}{2}e^x(\sin x+\cos x)}$

⑥ $f'(x)=\sin 3x$, $g(x)=x^2$ 으로 놓으면

$f(x)=-\frac{1}{3}\cos 3x$, $g'(x)=2x$ 이므로

$$\int x^2\sin 3x\,dx$$
$$=-\frac{1}{3}x^2\cos 3x+\frac{2}{3}\int x\cos 3x\,dx$$

또, $f'(x)=\cos 3x$, $g(x)=x$ 로 놓으면

$f(x)=\frac{1}{3}\sin 3x$, $g'(x)=1$ 이므로

$$\int x^2\sin 3x\,dx=-\frac{1}{3}x^2\cos 3x$$
$$+\frac{2}{3}\left(\frac{1}{3}x\sin 3x-\frac{1}{3}\int\sin 3x\,dx\right)$$
$$=\boldsymbol{-\frac{1}{3}x^2\cos 3x+\frac{2}{9}x\sin 3x}$$
$$\boldsymbol{+\frac{2}{27}\cos 3x+C}$$

15-12 ① $\int\frac{dx}{x^2-5x+6}$

$$=\int\left(\frac{1}{x-3}-\frac{1}{x-2}\right)dx$$
$$=\ln|x-3|-\ln|x-2|+C$$
$$=\boldsymbol{\ln\left|\frac{x+3}{x-2}\right|+C}$$

② $\int\frac{x^3+2}{x-1}dx$

$$=\int\left(x^3+x+1+\frac{3}{x-1}\right)dx$$
$$=\boldsymbol{\frac{1}{3}x^3+\frac{1}{2}x^2+x+3\ln|x-1|+C}$$

③ $\int\frac{dx}{x(1+x)^2}dx$

$$=\int\left(\frac{1}{x}-\frac{1}{1+x}-\frac{1}{(1+x)^2}\right)dx$$
$$=\ln|x|-\ln|1+x|$$
$$-\frac{1}{-2+1}(1+x)^{-2+1}+C$$
$$=\boldsymbol{\ln\left|\frac{x}{1+x}\right|+\frac{1}{1+x}+C}$$

④ $\int\frac{dx}{x(x^2+1)}=\int\left(\frac{1}{x}-\frac{x}{x^2+1}\right)dx$

$$=\ln|x|-\frac{1}{2}\ln|x^2+1|+C$$

⑤ $\displaystyle\int\frac{3x^2-x+6}{(x-1)^2(x^2+3)}dx$

$$=\int\left(\frac{1}{x-1}+\frac{2}{(x-1)^2}+\frac{2x}{x^2+3}+\frac{3}{x^2+3}\right)dx$$

$$=\ln|x-1|-\frac{2}{x-1}+\ln|x^2+3|+\sqrt{3}\tan^{-1}\frac{x}{\sqrt{3}}+C$$

$$=\ln|(x-1)(x^2+3)|-\frac{2}{x-1}+\sqrt{3}\tan^{-1}\frac{x}{\sqrt{3}}+C$$

⑥ $e^t=x$ 라 놓으면

$$\int\frac{e^t}{e^{2t}+3e^t+2}dt=\int\frac{dx}{x^2+3x+2}$$

$$=\int\left(\frac{1}{x+1}-\frac{1}{x+2}\right)dx$$

$$=\ln|x+1|-\ln|x+2|+C$$

$$=\ln\left|\frac{x+1}{x+2}\right|+C$$

$$\therefore\int\frac{e^t}{e^{2t}+3e^t+2}dt=\ln\frac{e^t+1}{e^t+2}+C$$

■ 연습문제 16 ■

16-1 아래의 그림과 같이 원에 내접하는 정n각형의 면적을 S_n이라 하고 $n\to\infty$ 일 때의 S_n의 극한값을 구한다.

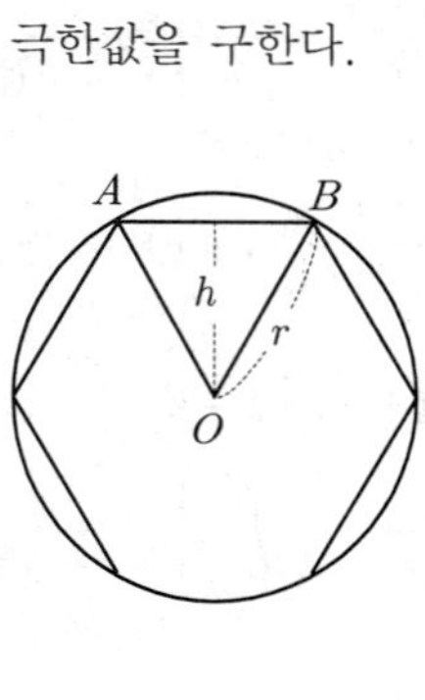

$$S_n=n\times(\triangle OAB)=n\times\frac{1}{2}\overline{AB}$$

$$=\frac{1}{2}h\times n\times\overline{AB}$$

원에 내접하는 정n각형의 둘레의 길이를 l_n이라 하면

$l_n=n\times\overline{AB}$ 이므로 $S_n=\frac{1}{2}\times h\times l_n$

그런데 $n\to\infty$ 일 때 $h\to r$, $l_n\to 2\pi r$

$$\therefore S=\lim_{n\to\infty}S_n=\lim_{n\to\infty}\frac{1}{2}\times h\times l_n$$

$$=\frac{1}{2}\times r\times 2\pi r=\pi r^2$$

16-2 아래의 그림과 같이 구간 $[0, 2]$를 n등분한 각 분점에서 수선을 세워 직사각형을 만들면 각 분점 사이의 간격이 $\frac{2}{n}$이므로 이들 직사각형의 면적의 합 S_n은

$$S_n=\left(\frac{2}{n}\right)^3\cdot\frac{2}{n}+\left(\frac{2\times2}{n}\right)^3\cdot\frac{2}{n}+\cdots+\left(\frac{2\times n}{n}\right)^3\cdot\frac{2\ n}{}$$

$$\therefore S=\lim_{n\to\infty}S_n$$

$$=\lim_{n\to\infty}\frac{16}{n^4}\times\frac{n^2(n+1)^2}{4}$$

$$=4$$

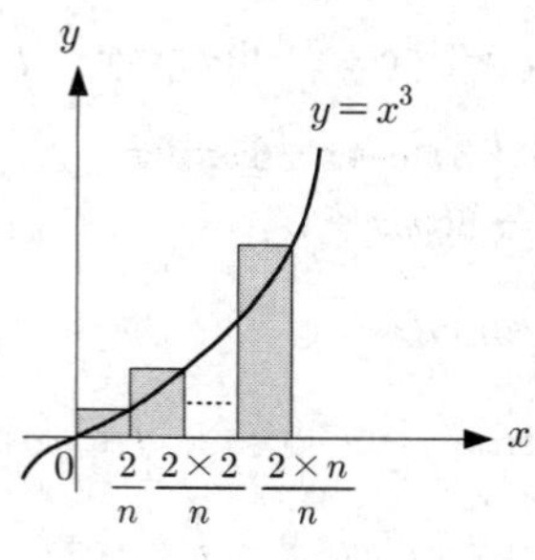

16-3 아래의 그림에서 삼각의 면적 S는

$$S=\int_0^2 x\,dx=\left[\frac{1}{2}x^2\right]_0^2$$

$$=\left(\frac{1}{2}\times2^2\right)-\left(\frac{1}{2}\times0^2\right)=2$$

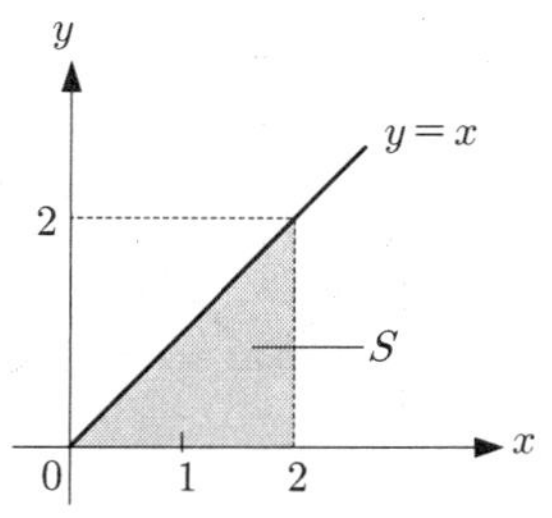

16-4 ① $\int_0^2 4x^3\,dx = [x^4]_0^2 = 2^4 - 0^4 = \mathbf{16}$

② $\int_1^2 (x^2-3x+2)\,dx$

$= \left[\frac{1}{3}x^3 - \frac{3}{2}x^2 + 2x\right]_1^2$

$= \left(\frac{1}{3}\cdot 2^3 - \frac{3}{2}\cdot 2^2 + 2\cdot 2\right)$

$-\left(\frac{1}{3}\cdot 1^3 - \frac{3}{2}\cdot 1^2 + 2\cdot 1\right)$

$= \mathbf{-\frac{1}{6}}$

③ $\int_2^3 (t-3t^3)\,dt = \left[\frac{1}{2}t^2 - \frac{3}{4}t^4\right]_2^3$

$= \mathbf{-\frac{185}{4}}$

④ $\int_1^e \frac{1}{x}\,dx = [\ln x]_1^e = \ln e - \ln 1 = \mathbf{1}$

⑤ $\int_0^\pi \sin x\,dx = [-\cos x]_0^\pi$

$= -\cos\pi - (-\cos 0) = \mathbf{2}$

⑥ $\int_0^2 \frac{1}{1+x}\,dx = [\ln(1+x)]_0^2$

$= \ln 3 - \ln 1 = \mathbf{\ln 3}$

16-5 ① $\int_1^3 \frac{dx}{\sqrt{x}} = \int_1^3 x^{-\frac{1}{2}}\,dx$

$= [2\sqrt{x}]_1^3 = \mathbf{2(\sqrt{3}-1)}$

② $\int_0^3 \sqrt{x+1}\,dx = \int_0^3 (x+1)^{\frac{1}{2}}\,dx$

$= \left[\frac{2}{3}(x+1)^{\frac{3}{2}}\right]_0^3 = \mathbf{\frac{14}{3}}$

③ $\int_1^e \sqrt{\frac{1}{x}}\ \ln x\,dx = \int_1^e \ln x\,(\ln x)'\,dx$

$= \left[\frac{1}{2}(\ln x)^2\right]_1^e$

$= \frac{1}{2}\{(\ln e)^2 - (\ln 1)^2\}$

$= \mathbf{\frac{1}{2}}$

④ $\int_1^2 \frac{1}{x^2+x}\,dx = \int_1^2 \frac{1}{x(x+1)}\,dx$

$= \int_1^2 \left(\frac{1}{x} - \frac{1}{x+1}\right)dx$

$= [\ln|x| - \ln|x+1|]_1^2$

$= (\ln 2 - \ln 3) - (\ln 1 - \ln 2)$

$= \mathbf{2\ln 2 - \ln 3}$

⑤ $\int_{-1}^1 \frac{e^{2x}+1}{e^x}\,dx = \int_{-1}^1 (e^x + e^{-x})\,dx$

$= [e^x - e^{-x}]_{-1}^1$

$= (e - e^{-1}) - (e^{-1} - e)$

$= \mathbf{2\left(e - \frac{1}{e}\right)}$

⑥ $\int_{-1}^2 4(t+1)(t^2-1)\,dt$

$= \int_{-1}^2 (4t^3 + 4t^2 - 4t - t)\,dt$

$= \left[t^4 + \frac{4}{3}t^3 - 2t^2 - 4t\right]_{-1}^2$

$= 16 + \frac{32}{3} - 8 - 8 - \left(1 - \frac{4}{3} - 2 + 4\right)$

$= \frac{32}{3} - \frac{5}{3} = \mathbf{9}$

16-6 ① 준식$= \int_0^1 (3x^2 - 6x + 2x + 5)dx$

$= \int_0^1 (3x^2 - 4x + 5)\,dx$

$= [x^3 - 2x^2 + 5x]_0^1$

$= (1 - 2 + 5) - 0 = \mathbf{4}$

② 준식$= \int_{-1}^2 \{(4x^3 - 3x^2 + 1)$

$-(4x^3 + 2x^2 - x)\}\,dx$

$$=\int_{-1}^{2}(-5x^2+x+1)\,dx$$

$$=\left[-\frac{5}{3}x^3+\frac{1}{2}x^2+x\right]_{-1}^{2}$$

$$=-\mathbf{\frac{21}{2}}$$

③ 준식$=\int_{0}^{2}(3x^2-x+1)\,dx$

$$=\left[x^3-\frac{1}{2}x^2+x\right]_{0}^{2}$$

$$=\mathbf{8}$$

16-7 ① $\int_{1}^{3}\frac{1}{x(x+1)}\,dx$

$$=\int_{1}^{3}\left(\frac{1}{x}-\frac{1}{x+1}\right)dx$$

$$=[\ln x-\ln(x+1)]_1^3$$

$$=\ln 3-\ln 4-\ln 1+\ln 2$$

$$=\mathbf{\ln\frac{3}{2}}$$

② $\int_{0}^{\frac{\pi}{2}}\sin 2x\cos x\,dx$

$$=\frac{1}{2}\int_{0}^{\frac{\pi}{2}}\{\sin(2x+x)+\sin(2x-x)\}\,dx$$

$$=\frac{1}{2}\int_{0}^{\frac{\pi}{2}}(\sin 3x+\sin x)\,dx$$

$$=\frac{1}{2}\left[-\frac{\cos 3x}{3}-\cos x\right]_{0}^{\frac{\pi}{2}}$$

$$=\frac{1}{2}\left(\frac{1}{3}+1\right)=\mathbf{\frac{2}{3}}$$

③ $y=|x|$에서 다음 그림과 같이

$$|x|=\begin{cases}-x & (-1\leqq x<0)\\ x & (0\leqq x\leqq 1)\end{cases}$$

$$\therefore \int_{-1}^{1}|x|\,dx=\int_{-1}^{0}(-x)\,dx+\int_{0}^{1}x\,dx$$

$$=\left[-\frac{1}{2}x^2\right]_{-1}^{0}+\left[\frac{1}{2}x^2\right]_{0}^{1}$$

$$=\frac{1}{2}+\frac{1}{2}=\mathbf{1}$$

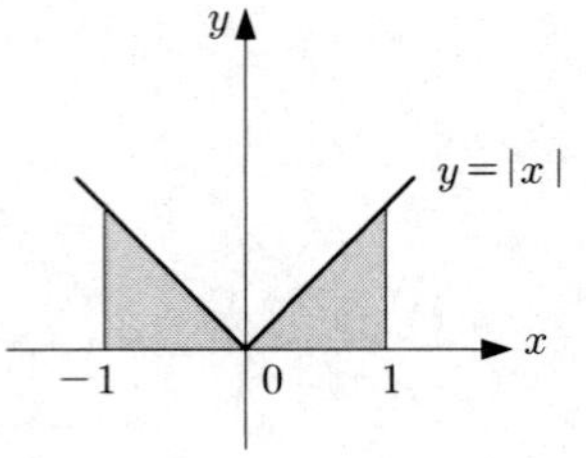

④ $y=|x^2-4x+3|=|(x-1)(x-3)|$에서 아래 그림과 같이

$$|x^2-4x+3|=\begin{cases}-(x^2-4x+3) & (1\leqq x\leqq 3)\\ x^2-4x+3 & (3\leqq x\leqq 4)\end{cases}$$

$$\therefore \int_{1}^{4}|x^2-4x+3|\,dx$$

$$=-\int_{1}^{3}(x^2-4x+3)\,dx$$

$$+\int_{3}^{4}(x^2-4x+3)\,dx$$

$$=\frac{4}{3}+\frac{4}{3}=\mathbf{\frac{8}{3}}$$

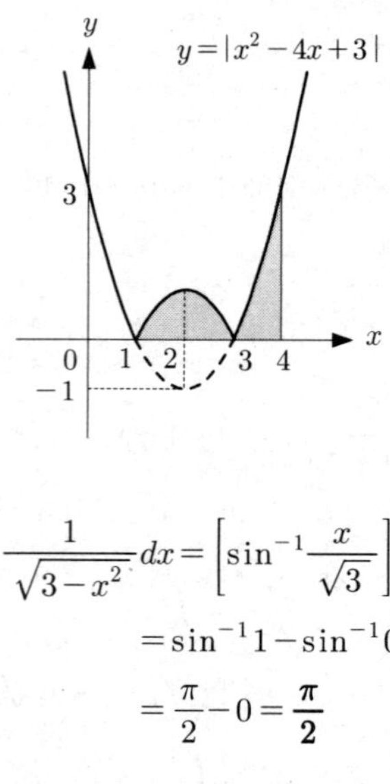

⑤ $\int_{0}^{\sqrt{3}}\frac{1}{\sqrt{3-x^2}}\,dx=\left[\sin^{-1}\frac{x}{\sqrt{3}}\right]_{0}^{\sqrt{3}}$

$$=\sin^{-1}1-\sin^{-1}0$$

$$=\frac{\pi}{2}-0=\mathbf{\frac{\pi}{2}}$$

⑥ $\int_{0}^{\frac{\pi}{3}}\sin 4x\cos 3x\,dx$

$$=\frac{1}{2}\int_{0}^{\frac{\pi}{3}}(\sin 7x+\sin x)\,dx$$

$$=\frac{1}{2}\left[-\frac{1}{7}\cos 7x-\cos x\right]_0^{\frac{\pi}{3}}=\mathbf{\frac{2}{7}}$$

16-8 ① $x(x^2+1)$, $x^2(x^3-x)$, x^3은 모두 기함수이고, 5는 우함수이므로

$$\therefore \text{준식}=2\int_0^1 5\,dx=10[x]_0^1=\mathbf{10}$$

② $x\cos x$, $x^2\sin x$, $\sin x$는 모두 기함수이고, $\cos x$는 우함수이므로

$$\therefore \text{준식}=2\int_0^{\frac{\pi}{2}}\cos x\,dx=2[\sin x]_0^{\frac{\pi}{2}}=\mathbf{2}$$

16-9 ① $x-2=t$로 놓으면 $dx=dt$이고, $x=2$일 때 $t=3$, $x=0$일 때 $t=1$이므로

x	$2\to3$
t	$0\to1$

$$\therefore \int_2^3 x\sqrt{x-2}\,dx$$
$$=\int_0^1(t+2)\sqrt{t}\,dt$$
$$=\int_0^1 t^{\frac{3}{2}}dt+2\int_0^1 t^{\frac{1}{2}}dt$$
$$=\left[\frac{2}{5}t^{\frac{5}{2}}\right]_0^1+\left[\frac{4}{3}t^{\frac{3}{2}}\right]_0^1=\frac{2}{5}+\frac{4}{3}=\mathbf{\frac{26}{15}}$$

② $x^2+1=t$로 놓으면 $2x\,dx=dt$, $x\,dx=\frac{1}{2}dt$

x	$0\to\sqrt{3}$
t	$1\to4$

$$\therefore \int_0^{\sqrt{3}}x\sqrt{x^2+1}\,dx=\int_1^4\sqrt{t}\cdot\frac{1}{2}dt$$
$$=\left[\frac{1}{3}t\sqrt{t}\right]_1^4=\frac{1}{3}(8-1)=\mathbf{\frac{7}{3}}$$

③ $2x+1=t$로 놓으면 $x=\frac{1}{2}(t-1)$

$dx=\frac{1}{2}dt$

x	$0\to1$
t	$0\to3$

$$\therefore \int_0^1\frac{x}{(2x+1)^3}dx$$
$$=\int_1^3\frac{\frac{1}{2}(t-1)}{t^3}\cdot\frac{1}{2}dt$$
$$=\frac{1}{4}\int_1^3(t^{-2}-t^{-3})\,dt$$
$$=\frac{1}{4}\left[-\frac{1}{t}+\frac{1}{2t^2}\right]_1^3$$
$$=\frac{1}{4}\left\{\left(-\frac{1}{3}+\frac{1}{18}-\left(-1+\frac{1}{2}\right)\right)\right\}$$
$$=\mathbf{\frac{1}{18}}$$

④ $\sin x=t$로 놓으면 $\cos x\,dx=dt$

x	$0\to\frac{\pi}{4}$
t	$0\to\frac{1}{\sqrt{2}}$

$$\therefore \int_0^{\frac{\pi}{4}}\sin^2 x\cos x\,dx$$
$$=\int_0^{\frac{1}{\sqrt{2}}}t^2\,dt$$
$$=\left[\frac{1}{3}t^3\right]_0^{\frac{1}{\sqrt{2}}}=\mathbf{\frac{\sqrt{2}}{12}}$$

16-10 ① $f'(x)=e^{-x}$, $g(x)=x$로 놓으면 $f(x)=-e^{-x}$, $g'(x)=1$이므로

$$\int_0^1 xe^{-x}dx=[-xe^{-x}]_0^1+\int_0^1 e^{-x}dx$$
$$=-e^{-1}-[e^{-x}]_0^1=\mathbf{-2e^{-1}+1}$$

② $f'(x)=e^x$, $g(x)=x^2$으로 놓으면 $f(x)=e^x$, $g'(x)=2x$이므로

$$\int_0^1 x^2e^x dx=[x^2e^x]_0^1-\int_0^1 2xe^x dx$$
$$=e-2\left\{[xe^x]_0^1-[e^x]_0^1\right\}$$
$$=e-2\{e-(e-1)\}=\mathbf{e-2}$$

③ $f'(x)=1$, $g(x)=\ln x$로 놓으면 $f(x)=x$, $g'(x)=\frac{1}{x}$이므로

$$\int_1^e \ln x\,dx=[x\ln x]_1^e-\int_1^e x\cdot\frac{1}{x}dx$$
$$=e-[x]_1^e=e-(e-1)=\mathbf{1}$$

④ $f'(x)=\sin x+\cos x$, $g(x)=x$로 놓으면 $f(x)=-\cos x+\sin x$, $g'(x)=1$이므로

$$\int_0^{\pi}x(\sin x+\cos x)dx$$

$$= [(-\cos x + \sin x)x]_0^{\pi} - \int_0^{\pi}(-\cos x + \sin x)dx$$
$$= \pi - [-\sin x - \cos x]_0^{\pi}$$
$$= \pi - (1+1) = \pi - 2$$

■ 연습문제 17 ■

17-1 $y=x^2$ 은 원점을 지나므로 구하는 도형의 넓이 S는

$$S=\int_0^2 x^2 dx = \left[\frac{1}{3}x^3\right]_0^2 = \frac{1}{3}\cdot 2^3 = \frac{8}{3}$$

17-2 $y=4x-x^2=0$ 에서 $x=0,\ 4$ 이므로 아래 그림에서 구하는 도형의 넓이 S는

$$S=\int_0^4 (4x-x^2)\,dx$$
$$=\left[2x^2-\frac{1}{3}x^3\right]_0^4$$
$$=2\cdot 4^2-\frac{1}{3}\cdot 4^3=\frac{32}{3}$$

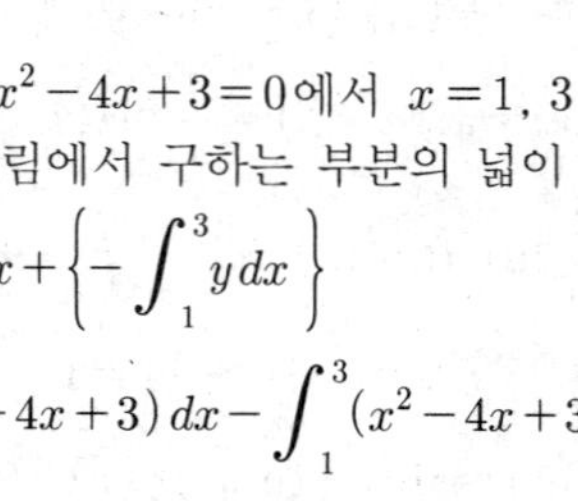

17-3 $y=x^2-4x+3=0$ 에서 $x=1,\ 3$ 이므로 다음 그림에서 구하는 부분의 넓이 S는

$$S=\int_0^1 y\,dx+\left\{-\int_1^3 y\,dx\right\}$$
$$=\int_0^1 (x^2-4x+3)\,dx-\int_1^3 (x^2-4x+3)\,dx$$
$$=\left[\frac{1}{3}x^3-2x^2+3x\right]_0^1-\left[\frac{1}{3}x^3-2x^2+3x\right]_1^3$$
$$=\frac{4}{3}+\frac{4}{3}=\frac{8}{3}$$

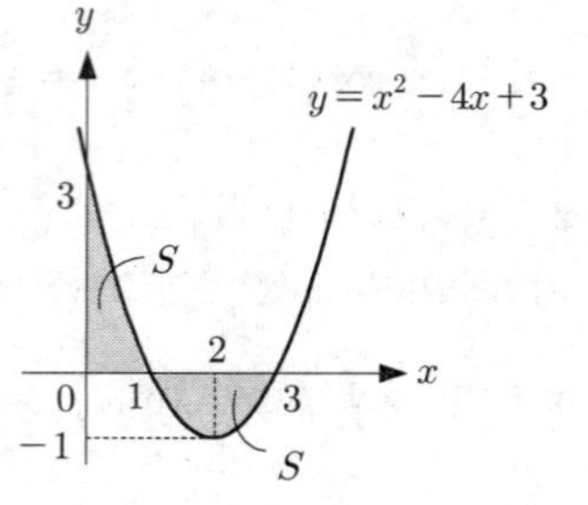

17-4 $y=x^2-7x+6=0$ 에서 $x=1,\ 6$ 이므로 아래 그림에서 구하는 부분의 넓이 S는

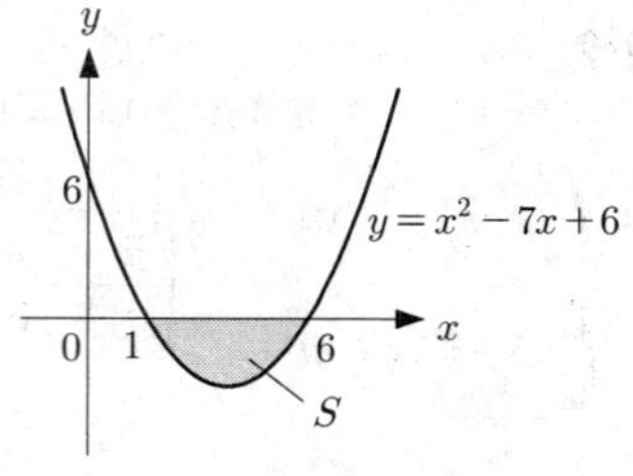

$$S=-\int_1^6 (x^2-7x+6)\,dx$$
$$=-\left[\frac{1}{3}x^3-\frac{7}{2}x^2+6x\right]_1^6=\frac{56}{3}$$

17-5 $S=\int_0^{\frac{\pi}{2}} \cos x\,dx = [\sin x]_0^{\frac{\pi}{2}}$

$$=\sin\frac{\pi}{2}-\sin 0=1$$

17-6 아래 그림에서 구하는 부분의 넓이 S는

$$S=\int_0^4 x\,dy=\int_0^4 \frac{y^2}{4}dy=\frac{1}{4}\left[\frac{y^3}{3}\right]_0^4=\frac{16}{3}$$

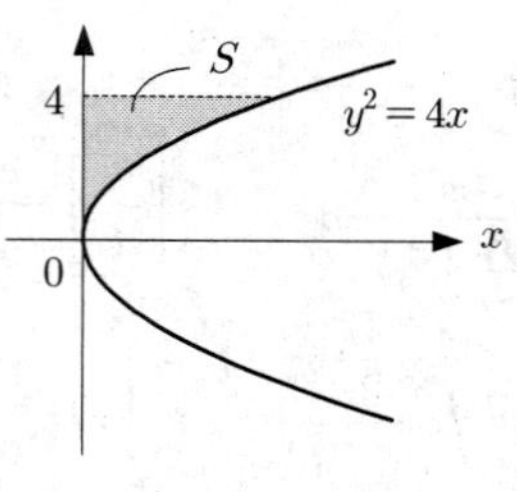

17-7 $x=3y^2+6y=0$에서 $y=0\,,-2$이므로 아래 그림에서 구하는 부분의 넓이는

$$S=-\int_{-2}^{0}(3y^2+6y)dy+\int_{0}^{1}(3y^2+6y)dy$$
$$=-\left[y^3+3y^2\right]_{-2}^{0}+\left[y^3+3y^2\right]_{0}^{1}$$
$$=(-8+12)+(1+3)$$
$$=8$$

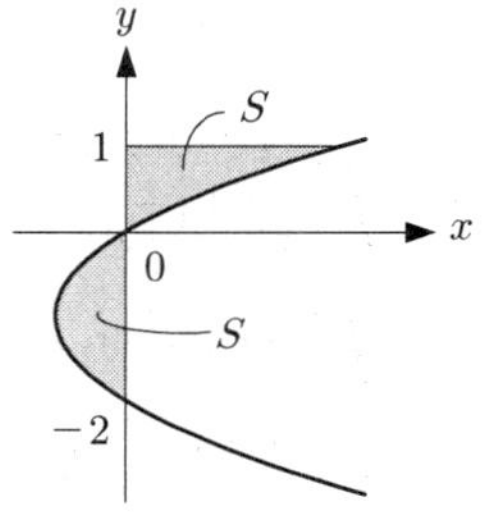

17-8 ① 곡선과 직선의 교점의 x좌표는

$x^2+1=2x+4$에서 $(x-3)(x+1)=0$

$x=-1\,,3$이므로 아래 그림에서 구하는 부분의 넓이 S는

$$S=\int_{-1}^{3}\{(2x+4)-(x^2+1)\}dx$$
$$=\int_{-1}^{3}(-x^2+2x+3)dx$$
$$=\left[-\frac{1}{3}x^3+x^2+3x\right]_{-1}^{3}=\mathbf{\frac{32}{3}}$$

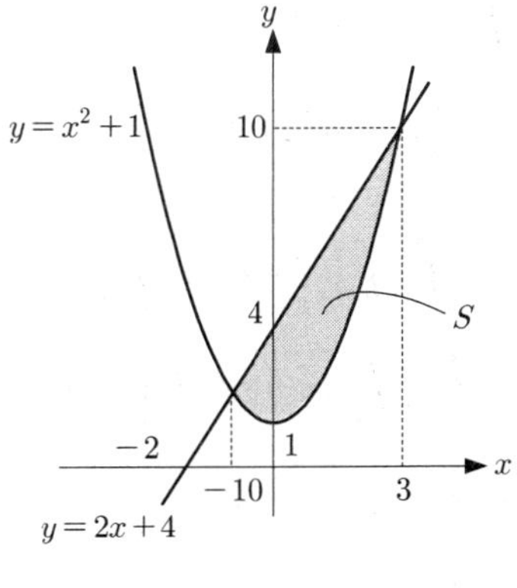

② 곡선과 직선의 교점의 x좌표는

$x^2-3x+3=x\,,\ x^2-4x+3=0$에서

$x=1\,,3$이므로 아래 그림에서 구하는 부분의 넓이 S는

$$S=\int_{1}^{3}\{x-(x^2-3x+3)\}dx$$
$$=\left[-\frac{x^3}{3}+2x^2-3x\right]_{1}^{3}=\mathbf{\frac{4}{3}}$$

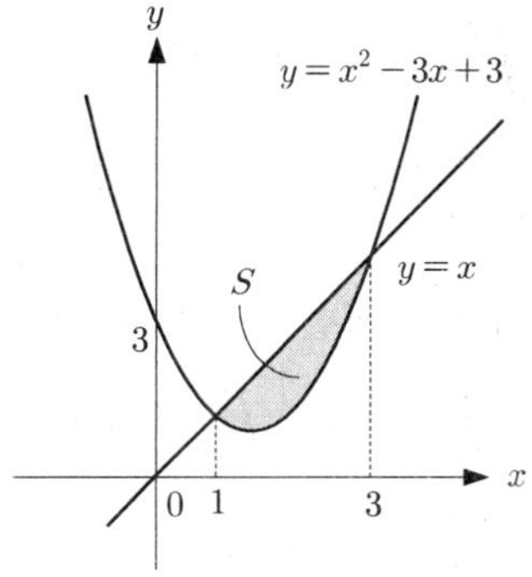

③ $y^2=y\,,\ \ y^2-y=0$에서 $y=0\,,1$이므로 아래 그림에서 구하는 부분의 넓이 S는

$$S=\int_{0}^{1}(y-y^2)dy$$
$$=\left[-\frac{1}{2}y^2-\frac{1}{3}y^3\right]_{0}^{1}=\mathbf{\frac{1}{6}}$$

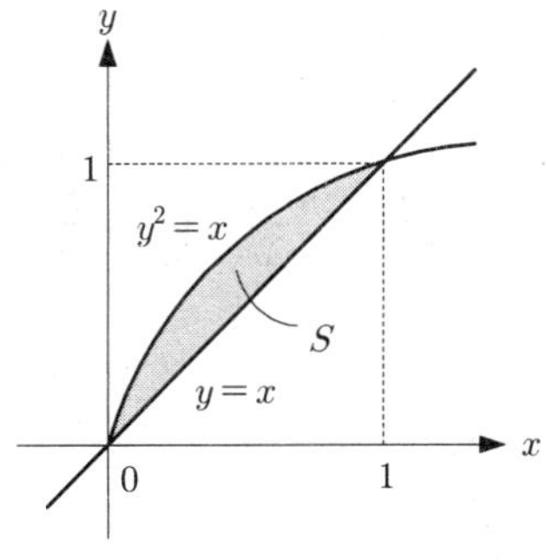

17-9 ① 두 곡선의 교점의 x좌표는

$\sqrt{6x}=\dfrac{x^2}{6}$에서 $x=0,\,6$이므로 구하는 부분의 넓이 S는

$$S=\int_0^6\left(\sqrt{6x}-\frac{x^2}{6}\right)dx$$

$$=\left[\frac{2}{3}\sqrt{6}\,x^{\frac{3}{2}}-\frac{1}{18}x^3\right]_0^6=\mathbf{12}$$

② $x^2-1=-x^2+2x+3$ 에서 $x=-1,\ x=2$ 이므로

$$S=\int_{-1}^2\{(-x^2+2x+3)-(x^2-1)\}dx$$

$$=\int_{-1}^2(-2x^2+2x+4)dx$$

$$=\left[-\frac{2}{3}x^3+x^2+4x\right]_{-1}^2=\mathbf{9}$$

17-10 구하는 회전체의 부피 V는

$$V=\pi\int_1^2 y^2\,dx=\pi\int_1^2(x^2)^2\,dx$$

$$=\pi\left[\frac{1}{5}x^5\right]_1^2=\frac{\mathbf{31}}{\mathbf{5}}\boldsymbol{\pi}$$

17-11 $V=\pi\int_2^4 x^2\,dy=\pi\int_2^4(y-1)^2\,dy$

$$=\pi\left[\frac{1}{3}(y-1)^3\right]_2^4=\frac{\mathbf{26}}{\mathbf{3}}\boldsymbol{\pi}$$

17-12 $V=\pi\int_0^{\frac{\pi}{2}} y^2\,dx=\pi\int_0^{\frac{\pi}{2}}\cos^2 x\,dx$

$$=\frac{\pi}{2}\int_0^{\frac{\pi}{2}}(1+\cos 2x)\,dx$$

$$=\frac{\pi}{2}\left[x+\frac{\sin 2x}{2}\right]_0^{\frac{\pi}{2}}=\frac{\boldsymbol{\pi}^{\mathbf{2}}}{\mathbf{4}}$$

17-13 $4x-x^2=x$, $x^2-3x=0$ 에서 $x=0,\ 3$ 이므로 다음의 그림에서

$$V=\pi\int_0^3\{(4x-x^2)^2-x^2\}\,dx$$

$$=\pi\int_0^3(x^4-8x^3+15x^2)\,dx$$

$$=\pi\left[\frac{x^5}{5}-2x^4+5x^3\right]_0^3=\frac{\mathbf{108}}{\mathbf{5}}\boldsymbol{\pi}$$

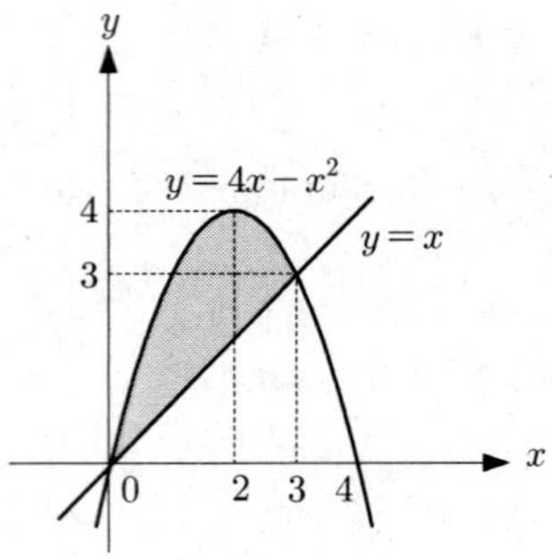

17-14 ① $l=\int_0^1\sqrt{1+\left(\frac{dy}{dx}\right)^2}\,dx$

$$=\int_0^1\sqrt{1+2^2}\,dx$$

$$=\sqrt{5}\,[x]_0^1=\sqrt{\mathbf{5}}$$

② $y'=x^{\frac{1}{2}}$ 이므로

$$l=\int_0^3\sqrt{1+\left(x^{\frac{1}{2}}\right)^3}\,dx$$

$$=\left[\frac{2}{3}(1+x)^{\frac{3}{2}}\right]_0^3=\frac{\mathbf{14}}{\mathbf{3}}$$

③ $l=\int_0^1\sqrt{\left(\frac{dx}{dt}\right)^2+\left(\frac{dy}{dt}\right)^2}\,dt$

$$=\int_0^1\sqrt{(12t)^2+(3t^2-12)^2}\,dt$$

$$=\int_0^1\sqrt{9(t^2+4)^2}\,dt$$

$$=\int_0^1 3(t^2+4)\,dt$$

$$=\frac{1}{3}\left[\frac{1}{3}t^3+4t\right]_0^1=\mathbf{13}$$

17-15 ① $\int_0^2\int_0^x(x+3y^2)\,dy\,dx$

$$=\int_0^2\left[\int_0^x(x+3y^2)\,dy\right]dx$$

$$=\int_0^2[xy+y^3]_0^x\,dx$$

$$=\int_0^2(x^2+x^3)\,dx$$

$$= \left[\frac{1}{3}x^3 + \frac{1}{4}x^4\right]_0^2$$
$$= \frac{8}{3} + 4 = \mathbf{\frac{20}{3}}$$

② $\int_0^3 \int_1^2 (1+8xy)dydx$
$$= \int_0^3 [y+4xy^2]_1^2 dx$$
$$= \int_0^3 \{(2+16x)-(1+4x)\}dx$$
$$= \int_0^3 (1+12x)dx = [x+6x^2]_0^3 = \mathbf{57}$$

17-16 ① $\int_0^2 \int_0^{\frac{\pi}{3}} \int_0^{r^2} r^2 dz d\phi dr$
$$= \int_0^2 \int_0^{\frac{\pi}{3}} [r^2 z]_0^{r^2} d\phi dr$$
$$= \int_0^2 \int_0^{\frac{\pi}{3}} r^4 d\phi dr = \int_0^2 [r^4\phi]_0^{\frac{\pi}{3}} dr$$
$$= \frac{\pi}{3}\int_0^2 r^4 dr = \frac{\pi}{3}\left[\frac{1}{5}r^5\right]_0^2 = \mathbf{\frac{32}{15}\pi}$$

② $\int_0^{\frac{\pi}{2}} \int_0^1 \int_0^2 z\rho^2 \sin\theta\, dz d\rho d\theta$
$$= \int_0^{\frac{\pi}{2}} \int_0^1 \left[\frac{1}{2}z^2\rho^2\sin\theta\right]_0^2 d\rho d\theta$$
$$= 2\int_0^{\frac{\pi}{2}} \rho^2 \sin\theta\, d\rho d\theta = 2\int_0^{\frac{\pi}{2}} \left[\frac{1}{3}\rho^3\sin\theta\right]_0^1 d\theta$$
$$= \frac{2}{3}\int_0^{\frac{\pi}{2}} \sin\theta\, d\theta = \frac{2}{3}[-\cos\theta]_0^{\frac{\pi}{2}} = \mathbf{\frac{2}{3}}$$

17-17 다음 그림에서 적분영역 D는
$$\int_2^4 \int_{\frac{x}{2}}^{\sqrt{x}} xy\,dy\,dx = \int_2^4 \left[\frac{xy}{2}\right]_{\frac{x}{2}}^{\sqrt{x}} dx$$
$$= \int_2^4 \left(\frac{x^2}{2} - \frac{x^3}{8}\right)dx = \left[\frac{x^3}{6} - \frac{x^4}{32}\right]_2^4$$
$$= \left(\frac{64}{6} - \frac{256}{32}\right) - \left(\frac{8}{6} - \frac{16}{32}\right) = \mathbf{\frac{11}{6}}$$

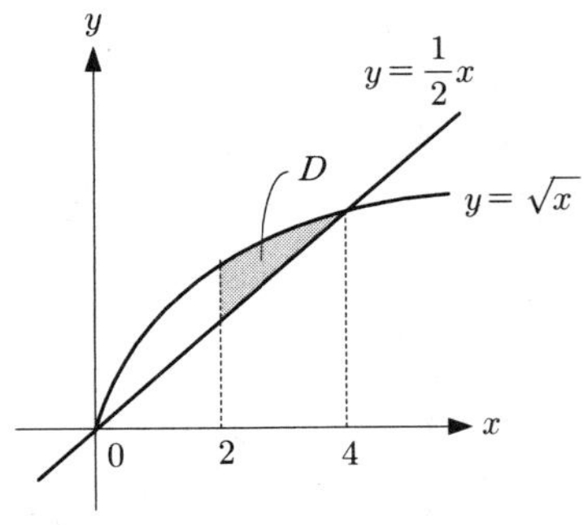

17-18
$D = \{(x, y) | 0 \le x \le a,\ 0 \le y \le \sqrt{a^2 - x^2}\}$
이므로
$$\iint_D xy\,dy\,dx = \int_0^a \int_0^{\sqrt{a^2-y^2}} xy\,dy\,dx$$
$$= \int_0^a \left[\frac{1}{2}xy^2\right]_0^{\sqrt{a^2-x^2}} dx$$
$$= \frac{1}{2}\int_0^a x(a^2-x^2)dx$$
$$= \frac{1}{2}\left[\frac{1}{2}a^2x^2 - \frac{1}{4}x^4\right]_0^a = \mathbf{\frac{1}{8}a^4}$$

■ 연습문제 18 ■

18-1 ① 1계1차 상미분방정식
② 2계1차 상미분방정식
③ 1계1차 편미분방정식
④ 2계3차 편미분방정식

18-2 ① $\frac{dy}{dx} = \int 4x^3 dx = x^4 + C_1$
$$\therefore y = \int x^4 dx = \mathbf{\frac{1}{5}x^5 + C_1x + C_2}$$

② $\frac{d^2y}{dx^2} = \int e^{-x} dx = -e^{-x} + C_1$
$$\frac{dy}{dx} = \int (-e^{-x} + C_1)dx$$
$$= e^{-x} + C_1x + C_2$$
$$\therefore y = \int (e^{-x} + C_1x + C_2)dx$$

$$=-e^{-x}+\frac{1}{2}C_1x^2+C_2x+C_3$$

③ $\frac{d^2y}{dx^2}=\int(x+\cos x)dx$

$$=\frac{1}{2}x^2+\sin x+C_1$$

$$\frac{dy}{dx}=\int\left(\frac{1}{2}x^2+\sin x+C_1\right)dx$$

$$=\frac{1}{6}x^3-\cos x+C_1x+C_2$$

$$\therefore y=\int\left(\frac{1}{6}x^3-\cos x+C_1x+C_2\right)dx$$

$$=\frac{1}{24}x^4-\sin x+\frac{1}{2}C_1x^2+C_2x+C_3$$

④ $\frac{dy}{dx}=\int 3\cos x\,dx=3\sin x+C_1$

$$\therefore y=\int(3\sin x+C_1)dx$$

$$=-3\cos x+C_1x+C_2$$

18-3 ① $(1+x)\frac{dy}{dx}+(1+y)=0$을 변수분리하면

$$\frac{1}{1+y}dy+\frac{1}{1+x}dx=0$$

양변을 적분하면

$$\int\frac{1}{1+y}dy+\int\frac{1}{1+x}dx=0$$

$$\ln(1+y)+\ln(1+x)=\ln C$$

$$\therefore (1+x)(1+y)=C$$

② $(y+2)dx+(x-2)dy=0$을 변수분리하면

$$\frac{1}{x-2}dx+\frac{1}{y+2}dy=0$$

$$\int\frac{1}{x-2}dx+\int\frac{1}{y+2}dy=0$$

$$\ln(x-2)+\ln(y+2)=\ln C$$

$$\therefore (x-2)(y+2)=C$$

③ $y\frac{dy}{dx}+x=0$을 변수분리하면

$$y\,dy+x\,dx=0,$$

$$\int y\,dy+\int x\,dx=0$$

$$\frac{1}{2}y^2+\frac{1}{2}x^2=\frac{1}{2}C$$

$$\therefore x^2+y^2=C$$

④ $\frac{dy}{dx}-\sin x\cdot e^y=0$ 을 변수분리하면

$$e^{-y}dy+x\,dx=0$$

$$\int e^{-y}dy-\int\sin x\,dx=0$$

$$-e^{-y}+\cos x=C$$

$$e^y=\frac{1}{\cos x-C}$$

$$\therefore y=\ln\frac{1}{\cos x-C}$$

⑤ $dy+\cos x\cdot e^y dx=0$ 을 변수분리하면

$$e^{-y}dy+\cos x\,dx=0$$

$$\int e^{-y}dy+\int\cos x\,dx=0$$

$$-e^{-y}+\sin x=C$$

$$e^y=\frac{1}{\sin x-C}$$

$$\therefore y=\ln\frac{1}{\sin x-C}$$

⑥ $(1+x^2)\frac{dy}{dx}+xy=0$ 을 변수분리하면

$$\frac{1}{y}dy+\frac{x}{1+x^2}dx,$$

$$\int\frac{1}{y}dy+\int\frac{x}{1+x^2}dx$$

$$\ln y+\frac{1}{2}\ln(1+x^2)=\ln C$$

$$\therefore y\sqrt{1+x^2}=C$$

18-4 ① $(x+y)+(x-y)\frac{dy}{dx}=0$,

$$\left(1+\frac{y}{x}\right)+\left(1-\frac{y}{x}\right)\frac{dy}{dx}=0,$$

$\frac{y}{x}=v$ 라 하면,

$$\frac{dy}{dx}=v+x\frac{dv}{dx}$$

$$(1+v)+(1-v)\left(v+\frac{dv}{dx}\right)=0$$

$1+2v-v^2+(1-v)x\frac{dv}{dx}=0,$

$\frac{dx}{x}+\frac{1-v}{1+2v-v^2}dv=0$

$\int\frac{1}{x}dx+\int\frac{1-v}{1+2v-v^2}dv=0$

$\ln x+\frac{1}{2}\ln(1+2v-v^2)=\frac{1}{2}lnC$

$x^2(1+2v-v^2)=C$, $v=\frac{y}{x}$ 대입

$\therefore \boldsymbol{x^2+2xy-y^2=C}$

② $x^2+y^2-2xy\frac{dy}{dx}=0$

$1+\left(\frac{y}{x}\right)^2-2\left(\frac{y}{x}\right)\frac{dy}{dx}=0,$

$\frac{y}{x}=v$ 라 하면

$\frac{dy}{dx}=v+x\frac{dv}{dx},$

$1+v^2-2v\left(v+x\frac{dv}{dx}\right)=0$

$1+v^2-2v^2-2vx\frac{dv}{dx}=0,$

$1-v^2-2vx\frac{dv}{dx}=0,$

$\frac{1}{x}dx+\frac{2v}{v^2-1}dv=0,$

$\int\frac{1}{x}dx+\int\frac{2v}{v^2-1}dv=0$

$\ln x+\ln(v^2-1)=\ln C,$

$x(v^2-1)=C,$

$\frac{y}{x}=v$ 대입

$\therefore \boldsymbol{y^2-x^2=Cx}$

③ $y+3x+xy'=0$

$\frac{y}{x}+3+\frac{dy}{dx}=0$, $\frac{y}{x}=v$ 라 하면

$\frac{dy}{dx}=v+x\frac{dv}{dx}$

$v+3+\left(v+x\frac{dv}{dx}\right)=0,$

$2v+3+x\frac{dv}{dx}=0$

$\frac{1}{x}dx+\frac{1}{2v+3}dv=0$

$\int\frac{1}{x}dx+\int\frac{1}{2v+3}dv=0$

$\ln x+\frac{1}{2}\ln(2v+3)=\frac{1}{2}\ln C$

$x^2(2v+3)=C$, $\frac{y}{x}=v$ 대입

$\therefore \boldsymbol{2xy+3x^2=C}$

④ $(2x+y)dy=(x-2y)dx$

$\left(2+\frac{y}{x}\right)\frac{dy}{dx}=\left(1-\frac{2y}{x}\right),$

$\frac{y}{x}=v$ 라 하면, $\frac{dy}{dx}=v+x\frac{dv}{dx}$

$(2+v)\left(v+x\frac{dv}{dx}\right)=(1-2v)$

$2v+v^2+(2+v)x\frac{dv}{dx}-1+v=0$

$v^2+4v-1+(2+v)x\frac{dv}{dx}=0$

$\frac{v^2+4v-1}{2+v}+x\frac{dv}{dx}=0$

$\frac{1}{x}dx+\frac{v+2}{v^2+4v-1}dv=0$

$\int\frac{1}{x}dx+\int\frac{v+2}{v^2+4v-1}dv=0$

$\ln x+\frac{1}{2}\ln(v^2+4v-1)=\frac{1}{2}\ln C$

$x^2(v^2+4v-1)=C$

$\therefore \boldsymbol{y^2+4xy-x^2=C}$

⑤ $(x^3+y^3)dx-3xy^2dy=0$

$\left\{1+\left(\frac{y}{x}\right)^3\right\}dx-3\left(\frac{y}{x}\right)^2dy=0,$

$\frac{y}{x}=v$ 라 하면 $\frac{dy}{dx}=v+x\frac{dv}{dx}$

$(1+v^3)dx-3v^2dy=0$

$(1+v^3)-3v^2\frac{dy}{dx}$

$=(1+v^3)-3v^2\left(v+x\frac{du}{dx}\right)=0$

$$1+v^3-3v^3-3v^2x\frac{dv}{dx}=0$$

$$1-2v^3-3v^2x\frac{dv}{dx}=0$$

$$\frac{1}{x}dx+\frac{3v^2}{2v^3-1}du=0$$

$$\int\frac{1}{x}dx+\int\frac{3v^2}{2v^3-1}dv=0$$

$$\ln x+\frac{1}{2}\ln(2v^3-1)=\frac{1}{2}\ln C$$

$$x^2(2v^3-1)=C$$

$$\therefore \boldsymbol{2y^3-x^3=Cx}$$

⑥ $(y^2+xy)dx-x^2dy=0$

$$\left\{\left(\frac{y}{x}\right)^2+\frac{y}{x}\right\}-\frac{dy}{dx}=0,$$

$\frac{y}{x}=v$ 라 하면, $\frac{dy}{dx}=v+x\frac{dv}{dx}$

$$(v^2+v)-\left(v+x\frac{dv}{dx}\right)=0$$

$$v^2-x\frac{dv}{dx}=0$$

$$\int\frac{1}{x}dx-\int\frac{1}{v^2}dv=0$$

$$\ln x+\frac{1}{v}=C$$

$$\therefore \boldsymbol{\ln x+\frac{x}{y}=C}$$

18-5 ① $(x^3+2xy+y)\,dx+(y^3+x^2+x)\,dy=0$

$\frac{\partial M}{\partial y}=\frac{\partial N}{\partial x}=2x+1$ 로서 완전미분방정식이므로

$$C=\int(x^3+2xy+y)\,dx+\int\left[(y^3+x^2+x)-\frac{\partial}{\partial y}(x^3+2xy+y)dx\right]dy$$

$$=\frac{1}{4}x^4+x^2y+xy+\frac{1}{4}y^4$$

$$\therefore \boldsymbol{C=\frac{1}{4}x^4+x^2y+xy+\frac{1}{4}y^4}$$

(별해)

$$\int(x^3+2xy+y)dx=\frac{1}{4}x^4+x^2y+xy$$

$$\int(y^3+x^2+x)dy=\frac{1}{4}y^4+x^2y+xy$$

두 적분의 우변을 더하되 공통인 항은 하나씩만 더한 것이 일반해이다.

$$\therefore \boldsymbol{C=\frac{1}{4}x^4+x^2y+xy+\frac{1}{4}y^4}$$

② $(7x-3y+2)dx+(4y-3x-5)dy=0$

$$\int(7x-3y+2)dx=\frac{7}{2}x^2-3xy+2x$$

$$\int(4y-3x-5)dy=2y^2-3xy-5y$$

$$\therefore \boldsymbol{C=\frac{7}{2}x^2-3xy+2y^2+2x-5y}$$

③ $(2x+y-3)dx+(x-4y+1)dy=0$

$$\int(2x+y-3)dx=x^2+xy-3x$$

$$\int(x-4y+1)dy=xy-2y^2+y$$

$$\therefore \boldsymbol{C=x^2+xy-3x-2y^2+y}$$

④ $(3x^2+8xy)dx+(4x^2+3y^2)dy=0$

$$\int(3x^2+8xy)dx=x^3+4x^2y$$

$$\int(4x^2+3y^2)dy=4x^2y+y^3$$

$$\therefore \boldsymbol{C=x^3+4x^2y+y^3}$$

⑤ $(y^2+e^x\sin y)dx+(2xy+e^x\cos y)dy$

$$\int(y^2+e^x\sin y)dx=xy^2+e^x\sin y$$

$$\int(2xy+e^x\cos y)dy=xy^2+e^x\sin y$$

$$\therefore \boldsymbol{C=xy^2+e^x\sin y}$$

■ 연습문제 19 ■

19-1 ① $y'-2y=x$

$P(x)=-2$, $Q(x)=x$ 이므로

$$y=e^{\int 2dx}\left[\int x\cdot e^{-\int 2dx}dx+C\right]$$

$$=e^{2x}\left[\int x\cdot e^{-2x}dx+C\right]$$
$$=e^{2x}\left(-\frac{1}{2}xe^{-2x}-\frac{1}{4}e^{-2x}+C\right)$$
$$=-\frac{1}{2}x-\frac{1}{4}+Ce^{2x}$$
$$\therefore \boldsymbol{y=Ce^{2x}-\frac{1}{2}x-\frac{1}{4}}$$

② $y'-y=e^{2x}$

$P(x)=-1$, $Q(x)=e^{2x}$ 이므로

$$y=e^{\int dx}\left[\int e^{2x}\cdot e^{-\int dx}dx+C\right]$$
$$=e^{x}(e^{x}+C)=e^{2x}+Ce^{x}$$
$$\therefore \boldsymbol{y=e^{2x}+Ce^{x}}$$

③ $y'+y=x$

$P(x)=1$, $Q(x)=x$ 이므로

$$y=e^{\int dx}\left[\int x\cdot e^{\int dx}dx+C\right]$$
$$=e^{-x}(xe^{x}-e^{x}+C)$$
$$=x-1+Ce^{-x}$$
$$\therefore \boldsymbol{y=Ce^{-x}+x-1}$$

④ $y'+y=xe^{-x}$

$P(x)=1$, $Q(x)=xe^{-x}$ 이므로

$$y=e^{-\int dx}\left[\int xe^{-x}e^{\int dx}dx+C\right]$$
$$=e^{-x}\left(\frac{1}{2}x^{2}+C\right)$$
$$\therefore \boldsymbol{y=\frac{1}{2}x^{2}e^{-x}+Ce^{-x}}$$

⑤ $2x\dfrac{dy}{dx}+y=2x^{2}$, $\dfrac{dy}{dx}+\dfrac{y}{2x}=x$ 에서

$P(x)=\dfrac{1}{2x}$, $Q(x)=x$ 이므로

$$y=e^{-\int\frac{1}{2x}dx}\left[\int x\cdot e^{\int\frac{1}{2x}dx}dx+C\right]$$
$$=\frac{1}{\sqrt{x}}\left(\frac{2}{5}x^{2}\sqrt{x}+C\right)$$
$$\therefore \boldsymbol{y=\frac{2}{5}x^{2}+\frac{C}{\sqrt{x}}}$$

⑥ $x\dfrac{dy}{dx}+2y=x^{3}$, $\dfrac{dy}{dx}+\dfrac{2}{x}y=x^{2}$ 에서

$P(x)=\dfrac{2}{x}$, $Q(x)=x^{2}$ 이므로

$$y=e^{-\int\frac{2}{x}dx}\left[\int x^{2}\cdot e^{\int\frac{2}{x}dx}dx+C\right]$$
$$=\frac{1}{x^{2}}\left(\frac{1}{5}x^{5}+C\right)$$
$$\therefore \boldsymbol{y=\frac{1}{5}x^{3}+Cx^{-2}}$$

19-2 ① $D^{3}(\cos 2x)=D^{2}(-2\sin 2x)$
$=D(-4\cos 2x)=\boldsymbol{8\sin 2x}$

② $(D^{2}+D-1)(xe^{-x})$ 에서

$$D^{2}(xe^{-x})=D(e^{-x}-xe^{-x})$$
$$=-e^{-x}-e^{-x}+xe^{-x}$$
$$=-2e^{-x}+xe^{-x}$$
$$D(xe^{-x})=e^{-x}-xe^{-x}$$
$$\therefore (D^{2}+D-1)(xe^{-x})$$
$$=-2e^{-x}+xe^{-x}+e^{-x}-xe^{-x}-xe^{-x}$$
$$=\boldsymbol{-e^{-x}(x+1)}$$

③ $(D^{2}+1)(\sin x+\cos x)$ 에서

$$D^{2}(\sin x+\cos x)=D(\cos x-\sin x)$$
$$=-\sin x-\cos x$$
$$\therefore D^{2}+1(\sin x+\cos x)$$
$$=-\sin x-\cos x+\sin x+\cos x=0$$

④ $(D^{2}-3D+4)(x^{3}+2x^{2}-x+5)$ 에서

$$D^{2}(x^{3}+2x^{2}-x+5)=D(3x^{2}+4x-1)$$
$$=6x+4$$
$$\therefore (D^{2}-3D+4)(x^{3}+2x^{2}-x+5)$$
$$=6x+4-9x^{2}-12x+3+4x^{3}$$
$$+18x^{2}-4x+20$$
$$=\boldsymbol{4x^{3}-x^{2}-10x+27}$$

19-3 ① $y''-3y'+2y=0$에서 보조방정식은 $m^{2}-3m+2=0$이므로

$m=1$, $m=2$

$$\therefore \boldsymbol{y=C_{1}e^{x}+C_{2}e^{2x}}$$

② $y''+6y'+9y=0$, $m^2+6m+9=0$,
$m=-3$
$\therefore \boldsymbol{y=e^{-3x}(C_1+C_2x)}$

③ $y''+y'-6y=0$, $m^2+m-6=0$,
$m=2$, $m=-3$
$\therefore \boldsymbol{y=C_1e^{2x}+C_2e^{-3x}}$

④ $y''+2y'+2y=0$, $m^2+2m+2=0$,
$m=-1\pm j$
$\therefore \boldsymbol{y=e^{-x}(C_1\cos x+C_2\sin x)}$

⑤ $y''-2y'+10y=0$,
$m^2-2m+10=0$, $m=1\pm j3$
$\therefore \boldsymbol{y=e^{x}(C_1\cos 3x+C_2\sin 3x)}$

⑥ $y''-4y'+4y=0$, $m^2-4m+4=0$,
$m=2$
$\therefore \boldsymbol{y=e^{2x}(C_1+C_2x)}$

⑦ $y'''-2y''-y'+2y=0$,
m^3-2m^2-m+2
$=(m-2)(m^2+2m-1)=0$
$m=1$, $m=-1$, $m=2$
$\therefore \boldsymbol{y=C_1e^{x}+C_2e^{-x}+C_3e^{2x}}$

⑧ $y'''+4y'=0$,
$m^3+4m=m(m^2+4)=0$
$m=0$, $m=j2$
$\therefore \boldsymbol{y=C_1+C_2\cos 2x+C_3\sin 3x}$

19-4 회로에 흐르는 전류 i 는 키르히호프 제2법칙(KVL)을 적용하면

$$L\frac{di}{dt}+Ri=E$$

이 미분방정식의 일반해는 전기회로에서는 정상항 i_s 와 과도항 i_t 와의 합으로 나타난다. 즉,

$$i=i_s+i_t$$

여기서, 정상항 i_s 는 $t=\infty$ 일 때의 해이므로 미분항은 0 이 된다. 따라서

$$i_s=\frac{E}{R}$$

과도항 i_t 는 $E=0$ 인 동차식의 해이므로

$$L\frac{di_t}{dt}+Ri_t=0$$

양변을 변수분리하여

$$\frac{1}{i_t}di_t+\frac{R}{L}dt=0$$

양변을 적분하면

$$\ln i_t+\frac{R}{L}t=\ln A$$

지수함수 형식으로 고치면

$$i_t=Ae^{-\frac{R}{L}t}$$

따라서, 일반해 i 는

$$i=i_s+i_t=\frac{E}{R}+Ae^{-\frac{R}{L}t}$$

초기조건 $t=0$ 에서 $i=0$ 이므로

$$0=\frac{E}{R}+Ae^{-0}\quad \therefore A=-\frac{E}{R}$$

$$\therefore i=i_s+i_t=\frac{E}{R}-\frac{E}{R}e^{-\frac{R}{L}t}$$

$$=\boldsymbol{\frac{E}{R}\left(1-e^{-\frac{R}{L}t}\right)[\mathrm{A}]}$$

■ 연습문제 20 ■

20-1 ① $F(s)=\dfrac{3\cdot 2!}{s^{2+1}}=\boldsymbol{\dfrac{6}{s^3}}$

② $F(s)=\boldsymbol{\dfrac{5}{s+2}}$

③ $F(s)=\dfrac{1}{s^2+1^2}+\dfrac{2s}{s^2+1^2}$
$=\boldsymbol{\dfrac{2s+1}{s^2+1}}$

④ $\mathcal{L}[\sin 2t]=\dfrac{2}{s^2+4}$,
$\mathcal{L}[e^{-at}f(t)]=F(s+a)$ 로부터
$\mathcal{L}[e^{-2t}\sin 2t]=\dfrac{2}{(s+2)^2+4}$
$=\boldsymbol{\dfrac{2}{s^2+4s+8}}$

⑤ $\mathcal{L}[10e^{-3t}\cos 3t] = 10 \cdot \dfrac{s+3}{(s+3)^2+3^2}$

$= \dfrac{10s+30}{(s+3)^2+9} = \mathbf{\dfrac{10s+30}{s^2+6s+18}}$

⑥ $\mathcal{L}[\sin t \cos t] = \mathcal{L}\left[\dfrac{1}{2}\sin 2t\right]$

$= \dfrac{1}{2} \cdot \dfrac{2}{s^2+4} = \mathbf{\dfrac{1}{s^2+4}}$

⑦ $\mathcal{L}[\cos^2 t] = \mathcal{L}\left[\dfrac{1}{2}(1+\cos 2t)\right]$

$= \dfrac{1}{2}\left(\dfrac{1}{s} + \dfrac{2}{s^2+4}\right)$

$= \dfrac{1}{2s} + \dfrac{1}{s^2+4}$

$= \dfrac{s^2+2s+4}{2s(s^2+4)} = \mathbf{\dfrac{s^2+2s+4}{2s^3+8s}}$

⑧ $\mathcal{L}[5t+e^{-3t}] = \dfrac{5}{s^2} + \dfrac{1}{s+3}$

$= \dfrac{s^2+5s+15}{s^2(s+3)} = \mathbf{\dfrac{s^2+5s+15}{s^3+3s}}$

⑨ $\mathcal{L}[\delta(t) - 3e^{-3t}] = 1 - \dfrac{3}{s+3} = \mathbf{\dfrac{s}{s+3}}$

⑩ $\mathcal{L}[4\sinh 3t] = \dfrac{4 \cdot 3}{s^2-3^2} = \mathbf{\dfrac{12}{s^2-9}}$

20-2 $f(0_+) = \lim\limits_{t \to 0_+} f(t) = \lim\limits_{s \to \infty} s \cdot F(s)$

$= \lim\limits_{s \to \infty} s \cdot \dfrac{s^2+s+3}{s(s^2+2s+5)}$

$= \lim\limits_{s \to \infty} \dfrac{1+\dfrac{1}{s}+\dfrac{3}{s^2}}{1+\dfrac{2}{s}+\dfrac{5}{s^2}} = \mathbf{1}$

20-3 $f(\infty) = \lim\limits_{t \to \infty} f(t) = \lim\limits_{s \to 0} s \cdot F(s)$

$= \lim\limits_{s \to 0} s \cdot \dfrac{5s+3}{s(s+1)} = \mathbf{3}$

20-4 ① $\mathcal{L}^{-1}\left[\dfrac{2}{s+4}\right] = \mathbf{2e^{-4t}}$

② $\mathcal{L}^{-1}\left[\dfrac{2}{s^2+16}\right] = \mathcal{L}^{-1}\left[\dfrac{1}{2} \cdot \dfrac{4}{s^2+4^2}\right]$

$= \mathbf{\dfrac{1}{2}\sin 4t}$

③ $\mathcal{L}^{-1}\left[\dfrac{2s+1}{s^2+1}\right] = \mathcal{L}^{-1}\left[\dfrac{2s}{s^2+1} + \dfrac{1}{s^2+1}\right]$

$= \mathbf{2\cos t + \sin t}$

④ $\mathcal{L}^{-1}\left[\dfrac{1}{(s+5)^2+1}\right] = \mathbf{e^{-5t}\sin t}$

⑤ $\mathcal{L}^{-1}\left[\dfrac{1}{s(s+1)}\right] = \mathcal{L}^{-1}\left[\dfrac{1}{s} - \dfrac{1}{s+1}\right]$

$= \mathbf{1 - e^{-t}}$

⑥ $F(s) = \dfrac{s+2}{(s+1)^2}$

$= \dfrac{L_2}{(s+1)^2} + \dfrac{L_1}{s+1}$

$L_2 = s+2\,|_{s=-1} = 1$

$L_1 = d + ds\,(s+2)\,|_{s=-1} = 1$

$\therefore \mathcal{L}^{-1}[F(s)] = \mathcal{L}^{-1}\left[\dfrac{1}{(s+1)^2} + \dfrac{1}{s+1}\right]$

$= \mathbf{te^{-t} + e^{-t}}$

⑦ $F(s) = \dfrac{1}{(s+1)^2(s+2)}$

$= \dfrac{L_2}{(s+1)^2} + \dfrac{L_1}{s+1} + \dfrac{k_1}{s+2}$

$L_2 = \dfrac{1}{s+2}\Big|_{s=-1} = 1$

$L_1 = \dfrac{d}{ds}\dfrac{1}{s+2}\Big|_{s=-1}$

$= \dfrac{-1}{(s+2)^2}\Big|_{s=-1} = -1$

$k_1 = \dfrac{1}{(s+1)^2}\Big|_{s=-2} = 1$

$\therefore \mathcal{L}^{-1}[F(s)]$

$= \mathcal{L}^{-1}\left[\dfrac{1}{(s+1)^2} - \dfrac{1}{s+1} + \dfrac{1}{s+2}\right]$

$= \mathbf{te^{-t} - e^{-t} + e^{-2t}}$

⑧ $F(s) = \dfrac{s^2+3s+3}{s^2+3s+2}$

$= 1 + \dfrac{1}{s^2+3s+2}$

$$=1+\frac{1}{(s+1)(s+2)}$$

$$=1+\frac{k_1}{s+1}+\frac{k_2}{s+2}$$

$$k_1=\left.\frac{1}{s+2}\right|_{s=-1}=1$$

$$k_2=\left.\frac{1}{s+1}\right|_{s=-2}=-1$$

$$\therefore \mathcal{L}^{-1}[F(s)]$$

$$=\mathcal{L}^{-1}\left[1+\frac{1}{s+1}-\frac{1}{s+2}\right]$$

$$=\boldsymbol{\delta(t)+e^{-t}-e^{-2t}}$$

20-5 ① $sX(s)+X(s)=\frac{1}{s}$

$$X(s)=\frac{1}{s(s+1)}=\frac{1}{s}-\frac{1}{s+1}$$

$$\therefore x(t)=\mathcal{L}^{-1}\left[\frac{1}{s}-\frac{1}{s+1}\right]=\boldsymbol{1-e^{-t}}$$

② $s^2X(s)+2sX(s)-3X(s)=\frac{4}{s}$,

$$(s^2+2s-3)X(s)=\frac{4}{s}$$

$$X(s)=\frac{4}{s(s^2+2s-3)}=\frac{4}{s(s-1)(s+3)}$$

$$=\frac{k_1}{s}+\frac{k_2}{s-1}+\frac{k_3}{s+3}$$

$$k_1=\left.\frac{4}{(s-1)(s+3)}\right|_{s=0}=-\frac{4}{3}$$

$$k_2=\left.\frac{4}{s(s+3)}\right|_{s=1}=\frac{4}{4}=1$$

$$k_3=\left.\frac{4}{s(s-1)}\right|_{s=-3}=\frac{4}{-3(-4)}=\frac{1}{3}$$

$$\therefore x(t)=\mathcal{L}^{-1}\left[-\frac{4}{3}\cdot\frac{1}{s}+\frac{1}{s-1}+\frac{1}{3}\cdot\frac{1}{s+3}\right]$$

$$=\boldsymbol{-\frac{4}{3}+e^{t}+\frac{1}{3}e^{-3t}}$$

③ $sI(s)=4I(s)+\frac{4}{s}I(s)=\frac{50}{s}$

$$\left(s+4+\frac{4}{s}\right)I(s)=\left(\frac{s^2+4s+4}{s}\right)I(s)=\frac{50}{s}$$

$$I(s)=\frac{50}{s^2+4s+4}=\frac{50}{(s+2)^2}$$

$$\therefore i(t)=\mathcal{L}^{-1}\left[\frac{50}{(s+2)^2}\right]=\boldsymbol{50te^{-2t}}$$

④ 미분정리로부터 보조방정식은

$$s^2Y(s)-sy(0_+)-y'(0_+)+9Y(s)=0$$

$$s^2Y(s)-2+9Y(s)=0$$

$$Y(s)(s^2+9)=2,\ \ Y(s)=\frac{2}{s^2+3^2}$$

$$\therefore y(t)=\mathcal{L}^{-1}[Y(s)]$$

$$=\mathcal{L}^{-1}\left[\frac{2}{3}\cdot\frac{2}{s^2+3^2}\right]$$

$$=\boldsymbol{\frac{2}{3}\sin 3t}$$

20-6 ① $f(t)=u(t)-u(t-2)$

$$\therefore F(s)=\mathcal{L}[f(t)]=\frac{1}{s}-\frac{1}{s}\cdot e^{-2s}$$

$$=\boldsymbol{\frac{1}{s}(1-e^{-2s})}$$

② $f(t)=\begin{cases} t & : 0\leqq t<1 \\ 2-t & : 1\leqq t<2 \end{cases}$

$$F(s)=\mathcal{L}[f(t)]$$

$$=\int_0^1 te^{-st}dt+\int_1^2(2-t)e^{-st}dt$$

$$=\left[t\cdot\frac{e^{-st}}{-s}\right]_0^1+\frac{1}{s}\int_0^1 e^{-st}dt$$

$$+\left[(2-t)\cdot\frac{e^{-st}}{-s}\right]_1^2-\frac{1}{s}\int_1^2 e^{-st}dt$$

$$=-\frac{1}{s}e^{-s}-\frac{1}{s^2}e^{-2s}+\frac{1}{s^2}+\frac{1}{s}e^{-s}$$

$$+\frac{1}{s}e^{-s}+\frac{1}{s^2}e^{-2s}-\frac{1}{s^2}e^{-s}$$

$$=\boldsymbol{\frac{1}{s^2}(1-2e^{-s}+e^{-2s})}$$

(별해)

$$f(t)=t-2(t-1)+(t-2)$$

$$\therefore F(s)=\mathcal{L}[f(t)]$$

$$=\frac{1}{s^2}-\frac{2}{s^2}e^{-s}+\frac{1}{s^2}e^{-2s}$$

$$=\boldsymbol{\frac{1}{s^2}(1-2e^{-s}+e^{-2s})}$$

20-7 $f(t) = u(t-1) - 2u(t-2) + u(t-3)$

$$\therefore F(s) = \mathcal{L}[f(t)]$$
$$= \frac{1}{s}e^{-s} - \frac{2}{s}e^{-2s} + \frac{1}{s}e^{-3s}$$
$$= \boldsymbol{\frac{1}{s}(e^{-s} - 2e^{-2s} + e^{-3s})}$$

20-8 회로에서 전압방정식은

$$R_i(t) + \frac{1}{C}\int i(t)\,dt = E$$

초기값은 0 이므로

$$RI(s) + \frac{1}{Cs}I(s) = \frac{E}{s},$$
$$I(s)\left(R + \frac{1}{Cs}\right) = \frac{E}{s}$$
$$I(s) = \frac{Cs}{RCs+1} \cdot \frac{E}{S}$$
$$= \frac{E}{R} \cdot \frac{1}{s + \frac{1}{RC}}$$
$$\therefore i(t) = \mathcal{L}^{-1}[I(s)]$$
$$= \boldsymbol{\frac{E}{R}e^{-\frac{1}{RC}t}}$$

■ 연습문제 21 ■

21-1 기함수이고 반파대칭이므로 $a_0 = 0$, $a_n = 0$ 이고, b_n 항은 홀수항만 존재하므로

$$b_n = \frac{2}{\pi}\int_0^{\pi} A\sin n\omega_0 t\, d(\omega_0 t)$$
$$= \frac{2A}{\pi}\left[-\frac{1}{n}\cos n\omega_0 t\right]_0^{\pi}$$
$$= \frac{2A}{n\pi}\left[-\cos n\omega_0 t\right]_0^{\pi}$$
$$= \frac{2A}{n\pi}(-\cos n\pi + \cos 0) = \frac{4A}{n\pi}$$
$$\therefore \boldsymbol{v(t) = \frac{4A}{\pi}(\sin\omega_0 t + \frac{1}{3}\sin\omega_0 t + \frac{1}{5}\sin 5\omega_0 t + \cdots\cdots)}$$

21-2 기함수이고 반파대칭이므로 $a_0 = 0$, $a_n = 0$ 이고, b_n 항은 홀수항만 존재하므로

$$i(t) = \frac{4I}{T}t = \frac{2I}{\pi}\omega_0 t \text{ 에서}$$
$$b_n = \frac{4}{\pi}\int_0^{\pi/2} \frac{2I}{\pi}\omega_0 t \sin n\omega_0 t\, d(\omega_0 t)$$
$$= \frac{8I}{\pi^2}\left[\frac{\sin n\omega_0 t}{n^2} - \frac{\omega_0 t\cos n\omega_0 t}{n}\right]_0^{\pi/2}$$

여기서 n 은 홀수이므로 $n = 2m+1$ 로 표시할 때

$$\left[\frac{\sin n\omega_0 t}{n^2} - \frac{\omega_0 t\cos n\omega_0 t}{n}\right]_0^{\pi/2}$$
$$m = \begin{cases} \text{짝수일 때} & \frac{1}{n^2} \\ \text{홀수일 때} & -\frac{1}{n^2} \end{cases}$$
$$\therefore \boldsymbol{i(t) = \frac{8I}{\pi^2}(\sin\omega_0 t - \frac{1}{9}\sin 3\omega_0 t + \frac{1}{25}\sin 5\omega_0 t + \cdots\cdots)}$$

21-3 우함수이므로 $b_n = 0$ 이고

$0 < \omega_0 t < \pi$ 에서

$f(t) = A\sin\omega_0 t$ 이므로

$$a_0 = \frac{1}{\pi}\int_0^{\pi} A\sin\omega_0 t\, d\omega_0 t$$
$$= \frac{1}{\pi}\int_0^{\pi} A\sin\omega_0 t\, d(\omega_0 t)$$
$$= \frac{A}{\pi}\left[-\cos\omega_0 t\right]_0^{\pi}$$
$$= \frac{A}{\pi}(-\cos\pi + \cos 0) = \frac{2}{\pi}A$$
$$a_n = \frac{2}{\pi}\int_0^{\pi} A\sin n\omega_0 t \cdot \cos n\omega_0 t\, d(\omega_0 t)$$
$$= \frac{2A}{\pi}\int_0^{\pi} \frac{1}{2}\{\sin(n+1)\omega_0 t - \sin(n-1)\omega_0 t\}d(\omega_0 t)$$
$$= \frac{A}{\pi}\left(\frac{2}{n+1} - \frac{2}{n-1}\right)$$

$$= \frac{A}{\pi} \cdot \frac{-4}{(n+1)(n-1)}$$
$(n=2, 4, 6, \cdots)$

$$\therefore f(t) = \frac{2A}{\pi} - \frac{4A}{\pi}\left(\frac{1}{3}\cos 2\omega_0 t + \frac{1}{15}\cos 4\omega_0 t + \frac{1}{35}\cos 6\omega_0 t + \cdots\right)$$
$$= \frac{4A}{\pi}\left(\frac{1}{2} - \frac{1}{3}\cos 2\omega_0 t - \frac{1}{15}\cos 4\omega_0 t - \frac{1}{35}\cos 6\omega_0 t - \cdots\cdots\right)$$

21-4 평균값 I_{av}는

$$I_{av} = \frac{T \cdot I_m \cdot \frac{1}{2}}{T} = \frac{I_m}{2}$$

실효치는 $i = \frac{I_m}{T/2}t = \frac{2I_m}{T}t \left(0 < t < \frac{T}{2}\right)$이므로

$$I = \sqrt{\frac{1}{T/2}\int_0^{T/2}\left(\frac{2I_m}{T}t\right)^2 dt} = \sqrt{\frac{2}{T} \cdot \frac{4I_m^{\ 2}}{T^2}\int_0^{T/2} t^2 dt} = \frac{I_m}{\sqrt{3}}$$

21-5 ① $V = \sqrt{5^2+10^2+5^2} = 12.25[\text{V}]$

② $I = \sqrt{\dfrac{200^2+50^2+30^2}{2}} = 147.3[\text{A}]$

21-6 $P = \frac{20}{\sqrt{2}} \times \frac{30}{\sqrt{2}} + \frac{10}{\sqrt{2}} \times \frac{10}{\sqrt{2}} = 350[\text{W}]$

21-7 $P \cdot f = \cos\theta = \frac{P}{VI}$에서

$$P = \frac{100}{\sqrt{2}} \times \frac{10}{\sqrt{2}}\cos 60° + \frac{30}{\sqrt{2}} \times \frac{2}{\sqrt{2}}\cos 75° = 250 + 7.5 = 257.8[\text{W}]$$

$$V = \sqrt{\frac{100^2+40^2+30^2}{2}} = 79[\text{V}]$$

$$I = \sqrt{\frac{10^2+2^2}{2}} = 7.2[\text{A}]$$

$$\therefore P \cdot f = \frac{P}{VI} = \frac{257.8}{79 \times 7.2} = 0.45$$

21-8 $P = RI^2$

$$= 10\left\{5^2 + \left(\frac{14.14}{1.414}\right)^2 + \left(\frac{7.07}{1.414}\right)^2\right\} = 10(25+100+25) = 1500[\text{W}]$$

21-9 $I_3 = \frac{V_3}{Z_3} = \frac{50}{\sqrt{8^2+(3\times 2)^2}} = \frac{50}{10} = 5[\text{A}]$

21-10 ① $F(\omega) = \dfrac{10}{3+j\omega}$

② $F(\omega) = -5\dfrac{2 \cdot 2}{2^2+\omega^2} = -\dfrac{20}{4+\omega^2}$

③ $F(\omega) = 4\left[\pi\delta(\omega) + \dfrac{1}{j\omega}\right] - 3$

④ $F(\omega) = 2\pi A\delta(\omega) = 10\pi\delta(\omega)$

⑤ $F(\omega) = \dfrac{2 \cdot 5}{j\omega} = \dfrac{10}{j\omega}$

⑥ $F(\omega) = V\left[\pi\delta(\omega) + \dfrac{1}{j\omega}\right]$

⑦ $F(\omega) = 5\pi\,[\delta(\omega-10) + \delta(\omega+10)]$

⑧ $F(\omega)$가 정의되지 않음.

⑨ $F(\omega) = 10 \cdot 10\,S_a\left(\dfrac{1000}{2}\right) = 100\,S_a(5\omega)$

■ 연습문제 22 ■

22-1 ① $|\text{A}_1| = \sqrt{3^2+(-4)^2} = 5$

② $|\text{A}_2| = \sqrt{\cos^2\theta + \sin^2\theta} = \sqrt{1} = 1$

③ $|\text{A}_3| = \sqrt{1^2+(-1)^2+(-1)^2} = \sqrt{3}$

④ $|\text{A}_4| = \sqrt{\cos^2 30° + \sin^2 30° + \tan^2 60°} = \sqrt{1+(\sqrt{3})^2} = \sqrt{4} = 2$

22-2 $\overrightarrow{\text{AB}} = (1-3)\boldsymbol{i} + (-2-1)\boldsymbol{j} + (4-4)\boldsymbol{k} = -2\boldsymbol{i} - 3\boldsymbol{j}$

$\overline{AB} = \sqrt{(-2)^2+(-3)^2+0^2} = \sqrt{13}$

22-3 ① $|\mathbf{A}| = \sqrt{1^2+0^2+(-1)^2} = \sqrt{2}$ 이므로 x, y, z축과 $\mathbf{A}$가 이루는 각을 각각 α, β, γ라 하면

$$\cos\alpha = \frac{A_x}{|\mathbf{A}|} = \frac{1}{\sqrt{2}}$$

$$\cos\beta = \frac{A_y}{|\mathbf{A}|} = \frac{0}{\sqrt{2}} = 0$$

$$\cos\gamma = \frac{A_z}{|\mathbf{A}|} = -\frac{1}{\sqrt{2}}$$

따라서 방향 코사인은 $\frac{1}{\sqrt{2}}, 0, -\frac{1}{\sqrt{2}}$

방향비는 $1 : 0 : -1$

② $|\mathbf{A}| = \sqrt{4^2+2^2+(-\sqrt{5})^2} = 5$

따라서 방향 코사인은 $\frac{4}{5}, \frac{2}{5}, -\frac{\sqrt{5}}{5}$

방향비는 $4 : 2 : -\sqrt{5}$

22-4 ① $|\mathbf{A}| = \sqrt{1^2+2^2+3^2} = \sqrt{14}$

② x, y, z축과 $\mathbf{A}$가 이루는 각을 각각 α, β, γ라 하면

$$\cos\alpha = \frac{A_x}{|\mathbf{A}|} = \frac{1}{\sqrt{14}}$$

$$\cos\beta = \frac{A_y}{|\mathbf{A}|} = \frac{2}{\sqrt{14}}$$

$$\cos\gamma = \frac{A_z}{|\mathbf{A}|} = \frac{3}{\sqrt{14}}$$

③ $\mathbf{A}$의 단위 벡터를 a라 하면

$$a = \frac{A}{|\mathbf{A}|} = \frac{1}{\sqrt{14}}\boldsymbol{i} + \frac{2}{\sqrt{14}}\boldsymbol{j} + \frac{3}{\sqrt{14}}\boldsymbol{k}$$

22-5 ① $\mathbf{A}+\mathbf{B}$

$= (2\boldsymbol{i}+3\boldsymbol{j}+4\boldsymbol{k}) + (\boldsymbol{i}+\boldsymbol{j}+2\boldsymbol{k})$

$= 3\boldsymbol{i}+4\boldsymbol{j}+6\boldsymbol{k}$

② $\mathbf{A}-\mathbf{B} = (2\boldsymbol{i}+3\boldsymbol{j}+4\boldsymbol{k}) - (\boldsymbol{i}+\boldsymbol{j}+2\boldsymbol{k})$

$= \boldsymbol{i}+2\boldsymbol{j}+2\boldsymbol{k}$

22-6 $\mathbf{A}-\mathbf{B} = (2+2, 3-1, 4-5)$

$= (4, 2, 1)$

$\therefore \overline{AB} = |\mathbf{A}-\mathbf{B}| = \sqrt{4^2+2^2+(-1)^2}$

$= \sqrt{21}$

22-7 $\mathbf{A}+\mathbf{B}+\mathbf{C} = (3\boldsymbol{i}-2\boldsymbol{j}+\boldsymbol{k})$

$+ (2\boldsymbol{i}-4\boldsymbol{j}-3\boldsymbol{k}) + (-\boldsymbol{i}+2\boldsymbol{j}+2\boldsymbol{k})$

$= 4\boldsymbol{i}-4\boldsymbol{j}+0\boldsymbol{k} = 4\boldsymbol{i}-4\boldsymbol{j}$

$|\mathbf{A}+\mathbf{B}+\mathbf{C}| = \sqrt{4^2+(-4)^2+0^2}$

$= \sqrt{32} = 4\sqrt{2}$

22-8 ① $\mathbf{A}\cdot\mathbf{B} = (-1\times2) + (2\times-1)$

$+ (1\times1) = -3$

$$\cos\theta = \frac{\mathbf{A}\cdot\mathbf{B}}{|\mathbf{A}||\mathbf{B}|}$$

$$= \frac{-3}{\sqrt{(-1)^2+2^2+1^2}\cdot\sqrt{2^2+(-1)^2+1^2}}$$

$$= \frac{-3}{6} = -\frac{1}{2}$$

$\therefore \theta = 120°$

② $\mathbf{A}\cdot\mathbf{B} = 0\cdot(-1) + 1\cdot1 + 1\cdot0 = 1$

$$\cos\theta = \frac{1}{\sqrt{1^2+1^2}\cdot\sqrt{1^2+1^2}} = \frac{1}{2}$$

$\therefore \theta = 60°$

22-9 A로부터 B로의 변위 벡터 $\boldsymbol{r}$은

$\boldsymbol{r} = \mathbf{B}-\mathbf{A}$

$= (2-4)\boldsymbol{i} + (3-1)\boldsymbol{j} + (2-2)\boldsymbol{k}$

$= -2\boldsymbol{i}+2\boldsymbol{j}$

따라서 요하는 일W

$W = \mathbf{F}\cdot r = Q\mathbf{E}\cdot r$

$= 5\times(2\boldsymbol{i}+4\boldsymbol{j}+\boldsymbol{k})\cdot(-2\boldsymbol{i}+2\boldsymbol{j})$

$= 5\times(-4+8) = 20[\mathrm{J}]$

22-10 $\mathbf{A}\times\mathbf{B} = \begin{vmatrix} \boldsymbol{i} & \boldsymbol{j} & \boldsymbol{k} \\ 4 & 0 & -1 \\ -2 & 1 & 3 \end{vmatrix}$

$= \boldsymbol{i}+10\boldsymbol{j}+4\boldsymbol{k}$

22-11 $\mathbf{A}\times\mathbf{B} = \begin{vmatrix} \boldsymbol{i} & \boldsymbol{j} & \boldsymbol{k} \\ 1 & 2 & 3 \\ 3 & 2 & 1 \end{vmatrix}$

$= (2-6, 9-1, 2-6)$

$= (-4, 8, -4)$

22-12 ① $A\times B=\begin{vmatrix} i & j & k \\ 1 & -2 & 2 \\ 2 & -1 & -2 \end{vmatrix}$

$=6i+6j+3k$

② 평행사변형의 넓이는 $(A\times B)$의 크기이므로

$|A\times B|=\sqrt{6^2+6^2+3^2}=\sqrt{81}=9$

③ $\sin\theta=\dfrac{|A\times B|}{|A|\cdot|B|}$

$=\dfrac{9}{\sqrt{1^2+2^2+2^2}\cdot\sqrt{2^2+1^2+2^2}}$

$=\dfrac{9}{3\cdot 3}=1$

$\therefore \theta=90°$

22-13 ① $(ABC)=A\cdot(B\times C)$

$=\begin{vmatrix} 1 & 0 & 0 \\ 0 & 1 & 0 \\ 0 & 0 & 1 \end{vmatrix}=1$

∴ 체적 $V=1$

② $(ABC)=A\cdot(B\times C)$

$=\begin{vmatrix} 1 & 0 & 2 \\ 4 & 6 & 2 \\ 3 & 3 & -6 \end{vmatrix}=-54$

∴ 체적 $V=54$

22-14 ① $A\cdot(B\times C)$

$=(3i+2k)\cdot\begin{vmatrix} i & j & k \\ 2 & 2 & -1 \\ 1 & -2 & 3 \end{vmatrix}$

$=(3i+2k)\cdot(4i-7j-6k)$

$=3\times4+0\times(-7)+2\times(-6)=0$

② $A\times(B\times C)$

$=(3i+2k)\times\begin{vmatrix} i & j & k \\ 2 & 2 & -1 \\ 1 & -2 & 3 \end{vmatrix}$

$=(3i+2k)\times(4i-7j-6k)$

$=\begin{vmatrix} i & j & k \\ 3 & 0 & 2 \\ 4 & -7 & -6 \end{vmatrix}$

$=14i+26j-21k$

③ $(A\times B)\times C$

$=\begin{vmatrix} i & j & k \\ 3 & 0 & 2 \\ 2 & 2 & -1 \end{vmatrix}\times(i-2j+3k)$

$=(-4i+7j+6k)\times(i-2j+3k)$

$=\begin{vmatrix} i & j & k \\ -4 & 7 & 6 \\ 1 & -2 & 3 \end{vmatrix}$

$=33i+18j+k$

22-15 $\text{grad}\phi=i\dfrac{\partial}{\partial x}(3x^2y-y^3z^2)$

$+j\dfrac{\partial}{\partial y}(3x^2y-y^3z^2)+k\dfrac{\partial}{\partial z}(3x^2y-y^3z^2)$

$=6xyi+(3x^2-3y^2z^2)j-2y^3zk$

따라서 점 $(1,-2,1)$에서는

$\text{grad}\phi=-12i-9j+16k$

22-16 $\text{div}A=\dfrac{\partial}{\partial x}(x^2z)+\dfrac{\partial}{\partial y}(-2y^3z)$

$+\dfrac{\partial}{\partial z}(xy^2z)$

따라서 점 $(1,-1,1)$에서는

$\text{div}A=-3$

22-17

$\text{rot}A=i\left[\dfrac{\partial}{\partial y}(2yz^4)-\dfrac{\partial}{\partial z}(-2x^2yz)\right]$

$+j\left[\dfrac{\partial}{\partial z}(xz^3)-\dfrac{\partial}{\partial x}(2yz^4)\right]$

$+k\left[\dfrac{\partial}{\partial x}(-2x^2yz)-\dfrac{\partial}{\partial y}(xz^3)\right]$

$=i(2z^4+2x^2y)+j\,3xz^2-k\,4xyz$

따라서 점 $(1,-1,1)$에서는

$\text{rot}A=3j+4k$

22-18 전계의 세기는 전위의 기울기와 크기는 같고, 방향이 서로 반대이므로

$E=-\text{grad}V$

$=-\left(i\dfrac{\partial V}{\partial x}+j\dfrac{\partial V}{\partial y}+k\dfrac{\partial V}{\partial z}\right)$

$=-(i\,2+j\,5z+k\,5y)$

따라서 점 $(2,1,0)$에서는

$E=-2i-5k$

찾아보기

[ㄱ]

[ㄴ]

[ㄷ]

[ㅅ]

[ㅇ]

[ㅈ]

[숫자, 영문]

공업수학의 기초

2016년 2월 25일 2판 6쇄 발행

저 자 이 수 일
발행인 남 승 우

발행처 도서출판 상尙 학學 당堂

서울시 동작구 사당로9가길 6(사당동)
TEL : 02) 595-1692 ~ 4
FAX : 02) 595-1394
E-mail : namdoo6@unitel.co.kr

신고 : 2-155호 (1968. 11. 29)

정가 27,000원

ISBN 978-89-93383-72-0 93410

※ 이 책의 저작권은 저자에게 있으며, 저자의 동의 없이 복사·인용·복제·전재를 금합니다.

〈디자인〉 편집 이선경 / 표지 나아기획